Neue Algorithmen für praktische Probleme

Christina Klüver · Jürgen Klüver

(Hrsg.)

Neue Algorithmen für praktische Probleme

Variationen zu Künstlicher Intelligenz und Künstlichem Leben

Springer Vieweg

Hrsg.
Christina Klüver
CEO REBASK GmbH
Essen, Deutschland

Jürgen Klüver
Forschungsgruppe CoBASC
Essen, Deutschland

ISBN 978-3-658-32586-2   ISBN 978-3-658-32587-9   (eBook)
https://doi.org/10.1007/978-3-658-32587-9

Die Deutsche Nationalbibliothek verzeichnet diese Publikation in der Deutschen Nationalbibliografie; detaillierte bibliografische Daten sind im Internet über http://dnb.d-nb.de abrufbar.

Planung/Lektorat: Reinhard Dapper
Springer Vieweg ist ein Imprint der eingetragenen Gesellschaft Springer Fachmedien Wiesbaden GmbH und ist ein Teil von Springer Nature.
Die Anschrift der Gesellschaft ist: Abraham-Lincoln-Str. 46, 65189 Wiesbaden, Germany

Vorwort

Das generelle Thema dieses Sammelbandes ist die Darstellung, wie drei von uns entwickelte neue Algorithmen aus den Bereichen „Künstliche Intelligenz" und „Künstliches Leben" auf praktische Probleme erfolgreich angewandt werden können. Es handelt sich dabei um ein sog. selbstorganisiert lernendes neuronales Netz (SEN), einen erweiterten evolutionären Algorithmus (RGA) und einen Algorithmus zur Ordnung von Daten (ANG).

Für die Entwicklung der Algorithmen waren theoretische Aspekte ausschlaggebend, um Lern- und/oder Adaptionsprozesse stärker an dem anzupassen, wie Menschen lernen oder wie evolutionäre Prozesse nach neuen Erkenntnisse ablaufen. Insbesondere sollten diese Algorithmen „einfach" sein, in dem Sinne, dass die Algorithmen ohne fundierte Mathematik- oder Informatikkenntnissen eingesetzt werden können.

Diese Algorithmen wären jedoch „graue Theorie" geblieben, wenn im Laufe der Jahre nicht zahlreiche Studierende die Leidenschaft der Herausgeberin für diese Algorithmen geteilt hätten: Durch Diskussionen, Implementierungen, Tests, manchmal bis tief in die Nacht, sind diese Algorithmen lebendige Praxis geworden.

Durch weitere zahlreiche Modelle wurden auch die Algorithmen stets weiterentwickelt und ein Zwischenstand wird in diesem Sammelband gezeigt, gemäß dem Motto

Von Praktikern für Praktiker
Für uns als Konstrukteure der neuen Algorithmen ist es natürlich ungemein befriedigend zu sehen, wie erfolgreich diese zuerst etwas abstrakt wirkenden Innovationen in konkreten und praktisch relevanten Bereichen sein können. Nicht zuletzt deswegen möchten wir an dieser Stelle den verschiedenen Autoren/innen für ihr Engagement und ihre Mühe bei der Erstellung der Beiträge danken.

Es ist eine Ehre für uns, dass ein Verlag einen Sammelband herausgibt, indem die Beiträge die von uns entwickelten Algorithmen im Zentrum haben. Dafür möchten wir uns herzlich bei Herrn Reinhard Dapper, bei Herrn Rahul Ravindran, auch für seine Beharrlichkeit, und bei Herrn Pransenjit Das vom Springer Vieweg Verlag danken.

Wir widmen dieses Buch all den zahlreichen Studierenden und Praktikern, die uns bei der Entwicklung und bei dem Einsatz der Algorithmen geholfen haben.
Und nun:
Habeant sua fata libelli!

Essen   Christina Klüver
September 2020   Jürgen Klüver

Inhaltsverzeichnis

Einleitung: Thema mit Variationen

Christina Klüver und Jürgen Klüver

Zusammenfassung

In diesem Sammelband geht es darum, neue Algorithmen aus den Bereichen der Künstlichen Intelligenz (KI) und des Künstlichen Lebens (KL) zu zeigen und deren praktische Anwendung zu zeigen; diese Algorithmen sind gewissermaßen Variationen zu etablierten KI- und KL-Algorithmen. Der wesentliche Aspekt des Bandes ist jedoch, dass in den Beiträgen exemplarisch gezeigt wird, dass und wie diese neuen Algorithmen auf praktische Probleme in sehr verschiedenen Bereichen erfolgreich eingesetzt werden können: Von der Modellierung sozialer Aspekte in der Softwareentwicklung bis zur Entscheidungsunterstützung, welche Start- und Landebahn an einem Flughafen ausgewählt werden soll; von der Analyse von Krankheitsverläufen bis zur Auswahl und Optimierung technischer Systeme, sowie Alternativen für die Bildbearbeitung. Praktische Probleme können durch diese Algorithmen in einer neuen Weise bearbeitet werden, wie anhand von 22 Beispielen demonstriert wird.

Schlüsselwörter

Künstliche Intelligenz (KI) · Maschinelles Lernen (ML) · Künstliches Leben (KL)

C. Klüver (✉)
REBASK GmbH, Forschungsgruppe COBASC, Essen, Deutschland
E-Mail: kluever@rebask.de

J. Klüver
Forschungsgruppe COBASC, Essen, Deutschland
E-Mail: juergen.kluever@uni-due.de

© Springer Fachmedien Wiesbaden GmbH, ein Teil von Springer Nature 2021
C. Klüver und J. Klüver (Hrsg.), *Neue Algorithmen für praktische Probleme,*
https://doi.org/10.1007/978-3-658-32587-9_1

Die Begriffe der „Künstlichen Intelligenz" (KI) und des „Maschinellen Lernens" (ML) sowie in geringerem Maße des „Künstlichen Lebens" (KL) haben in den letzten Jahrzehnten eine ungemeine Bekanntheit erreicht und sind weit über die einschlägigen wissenschaftlichen Expertengemeinschaften hinaus überaus populär geworden. Diese Entwicklungen haben natürlich – wie stets in derartigen Kontexten – zu einer Inflation in dem Sinne geführt, dass mittlerweile alle möglichen technischen Innovationen als „intelligent" bezeichnet werden. Dies gilt insbesondere für Computertechniken, die es schon lange vor dieser Begriffsinflation gab und die jetzt als „intelligent" bezeichnet werden. Das soll hier gar nicht weiter kommentiert werden.

Der hier vorliegende Sammelband hat im Kontrast zu vielen Publikationen mit hoch formulierten Zielen einen vergleichsweise bescheidenen Anspruch: Es geht darum, neue Algorithmen zu zeigen, die aus den Bereichen der KI und des KL stammen, und diese vor allem an praktischen realen Beispielen zu erläutern. Diese Algorithmen sind gewissermaßen Variationen zu etablierten KI- und KL-Algorithmen und sind für daran Interessierte möglicherweise schon deswegen relevant. Der wesentliche Aspekt dieses Bandes ist jedoch, dass in den Beiträgen exemplarisch gezeigt wird, dass und wie diese neuen Algorithmen auf praktische Probleme in sehr verschiedenen Bereichen erfolgreich eingesetzt werden können. Insbesondere wird ersichtlich, dass eine praktische Verwendung dieser Algorithmen eigene grundlegende Kenntnisse in Informatik oder entsprechenden Bereichen nicht voraussetzt. Die Beiträge dieses Bandes stammen überwiegend nicht von „reinen" Informatikern, sondern vor allem von Absolventen wirtschaftswissenschaftlicher Disziplinen (einschließlich der Wirtschaftsinformatik).

Beginnen wir mit einer Begriffsklärung, die insbesondere angesichts der häufig schon als „KI-Hype" bezeichneten Vielfalt des Begriffs „intelligent" sinnvoll und notwendig erscheint. Dazu kommt noch, dass „Maschinelles Lernen" (ML) in diesem Kontext ebenfalls verwendet wird – häufig als synonym mit Künstlicher Intelligenz und ebenfalls als eigentlicher Fundamentalbegriff. Wir orientieren uns in diesem Band an einer begrifflichen Unterscheidung, die im VDI-Statusreport 2019 definiert worden ist (VDI 2019): Als KI werden alle Ansätze bezeichnet, die sich *heuristisch* am menschlichen Denken mit entsprechenden algorithmischen Techniken orientieren und die vor allem zur Basis stets ein *Modell* des jeweiligen Gegenstandsbereichs haben.

Wenn z. B. für eine Offshore Windkraftanlage ein günstiger Standort mithilfe eines neuronalen Netzes bestimmt werden soll – ein Beispiel, auf das wir noch zurückkommen werden –, dann müssen in einem Modell des Problembereichs insbesondere die wesentlichen Parameter wie Tiefe des Wassers, Entfernung von der Küste etc. in einem Modell bestimmt werden, um ein entsprechendes neuronales Netz einsetzen zu können. Jedoch auch weitere Entscheidungskriterien wie Sicherheit, politische Lage etc., die nicht nur objektiv, wie die Messung der Tiefe, angegeben werden können. Die Konstruktion der entsprechenden Modelle bedarf häufig theoretischer Überlegungen, um die Validität des Modells zu garantieren.

Im Maschinellen Lernen dagegen, bei dem häufig gleiche Techniken verwendet werden wie bei KI-Ansätzen, geht es „nur" um die Leistungsfähigkeit der jeweiligen

Techniken bei der Analyse großer Datenmengen; das Hauptproblem besteht hier in der numerischen Bestimmung der wesentlichen Parameter. Man kann, wenn man dieser Unterscheidung folgt, KI-Ansätze in der Orientierung an kognitivistischen Lerntheorien verstehen, ML-Ansätze dagegen in der Tradition des Behaviorismus, also nur an der Performanz der künstlichen Systeme. Es sei hier bereits ausdrücklich hervorgehoben, dass die Beiträge in diesem Band ausschließlich der hier beschriebenen KI-Orientierung folgen.

Im Bereich des Künstlichen Lebens gibt es diese Unterscheidung nicht und zwar aus dem einfachen Grund, dass zumindest in der deutschsprachigen Tradition zwischen KI und KL häufig nicht explizit unterschieden wird. Zwar gab es vor allem in den USA in den achtziger und neunziger Jahren im Rahmen der Komplexitätsforschung verschiedene Studien zum „Artificial Life" (z. B. Langton 1994), aber im Gegensatz zur „Artificial Intelligence" blieb dieser Bereich eher sekundär. Wir verweisen in diesem Band deswegen auf die Tradition des KL mit Varianten zu den dort entwickelten Algorithmen, weil wir auch damit der inflationären Verwendung des Intelligenzbegriffs etwas Präzision entgegensetzen wollen: Evolutionäre Algorithmen, die wir hier auch demonstrieren werden, haben nun einmal mit Intelligenz wenig bis gar nichts zu tun, aber mit Grundprinzipien der biologischen Evolution sehr viel.

Der Vollständigkeit halber sei hier noch darauf hingewiesen, dass im Bereich der KI zusätzlich unterschieden wird zwischen der sog. *symbolischen KI* und der *subsymbolischen:* Als symbolische KI ist vor allem der Ansatz zu verstehen, der mit sog. Expertensystemen oder auch regelbasierten Systemen arbeitet, bei denen es um die Darstellung von und Operationen mit logischen Strukturen geht; die Einheiten dieser Systeme sind häufig symbolische Begriffe – daher der Name. Neuronale Netze dagegen sind subsymbolische Systeme in dem Sinne, dass ihre Einheiten, die sog. Neuronen, gewöhnlich nicht eigenständige Symbole sind, sondern erst durch ihre Verknüpfung mit anderen Neuronen so etwas wie Sinnhaftigkeit erreichen. Wir haben in diesem Band unter dem Stichwort KI ausschließlich Beispiele, wie ein bestimmter von uns entwickelter Netzwerktypus praktisch eingesetzt werden kann; es handelt sich also um einen subsymbolischen Ansatz.

Es ist sinnvoll, in der KI-Forschung und Entwicklung zwischen verschiedenen Zielen zu unterscheiden und zwar allgemeine Ziele, die die Logik des jeweiligen Problems festlegen:

a) Gegeben sind bei diesem Ansatz extern definierte Ziele, an denen sich der Erfolg der jeweiligen Systeme ausrichtet. Gemeint ist damit, dass durch Variation bestimmter Systemparameter sich die Performanz des Systems ändert und zwar derart, dass der Output des Systems möglichst nahe an die externen Ziele herankommt. Dies wird im erfolgreichen Fall erreicht durch bestimmte *Lernregeln*, die die interne Struktur solange ändern, bis der Output des Systems der Zielvorgabe möglichst nahe kommt. Bekannt ist bei diesem Ansatz die Bezeichnung *überwachtes Lernen*, also eine Systemvariation, die wie im Fall z. B. des schulischen Lernens ständig extern kontrolliert wird.

Da es hier im Wesentlichen um die erfolgreiche Performanz des jeweiligen Systems geht, spielt dieser Ansatz vor allem beim Maschinellen Lernen eine wesentliche Rolle. Die hier meistens verwendete Lernregel ist die sog. *Backpropagation Regel* und deren zahlreiche Variationen, die häufig als *das* Paradigma erfolgreicher Lernregeln angesehen werden. Man kann sich das methodische Vorgehen bei diesem Ansatz an dem wichtigen Anwendungsbereichs des autonomen Fahrens verdeutlichen: Es werden klassische Verkehrssituationen vorgegeben und das Steuerungssystem lernt durch Verwendung einer Backpropagation Variante, sich in dieser Situation bzw. einer ähnlichen möglichst adäquat zu verhalten.

Mit einer Ausnahme orientieren sich die Beiträge in diesem Band nicht an diesem methodischen Ansatz, sondern an einem der beiden folgenden.

b) Bei diesem Ansatz handelt es sich um die *Optimierung* eines bestimmten Systemverhaltens, wobei die Kriterien für die Optimierungsprozesse wieder extern vorgegeben sind. In Analogie zum Begriff des überwachten Lernens wird hier auch häufig der Begriff *verstärkendes Lernen* verwendet. Gemeint ist damit, dass bestimmte Systemparameter oder auch Struktureigenschaften des entsprechenden Systems systematisch verstärkt werden – bzw. abgeschwächt -, bis ein Optimum erreicht worden ist, das nicht mehr verbessert werden kann. Man unterscheidet hier gewöhnlich zwischen *lokalen* und *globalen Optima:* Während lokale Optima grundsätzlich noch durch entsprechende Variationen der verwendeten Algorithmen verbesserungsfähig sind, sofern man dies wünscht, sind globale Optima das Ende der Optimierungsprozesse – die Systeme haben in einem abstrakten Optimierungsraum einen *Attraktor* erreicht. Wesentlich ist hier, dass im Gegensatz zum überwachten Lernen ein explizites Ziel nicht vorgegeben ist, da es häufig auch gar nicht bekannt ist. Vorgegeben sind die Kriterien für „besser oder schlechter".

Es gibt natürlich schon seit langem zahlreiche Optimierungsverfahren. Für die Thematik dieses Bandes sind insbesondere aus dem Bereich Künstliches Leben die sog. *Evolutionären Algorithmen* wichtig (vgl. z. B. Klüver et al. 2012), von denen der bekannteste der *Genetische Algorithmus (GA)* ist, entwickelt in den sechziger Jahren von John Holland. Die evolutionären Algorithmen sind methodisch am Prinzip der biologischen Evolution orientiert – daher der Name: Vorgegeben sind a) die sog. Fitnesskriterien, also Maße für die Optimierungsziele, und b) „Populationen von Individuen". Die „Individuen" repräsentieren die zu optimierenden Systeme; die Individuen einer Population werden den „genetischen Operationen" der Mutation und den Kreuzungen unterzogen. Dies geschieht so lange, bis ein Optimierungsziel erreicht wird bzw. bis der Optimierungsprozess in einem Attraktor angelangt ist.

Wir stellen in diesem Band in Teil II einen neuartigen evolutionären Algorithmus vor, sodass diese allgemeinen Hinweise genügen können.

c) Bei den beiden geschilderte Ansätzen geht es jeweils um die Variation eines bestimmten Systems aufgrund externer Kriterien – seien dies explizit vorgegebene Ziele wie bei (a) oder generelle Optimierungskriterien wie bei (b). Dies ist beim Typus (c) etwas anders, da es hier nicht primär um Systemveränderungen geht, sondern vor allem um die *Ordnung von Daten*. Allerdings geht es hier auch um Variationen des Systems, jedoch primär auf der Basis selbstorganisierender Prozesse. Dieser Typus wird gewöhnlich als *selbstorganisiertes Lernen* bezeichnet, da die Operationen derartiger Systeme nicht extern vorgegebenen Zielen folgen. Der bekannteste Algorithmus ist die „Kohonen-Karte", auch als Self Organized Map (SOM) bezeichnet, von Taevo Kohonen.[1]

Die allgemeine Grundlogik dieser „selbstorganisierten" Netzwerke lässt sich folgendermaßen beschreiben: Gegeben ist eine Menge von Daten, die als *Objekte mit Attributen* dargestellt werden. Die Attribute, also Eigenschaften der Objekte, charakterisieren die Ähnlichkeiten der Objekte bzw. auch deren Unterschiedlichkeit. Die Aufgabe der selbstorganisiert operierenden Netze ist nun, die Objekte gemäß den in den Attributen enthaltenen Ähnlichkeiten der Objekte zusammen zu fassen – ähnliche Objekte beieinander und unähnliche Objekte voneinander entfernt. Man kann dies mathematisch charakterisieren, dass die Objekte in einem abstrakten topologischen Raum situiert sind und dass durch die Netzwerkoperationen eine Clusterung der Objekte gemäß ihren Ähnlichkeiten vorgenommen wird. Dies wird noch am Beispiel der SEN Operationen im nächsten Teil verdeutlicht.

„Ähnlichkeit" und „Unähnlichkeit" können natürlich sehr unterschiedliche Aspekte einer Datenordnung erfassen. Auch das wird anhand des selbstorganisiert operierenden SEN verdeutlicht. Entsprechend kann der Begriff „Ordnung von Datenmengen" inhaltlich sehr verschiedene Bedeutungen haben – man kann eine Menge von Tieren nach Größe, biologischen Eigenschaften wie Raubtiere etc. ordnen. Das wird an den Beiträgen in Teil I sehr deutlich.

Wenn bestimmte Attribute für die Klassifizierung der entsprechenden Objekte besonders wichtig sind, kann man diese zusätzlich mit einem *cue validity factor* charakterisieren, also einem numerischen Wert, der die besondere Bedeutung dieses Attributs hervorhebt. Wenn z. B. Katzen von Hunden in einer Klassifizierung unterschieden werden sollen, ist es sinnvoll, die jeweiligen Geräusche – Bellen versus Miauen – hervorzuheben. Diesen Begriff kann man etwas schwerfällig als „Schwerpunktwert" übersetzen; wir bezeichnen ihn mit dem englischen Original, der von der Kognitionspsychologin Rosch stammt (Rosch 1973). Das wird in Teil I noch im Detail erläutert.

In den meisten Beiträgen dieses Bandes wird gezeigt, wie inhaltlich äußerst verschiedene Probleme aus unterschiedlichen Praxisbereichen durch den Einsatz des von uns entwickelten *Self-Enforcing Networks (SEN)* erfolgreich bearbeitet worden sind.

---

[1]Das Prinzip des selbstorganisierten Lernens ist, neben dem des überwachten Lernens, auch Teil der ART-Netze (Adaptive Resonance Theory) von Stephen Grossberg. In Kap. 18 wird eine Variation der Koppelung zwischen überwacht- und selbstorganisiert lernenden Netzwerken gezeigt werden.

Wir haben für die Ordnung von Datenmengen allerdings noch einen weiteren Algorithmus konstruiert, der in diesem Band auch dargestellt wird, nämlich den von uns sogenannten *Algorithm for Neighborhood Generating (ANG)*. Dieser Algorithmus ist keine neue Variation herkömmlicher Netzwerktypen, sondern lässt sich als eine Orientierung an der Logik von *Zellularautomaten* verstehen. Dies wird in Teil III wieder an Anwendungsbeispielen dargestellt.

Die in den verschiedenen Beiträgen dargestellten Anwendungen der einzelnen Algorithmen sind zu einem großen Teil der beruflichen Praxis der Autoren entnommen. Die Autorinnen und Autoren sind ausnahmslos ehemalige Studierende von uns – sonst wären sie ja auch mit den neuen Algorithmen nicht so vertraut, wie sie es für die Arbeiten brauchten. Indem es sich bei den Beiträgen ausschließlich um Realprobleme handelt, wird auch gleichzeitig demonstriert, wie gut für unterschiedliche Praxisfelder diese immer noch relativ neuen Algorithmen geeignet sind.

Der Band ist in drei Teile aufgeteilt: Teil I gehört zum Themenbereich der KI und zeigt die Anwendungsmöglichkeiten des erwähnten Self-Enforcing Networks bei der Ordnung von Datenmengen. Teil II zeigt die Optimierungsfähigkeiten unseres Regulator Algorithmus aus dem Bereich des KL und in Teil III schließlich geht es wieder um Ordnungsprobleme mit ANG, einem topologischen Algorithmus wieder aus dem Bereich KL. In dem letzten Beitrag wird gezeigt, wie die Koppelung von SEN und ANG nicht nur gelingt, sondern ebenso fruchtbar eingesetzt werden kann.

Beginnen wir also mit den eigentlichen Inhalten dieses Bandes, denn:

„Grau teurer Freund ist alle Theorie
    Doch grün des Lebens goldener Baum"

Goethe, Faust 1.

Literatur

Klüver C, Klüver J, Schmidt J (2012) Modellierung komplexer Prozesse durch naturanaloge Verfahren. Soft Computing und verwandte Techniken, 2. Aufl. Springer Vieweg, Wiesbaden
Langton C (Hrsg) (1994) Artificial Life III. Addison Wesley, Reading
Rosch E (1973) Natural categories. Cogn Psychol 4:328–350
VDI Statusreport (2019) Maschinelles Lernen. Künstliche Intelligenz mit neuronalen Netzen in optischen Mess- und Prüfsystemen. VDI Statusreport November 2019. VDI / VDE-H Gesellschaft Mess- und Automatisierungstechnik. https://www.vdi.de/ueber-uns/presse/publikationen/details/kuenstliche-intelligenz-mit-neuronalen-netzen-in-optischen-mess-und-pruefsystemen

Teil I
Einsatz des Self-Enforcing Networks (SEN)

Teil I: KI – Das Self-Enforcing Network (SEN)

2

Christina Klüver und Jürgen Klüver

Zusammenfassung

In dieser Einleitung werden die formalen Grundlagen von Self-Enforcing Networks (SEN) gezeigt, auf denen die inhaltlichen Beiträge aufbauen.

Schlüsselwörter

Self-Enforcing Networks · selbstorganisiertes Lernen

2.1 Einleitung

Die Motivation, dies neue selbstorganisierte Netzwerk zu entwickeln, entstand vor allem aus theoretischen Gründen. Künstliche neuronale Netzwerke sind meistens sehr komplex. Durch die zufällige Generierung der sogenannten Gewichtsmatrix, in der das gesamte „Wissen" eines Netzwerkes enthalten ist, und anschließenden Veränderung dieser Gewichtsmatrix durch die jeweilige Lernregel, ist es schwer nachzuvollziehen, wie die Netzwerke operieren. Die Nachvollziehbarkeit und Interpretation der Ergebnisse sind daher für Laien auf dem Gebiet meistens nicht gegeben.

Da wir daran interessiert sind, völlig unterschiedliche Probleme zu modellieren, insbesondere auch kognitive Prozesse, war es uns wichtig, ein Netzwerk zu entwickeln, das

C. Klüver (✉)
REBASK GmBH, Forschungsgruppe COBASC, Essen, Deutschland
E-Mail: kluever@rebask.de

J. Klüver
Forschungsgruppe COBASC, Essen, Deutschland
E-Mail: juergen.kluever@uni-due.de

© Springer Fachmedien Wiesbaden GmbH, ein Teil von Springer Nature 2021
C. Klüver und J. Klüver (Hrsg.), *Neue Algorithmen für praktische Probleme*,
https://doi.org/10.1007/978-3-658-32587-9_2

nach bekannten *kognitiven* Lernregeln sich selbstorganisiert das Wissen aneignet und klassifiziert.

Das Ergebnis ist das Self-Enforcing Network – SEN.

Die Annahme des SEN von Studierenden für die Entwicklung von Modellen und Analyse der Daten in ganz unterschiedlichen Disziplinen, sowie der Einsatz für die Lösung praktischer Probleme in diversen Unternehmen, bestätigt uns, einen Algorithmus entwickelt zu haben, der ohne Vorerfahrung oder Programmierkenntnisse intuitiv verwendet werden kann. Dies ist insbesondere auch dank der Implementierung des Algorithmus von Björn Zurmaar möglich, der es Anwendern erlaubt, sich schnell mit der „SEN-Software" vertraut zu machen.

Anhand dieser SEN-Software werden die Konzepte des Netzwerkes im Folgenden erläutert.

2.2 Bestandteile des SEN und der SEN-Software

In der Einleitung wird „SEN" als Bezeichnung des von uns entwickelten Algorithmus verwendet. Im Folgenden werden die Bestandteile des SEN anhand der SEN-Software aus Anwendersicht erläutert. In den Beiträgen beziehen sich die Autoren auf die SEN-Software und deren Einsatz für die entwickelten Modelle bzw. für die Analyse der Daten; „SEN" wird zugleich synonym für das Netzwerk verwendet.

2.2.1 Die semantische Matrix

Bei den Daten, für deren Ordnung SEN eingesetzt wird, handelt es sich, wie unter (c) in der allgemeinen Einleitung bereits angemerkt, um Objekte, die durch bestimmte Attribute charakterisiert sind. Die Grundlage einer SEN-Konstruktion ist entsprechend eine *semantische Matrix,* deren Zeilen die Objekte und die Spalten die entsprechenden Attribute repräsentieren. Die Werte in der Matrix drücken den *Zugehörigkeitsgrad* eines Attributs zum jeweiligen Objekt aus.

Illustriert wird dies anhand eines sehr kleinen „Modells" für die Beiträge in diesem Sammelband: Als Attribute werden die eingesetzten Algorithmen (Self-Enforcing Networks (SEN), Regulator Algorithmus (RGA), Algorithm for Neighborhood Generating (ANG)), sowie deren Einsatz (Modellierung, Optimierung, Analyse großer Datenmengen und Bildbearbeitung) angegeben. In der semantischen Matrix werden die Beiträge als Objekte definiert und deren Anzahl sowie deren Einsatz numerisch angegeben (Abb. 2.1).

Aus der semantischen Matrix (Abb. 2.1 rechts) ist erkennbar, dass in 16 Beiträgen SEN eingesetzt wird, in denen 13mal ein Modell entwickelt und präsentiert wird, in einem Beitrag große Datenmengen analysiert werden und in zwei Beiträgen der Einsatz

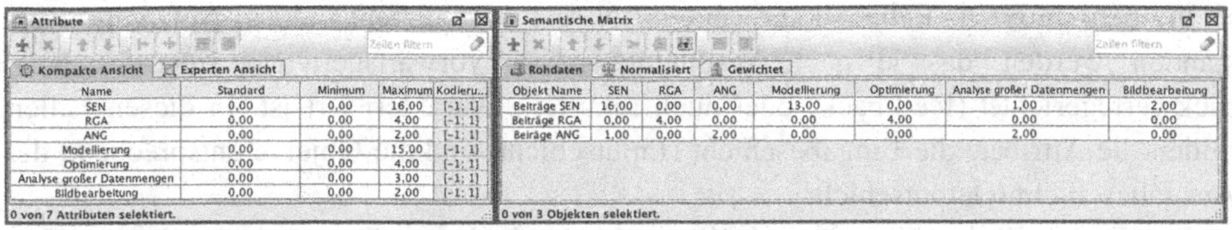

Name	Standard	Minimum	Maximum	Kodieru...
SEN	0,00	0,00	16,00	[-1; 1]
RGA	0,00	0,00	4,00	[-1; 1]
ANG	0,00	0,00	2,00	[-1; 1]
Modellierung	0,00	0,00	15,00	[-1; 1]
Optimierung	0,00	0,00	4,00	[-1; 1]
Analyse großer Datenmengen	0,00	0,00	3,00	[-1; 1]
Bildbearbeitung	0,00	0,00	2,00	[-1; 1]

0 von 7 Attributen selektiert.

Objekt Name	SEN	RGA	ANG	Modellierung	Optimierung	Analyse großer Datenmengen	Bildbearbeitung
Beiträge SEN	16,00	0,00	0,00	13,00	0,00	1,00	2,00
Beiträge RGA	0,00	4,00	0,00	0,00	4,00	0,00	0,00
Beiträge ANG	1,00	0,00	2,00	0,00	0,00	2,00	0,00

0 von 3 Objekten selektiert.

Abb. 2.1 Attribute, Objekte und Semantische Matrix des SEN

des SEN für die Bildbearbeitung vorgestellt wird. Der RGA steht in 4 Beiträgen für Optimierungsprobleme im Mittelpunkt und ANG wird 2mal für die Analyse großer Datenmengen sowie einmal in der Koppelung mit SEN eingesetzt.

Dieses sehr einfache Modell des Methodeneinsatzes kann natürlich verfeinert werden, indem mehr Einzelheiten aufgenommen werden und die semantische Matrix wesentlich differenzierter ausgefüllt wird.

Da es sich in diesem Fall um ein sehr kleines Modell handelt, das direkt in der SEN-Software entwickelt werden kann, müssen die Min–Max-Werte für die Attribute (Abb. 2.1 links) manuell eingestellt werden; bei einem Import der Modelle bzw. der Daten werden diese automatisch ausgelesen und eingetragen.

Normalisierung der Daten Die Daten in der semantischen Matrix werden automatisch normalisiert. Der Wertebereich kann für die Attribute individuell angegeben werden; in den meisten Fällen wird dieser jedoch binär im Intervall zwischen [0,1] oder bipolar im Intervall [−1,1] kodiert, wie es in Abb. 2.1 der Fall ist. Dies geschieht gemäß der Formel

$$v_{norm} = \frac{v_{raw} - r_{min}}{r_{max} - r_{min}} * (n_{max} - n_{min}) - n_{min} \tag{Gl. 2.1}$$

Eine bi-polare Kodierung bietet sich insbesondere an, wenn die Wertebereiche sehr stark abweichen. Im Normalfall werden die Objekte am stärksten aktiviert, deren Verbindungen zu den Attributen hohe Werte aufweisen; dies wird durch die Normalisierung im Wertebereich zwischen −1 und 1 verhindert.

Nach der Konstruktion der semantischen Matrix werden weitere Funktionen und Parameter für den Lernprozess bestimmt.

2.2.2 Externe Topologie und Dynamik des SEN

Mit Topologie ist die sog. „externe Topologie" gemeint und damit die Verteilung der Neuronen (Attribute und Objekte) auf die Schichten (Eingabe- und Ausgabeschicht) sowie deren „Informationsfluss".

In den meisten Fällen kann ein SEN als zweidimensionales Netzwerk verstanden werden, das je nach Verbindungen als vorwärtsgerichtet (feed-forward), rückwertegerichtet (feed-back) oder auch rekurrent charakterisiert ist. In diesen Fällen bilden die Attribute die Eingabeschicht (Inputschicht) und die Objekte entsprechend die Ausgabeschicht (Outputschicht).

Die Dynamik des Netzes wird allgemein durch dessen Topologie bestimmt. Sind z. B. nur die Attribute mit den Objekten verbunden, dann ist die Dynamik des Netzwerks eine reine feed-forward Dynamik. Bei zusätzlichen Verbindungen von den Objekten zu den Attributen handelt es sich um eine feed-back Dynamik und bei Verbindungen der Attribute oder auch der Objekte zueinander um eine rekurrente Dynamik.

In allen Anwendungsfällen in diesem Band ist eine feed-forward Dynamik hinreichend sowie ein zweidimensionales Netzwerk (auch als zweischichtiges Netz bezeichnet). In Abb. 2.1 sind demnach die Attribute Bestandteil der Eingabeschicht und die Objekte sind der Ausgabeschicht zugeordnet; darüber hinaus ist nur zwischen den Objekten und den Attributen ein numerischer Wert angegeben.

Ein Vektor in der semantischen Matrix entspricht demnach einem Objekt mit den dazugehörigen Attribute und deren Ausprägung.

2.2.3 Funktionen

Neben der Topologie wird die Dynamik des Netzes durch eine *Aktivierungsfunktion* festgelegt. Es gibt grundsätzlich verschiedene Funktionen[1], die in einem neuronalen Netzwerk eingesetzt werden, unabhängig vom Netztypus (Kap. 18). Die Aktivierungsfunktion hat einen entscheidenden Einfluss auch auf den Lernprozess, daher wird diese Funktion als besonders wichtig erachtet. Diese ist auch entscheidend für die *Intensität* der Aktivierung einzelner Neuronen (in diesem Fall der Objekte).

Für eine SEN Konstruktion stehen mehrere unterschiedliche Funktionen zur Verfügung; in allen hier aufgeführten Fällen bedeuten a_j den Aktivierungswert des empfangenden Neurons j, a_i den Aktivierungswert des sendenden Neurons i und w_{ij} wie gewöhnlich bei neuronalen Netzwerken den Gewichtswert (weight) der Verbindung zwischen i und j.

Die Funktionen a), b) und c) sind Standardfunktionen in der Neuroinformatik, die Funktionen d), e) und f) sind von uns zusätzlich entwickelt worden:

a) Lineare Funktion

$$a_j = \sum w_{ij} * a_i \qquad \qquad \text{(Gl. 2.2)}$$

---

[1]Zuerst wird immer der Nettoinput für ein Neuron berechnet (Netto-Inputfunktion), zweitens wird eine Aktivierungsfunktion und drittens eine Ausgabefunktion eingesetzt.

b) Tangens hyperbolicus

$$a_j = tanh(net_j) = \frac{e^{(net_j)} - e^{(-net_j)}}{e^{(net_j)} + e^{(-net_j)}}$$ (Gl. 2.3)

c) Logistische Funktion

$$a_j = \frac{1}{1 + e^{-net_j}}$$ (Gl. 2.4)

d) Lineare Mittelwertfunktion (LMF)

$$a_j = \sum \frac{w_{ij} * a_i}{k}, \text{k} = \text{Anzahl der Verbindungen}$$ (Gl. 2.5)

e) Logarithmisch-lineare Funktion

$$a_j = \sum \begin{cases} lg_3(a_i + 1) * w_{ij}, \text{ wenn } a_j \geq 0 \\ lg_3(|a_i + 1|) * -w_{ij}, \text{ sonst} \end{cases}$$ (Gl. 2.6)

Der Logarithmus ist als „dämpfender Effekt" eingeführt worden; die Basis 3 dient dazu, dass die Werte weder zu groß noch zu klein werden.

f) Verstärkende Aktivierungsfunktion (Enforcing Activation Function – EAF))

$$a_j = \sum_{i=1}^{n} \frac{w_{ij} * a_i}{1 + |w_{ij} * a_i|}$$ (Gl. 2.7)

In Kap. 17 wird eine zusätzliche Funktion von Björn Zurmaar eingeführt, nämlich die „Relative Funktion", die sich zum Beispiel für die Bildbearbeitung sehr gut eignet.

Die Wahl einer geeigneten Aktivierungsfunktion ist problemabhängig. In den meisten Beiträgen in diesem Sammelband wird die logarithmisch-lineare Funktion eingesetzt, da diese die Wertebereiche der Endaktivierung nicht zu stark anwachsen lässt (wie die lineare Funktion) und zugleich eine differenzierte Aktivierung der Objekte zulässt. Ein Gegensatz dazu ist zum Beispiel die lineare Mittelwertfunktion, die praktisch die Werte aggregiert.

2.2.4 Der Lernprozess mit der Self-Enforcing Rule

Die Operationen eines SEN starten damit, dass die Werte aus der semantischen Matrix in die Gewichtswerte der SEN Gewichtsmatrix transformiert werden. Falls ein Objekt O das Attribut A nicht hat, dann ist der Wert der semantischen Matrix $v_{sm} = 0$ und der entsprechende Gewichtswert $w_{oa} = 0$. Dieser Wert bleibt konstant. In allen anderen Fällen ist der Gewichtswert.

$$w_{oa} = c * v_{sm}$$ (Gl. 2.8)

c ist eine Konstante, die vom Benutzer als Parameter eingestellt werden kann. Sie entspricht der bekannten „Lernrate" aus der Neuroinformatik und kann festgelegt werden im Intervall $0 < c < 1$.

Die Standardlernregel, die entsprechend dem jeweiligen Problem die Werte der Gewichtsmatrix variiert, ist

$$w(t + 1) = w(t) + \Delta w \; und$$
$$\Delta w = c * v_{sm} \tag{Gl. 2.9}$$

Falls w(t) = 0, dann ist w(t + 1) = 0 für alle weiteren Lernschritte.

Als Lernrate genügt in den meisten Fällen c = 0,1; problemabhängig wird diese entweder manuell oder automatisiert eingestellt.

Wenn man die Bedeutung eines oder mehrerer Attribute besonders hervorheben will, kann ein bereits in der allgemeinen Einleitung erwähnter cue validity factor (cvf) eingefügt werden. Die Gl. 2.8 wird dann

$$\Delta w = c * w_{oa} * cvf_a \tag{Gl. 2.10}$$

Die Gewichtsmatrix für das kleine Netzwerk (mit dem cvf = 1 für alle Attribute) aus Abb. 2.1 wird in Abb. 2.2 dargestellt.

In Abb. 2.2 wird eine sogenannte „kompakte" Ansicht dargestellt, da diese für die meisten Anwender ausreichend ist. In der Expertenansicht wird die vollständige Matrix gezeigt, in der zusätzlich die Topologie des Netzwerkes verändert werden kann.

SER steht für die Lernregel und diese „Selbstverstärkung" (Self-Enforcing Rule) bedeutet einerseits, dass das eigentliche Netzwerk durch die Transformation der semantischen Matrix in die Gewichtsmatrix generiert wird (die 0-Werte zu Beginn in der Gewichtsmatrix werden durch die Lernregel selbst verändert); andererseits verstärkt sich das Netzwerk selbst durch die Anzahl der Lernschritte bzw. durch die Lernrate.

▶ **SEN-Charakteristikum**

Die Besonderheit des SEN besteht darin, dass die Gewichtsmatrix *nicht,* wie bei anderen Netzwerktypen üblich, per Zufall generiert wird. Das „Wissen" für das Netzwerk wird in der semantischen Matrix eingegeben; das SEN transformiert dieses Wissen über die Lernregel 1:1 in das eigentliche Netzwerk. Dadurch ist es jederzeit möglich, den Lernprozess und die Ergebnisse des SEN zu rekonstruieren.

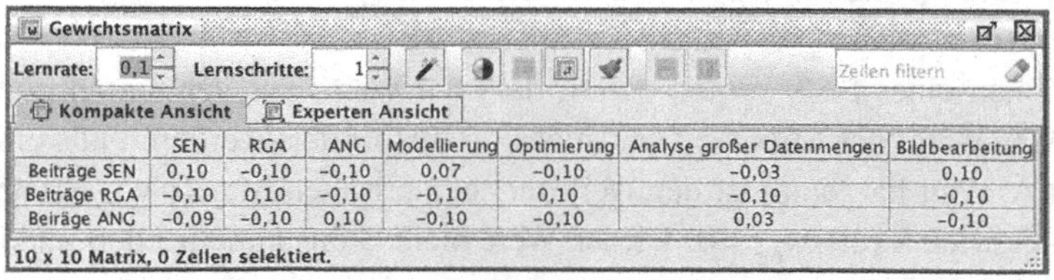

	SEN	RGA	ANG	Modellierung	Optimierung	Analyse großer Datenmengen	Bildbearbeitung
Beiträge SEN	0,10	−0,10	−0,10	0,07	−0,10	−0,03	0,10
Beiträge RGA	−0,10	0,10	−0,10	−0,10	0,10	−0,10	−0,10
Beiräge ANG	−0,09	−0,10	0,10	−0,10	−0,10	0,03	−0,10

Abb. 2.2 Gewichtsmatrix

Nach dem Lernprozess können neue Vektoren als „Eingabevektoren" (Input) definiert werden. Diese sollen durch SEN gemäß ihrer Ähnlichkeit zu den gelernten Objekten (Vektoren der semantischen Matrix) klassifiziert werden.

Zusammenfassung Die Operationen eines SEN Modells bestehen demnach in a) der Konstruktion der problemspezifischen semantischen Matrix, b) der Transformation der Werte der semantischen Matrix gemäß der Gl. 2.8 und c) der Lernschritte gemäß Gl. 2.9 bzw. Gl. 2.10. Das Ergebnis sind die Endaktivierungswerte der Neuronen, die die Objekte repräsentieren.

Die Einfügung eines neuen Objekts wird bestimmt durch den Vergleich der Attributswerte des neuen Objekts mit den Endaktivierungswerten der bereits vorhandenen Objekte.

2.2.5 Visualisierungsmöglichkeiten

Zur raschen Übersicht der Ergebnisse eines SEN stehen mehrere Visualisierungsmöglichkeiten zur Verfügung; die technischen Details werden hier nicht weiter ausgeführt.

a) Tabellarische Übersicht Eine tabellarische Übersicht, bei der die Endaktivierungswerte der Objekte angezeigt werden; je größer die Endaktivierungen sind, desto relevanter sind die Objekte.

Die Ergebnisse des kleinen Beispiels sehen wie folgt aus (Abb. 2.3).

b) Kartenvisualisierung Eine „Kartenvisualisierung", bei der die Objekte nach Ähnlichkeiten geordnet sind (konstruiert von Björn Zurmaar) und eine „topografische" Gesamtübersicht ermöglichen.[2] Die Berechnung der Abstände zwischen den Objekten erfolgt nach der Euklidischen Distanz (Abb. 2.4).

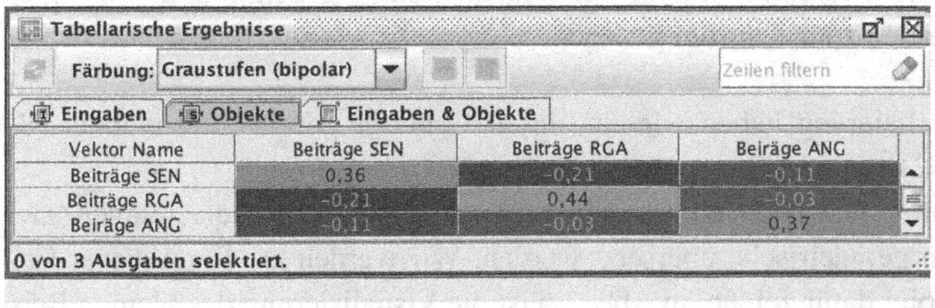
Tabellarische Ergebnisse

Färbung: Graustufen (bipolar)

Zeilen filtern

Eingaben | Objekte | Eingaben & Objekte

Vektor Name	Beiträge SEN	Beiträge RGA	Beiräge ANG
Beiträge SEN	0,36	-0,21	-0,11
Beiträge RGA	-0,21	0,44	-0,03
Beiräge ANG	-0,11	-0,03	0,37

0 von 3 Ausgaben selektiert.

Abb. 2.3 Tabellarische Übersicht

[2]Dies wird detaillierter dargestellt in Klüver 2016.

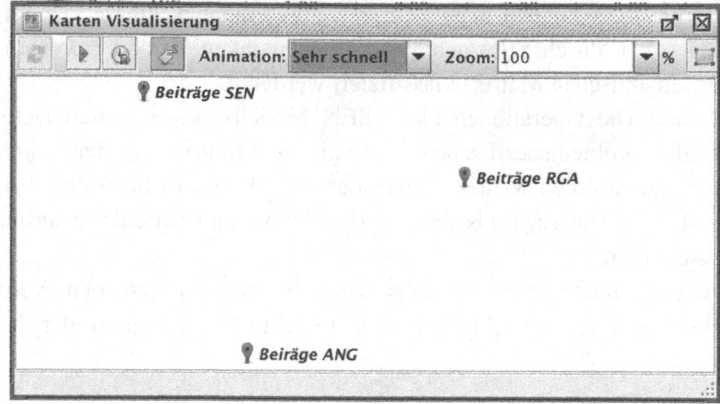

Abb. 2.4 Kartenvisualisierung

Die drei Objekte (Algorithmen) sind relativ gleich voneinander entfernt visualisiert.

Die nächsten Visualisierungsoptionen werden nur dann aktiviert, wenn dem SEN ein neuer Eingabevektor präsentiert wird.

Beispiel: Ein Eingabevektor enthält alle Attribute der semantischen Matrix, die mit 0 belegt sind. In der Anwendung werden die Werte entweder automatisiert importiert oder manuell eingegeben, wie in Abb. 2.5 dargestellt.

In diesem Fall wird nur bei der Bildbearbeitung ein Wert eingegeben und als Ergebnis wird erwartet, in welchen Beiträgen es um Bildbearbeitung geht.

c) Eine Visualisierung im „Zentrummodus": Hier geht es vor allem darum, neue Objekte in das System einzufügen. Die übersichtlichste Methode besteht darin, den Vektor des oder der neuen Objekte in das Zentrum des Gesamtbildes zu platzieren, während die bereits eingefügten Objekte an der Peripherie eingeordnet werden. Anschließend werden die geometrischen Distanzen der bereits vorhandenen Vektoren zum Zentrum bestimmt und in der Visualisierung gezeigt, d. h. die entsprechenden Objekte werden zum Zentrum gezogen.

Diese Visualisierung haben wir als „Input Centered Modus" bezeichnet (Klüver et al. 2012, S. 152).

Man kann dies auch so verstehen, dass semantische Beziehungen zwischen den Objekten in geometrische übersetzt werden. Wir werden am Ende dieser Einleitung ein reales Beispiel dafür zeigen, in Abb. 2.6 ist die Visualisierung des kleinen Beispiels.

Im Zentrum befindet sich der Eingabevektor und die 3 Objekte werden unterschiedlich stark zum Zentrum angezogen. Die Aktivierung der Objekte ist aufgrund der Parametereinstellungen nicht sehr hoch und daher ist die Visualisierung auf Anhieb nicht

Eingabe Vektoren								

Rohdaten   Normalisiert   Gewichtet

Sele...	Vektor Name	SEN	RGA	ANG	Modellierung	Optimierung	Analyse großer Datenmengen	Bildbearbeitung
☑	Algorithmus für Bildbearbeitung	0,00	0,00	0,00	0,00	0,00	0,00	2,00

1 von 1 Eingaben selektiert.

Abb. 2.5 Neuer Eingabevektor

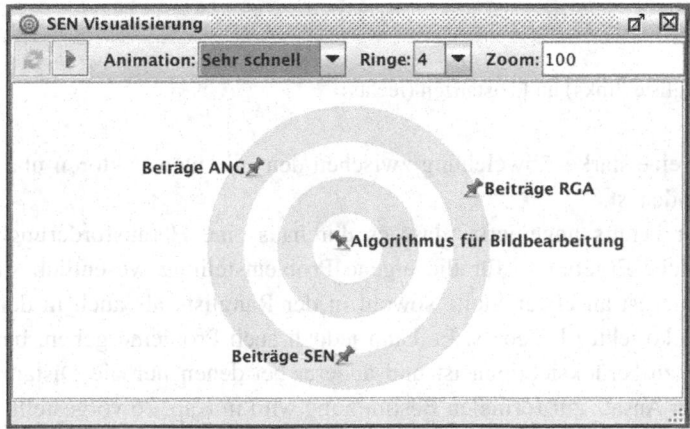

Abb. 2.6 SEN-Visualisierung

eindeutig. Bei genauer Betrachtung wird jedoch das Objekt „Beiträge SEN" am stärksten vom Zentrum angezogen.

Die Visualisierungen dienen einer schnellen Übersicht; eine genaue Berechnung der Aktivierungswerte wird durch die Ranking- sowie durch die Distanzen-Liste angegeben:

d) Distanz und Ranking nach einem neuen Input: Die Klassifikation der verschiedenen Objekte wird zum Verständnis sehr vereinfacht ausgedrückt: Die Attribute des neuen Objekts werden als *neuer* Eingabevektor der Gewichtsmatrix übergeben (unter Anwendung der eingestellten Aktivierungsfunktion). Anschließend wird geprüft, welche Aktivierungswerte sich bei den *gelernten* Objekten durch diese neue Eingabe ergeben.

In der Rangliste wird das Objekt der semantischen Matrix an erster Stelle aufgeführt, das am stärksten durch einen Eingabevektor aktiviert wird. In der Distanzliste steht an erster Stelle das Objekt der semantischen Matrix, das die kleinste Differenz (Euklidische Distanz) zu dem Eingabevektor aufweist.

Entsprechend sehen die Ergebnisse für das kleine Beispiel aus (Abb. 2.7).

Da nur ein einziges Attribut in dem Eingabevektor einen numerischen Wert erhält, sind weder die Aktivierungen in der Rangliste sehr hoch, noch die Distanzen sehr klein,

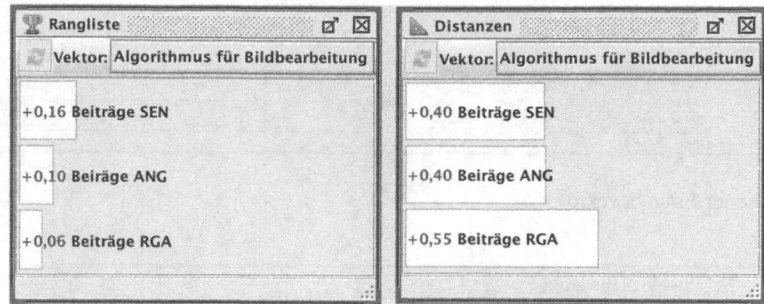

Abb. 2.7 Rangliste (links) und Distanzen (rechts)

da insgesamt eine starke Abweichung zwischen den gelernten Vektoren und dem neuen Objekt vorhanden ist.

Es sei hier bereits angemerkt, dass es durchaus eine Herausforderung ist zu entscheiden, welche Ergebnisse für die eigene Problemstellung wesentlich sind. In dem kleinen Beispiel ist an erster Stelle sowohl in der Rangliste als auch in den Distanzen dasselbe (und korrekte) Ergebnis. Es kann jedoch auch Probleme geben, bei denen nur die Rangliste zu berücksichtigen ist und andere, bei denen nur die Distanzen relevant sind. Ein erster Ansatz zur formalen Bestimmung wird in Kap. 26 vorgestellt.

In den Beiträgen wird jeweils problemorientiert entschieden, ob die Ranglisten oder die Distanzen zu berücksichtigen sind. Für manche Problemstellungen, insbesondere wenn es um eine Entscheidungsunterstützung in kritischen Bereichen geht, ist es unabdingbar, dass beide Ergebnisse übereinstimmend sind. Ist dies nicht der Fall, muss ein menschlicher Experte hinzugezogen werden.

Methodische Erweiterungen Auf zwei *methodische* Erweiterungen des SEN-Algorithmus muss noch verwiesen werden:

a) Will man die Relevanz von einem oder mehreren Attributen besonders hervorheben, dann werden diese in der semantischen Matrix durch einen besonderen, gewöhnlich erhöhten Wert charakterisiert – der in der allgemeinen Einleitung und in Gl. 2.10 bereits erwähnte *cue validity factor (cvf)*.

b) Die zweite Erweiterung besteht in der Bestimmung eines oder mehrerer Objekte als *Referenztypen*. Damit ist gemeint, dass die Objekte insgesamt klassifiziert werden in ihrer Relation zu bestimmten bereits vorhandenen oder zusätzlich konstruierten Objekten. Die Grundidee stammt ebenfalls von Rosch (1973), die den Lernprozess von Kindern dadurch charakterisierte, dass Kinder neue Wahrnehmungen an bereits vorhandenen Wahrnehmungen orientieren und z. B. eine neu wahrgenommene Katze an ihrer Ähnlichkeit zu bereits bekannten Katzen *als Katze* erkennen.[3]

---

[3]Rosch spricht hier von *Prototypen*. Da dieser Begriff in den technischen Wissenschaften bereits mit anderen Bedeutungen verwendet wird, haben wir hier den Begriff „Referenztypus" eingeführt.

Werden Referenztypen als Eingabevektoren in SEN visualisiert, dann handelt es sich um den „Reference Type Centered Modus" (Klüver et al. loc. cit.).

Dies kann abschließend zu dieser Einleitung an einem realen Beispiel verdeutlicht werden, das wir bereits in Klüver et al. 2012 dokumentiert haben: Ein ehemaliger Student von uns hatte vor etlichen Jahren in seiner Firma den Auftrag, einen möglichst geeigneten Standort für eine neue Offshore Windkraftanlage zu bestimmen. Dazu hatte er eine Liste von möglichen Standorten erhalten mit Attributen wie Entfernung vom Festland, durchschnittliche Wassertiefe, Meeresströmungen, nächste Anschlüsse an das allgemeine Stromnetz etc. Aus diesen Daten und durch Expertenbefragungen konstruierte er die semantische Matrix für sein SEN Modell.

Im nächsten methodischen Schritt konstruierte er einen fiktiven Standort, der alle gewünschten Eigenschaften optimal erfüllte, aber den es nicht real gibt. Man kann hier im Sinne des großen theoretischen Soziologen Max Weber von einem *Idealtypus* sprechen. Dies neue Objekt wurde nun als Referenztypus in das SEN Modell eingesetzt und zwar gemäß der Methode des Zentrummodus (c) im Zentrum des Modells. Die bereits eingesetzten realen Standorte wurden dann vom Algorithmus zum Zentrum „gezogen" – je näher ein Objekt dem Zentrum ist, desto besser geeignet ist der entsprechende Standort.

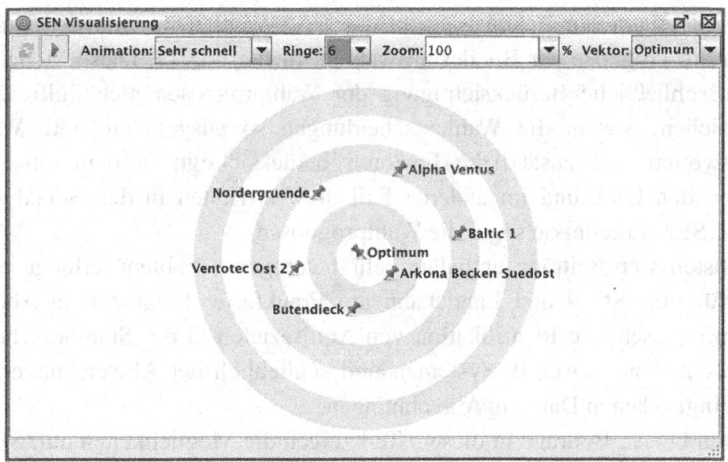

Im Jahr 2019 wurde dieser Standort in Betrieb genommen[4] – eine für uns sehr erfreuliche Information. Mit SEN lässt sich also auch eine Ordnung nach Qualitätskriterien herstellen und visuell verdeutlichen.

Damit sind wir bereits in der ersten praktischen Anwendung von SEN angelangt. Der eigentliche Hauptteil, nämlich die verschiedenen praktischen Beispiele, soll damit auch beginnen.

---

[4]https://de.wikipedia.org/wiki/Liste_der_Offshore-Windparks

2.3   Anwendungsgebiete des SEN

Die Einsatzgebiete des SEN sind zwischenzeitlich sehr vielfältig. Wurde SEN ursprünglich primär zur Modellbildung und Klassifikation verwendet, ist es zwischenzeitlich möglich, komplexe Daten zu clustern und zu analysieren, SEN als Entscheidungsunterstützung einzusetzen oder zur Bildbearbeitung. Selbst zur Analyse und Klassifikation akustischer Signale gibt es bereits einen Prototypen.

Ein Vorteil von SEN besteht darin, dass dieses neuronale Netzwerk gemäß der Aufteilung in Kap. 1 sowohl als Methode der Künstlichen Intelligenz als auch des Maschinellen Lernens eingesetzt werden kann. Dies wird in den folgenden Kapiteln anschaulich demonstriert.

Zunächst werden Modelle vorgestellt, in denen typische Probleme aufgegriffen werden, die im Kontext der Softwareentwicklung auftreten: Die Auswahl eines Vorgehensmodells, die Sicherung bzw. Verbesserung der Qualität, Aufwandschätzungen oder die Identifikation von Aufwandstreiber. Darüber hinaus geht es um eine Entscheidungsunterstützung für die Auswahl von Softwarekomponenten, oder für die Wahl eines individuell geeigneten Führungsstils. Es wird gezeigt, dass auch Begriffe wie „Effektivität" bei Beratern oder „Effizienz" in agilen Teams durch die entwickelten Modelle präzisiert werden können.

Anschließend werden zwei Wahlen aus unterschiedlicher Perspektiven analysiert: Zunächst geht es um die Rekonstruktion der USA-Wahlen im Jahr 2016 und darauf folgend um die Prognose der Bundestagswahlen im Jahre 2017. Diese Modelle zeigen, dass die ausschließliche Berücksichtigung der Wahlprognosen nicht hilfreich ist, um nachzuvollziehen, warum die Wahlentscheidungen so ausgefallen sind. Werden die Modelle erweitert und zusätzliche Faktoren berücksichtigt, in dem einen Fall die Umfragen in den USA und im anderen Fall die Aktivitäten in den Social Media, so schlagen die SEN-Ergebnisse sogar die Wahlprognosen.

Die nächsten vier Beiträge enthalten sehr heterogene Problemstellungen: Die Entscheidung für eine Start- und Landebahn am Frankfurter Flughafen in Abhängigkeit von Wetterprognosen, die Identifikation von Aquisezielen in der Stahlbranche und von Angriffstools in Voice Over IP-Systemen und schließlich der Abweichungen in handschriftlich eingegebenen Daten in Abrechnungen.

Die letzten beiden Beiträge in diesem Teil zeigen die Möglichkeiten auf, SEN für die Bildbearbeitung einzusetzen.

Literatur

Klüver C, Klüver J, Schmidt J (2012) Modellierung komplexer Prozesse durch naturanaloge Verfahren. Soft Computing und verwandte Techniken, 2. Aufl. Springer Vieweg, Wiesbaden
Klüver C (2016) Steering Clustering of Medical Data in a Self-Enforcing Network (SEN) with a Cue Validity Factor. IEEE Symposium Series on Computational Intelligence, Athen 1–8. https://doi.org/10.1109/SSCI.2016.7849883
Rosch E (1973) Natural Categories. Cogn Psychol 4:328–350

Bewertung und Auswahl von Vorgehensmodellen im IT-Projektmanagement – Ein Ansatz für die Unternehmenspraxis

3

Christoph Albers

Zusammenfassung

Die Auswahl eines geeigneten Vorgehensmodells für ein Projekt ist für viele IT-Manager ein wiederkehrendes Problem. Zur Unterstützung existieren vielfältige theoretisch-orientierte Ansätze, die jedoch unterschiedliche Defizite mit sich bringen, so dass eine erfolgreiche Überführung in die Unternehmenspraxis bisweilen nicht erfolgt ist. Dieser Beitrag stellt einen neuen Ansatz zur Vorgehensmodellauswahl vor, welcher auf einem künstlichen neuronalen Netzwerk, dem Self-Enforcing Network, basiert und zugleich die Ergebnisse einer Expertenbefragung einbezieht. Anhand zweier Beispiele wird vorgestellt, wie dieser Ansatz bei der Auswahl von agilen und sogar hybriden Vorgehensmodellen Entscheidern durch ein formales Modell einen Mehrwert erbringen kann.

Schlüsselwörter

Self-Enforcing Network · Projektmanagement · Vorgehensmodell · IT-Management · IT-Governance

C. Albers (✉)
Commercial Aviation Platforms – Group IT, TUI Infotec GmbH, Hannover, Deutschland
E-Mail: christoph.albers@tui.com

© Springer Fachmedien Wiesbaden GmbH, ein Teil von Springer Nature 2021
C. Klüver und J. Klüver (Hrsg.), *Neue Algorithmen für praktische Probleme,*
https://doi.org/10.1007/978-3-658-32587-9_3

3.1   Status Quo: Die Auswahl von Vorgehensmodellen in der Unternehmenspraxis

Entscheidungsträger in der Informationstechnologie (IT) wie Chief Information Officer, Programm-, Projekt- und Produktmanager stehen regelmäßig vor der Entscheidung für ein Projekt, ein Programm, eine Produktentwicklung oder auch als organisatorische Vorgabe ein geeignetes Vorgehensmodell (VM) auszuwählen. Dabei stoßen Denkansätze wie die des klassischen Projektmanagements gegen die des agilen Produktmanagements oder Verfechter hybrider Verfahren. Doch nicht nur die hohe Anzahl der verfügbaren Vorgehensmodelle an sich macht die Entscheidungsfindung hochgradig komplex. Vorgehensmodelle können zudem miteinander kombiniert werden, so z. B. PRINCE2 und Scrum, oder durch sogenanntes Tailoring an den Kontext des Projektes angepasst werden.

Das Ziel dieses Beitrags besteht darin, einen Ansatz vorzustellen, welcher dem Wunsch nach einer Unterstützung bei der Auswahl eines Vorgehensmodells im Kontext des IT-Projektmanagements nachkommt.

Hierzu wird ein Entscheidungsmodell mit einem entsprechenden Entscheidungsfeld bestehend aus den Handlungsalternativen (Vorgehensmodelle), den Bewertungskriterien und den Bewertungen erarbeitet. Die Bewertung erfolgte durch eine Expertenbefragung und die Ergebnisse wurden in die semantische Matrix des Self-Enforcing Network (SEN) überführt (Abschn. 3.3.1).

Dieser grundlegenden Arbeit folgend wird anhand zweier Beispiele aufgezeigt, wie eine Auswahl eines VM anhand eines exemplarischen Projektes durch das als SEN implementierte Entscheidungsmodell unterstützt werden kann.

Abschließend wird das Ergebnis dieser Beispiele kritisch betrachtet und diskutiert sowie ein Ausblick auf weiterführende Arbeiten an diesem Ansatz geboten.

3.1.1   Einordnung und Bedeutung von Vorgehensmodellen im IT-Projektmanagement

Dass die Fragestellung nach dem geeigneten Vorgehensmodell für ein Projekt nicht leichtfertig getroffen werden sollte, kann aus der nachfolgenden Definition und der Bedeutung von VMs für das IT-Projektmanagement abgeleitet werden:

Vorgehensmodelle im Kontext des IT-Projektmanagements geben einen übergeordneten Ablauf für Projekte vor. Sie stellen Prozesse und Methoden zur Verfügung, wiederkehrende Tätigkeiten des Projektmanagements in gleicher Art und Weise umsetzen zu können (Broy und Kuhrmann 2013). In dieser Funktion können die VM als systematisches Werkzeug der Projektplanung-, Durchführung und –Überwachung aufgefasst werden (Wieczorrek und Mertens 2011), welche ein einzelnes Projekt in einen standardisierten Rahmen einbetten. Ferner geben Vorgehensmodelle die Schnittstellen zur Kommunikation zwischen dem Projekt und dessen unternehmerischen Umfeld vor (Broy und Kuhrmann 2013). Zum besseren Verständnis dieses Beitrages sei angemerkt, dass wann immer die Rede von Vorgehensmodellen ist, diese im Kontext des IT-Projektmanagements zu verstehen sind.

Projekte sind die wesentlichen Treiber für technische Innovation und den organisatorischen Wandel in Unternehmen und existieren in nahezu allen Branchen (Schelle und Linssen 2018). Bedingt durch die herausragende Bedeutung der VM für den Erfolg von Projekten einerseits und der zentralen Relevanz von Projekten für die Unternehmen andererseits (Fiedler 2020), kann ein direkter Zusammenhang zwischen der Auswahl eines geeigneten Vorgehensmodells als ein wichtiger Einflussfaktor und dem wirtschaftlichen Erfolg eines Unternehmens hergestellt werden.

Dieser Einordnung von Vorgehensmodellen in den Kontext des IT-Projektmanagements unter Berücksichtigung von ökonomischen Faktoren folgend, wird die Tragweite entsprechender Entscheidungen in der Unternehmenspraxis deutlich. Welche Verfahren und Ansätze Entscheider bei der Beantwortung der Fragestellung nach einem geeigneten VM unterstützt werden können, wird im Folgenden näher betrachtet.

3.1.2 Bekannte Verfahren zur Auswahl von Vorgehensmodellen

In der Literatur lassen sich vielfältige Ansätze zur Unterstützung bei der Auswahl eines geeigneten Vorgehensmodell finden.

Einige dieser Arbeiten sind:

- Das Zachmann-Framework nach Zachmann (Zachman 1987),
- Vergleich durch Perspektiven nach Chroust (Chroust 1992),
- Vergleich von Modellen der objektorientierten Softwareentwicklung nach Noack und Schienmann (Noack und Schienmann 1999),
- Vergleich von Modellen der komponentenorientierten Entwicklung nach Fettke, Intorsureanu und Loos (Fettke et al. 2002),
- Vergleich des PMBoK mit mehreren agilen Modellen nach Fitsilis (Fitsilis 2008),
- Vergleich von Modellen des Product Service Systems Engineering nach Gräßle, Thomas und Dollmann (Gräßle et al. 2010),
- Vergleich von Modellen für die Entwicklung hybrider Produkte nach Langer, Köbler, Berkovich et al. (Langer et al. 2010),
- Kombination klassischer und agiler Modelle zu einem hybriden Modell nach Habermann (Habermann 2013),
- Vergleich von Vorgehensmodellen in der Softwareentwicklung unter Anwendung eines künstlichen neuronalen Netzes, dem Self-Enforcing Network (SEN) nach Klüver und Klüver (Klüver und Klüver 2015).

Allen diesen Arbeiten gemein ist das Aufstellen eines allgemeinen Vergleichs-
rahmens in Form von definierten Kriterien sowie die Bewertung von ausgewählten
Vorgehensmodellen anhand dieser Kriterien (Albers 2017).

3.1.3 Kritische Betrachtung der bekannten Verfahren

Obwohl eine Vielzahl unterschiedlicher (theoretischer) Ansätze zur Entscheidungsfindung bei der Auswahl eines Vorgehensmodells existieren, finden diese in den Unternehmen kaum Anwendung. Als mögliche Ursache für diese Diskrepanz zwischen
Theorie und Praxis wurden die zuvor erwähnten Ansätze analysiert und vier wesentliche
Defizite identifiziert. Diese können dazu beitragen, dass die Transition in der Unternehmenspraxis bisweilen nicht gelungen ist.

Zunächst ist auffällig, dass die meisten Ansätze lediglich die Gegenüberstellung
einiger weniger Vorgehensmodelle anbieten. Dabei werden zumeist klassische und
teilweise auch agile VM berücksichtig. Neuartige hybride VM finden kaum Berücksichtigung. Zur Ermittlung des am besten geeigneten Vorgehensmodells ist es jedoch von
Bedeutung, eine möglichst große Menge von Vorgehensmodellen einzubeziehen.

Auch hinsichtlich der verwendeten Kriterien zur Beschreibung und zum Vergleich der
Vorgehensmodelle in den Ansätzen kann ein Defizit herausgestellt werden. So finden vor
allem objektive Kriterien wie z. B. der Grad der Prozessabdeckung oder das Vorhandensein von Plänen Berücksichtigung, nicht aber auch subjektive Kriterien wie z. B. die
Erfahrung des Projektleiters oder die Unternehmenskultur. Um die Auswahl des best-
möglich passenden Vorgehensmodells zu unterstützen ist es relevant, nicht ausschließlich
objektive Kriterien heranzuziehen sondern ebenso subjektive Kriterien zu betrachten
(Albers 2016).

Allen betrachteten Arbeiten mit Ausnahme einer (Klüver und Klüver 2015) ist
gemein, dass es sich um theoretische Ansätze ohne praktische Implementierung handelt.
Eine direkte Nutzung durch Entscheidungsträger in Unternehmen ist daher nicht bzw.
nur mit hohem initialem Aufwand realisierbar.

Darüber hinaus ist auffällig, dass die Bewertung der Vorgehensmodelle anhand der
aufgestellten Kriterien in den jeweiligen Arbeiten durch den Autor selbst bzw. mittels
Literaturrecherche erfolgte. Die Potenziale und Defizite der betrachteten VM, wie diese
durch Experten und Praktiker eingeschätzt werden, findet keine Berücksichtigung.
Diese Evaluation spiegelt also im Wesentlichen die theoretischen Erkenntnisse der
Vorgehensmodelle wider bzw. in Teilen die Erfahrung des Autors. Kenntnisse aus der
Praxis finden keine Beachtung.

Um Entscheidungsträger bei der Auswahl eines geeigneten Vorgehensmodells zu
unterstützen und dabei die Defizite bekannter Ansätze zu reduzieren wird ein Entscheidungsmodell entwickelt, welches anschließend in das Self-Enforcing Network
(SEN) implementiert wird.

3.2 Entwicklung eines Entscheidungsmodells als Grundlage zur Auswahl von Vorgehensmodellen

Um das Modell nachvollziehen zu können und welcher Nutzen dadurch geniert werden soll, wird das Konstrukt des Entscheidungsmodells in Kürze mit Fokus auf die für diesen Beitrag relevanten Aspekte beschrieben.

Grundvoraussetzung für die Entwicklung eines solchen Entscheidungsmodells ist es, dass mindestens zwei oder mehr Handlungsalternativen, d. h. im konkreten Fall IT-Vorgehensmodelle, bekannt sind mit denen ein Ziel mehr oder weniger gut erreicht werden kann (Laux et al. 2014). Der Kern eines jeden Entscheidungsmodells wird durch das Entscheidungsfeld gebildet. Ein solches umfasst einerseits die Handlungsalternativen, die Bewertungskriterien sowie die Ergebnisse, d. h. die einzelnen Werte eines Entscheidungskriteriums zur einer Handlungsalternative (Laux et al. 2014).

Nachfolgend wird das Entscheidungsfeld entsprechend dem Grundmodell der Entscheidungstheorie entwickelt. Dazu wird zunächst ein Schwerpunkt auf die berücksichtigen Vorgehensmodelle gelegt, d. h. auf die Handlungsalternativen. Darauffolgend werden die Bewertungskriterien vorgestellt und eine Bewertung der Vorgehensmodelle anhand dieser Kriterien mittels empirischer Studie vorgenommen. Das daraus resultierende Entscheidungsfeld wird dann in ein SEN zur praktischen Nutzung überführt.

3.2.1 Festlegung der berücksichtigten klassischen, agilen und hybriden Vorgehensmodelle

Bei der Auswahl der Handlungsalternativen, ist es von besonderer Bedeutung, möglichst alle relevanten Alternativen zu berücksichtigen (Kühnapfel 2014). Es sollen daher sowohl klassische wie agile als auch hybride VM einbezogen werden.

Die Gruppe der *klassischen* Vorgehensmodelle umfassen dabei alle Wasserfall- und Spiralmodelle, welche die Bearbeitung eines Projektes in Phasen beschreiben, die sequentiell durchlaufen werden. Bei den *agilen* VM handelt es sich um solche Vorgehensmodelle, die sich vorrangig an den Prinzipien und Methoden des agilen Manifestes orientieren und sich durch kurze Iterationen mit einem als Inkrement bezeichneten Ergebnis auszeichnen (Aichele und Schönberger 2014). Die *hybriden* VM wiederum sind eine Kombination aus klassischen und agilen Vorgehensmodellen, die sich vornehmlich durch klassische Phasen der Anforderungsdefinition und agilen, iterativen Entwicklungszyklen charakterisieren (Kuster et al. 2019).

Um der Anforderung eines möglichst umfangreichen Katalogs an Vorgehensmodellen gerecht zu werden, wurde eine umfassende Recherche über verwendete VM im deutschsprachigen Raum durchgeführt. Hierbei wird insbesondere auf die Forschungsarbeiten von Kuhrmann und Linssen (Kuhrmann und Linssen 2014; Linssen et al. 2018), von

Simon et al. (2013), sowie von Fritzsche und Keil (2007) zurückgegriffen. Zusammen mit einer ausführlichen Literaturrecherche brachte dieses insgesamt 22 relevante Vorgehensmodelle des IT-Projektmanagements hervor, welche als Handlungsalternativen im Entscheidungsmodell berücksichtigt werden.

Betrachtet wurden aus der Gruppe der klassischen bzw. sequentiellen die Vorgehensmodelle:

- Build&Fix,
- Handbuch der Elektronischen Rechenzentren des Bundes, eine Methode zur Entwicklung von Systemen (HERMES),
- International Project Management Association (IPMA),
- Project Management Body of Knowledge (PMBoK),
- Projects in Controlled Environments 2 (PRINCE2),
- Rational Unified Process (RUP),
- das Spiralmodell,
- Structured Systems Analysis and Design Method (SSADM),
- V-Modell XT sowie
- das Wasserfallmodell.

Als Vertreter der agilen Modelle werden betrachtet:

- Crystal,
- Dynamic Systems Design Method (DSDM),
- Feature Driven Development (FDD),
- Kanban,
- Object Engineering Process (OEP),
- Scaled Agile Framework (SAFe),
- Scrum und
- Test Driven Development (TDD).

Des Weiteren werden die nachfolgenden Vorgehensmodelle aus der Klasse der hybriden Modelle mit einbezogen:

- Agile Unified Process (AUP),
- Projects in Controlled Environment Supported by Scrum (PRINCESS),
- ScrumBan,
- Software Development Agile (SoDa).

Diese Liste erhebt keinen Anspruch auf Vollständigkeit. Es handelt sich hierbei jedoch um jene Vorgehensmodelle des IT-Projektmanagements, die in der Literatur und aktuellen Forschungsarbeiten am häufigsten berücksichtigt werden und denen damit eine gewisse Relevanz unterstellt wird.

3.2.2 Herleitung der Bewertungskriterien

Zur Beschreibung der einzelnen Handlungsalternativen, d. h. zur Beschreibung der IT-Vorgehensmodelle, werden Bewertungskriterien zusammengestellt. Das Ziel dieser Zusammenstellung besteht darin, solche beschreibende Attribute der IT-Vorgehensmodelle zu identifizieren, welche das Entscheidungsproblem vor dem Hintergrund der Handlungsalternativen best-möglich charakterisieren (Laux et al. 2014; Kühnapfel 2014). Dieses soll neben objektiven auch subjektive Entscheidungskriterien einbeziehen.

Insgesamt wurden 82 Entscheidungskriterien ermittelt. Aufgrund der großen Anzahl der Entscheidungskriterien werden diese der Übersicht halber in die vier Gruppen der *projekt*-bezogenen, *projektmanagement*-bezogenen, *projektteam*-bezogenen und *unternehmensbezogenen* Entscheidungskriterien gegliedert.

Im Kern dieses Entscheidungsmodells steht das Projekt, für welches es ein geeignetes Vorgehensmodell zu finden gilt. Daher werden zunächst 15 *projekt-spezifische* Bewertungskriterien aufgestellt, welche sich mit dem Projekt an sich beschäftigen. Hierzu zählen auszugsweise die „Laufzeit" des Projekts, das „Budget" und die „Komplexität" des Projekts.

Ein jedes Projekt wiederum ist in einen prozessualen und methodischen Rahmen, dem Projektmanagement, eingebettet. Es ist daher zielführend, ebensolche Parameter bei der Auswahl eines Vorgehensmodells zu berücksichtigen. So bezieht das Entscheidungsmodell insgesamt 37 *projektmanagement-spezifische* Kriterien ein, zu denen auszugsweise die „Vollständigkeit der Projektphasenabdeckung" des VMs, das Vorhandensein von Querschnittsfunktionen z. B. zum „Risikomanagement" oder die „Orientierung an ISO-Normen" zählen.

Einen maßgeblichen Einfluss auf ein Projekt und dessen Erfolg wird durch die Personen ausgeübt, die für dieses tätig sind bzw. tätig werden sollen. Ein Vorgehensmodell sollte daher nicht nur zu den Rahmenbedingungen passen, sondern ebenso zu den Beteiligten. Es werden daher insgesamt 17 *projektteam-spezifische* Bewertungskriterien herangezogen, wie z. B. die „Standortverteilung" des Teams, die „Kommunikationskultur" oder die „Methodenvertrautheit" der Mitarbeiter.

Sowohl die Projekte wie auch das Team sind in der Regel in einen *unternehmerischen Kontext* eingebettet. Es ist daher nachvollziehbar, dass auch solche Bewertungskriterien bei der Entscheidungsfindung herangezogen werden, die das rahmengebende Unternehmen berücksichtigen. Solche sind u. a. das „Vorhandensein von Anreizsystemen", das „Führungsverhalten" oder Schnittstellen zu „Benchmark-Systemen".

In Tab. 3.1 wird die Anzahl der jeweiligen Bewertungskriterien (Attribute) zusammengefasst.

Eine Besonderheit über alle Entscheidungskriterien hinweg ist, dass sowohl *objektive* wie auch *subjektive* Kriterien mit einbezogen werden. Dieses meint, dass sowohl

Tab. 3.1 Kategorien und Anzahl der Bewertungskriterien

Gruppenname (bezogen auf)	Anzahl der Bewertungskriterien
Projekt	15
Projektmanagement	37
Projektteam	17
Unternehmen	13

Bewertungskriterien berücksichtig werden, die messbar und direkt nachvollziehbar sind als auch solche, die auf der individuellen Meinung und Erfahrung einer Person beruhen.

3.2.3 Bewertung der Vorgehensmodelle mittels Expertenbefragung

Um möglichst praxisrelevante Aussagen gewinnen zu können, wurde die Bewertung als empirische Studie in Form einer Expertenbefragung durchgeführt.

Experten aus dem Umfeld des IT-Projektmanagements wurden gebeten, eines oder mehrere der zur Auswahl gestellten IT-Vorgehensmodelle anhand der Bewertungskriterien zu bewerten. Durch dieses Verfahren war es möglich, neben dem Wissen der Experten auch persönliche Eindrücke und Erfahrung zu berücksichtigen. Dieses kommt insbesondere bei den subjektiven Kriterien zum Tragen.

Darüber hinaus ist zu berücksichtigen, dass viele Vorgehensmodelle wie PRINCE2 oder das V-Modell kommerzielle Produkte darstellen, die entsprechend in der Primärliteratur als sehr generalistisch und für jegliche Situationen einsatzbar beschrieben werden. Eine Literaturrecherche, wie sie in vielen der analysierten Ansätze verfolgt wird, würde demnach die Ergebnisse verfälschen. Das Ziel war es stets, eine reale Sicht auf die Vorgehensmodelle zu erlangen mit allen praktischen Potenzialen und Einschränkungen. Der detaillierte Aufbau und die Durchführung dieser empirischen Studie sind nicht Bestandteil dieses Beitrages, wohl aber die Ergebnisse dieser.

An der Befragung nahmen insgesamt 91 Experten aus dem Kontext des deutschsprachigen IT-Projektmanagement teil. Darunter waren Projektmanager, Programmleiter, IT-Abteilungs- und Bereichsleiter, CIOs und Product Owner.

3.3 Ansatz zur Unterstützung bei der Auswahl von Vorgehensmodellen im IT-Projektmanagement

In einem ersten Schritt wird das zuvor entwickelte Entscheidungsfeld bestehend aus den Alternativen, d. h. den 22 VMs, den Bewertungskriterien, also den 82 identifizierte Charakteristika sowie den Ergebnissen aus der Expertenbefragung in das SEN implementiert.

3.3.1 Implementierung des Entscheidungsmodells in ein SEN

Die semantische Matrix des SEN enthält als Objekte das jeweilige Vorgehensmodell (VM), das von einem Experten bewertet wurde. Damit ist konkret gemeint, dass jeder Experte bewerten sollte, in welchem Maße die 82 Kriterien (Charakteristika) seiner Expertise und Erfahrung nach einem VM zugeordnet werden können. Die Kriterien werden in SEN als Attribute definiert und die Bewertung eines Attributs zu einem Objekt als entsprechendes Matrixelement eingetragen.

Im einfachsten Fall handelt es sich um eine binäre Bewertung: Ein Kriterium erfüllt die Anforderung eines VM oder nicht. Bei Erfüllung ist der Wert in der semantischen Matrix 1,0, sonst 0,0. Einige Kriterien erforderten eine differenziertere Bewertung und in diesem Fall konnten die Kriterien durch die Experten im Intervall zwischen 0 und 5 bewertet werden, um ein „mehr oder weniger" erfassen zu können.

In Abb. 3.1 wird ein Ausschnitt der semantischen Matrix mit den Rohdaten gezeigt. Jede Zeile der semantischen Matrix stellt ein Objekt dar (VM), in den Spalten werden die jeweiligen Attribute (Kriterien) angegeben und die eingetragenen Werte entsprechen der Bewertung durch einen Experten.

In Abb. 3.1 wird exemplarisch die Bewertung *projektbezogener* Kriterien für einige VM gezeigt, die bereits erahnen lässt, dass die Kriterien für die VM von den Experten unterschiedlich bewertet werden.

Von den in Abschn. 3.2.1 dargestellten 22 VM wurden lediglich 14 VM von den Experten bewertet (Tab. 3.2). Insgesamt erfolgten 46 Bewertungen der klassischen und 45 der agilen VM; somit handelt es sich in dieser allgemeinen Hinsicht um eine ausgewogene Bewertung.

In der semantischen Matrix sind somit alle Befragungsergebnisse erfasst und damit kann im SEN gemäß der Lernregel, die semantische Matrix in die Gewichtsmatrix transformiert werden. Für den Lernprozess müssen noch die Parameterwerte bestimmt werden: Die Normierung der Daten erfolgt im Intervall $-1,0$ bis $1,0$, die Lernrate ist 0,1 und weiterhin wurden die lineare Aktivierungsfunktion sowie ein Iterationsschritt gewählt. Der cue validity factor (cvf), ein numerischer Wert, der die Bedeutung eines Attributes verstärken oder abschwächen kann, ist für alle Attribute gleich 1,0, da davon ausgegangen wird, dass alle Attribute gleichermaßen relevant sind.

In der Kartenvisualisierung der SEN-Software werden die Ergebnisse der Expertenbefragung abgebildet (Abb. 3.2).

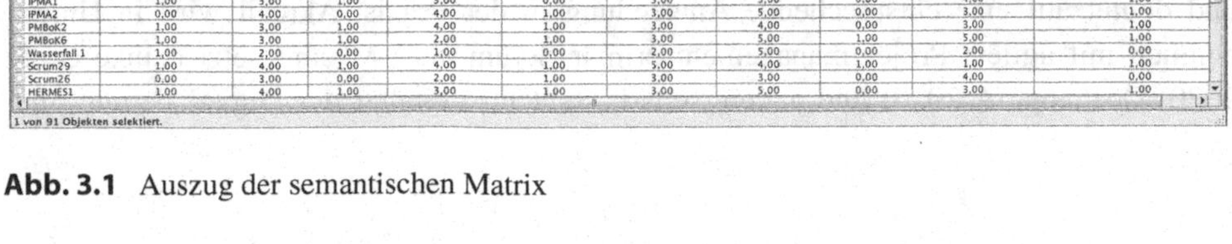

Objekt Name	PR01 Zeitliche Begrenzung	PR02 Laufzeit	PR03 Budget	PR04 Budgetgröße	PR05 Einmaligkeit	PR06 Innovationsgrad	PR07 Zielgrad	PR08 Wirt. Nutzen	PR09 Abgrenzung	PR10 Projektorganisation
Build&Fix1	0,00	1,00	0,00	1,00	0,00	1,00	1,00	0,00	1,00	0,00
IPMA1	1,00	3,00	1,00	3,00	0,00	3,00	5,00	0,00	4,00	1,00
IPMA2	0,00	4,00	0,00	4,00	1,00	3,00	5,00	0,00	3,00	1,00
PMBoK2	1,00	3,00	1,00	4,00	1,00	3,00	4,00	0,00	3,00	1,00
PMBoK6	1,00	3,00	1,00	2,00	1,00	3,00	5,00	0,00	5,00	1,00
Wasserfall 1	1,00	2,00	0,00	1,00	0,00	2,00	5,00	0,00	2,00	0,00
Scrum29	1,00	4,00	1,00	4,00	1,00	5,00	4,00	1,00	1,00	1,00
Scrum26	0,00	3,00	0,00	2,00	1,00	3,00	3,00	0,00	4,00	0,00
HERMES1	1,00	4,00	1,00	3,00	1,00	3,00	5,00	0,00	3,00	1,00

1 von 91 Objekten selektiert.

Abb. 3.1 Auszug der semantischen Matrix

Tab. 3.2 Bewertungen der VM durch Experten

Vorgehensmodell	Anzahl
Build&Fix	1
HERMES	2
IPMA	11
PMBok	17
PRINCE2	9
PRINCESS	1
RUP	2
V-Modell XT	1
Wasserfall	4
DSDM	2
FDD	1
SoDa	1
SAFe	1
Kanban	2
Scrum	36
Insgesamt	**91**

In der Kartenvisualisierung werden die Ähnlichkeiten der Objekte zueinander nach der Euklidischen Distanz der jeweiligen Aktivierungswerte abgebildet; dies bedeutet, dass die Objekte nahe beieinander die größte Ähnlichkeit (kleinste Distanz) aufweisen. Unmittelbar fällt auf, dass die Bewertungen der jeweiligen VM in der Tat heterogen erfolgt sind und im unteren Teil der Kartenvisualisierung einige weiter entfernt von der Mehrheit platziert werden. Im Fall des VM Build&Fix ist es nachvollziehbar, da dieses VM kaum Überschneidungen mit den anderen VM aufweist. In den anderen Fällen muss durch eine Nachuntersuchung festgestellt werden, was die Gründe für die Abweichung sein können.

Weiterhin wird deutlich, dass trotz der teilweise unterschiedlichen Bewertung der einzelnen Kriterien durchaus zwei Cluster entstehen in denen auf der linken Seite die Bewertung agiler (zusätzlich markiert durch eine schwarze Farbtönung) und auf der rechten die Bewertung klassischer VM (graue Farbtöne) abgebildet werden, wobei die Trennung nicht ganz scharf ist, aufgrund einiger Überschneidungen in den Bewertungen zwischen den beiden Clustern.

Scrum hat durch die Bewertung von 36 Experten (Tab. 3.2) eine starke Dominanz und deutet auf eine entsprechende Anwendung in der Praxis: Aktuell wird in Unternehmen mit agilem Projektmanagement primär Scrum als VM eingesetzt (Linke et al. 2020, Dechange A 2020) und andererseits besteht im Zeitalter der Digitalisierung und

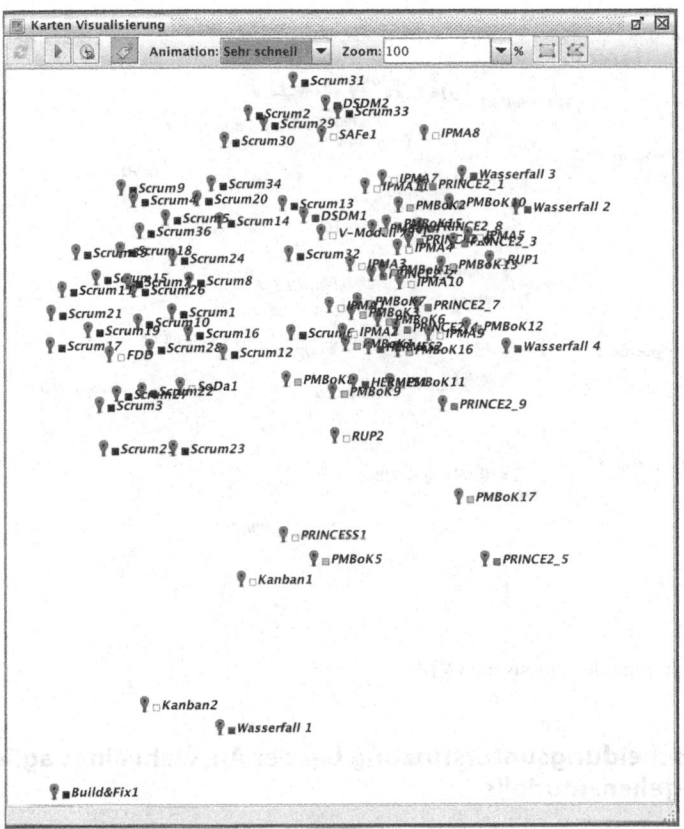

Abb. 3.2 Kartenvisualisierung der Umfrageergebnisse

Industrie 4,0 für viele Unternehmen der Druck, agil zu reagieren (Harwardt et al. 2020), wodurch sich Srum durch die Etablierung anbietet, insbesondere durch die Koppelung (Hybridisierung) mit klassischen VM.

Insgesamt wirkt sich die heterogene Bewertung bei den klassischen VM stärker aus. Man würde erwarten, dass sich Subcluster bilden mit den jeweiligen VM, dies ist jedoch nicht der Fall. Eine Vergrößerung des Clusters lässt dies im Detail erkennen (Abb. 3.3).

Zwischenfazit Die Expertenbefragung hat ergeben, dass zwar grundsätzlich eine Differenzierung zwischen agilen und klassischen VM erfolgt, die Bewertungen innerhalb der Cluster jedoch mitunter weit auseinandergehen. In weiteren Studien müssen Gründe dafür eruiert werden, um möglichst einheitliche Bewertungen festzulegen. So ist zum Beispiel zu klären, ob gerade die subjektiven Kriterien, die für diese Untersuchung sehr wichtig sind, eine entscheidende Rolle bei der Clusterung spielen.

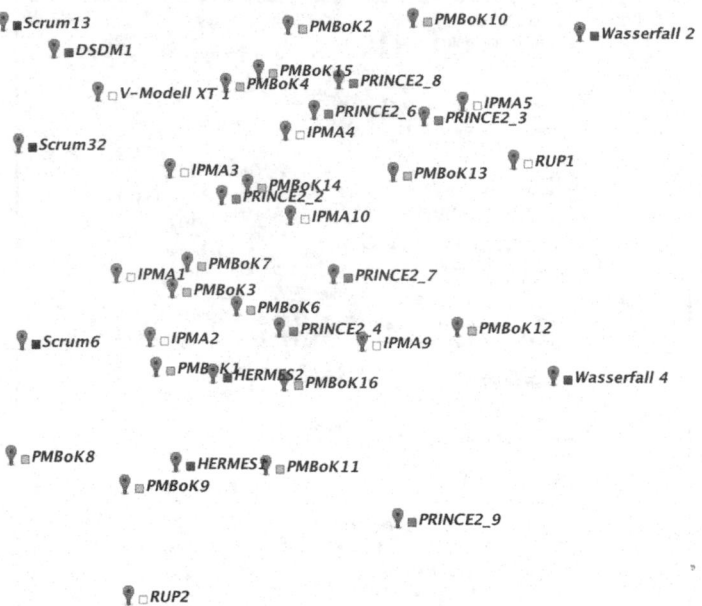

Abb. 3.3 Clusterung der klassischen VM

3.3.2 Entscheidungsunterstützung bei der Auswahl eines agilen Vorgehensmodells

Das Entscheidungsproblem, für welches dieser Beitrag einen Ansatz bieten soll, besteht in der Ermittlung eines geeigneten Vorgehensmodells für entweder ein Projekt oder gar als organisatorischer Vorgabe.

Für die folgenden Modelle wurden die Objekte (VM) aus der semantischen Matrix entfernt, die in der Kartenvisualisierung als Ausreißer in Erscheinung getreten sind. Dies ist in der SEN-Software problemlos möglich, ohne dass sich die sonstigen Lernergebnisse wesentlich verändern. Dies liegt an der speziellen Lernregel, da die Realdaten 1:1 in der Gewichtsmatrix abgebildet werden können.

Damit das SEN hierfür eine Unterstützung bieten kann, bedarf es neben der zuvor implementierten semantischen Matrix einer Eingabe des Projektes, für das ein VM bestimmt werden soll. Hierzu wird ein Eingabevektor angelegt, der über die gleichen charakterisierenden Attribute verfügt wie die Objekte der semantischen Matrix (Abb. 3.4). Die Bewertung der Attribute des Eingabevektors erfolgt durch den Entscheidungsträger indem dieser Angaben zum Projekt, zum Projektmanagement, zum Projektteam sowie zu Unternehmen macht.

Sele...	Vekt.	PRO...	PRO...	PRO...	PRO...	PRO...	PRO...	PRO...	PRO...	PRO...	PR1...	PR1...	PR1...	PR1...	PR1...	PR1...	PMO..
☑	Proj...	1,00	3,00	1,00	3,00	1,00	4,00	2,00	1,00	5,00	1,00	3,00	1,00	3,00	4,00	5,00	3,00

Abb. 3.4 Exemplarisches Projekt als Eingabevektor

Die Abb. 3.4 zeigt auszugsweise diesen Eingabevektor, welcher ein exemplarisches Projekt aus der Unternehmenspraxis beschreibt, für das ein Vorgehensmodell ermittelt werden soll.

Wird nun erneut die Kartenvisualisierung des SEN-Tools genutzt, so zeigt diese das räumliche Verhältnis des Eingabevektors in Relation zu den Objekten der semantischen Matrix (Abb. 3.5, rechts).

Zusätzlich zeigt die SEN-Visualisierung mit dem „Input Ceneterd Modus" die Vorgehensmodelle, die zum Eingabevektor, im Zentrum der Visualisierung, herangezogen werden (Abb. 3.5, links).

Wie der Abb. 3.5, rechts entnommen werden kann, wird das Projekt 1 (grauer Pin) nahe zum „Scrum-Cluster" platziert. Andere Objekte, die beispielsweise eine Bewertung des „PMBok" oder des Wasserfallmodells sind, weisen eine deutlich größere Distanz auf.

Deutlicher wird dies in der SEN-Visualisierung (Abb. 3.5, links): Projekt 1 im Zentrum, zieht überwiegend Bewertungen von Scrum an; die VM, die überhaupt nicht infrage kommen, werden außerhalb des Kreises gezeigt.

Die SEN- wie die Kartenvisualisierung erlauben eine schnelle Übersicht der Ergebnisse, sind jedoch nicht hinreichend, um nähere Details zu erhalten. Mit der Berechnung

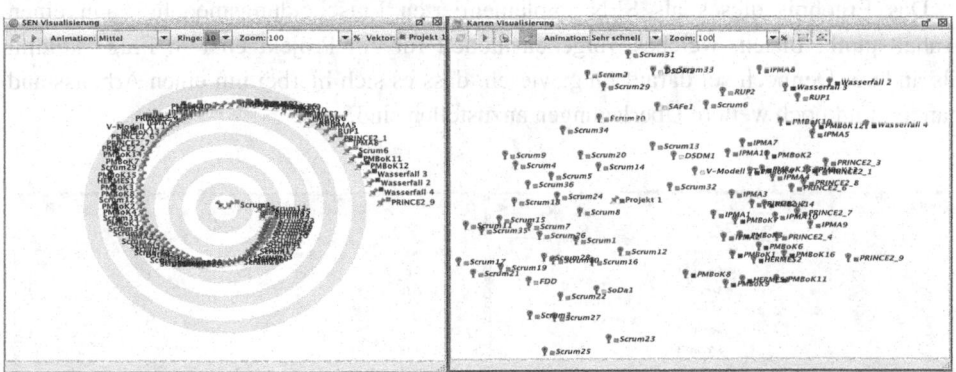

Abb. 3.5 Input Centered Modus (links) und Kartenvisualisierung (rechts) zur Eingabe eines Projektes als Eingabevektor

der Rangliste, die den höchsten Aktivierungswert eines Objektes zeigt und der SEN-Visualisierung entspricht, sowie der Distanzen, die den kleinsten Abstand zwischen den Objekten angibt (Kartenvisualisierung), kann eine Empfehlung genauer überprüft werden. In Abb. 3.6 werden die Ergebnisse auszugsweise gezeigt.

Ein Blick auf die Rangliste der SEN-Software wie in Abb. 3.6 dargestellt zeigt, dass jene Objekte besonders stark aktiviert sind, welche eine Bewertung von Scrum repräsentieren (links). In den Distanzen wird die Empfehlung bestätigt. Das ist nicht selbstverständlich, da die Berechnungen durchaus unterschiedlich sein können. Dies wäre ein Indiz dafür, dass eine Entscheidung nicht eindeutig ist.

Einen maßgeblichen Ansatzpunkt geben hierfür die zuvor erwähnten Distanzen zwischen dem Eingabevektor und den Objekten der semantischen Matrix.

Bedingt durch die geringe Distanz des Inputvektors zu den als Scrum bewerteten Objekten in der Kartenvisualisierung bzw. in der Distanzberechnung, kann als Ergebnis interpretiert werden, dass für diese Eingabe, d. h. für dieses Projekt, das VM Scrum am ehesten den Charakteristika des Eingabevektors entspricht. Dies wird durch die höchste Aktivierung der Objekte, die Scrum repräsentieren, in der Rangliste bestätigt. Die Empfehlung würde daher lauten, Scrum als Vorgehensmodell für dieses Projekt zu verwenden, da die Anforderungen des Projekts eine hohe Deckung zu den in der empirischen Studie gemachten Angaben über die Eigenschaften von Scrum aufweist. Die hohe Distanz hingegen zu vor allem klassischen Vorgehensmodellen lässt die Interpretation zu, dass diese Gruppe an VM weniger den Projekteigenschaften entspricht.

Besonders zu bemerken ist, dass mit diesem Ansatz eine in der Regel hochgradig subjektive Entscheidung, die auf der Wahrnehmung und den Erfahrungen des Entscheidungsträgers basiert in eine objektive, nachvollziehbare und belegbare Entscheidung überführt wurde. Somit wird nicht nur dem Wunsch nach einer Unterstützung bei der Entscheidungsfindung nachgekommen, sondern zugleich Transparenz dieser geschaffen.

Das Ergebnis dieses als SEN implementierten Entscheidungsmodells kann einen Anhaltspunkt bieten, welches Vorgehensmodell für ein Projekt eher in Frage kommt als andere. Dennoch sei darauf hingewiesen, dass es sich hierbei um einen Arbeitsstand handelt und noch weitere Überlegungen anzustellen sind.

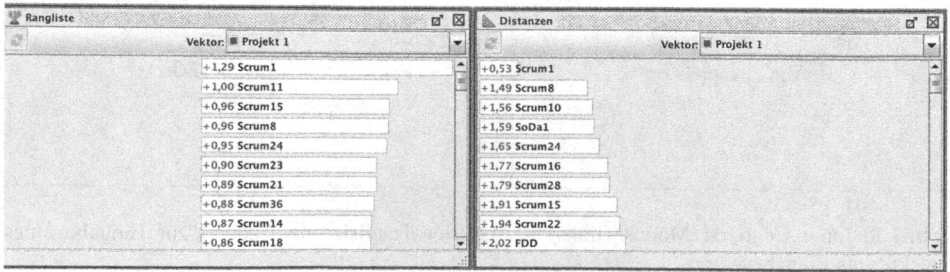

Abb. 3.6 Ergebnisse der Rangliste (links) und der Distanzen (rechts)

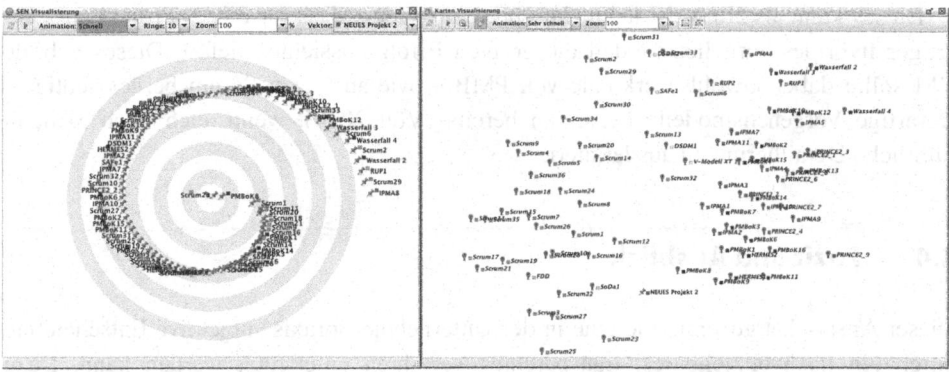

Abb. 3.7 Visualisierung zur Eingabe eines weiteren Projektes als Eingabevektor

Entscheidungsunterstützung bei der Auswahl eines hybriden Vorgehensmodells.

Nicht immer ist das Ergebnis so eindeutig wie im Beispiel des vorigen Kapitels. Ein Projekt kann auch „zwischen" zwei oder mehreren Vorgehensmodellen liegen, weist also gleiche oder ähnliche Distanzen zu mindestens zwei VM auf.

Die nachfolgende Abb. 3.7 zeigt ein weiteres Projekt, dessen bewerteten Kriterien als Eingabevektor in das SEN eingegeben wurde.

Wie die Abb. 3.7 zeigt, werden zum Zentrum die VM Scrum und PMBok angezogen und in der Kartenvisualisierung rechts liegt der Eingabevektor, d. h. das Projekt 2, räumlich gesehen zwischen mehreren Objekten, nämlich PMBok, SoDa und Scrum.

Die Ergebnisse der Rangliste sowie der Distanzen werden in Abb. 3.8 dargestellt.

Aufgrund der Beschreibung, d. h. auf Grund der Bewertung der Charakteristika, weist das eingegebene Projekt sowohl Eigenschaften, welche durch Scrum abgedeckt werden wie auch Eigenschaften, welche eher auf PMBok hinweisen. Es wird also sowohl ein agiles wie auch ein klassisches Vorgehensmodell empfohlen.

Rangliste	Distanzen
Vektor: ■ NEUES Projekt 2	Vektor: ■ NEUES Projekt 2
+1,01 Scrum23	+1,68 Scrum23
+0,96 PMBoK8	+1,68 PMBoK8
+0,74 Scrum1	+1,84 SoDa1
+0,67 Scrum11	+2,15 Scrum1
+0,67 Scrum20	+2,24 Scrum16
+0,63 Scrum18	+2,34 Scrum22
+0,61 Scrum21	+2,66 Scrum28
+0,60 Scrum9	+2,67 PMBoK9
+0,58 Scrum36	+2,72 HERMES1
+0,57 PMBoK1	+2,73 FDD

Abb. 3.8 Rangliste und Distanzen für Projekt 2

Dieses kann als Hinweis darauf interpretiert werden, dass für dieses Projekt ein neu-artiges hybrides Vorgehensmodell die größten Erfolgsaussichten liefert. Dieses hybride VM sollte dabei sowohl Merkmale von PMBok wie auch von Scrum berücksichtigen. Derartige Vorgehensmodelle existieren bereits (Völl 2020), wenn auch noch nicht in sämtliche Detaillierungen ausdefiniert.

3.4   Fazit und Ausblick

Dieser Ansatz hat gezeigt, wie eine in der Unternehmenspraxis subjektive Entscheidung durch ein nachvollziehbares, transparentes Verfahren unterstützt werden kann. Dazu wurde ein Entscheidungsmodell zur Auswahl von Vorgehensmodellen im Kontext des IT-Projektmanagements entwickelt und als SEN implementiert. Zwei praxisnahe Beispiele haben verdeutlicht, wie eine Anwendung in Unternehmen erfolgen kann. Es konnte dadurch gezeigt werden, dass Kritikpunkte der bestehenden theoretischen Ansätze mindestens vermindert, teilweise ganz ausgeräumt wurden.

Durch die Expertenbefragung wird deutlich, wie unterschiedlich die VM in der Praxis bewertet werden. Es war nicht zu erwarten, dass eine einheitliche Bewertung vorliegt, daher ist das Ergebnis grundsätzlich nicht überraschend. Durch die Clusterung und Visualisierungen im SEN eröffnet sich jedoch die Möglichkeit, leichter Gemeinsam-keiten und Unterschiede zu analysieren. Darüber hinaus ergibt sich eine Chance für Unternehmen, indem die Mitarbeiter eine gemeinsame Bewertung der für sie wichtigen Kriterien durchführen, wodurch geprüft werden kann, an welchen Punkten unterschied-liche Meinungen und Einschätzungen vorliegen.

Zur weiteren Optimierung des Entscheidungsmodell und dessen SEN Implementierung sind noch vorrangig drei weiterführende Überlegungen anzustellen:

- Die Attribute der einzelnen Objekte werden derzeit gleich gewichtet, d. h. werden alle in gleichem Maße zum Vergleich mit dem Eingabevektor herangezogen. Es findet keine Differenzierung statt. Es wird jedoch unterstellt, dass es Attribute gibt, welche stärker dazu beitragen, VM zu bestimmen als andere. Diese gilt es zu ermitteln und mithilfe des cue validity factors (cvf) unterschiedlich zu gewichten.
- Die semantische Matrix beinhaltet derzeit 91 Objekte entsprechend der Anzahl der eingegangenen Expertenbefragungen aus der empirischen Studie. Es wäre wünschenswert, Ergebnisse für ein Vorgehensmodell zu einem Referenzvektor zusammen zu führen. Das Ziel besteht darin, jedem VM genau einen Referenzvektor zuzuweisen, der dieses repräsentiert.
- Die Bewertung der VM erfolgte nicht vollständig durch die Experten: Einige VM wurden überhaupt nicht bewertet, andere nur in einer sehr geringen Anzahl. In weiteren Erhebungen müssen diese Lücken geschlossen werden.

- Eine empirische Evaluation ist unumgänglich. Diese sieht vor, eine weitere Experten-befragung durchzuführen in denen das hier entwickelte SEN ein VM für ein Projekt vorschlägt und die Befragten eine Rückmeldung über das Ergebnis geben.

Auch wenn noch weitere Arbeiten an dem Entscheidungsmodell und der Implementierung anzustellen sind so sind die ersten Ergebnisse vielversprechend, eine praxistaugliche Unterstützung für Entscheidungsträger geschaffen zu haben.

Literatur

Aichele C, Schönberger M (2014) Vorgehensmodelle zur Projektdurchführung. Effiziente Ein-führung in das Management von Projekten. Springer Fachmedien. Wiesbaden, In IT-Projekt-management. https://doi.org/10.1007/978-3-658-08389-2_4.29-40

Albers C (2016) Der Auswahlprozess von Vorgehensmodellen im Projektmanagement: Subjektive vs. Objektive Kriterien. In: Engstler M, Fazal-Baqaie M, Hanser E, Linssen O, Mikusz M, Volland A (Hrsg) Projektmanagement und Vorgehensmodelle 2016, Lecture Notes in Informatics (LNI). Gesellschaft für Informatik, Bonn, S 171–175

Albers C (2017) Der Auswahlprozess von Vorgehensmodellen: Eine Übersicht und Diskussion von Vergleichsansätzen. In: Volland A, Engstler M, Fazal-Baqaie M, Hanser E, Linssen O, Mikusz M (Hrsg) Projektmanagement und Vorgehensmodelle 2017 – Die Spannung zwischen dem Prozess und den Mensch im Projekt. Lecture Notes in Informatics (LNI). Gesellschaft für Informatik, Bonn, S 207–212

Broy M, Kuhrmann M (2013) Projektorganisation und Management im Software Engineering. Springer Vieweg, Berlin

Chroust G (1992) Modelle der Software-Entwicklung. Oldenbourg, München

Dechange A (2020) Agiles Projektmanagement. Projektmanagement – Schnell erfasst. Wirtschaft – Schnell erfasst. Springer Gabler, Berlin. https://doi.org/10.1007/978-3-662-57667-0_6

Fettke P, Intorsureanu I, Loos P (2002) Komponentenorientierte Vorgehensmodelle im Vergleich. In Turowski K (Hrsg) 4. Workshop komponentenorientierte betriebliche Anwendungssysteme (WKBA 4). 11. Juni 2002. Augsburg 19–43

Fiedler R (2020) Controlling von Projekten: Mit konkreten Beispielen aus der Unternehmens-praxis – Alle controllingrelevanten Aspekte der Projektplanung, Projektsteuerung und Projekt-kontrolle, 8. Aufl. Springer Vieweg, Wiesbaden

Fitsilis P (2008) Comparing PMBOK and Agile Project Management software development processes. In: Sobh T (Hrsg) Advances in computer and information sciences and engineering. Springer, Dortrecht, S 378–383. https://doi.org/https://doi.org/10.1007/978-1-4020-8741-7_68

Fritzsche M, Keil P (2007) Kategorisierung etablierter Vorgehensmodelle und ihre Verbreitung in der deutschen Software-Industrie. Technische Universität München. https://mediatum.ub.tum.de/doc/1094277/1094277.pdf

Gräßle M, Thomas O, Dollmann T (2010) Vorgehensmodelle des Product-Service Systems Engineering. In: Thomas O, Loos P, Nüttgens M (Hrsg) Hybride Wertschöpfung. Springer. Berlin. https://doi.org/https://doi.org/10.1007/978-3-642-11855-5_5

Habermann F (2013) Hybrides Projektmanagement – Agile und klassische Vorgehensmodelle im Zusammenspiel. HMD Praxis der Wirtschaftsinformatik 50(5):93–102. https://doi.org/10.1007/BF03340857

Harwardt M, Niermann PJ, Schmutte A, Steuernagel A (Hrsg) (2020) Führen und Managen in der digitalen Transformation. Springer Gabler, Wiesbaden. https://doi.org/10.1007/978-3-658-28670-5_1

Klüver C, Klüver J (2015) Self-Enforcing Networks als Tools zur Auswahl eines geeigneten (ggf. Hybriden) Vorgehensmodells in IT-Projekten. In: Engstler M, Fazal-Baqaie M, Hanser E, Mikusz M, Volland A (Hrsg) Projektmanagement und Vorgehensmodelle 2015. Lecture Notes in Informatics (LNI). Gesellschaft für Informatik, Bonn, S 139–150

Kühnapfel JB (2014) Nutzwertanalysen in Marketing und Vertrieb. Springer Gabler, Wiesbaden

Kuhrmann M, Linssen O (2014) Welche Vorgehensmodelle nutzt Deutschland? In: Engstler M, Hanser E, Mikusz M, Herzwurm G (Hrsg) Projektmanagement und Vorgehensmodelle 2014 – Soziale Aspekte und Standartisierung. Gesellschaft für Informatik, Bonn, S 17–32

Kuster J, Bachmann C, Huber E, Hubmann M, Lippmann R, Schneider E, Schneider P, Witschi U, Wüst R (2019) Handbuch Projektmanagement. Springer Gabler, Berlin

Langer P, Köbler F, Berkovich M, Weyde F, Leimeister JM, Krcmar H (2010) Vorgehensmodelle für die Entwicklung hybrider Produkte – eine Vergleichsanalyse. Multikonferenz Wirtschaftsinformatik 2010, Universitätsverlag Göttingen. Göttingen, S 2043–2056

Laux H, Gillenkirch RM, Schenk-Mathes HY (2014) Entscheidungstheorie, 9. Aufl. Springer Gabler, Berlin

Linke K, Köster O, Wiesenberg F (2020) Scrum und Kanban – Grundlagen des agilen Arbeitens. In: Städler M, von Zobeltitz A (Hrsg) Entwicklung und Erprobung von IT-Anrechnungsstudiengängen. Abschließende Erkenntnisse aus dem deutschlandweit ersten derartigen Forschungsprojekt „Open IT". BoD – Books on Demand, Nordstedt, S 145–158

Linssen O, Kuhrmann M, Klünder J, Fazal-Baqaie M, Hanser E, Federer M (2018) Jenseits des Hypes – Entwicklung und Nutzung hybrider Vorgehensmodelle in der Praxis. Projektmanagement aktuell 4:50–56

Noack J, Schienmann B (1999) Objektorientierte Vorgehensmodelle im Vergleich. Informatik-Spektrum 22(3):166–180

Schelle H, Linssen O (2018) Projekte zum Erfolg führen: Projektmanagement systematisch und kompakt, Bd 50960. Beck, München

Simon F, Koßmann A, Kuhrmann M, Méndez Fernández D (2013) Wunsch oder Wirklichkeit? Professionelle Softwareentwicklung „Made in Germany". ObjektSPEKTRUM: 16–23, www.objektspektrum.de

Völl W (2020) Hybrid-agiles Projekt-Management. Control Manag Rev 64:42–50. https://doi.org/10.1007/s12176-020-0121-7

Wieczorrek HW, Mertens P (2011) Vorgehen in IT-Projekten Management von IT-Projekten. Springer, Berlin, 55–102

Zachman JA (1987) A framework for information systems architecture. IBM Syst J 26(3):276–292

Qualitätsverbesserung im Anforderungsmanagement durch Einsatz von Metriken

4

Katrin Traue

Zusammenfassung

Anforderungsformulierungen und Dokumentationstechniken gehören zum Alltag in der Softwareentwicklung. In diesem Beitrag wird zunächst gezeigt, wie ein Self-Enforcing Network bei der Auswahl der passenden Dokumentationstechnik unterstützen kann. Darüber hinaus werden Metriken in das Modell eingeführt, um eine Qualitätsverbesserung zu gewährleisten. Die Verwendung von Metriken hat zum Ziel, eine Kennzahl zur Beurteilung eines Qualitätskriteriums für Anforderungen zu erstellen.

Schlüsselwörter

Anforderungsmanagement · Dokumentationstechniken · Metriken · Self-Enforcing Network

4.1 Einleitung

Anforderungen spielen in unserem Alltag, ganz unbemerkt, eine entscheidende Rolle. Wir merken sehr häufig, dass wir genauer definieren müssten, was wir eigentlich wollen, dies gilt für alltägliche Fragestellungen genauso wie für die Softwareentwicklung. Jedes Projekt startet normalerweise mit einer Vielzahl von Anforderungen, die es gilt, in einer bestimmten Zeit, mit einem bestimmten Budget und mit der gewünschten Qualität umzusetzen. Da sich jedoch alle drei Parameter gegenseitig beeinflussen, verschiebt

K. Traue (✉)
Springe, Deutschland

© Springer Fachmedien Wiesbaden GmbH, ein Teil von Springer Nature 2021
C. Klüver und J. Klüver (Hrsg.), *Neue Algorithmen für praktische Probleme*,
https://doi.org/10.1007/978-3-658-32587-9_4

sich bei Änderung eines Parameters mindestens ein weiterer. Die Standish Group führt in regelmäßigen Abständen Analysen und Befragungen durch, um die Gründe für das Scheitern von IT-Projekten aufzuzeigen. Meist können viele Projekte die gesteckten Rahmenbedingungen nicht einhalten und scheitern an ungenauen Anforderungen. Ein Grund hierfür ist die enorme Komplexität, die mittlerweile in der vorhandenen Software vorherrscht.

In erster Instanz kommt es darauf an in welcher Form die Anforderungen aufgeschrieben werden. Zu meist wird auf die natürliche Sprache zurückgegriffen, die aber auch viele Interpretationsräume offenlässt. An dieser Stelle kommt die zweite Möglichkeit zur Überprüfung der Anforderungen ins Spiel. Es gibt die Theorie, dass die Anwendung von Metriken dazu beiträgt, die Ergebnisse in diesem Prozessabschnitt zu verbessern und damit positive Auswirkungen auf den gesamten Softwareentwicklungsprozess zu haben.

Sowohl zur Auswahl der Arten zur Anforderungsformulierung als auch zur Auswahl von Metriken wäre wohl auch eine Nutzwertanalyse geeignet. Jedoch muss hier händisch immer wieder eine Bewertung vorgenommen werden (Kap. 7). Diese Bewertung wird durch jeden Durchführenden etwas anders gemacht und durch die immer wiederkehrende Tätigkeit entsteht ebenfalls ein sehr hoher Zeitaufwand.

Das SEN bietet die Möglichkeit gestellte Problematiken auf einfache Weise zu analysieren und eine Rangfolge zu erzeugen. Für die jeweilige Problematik werden Kriterien und Attribute aufgestellt. Diese werden dann in der so genannten semantischen Matrix zusammengeführt und bewertet.

Die Vorgehensweise für die Erstellung eines Modells zur Auswahl geeigneter Dokumentationstechniken wird zunächst vorgestellt: Eine technisch orientierte- sowie eine geschäftsprozess-orientierte Anwendung wird jeweils als sog. Referenzobjekt definiert, um durch SEN eine Empfehlung für eine Dokumentationstechnik zu erhalten. In einem zweiten Modell werden Metriken zur Qualitätssicherung berücksichtigt, die ebenfalls anhand konkreter Anwendungen diskutiert werden. Im Fazit werden die wichtigsten Erkenntnisse zusammengefasst.

4.2 Entwicklung des Modells für die Anforderungsformulierung

So unterschiedlich wie die Definition einer Anforderung ist auch die mögliche Form in der sie vorliegen kann. Es können konventionelle (z. B. ausformulierte Texte, Diagramme, User Stories, etc.) und unkonventionelle (z. B. Videofilme, Software oder Mind-Map) Methoden unterschieden werden. Die folgende Tab. 4.1 zeigt eine Auswahl von konventionellen Dokumentationstechniken in der Anforderungsdokumentation, die im SEN als Objekte definiert werden.

Für die Durchführung des SEN ist es notwendig, Attribute aufzustellen, anhand derer die Klassifizierung/Sortierung durchgeführt werden kann. Diese dienen einer-

Tab. 4.1 Dokumentationstechniken

Natürliche Sprache	In den meisten Softwareentwicklungsprozessen werden die Anforderungen in Anforderungsdokumenten, Fachkonzepten und DV-Konzepten in Form der natürlichen Sprache ohne explizite Vorgaben bezogen auf die Art der Formulierung festgehalten. Jeder Anforderungssteller gibt hier seinen eigenen Stil mit, lediglich der Aufbau der Dokumente ist in den meisten Fällen fest definiert
Zeichnung	Die Anforderung oder Problematik wird in grafischer Form dargestellt und bietet somit eine Visualisierung. In der Regel gibt es dazu keinerlei Vorgaben. Dies führt zu einer freien Interpretation durch den jeweiligen Betrachter
Use Case	Ein Use Case ist eine intuitive Art das Systemverhalten aus externer Sicht zu beschreiben (Rupp und Queins 2012, S. 241 ff.). In einem Use Case Diagramm werden Anwendungsfälle als solche, ihre Beziehung zueinander, sowie Verbindungen zu anderen Systemen oder Akteuren beschrieben (Rupp 2013, S. 66 ff.). Zur Ergänzung der schematischen Darstellung sollten die jeweiligen Use Cases noch textuell beschrieben werden
Zustandsdiagramm	Es stellt eine bildliche Beschreibung von möglichen Zuständen und deren Übergängen in Bezug auf einen Betrachtungsgegenstand dar. Bei dem Betrachtungsgegenstand kann es sich um das gesamte System, aber auch nur um eine Klasse handeln (Rupp 2013, S. 72 ff.)
Aktivitätsdiagramm	Dieses Diagramm ist besonders gut geeignet um Abläufe/Ablaufreihenfolgen darzustellen, z. B. Abarbeitung von Use Cases, Visualisierung von Operationen, Abbildung von kompletten Geschäftsvorfällen
Prototypen	Prototypen stellen Anforderungen vereinfacht im Design des Zielsystems dar, jedoch ohne die konkreten Funktionalitäten

seits dazu, die Arten der Anforderungsformulierung einzuordnen und andererseits, das Referenzobjekt zu bewerten und genauer zu betrachten. Mit Referenzobjekt ist die Art einer Anwendung gemeint, die dem Netzwerk nach dem Lernprozess als Eingabevektor übergeben wird, worin typische Anforderungen definiert werden. Folgende Attribute (Anforderungsformulierungen) werden im weiteren Verlauf näher beschrieben und finden im SEN Anwendung (Tab. 4.2).

Eine Bewertung findet im reell codierten Format zwischen 0 und 1 statt, wobei 0 oder nahe 0 für nicht bzw. wenig zutreffend und 1 für voll bzw. weitestgehend zutreffend steht. Nach der Definition der Attribute werden diese in die Attributliste des SEN eingetragen. Die Wertebereiche und die Normalisierung sind entsprechend zwischen 0 und 1 kodiert (Abb. 4.1).

Im nächsten Schritt wird für die Semantische Matrix die Bewertung der Dokumentationstechniken zu den Attributen vorgenommen. In die Bewertung fließen Erkenntnisse aus Buchstudien und gesammelte persönliche Erfahrungen aus dem Berufsleben mit ein. In Tab. 4.3 wird die Bewertung der Methoden zu den Attributen in einem Auszug dargestellt.

Tab. 4.2 Arten der Anforderungsformulierung als Attribute

Art der Anforderung	Im zu erstellenden SEN wird eine Bewertung für Funktionale, Nicht-funktionale Anforderungen und Oberflächenanforderungen erstellt. Nicht alle Darstellungsformen eignen sich gleichermaßen für die Abbildung
Art des zu beschreibenden Systems	Man unterscheidet zwischen Geschäftsprozessorientierten und Technisch orientierten Systemen. Grundsätzlich kann ein System und die damit zugrundeliegenden Anforderungen beide Aspekte beinhalten. Es kann aber durchaus Sinn ergeben, einem der Punkte eine größere Bedeutung einzuräumen
Konsistenz	Alle für das System vorliegenden Anforderungen sollten in sich widerspruchsfrei sein. Hierbei geht es nicht nur um die Anforderung selbst – dieser Aspekt betrifft auch die weitere Dokumentation innerhalb des Softwareentwicklungsprozesses
Vollständigkeit	Die Anforderung soll nach Möglichkeit in allen Facetten und Ausprägungen beschrieben werden und sich in die bestehenden Anforderungen integrieren
Verfolgbarkeit	Dieses Kriterium legt fest, wie gut die Dokumentationstechniken dazu geeignet sind, Anforderungen im weiteren Verlauf aufzufinden und Änderungen an diesen nachzuvollziehen. Die Bewertung reicht dementsprechend von „nicht notwendig" bis „extrem wichtig"
Komplexität des Problems	Es ist zu bewerten, ob die Dokumentationstechnik eine Reduktion der Komplexität einer Anforderung herbeiführen kann
Eindeutigkeit	Das Anforderungsdokument stellt eine schriftliche Vereinbarung zwischen den zwei Vertragspartnern – Anforderungssteller und Entwickler – dar. Darin beschrieben ist all das, was später durch die Entwickler umgesetzt werden soll. Dies sollte dementsprechend alle Sachverhalte möglichst genau beschreiben und wenig Interpretationsspielraum lassen
Verständlichkeit	Bei der Verständlichkeit handelt es sich um ein menschliches Merkmal. Die Personen, die die Anforderungen erstellen und später umsetzen müssen, sollten die Dokumentationstechnik kennen und anwenden können
Akzeptanz	Der Grad der Akzeptanz hängt stark mit Formalismen zusammen – deren Abwesenheit zu einfachen Formulierungen führt. Es gibt somit keine Richtlinien, die beachtet werden müssen
Technische Affinität	Es handelt sich hierbei um ein weiches Kriterium. Es soll darstellen, welches technische Wissen der Anforderungssteller mitbringen muss, um die gewählte Art der Anforderungsbeschreibung zu nutzen. Bezogen auf die Kriterien für die Dokumentationstechniken wird beleuchtet, inwiefern die technische Affinität des Anforderungsstellers die Komplexität in deren Auswahl beeinflusst

Der Vorteil bei der Vorgehensweise ist, dass die kommentierte Bewertung der Attribute es ermöglicht, diese nachzuvollziehen. Wie bereits erwähnt, werden die Werte mit 0,0 festgesetzt, wenn ein Kriterium nicht zutrifft oder „ungeeignet" ist und mit 1,0 wenn

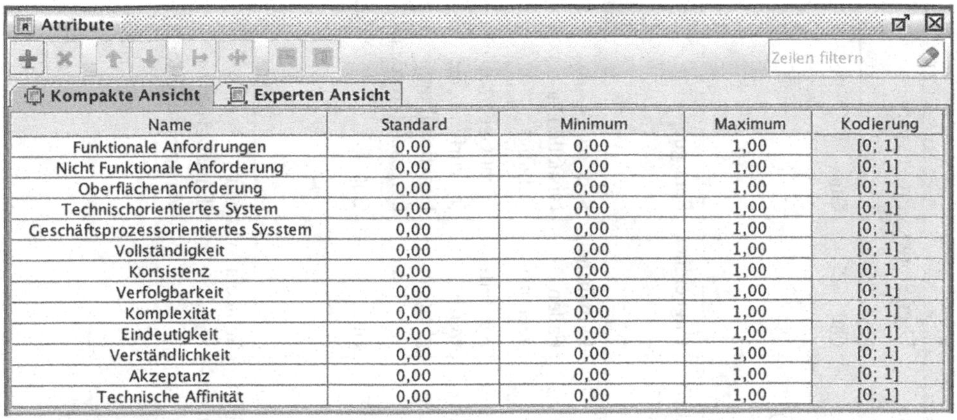

Name	Standard	Minimum	Maximum	Kodierung
Funktionale Anfordrungen	0,00	0,00	1,00	[0; 1]
Nicht Funktionale Anforderung	0,00	0,00	1,00	[0; 1]
Oberflächenanforderung	0,00	0,00	1,00	[0; 1]
Technischorientiertes System	0,00	0,00	1,00	[0; 1]
Geschäftsprozessorientiertes Sysstem	0,00	0,00	1,00	[0; 1]
Vollständigkeit	0,00	0,00	1,00	[0; 1]
Konsistenz	0,00	0,00	1,00	[0; 1]
Verfolgbarkeit	0,00	0,00	1,00	[0; 1]
Komplexität	0,00	0,00	1,00	[0; 1]
Eindeutigkeit	0,00	0,00	1,00	[0; 1]
Verständlichkeit	0,00	0,00	1,00	[0; 1]
Akzeptanz	0,00	0,00	1,00	[0; 1]
Technische Affinität	0,00	0,00	1,00	[0; 1]

Abb. 4.1 Attribute im SEN

es sich um eine „sehr hohe" oder „sehr gute" Eignung der Anforderungsformulierung handelt.

Die semantische Matrix wurde anhand der Tab. 4.3 erstellt: Die Attribute (Anforderungsformulierungen) wurden den Objekten (Dokumentationstechniken) als mehr oder weniger zutreffend bewertet und zugeordnet.

Für die Ermittlung einer geeigneten Dokumentationstechnik durch SEN wird ein Referenzobjekt als neuer Eingabevektor definiert. Dabei wird von einer konkreten Anwendung ausgegangen, bei der ein Benutzer die Attribute (Anforderungen) bewerten muss. Um dieses Vorgehen zu konkretisieren werden im Folgenden zwei unterschiedliche Ansprüche an die Umsetzung einer Software vorgestellt.

Ermittlung der Dokumentationstechnik für eine technisch orientierte Anwendung Die erste Anwendung ist eine technisch orientierte Anwendung (im SEN Anw. 1 genannt) mit einer umfangreichen sowie aufwendigen Batchverarbeitung. Das Fachkonzept besteht ausschließlich aus funktionalen Anforderungen. Nicht-funktionale Anforderungen wurden nicht definiert. Genauso sind keine Veränderungen an der Oberfläche beschrieben.

Vollständigkeit ist sehr wichtig, da der Anforderungssteller sehr anspruchsvoll ist und wenig Fehler in der Testphase duldet. Darüber hinaus handelt es sich um eine Anwendung mit hoher *Kritikalität* – Fehler oder Probleme im Betrieb haben weitreichende Auswirkungen. Somit ist auch *Präzision* von ebenso hoher Bedeutung.

Das Anforderungskonzept wird nach Umsetzung nicht weiterverwendet. Es wurde zum Start der Entwicklung ein DV-Konzept angelegt in dem alle Änderungen eingepflegt werden. Somit ist die Konsistenz zwar vergleichsweise niedrig zu bewerten, jedoch nicht ganz unwichtig, da die Anforderungen im Dokument selbst, sich natürlich nicht widersprechen dürfen.

Tab. 4.3 Kommentierte Bewertung der Dokumentationstechniken

	Natürliche Sprache	Zeichnung	Use Case	Zustandsdiagramm	Aktivitäts-diagramm	User Stories	Prototypen
Funktionale Anforderung	Sehr gut (Der Beschreibung sind keine Grenzen gesetzt)	Ungeeignet	Sehr gut (umfangreiche Darstellungsmöglichkeiten)	Gut (nicht alles beschreibbar)	Gut (nicht alles beschreibbar)	Gut	Gut
Nicht Funktionale Anforderung	Sehr gut	Ungeeignet	Durchschnittlich	Durchschnittlich	Durchschnittlich	Ungeeignet	Sehr gut
Oberflächen-anforderung	Gut	Sehr gut (visuelle Darstellungsform)	Nur teilweise möglich	Ungeeignet	Ungeeignet	In manchen Fällen geeignet	Sehr gut (visuelle Darstellung)
Technisch orientiertes System	Sehr gut	Nicht geeignet	Sehr gut	Geeignet	Geeignet	Nur teilweise geeignet	Nicht Geeignet (es dürfen keine Funktionalität umgesetzt werden)
Geschäftsprozessorientiertes System	Sehr gut	Gering	Gut	Ungeeignet	Gut	Gut	Gut
Konsistenz	Durchschnittlich (Unübersichtlich) t	Ungeeignet	Durchschnittlich (Ergänzungen notwendig)	Durchschnittlich (Ergänzungen notwendig)	Durchschnittlich (Ergänzungen notwendig)	Schlecht	Gut (Einsatz von Versionierungstools)

(Fortsetzung)

Tab. 4.3 (Fortsetzung)

	Natürliche Sprache	Zeichnung	Use Case	Zustandsdiagramm	Aktivitätsdiagramm	User Stories	Prototypen
Vollständigkeit	Durchschnittlich	Gering geeignet	Gut	Beste Methode (Vollständigkeit aber nicht zu 100 % möglich)	Beste Methode (Vollständigkeit aber nicht zu 100 % möglich)	Durchschnittlich	Schwierig zu prüfen
Verfolgbarkeit	Durchschnittlich	Ungeeignet	Gut	Sehr gut	Sehr gut	Gut	Schwierig, mit viel Aufwand möglich
Komplexität des Problems	Qualität ist von der sprachlichen Fähigkeit abhängig	Schlecht geeignet	Sehr gute Vereinfacherungsmöglichkeiten	Sehr gute Vereinfacherungsmöglichkeiten	Sehr gute Vereinfacherungsmöglichkeiten	Sehr gut	Durchschnittlich
Eindeutigkeit	Durchschnittlich	Schlecht geeignet	Gut	Sehr gut	Sehr gut	Durchschnittlich	Gut
Verständlichkeit	Sehr gut	Schlecht (zu viele Interpretationsspielräume)	Gut	Durchschnittlich	Durchschnittlich	Gut	Sehr gut
Akzeptanz	Sehr gut (keine Erklärung notwendig)	Gut	Gut (Vorkenntnisse notwendig)	Durchschnittlich (hohe Einstiegskenntnisse)	Durchschnittlich (hohe Einstiegskenntnisse)	Gut, da leicht zu erklären	Gut (Programmierkenntnisse notwendig)
Technische Affinität	Nicht notwendig	Nicht notwendig	Durchschnittlich	Hoch	Hoch	Gering	Sehr Hoch

Aufgrund der geringen Anzahl an Anforderungen im Fachkonzept, der überschaubaren Dauer und der Tatsache, dass das Konzept nicht weiterverwendet werden soll, ist die Verfolgbarkeit mit eher niedriger Priorität zu versehen.

Die Komplexität des vorliegenden Fachkonzeptes ist im mittleren Feld einzuordnen. Die Hauptaufgaben liegen in der Ermittlung der passenden Quellsysteme für die notwendigen Daten und die Einigung über die Art der Anbindung der Systeme. Die eigentliche Programmierung ist relativ einfach, da es keine komplizierten Algorithmen zur Umsetzung geben wird.

Die *Eindeutigkeit* der Anforderungen ist extrem wichtig, da es sich um einen sehr kritischen Anforderungssteller handelt. Fehler aus Interpretationsspielräumen oder impliziten Anforderungen haben schwerwiegende Auswirkungen. Somit ist auch die Verständlichkeit wichtig, jedoch wird vom Anforderungssteller ungern ein hoher Aufwand zur Erstellung von Dokumenten aufgewendet. Ähnliches gilt auch für die Akzeptanz.

Das mit numerischen Werten definierte Referenzobjekt beinhaltet folgende Bewertung (Abb. 4.2).

Die Semantische Matrix und das Referenzobjekt „technisch orientierte Anwendung" sind definiert und die Grundlage für die weitere Berechnung ist geschaffen. Die Software SEN führt den eigentlichen Lernprozess durch aus dem sich die Abb. 4.3 ergibt. Für die Visualisierung wird der „Reference Type Centered Modus" verwendet (Klüver et al. 2012, S. 152) sowie die Rangliste. In der Rangliste werden die Objekte gemäß ihrer Endaktivierung dargestellt (Abb. 4.3 links).

Die Dokumentationstechniken liegen für den vorliegenden Fall sehr nah beieinander. In der Rangfolge lassen sich die Favoriten erkennen. Einzig die Dokumentationstechnik „Zeichnung" ist weit abgeschlagen und sollte somit auf keinen Fall angewendet werden.

Anhand der bereits vorhandenen Kenntnisse wäre die Wahl auch auf die Use Case Diagramme und die natürliche Sprache gefallen. Für eine Bewertung des Ergebnisses sollte man sich jetzt die einzelnen Anforderungen anschauen und prüfen, ob diese tatsächlich anwendbar sind.

Ermittlung der Dokumentationstechnik für eine geschäftsprozess-orientierte Anwendung Zum Vergleich wird ein zweites Referenzobjekt (im SEN Anw. 2 genannt) erstellt. Bei diesem Projekt soll der Schwerpunkt auf einer Mischung aus allen drei Anforderungsarten liegen. Zudem soll es sich um eine geschäftsprozess-orientierte Anwendung handeln und beim Anforderungssteller wird nur eine geringe technische Affinität angenommen. Die übrigen Werte lassen sich der Abb. 4.4 entnehmen.

Sele...	Vektor Name	Funktionale...	Nicht Funktio...	Oberflächen...	Technischori...	Geschäftspr...	Vollständigkeit	Konsistenz	Verfolgbarkeit	Komplexität	Eindeutigkeit	Verständlich...	Akzeptanz	Technische...
☑	Anw. 1	1,00	0,00	0,00	1,00	0,00	1,00	0,70	0,20	0,50	1,00	0,70	0,50	0,80

Abb. 4.2 Referenzobjekt als Eingabevektor

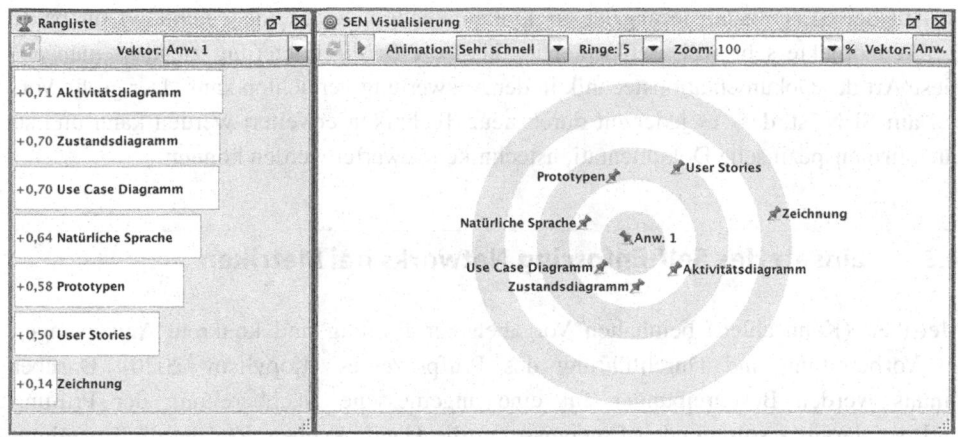

Abb. 4.3 Visuelle Darstellung der empfohlenen Dokumentationstechniken für die technisch orientierte Anwendung

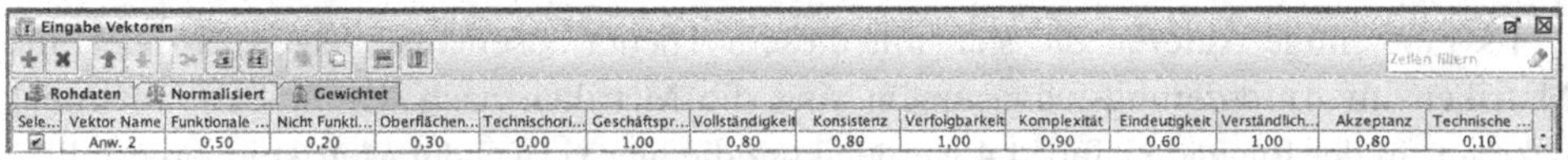

Sele...	Vektor Name	Funktionale ...	Nicht Funkti...	Oberflächen...	Technischori...	Geschäftspr...	Vollständigkeit	Konsistenz	Verfolgbarkeit	Komplexität	Eindeutigkeit	Verständlich...	Akzeptanz	Technische ...
☑	Anw. 2	0,50	0,20	0,30	0,00	1,00	0,80	0,80	1,00	0,90	0,60	1,00	0,80	0,10

Abb. 4.4 Eingabewerte für die Referenzobjekte

Die Änderung der Eingangswerte führt zu einer unmittelbaren Veränderung in der Rangliste, wobei auch hier alle Dokumentationstechniken nah beieinanderliegen. Als beste Dokumentationstechnik wird die natürliche Sprache ermittelt, gefolgt vom Aktivitäts- und Use Case Diagramm (Abb. 4.5).

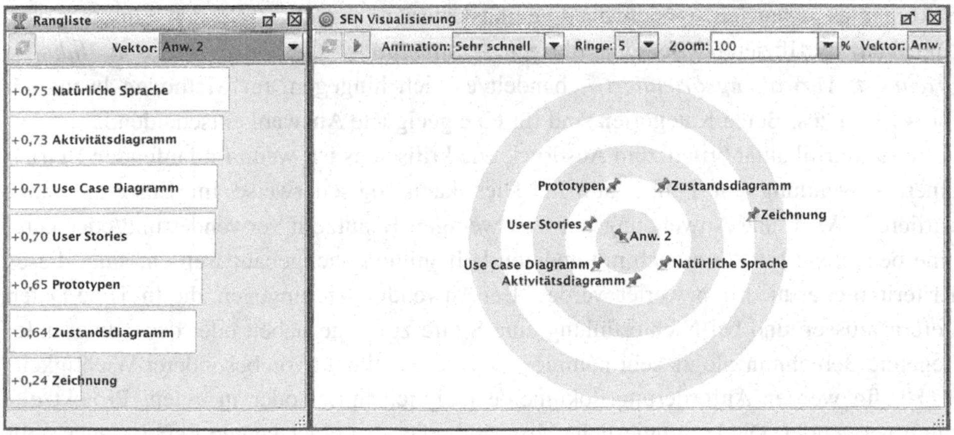

Abb. 4.5 Visuelle Darstellung des Vergleichsobjekts

Auf der SEN Visualisierung ist die Dokumentation durch eine Zeichnung für beide Referenzobjekte sehr weit entfernt. Dies lässt die Schlussfolgerung zu, dass man auf diese Art der Dokumentationstechnik in der Auswertung verzichten kann. Der große Vorteil am SEN ist, dass es jederzeit durch neue Techniken erweitert werden kann und so auch firmenspezifische Dokumentationstechniken bewertet werden können.

4.3   Einsatz des Self-Enforcing Networks bei Metriken

Metriken (Kennzahlen) beinhalten Vorgaben zur Prüfung und konkrete Anweisungen zu Vorbereitung und Durchführung des Prüfprozesses (Kopyltsov 2020). Darüber hinaus werden Beschreibungen für eine angemessene Nachbereitung der Prüfung und der daraus resultierenden Ergebnisse an die Hand gegeben. Ziel ist die Erstellung einer Kennzahl zur Beurteilung eines Qualitätskriteriums von Anforderungen (Cziharz 2013). Hierbei handelt es sich um einen kontinuierlichen Prozess, bei dem Messdaten für die definierten Prozesse (Prozessmetriken) und Produkte (Produktmetriken) definiert, gesammelt, analysiert und bewertet werden (Hindel et al. 2009).

Es gibt einige Autoren die sich mit diesem Thema auseinandersetzen. Speziell für Metriken im Anforderungsmanagement sind die Metriken nach der SOPHIST GmbH bekannt. In der folgenden Tab. 4.4 werden kurz die hier verwendet Metriken vorgestellt.

Der erste Prozessschritt zum effizienten Einsatz von Metriken ist die Auswahl der im konkreten Fall überhaupt bzw. am besten Geeigneten. Dabei kann der Einsatz eines SEN die Auswahl unterstützen. In Vorbereitung auf das SEN werden die vorhandenen Metriken den geeigneten Einsatzmöglichkeiten zugeordnet. Für das Referenzprojekt werden wieder die bereits beschriebenen Anwendungen genutzt.

Die gewählten Attribute zur Einordnung der Metriken können in zwei Kategorien unterteilt werden. Bei den ersten vier Attributen – *Systemkritikalität, Lebensdauer* des Anforderungsdokumentes, Modifizierbarkeit und *Verbindlichkeit* des Anforderungsdokumentes – handelt es sich um Qualitätskriterien, die die Ziele des Einsatzes von Metriken spezifizieren. Bei den übrigen – *Stichprobe, Gesamtspezifikation, Inhaltsorientiert, Verwaltungsorientiert* – handelt es sich hingegen um Methoden bezüglich ihres Einsatzes. Beide Kategorien sind für eine geeignete Auswahl entscheidend.

Systemkritikalität bringt zum Ausdruck wie kritisch es ist, wenn im laufenden Betrieb einer Anwendung ein Fehler auftritt. Dies kann logischerweise im Einzelfall stark variieren. Wird eine Anwendung nur von wenigen Benutzern verwendet und/oder kann eine betroffene Funktion auch mit anderen Hilfsmitteln nachgebaut werden, kann dieses Kriterium eher niedrig bewertet werden. Bei Anwendungen hingegen, die In-Time Daten liefern müssen und bei Nichterfüllung eine Strafe zu Folge haben oder deren zugrundeliegende Berechnungslogik sehr komplex ist, ist dieser Punkt von besonderer Wichtigkeit.

Häufig werden Anforderungsdokumente lediglich initial oder in einem Projektzeitraum verwendet. Die kontinuierliche Verwendbarkeit bei einer langen Lebensdauer stellt ganz spezielle Anforderungen an die Anforderungsdokumentation.

Tab. 4.4 Metriken im Anforderungsmanagement

Eindeutigkeit	Die Eindeutigkeit oder auch Normalisierung einer Anforderung gibt eine Aussage darüber, wie viel Interpretationsspielraum dem Leser gegeben wird. Fehlinterpretationen erhöhen im weiteren Prozess das Risiko einer Fehlentwicklung. Ungewünschter Interpretationsspielraum wird ebenfalls als Defekt bezeichnet. Diese entstehen, indem in einem Anforderungssatz mehrere Substantive verwendet werden, die weder im Text noch im Glossar eindeutig definiert werden. (Cziharz 2013 S. 251)
Klassifizierbarkeit	Mit dieser Metrik wird eine rechtliche und geldliche Verbindlichkeit der Anforderungen gemessen. Dies gibt an, inwieweit eine Anforderung bei eventueller Nicht-Umsetzung eingeklagt werden kann. Auch kann hierrüber eine Priorisierung vorgenommen werden, welche Anforderungen zwingend zum erfolgreichen Funktionieren des Systems erforderlich sind. (Rupp 2009 S. 321 ff.)
Vollständigkeit	Die Metrik „Vollständigkeit" gibt Aufschluss über den Fertigstellungs-grad des Anforderungsdokumentes und das Risiko möglicher Nachver-handlungen, weil Anforderungen nicht niedergeschrieben wurden. Eine Anforderungsdokumentation kann demnach nur dann als vollständig bewertet werden, wenn alle geforderten Funktionalitäten und Eigen-schaften mitsamt dem Ausnahmeverhalten beschrieben sind. (Rupp 2009, S. 323 ff.)
Identifizierbarkeit	Mit dieser Kennzahl wird der Grad der Referenzierbarkeit von Einzel-anforderungen und deren Nachvollziehbarkeit gewährleistet werden. Jeder Anforderungssatz wird mit einem eindeutigen Identifikator (ID) gekennzeichnet. Ein Anforderungssatz darf ledig genau eine Anforderung enthalten. Eine Abweichung davon minimiert die Identifizierbarkeit. (Rupp 2009, S. 327 ff.)
Sortierbarkeit	Für das Anforderungsdokument müssen im Vorfeld relevante Attribute, sogenannte Verwaltungsattribute (z. B.: Autor, Status, Release), festgelegt werden. Die Metrik „Sortierbarkeit" misst den Anteil der befüllten Ver-waltungsattribute. Über die Attribute wird damit faktisch eine Filterungs-ebene in das Anforderungsdokument eingezogen. (Rupp 2009, S. 329 f.)
Redundanzfreiheit	Anforderungen sollten in einem Anforderungsdokument nur einmal beschrieben werden. Im Falle von Redundanzen, kann es im späteren Ver-lauf zu Inkonsistenzen kommen, da bei späteren Änderungen die doppelten Anforderungen übersehen werden und es somit zu Abweichungen kommt, die zu Irritationen führen können. (Rupp 2009, S. 331)

Gerade in großen Projekten kommt es häufig vor, dass sich Anforderungen verändern und diese Veränderungen fortlaufend in die vorhandenen Dokumente einpflegt werden müssen. Ein hoher Grad an Modifizierbarkeit setzt voraus, dass die Anforderungen leicht wiedergefunden werden können und keine Redundanzen existieren.

Verbindliche Aussagen in Anforderungsdokumenten sind sicherlich immer gut, jedoch können diese nicht nur qualitätsfordernd, sondern sogar sehr entscheidend sein. Das ist unter anderem dann der Fall, wenn Anforderungen durch einen Dienstleister umgesetzt werden, der nicht durch das beauftragende Unternehmen gesteuert wird. Über das Attribut „Verbindlichkeit" wird festgelegt, welche Anforderungen zwingend umgesetzt werden müssen. Ist dies im genannten Beispiel nicht der Fall, können vertraglich vereinbarte Strafen durchgesetzt werden. Hat man jedoch bei der Anforderungsdefinition nicht genau formuliert, drohen hohe Kosten, weil Nachbeauftragungen notwendig werden können, die die Defizite in puncto Verbindlichkeit korrigieren.

Stichprobe und Gesamtspezifikation sind in der semantischen Matrix als zwei Einträge zu finden, hängen aber eng zusammen, da sie letztlich vor allem zwei unterschiedliche Methoden zur Überprüfung von Anforderungsdokumenten sind. Stichproben eignen sich vor allem bei sehr großen Dokumenten, da hier eine Prüfung des gesamten Dokumentes sehr aufwendig wäre. Jedoch sind einige der Metriken ausschließlich für eine Prüfung des gesamten Dokumentes gedacht und würden bei einer stichprobenartigen Überprüfung zu keiner oder sogar zu einer falschen Aussage führen.

Bei der Auswahl der Metriken ist es entscheidend, welche Qualitätsmessung man vornehmen möchte – inhaltsorientiert oder verwaltungsorientiert. Die inhaltsorientierte Qualitätsmessung richtet sich eher an die Anforderungsdefinition, dass z. B. keine impliziten Anforderungen vorhanden sind oder dass alle Begriffe vollständig definiert wurden. Die verwaltungsorientierte Qualitätsmessung dreht sich dagegen eher um die steuernden Aspekte – z. B. wie viele Anforderungen vorhanden sind oder Änderungen nachvollzogen werden können.

Die folgende semantische Matrix zeigt die Verbindung der Metriken zu den oben genannten Attributen. Die Bewertung erfolgt im Fall der Metriken mit den Werten Hoch (1,0), Mittel (0,5) und Niedrig (0,0). Mit Hoch wird zum Ausdruck gebracht, dass die Metrik das Ziel vollumfänglich unterstützt. Mittel bedeutet, die Metrik kann unterstützend zur Zielerreichung beitragen, sollte jedoch nicht alleine verwendet werden. Niedrig bringt zum Ausdruck, dass hiermit das Ziel nicht unterstützt wird (Tab. 4.5).

Die semantische Matrix wurde mit den erläuterten und bewerteten Attributen befüllt. Nun werden noch die Referenzanwendungen definiert und in das System eingegeben (Abb. 4.6).

Eine Besonderheit in diesem SEN ist die unterschiedliche Gewichtung der Attribute durch den *cue validity factor* (cvf) in der Expertenansicht. Die Attribute Systemkritikalität, Lebensdauer, Modifizierbarkeit und Verbindlichkeit werden doppelt so hoch bewertet wie die restlichen. Diese sollen bei der Auswahl mehr Gewicht erhalten, da es sich bei den vier genannten Attributen um Qualitätskriterien handelt, die das gewählte Ziel der Metriken direkt unterstützen. Dies wirkt sich direkt auf die semantische Matrix aus, da hier die eingetragenen Werte mit der Gewichtung multipliziert werden (Abb. 4.7).

Bei der technisch orientierten Anwendung (im SEN Anw. 1 genannt) handelt es sich um eine kritische Anwendung. Das Anforderungsdokument wird nur für das eine Release genutzt. Für die Dokumentation der Anwendung gibt es ein separates DV-Konzept, indem fortlaufend alle Spezifikationen der Anwendung zusammengetragen werden.

Da es sich um eine überschaubare Anforderung mit 34 Anforderungssätzen handelt, ist die Modifizierbarkeit nicht ganz so entscheidend. Die Verbindlichkeit ist ebenfalls

Tab. 4.5 Semantische Matrix für Metriken

	Systemkritikalität	Lebensdauer	Modifizierbarkeit	Verbindlichkeit	Stichprobe	Gesamtspezifikation	Inhaltsorientiert	Verwaltungsorientiert
Eindeutigkeit	Hoch (Entscheidend)	Mittel	Niedrig	Mittel	Hoch	Mittel (Zeitaufwand enorm)	Ja	Nein
Klassifizierbarkeit	Niedrig	Niedrig	Niedrig	Hoch	Hoch	Mittel	Ja	Nein
Vollständigkeit	Hoch (Entscheidend)	Niedrig	Niedrig	Mittel (Alle Anforderungen vorhanden)	Niedrig	Hoch	Ja	Nein
Indentifizierbarkeit	Niedrig	Hoch	Hoch (Eindeutige ID)	Niedrig	Niedrig	Hoch (notwendig)	Nein	Ja
Sortierbarkeit	Niedrig	Hoch (Gute Filterkriterien)	Niedrig	Hoch	Niedrig	Hoch	Nein	Ja
Redundanzfreiheit	Mittel (Redundanz evtl. Widerspruch)	Mittel	Hoch	Niedrig	Niedrig	Hoch (nur in der Gesamtheit möglich)	Nein	Ja

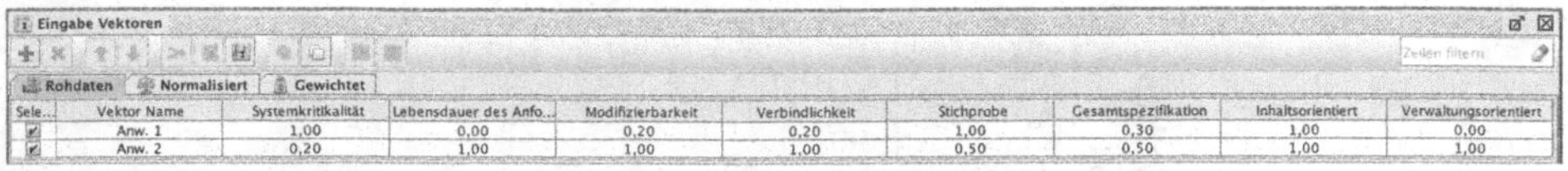

Abb. 4.6 Eingabewerte der Referenzobjekte

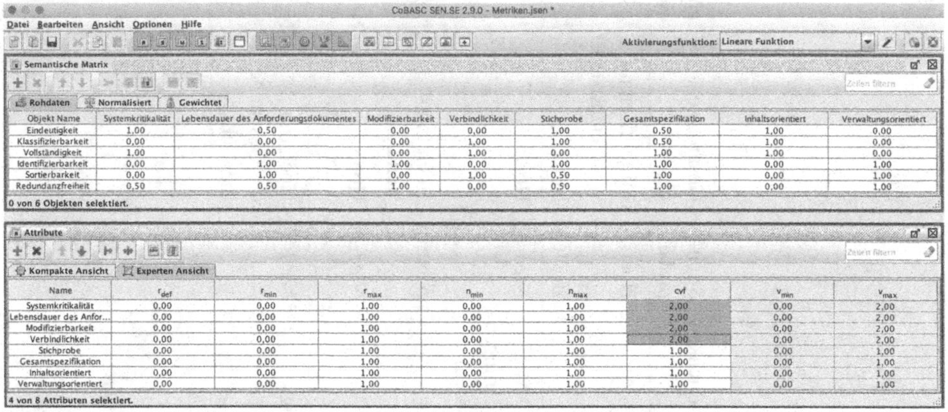

Abb. 4.7 Semantische Matrix (oberes Bild) und Bestimmung der cvf (unteres Bild)

eher gering bewertet, da es sich um ein firmeninternes Projekt handelt und die Priorisierung direkt mit dem Anforderungssteller abgesprochen werden kann.

Bevorzugt werden Metriken mit Stichprobencharakter, da die Zeit für den enormen Aufwand zur Prüfung des Dokumentes nicht zur Verfügung steht. Metriken, die das gesamte Dokument betreffen, werden jedoch nicht grundsätzlich ausgeschlossen.

Des Weiteren wird eher eine inhaltsorientierte Prüfung bevorzugt. Da es sich um ein vergleichsweise kleines Projekt handelt und das Dokument nicht weiter benutzt wird, ist die Verwaltung der Anforderungen nicht ausschlaggebend (Abb. 4.8).

Die sich aus dem SEN ergebenden, wichtigsten Metriken sind Eindeutigkeit und Vollständigkeit – weitere folgen erst mit einigem Abstand. Die Eindeutigkeit führt zu einer sehr genauen und durchdachten Formulierung der Anforderungen, was aus den beschriebenen Vorgaben tatsächlich von entscheidender Bedeutung ist. Vollständigkeit führt dazu, dass lückenlos alle Anforderungen aufgeführt werden.

Das Vergleichsprojekt (im SEN Anw. 2 genannt) soll bewusst einen Kontrast darstellen, weshalb andere fiktive Annahmen getroffen werden. Das Anforderungsdokument soll für eine sehr lange Zeit verwendet werden. Da von einer häufigen Änderung ausgegangen wird, ist die Modifizierbarkeit enorm wichtig. Es sind gleichermaßen Stichproben als auch Prüfungen des gesamten Dokumentes gewünscht. Ebenso sind in gleichem Maße inhaltsorientierte wie auch verwaltungsorientiere Metriken gefordert (Abb. 4.9).

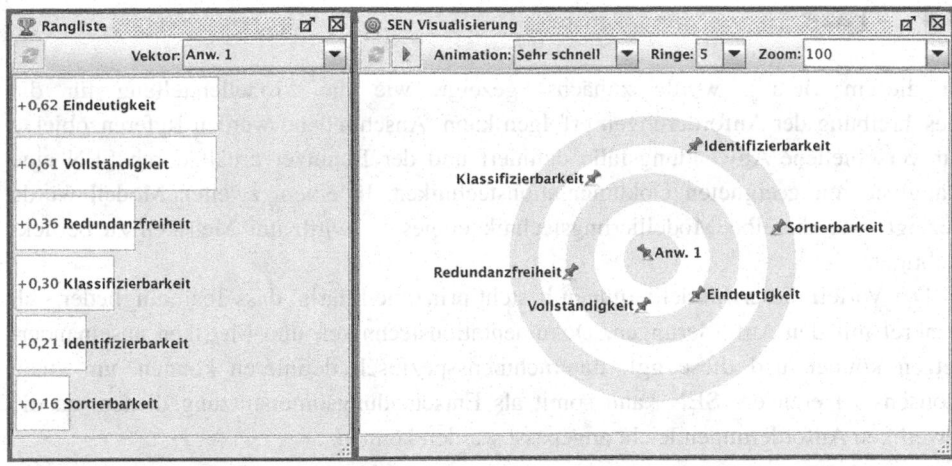

Abb. 4.8 Visualisierung der Metriken für die technisch orientierte Anwendung

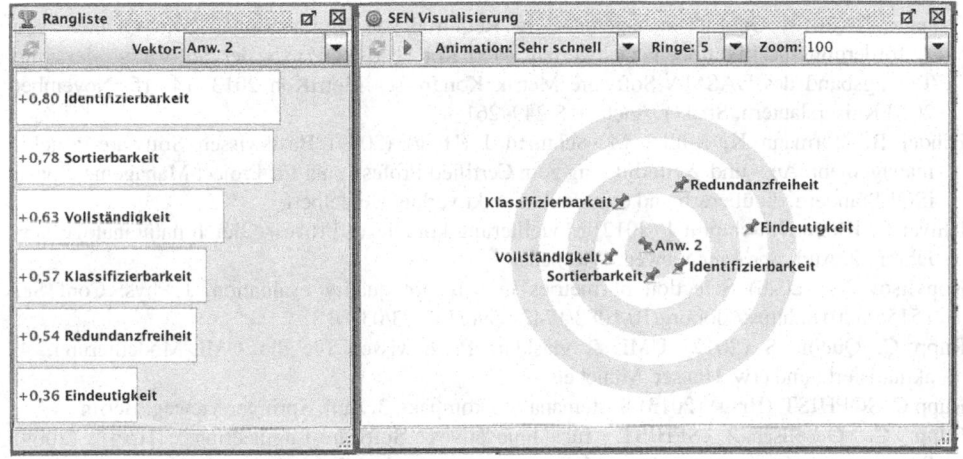

Abb. 4.9 Visualisierunng der Metriken für das Vergleichsprojekt

Die Simulation führt für das Vergleichsprojekt in der Tat zu einem vollständig anderen Ergebnis. Als die drei am besten geeigneten Metriken werden Identifizierbarkeit, Sortierbarkeit und Redundanzfreiheit ermittelt. Alle unterstützen eine möglichst nachhaltige Modifizierbarkeit der Dokumentation. Des Weiteren kann durch die Sortierbarkeit natürlich schnell nachvollzogen werden, wann welche Änderung vorgenommen wurden.

Es lässt sich schlussendlich festhalten, dass das entwickelte SEN sehr gut zur Bewertung geeigneter Metriken für die beiden beschriebenen Projekte funktioniert hat. Darüber hinaus könnte es auch gut um weitere Metriken ergänzt werden.

4.4 Fazit

In diesem Beitrag wurde zunächst gezeigt, wie die Modellerstellung für die Beschreibung der Anforderungen erfolgen kann. Anschließend werden Referenzobjekte für verschiedene Anwendungsfälle definiert und der Benutzer erhält durch SEN eine Rangliste mit geeigneten Dokumentationstechniken. In einem zweiten Modell wurde gezeigt, wie dieselbe Modellierungstechnik eingesetzt wird, um Metriken zu berücksichtigen.

Der Vorteil dieser Modellierungen besteht prinzipiell darin, dass Teammitglieder sich konkret mit den Anforderungen, Dokumentationstechniken und Metriken auseinandersetzen können und diese ggf. unternehmensspezifisch definieren können, um einen Konsens zu erzielen. SEN kann somit als Entscheidungsunterstützung dienen, da die jeweiligen Anforderungen leicht angepasst werden können.

Literatur

Cziharz T (2013) Qualitätsmanagement im Requirements Engineering – Die Qualität von Anforderungsspezifikationen nachweisen. MetriKon 2013 – Praxis der Software- Messung: Tagungsband des DASMA Software Metrik Kongresses MetriKon 2013, 14.–15. November 2013 Kaiserslautern. Shaker, Aachen, S 249–261

Hindel B, Hörmann K, Müller M, Schmied J (Hrsg) (2009) Basiswissen Software-Projektmanagement: Aus- und Weiterbildung zum Certified Professional for Project Management nach iSQI-Standard, 3., überarb und erw. Aufl. dpunkt.verlag, Heidelberg

Klüver C, Klüver J, Schmidt J (2012) Modellierung komplexer Prozesse durch naturanaloge Verfahren, 2. Aufl. Springer Vieweg, Wiesbaden

Kopyltsov AV (2020) Selection of metrics in software quality evaluation. J Phys: Conf Ser 1515:032018. https://doi.org/10.1088/1742-6596/1515/3/032018

Rupp C, Queins S (2012) UML 2 glasklar: Praxiswissen für die UML-Modellierung, 4. aktualisierte und erw. Hanser, München

Rupp C, SOPHIST, (Hrsg) (2013) Systemanalyse kompakt, 3. Aufl. Springer Vieweg, Berlin

Rupp C, Gesellschaft SPHIST, für Innovatives Software-Engineering, (Hrsg) (2009) Requirements-Engineering und -Management: professionelle, iterative Anforderungsanalyse für die Praxis, 5. aktualisierte und erw. Hanser, München

KI-gestützte Aufwandsschätzung in agilen IT-Projekten

5

Matthias Köhler

Zusammenfassung

Dieser Beitrag beschreibt einen Ansatz zur Aufwandsschätzung in agilen IT-Projekten, bei dem durch den Einsatz des „Self-Enforcing Networks" (SEN) die Schätzqualität verbessert werden kann.

Die Softwareentwicklung erfordert eine immer schnellere Anpassung an veränderte (technischen) Bedingungen und Wünschen der Kunden. Dies benötigt nicht nur ein agiles Vorgehen, sondern auch eine Aufwandsschätzung, die sich klassischen Schätzmethoden entzieht. Da die Komplexität und die Umsetzungskosten von bereits implementierten Anforderungen (User-Stories) bekannt sind, wird dieses Wissen genutzt, um die Schätzung neuer User-Stories zu unterstützen.

Auf Basis des agilen Vorgehensmodells Scrum und der darin verwendeten Schätzmethodik wird aufgezeigt, wie Komplexitätsschätzungen durch das Self-Enforcing Network kostengünstiger und in höherer Qualität erstellt werden können.

Schlüsselwörter

Aufwandsschätzung · Agile IT-Projekte · Self-Enforcing Network

M. Köhler (✉)
Dresden, Deutschland
E-Mail: sammelband-KIKL@rebask.de

© Springer Fachmedien Wiesbaden GmbH, ein Teil von Springer Nature 2021
C. Klüver und J. Klüver (Hrsg.), *Neue Algorithmen für praktische Probleme*,
https://doi.org/10.1007/978-3-658-32587-9_5

5.1   Einleitung

Softwaresysteme sind essenzieller Bestandteil der heutigen Gesellschaft. Ohne sie wäre ein Großteil der Unternehmen und Organisationen handlungsunfähig. Bei der Entwicklung muss jedoch flexibel auf kurzfristige Änderungen reagiert werden können. Dies stellt mit der stetig steigenden Komplexität eine immer größere Herausforderung dar (Metzner 2020).

Die Konzeption und Spezifikation großer Systeme ist umfangreich und der Entwicklungszyklus entsprechend lang. Die Praxis zeigt jedoch, dass eine detaillierte und langfristige Planung meist nicht möglich ist, da sich das Projektumfeld und damit die Anforderungen zu schnell ändern. Je weiter in die Zukunft geplant wird, desto ungenauer wird eine Abschätzung. Diese Abweichung kann in Form des „Kegels der Ungewissheit" (Hummel 2011) visualisiert werden (Abb. 5.1).

Aus diesem Grund rückt der Prozess zur Erstellung eines Softwaresystems in den Fokus. Es steht die Frage im Raum, wie Softwaresysteme von der Idee bis zum finalen Produkt erstellt werden und wie die anfallenden Aufwände genauer abgeschätzt werden können.

Im Folgenden werden daher zunächst einige wesentliche Aspekte zum Vorgehen und zur Aufwandschätzung bei der Softwareentwicklung thematisiert; anschließend wird die Schätzmethode auf Basis der Softwarearchitektur vorgestellt. Darauf aufbauend wird die Aufwandsschätzung durch SEN exemplarisch an zwei Modellen gezeigt, in denen anhand von Ähnlichkeiten zu bereits erfolgten Aufwandschätzungen und durch die Bestimmung der Modulkomplexität eine neue Software geplant werden kann. Die wichtigsten Erkenntnisse werden abschließend zusammengefasst.

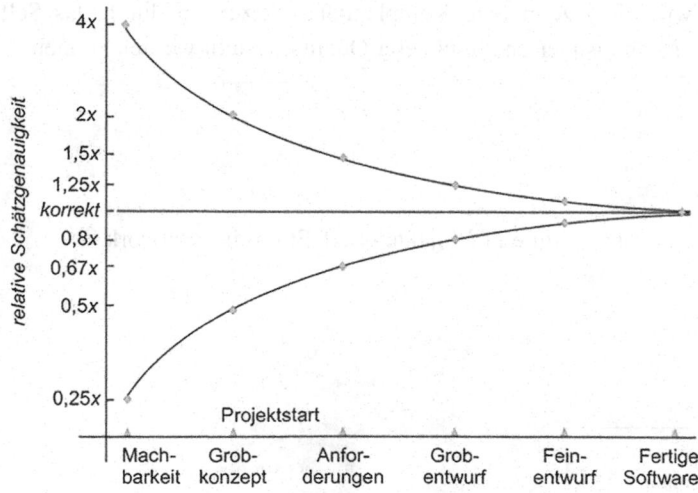

Abb. 5.1   Kegel der Ungewissheit (Hummel 2011, S. 7)

5.1.1 Vorgehensmodelle in der Softwareentwicklung

Im Kontext von IT-Projekten existieren verschiedene Vorgehensmodelle, welche einen Leitfaden zur Planung und Umsetzung eines Entwicklungsprojektes bilden (s. Kap. 3). Sie sind der methodische Rahmen. Durch den Einsatz eines Vorgehensmodells werden meist folgende Ziele verfolgt (Balzert 2008):

- Projektrisiken minimieren
- Kosten eindämmen
- Kommunikation zwischen allen Beteiligten verbessern
- Qualität gewährleisten

Da sich jedes IT-Projekt unterscheidet, hat sich eine heterogene Landschaft an Vorgehensweisen entwickelt, wie dieses methodisch bearbeitet werden kann. Diese Ansätze lassen sich anhand unterschiedlicher Klassifizierungen in konzeptionelle, sequenzielle, inkrementelle, iterative, spiralförmige und agile Vorgehensmodelle unterteilen (Wallmüller 2011).

Ein konkretes Beispiel ist das *V-Modell XT,* welches der IT-Entwicklungsstandard der öffentlichen Hand in Deutschland ist. Es definiert die zu erstellenden Ergebnisse und beschreibt die konkrete Vorgehensweise, anhand derer diese erarbeitet werden. Zudem wird definiert, „Wer", „Wann", „Was" zu tun hat und wie Auftraggeber und Auftragnehmer bei der Bearbeitung kooperieren (Balzert 2008).

Die folgende Abbildung veranschaulicht den Entwicklungsprozess des *V-Modell XT.* Ein System wird spezifiziert und hierarchisch in immer kleinere Einheiten zerlegt. Die Realisierung, Integration und finale Abnahme erfolgen in umgekehrter Reihenfolge (Abb. 5.2).

Nachteile des V-Modell XT sind jedoch das recht starre Vorgehen, welches zudem eine umfangreiche Dokumentation erfordert. Dementsprechend eignet es sich nur für große Projekte (ca. 500 Personentage), da der organisatorische Aufwand den Mehrwert

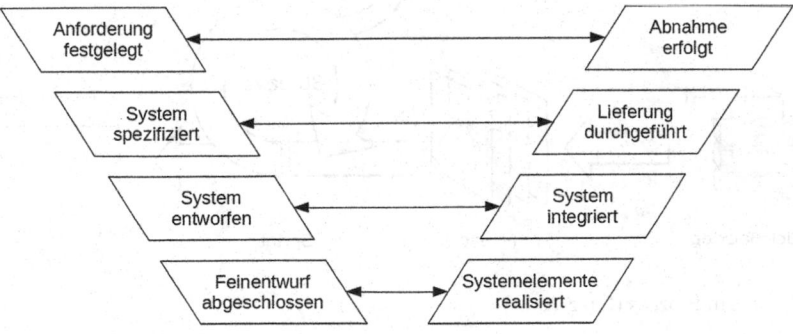

Abb. 5.2 Struktur der Systementwicklung im V-Modell XT (Balzert 2008)

nicht rechtfertigen würde. Aus diesen Gründen ist es für kleine und mittlere Projekte eher ungeeignet (Balzert 2008).

5.1.2 Scrum als agiles Vorgehensmodell

In den letzten Jahren bekamen deshalb vor allem agile Ansätze, wie das Vorgehensmodell *Scrum* viel Aufmerksamkeit. Denn die Praxis hat gezeigt, dass trotz umfangreicher Planung und Dokumentation viele IT-Projekte nicht in der gewünschten Zeit und Qualität fertiggestellt werden konnten. Die agile Softwareentwicklung versucht deshalb den Fokus mehr auf die Erstellung von Funktionalität, deren Test und Auslieferung zu legen. Eine aufwendige Spezifikation und Dokumentation rücken dagegen eher in den Hintergrund.

Bei Scrum werden in kurzen Zeitabständen Ergebnisse geliefert, welche frühzeitig vom Auftraggeber begutachtet und getestet werden können (Abb. 5.3). Erfüllt der Softwarestand die Erwartungen, werden in der nächsten Iteration weitere Funktionen entwickelt, andernfalls erfolgen Fehlerbehebungen. Die Iterationen dauern in der Regel zwischen ein bis vier Wochen und werden als *Sprints* bezeichnet.

Dieses Vorgehen verhindert eine lange kostenintensive Planungs- und Designphase für Anforderungen, welche ggf. zum Zeitpunkt ihrer Umsetzung in abgewandelter Form oder gar nicht mehr benötigt werden.

Kernbestandteil des Scrum-Prozesses sind die *User-Stories*. Sie enthalten die Anforderungen an das System und beschreiben die gewünschten Funktionalitäten aus Sicht des Anwenders. Sie beantworten die Fragen nach dem „Wer", „Was" und „Warum". Die Menge aller User-Stories umfasst die Gesamtfunktionalität des Systems. Sie werden im *Product Backlog* abgelegt und bei der Planung des nächsten Sprints in das *Sprint Backlog* überführt, um bearbeitet zu werden. Beispiele für User-Stories wären:

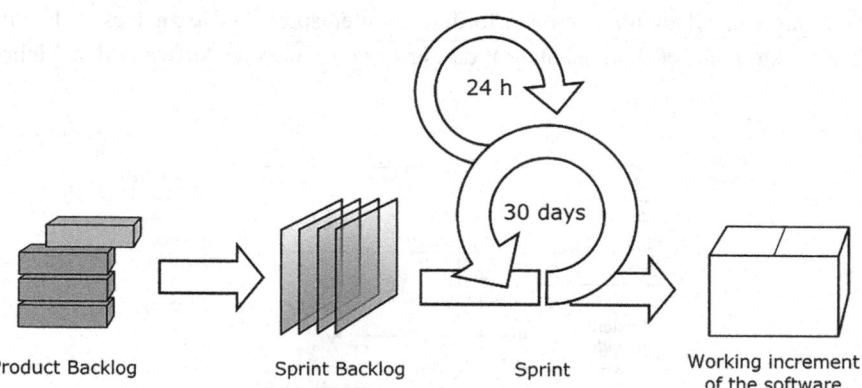

Abb. 5.3 Scrum Prozess (Lakeworks)

- „Als Bankkunde möchte ich meine Handynummer im System hinterlegen, um dadurch Zwei-Faktor-Authentifizierung zu ermöglichen und mein Onlinebanking vor dem Zugriff durch Unbekannte zu schützen."
- „Als Geschäftsreisender möchte ich meine Reservierung in der DB App ändern können, um flexibel auf Terminänderungen zu reagieren."

Dieser Formulierungsansatz bietet folgende Vorteile:

- Eine User-Story ist leicht zu verstehen und vermittelt die Wünsche der Anwender.
- Eine User-Story lässt sich schrittweise detaillieren und unterstützt so die iterative Entwicklung.
- Eine User-Story ist schnell erstellt und erleichtert die Schätzung des Aufwands zur Realisierung.

Vor allem die letzten beiden Punkte sind für den Kontext dieses Beitrages entscheidend. Aus einer User-Story werden ein bis mehrere Umsetzungsaufgaben abgeleitet, welche innerhalb eines Sprints durch das Entwicklungsteam implementiert werden. Wie viele User-Stories innerhalb eines Sprints umgesetzt werden können, ist abhängig von der zur Verfügung stehenden Kapazität im Entwicklungsteam sowie der Schätzung der einzelnen User-Stories.

5.1.3 Schätzen in agilen IT-Projekten

Die Aufwandsschätzung ist essenzieller Bestandteil eines jeden IT-Projektes. Erst auf Basis dieser Information wird entschieden, ob Funktionen oder ganze Systeme umgesetzt werden oder die Kosten zu hoch sind. Solch eine Abschätzung erfolgt üblicherweise auf abstrakter Ebene. Denn entweder existiert ein System noch nicht oder eine detaillierte Prüfung des Quelltextes wäre zu aufwendig. Dementsprechend sind die Erfahrungen aller Beteiligten von wesentlicher Bedeutung. Darunter fallen Kenntnisse über das System und dessen Architektur sowie das Wissen, wie umfangreich ähnliche Systementwicklungen oder Änderungen in der Vergangenheit waren.

Bei klassischen Vorgehensmodellen wird anhand des Lastenhefts jeder Anforderung eine Anzahl konkreter Personentage zugeordnet. Die Erfahrung hat jedoch gezeigt, dass dieses Vorgehen nicht nur zeitintensiv ist, sondern oft zu deutlichen Abweichungen führt. Dies liegt in der Tatsache begründet, dass Menschen sich schwer damit tun, absolute Größen zu schätzen und diese oft von zu vielen Unbekannten abhängen. In IT-Projekten sind diese Ungewissheiten beispielsweise sich ändernde Schnittstellen oder neue Gesetzgebungen. Aber auch personelle Wechsel im Team und unterschiedliche Erfahrungslevel der Personen führen zu Abweichungen der ursprünglichen Schätzung.

Um diesem Problem zu begegnen wird beim agilen Schätzen ein vergleichender Ansatz in einem abstrakten Maß verwendet. Konkret wird die Komplexität einer User-Story betrachtet, indem sie ins Verhältnis zu anderen User-Stories gesetzt wird.

Unter Komplexität wird in diesem Kontext die Vielfalt der Verhaltensmöglichkeiten verstanden, die eine User-Story beschreibt. Je mehr Elemente und Aktionen eine User-Story beinhaltet und je mehr Wirkungsverläufe existieren, desto komplexer ist diese.

Als Schätzmaß dienen sogenannte *Story-Points*. Diese abstrakte Kenngröße entspricht einer angepassten Version der Fibonacci-Folge und spiegelt die Komplexität einer Aufgabe wider. Dem Entwicklerteam werden zukünftige Anforderungen vorgestellt und es ordnet jeder User-Story eine Story-Point-Schätzung zu. Da es sich um eine grobe Prognose handelt, ist die gleichzeitige Betrachtung mehrerer User-Stories wichtig. So gleichen sich mögliche Abweichungen aus. Mit fortschreitender Entwicklung entsteht eine Datenbasis, die zukünftige Schätzungen verbessern kann. Dies geschieht, indem neu umzusetzende Anforderungen mit User-Stories aus der Vergangenheit verglichen werden, da bei implementierten Anforderungen sowohl die damalige Schätzung als auch der eigentliche Aufwand bekannt sind. Je länger ein Srum-Team also zusammenarbeitet, desto erfahrener wird es mit der Schätzung.

5.2 Modellentwicklung für die Aufwandsschätzung

5.2.1 Aufwandsschätzung mithilfe der Softwarearchitektur

Zum Zeitpunkt der Schätzung besteht das Ziel, auf abstrakter Ebene eine Aussage über Kosten zukünftiger Entwicklungen zu treffen. In IT-Systemen ist korrespondierend dazu die Architektur solch ein abstrakter Level. Diese kann als eine strukturierte Anordnung der Bausteine sowie deren Beziehungen und Interaktionen definiert werden (Balzert 2008).

Ein Baustein stellt dabei eine funktional geschlossene Einheit dar, welche einen bestimmten Dienst zur Verfügung stellt. Solch ein Dienst kann beispielsweise der Zugriff auf die Stammdaten sein (Abb. 5.4). Ein System besteht üblicherweise aus einer Vielzahl solcher Bausteine, welche im Folgenden als Module bezeichnet werden.

Betrachtet man bei der Schätzung die Frage, welches Modul durch eine User-Story anzupassen ist, erhält man einen besseren Überblick über die Komplexität und den Umsetzungsaufwand. Die Grundannahme ist, je mehr Module für eine User-Story anzupassen sind, desto umfangreicher ist deren Umsetzung.

Auf dieser Basis kann ein Faktor über die anzupassenden Module bestimmt werden. Im Folgenden wird dieser als Änderungsfaktor (cf) bezeichnet. Er ergibt sich aus der Anzahl aller Module (m), geteilt durch die Anzahl der zu ändernden Module (am). Damit wird die zuvor erwähnte Annahme abgebildet, dass der Umfang einer User-Story mehr Module betrifft und so die Kosten der Umsetzung mit steigender Anzahl betroffener Module zunimmt.

$$\ddot{A}nderungsfaktor\ (cf) = \frac{\text{Anzahl zu ändernder Module (m)}}{\text{Anzahl aller Module (am)}} \qquad \text{(Gl. 5.1)}$$

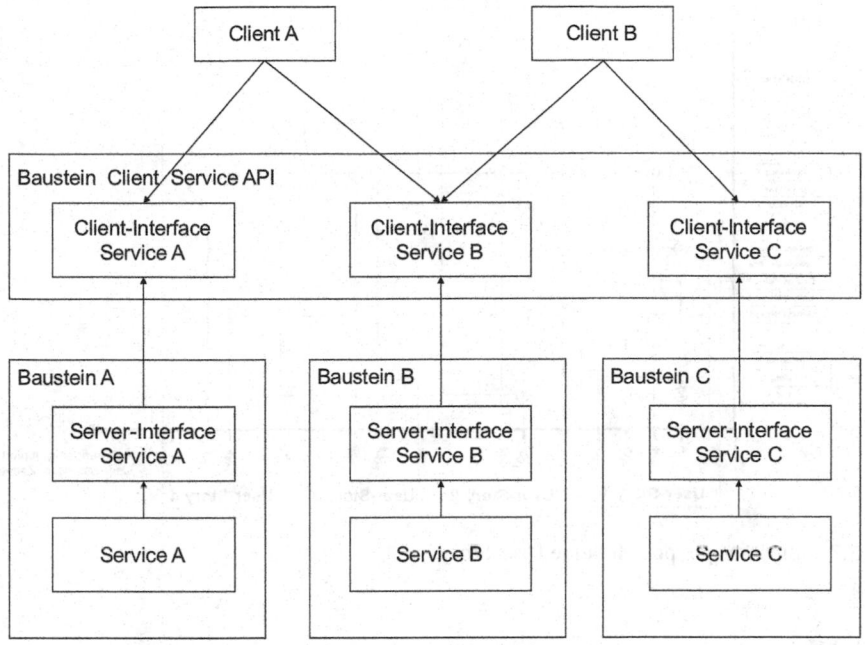

Abb. 5.4 Beispielhafte Baustein-Sicht einer Softwarearchitektur (Lilienthal 2015, S. 131)

Der Änderungsfaktor bezieht sich also immer auf eine User-Story und definiert den Umfang der anzupassenden Module. Je höher der Änderungsfaktor, desto mehr Module sind betroffen, desto komplexer ist die Umsetzung. Dies macht User-Stories vergleichbar: Je ähnlicher dieser Faktor, desto näher sollten der Umsetzungsaufwand beieinander liegen. Ein anonymisiertes Beispiel aus einem konkreten Softwareprojekt zeigt Abb. 5.5. Darin erfolgt die Zuordnung aller Quellcodeänderungen zu einer User-Story. Sie ist also ein Blick in die Vergangenheit. Die X-Achse stellt die Schichtenarchitektur des Systems dar und listet darauf alle Module. Die in den User-Stories beschriebenen Änderungen zeigt die Y-Achse. Jede enthält eine oder mehrere Implementierungsaufgaben, die von einem Entwickler zu übernehmen und einem oder mehreren Modulen zugeordnet sind.

So entsteht ein stark vereinfachtes Bild über den Umfang der vier dargestellten User-Stories. Dieses soll für *User-Story 1* beispielhaft erklärt werden.

Die User-Story wurde fachlich in die fünf Unteraufgaben #102, #110, #123, #183 und #185 heruntergebrochen. Zur Umsetzung der einzelnen Aufgaben war die Anpassung an folgenden Modulen notwendig.

- GUI Modul 1
- Business Modul 1
- DA Modul 1

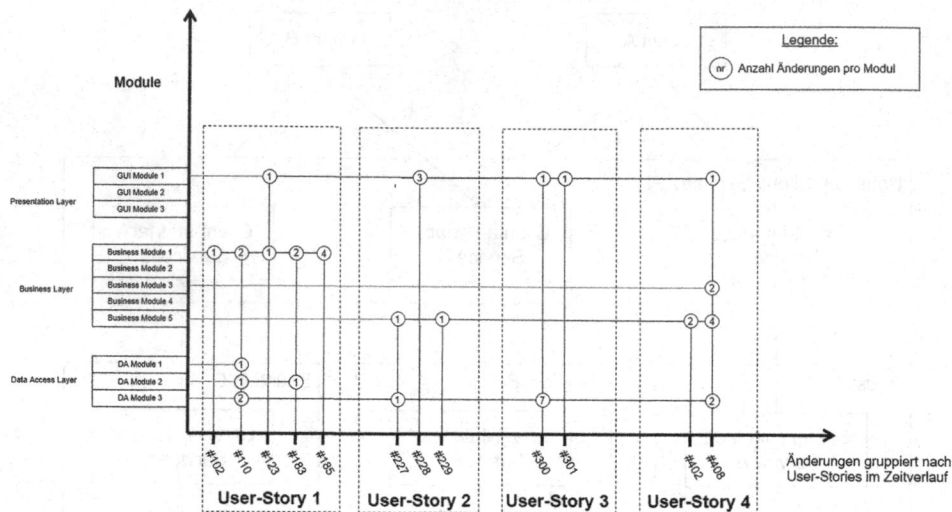

Abb. 5.5 Anpassungen pro Modul je User-Story

- DA Modul 2
- DA Modul 3

Business Modul 1 beispielsweise musste bei jeder Unteraufgabe angepasst werden. Diese Detaillierung ist für das aktuelle Modell jedoch uninteressant, da die Schätzung auf Ebene der User-Story erfolgt. Dementsprechend zählt nur die Aussage, ob ein Modul anzupassen war. Weil für *User-Story 1* fünf Module zu ändern waren und im Gesamtsystem 11 Module existieren, ergibt sich ein Änderungsfaktor von 5/11.

Die Änderungsfaktoren der jeweiligen User-Stories aus (Abb. 5) waren demnach:

- User-Story 1 = 5/11 = 0,45
- User-Story 2 = 3/11 = 0,27
- User-Story 3 = 2/11 = 0,18
- User-Story 4 = 4/11 = 0,36

Wie erwähnt basieren diese Informationen auf bereits umgesetzte User-Stories und sind somit ein Blick in die Vergangenheit. Es kann also überprüft werden, ob die damalige Schätzung mit der Verteilung des jeweiligen Änderungsfaktors korreliert. Da beispielsweise *User-Story 3* den kleinsten Änderungsfaktor besitzt, würde man hier auch die niedrigste Story-Point-Schätzung erwarten. Analog könnte die Gesamtschätzung aller Stories wie folgt aussehen:

- User-Story 1 $= 13$ Story-Points
- User-Story 2 $= 5$ Story-Points
- User-Story 3 $= 3$ Story-Points
- User-Story 4 $= 8$ Story-Points

User-Stories mit den gleichen Story-Points erfordern üblicherweise ungefähr denselben Umsetzungsaufwand. Wie erwähnt sind die bisher betrachteten User-Stories ein Blick in die Vergangenheit. Möchte man nun neue Anforderungen umsetzen, kann diese Datenbasis sehr hilfreich für die Komplexitätsschätzung sein. Üblicherweise stellt sich das Entwicklungsteam dann die Frage, ob bereits ähnliche Aufgaben umgesetzt wurden, wie lang dies gedauert hat und ob Unterschiede zur neuen Anforderung bestehen. Je größer die Datenbasis, desto besser können neue Anforderungen ins Verhältnis zu ihr gesetzt werden.

Der Ansatz des Änderungsfaktors enthält jedoch die Schwäche, dass er nicht die konkreten Module berücksichtigt, sondern jedes mit gleichem Gewicht zählt. Das führt dazu, dass trotz desselben Änderungsfaktors potenziell unterschiedliche Module anzupassen sind. In der Praxis ist der Aufwand jedoch unter anderem davon abhängig, in welchem Bereich des Systems gearbeitet wird. Eine Anpassung auf Ebene der Geschäftslogik erfordert eventuell mehr Zeit, als eine Änderung der Konfiguration. So könnte beispielsweise die Umsetzung der in Abb. 5.5 dargestellten *User-Story 4* sehr viel umfangreicher ausfallen, weil das *Business Modul 3* betroffen ist. Wenn dem so wäre, müsste dieser User-Story eine deutlich höhere Schätzung zugeordnet werden.

An diesem Beispiel wird deutlich, dass der Änderungsfaktor noch nicht den Anforderungen genügt, um die Schätzung lediglich auf Basis der Ähnlichkeitsbestimmung vorzunehmen. Trotzdem bildet er die Basis, um auf Architekturebene eine genauere KI-gestützte Schätzung zu ermöglichen.

5.2.2 Methodisches Vorgehen als Voraussetzung für KI-gestützte Schätzungen

Das Self-Enforcing Network (SEN) ist ein künstliches neuronales Netzwerk, welches sich durch selbstorganisiertes Lernen auszeichnet. Die Hauptfunktion von SEN ist die Klassifizierung und Sortierung von Datensätzen, welche in Form von Objekten mit jeweiligen Attributen vorliegen. Diese Datenbasis wird als *Semantische Matrix* bezeichnet und enthält numerische Werte. Letztere bestimmen den Zugehörigkeitsgrad eines Attributes zu seinem Objekt.

Diese semantische Eingabematrix soll im Zentrum der weiteren Ausführungen stehen, da sie die Datengrundlage bildet, auf der das Netzwerk seine Arbeit verrichten kann. Im konkreten Fall der Aufwandsschätzung übernimmt SEN den Vergleich von User-Stories. Wie im Abschn. 5.1.3 beschrieben, werden sie anhand ihrer Komplexität ins Verhältnis zueinander gesetzt. So kann auf Basis bereits umgesetzter Anforderungen und deren Kosten mit einem ähnlichen Aufwand gerechnet werden.

Um zu ermitteln, welche User-Story aufwendiger als eine andere ist, wird der zuvor beschriebene Änderungsfaktor herangezogen. Die Information, welcher Softwarebaustein durch die Umsetzung einer User-Story in der Vergangenheit anzupassen war, kann automatisiert ermittelt werden.

Hierfür müssen jedoch beim Entwicklungsprozess folgende Voraussetzungen erfüllt sein:

- Alle User-Stories sind zentral und vollständig in einer Projektmanagement-Software erfasst.
- Das System besteht aus mehreren definierten Bausteinen.
- Der Quellcode wird in einem Versionsverwaltungssystem abgelegt und bei jeder Änderung der Bezug zur User-Story hergestellt (z. B. durch Commit-Message).

Vor allem auf den letzten Punkt soll an dieser Stelle näher eingegangen werden. Der Quelltext eines Programms wird üblicherweise in einem Versionsverwaltungssystem (VCS) abgelegt. Es enthält alle Änderungen inklusive einer sogenannten *Commit-Message*. In dieser hinterlegt der Entwickler, welche Anpassungen er vorgenommen hat. So kann eine Verknüpfung zwischen User-Story und Softwarebaustein erfolgen. Im einfachsten Fall existieren für jede User-Story verschiedene Umsetzungsaufgaben, welche jeweils mit einer ID versehen sind. Diese ID wird vom Entwickler in der Commit-Message hinterlegt. So kann automatisiert ermittelt werden, welche Anpassung zu welcher User-Story gehört (Abb. 5.6). Die meisten modernen Projektmanagement-systeme bieten bereits diese Integration.

Mithilfe des Versionsverhaltungssystems kann eine Zuordnung zwischen Änderung und Softwarebaustein erfolgen. Existiert beispielsweise für jeden Softwarebaustein ein

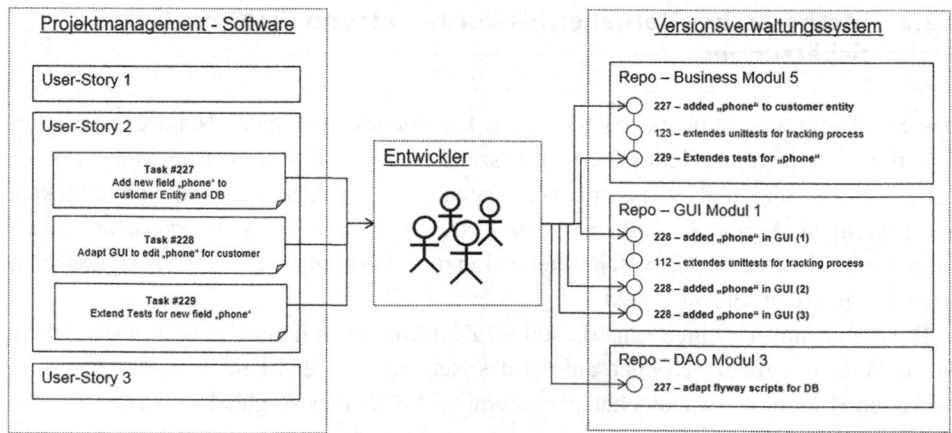

Abb. 5.6 Verknüpfung von User-Stories und Änderungen in Softwarebausteinen

eigenes Repository, was in Microservice-Architekturen oft der Fall ist, kann für eine User-Story über alle Repositories ermittelt werden, ob diese angepasst wurde oder nicht.

Alternativ kann auch innerhalb eines Repository ermittelt werden, welche Dateien für welche User-Story angepasst wurden.

5.3 Aufwandsschätzung durch das Self-Enforcing Network (SEN)

5.3.1 Ähnlichkeitserkennung via SEN

Die bisher beschriebene Vorgehensweise liefert die Eingabewerte für die semantische Matrix des SEN. In ihr werden die User-Stories als Objekte und die Module als Attribute definiert. Um beim Beispiel aus Abb. 5.5 zu bleiben, wird die semantische Matrix wie folgt definiert (Tab. 5.1).

Ist ein Modul durch eine notwendige Anpassung einer User-Story zu ändern, wird das entsprechende Feld mit 1 belegt. Das SEN ist damit in der Lage, durch Mustererkennung solche Daten automatisiert auszuwerten und Gemeinsamkeiten zu erkennen.

In der Realität wird man in einem Softwareprojekt deutlich mehr User-Stories vorfinden als im bisherigen Beispiel. Deshalb soll zur Veranschaulichung Tab. 5.1 um weitere User-Stories ergänzt werden.

Die semantische Matrix (Abb. 5.7) enthält in diesem Fall 20 User-Stories mit den dazugehörigen 11 Softwarebausteinen. Die binäre Kodierung zeigt an, ob ein Modul verändert werden musste oder nicht.

Gemäß der Lernregel in SEN wird aus dieser semantischen Matrix die Gewichtsmatrix generiert; für den Lernprozess werden die Lernrate mit 0.1 und die lineare Aktivierungsfunktion bestimmt.

Nach dem Lernprozess wird die Kartenvisualisierung herangezogen, in der die Distanz zwischen den Objekten abgebildet wird: Je näher sich die Objekte sind, desto ähnlicher sind ihre Endaktivierungswerte und umgekehrt (Abb. 5.8).

Anhand der Kartenvisualisierung wird deutlich, welche User-Stories die kleinste Distanz zueinander vorweisen. Daraus lässt sich schlussfolgern, dass für User-Stories, die nah beieinander liegen auch ähnliche Softwarebausteine anzupassen waren. Dies ist wiederum ein Indiz für ähnliche hohe Umsetzungskomplexität der User-Stories.

5.4 Komplexitätsschätzung neu umzusetzender Anforderungen via SEN

Software wird stetig weiterentwickelt. Existiert in einem Projekt eine Datenbasis, wie bisher beschrieben, kann die Komplexität neuer Anforderungen durch SEN einfacher und genauer eingeschätzt werden. Einfacher ist das Schätzen deshalb, weil das Ent-

Tab. 5.1 Beispiel einer semantischen Matrix für Softwarebausteine

	GUI Module 1	GUI Module 2	GUI Module 3	Business Module 1	Business Module 2	Business Module 3	Business Module 4	Business Module 5	DAO Module 1	DAO Module 2	DAO Module 3
User-Story 1	1	0	0	1	0	0	0	0	1	1	1
User-Story 2	1	0	0	0	0	0	0	1	0	0	1
User-Story 3	1	0	0	0	0	0	0	0	0	0	1
User-Story 4	1	0	0	0	0	1	0	1	0	0	1

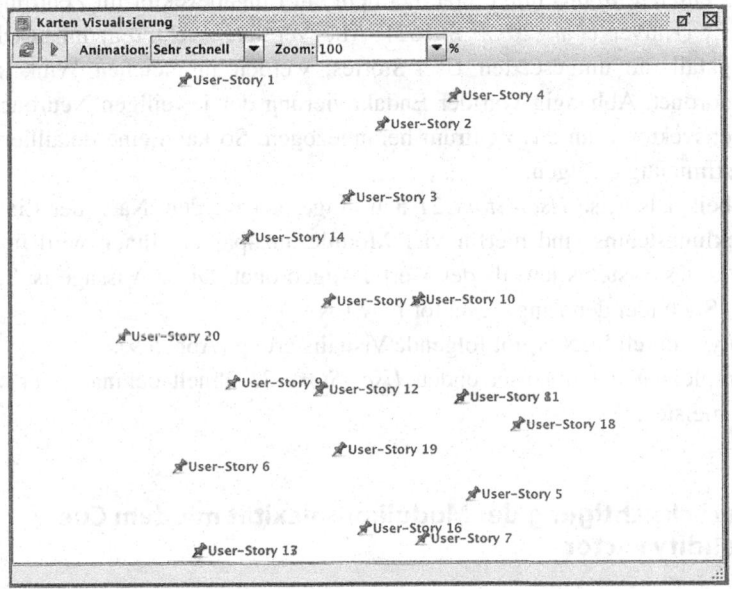

Abb. 5.7 Erweiterte semantische Matrix in SEN

Objekt Name	GUI Module 1	GUI Module 2	GUI Module 3	Business Mod..	Business Mod..	Business Mod..	Business Mod..	Business Mod..	DAO Module 1	DAO Module 2	DAO Module 3
User-Story 1	1,00	0,00	0,00	1,00	0,00	0,00	0,00	0,00	1.00	1,00	1,00
User-Story 2	1,00	0,00	0,00	0,00	0,00	0,00	0,00	1,00	0,00	0,00	1,00
User-Story 3	1,00	0,00	0,00	0,00	0,00	0,00	0,00	0,00	0,00	0,00	1,00
User-Story 4	1,00	0,00	0,00	0,00	0,00	1,00	0,00	1,00	0,00	0,00	1,00
User-Story 5	0,00	1,00	0,00	0,00	0,00	0,00	0,00	0,00	0,00	1,00	0,00
User-Story 6	0,00	0,00	0,00	1,00	0,00	0,00	1,00	0,00	0,00	0,00	0,00
User-Story 7	0,00	0,00	1,00	0,00	0,00	0,00	0,00	0,00	0,00	1,00	0,00
User-Story 8	0,00	0,00	0,00	0,00	0,00	1,00	0,00	0,00	0,00	0,00	0,00
User-Story 9	0,00	0,00	0,00	1,00	0,00	0,00	0,00	1,00	0,00	0,00	0,00
User-Story 10	0,00	0,00	1,00	0,00	0,00	0,00	0,00	0,00	0,00	0,00	1,00
User-Story 11	0,00	0,00	0,00	0,00	0,00	1,00	0,00	0,00	0,00	0,00	0,00
User-Story 12	0,00	1,00	0,00	0,00	0,00	0,00	0,00	1,00	0,00	0,00	0,00
User-Story 13	0,00	0,00	0,00	0,00	1,00	0,00	1,00	0,00	0,00	0,00	0,00
User-Story 14	1,00	1,00	0,00	0,00	0,00	0,00	0,00	0,00	1,00	0,00	0,00
User-Story 15	1,00	0,00	0,00	0,00	0,00	0,00	0,00	0,00	0,00	0,00	0,00
User-Story 16	0,00	0,00	1,00	0,00	0,00	0,00	0,00	0,00	1,00	0,00	0,00
User-Story 17	0,00	0,00	0,00	0,00	1,00	0,00	1,00	0,00	0,00	0,00	0,00
User-Story 18	0,00	0,00	0,00	0,00	0,00	1,00	0,00	0,00	0,00	1,00	0,00
User-Story 19	0,00	0,00	1,00	0,00	0,00	0,00	0,00	1,00	0,00	0,00	0,00
User-Story 20	0,00	0,00	0,00	1,00	1,00	0,00	0,00	0,00	0,00	0,00	1,00

Abb. 5.8 Kartenvisualisierung

wicklungsteam lediglich auf Architekturebene überlegen muss, welche Softwarebausteine von einer Änderung betroffen wären. Ist beispielsweise ein neues Feld an den Kundenstammdaten einzuführen (analog zu *User-Story 2* aus Abb. 5.6), fällt es leichter zu sagen, dass hierfür das *GUI Modul 1,* das *Business Modul 5* und das *DAO Modul 3* geändert werden müssen.

Eine konkrete Zeitaussage, wie lang eine Umsetzung in Stunden oder Tagen dauert und wie sie oft sie von Projektmanagern gefordert wird, ist hingegen kritisch zu bewerten. Bei der Umsetzung existieren erfahrungsgemäß zu viele Unbekannte, wie bei-spielsweise Erfahrungsunterschiede oder Fluktuation im Team. Zwischen der Schätzung bis zur Budgetfreigabe und Umsetzung liegt oft etwas Zeit, in der sich das Team personell verändern kann. Darüber hinaus ist eine versteckte technische Komplexität im Quelltext auf abstrakter Ebene nicht einschätzbar. Um Letztere zu kennen müsste eine Prüfung des Quelltextes erfolgen, was wiederum viel Zeit in Anspruch nehmen würde.

Im Folgenden wird gezeigt, wie eine Schätzung für eine neue User-Story mit SEN erfolgen kann.

5.4.1 Schätzung einer neu umzusetzenden User-Story

Liegt die Aussage über die anzupassenden Module pro User-Story vor, übernimmt SEN die Aufgabe der Ähnlichkeitsbestimmung. Hierfür wird die *SEN Visualisierung* mit dem *Input Centered Modus* umgesetzt, bei dem ein Eingabevektor im Zentrum der Dar-stellung liegt (Klüver et al. 2012, S. 152). Alle Vergleichsvektoren, im beschriebenen Anwendungsfall die umgesetzten User-Stories, werden in gleichen Winkelabständen darum angeordnet. Abhängig von der Endaktivierung der jeweiligen Neuronen werden die Vergleichsvektoren an das Zentrum herangezogen. So kann eine detailliertere Ähn-lichkeitsbestimmung erfolgen.

So soll beispielsweise *User-Story 21* neu umgesetzt werden. Nach der Einschätzung des Entwicklungsteams sind hierfür vier Module anzupassen. Ihnen wird in der Liste aller Module des Systems jeweils der Wert 1 zugeordnet. Diese Aussage ist Tab. 5.2 zu entnehmen. Sie bildet den Eingabevektor für SEN.

Die Analyse durch SEN ergibt folgende Visualisierung (Abb. 5.9).

Die Komplexität der umzusetzenden *User-Story 21* ähnelt demnach der von User-Story 1 am meisten.

5.4.2 Berücksichtigung der Modulkomplexität mit dem Cue Validity Factor

Wie bereits in Abschn. 5.2.1 erwähnt, birgt das bisherige Vorgehen eine Schwäche: Die Komplexität der Module wurde bisher nicht im Modell berücksichtigt. Üblicherweise gibt es Softwarebausteine, deren Umfang und technische Komplexität, die der anderen übersteigt. Eine Anpassung nimmt an solchen Stellen oft deutlich mehr Zeit in Anspruch.

Diese technische Komplexität eines Softwaremoduls kann unter anderem durch die sogenannte *McCabe-Metrik* gemessen werden (MacCabe 1976; Gradišnik et al. 2020). Danach definiert sich Komplexität durch die Anzahl linear unabhängiger Pfade auf dem Kontrollflussgraphen eines Moduls. Je mehr Konditionen, Schleifen und Entscheidungswege der Ablauf eines Programms hat, desto komplexer ist es. Dahinter

Tab. 5.2 Schätzung anzupassender Module einer neu umzusetzenden User-Story

	GUI Module 1	GUI Module 2	GUI Module 3	Business Module 1	Business Module 2	Business Module 3	Business Module 4	Business Module 5	DAO Module 1	DAO Module 2	DAO Module 3
User-Story 21	0	0	0	1	0	1	0	0	1	0	1

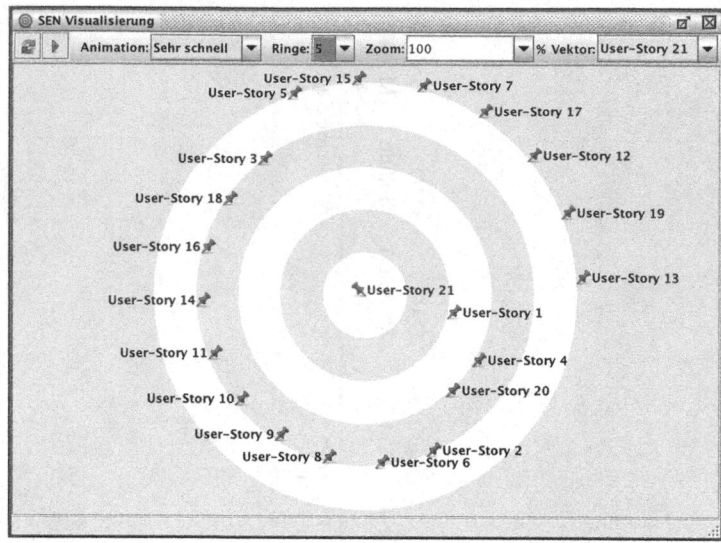

Abb. 5.9 SEN-Visualisierung zur Schätzung einer neuen User-Story

steckt die Annahme, dass ab einer bestimmten Komplexität das Modul für den Menschen sehr schwer oder gar nicht mehr begreifbar ist (Wallmüller 2011, S. 211).

Daraus lässt sich schließen, dass der Implementierungsaufwand für Änderungen in einem Modul mit der technischen Komplexität korreliert. Je komplexer ein Modul ist, desto länger benötigt ein Entwickler, alle Varianten und Ausführungspfade des Systems zu verstehen, seine Anpassungen umzusetzen und diese mit Hilfe von Tests zu prüfen.

Aus diesem Grund kann die McCabe-Metrik die Schätzung qualitativ verbessern. Um sie im Kontext von SEN zu berücksichtigen kann der *Cue Validity Factor* (CVF) verwendet werden. Er stellt ein Gewicht dar, mit dem die normalisierten Gewichtswerte multipliziert werden. Dadurch werden Module mit ähnlicher technischer Komplexität auch ähnlich bewertet und die Ergebnisgenauigkeit steigt. Für die im Beispiel verwendeten Module soll angenommen werden, dass die Module *GUI Module 1, Business Module 5* und *DAO Module 3* eine höhere Komplexität aufweisen. Hierfür wird deren CVF auf den Wert 2 erhöht (Abb. 5.10).

Im Vergleich zur bisherigen Ähnlichkeitsermittlung durch SEN entsteht daraus ein deutlich verändertes Bild. Vergleicht man die folgende Kartenvisualisierung mit dem Ergebnis ohne Einsatz des CVF aus Abb. 5.8, erkennt man eine deutliche Cluster-Bildung. User-Stories, bei deren Umsetzung ähnlich komplexe Module betroffen sind, finden sich im selben Cluster (Abb. 5.11).

Durch die Änderung des CVF für die Attribute *GUI Module 1, Business Module 5* und *DAO Module 3* werden die Cluster „gesteuert" (Klüver 2016), je nach Erfüllungs-

Name	r_{def}	r_{min}	r_{max}	n_{min}	n_{max}	cvf	v_{min}	v_{max}
GUI Module 1	0,00	0,00	1,00	0,00	1,00	2,00	0,00	2,00
GUI Module 2	0,00	0,00	1,00	0,00	1,00	1,00	0,00	1,00
GUI Module 3	0,00	0,00	1,00	0,00	1,00	1,00	0,00	1,00
Business Module 1	0,00	0,00	1,00	0,00	1,00	1,00	0,00	1,00
Business Module 2	0,00	0,00	1,00	0,00	1,00	1,00	0,00	1,00
Business Module 3	0,00	0,00	1,00	0,00	1,00	1,00	0,00	1,00
Business Module 4	0,00	0,00	1,00	0,00	1,00	1,00	0,00	1,00
Business Module 5	0,00	0,00	1,00	0,00	1,00	2,00	0,00	2,00
DAO Module 1	0,00	0,00	1,00	0,00	1,00	1,00	0,00	1,00
DAO Module 2	0,00	0,00	1,00	0,00	1,00	1,00	0,00	1,00
DAO Module 3	0,00	0,00	1,00	0,00	1,00	2,00	0,00	2,00

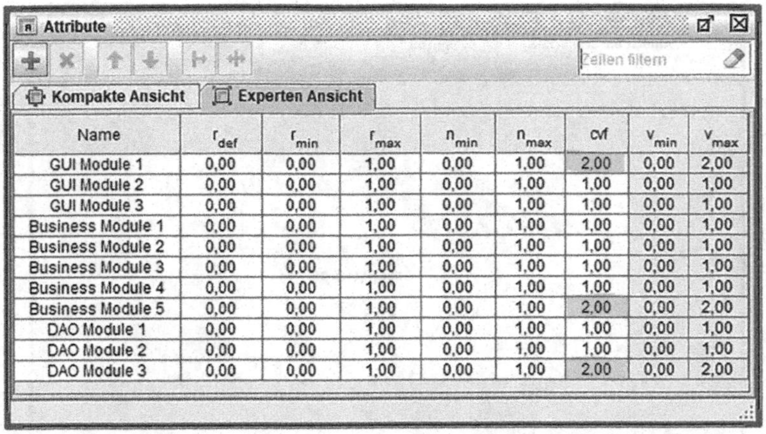

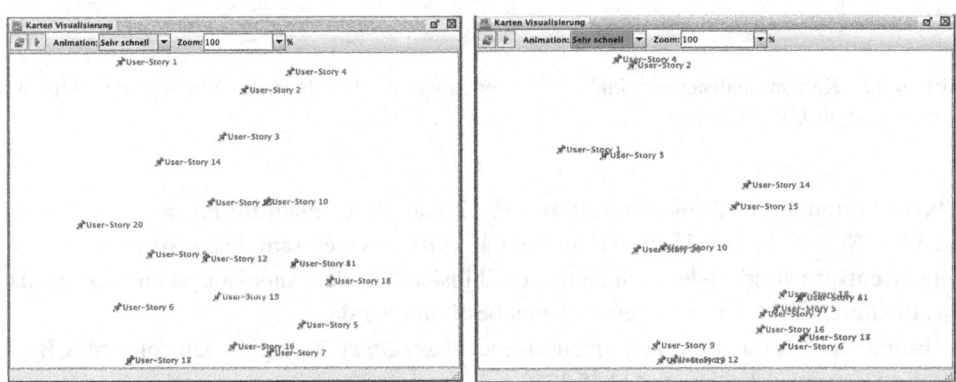

Abb. 5.10 Erhöhung des Cue Validity Factors (CVF) für die Modulkomplexität

Abb. 5.11 Kartenvisualisierung bei Berücksichtigung der Modulkomplexität als CVF. Links ist die Clusterbildung ohne Verwendung des CVF

grad der Kriterien für die Attribute (in diesem Fall die Komplexität), die mit dem CVF definiert werden.

Am Beispiel der *User-Stories 2* und *4* wird deutlich, dass beide nach wie vor ein Cluster bilden, weil zu deren Umsetzung dieselben Softwaremodule anzupassen sind und zugleich diese als einzige den Wert 1 in der semantischen Matrix für alle drei Attribute (Softwaremodule) aufweisen, die durch den CVF in deren Bedeutung (Komplexität) erhöht wurden. *User-Story 4* benötigt allerdings des Weiteren eine Änderung im weniger komplexen Modul *Business Module 3,* weshalb diese nicht als völlig identisch abgebildet wird.

Die *User-Story 1* wurde in Abb. 5.8 links oben etwas abseits dargestellt; nach der Änderung des CVF ergibt sich eine größere Ähnlichkeit zu *User-Story 3,* da beide eine Änderung in *GUI Module 1* sowie im *DAO Module 3* benötigen. Entsprechend sind die

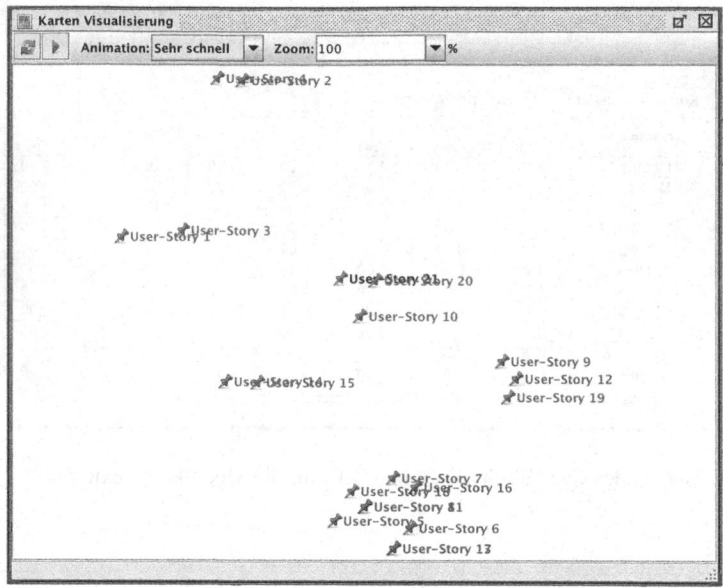

Abb. 5.12 Kartenvisualisierung inklusive User-Story 21 bei Berücksichtigung der Modulkomplexität als CVF

Übereinstimmungen für die *User-Stories 9,* 12 und 19 lediglich im *Business Module 3,* die User-Stories 14 und 15 haben nur *GUI Module 1* gemeinsam. Die restlichen Cluster zeigen entsprechend andere Ähnlichkeiten hinsichtlich der Anpassungskomplexität als die, die durch den CVF in diesem Beispiel bestimmt wurde.

Betrachtet man nun die neu umzusetzende *User-Story 21* ergibt sich folgendes Bild für die Kartenvisualisierung (Abb. 5.12):

User-Story 21 ordnet sich dem Cluster um *User-Story 10* und *20* zu. In diesem Cluster befinden sich User-Stories, für die zum einen das komplexe *DAO Modul 3* angepasst werden muss. Zum anderen ist aber nur dieses eine komplexe Modul betroffen. Analysiert man alle User-Stories, die eine Änderung am *DAO Modul 3* erfordern wird deutlich, dass die *User-Stories 1* bis *4* immer mindestens ein weiteres der komplexen Module (in Tab. 5.3 fett dargestellt) betreffen. Aus diesem Grund liegen diese nicht im selben Cluster.

In einem zweiten Schritt kann nun der *Input Centered Modus* herangezogen werden. Darin wird die ursprüngliche Einschätzung aus Abb. 5.9 nicht nur bestätigt, sondern sogar verstärkt (Abb. 5.13).

Tab. 5.3 User-Stories die Anpassungen am *DAO Modul 3* erfordern

	GUI Module 1	GUI Module 2	GUI Module 3	Business Module 1	Business Module 2	Business Module 3	Business Module 4	Business Module 5	DAO Module 1	DAO Module 2	DAO Module 3
User-Story 1	1	0	0	1	0	0	0	0	1	1	1
User-Story 2	1	0	0	0	0	0	0	1	0	0	1
User-Story 3	1	0	0	0	0	0	0	0	0	0	1
User-Story 4	1	0	0	0	0	1	0	1	0	0	1
User-Story 10	0	0	1	0	0	0	0	0	0	0	1
User-Story 20	0	0	0	1	1	0	0	0	0	0	1
User-Story 21	0	0	0	1	0	1	0	0	1	0	1

Für *User-Story 21* wird eine fast exakte Übereinstimmung mit der *User-Story 1* ermittelt. Dieses Bild lässt sich auch durch Tab. 5.3 nachvollziehen.

Durch den CVF kann demnach die Clusterbildung gesteuert werden, indem unterschiedliche Aspekte wie die Modulkomplexität berücksichtigt werden. So erhält man eine Übersicht, bei welchen User-Stories mehr Aufwand eingeplant werden muss.

Zur Ermittlung der Komplexität eines Moduls können verschiedene Analysewerkzeuge verwendet werden. SonarQube[1] ist eines dieser Werkzeuge, um nur ein Beispiel zu nennen. Es bietet die Möglichkeit, den gesamten Quelltext einer Software zu analysieren und dabei Metriken zu ermitteln. Die Komplexität ist dabei nur eine von vielen. Das Unternehmen hat die Definition von Komplexität, wie sie Thomas J. McCabe formulierte, weiterentwickelt. Es spricht dabei von der kognitiven Komplexität, um dem Aspekt der Verständlichkeit durch einen Menschen Rechnung zu tragen. Auf Details dieser Metrik soll an dieser Stelle nicht weiter eingegangen, sondern lediglich auf das White Paper verwiesen werden (Campbell 2018).

---

[1]https://www.sonarqube.org/

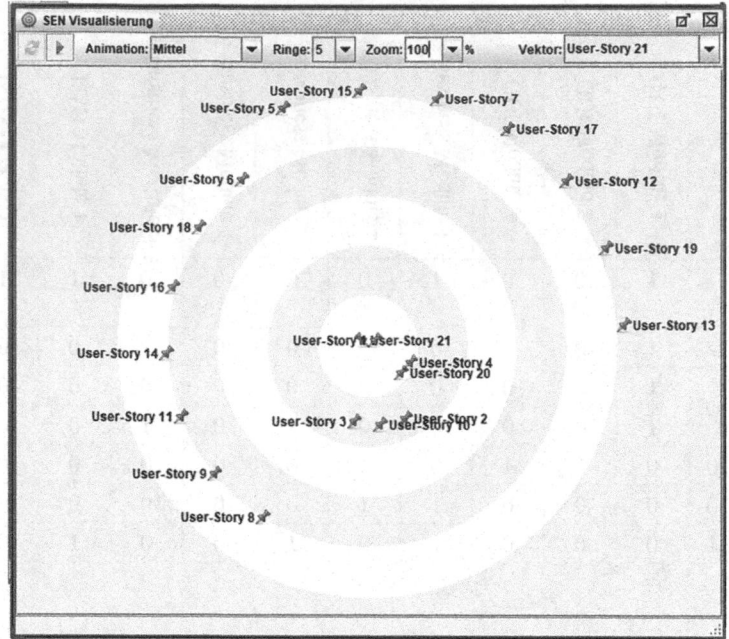

Abb. 5.13 SEN-Visualisierung zur Schätzung einer neuen User-Story inklusive CVF

5.5 Fazit und Ausblick

Mit dem vorgestellten Ansatz wird postuliert, dass die Umsetzungskomplexität mit der Anzahl der anzupassenden Bausteine eines Softwaresystems korreliert. User-Stories, bei denen dieselben Module anzupassen sind, haben aus Architektursicht in etwa dieselbe Komplexität.

Mit SEN wurde eine Möglichkeit gezeigt, eine bestehende Datenbasis automatisiert zu analysieren. Dieses neuronale Netz ist in der Lage, Gemeinsamkeiten von User-Stories bezüglich ihrer Umsetzungskomplexität zu erkennen. Dies vereinfacht die Schätzung von zukünftigen Änderungen, da das Entwicklerteam lediglich die anzupassenden Module bestimmen muss.

Mithilfe des SEN werden bereits implementierte User-Stories mit noch nicht umgesetzten verglichen. Dieser Vergleich basiert darauf, welche Softwarebausteine anzupassen sind. Da die Komplexität und die Umsetzungskosten von bereits implementierten User-Stories bekannt sind, kann dieses Wissen die Schätzung neuer User-Stories positiv beeinflussen.

Voraussetzung ist ein definierter Entwicklungsprozess, welcher eine durchgehende Dokumentation aller User-Stories inklusive ihrer zugehörigen Implementierungsaufgaben bis auf die Quellcodeebene beinhaltet. Jeder Entwickler hat bei der Umsetzung die ID einer Aufgabe in die Commit-Message des Versionsverwaltungssystems zu übernehmen. So sind eine automatisierte Auswertung und Bildung der semantischen Matrix, als Eingabe für das SEN möglich. Zur weiteren Verbesserung der Schätzgenauigkeit wurde die technische Komplexität der einzelnen Module mit CVF in SEN berücksichtigt.

Nichtsdestotrotz birgt die Aufwandsschätzung weitere Herausforderungen, die auch mit dem bisher beschriebenen Ansatz noch nicht gelöst sind. Zwar wurden mit der Berücksichtigung der Komplexität potenzielle Unterschiede der Module einkalkuliert, jedoch wurde keine fachliche Differenzierung zwischen den User-Stories getroffen. Im Extremfall betrifft eine einfache Änderung von Konfigurationen dieselben Module, wie eine komplette Umstrukturierung der Geschäftslogik. Das in solch einem Fall die Umsetzungskosten nicht dieselben sind, liegt auf der Hand. Die Einschätzung in diesem Fall ist von der Erfahrung einzelner Mitarbeiter abhängig, da erfahrene Kollegen für die Umsetzung vermutlich weniger Zeit benötigen werden.

Als Fazit gilt deshalb, dass durch das vorgestellte Verfahren mit SEN ein Werkzeug zur Verfügung steht, mit dem die Aufwandsschätzung optimiert werden kann. SEN kann große Datenmengen automatisiert analysieren und auswerten. Mithilfe der richtigen Konfiguration durch Gewichtung und Integration weiterer Merkmale (z. B. technische Modulkomplexität) können die Schätzergebnisse weiter verbessert werden. Das ermöglicht einem Unternehmen, Schätzungen für zukünftige Aufwände günstiger und in höherer Qualität durchzuführen. Sie werden jedoch immer nur ein Anhaltspunkt sein, da die Analyse auf abstrakter Architekturebene erfolgt und zu viele weitere Faktoren die Umsetzungskosten tangieren. Die Modelle können zukünftig entsprechend erweitert werden, um weitere Aspekte zu integrieren.

Literatur

Balzert H (2008) Lehrbuch der Softwaretechnik: Softwaremanagement. Spektrum Akademischer Verlag, Heidelberg, Neckar

Campbell G (2018) Cognitive Complexity A new way of measuring understandability, Copyright SonarSource S.A., Switzerland. https://www.sonarsource.com/docs/CognitiveComplexity.pdf

Gradišnik M, Beranč T, Karakatič S (2020) Impact of historical software metric changes in predicting future maintainability trends in open-source software development. Appl Sci 10:4624. https://doi.org/10.3390/app10134624

Hummel O (2011) Aufwandsschätzungen in Der Software- Und Systementwicklung Kompakt. Spektrum Akademischer Verlag, Heidelberg, Neckar

Klüver C, Klüver J, Schmidt J (2012) Modellierung komplexer Prozesse durch naturanaloge Verfahren, 2. Aufl. Springer Vieweg, Wiesbaden

Klüver C (2016) Steering clustering of medical data in a self-enforcing network (SEN) with a cue validity factor. IEEE symposium series on computational intelligence, Athen, S. 1–8. https://doi.org/10.1109/SSCI.2016.7849883

Lakeworks, lizenziert unter Cc-by-sa-3.0,2.5,2.0,1.0, GFDL. https://creativecommons.org/licenses/by/3.0/. „Scrum process-de.svg", bearbeitet von Matthias Köhler

Lilienthal C (2015) Langlebige Software-Architekturen: Technische Schulden analysieren, begrenzen und abbauen. dpunkt.verlag. Heidelberg

McCabe TJ (1976) A complexity measure. IEEE Trans Softw Eng SE-2(4):308–320. https://doi.org/10.1109/tse.1976.233837. Zugegriffen: 27 Juli 2020

Metzner A (2020) Software engineering – Kompakt. Carl Hanser, München

Wallmüller E (2011) Software quality engineering – ein Leitfaden für bessere Software-Qualität, 3. Aufl. Hanser, München

Ermittlung und Bewertung wesentlicher Aufwandstreiber für das Defect-Management – eine Fallstudie

6

Guido Schwering

Zusammenfassung

Der vorliegende Beitrag befasst sich mit Optimierungspotenzialen im Defect-Management und geht dabei auf die verschiedenen Aspekte im Defect-Management ein. Dazu wird auf Grundlage eines agilen Softwareprojektes eine Ansammlung von Defects untersucht und mit dem Self-Enforcing-Network (SEN) auf Optimierungspotenziale geprüft. Das SEN zeigt Optimierungsmöglichkeiten auf, die unmittelbar in der Praxis angewandt werden können. Dazu zählen im Wesentlichen vier Aspekte: Relevante Eigenschaften zur effizienten Lösungsdauer eines Defects, Grundlagen zur Prognose der Lösungsdauer eines Defects, Auswirkungen der Qualität eines erfassten Defects, sowie die Identifikation von Duplikaten in den Defects. Aus den gewonnenen Erkenntnissen werden handlungsreiche Maßnahmen im Defect-Management abgeleitet, sodass dieses ressourcenbezogen optimiert wird.

Schlüsselwörter

Defect-Management · User-Acceptance-Test · Self-Enforcing Networks

6.1 Einleitung: Das Fallbeispiel

Über einen Zeitraum von 18 Monaten wurden in einem agilen Softwareprojekt 405 Defects (Softwaremängel) erfasst. Im gleichen Zeitverlauf wurden die fachlichen Anforderungen an die Software zwischen der Fachseite und der IT Entwicklung in Form

G. Schwering (✉)
Königstein im Taunus, Deutschland
E-Mail: sammelband-KIKL@rebask.de

© Springer Fachmedien Wiesbaden GmbH, ein Teil von Springer Nature 2021
C. Klüver und J. Klüver (Hrsg.), *Neue Algorithmen für praktische Probleme*,
https://doi.org/10.1007/978-3-658-32587-9_6

von User-Stories (Anforderungen – Kap. 5) erarbeitet. Die IT-Entwicklung ist für die Programmierung der erarbeiteten User-Stories verantwortlich, mit der die Behebung der Defects zusammenhängt.

Nach jedem dreiwöchigen Entwicklungssprint fand ein User-Acceptance-Test zur Abnahme der jeweils programmierten User-Stories bei der Fachseite statt. Zudem fanden auch unterwöchig freie Tests statt, in denen die Tester auf Seite des Fachbereichs jederzeit Defects erfassen konnten. Die Fachseite zur Spezifikation der User-Stories und die Tester zur Abnahme der User-Stories sind ein und dieselben Personen. Für jeden erfassten Defect wurden 42 Attribute gepflegt, darunter eine Kurzbeschreibung, eine Priority und eine Severity. Mit der Zeit war den Testern anzumerken, dass die Akzeptanz für das Defect-Management gesunken war. Dieses wurde aufseiten der IT-Entwicklung in Zusammenarbeit mit den Testern gesteuert.

Zwischenzeitlich hatte die Fachseite eine Test-Managerin in das Projekt integriert, die zusätzlich von der IT-Entwicklung gesteuert wurde. Die Test-Managerin kannte die fachlichen Anforderungen zur Bewertung der Defects nicht. Nach einer 14-monatigen Entwicklungszeit fand eine Integrationstestphase zur Absicherung der ersten Inbetriebnahme der Anwendung statt. Wöchentlich gab es dazu einen Abstimmungstermin zwischen dem Entwicklungsteam (IT-Entwicklung) und den Testern, um den Status der einzelnen Defects durchzugehen und zu priorisieren.

Insgesamt war subjektiv das allgemeine Empfinden, dass der Aufwand für das Defect-Management zu hoch sei. Dazu gehörte nicht nur das Erfassen eines Defects, sondern auch die maßgeblich von der IT-Entwicklung durchgeführte Verwaltung der Defects über ein vom Fachbereich bereitgestelltes Defect-Tracking-System (DTS), bis hin zum dokumentierten Nachtest der Defects. Zum Defect-Management gehört auch das grundsätzliche Test-Management mit der Vor- und Nachbereitung von Test-Workshops und Status-Meetings hinzu.

Im Verlauf des Projektes wurden regelmäßige Testworkshops abgehalten. Diese waren in der Regel im Format eines User-Acceptance-Tests und am Ende eines jeden dreiwöchigen Sprints. Dabei wurden die von den Entwicklern fertiggestellten User-Stories zur Abnahme bereitgestellt. Auf einer Integrationsumgebung wurde der aktuelle Stand der Software deployed (damit ist die Installation einer Software gemeint), sodass jeder Tester auf demselben Softwarestand testet. Die Durchführung ist Aufgabe der IT-Entwicklung; dabei hat die Fachseite unterstützt.

Bereits ein bis zwei Tage vor dem User-Acceptance-Test gab es erste Anfragen über den Fertigstellungsgrad der User-Stories. Nicht immer wurden alle User-Stories durch die IT-Entwicklung rechtzeitig zum Test bereitgestellt. Die Vorbereitung für den User-Acceptance-Test war für die Steuerung der Erwartungshaltung des Fachbereichs wichtig. Frühzeitig sollte kommuniziert werden, welche User-Stories zum Test bereitstehen werden. Da die kalkulierte Entwicklungszeit dafür meist knapp war, konnte man oftmals nur Prognosen treffen. Damit einhergehend war ein regelmäßiger Aufwand zur Vorbereitung und Steuerung des User-Acceptance-Tests notwendig. So war es für manch einen Tester nicht immer nachvollziehbar, welche Inhalte nun zum Test bereitstehen und wo noch nachgearbeitet wird. Zwar gab es ein Handout, das einen Leitfaden zum Testen vorgab, jedoch hielt sich nicht jeder Tester daran. Darin aufgeführt waren die User-Stories mit den dazugehörigen Testfällen.

Insgesamt zeigte sich der Fachbereich nicht zufrieden, wenn nicht alle User-Stories bereit zur Abnahme waren. So wurden teilweise Defects für User-Stories erfasst, die noch nicht zum Test freigegeben wurden. Eigentlich entspricht dies nicht dem Vorgehen in der Defect-Erfassung. Insgesamt erhöhte sich dadurch der Aufwand im Defect-Management. Diese Defects wurden immer wieder vom Defect-Manager in den Status „Recommended-to-reject" gestellt, worauf sich der Fachbereich jedoch selten einließ. In den wöchentlichen Status-Meetings zu den Defects wurde regelmäßig darüber diskutiert. Für den Fachbereich war es wichtig, gegenüber der IT-Entwicklung zu zeigen, wie anfällig die Anwendung für Defects ist. Nicht immer waren die Defects begründet, wohingegen die IT-Entwicklung durch die nicht rechtzeitige Fertigstellung der User-Stories mitverantwortlich ist.

Zur Absicherung der Software, die nach über einem Jahr Entwicklungszeit in den Betrieb gehen sollte, wurde die Anwendung intensiv getestet. Hier wurde jede Funktion auf Basis der Testfälle einer User-Story erneut getestet. Dabei wurde zum ersten Mal mit echten Daten getestet, was sich zu diesem späten Zeitpunkt als Fehler herausstellte. Die sehr späte Anbindung an ein Fremdsystem, welches über eine Schnittstelle Daten zur Weiterverarbeitung übertrug, führte zu vielen Defects. Erst hier stellte das Test-Team fest, dass einige Funktionen der Anwendung sich nicht korrekt verhielten. Dabei lag die Verantwortung in der Anbindung der Schnittstelle bei der Fachseite – also nicht in der Hand der IT-Entwicklung. Dadurch verzögerte sich die Inbetriebnahme um einige Monate. In dieser Zeit kamen neue Anforderungen (User-Stories) hinzu, deren Umsetzung es bedurfte. Erst hier setzte sich das Test-Team intensiv mit der Anwendung auseinander. Jedoch gab es durch die neuen Anforderungen intensive Diskussionen darüber, ob diese nicht als Defect zu behandeln seien. Diese wurden als Defect erfasst und der IT-Entwicklung zur Lösung übermittelt.

Der Defect-Manager aufseiten der Fachseite intervenierte dabei und forderte den Abgleich mit der bisherigen Spezifikation. Nur wenn etwas eindeutig in einer User-Story als Anforderung spezifiziert ist und diese nicht funktioniert, kann ein Defect erfasst werden. Dadurch, dass sich die Inbetriebnahme der Anwendung bereits verzögert hat, entstanden einige Diskussionen und Konflikte. Die Fachseite stellt immense Anforderungen an die IT-Entwicklung, welche in der Integrationstestphase neue User-Stories entwickelte und gleichzeitig drei Testworkshops die Woche durchführte.

Die Erwartung der Fachseite war, dass jeder Defect gelöst wird und gab dazu Fristen (Planned Closing Dates) vor. Das Test-Team konnte am Ende der Integrationstestphase die Anforderungen testen und die Anwendung zur Inbetriebnahme freigeben.

Unter der phasenweisen Hektik litt die Qualität der erfassten Defects. Zeitweise wurde für die Integrationstestphase von der Fachseite eine Test-Managerin eingesetzt, die den Status der Defects pflegte. Diese kannte jedoch die Historie des Projektes und damit die Fachlichkeit der Anwendung nicht und konnte die Defects nicht bewerten. Grundsätzlich wurde die Priorität eines Defects stets auf High gesetzt.

Das Test-Team stellte sich aus dem Fachbereich zusammen, sodass dieses in der Lage sein müsste einen Defect zu erkennen. Allerdings ist die Fachlichkeit der Anwendung nicht trivial gewesen – Expertenwissen war hier in Teilbereichen der Anwendung von Notwendigkeit. Nach über 18 Monaten und vielen User-Acceptance-Tests, Integrationstestworkshops und freiem Testen ist die Anwendung letztendlich in den Betrieb gegangen. Dem damit einhergehenden Business Support der Anwender in den ersten Wochen der Nutzung wurden keine großen Auffälligkeiten mehr beigemessen.

In der Darstellung des Fallbeispiels ist zu erkennen, dass dem allgemeinen Empfinden nach der Aufwand für das Defect-Management zu hoch sei. Die zentrale Frage lautet daher:

Was sind die wesentlichen Aufwandstreiber für das Defect-Management und wie sind diese über den Projektverlauf zu bewerten?

Weitere wichtige Fragen sind:

- Wie ist die dokumentierte Qualität und Konsistenz der erfassten Defects und gibt es Unterschiede über den Zeitverlauf?
- Was sind die Eigenschaften einer kurzen und langen Lösungsdauer eines Defects; worin bestehen die Unterschiede?
- In welchem Anwendungsbereich wurden die meisten Defects erfasst und gab es womöglich eine besondere Hürde in der Entwicklung?
- Wie ist die anhaltende Aktivität der Tester über den Zeitverlauf und inwieweit haben sich mögliche Veränderungen im Testteam auf das Defect-Management ausgewirkt?
- Inwieweit wurden die 42 Attribute zur Erfassung eines Defects genutzt und können aus deren Zusammenhang mögliche Einflussfaktoren auf hohe Aufwandstreiber entnommen werden?
- Inwieweit wurden Kommentare eines Defects zum gemeinsamen Informationsaustausch genutzt; geben diese Rückschlüsse auf hohe Aufwände her?

So befasst sich der vorliegende Beitrag mit dem Ansatzpunkt, an dem ein Defect von einem Tester in einem Defect Tracking System erfasst wurde. Es ist der Zeitpunkt, an dem es bereits zu spät ist, mögliche Frühwarnsysteme anzuwenden. Die Optimierungspotenziale werden im Bereich der dokumentierten Verwaltung von Defects untersucht. Im vorliegenden Fall werden die erfassten Daten der Defects gekapselt von äußeren Einflüssen betrachtet und in einem neuronalen Netzwerk ausgewertet.

Das primäre Ziel des Beitrags ist der Erkenntnisgewinn über die großen Aufwandstreiber im Defect-Management auf Basis der über den Projektverlauf erfassten Defects und deren möglicher Optimierung im Kontext des effizienten Defect-Managements.

Zunächst wird die Erfassung der Defects in dem beschriebenen Projekt vorgestellt. Anschließend werden mehrere Modelle erstellt, um Erkenntnisse im Zusammenhang der Defects herzustellen und die erzielten Ergebnisse mit SEN vorgestellt. Abschließend werden die gewonnenen Erkenntnisse aus der Fallstudie und den SEN-Simulationen diskutiert.

6.2   Erfassung der Defects

Jeder Defect wurde zunächst in einem dafür vorgesehenen Werkzeug erfasst. Dieses bietet eine ganze Bandbreite relevanter Attribute an. Insgesamt wurden zu jedem Defect 42 Attribute angegeben (Tab. 6.1). Ein Teil davon wird vom System automatisiert erfasst. Dazu gehört unter anderem der Defect-Erfasser in Persona, die Angabe des Erfassungsdatums und die vergebene Defect Identifikationsnummer.

Die Auswertung über die Häufigkeit der verwendeten Defect-Attribute hat gezeigt, dass nicht jedes Attribut gleichmäßig verwendet wird. Insgesamt werden aus den 42 Attributen nur 70,75 % verwendet. Dazu gehören auch solche, die keine Anwendung erfahren: Detected in Cycle, Detected on Environment, Estimated Fix time (hours), External technical ID, Structure und Target Test Cycle. Diese sollten aufgrund der Übersichtlichkeit hinterfragt werden. Dazu gehören auch solche mit sehr geringem Auftreten wie der Root Cause (Abb. 6.1).

Ein ebenfalls geringes Auftreten, aber eine hohe Relevanz hat das *Subject.* Hier sollte im vorliegenden Projekt eigentlich die User-Story angegeben werden, mit der der erfasste Defect assoziiert wird. Dies hilft den Software-Entwicklern in der schnellen Analyse des Defects. Zudem ist es für die Tester hilfreich, sich die betroffene Funktionalität zu vergegenwärtigen und einen Abgleich mit der fachlichen Spezifikation (erwartetes Verhalten) vorzunehmen.

Zu den Kernelementen in der Defect-Erfassung gehört die *Description,* die *Severity,* die *Priority,* der *Fehlerort* (Entwicklungsumgebung) und die *Softwareversion.* Ein nicht aufgeführtes, aber dennoch relevantes Attribut ist der Anhang, den es zu jedem Defect gibt. Hier können Dateien abgelegt werden, die den Defect zusätzlich beschreiben. Oft sind dies Screenshots des gezeigten Verhaltens die vom Tester hinterlegt werden. Zudem wäre es interessant zu erfahren, in welcher Rolle (z. B. Administrator oder Controller) der Tester den Defect erfasst hat. Diese Funktionalität könnte noch erweitert werden.

Die Defects erstrecken sich über zehn unterschiedliche Status. Von den insgesamt 405 Defects sind zwei Drittel in den terminierenden Status 09-Closed übergegangen. Zu dem Zeitpunkt, an dem die Statusübersicht (s. Abb. 2) erstellt wurde, wurde das erste Release der Softwareanwendung nach über 18 Monaten Entwicklungszeit der Inbetriebnahme übergeben. Das bedeutet, dass ein Drittel aller erfassten Defects nicht in das erste Release eingeflossen sind. Auffällig ist, dass insgesamt 23 % – fast jeder vierte Defect – den Status 10-Rejected aufweist (Abb. 6.2).

Das Softwareprojekt hat demnach ein Problem in der korrekten Defect-Erfassung. Soweit ist festzustellen, dass ein großer Anteil der erfassten Defects keine sind. Von den 93 Defects im Status 10-Rejected sind 23 Change-Requests dabei. Diese stellen neue

Tab. 6.1 Definition der Defect-Attribute

Attribut	Beschreibung
Workpackage	Angabe in welchem fachlichen Bereich der Softwareanwendung der Defect erfasst wurde. Ein fachlicher Bereich kann ein Aufgabenbereich oder eine konkrete Funktion sein. Das Workpackage kann eigens definiert werden
Target Test Cycle	Angabe in welchem Testzyklus der Defect erfasst wurde. Innerhalb eines Softwarereleases kann es mehrere Zyklen geben, in denen die Software getestet wird. Im agilen Projektvorgehen denkt man in iterativen Sprints, in denen regelmäßig im User-Acceptance-Test getestet wird
Supplier Transfer Date	Angabe zu welchem Zeitpunkt der erfasste Defect der IT-Entwicklung übertragen wurde. Dieser kann den Defect ab diesem Zeitpunkt bewerten
Structure	Nicht relevant
Root Cause	Angabe welchen Ursprung der Defect hat. In der Regel ist dieser im Development-Code zu finden. Es können auch technische Gründe vorliegen (Netzwerkprobleme)
Reproducible	Angabe ob ein Defect reproduzierbar ist, d. h. ob das gezeigte Fehlerbild für den Softwareentwickler nachvollziehbar ist, sodass dieser ihn analysieren und lösen kann
Rejected Reason	Angabe mit welchem Grund ein Defect abgelehnt wurde. Nicht jeder erfasste Defect entspricht den Kriterien eines Softwarefehlers. Der Abgleich kann anhand der fachlichen Anforderung an die Software stattfinden
Planned Closing Version	Angabe in welcher zukünftigen Softwareversion der Defect behoben sein soll. Diese Angabe dient neben der Priority und dem Planned Closing Date der genauen Steuerung zur Behebung eines Defects
Maintenance/Project	Angabe des zugehörigen Fachbereiches der Software. In der Regel ist eine Softwareanwendung einer konkreten Geschäftseinheit zugeordnet. Mit dieser Zuordnung können die Defects eines Projektes ausgewertet werden
Found in Testlevel	Angabe in welcher Testphase der Defect erfasst wurde. In der Releaseplanung einer Software durchläuft diese unterschiedliche Testphasen – zum Beispiel die Integrationstestphase oder die Stabilisierungsphase
Found in Client	Angabe der Softwarebezeichnung. Eine Software hat einen Titel oder Projektnamen mit der sie eindeutig identifiziert werden kann
Foreign Ticketsystem ID	Angabe welche Identifikationsnummer der Defect in einem anderen System hat. Dies kann verwendet werden, wenn die Softwareentwickler neben dem Tool HP ALM noch mit einem weiteren Tool arbeiten, in denen sie beispielsweise ihre fachlichen Anforderungen dokumentieren

(Fortsetzung)

Tab. 6.1 (Fortsetzung)

Attribut	Beschreibung
External technical ID	Nicht relevant
Estimated Fix Time (Hours)	Angabe des Zeitaufwandes in Stunden welcher zur Behebung des Defects benötigt wird. Dies dient zur Kapazitätsplanung des Softwareprojektes
Detected on Environment	Nicht relevant
Detected in Version	Angabe in welchem Release der Defect erfasst wurde. Eine Softwareanwendung kann mit fortschreitender Entwicklung in mehrere Inbetriebnahmeversionen aufgeteilt werden
Detected in Environment (Fehlerort)	Angabe auf welcher Entwicklungsumgebung der Defect erfasst wurde. Der Stand einer Software kann auf mehreren Entwicklungsumgebungen eingesetzt werden
Detected in Cycle	Nicht relevant
Closing Date	Angabe wann ein Defect in einen terminierenden Status übergegangen ist. Dabei wird zwischen Closed und Rejected unterschieden. In beiden Status ist der Defect geschlossen
Classification	Angabe in welcher Art und Weise ein Defect Auswirkungen auf das System hat. Dies können zum Beispiel Sicherheitsaspekte oder Performanzaspekte sein
Assigned-Classification	Angabe welchem Stakeholder die Classification zugewiesen wird. Dies ist in der Regel der Softwarelieferant
Assigned to FN	Angabe wem der Defect zur Bearbeitung zugewiesen ist. Nach der Defect-Erfassung kann hier ein Softwareentwickler zugeordnet werden, der die betroffene Funktionalität am besten bewerten kann. Zum Nachtest oder bei Rückfragen ist es der entsprechende Tester
Actual Fix Time (hours)	Angabe der tatsächlich investierten Arbeitszeit in Stunden zur Behebung des Defects. Dies kann mit der prognostizierten Zeit (Estimated Fix Time) abgeglichen werden
Provider	Angabe des Softwarelieferanten, der für den Defect zuständig ist. Es kann vorkommen dass in einem Softwareprojekt mehrere Softwarelieferanten involviert sind
Planned Closing Date	Angabe zu welchem Zeitpunkt der Defect behoben sein sollte. Dies dient zur genaueren Steuerung in der Abarbeitung der Defects. Die Angabe kann hilfreich sein, um etwaige Testworkshops zu steuern, in denen Defects zum Nachtest bereitstehen sollen
Detected by FN	Angabe wer den Defect erfasst hat. Hier ist der entsprechende Tester automatisiert über seine Login-Informationen aufgeführt
Description	Angabe einer Beschreibung des Defects. Hier wird vom Tester das fehlerhafte und erwartete Verhalten der Software beschrieben. Zudem ist es hilfreich anzugeben, welche Rollen mit den zugehörigen Rechten (z. B. Administrator) der Tester hat. Dazu ist in HP ALM kein eigenes Attribut vorgesehen

(Fortsetzung)

Tab. 6.1 (Fortsetzung)

Attribut	Beschreibung
Comments	Angabe von Kommentaren, die von den Stakeholdern geschrieben werden können. Dies dient in der virtuellen Zusammenarbeit dem gemeinsamen Austausch, sowie einer Dokumentation von Entscheidungen, die später nachvollziehbar sind. Relevant ist das oft für Defects, die nicht angenommen werden (Status Rejected)
Subject	Angabe eines Fachgebietes dem dieser Defect zuzuordnen ist. Diese Angabe ist feingranular im Vergleich zum Workpackage. In einem agilen Projektkontext könnte dies eine User-Story und damit eine konkrete Funktion sein
Fixed in Version	Angabe in welchem Softwarestand der Defect letztendlich behoben wurde
Target Release	Angabe in welchem Release der Defect behoben sein soll. Diese Angabe ist für die Releaseplanung wichtig. Nicht jede bereits entwickelte Funktion einer Software muss direkt in das nächste Release einfließen. Damit verbunden sind die Defects
Detected on Date	Angabe zu welchem Datum der Defect erfasst wurde. Im Abgleich mit dem Closing Date kann die Lösungsdauer eines Defects nachvollzogen werden
Deteced in Release	Angabe in welchem Release der Defect erfasst wurde
Priority (Provider Steering)	Angabe der Priorität mit der der Defect behandelt werden soll. Diese kann mehrstufig in kritisch, hoch, medium und gering verteilt sein
Main IT system	Angabe welches Kernsystem vom Defect betroffen ist
Modified	Angabe zu welchem Zeitpunkt zuletzt eine Modifikation an einem erfassten Defect vorgenommen wurde. Eine Modifikation ist eine Änderung eines Attributes
Assigned To	Angabe wem der Defect zugewiesen ist. Die Unterscheidung zu Assigned to FN ist die Angabe des vollwertigen Namens und einer Namens-Identifikationsnummer
Detected by	Angabe wer den Defect erfasst hat. Der Unterschied zu Detected by FN ist die Angabe des vollwertigen Namens und einer Namens-Identifikationsnummer
Status	Angabe in welchem Status sich der Defect befindet. Hier kann zwischen New, Open, In-Progress und Closed oder Rejected unterschieden werden. Nebenläufig gibt es weitere Status wie Info-needed oder Recommended-to-reject
Severity (Prod-Auswirkung)	Angabe welche Kritikalität der Defect auf das System hat. Hier kann eine mehrstufige Angabe in kritisch, hoch, medium und gering erfolgen. Die Kritikalität kann wesentlichen Einfluss auf die Priorität haben, da ein kritischer Defect das gesamte System zum erliegen bringen kann

(Fortsetzung)

Tab. 6.1 (Fortsetzung)

Attribut	Beschreibung
Summary	Angabe eines Titels zu einem Defect. Dies gibt Auskunft über das zusammengefasste Verständnis über den Inhalt des Defects
Defect ID	Angabe einer eindeutigen Identifikationsnummer des Defects

Anforderungen an das System dar. Das Testteam hat diese also nicht genau mit der fachlichen Spezifikation abgeglichen, bevor der Defect erfasst wurde.

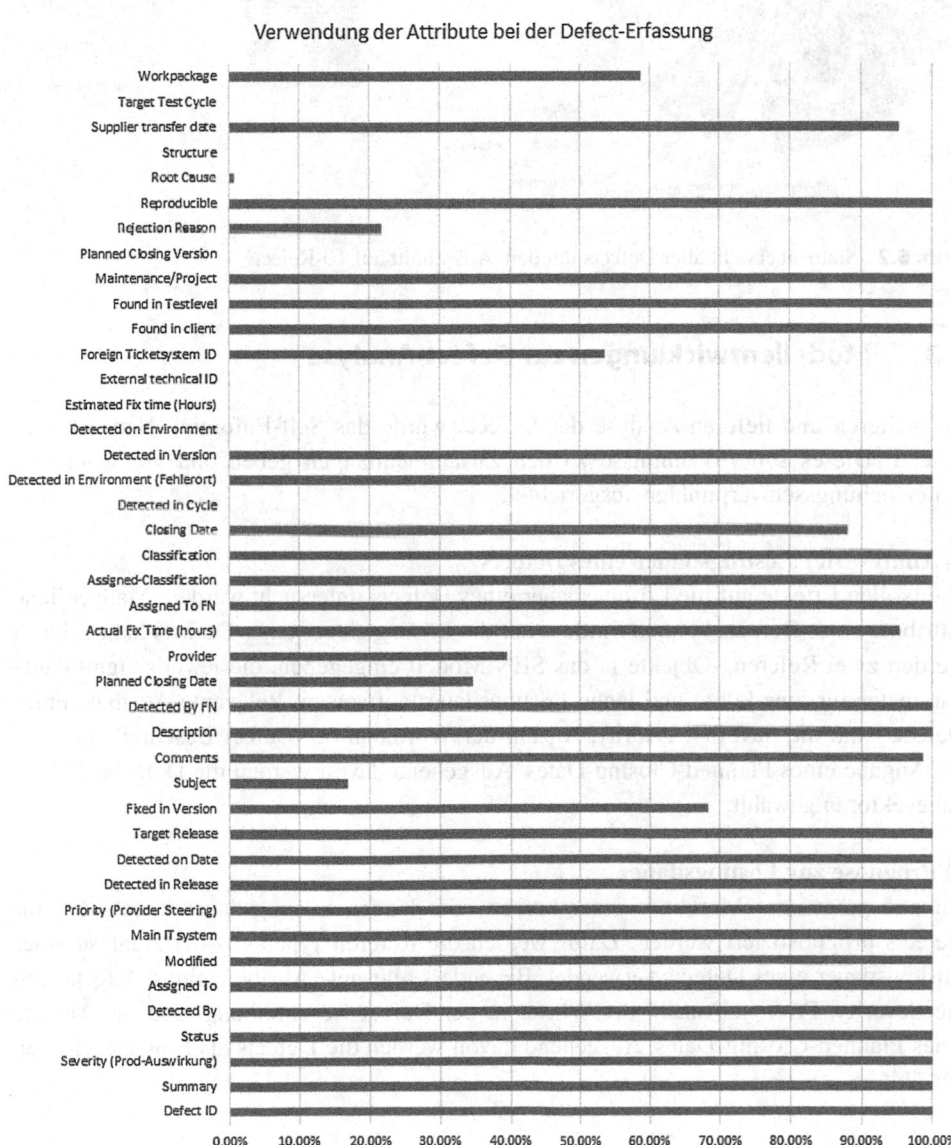

Abb. 6.1 Häufigkeit der verwendeten Attribute in der Defect Erfassung

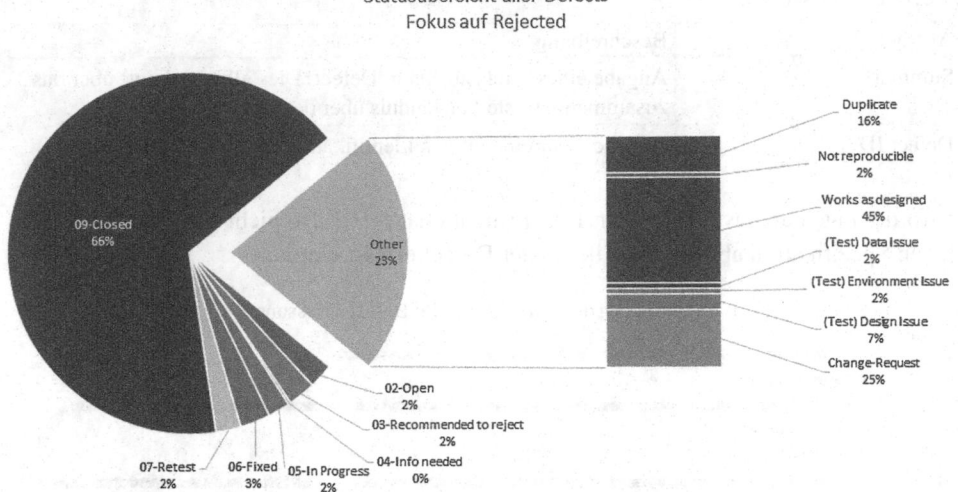

Statusübersicht aller Defects
Fokus auf Rejected

Abb. 6.2 Statusübersicht aller Defects mit dem Ausschnitt auf 10-Reject

6.3 Modellentwicklungen zur Defect-Analyse

Zu weiteren und tieferen Analyse der Defects wurde das Self-Enforcing-Network eingesetzt. Dieses soll Erkenntnisse zu den Zusammenhängen geben und wurde in vier Untersuchungsschwerpunkten ausgerichtet.

1) Analyse der Lösungsdauer eines Defects
Hier sollen Effekte auf die Lösungsdauer eines Defects untersucht werden. Maßgebliche Attribute eines Defects können Einfluss auf die Lösungsdauer eines Defects haben. Dazu werden zwei Referenz-Objekte in das SEN Modell eingegeben, die jeweils signifikante Parameter für eine kurze und lange Lösungsdauer aufweisen. Relevante Attribute eines Defects sind die Severity, Priority, Anzahl der Wörter in der Defect Beschreibung, und die Angabe eines Planned-Closing-Dates. Ausgehend davon werden die Defects als Eingabevektoren gewählt.

2) Prognose zur Lösungsdauer
Anhand prägnanter Merkmale einer kurzen oder langen Lösungsdauer kann diese für Defects prognostiziert werden. Dafür werden die Referenztypen aus der Analyse einer Lösungsdauer eines Defects verwendet. Besonders relevante Attribute eines Defects sind die Severity, Priority, Anzahl der Wörter in der Defect Beschreibung, und die Angabe eines Planned-Closing-Dates. Ausgehend davon werden die Defects als Eingabevektoren gewählt.

3) Qualität eines Defects

Zur Einordnung eines erfassten Defects werden Qualitätsmerkmale aufgestellt. Diese geben für neu erfasste Defects die Möglichkeit einer schnellen Analyse mittels des SEN Modells. Dazu werden drei Referenztypen erstellt: Optimale, durchschnittliche und ungenügende Qualität eines Defects.

Für die möglichst effiziente Lösung von Defects ist die Qualität in der Erfassung eine wichtige Komponente. Diese lässt sich an einer guten Beschreibung des Defects ausmachen. Der Tester beschreibt das Verhalten der Softwareanwendung und gibt dem Softwareentwickler damit eine Anleitung den Defect zu analysieren. Dazu gehören drei Merkmale, die als guter Indikator für eine Bewertung der Defectqualität dienen:

1. In welcher Rolle habe ich als Tester den Defect entdeckt und erfasst?
2. In welchem Testschritt und Testfall habe ich den Defect festgestellt?
3. Was ist damit das erwartete Verhalten an das System?

Mit diesen drei Kriterien wurde eine Analyse der Defect-Beschreibung durchgeführt. Die Defect-Beschreibung wurde demnach mit den Keywords „Rolle und Role", „Schritt und Step", und „Erwartet und Expected" durchgeführt. Insgesamt wurden über alle Defect-Beschreibungen verteilt nur 62,39 % der Keywords verwendet. Somit lässt sich sagen, dass nur zwei von drei wichtigen Kriterien in der Defect-Beschreibung erfüllt wurden.

Als Eingabevektor dient ein einzelner Defect, der durch das SEN einem der definierten Referenztypen zugeordnet wird.

4) Mögliche Duplikate

Die Identifikation von möglichen Duplikaten von Defects kann das Defect-Management insgesamt optimieren. Dazu werden Defects als Eingabevektoren mit Angabe der Attribute Testfall, Testschritt, Workpackage und Detected in Version angegeben. Das SEN wertet diese auf mögliche Duplikate aus.

Im Folgenden werden die Modelle näher beschrieben sowie die Ergebnisse vorgestellt.

6.4   Modelle und Ergebnisse mit den Self-Enforcing-Networks

Für die ersten drei Modelle wird die Methode der Referenztypen verwendet, die in der semantischen Matrix definiert und von SEN gelernt werden. Die Defects werden anschließend als Eingabevektoren importiert und von SEN klassifiziert.

In dem Modell, das mögliche Duplikate aufdecken soll, werden alle Daten in die semantische Matrix importiert und gelernt. Anhand der Clusterbildung können die Duplikate unmittelbar erkannt werden.

6.4.1 Analyse der Lösungsdauer

Für die Analyse der Lösungsdauer wird ein Modell erstellt, in dem zunächst zwei Referenztypen als Objekte in SEN definiert werden und zwar für eine kurze sowie eine lange Lösungsdauer. Diese Referenztypen enthalten typische Ausprägungen des Defects (Attribute); diese sind *Severity, Priority, Anzahl der Wörter* in der Defect Beschreibung, und die Angabe eines *Planned-Closing-Dates*.

In Tab. 6.2 wird die semantische Matrix bestehend aus den Objekten, Attributen und deren Bewertungen dargestellt; die Bezeichnung der Objekte, der Attribute, sowie die numerischen Werte werden in SEN in die semantische Matrix importiert.

Diese zwei Referenz-Objekte werden in der SEN-Software mit folgenden Parameter-einstellungen gelernt: Normierung der Werte im Intervall zwischen -1.0 und 1.0, Lernrate $=0.1$, die Aktivierungsfunktion ist die logarithmisch-lineare und der Lernprozess verläuft über einen Iterationsschritt.

Da einige Attribute wie Severity, Status, Anzahl der Wörter in den Kommentaren sowie die Anzahl der Bearbeitungstage für die Analyse besonders wichtig sind, wurde dafür der cue validity factor (cvf) auf 2.0 gesetzt, die anderen erhalten den Wert 1.0. Mit dem cvf können im SEN bestimmte Merkmale für die Analyse hervorgehoben oder abgeschwächt werden.

Nach dem Lernprozess werden als Eingabevektoren die Realdaten in SEN importiert, die gemäß ihrer Ähnlichkeit zu den Referenz-Objekten (rote Pins) klassifiziert werden. In Abb. 6.3 ist links ein Objekt „Kurze Lösungsdauer" und rechts ein Objekt „Lange Lösungsdauer" zu erkennen. Dazwischen sortieren sich je nach Gewichtung die 405 Defects ein (blaue Pins).

Insgesamt ergaben sich in der SEN Auswertung verschiedene Cluster. Anhand des Ergebnisses kann beispielsweise festgestellt werden, dass für eine lange Lösungsdauer das Attribut Defect-Status die Eigenschaft 10-Rejected aufweist.

Die Analyse des ersten Clusters von links ergibt, dass sich darin 60 Defects mit einer durchschnittlichen Lösungsdauer von 29,6 Tagen befinden. Diese sind im Status 09-Closed und haben eine Severity von 1.75, wobei $1 =$ Critical und $2 =$ High ist. Von den 60 Defects haben 0,75 ein Planned Closing Date (PCD). Die Anzahl der Wörter in der Defect-Beschreibung und den Kommentaren liegt zwischen 80–90.

Die Analyse des zweiten Clusters von links ergibt, dass sich darin 82 Defects mit einer durchschnittlichen Lösungsdauer von 48,65 Tagen befinden. Diese sind ebenfalls im Status 09-Closed und haben eine Severity von 2-High. Davon haben jedoch nur jeder fünfte ein PCD. Die Anzahl der Wörter in der Defect-Beschreibung und den Kommentaren liegt zwischen 73–80.

Die Analyse des dritten Clusters von links ergibt, dass sich darin 70 Defects mit einer durchschnittlichen Lösungsdauer von 47,93 Tagen befinden – also nahezu identisch zu Cluster drei. Auffällig ist, dass diese eine etwas kürzere Lösungsdauer haben, aber in den anderen Eigenschaften zu einer kurzen Lösungsdauer stärker abweichen als die Defects in Cluster 2. Dazu zählt am Stärksten die Severity, die hier den Wert 3-Medium aufweist. Die restlichen Werte sind ebenso nahezu identisch.

Tab. 6.2 Bestimmung der Referenztypen im SEN

Objekt Name	Severity	Status	Priority	Deteced on	Anzahl Wörter Kommentare	Anzahl Wörter Defect Beschreibung	Hat PCD	Days until closed
Kurze Lösungsdauer	1-Critical	09-Closed	2-High	09.07.2017	68,56	96,81	1	10
Lange Lösungsdauer	4-Low	10-Rjected	4-Low	03.02.2017	257,88	74,59	0	150

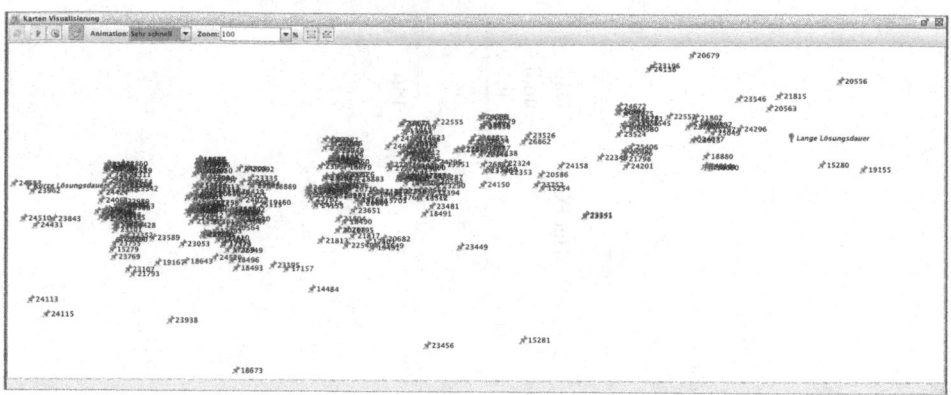

Abb. 6.3 Clusterung der Defects nach Eigenschaften der Lösungsdauer

Die Analyse des vierten Clusters von links ergibt, dass sich darin 66 Defects mit einer durchschnittlichen Lösungsdauer von 40,84 Tagen befinden. Diese weichen nun deutlich von Cluster zwei und drei ab und die Lösungsdauer ist wesentlich kürzer. Dies zeigt, dass die Eigenschaften, die zur Identifikation zu einer kurzen Lösungsdauer nicht richtig gewählt sein könnten. Auffällig in Cluster vier ist darüber hinaus, dass mit 16,67 % der Anteil an Defects mit einem PCD gering ist und der Anteil Defects mit dem Status 09-Closed Kurs auf 10-Rejected nimmt.

Das fünfte größere Cluster von links umfasst 36 Defects und damit nur noch knapp die Hälfte von den vorherigen Clustern. Die Clusterbildung steuert auf die Eigenschaften einer langen Lösungsdauer zu und die Anzahl der Defects wird geringer, da die Gesamtmasse eher zu einer kurzen Lösungsdauer tendiert. Diese ist im fünften Cluster mit 52,33 Tagen nun höher als die aus den vorherigen Clustern. Auch der Anteil der Defects mit einem PCD ist mit nur noch 11,12 % am geringsten. Besonders auffällig ist der Status 9,92, der damit klar zu 10-Rejected hinweist. Auch die Anzahl der Wörter in den Kommentaren ist mit 129,22 im Vergleich zu den vorherigen Clustern gestiegen.

Im sechsten Cluster von links, welches 42 Defects umfasst, ist die Lösungsdauer mit 71,5 Tagen am höchsten von allen Clustern. Nur noch 0,02 % der Defects enthalten ein PCD und der Status aller Defects ist 10-Rejected. Die Severity ist mit dem Wert 3,52 nun mit klarer Tendenz zu 4-Low. Was sich über den Verlauf der Cluster von links nach rechts klar erkennbar macht, ist, dass sich der Status, die Severity und das PCD deutlich auf die Lösungsdauer auswirken. Dazu kommt die Anzahl der Wörter in den Kommentaren, die auch im sechsten Cluster mit 120,29 höher ist als die Vorgänger.

6.4.2   Voraussichtliche Lösungsdauer neu erfasster Defects

Neben der Clusterbildung und Validierung der Gesamtzusammenhänge der Defects, kann das SEN auch zur Einordnung neu erfasster Defects auf Basis der Attribut-

Tab. 6.3 Bewertung des Eingabevektors

Objekt Name	Severity	Status	Priority	Anzahl Wörter Kommentare	Anzahl Wörter Defect Beschreibung	Hat PCD
Test	2	09	2	68,56	96,81	0

ausprägungen verwendet werden. Dabei kann durch weitere Visualisierungen und Berechnungen ermittelt werden (s. Abb. 4), welches Cluster (kurze Lösungsdauer oder lange Lösungsdauer) einem neu erfassten Defect zugeordnet wird.

In diesem Modell fehlt das Attribut „Days until closed" da schließlich die voraussichtlich Lösungsdauer durch SEN ermittelt werden soll. Die Attribute werden für den Testfall wie folgt definiert (Tab. 6.3).

Die Attribute Severity, Status, Anzahl der Wörter in den Kommentaren erhalten erneut einen cvf von 2.0, Planned Closing Date (PCD) hingegen den Wert 0.5, um die voraussichtliche Vorhersage nicht stark zu beeinflussen. Die anderen Parametereinstellungen sind unverändert.

Für die Visualisierung wird die „Input Centered Methode" verwendet und für die voraussichtliche Lösungsdauer wird die Berechnung sowohl der Rangliste (höchster Aktivierungswert eines Objektes) als auch der Distanzen (kleinster Abstand zwischen Eingabe- und Referenztyp) herangezogen. Eine voraussichtliche Lösungsdauer ist nur dann gültig, wenn beide Berechnungsmethoden an erster Stelle übereinstimmend sind.

Die Annäherung zeigt für das Beispiel mit einem Test-Defect, dass dieser zu einer kurzen Lösungsdauer tendiert. Dabei wurde zu diesem Defect der terminierende Status 09-Closed in dem Eingabevektor prognostiziert – dies bedeutet, dass dieser vom Defect-Manager bereits als Defect anerkannt wurde und nicht abgelehnt (Status 10-Rejected) ist (Abb. 6.4).

Damit steigt die Chance auf eine kurze Lösungsdauer und wird durch wenige Wörter in den Kommentaren (50) und einer ausführlichen Defect-Beschreibung (150 Wörter) in diesem Beispiel unterstützt. Hätte dieser Defect noch ein Planned-Closing-Date, wäre der Test-Defect noch näher an einer kurzen Lösungsdauer.

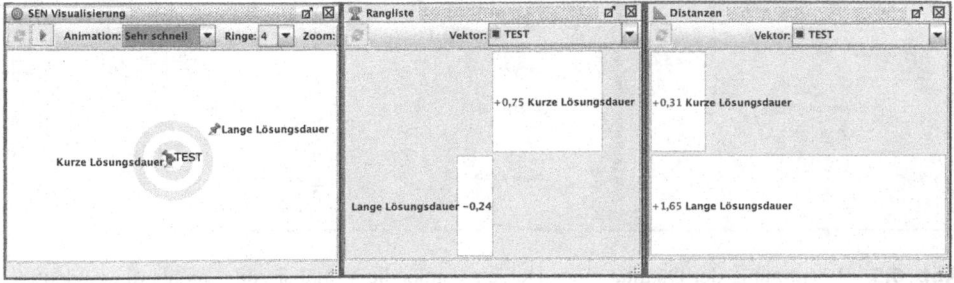

Abb. 6.4 Annäherung der Lösungsdauer an einen Defect

In der Praxis könnte dieses Verfahren angewendet werden, um schnell einen Überblick zu den Defects zu erhalten, die Auffälligkeiten zeigen. Außerdem ist die Erwartungshaltung in Bezug auf die Lösungsdauer besser nachvollziehbar und schafft zusätzliche Transparenz. Damit kann das Team an möglichen Verbesserungen arbeiten. Dazu zählt auch die Qualität der erfassten Defects.

6.4.3 Ermittlung der Beschreibungsqualität anhand einer Keyword-Analyse

Anhand einer Keyword-Analyse wurde untersucht, inwieweit fachliche Aspekte für einen Defect in der Defect-Beschreibung auftauchen. Insgesamt gab es drei Keywords (Testfall, Rolle und erwartetes Verhalten), die in jeder Defect-Beschreibung vorkommen sollten und ein Indikator für die Qualität des Defects darstellen. Taucht keines der genannten Keywords auf, ist die Defect-Beschreibung ungenügend, da zur Verifizierung des Defects grundlegende Anhaltspunkte fehlen.

Im SEN wurde „Qualität" als Attribut bestimmt und für die Objekte „Optimal", „Durchschnitt" und „Ungenügend" prozentual angegeben. Für dieses Modell wurde eine Lernrate von 1.0 angegeben, damit die semantische Matrix gemäß der Lernregel 1:1 in die Gewichtsmatrix transformiert wird, sowie die lineare Aktivierungsfunktion ausgewählt.

Als Eingabevektoren werden erneut die Defects importiert, die in diesem Fall lediglich die prozentuale Bewertung der Defect-Beschreibung erhalten. Das Ergebnis für einen Testfall wird in Abb. 6.5 vorgestellt.

Die Qualität einer Defect-Beschreibung lässt sich im SEN ebenfalls prinzipiell überprüfen. Voraussetzung dafür ist eine Keyword-Analyse, die die Qualität des Defects bestimmt. SEN verarbeitet diese Ausprägungen auf Basis eines Prozentwertes. Eine unmittelbare textbasierte Auswertung einer Defect-Beschreibung ist aktuell nicht abbildbar und könnte als neue (komplexe) Funktionalität erweitert werden, um schlecht erfasste Defects automatisiert als solche zu erkennen und zu verarbeiten.

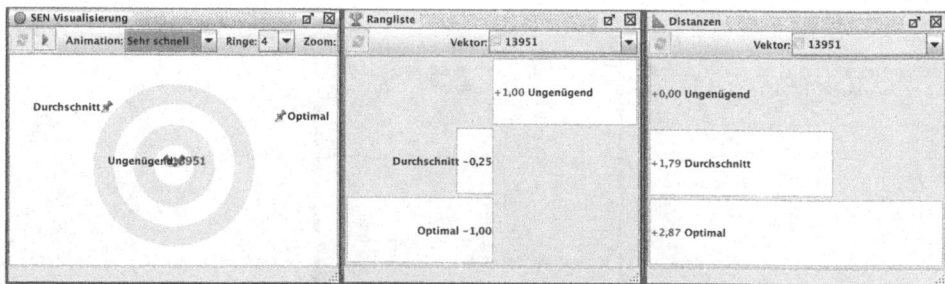

Abb. 6.5 Bestimmung der Qualität eines Defects. Links die Visualisierung, rechts die eindeutige Zuordnung durch die Rangliste und Distanzen

6.4.4   Analyse möglicher Duplikate

Ein ähnlicher Fall ist die Auswertung möglicher Duplikate in der Defect-Erfassung. Hier kann die Funktionalität von SEN verwendet werden, um Hinweise auf mögliche Duplikate zu erhalten. Dabei werden die Attribute *Testfall, Testschritt, Workpackage* und *Detected-in-Version* benötigt. Alle Attribute basieren auf Zahlen und müssen in der Defect-Erfassung angegeben werden. Wenn alle Attribute denselben Wert haben, liegt der Verdacht nahe, dass es sich um ein Duplikat handelt (Abb. 6.6). In diesem Fall ist der cvf für alle Attribute gleich, nämlich 1.0.

Abb. 6.6 zeigt ein Beispiel mit 20 Defects auf einer SEN basierten Clusterbildung. Hier ist zu erkennen, dass sich drei Defects mit anderen Defects überlappen. Konkret sind es (von unten links nach oben rechts) die Defects 13, 7 und 15, 8 und 14. In allen drei Fällen handelt es sich bei der Überlappung um denselben Testfall im selben Testschritt unter Angabe des gleichen Workpackages und wurde in derselben Softwareversion getestet. Nun kann der Defect-Manager diese Defects inhaltlich in der Defect-Beschreibung auf den Verdacht eines Duplikates prüfen. Im Vergleich zu einer manuellen Prüfung, spart die Teil-automatisierung des Prozesses mittels des SEN Zeit und stellt damit ein Optimierungspotenzial dar.

Darüber hinaus wird anhand der Anordnung deutlich, dass SEN die Defects nach den Attributen wie folgt anordnet: In der ersten Reihe links werden von unten nach oben alle Defects angezeigt, die zum Testfall 3 gehören, die unterschiedlichen Farbnuancen verweisen auf unterschiedliche Testschritte (unten wird zum Beispiel Testschritt 3 und oben Testschritt 1 abgebildet) sowie eine unterschiedliche Anzahl der Arbeitspakete (Workpackages) hin. In der zweiten Reihe von links gehören alle Defects zum Testfall

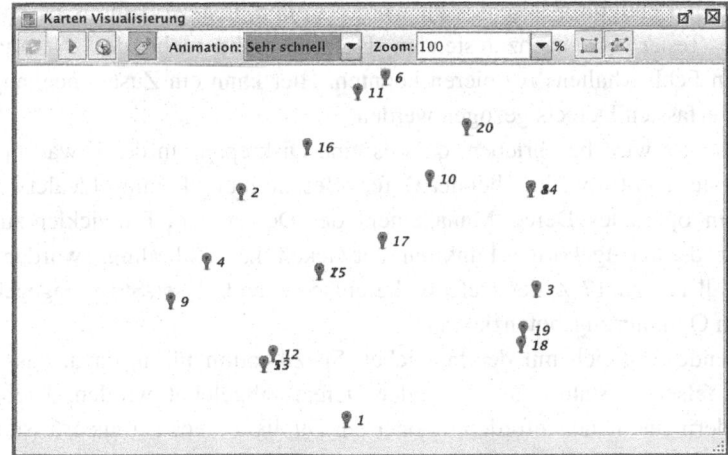

Abb. 6.6 Auswertung möglicher Duplikate

2 und in dieser Reihe befinden sich die Duplikate. Entsprechend lässt sich jetzt ableiten, dass in der letzten Reihe die Defects zum Testfall 1 zugehörig sind.

6.5   Erkenntnisse aus der Fallstudie und der SEN-Simulation.

Durch automatisierte Tools im Defect Tracking System (DTS) können Aufwände in der Defect-Verwaltung reduziert werden. Mithilfe des Self-Enforcing-Networks (SEN) wurde festgestellt, dass Duplikate in den Defects teil-automatisiert erkannt werden können. Dies ist bei sehr großen Datenmengen hilfreich, die für eine einzelne Person als Defect-Manager schwer zu überblicken sind. Duplikate können im Defect-Management den Aufwand in die Höhe treiben, zum Beispiel, wenn zwei Programmierer gleichzeitig an demselben Defect arbeiten.

Außerdem kann mittels einer Erweiterung des SEN die Qualität der Defect-Beschreibung evaluiert werden, die dem Defect-Erfasser ein Feedback zur Überarbeitung geben kann. Zur besseren Erfassung von Defects kann auch ein Tool herangezogen werden, dass dem Defect-Erfasser eine Maske vorgibt, in der Schritt für Schritt angegeben wird, aus welchem Testfall der Defect entstand und wie dieser zu reproduzieren ist. Damit ist man in der Defect-Erfassung einheitlich und somit effizienter.

In der Defect-Erfassung hat das SEN aus der Auswahl von über 42 Attributen erkannt, dass im Wesentlichen folgende Attribute relevant für eine effiziente Lösungsdauer des Defects sind: Die Priority, die Severity, das Vorhandensein eines Planned-Closing-Dates, und eine qualitativ hochwertige Beschreibung des Defects inkl. Angabe des Testfalls, Angabe der fachlichen Rolle und Angabe des erwarteten Ergebnisses.

Grundsätzlich lässt sich feststellen, dass der Prozess bis zur Behebung eines Defects im Durchschnitt 46,72 Tage betrug. Das bedeutet im Übrigen nicht, dass die Entwickler 46,72 Tage benötigt haben um den Defect zu beheben, sondern bis dieser erfolgreich nachgetestet und endgültig geschlossen wurde. In den Test-Workshops ist aufgefallen, dass einige Tester bei nachzutestenden Defects nicht mehr den Ursprung ihres beobachteten Fehlverhaltens rezipieren konnten. Hier kann ein Zusammenhang mit der Qualität der erfassten Defects gezogen werden.

In der Theorie wird beschrieben, dass es eine Diskrepanz in der Erwartungshaltung zwischen Tester und Entwickler bei der Defect-Beschreibung kommt. Idealerweise sollte dabei für ein optimales Defect-Management der Defect dem Entwickler zugewiesen werden, der die dazugehörige Funktion entwickelt hat. Allerdings wurden im vorliegenden Fall nur zu 17 % der Defects die entsprechende User-Story angegeben. Hier liegt also ein Optimierungspotenzial vor.

Der fehlende Abgleich mit der fachlichen Spezifikation führte dazu, dass inkl. der Defects im falschen Status, 28,64 % aller Defects abgelehnt wurden. Hier lag kein Defect, sondern eine neue Anforderung oder ein Duplikat eines bereits erfassten Defects vor. Die Analyse für eine lange Lösungsdauer hat gezeigt, dass gerade diese Defects im Status 10-Rejected zu einer langen Lösungsdauer führen. Ebenso ist darin mit der

Anzahl an Kommentaren der höchste Stand im Vergleich zu anderen Defects enthalten. Das ist ein weiteres Optimierungspotenzial im Defect-Management.

Der vorliegende Beitrag kann als Ansatzpunkt für weitere Arbeiten dienen. Dazu können Untersuchungen aus Sicht des Fachbereichs einbezogen werden. Generell ist es interessant zu erfahren, wo die Unterschiede in der Sichtweise zwischen Fachbereich und IT-Entwicklung sind. Daraus lässt sich ein gesamthaftes Bild formen, welches plausible Rückschlüssle auf mögliche Optimierungspotenziale im Defect-Management sind.

So kann auf Basis der hier vorliegenden Erkenntnisse ein Prozess erarbeitet werden, der zur korrekten Erfassung von Defects einen Leitfaden gibt. Anhand dessen kann untersucht werden, inwieweit die Qualität der erfassten Defects sich verändert. Hier kann ein Prozess entwickelt werden, der eine klare Regelstruktur zur Einsteuerung relevanter Defects in den Lösungsprozess vorsieht. Somit würde Klarheit über die Vorgehensweise zur Abarbeitung der Defects bestehen und nicht jeder Defect mit der Priority „high" versehen. Auch dies stellt ein Optimierungspotenzial dar.

Entscheidungsunterstützung bei Auswahlprozessen von Softwarekomponenten durch Self-Enforcing Networks (SEN)

7

Kathrin Stein

Zusammenfassung

In einem durchgeführten IT-Projekt stand eine Auswahlentscheidung zwischen verschiedenen Softwarekomponenten an. Die Alternativenbewertung erfolgte anhand vielfältiger Kriterien mithilfe einer Nutzwertanalyse. Bei Entscheidungsprozessen spielen geeignete Kriterien zur Bewertung der Alternativen eine wesentliche Rolle; weiterhin ist es wichtig, eine Methode zu wählen, die auch bei komplexen Fragestellungen handhabbar ist und gute Ergebnisse liefert. Da die Nutzwertanalyse gerade bei Auswahlprozessen mit vielen Kriterien an ihre Grenzen stößt, wurde eine alternative Bewertung der Software mit einem Self-Enforcing Network (SEN) durchgeführt. Die SEN-Software bietet gegenüber der Nutzwertanalyse eine bessere Benutzerfreundlichkeit, ist äußerst flexibel und kann problemlos durch neue Softwarealternativen oder Bewertungskriterien erweitert werden. In diesem Beitrag werden beide Verfahren vorgestellt und deren Ergebnisse gegenübergestellt.

Schlüsselwörter

Auswahl von Softwarekomponenten · Nutzwertanalyse · Self-Enforcing-Network

K. Stein (✉)
Schlüchtern, Deutschland
E-Mail: sammelband-KIKL@rebask.de

7.1   Einleitung – Auswahlprozesse von Softwarekomponenten

Dieses Fallbeispiel zeigt, wie Self-Enforcing Networks (SEN) im Rahmen der Entscheidungsunterstützung bei der Auswahl von Softwarekomponenten eingesetzt werden können.

Bei der Planung von IT-Systemen bilden spezifizierte Anforderungen die Grundlage für eine Bewertung von Softwarealternativen, die auf dem Markt angeboten werden. Ziel ist es, die Softwarekomponente zu finden, die die Anforderungen am besten erfüllt. Eine Entscheidung für ein Produkt erfolgt schließlich auf Basis der Einschätzung der Alternativen hinsichtlich ihrer Eignung für einen bestimmten Einsatzzweck.

In der Praxis wird zunächst eine Vorauswahl getroffen. Es werden anschließend nur die Alternativen betrachtet, die die Muss- bzw. K.O.-Kriterien erfüllen. Für die Bewertung und Auswahl von Alternativen im Allgemeinen wird häufig die Nutzwertanalyse angewendet (Kühnapfel 2014). Auch im speziellen Fall der Beschaffung von Standardsoftware wird für die Bewertung der zu vergleichenden Angebote die Nutzwertanalyse empfohlen (Leimeister 2015). Diese wird häufig auch als Scoring Modell bezeichnet. Sie ist ein Verfahren zur Alternativenbewertung bei mehreren Zielgrößen, wobei die Alternativen auch an nicht-monetären Kriterien gemessen werden (Gabler-Wirtschaftslexikon).

Die Herausforderung besteht häufig darin, dass zahlreiche Kriterien für die Bewertung herangezogen werden (Leimeister 2015, Krcmar 2015, Buxmann et al. 2015), was dazu führt, dass der Aufwand einer Maßnahmenplanung sehr groß werden kann.

Wenn der Umfang ein gewisses Maß überschreitet, kommt die Nutzwertanalyse an ihre Grenzen. Hier bietet sich eine softwarebasierte Entscheidungsunterstützung insbesondere durch Soft Computing Methoden bzw. Methoden aus dem Bereich Artificial Intelligence an.

Die Kunst beim Entscheidungsprozess liegt darin, die „richtigen" Kriterien zur Bewertung der Alternativen zu finden. In den meisten Fällen müssen diese anschließend noch gewichtet werden, weil es Kriterien gibt, die aus der Sicht des Entscheiders wichtiger sind als andere.

Je genauer die Anforderungen an das gewünschte Produkt beschrieben werden, desto besser können die Alternativen bewertet und verglichen werden. Entsprechend wird eine anzustrebende Handlungsempfehlung umso exakter ausfallen, je spezifischer die Anforderungen definiert wurden. Des Weiteren wirken sich auch die Beurteilungs-Methodik bzw. das zugehörige Bewertungssystem auf eine Auswahlentscheidung aus.

Sicherlich versuchen Entscheider, eine Auswahl so objektiv wie möglich vorzubereiten. Allerdings ist der Mensch in seiner Rationalität beschränkt. Ebert macht zum Beispiel darauf aufmerksam, dass Einkaufsentscheidungen für Produkte häufig mit einem Gefühl verbunden sind (Ebert 2008).

Darüber hinaus denken bzw. sprechen Menschen in der Regel in unscharfen Begriffen, wie „mehr oder weniger". Dies hängt damit zusammen, dass es im Alltag häufig nicht möglich ist, Objekte stets genau einer Kategorie zuzuordnen (Klüver et al. 2012). Dies wird deutlich, wenn man darüber nachdenkt, was zum Beispiel „schnell" bei der Verarbeitung von Daten bedeutet oder was eine „hohe Anzahl" an Dateien ist, die pro Zeitabschnitt verarbeitet werden können. In vielen Fällen macht eine exakte Angabe auch gar keinen Sinn und es ist zweckmäßiger, ein Intervall bzw. einen Bereich anzugeben.

Auf Basis dieser Überlegungen entstand die Idee, Self-Enforcing Networks (SEN) für die Bewertung von Softwarealternativen einzusetzen.

Bei einem durchgeführten IT-Projekt stand eine Auswahlentscheidung zwischen diversen Softwarekomponenten zum Einsatz als Validierungssoftware für Meldedaten an, welche in Form von Dateien im XBRL-Format von einer Aufsichtsbehörde gesammelt und verarbeitet werden. XBRL (eXtenslible Business Reporting Language) ist ein komplexes XML-basiertes Format, welches bei der Kommunikation von Finanzberichten verwendet wird. Für die Verarbeitung eines solchen Formates lassen sich eine ganze Reihe von Kriterien festlegen, die eine entsprechende Software erfüllen sollte.

Die Evaluation war in der Praxissituation mithilfe eines Scoring Modells bzw. einer Nutzwertanalyse durchgeführt worden (Abschn. 7.2). Die Ergebnisse aus der Evaluation mit dieser Bewertungsmethode sollten nun mit den Ergebnissen beim Einsatz von Self-Enforcing Networks (SEN) verglichen werden (Abschn. 7.3.2). Hierzu wurden die spezifizierten Anforderungen innerhalb beider Methoden zur Bewertung der Softwareprodukte angewendet, die im weiteren Verlauf näher vorgestellt werden.

7.2 Bewertung mit Hilfe eines Scoring Modells (Nutzwertanalyse)

Scoring Modelle bzw. Nutzwertanalysen dienen dazu, komplexe Entscheidungen zu treffen. Die Nutzwertanalyse ist ein Instrument zur Entscheidungsfindung, das eingesetzt wird, wenn vielfältige Aspekte zu berücksichtigen bzw. wenn mehrere Personen am Entscheidungsprozess beteiligt sind (Kühnapfel 2014, Gräßler et al. 2020).

Der Ablauf ist vielfach – mehr oder weniger ausführlich – beschrieben worden. Folgende Schritte werden bei einer Nutzwertanalyse durchgeführt:

- Benennung des Entscheidungsproblems
- Festlegung der Alternativen
- Definition von Bewertungskriterien
- Gewichtung der Bewertungskriterien
- Festlegung des Bewertungsmaßstabs
- Bewertung der Alternativen
- Summierung und Auswahl

Das Vorgehen in der Praxissituation erfolgte in Anlehnung an das Business Readiness Rating Model (BRR-Methode) (Business Readiness Rating 2005). Diese Methode wendet die Schritte einer Nutzwertanalyse an und verwendet bestimmte Kategorien, die speziell für die Bewertung von Open Source Software entwickelt wurde. Folgende Kategorien bzw. Themenblöcke wurden für die Auswahl einer Standardsoftware übernommen: Performance, Funktionalität, Architektur, Qualität, Professionalität, Benutzerfreundlichkeit, Skalierbarkeit, Support, Dokumentation. Als zusätzliche Kategorie wurden noch die Kosten aufgenommen. Zu jeder Kategorie wurden später Einzelkriterien zugeordnet, die die Anforderungen an die Standardsoftware abbilden.

Bei der BRR-Methode/Nutzwertanalyse werden zunächst die Bewertungsmerkmale aufgelistet. Die „Gewichtung" der Kriterien wird in Prozent angegeben und erfolgt auf zwei Ebenen (Freie Netze 2010, Business Readiness Rating 2005). Dieses Vorgehen wird auch von Kühnapfel beschrieben: Da bei einer hohen Anzahl von Kriterien eine subjektive Gewichtung immer schlechter gelingt, empfiehlt er eine Gewichtung mithilfe von Kriteriengruppen. Damit soll dem Effekt entgegengewirkt werden, bei einer hohen Anzahl an Kriterien tendenziell jedem Kriterium ein dem statistischen Mittel angenähertes Gewicht zuzugestehen. Diese Gefahr sieht der Autor beispielsweise schon bei 25 Einzelkriterien (Kühnapfel 2014). Kühnapfel beschreibt in diesem Zusammenhang ein in der Wissenschaft gut beschriebenes Problem einer möglichen Wahrnehmungsverzerrung:

> „Werden einem Aspekt viele Kriterien zugeordnet, führt dies zu einer Überbewertung. Um dies zu vermeiden, werden die Kriterien zunächst gruppiert und dann die Gruppen gewichtet. Erst danach werden die Kriterien, die nun den Gruppen zugeteilt sind, gewichtet." (Kühnapfel, 2014, S. 13.).

In dem IT-Projekt wurden die Anforderungen an eine Software zur Verarbeitung und Validierung von XBRL-Instanzen durch eine Aufsichtsbehörde zusammengetragen. Zudem wurden die „Muss-" bzw. „K.O.-Kriterien" festgelegt, die eine Softwarekomponente für diesen Einsatzzweck zwingend erfüllen sollte. Anschließend wurde eine Marktschau durchgeführt. Für die Alternativenbewertung mithilfe der Nutzwertanalyse wurden nur die Softwareprodukte übernommen, die diese „Muss-Kriterien" erfüllten.

Die Liste der Anforderungen, die aus dem damaligen Projekt übernommen wurde, ist hier exemplarisch zur Anwendung der beiden zu vergleichenden Methoden zu sehen. Sicherlich könnte der Kriterienkatalog bei Bedarf erweitert oder aktualisiert werden.

Die einzelnen Anforderungen wurden zu Themenblöcken gruppiert und anschließend wurden diesen Kategorien Einzelkriterien zugeordnet. Beispiele für Kategorien sind z. B.: Performance, Funktionalität, Architektur, etc. Unter jeden Themenblock fällt eine unterschiedliche Anzahl an Einzelkriterien.

Sowohl die Summe der Gewichtungen innerhalb eines Themenblocks als auch die Summe der Gewichte der Themenblöcke müssen 100 % ergeben.

Die Anforderungen an die Software zur Verarbeitung von XBRL-Dateien wurden zeilenweise in einer Tabelle aufgelistet. In den Spalten wurden zum einen die Gewichtungen der Kriterien eingetragen und zum anderen die verschiedenen Softwareprodukte mit ihren entsprechenden Erfüllungsgraden.

Zur Bewertung der Softwareprodukte wurde jedem Einzelmerkmal aus einem gewichteten Kriterienkatalog eine Note von 1 bis 5 vergeben, wobei 1 die schlechteste und 5 die beste Bewertungsstufe darstellte.

Anschließend wurden Gesamtnoten für jedes Hauptmerkmal ermittelt. Dazu wurden die Noten für die untergeordneten Kriterien mit der Gewichtung multipliziert und anschließend addiert. Dieses Zwischenergebnis wurde wiederum mit der Gewichtung der Gruppe multipliziert. Dieser Wert stellt das Ergebnis für das jeweilige Hauptmerkmal dar.

Beispiel für die Ermittlung der Gesamtnote eines Hauptmerkmals:
Für das Hauptmerkmal „Performance" für die Softwarekomponente von Software-1 wird beispielsweise ein gewichteter Wert von 0,80 ermittelt. Um diesen Wert zu erhalten, wird folgendermaßen vorgegangen:

Zunächst werden die Einzelnoten in gewichtete Werte umgerechnet und addiert. Das Zwischenergebnis von 4,7 wird mit der Gewichtung der Gruppe (17 %) multipliziert. Daraus resultiert 0,80. Beispiele:

- Berechnung von gewichteten Werten: $5,0 * 35\% = 1,75$
- Addition der gewichteten Werte: $1,2 + 1,75 + 1,75 = 4,7$
- Multiplikation mit Gruppengewichtswert: $4,7 * 17\% = 0,80$

Für die Anwendung der Nutzwertanalyse wurde Excel genutzt. Neben den Excel-Funktionalitäten gab es keine softwaretechnische Unterstützung (Tab. 7.1).

Das Ergebnis der Nutzwertanalyse weist der Software-1 den höchsten Nutzwert zu, gefolgt von Software-2 und Software-3.

Trotz der Gruppierung von Einzelkriterien und einer Gewichtung auf zwei Ebenen zeigt sich, dass das Modell bei einer steigenden Anzahl an Kriterien „überfordert" wird. Mit zunehmender Anzahl an Kriterien wird die Angabe einer prozentualen Gewichtung immer schwieriger und die Gewichtungswerte werden innerhalb eines Themenblocks mit steigender Anzahl an Einzelkriterien immer kleiner. Dadurch sind die Bewertungen im Hinblick auf die Erfüllung der Kriterien schlechter vergleichbar. Zudem ist für ein einzelnes Kriterium nicht ohne Weiteres zu erkennen, welchen prozentualen Anteil es an der Gesamtgewichtung hat.

Bei großen Kriterienkatalogen ist dieses Vorgehen ungeeignet, weil es sehr schnell unübersichtlich wird. Wenn z. B. ein Kriterium hinzukommt oder wegfällt, müssen alle Gewichtungen des jeweiligen Themenblocks neu berechnet werden. Darüber hinaus ist es gerade bei großen Kriterienkatalogen schwer, jedes einzelne Merkmal zu gewichten und

Tab. 7.1 Nutzwertanalyse: Bewertung der XBRL-Validierer (mit Gewichtung)

Qualitätsmerkmal	Gewichtung	Software-1		Software-2		Software-3	
		Note	gewichtet	Note	gewichtet	Note	gewichtet
Performance	**17 %**	**4,7**	**0,80**	**3,1**	**0,53**	**4,0**	**0,68**
100.000 Meldungen pro Tag (Nachtverarbeitung möglich)	30 %	4,0	1,2	4,0	1,2	4,0	1,2
Verarbeitung von Meldungen >20 MB	35 %	5,0	1,75	0,5	0,175	3,0	1,05
Test von unterschiedlichen XBRL-Instanzen einschließlich *XBRL Formulas*	35 %	5,0	1,75	5,0	1,75	5,0	1,75
Funktionalität	**16 %**	**5,0**	**0,80**	**5,0**	**0,80**	**3,8**	**0,61**
Validierung auf gültiges XML	5 %	5,0	0,25	5,0	0,25	5,0	0,25
Validierung gemäß XML-Schema	5 %	5,0	0,25	5,0	0,25	5,0	0,25
Validierung gemäß XBRL 2.1-Spezifikation	5 %	5,0	0,25	5,0	0,25	5,0	0,25
Validierung gemäß XBRL Dimension 1.0-Spezifikation	14 %	5,0	0,7	5,0	0,70	5,0	0,70
Validierung gemäß XBRL Formula 1.0-Spezifikation	14 %	5,0	0,70	5,0	0,70	5,0	0,70
Support des Moduls "Validation messages 1.0"	7 %	5,0	0,35	5,0	0,35	5,0	0,35
Support des Moduls "XBRL Custom Function 1.0"	7 %	5,0	0,35	5,0	0,35	3,0	0,21
Support des Moduls "Multi-Instance Processing and Chaining 1.0"	7 %	5,0	0,35	5,0	0,35	3,0	0,21
Support eines URI Resolvers	5 %	5,0	0,25	5,0	0,25	1,0	0,05
Unterstützung XPath 2.0-Spezifikation	7 %	5,0	0,35	5,0	0,35	5,0	0,35
Unterstützung der Custom XPath-Funktionen	6 %	5,0	0,3	5,0	0,3	5,0	0,3
Unterstützung von Debugging-Funktionalitäten	4 %	5,0	0,2	5,0	0,2	1,0	0,04
Unterstützung bei der Erstellung, Änderung und Validierung von Instanzen	14 %	5,0	0,7	5,0	0,7	1,0	0,14
Architektur	**16 %**	**5,0**	**0,80**	**5,0**	**0,80**	**3,4**	**0,54**
Zugriff mittels API	20 %	5,0	1,00	5,0	1,00	1,0	0,20
Integration in bestehende IT-Infrastruktur	25 %	5,0	1,25	5,0	1,25	5,0	1,25
Keine Softwareverteilung notwendig	25 %	5,0	1,25	5,0	1,25	5,0	1,25
Unterstützung eines ausreichenden Loggings	20 %	5,0	1,00	5,0	1,00	1,0	0,20

(Fortsetzung)

Tab. 7.1 (Fortsetzung)

Qualitätsmerkmal	Gewichtung	Software-1		Software-2		Software-3	
		Note	gewichtet	Note	gewichtet	Note	gewichtet
Performance	**17 %**	**4,7**	**0,80**	**3,1**	**0,53**	**4,0**	**0,68**
Einbindung in verschiedene Stages möglich	10 %	5,0	0,50	5,0	0,50	5,0	0,50
Qualität	**10 %**	**4,4**	**0,44**	**4,4**	**0,44**	**4,4**	**0,44**
Geringe Fehlerhäufigkeit	30 %	3,0	0,90	3,0	0,90	3,0	0,90
Sicherheitsmängel werden unverzüglich beseitigt	70 %	5,0	3,50	5,0	3,50	5,0	3,50
Professionalität	**11 %**	**5,0**	**0,55**	**4,1**	**0,45**	**3,5**	**0,38**
Umfassende Unterstützung des XBRL-Standards	55 %	5,0	2,75	5,0	2,75	5,0	1,65
Zuverlässigkeit der Anwendung	25 %	5,0	1,25	3,0	0,75	4,0	1,00
Bewertung durch andere Kunden	20 %	5,0	1,00	3,0	0,60	4,0	0,80
Benutzerfreundlichkeit	**10 %**	**4,6**	**0,46**	**2,8**	**0,28**	**3,0**	**0,30**
Geringer Entwicklungsaufwand	40 %	4,0	1,60	1,0	0,40	3,0	1,20
Leicht verständliche API	60 %	5,0	3,00	4,0	2,40	3,0	1,80
Skalierbarkeit	**6 %**	**3,0**	**0,18**	**3,0**	**0,18**	**3,0**	**0,18**
Skalierbarkeit	100 %	3,0	3,0	3,0	3,00	3,0	3,00
Support	**6 %**	**4,0**	**0,24**	**3,3**	**0,20**	**4,6**	**0,88**
Festlegung von SLAs möglich (kurze Reaktionszeiten bei Meldeterminen)	15 %	3,0	0,45	3,0	0,45	3,0	0,45
Monitoring möglich	25 %	5,0	1,25	5,0	1,25	5,0	1,25
Unterstützung von Erweiterungen gemäß Kundenwünschen	10 %	3,0	0,30	1,0	0,10	4,0	0,40
Betriebssupport gewährleistet	25 %	5,0	1,25	5,0	1,25	5,0	1,25
Kurze Kommunikationswege	25 %	3,0	0,75	1,0	0,25	5,0	1,25
Kosten	**4 %**	**1,0**	**0,04**	**2,5**	**0,10**	**1,0**	**0,04**
Kosten der Erstbeschaffung	50 %	1,0	0,50	2,5	1,25	1,0	0,50

(Fortsetzung)

Tab. 7.1 (Fortsetzung)

Qualitätsmerkmal	Gewichtung	Software-1		Software-2		Software-3	
		Note	gewichtet	Note	gewichtet	Note	gewichtet
Performance	**17 %**	**4,7**	**0,80**	**3,1**	**0,53**	**4,0**	**0,68**
Laufende Kosten	50 %	1,0	0,50	2,5	1,25	1,0	0,50
Dokumentation	**4 %**	**5,0**	**0,20**	**2,5**	**0,10**	**4,0**	**0,16**
Verständliche Dokumentation	50 %	5,0	2,50	2,5	1,25	4,0	2,00
Code-Beispiele, Tutorials	50 %	5,0	2,50	2,5	1,25	4,0	2,00
Note (gewichtet) gerundet auf 1 Nachkommastelle			4,5		3,9		3,7
Erfüllungsgrad in % (Erfüllung der Anforderungen durch die Software)			90 %		78 %		74 %

dabei die Summe von 100 % pro Themenblock einzuhalten. Alle diese Einflüsse bergen die Gefahr einer schlechten Modellierung des Bewertungssystems.

7.3 Das Self-Enforcing Network Modell

Zum Vergleich mit dem obengenannten Scoring Modell wurde ein Self-Enforcing Network (SEN) zur Bewertung der Eignung der Softwarekomponenten zur Verarbeitung von XBRL-Instanzen eingesetzt.

Bei dem Self-Enforcing Networks handelt es sich um ein Neuronales Netzwerk. Diese Form von Netzwerk wurde von Klüver und Klüver entwickelt und operiert auf dem Prinzip des selbstorganisierten Lernens. Da die Lernregel nach einem bestimmten Verstärkungsprinzip arbeitet, wird das Netz als selbstverstärkendes Netz bezeichnet (Klüver und Klüver 2011).

Über die entsprechende Lernregel wird „eine vorher implizit vorhandene Ordnung durch selbstorganisiertes Lernen explizit" gemacht (vergl. Klüver und Klüver 2011, S. 55).

7.3.1 Konzeption der semantischen Matrix und Definition der Input-Vektoren

Für die Anwendung eines SEN wird zunächst die semantische Matrix erstellt. Hier werden die logisch-semantischen Beziehungen zwischen Objekten und Attributen abgebildet.

Die zu bewertenden Softwareprodukte wurden im SEN als Objekte und die Qualitätsmerkmale als Attribute definiert. Die semantische Matrix für diese Untersuchung enthält demnach eine Liste der Anforderungen (Attribute), die an eine Software zur Verarbeitung von XBRL-Dateien gestellt wurden. Die Bewertung der Attribute gibt an, in welchem Maße diese durch ein Softwareprodukt erfüllt werden.

Die Anforderungen sowie die Einschätzung hinsichtlich ihrer Abdeckung durch das jeweilige Softwareprodukt wurden aus dem Praxisbeispiel übernommen. Bei der Angabe

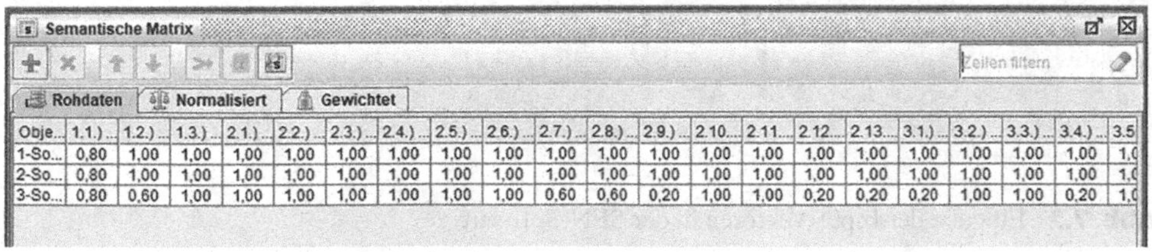

Obje...	1.1.)	1.2.)	1.3.)	2.1.)	2.2.)	2.3.)	2.4.)	2.5.)	2.6.)	2.7.)	2.8.)	2.9.)	2.10	2.11	2.12	2.13.	3.1.)	3.2.)	3.3.)	3.4.)	3.5
1-So...	0,80	1,00	1,00	1,00	1,00	1,00	1,00	1,00	1,00	1,00	1,00	1,00	1,00	1,00	1,00	1,00	1,00	1,00	1,00	1,00	1,0
2-So...	0,80	1,00	1,00	1,00	1,00	1,00	1,00	1,00	1,00	1,00	1,00	1,00	1,00	1,00	1,00	1,00	1,00	1,00	1,00	1,00	1,0
3-So...	0,80	0,60	1,00	1,00	1,00	1,00	1,00	1,00	1,00	0,60	0,60	0,20	1,00	1,00	0,20	1,00	1,00	1,00	0,20	1,0	

Abb. 7.1 Erstellung der semantischen Matrix in der SEN-Software

des Erfüllungsgrades eines Qualitätsmerkmals wurden in der semantischen Matrix Werte zwischen 0 und 1 verwendet. Die Zahl „0" bedeutet „keine Erfüllung", die Zahl „1" steht für „komplette Erfüllung" der Eigenschaft. Die Abbildung Abb. 7.1 zeigt einen Auszug der Semantischen Matrix.

Anschließend werden ein oder mehrere Input-Vektoren definiert. In den Input-Vektoren wird angegeben, welche Anforderungen bezogen auf eine bestimmte Anwendungssituation erfüllt werden sollten. Für das Fallbeispiel werden die Input-Vektoren als „Referenztypen" definiert. Diese repräsentierten zwar die gleiche Anwendungssituation, enthielten jedoch unterschiedliche Bewertungen.

Um verschiedene Tests durchführen zu können, wurden im SEN drei Referenztypen präsentiert, die die gewünschten Erfüllungsgrade der einzelnen Anforderungen für eine bestimmte Anwendungssituation beinhalten (Abb. 7.2).

Die Ausprägungen der Input-Vektoren (IV) befinden sich in der folgenden Tabelle in den Spalten mit der Überschrift „Ausprägung IV-1 bis IV-3".

Die Bewertungen für die drei evaluierten Softwareprodukte befinden sich in den drei letzten Spalten und entsprechen den Objekten in der semantischen Matrix (Tab. 7.2).

Beim dem Input-Vektor IV-1 handelt es sich um einen „Idealtypus" bei dem eine Erfüllung der Anforderungen von 100 % erwartet wird. Es ist unwahrscheinlich, dass alle Kriterien erfüllt werden, damit wird jedoch untersucht, welches Objekt diesem Idealtypus am nächsten ist (Kap. 2).

Der Erstellung des zweiten Input-Vektors (IV-2) ging die Überlegung voraus, dass die Bewertung der Kriterien so erfolgen sollte, dass ein späteres Ergänzen von Anforderungen, die wichtiger als die bereits vorhandenen Kriterien eingestuft werden, ohne großen Aufwand möglich sein sollte.

Eine Gewichtung je Attribut macht dann Sinn, wenn einem Attribut eine höhere oder niedrigere Bedeutung im Vergleich zu den anderen beigemessen wird (Önder 2016). In dieser Fallstudie wurden die Merkmale, denen man eine mittlere Bedeutung beimisst, mit einem Wert von 0,5 belegt. Anforderungen, die weniger wichtig erscheinen, erhalten einen Wert unter 0,5. Anforderungen, die als wichtiger angesehen werden, erhalten einen Wert größer 0,5. Dieser IV entspricht einer „gewichteten Relevanz der Attribute", die in einer weiteren Untersuchung als Cue Validity Factor (CVF) angegeben werden können.

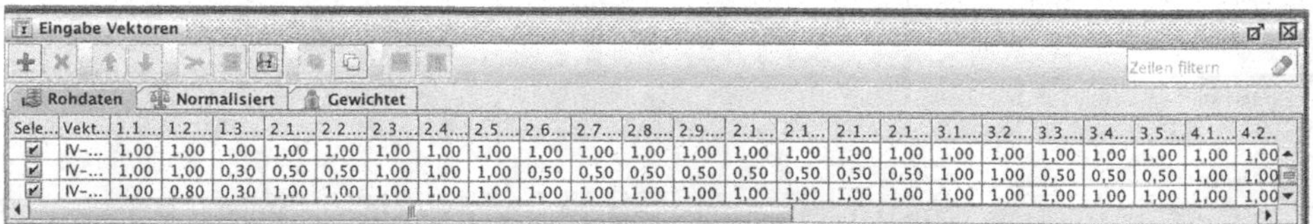

Sele...	Vekt...	1.1...	1.2...	1.3...	2.1...	2.2...	2.3...	2.4...	2.5...	2.6...	2.7...	2.8...	2.9...	2.1...	2.1...	2.1...	2.1...	3.1...	3.2...	3.3...	3.4...	3.5...	4.1...	4.2...
☑	IV-...	1,00	1,00	1,00	1,00	1,00	1,00	1,00	1,00	1,00	1,00	1,00	1,00	1,00	1,00	1,00	1,00	1,00	1,00	1,00	1,00	1,00	1,00	1,00
☑	IV-...	1,00	1,00	0,30	0,50	0,50	1,00	1,00	1,00	0,50	0,50	0,50	0,50	0,50	0,50	0,50	0,50	1,00	1,00	0,50	0,50	0,50	1,00	1,00
☑	IV-...	1,00	0,80	0,30	1,00	1,00	1,00	1,00	1,00	1,00	1,00	1,00	1,00	1,00	1,00	1,00	1,00	1,00	1,00	1,00	1,00	1,00	1,00	1,00

0 von 3 Eingaben selektiert.

Abb. 7.2 Eingabe der Input-Vektoren in der SEN-Software

Tab. 7.2 SEN: Semantische Matrix für XBRL-Validierer

Qualitätsmerkmal	Vorgabe des Erfüllungsgrades			Bewertung im Hinblick der Erfüllung der Kriterien		
	Ausprägung IV-1	Ausprägung IV-2	Ausprägung IV-3	Soft-ware-1	Soft-ware-2	Soft-ware-3
	Idealtypus	Relevanz unterschiedlich	Vergleich mit NWA			
1. Performance						
100.000 Meldungen pro Tag (Nachverarbeitung möglich)	1	1	1	0,8	0,8	0,8
Verarbeitung von Meldungen > 20 MB	1	1	0,8	1	1	0,6
Test von unterschiedlichen XBRL-Instanzen einschließlich *XBRL Formulas*	1	0,3	0,3	1	1	1
2. Funktionalität						
Validierung auf gültiges XML	1	0,5	1	1	1	1
Validierung gemäß XML-Schema	1	0,5	1	1	1	1
Validierung gemäß XBRL 2.1-Spezifikation	1	1	1	1	1	1
Validierung gemäß XBRL Dimension 1.0-Spezifikation	1	1	1	1	1	1
Validierung gemäß XBRL Formula 1.0-Spezifikation	1	1	1	1	1	1
Support des Moduls „Validation messages 1.0"	1	0,5	1	1	1	1
Support des Moduls „XBRL Custom Function 1.0"	1	0,5	1	1	1	0,6
Support des Moduls „Multi-Instance Processing and Chaining 1.0"	1	0,5	1	1	1	0,6
Support eines URI Resolvers	1	0,5	1	1	1	0,2
Unterstützung XPath 2.0-Spezifikation	1	0,5	1	1	1	1
Unterstützung der Custom XPath-Funktionen	1	0,5	1	1	1	1
Unterstützung von Debugging-Funktionalitäten	1	0,5	1	1	1	0,2

(Fortsetzung)

Tab. 7.2 (Fortsetzung)

Qualitätsmerkmal	Vorgabe des Erfüllungsgrades			Bewertung im Hinblick der Erfüllung der Kriterien		
	Ausprägung IV-1	Ausprägung IV-2	Ausprägung IV-3	Soft-ware-1	Soft-ware-2	Soft-ware-3
	Idealtypus	Relevanz unterschiedlich	Vergleich mit NWA			
Unterstützung der Erstellung, Änderungen und Validierung von Instanzen	1	0,5	1	1	1	0,2
3. Architektur						
Zugriff mittels API	1	1	1	1	1	0,2
Integration in bestehende IT-Infrastruktur	1	1	1	1	1	1
Keine Softwareverteilung notwendig	1	0,5	1	1	1	1
Unterstützung eines ausreichenden Loggings	1	0,5	1	1	1	0,2
Einbindung in verschiedene Stages möglich	1	0,5	1	1	1	1
4. Qualität						
Geringe Fehlerhäufigkeit	1	1	1	0,6	0,6	0,6
Sicherheitsmängel werden unverzüglich beseitigt	1	1	1	1	1	1
5. Professionalität						
Umfassende Unterstützung des XBRL-Standards	1	1	1	1	1	1
Zuverlässigkeit der Anwendung	1	1	1	1	0,6	0,8
Bewertung durch andere Kunden	1	0,5	0,8	1	0,6	0,8
6. Benutzerfreundlichkeit (inkl. API)						
Geringer Entwicklungsaufwand	1	0,5	1	0,8	0,2	0,6
Leicht verständliche API	1	1	1	1	0,8	0,6

(Fortsetzung)

Tab. 7.2 (Fortsetzung)

Qualitätsmerkmal	Vorgabe des Erfüllungsgrades			Bewertung im Hinblick der Erfüllung der Kriterien		
	Ausprägung IV-1	Ausprägung IV-2	Ausprägung IV-3	Software-1	Software-2	Software-3
	Idealtypus	Relevanz unterschiedlich	Vergleich mit NWA			
7. Skalierbarkeit						
Skalierbarkeit	1	1	1	0,6	0,6	0,6
8. Support						
Festlegung von SLAs möglich (kurze Reaktionszeiten bei Meldeterminen)	1	1	1	0,6	0,6	0,6
Monitoring möglich	1	1	1	1	1	1
Unterstützung von Erweiterungen gemäß Kundenwünschen	1	1	0,8	0,6	0,2	0,8
Betriebssupport gewährleistet	1	1	1	1	1	1
Kurze Kommunikationswege	1	1	1	0,6	0,2	1
9. Kosten						
Kosten der Erstbeschaffung	1	0,5	1	0,2	0,5	0,2
Maintenance-Kosten	1	0,5	1	0,2	0,5	0,2
10. Dokumentation						
Verständliche Dokumentation	1	1	1	1	0,5	0,8
Code Beispiele	1	1	1	1	0,5	0,8

Bei dem dritten Input-Vektor (IV-3) wurden die meisten Kriterien als sehr wichtig erachtet und mit 1 eingestuft. Nur vier von 38 Merkmalen erhielten Werte unter 1. Dieser Inputvektor wurde definiert, um einen Vergleich mit der Nutzwertanalyse (NWA) durchzuführen.

7.3.2 Entscheidungsunterstützung durch SEN

Die Auswahlentscheidung erfolgte mithilfe einer speziellen SEN-Software, die von der Forschungsgruppe CoBASC konzipiert und von Björn Zurmaar implementiert wurde.

Für die Darstellung der Ergebnisse bietet die SEN-Software verschiedene Ausgabeformen an. Zum einen wird eine Rangliste erstellt, welche die Endaktivierungen eines Ausgabevektors betrachtet. Zum anderen ermöglicht die Distanzliste die Anzeige der Euklidischen Distanz, die beim Vergleich der Ausgabevektoren einer Benutzereingabe mit den Ausgabevektoren der Objekte berechnet wird.

Darüber hinaus zeigt die SEN-Visualisierung anhand der Rangliste und die Kartenvisualisierung anhand der Distanz, eine semantische Ähnlichkeit, die durch räumliche Nähe ausgedrückt wird. Im ersten Fall wird der Input-Vektor als Referenztyp (gewünschte Erfüllung der Anforderungen für die Anwendungssituation) im Zentrum der Grafik abgebildet, während die Objekte (Software-Alternativen) zu Beginn der Simulation per Zufallsprinzip am äußeren Rand des Bildes angezeigt werden. Somit handelt es sich um den „Reference Type Centered Modus" (Klüver et al. 2012, S. 152, Kap. 2).

Im Falle der Kartenvisualisierung werden die Objekte anhand ihrer größten Ähnlichkeit zueinander angeordnet.

Im Folgenden werden die Ergebnisse des SEN vorgestellt.

Empfehlung für den Idealtypus (IV-1) Die folgende Abb. 7.3 zeigt das Ergebnis für den Idealtypus. Die zugehörige Auswahlentscheidung wurde mit dem Input-Vektor IV-1 und der logarithmisch-linearen Aktivierungsfunktion, einer Lernrate von 0.05 und einem Lernschritt durchgeführt. Die Normalisierung der Werte erfolgt zwischen -1 und 1.0.

Anhand der verschiedenen Ergebnisdarstellungen ist ersichtlich, dass SEN die Software 1 empfiehlt. In der Rangliste wurde Software 1 mit einem Wert von 0.95 aktiviert und die Distanz zwischen Idealtypus und Software 1 beträgt 0,03. Entsprechend werden in den Visualisierungen die beiden Vektoren sehr nah einander platziert. Die Empfehlung ist in diesem Fall eindeutig.

Empfehlung für den Referenztypus 2 (IV-2) Interessant ist das Ergebnis für den zweiten Referenztypen (Abb. 7.4) bei dem die Relevanz einzelner Kriterien unterschiedlich bewertet wurde (ansonsten gleiche Einstellungen wie bei IV-1).

In der Rangliste wird nach wie vor Software 1 empfohlen, allerdings weniger stark aktiviert; hingegen empfiehlt die Distanz Software 3. In diesem Fall findet keine eindeutige Empfehlung statt.

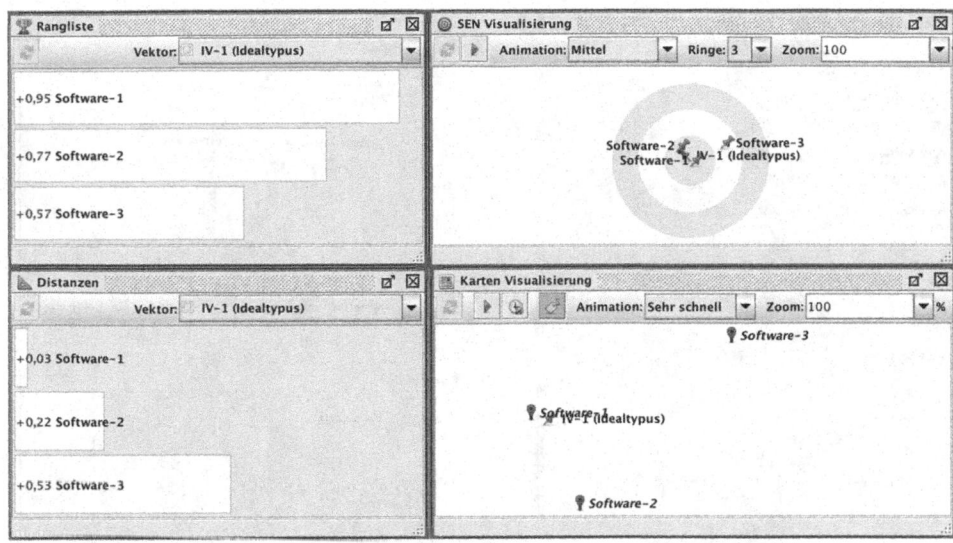

Abb. 7.3 Visualisierung der Ergebnisse für den Idealtypus als Referenzvektor (IV-1).

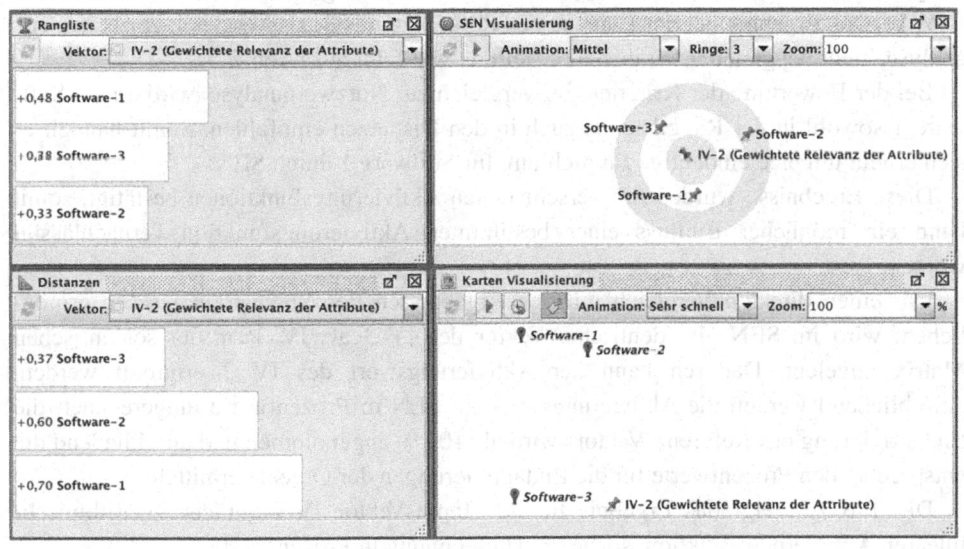

Abb. 7.4 Ergebnis des SEN für den zweiten Referenztypus

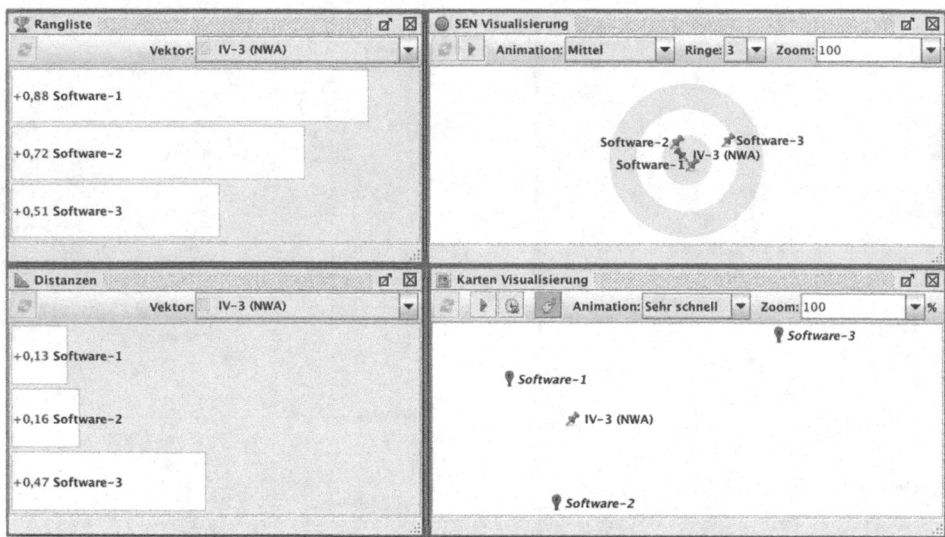

Abb. 7.5 Empfehlung des SEN für den Referenztypus 3

Empfehlung für den Referenztypus 3 (IV-3) als Vergleich zur Nutzwertanalyse (NWA) Das Ergebnis bei der Eingabe des Referenztypus 3, als Vergleich zur Nutzwertanalyse, sieht bei gleicher Parametereinstellung wie folgt aus (Abb. 7.5).

Bei der Bewertung der Kriterien, im Vergleich zur Nutzwertanalyse, wird erneut Software 1 sowohl in der Rangliste als auch in den Distanzen empfohlen. Somit handelt es sich erneut um eine eindeutige Empfehlung für Software 1 durch SEN.

Diese Ergebnisse wurden mit verschiedenen Aktivierungsfunktionen bestätigt, somit kann ein möglicher Einfluss einer bestimmten Aktivierungsfunktion vernachlässigt werden.

Um einen direkten Vergleich mit den Ergebnissen der Nutzwertanalyse zu ermöglichen, wird im SEN ein identischer Vektor des IV 3 als IV 3' in der semantischen Matrix angelegt. Dadurch kann der Aktivierungswert des IV 3 ermittelt werden. Anschließend werden die Aktivierungswerte in SEN in Prozentwerte umgerechnet: die Endaktivierung des Referenz-Vektors wird als 100 % angenommen und anschließend die entsprechenden Prozentwerte für die Endaktivierungen der Objekte ermittelt.

Die Tab. 7.3 zeigt das Ergebnis für den Input-Vektor IV-3 mit der logarithmisch-linearen Aktivierungsfunktion, sowie die Umrechnung in Prozentwerte.

Tab. 7.3 Ergebnis des SEN für den IV-3 mit der linear-logarithmischen Funktion

Parameter		1	Endaktivierung				Prozentwerte		
Training	Lernrate	IV 3'	Sw-1	Sw-2	Sw-3	IV	Sw-1	Sw-2	Sw-3
1	0,05	1,12	0,88	0,72	0,51	100 %	79 %	64 %	46 %

Tab. 7.4 Vergleich der Ergebnisse der beiden Methoden (Erfüllungsgrad in %)

Methode	Software-1	Software-2	Software-3
	Erfüllungsgrad	**Erfüllungsgrad**	**Erfüllungsgrad**
Nutzwertanalyse gewichtet	90 %	78 %	74 %
SEN (logarithmisch-linear) Test mit IV-3	79 %	64 %	46 %

7.3.3 Nutzwertanalyse und SEN – Ergebnisse im Vergleich

Abschließend werden die Ergebnisse aus den beiden angewendeten Methoden gegen-übergestellt Tab. 7.4).

Software-1 erreichte in beiden Methoden die höchste Bewertung. Dieses Produkt erfüllt die Anforderungen am besten. Die prozentualen Erfüllungsgrade liegen bei 90 % (Nutzwertanalyse) und 79 % (SEN, mit IV-3).

Für die Software-2 ergab sich hinsichtlich der Abdeckung der Anforderungen mithilfe der Nutzwertanalyse ein Wert von 78 % und bei Einsatz von SEN 64 %.

Die niedrigste Übereinstimmung mit den Anforderungen wurde bei Software-3 gefunden: lediglich 74 % mit der Nutzwertanalyse bzw. 46 % mit SEN.

7.4 Fazit

Zusammenfassend kann festgehalten werden, dass beide Methoden im Ergebnis die gleiche Rangfolge aufstellen und daraus dieselbe Handlungsempfehlung resultiert.

Beim SEN ist der Unterschied zwischen den Softwareprodukten etwas stärker aus-geprägt als bei der Nutzwertanalyse, bei der die Produkte in ihrer Gesamtbewertung etwas näher beieinanderliegen. Zudem war die Anwendung des SEN im Vergleich zu der Durchführung der Nutzwertanalyse wesentlich einfacher.

Interessant ist die Möglichkeit, einen Idealtypus zu definieren, bei dem eine absolute Anforderungsabdeckung (nur Werte von 1.0) gefordert wird. In diesem Fall müssen die Kriterien nicht unterschiedlich bewertet werden und die Objekte, die dem Idealtypus am nächsten sind, werden am stärksten vom Referenztypus angezogen.

Wie es sich gezeigt hat, ist eine eindeutige Empfehlung durch SEN nicht möglich, wenn etliche Kriterien mit 0,5 bewertet werden. Bei diesem Referenztypus wurde durch die Rangliste Software 1 empfohlen, durch die Distanz jedoch Software 3. In solchen Fällen müssen die Anforderungen neu bedacht werden und damit ist das Modell ent-sprechend anzupassen.

Ohne softwaretechnische Unterstützung kann die Nutzwertanalyse insbesondere bei komplexen Fragestellungen nicht mit dem SEN konkurrieren. Sie kann allenfalls zur Bewertung einer geringen Anzahl an Alternativen anhand einer überschaubaren Anzahl an Kriterien empfohlen werden.

Für eine Bewertung von mehreren Alternativen und der Anwendung großer Anforderungskataloge erscheint eine Unterstützung durch SEN als äußerst hilfreich. Insbesondere die Handhabbarkeit wurde als deutlich besser eingeschätzt, als die der Nutzwertanalyse. Darüber hinaus sind SEN äußerst flexibel und können mit wenig Aufwand erweitert werden, sei es durch neue Softwareprodukte (Objekte), sei es durch Hinzufügen von Bewertungskriterien oder sei es durch Anpassung des Input-Vektors.

Die Übertragung der Bewertungen aus der Nutzwertanalyse auf die Methodik der SEN war problemlos möglich. Für die Anwendung der SEN sind keine spezifischen IT-Kenntnisse notwendig.

Dem Fachanwender hilft das Vorgehen bei der Anwendung der SEN, die Aufgabe zu strukturieren und entsprechende Zuordnungen zwischen Softwareprodukten und deren Anforderungen für eine bestimmte Anwendungssituation zu definieren. Die Erstellung einer semantischen Matrix hat zum einen den Vorteil, dass sie das assoziative Denken bzw. Einordnen von Begriffen unterstützt. Zum anderen ist es mit dieser Methode möglich, fachliche Unschärfen abzudecken, indem man durch eine reelle Codierung angeben kann, in welchem Maße ein bestimmtes Attribut vorliegt (z. B. „stark", „mittel", „schwach") (Klüver und Klüver 2011).

Diese Vorgehensweise ist für die Praxis von Bedeutung, da dadurch die Auswirkung fachlicher Unschärfen oder die unterschiedliche Bewertung einer Anforderung durch mehrere Personen unmittelbar geprüft werden kann. Durch SEN wird gezeigt, ob eine Empfehlung durch die Rangliste und Distanzen trotz abweichender Bewertungsgrade konstant bleibt, oder ob eine eindeutige Empfehlung nicht möglich ist.

Literatur

Buxmann P, Diefenbach H, Hess T (2015) Die Softwareindustrie: Ökonomische Prinzipien, Strategien, Perspektiven. 3. Vollst. überarb. u. erw. Aufl. Springer Gabler. Berlin Heidelberg

Business Readiness Rating (2005) Business Readiness Rating. https://www.immagic.com/eLibrary/ARCHIVES/GENERAL/CMU_US/C050728W.pdf, zuletzt geprüft am 29.04.2020

Ebert C (2008) Systematisches Requirements Engineering und Management. Anforderungen ermitteln, spezifizieren, analysieren und verwalten. 2., aktualisierte und erw. Aufl. dpunkt-Verlag. Heidelberg

Freie Netze (2010) Kriterienkatalog zur Identifikation von Open-Source-Einsatzgebieten. Verein "Freie Netze. Freies Wissen.". Online verfügbar unter www.freienetze.at/documents/ocr-studie/AP5.pdf, zuletzt geprüft am 29.04.2020

Gabler Verlag – Wirtschaftslexikon – Nutzwertanalyse. Online verfügbar unter https://wirtschaftslexikon.gabler.de/definition/nutzwertanalyse-42926, zuletzt geprüft am 29.04.2020

Gräßler I, Preuß D, Oleff C (2020) Automatisierte Identifikation und Charakterisierung von Anforderungsabhängigkeiten – Literaturstudie zum Vergleich von Lösungsansätzen. Proceedings oft he 31st Symposium Design X (DFX2020). 199–208 https://doi.org/https://doi.org/10.35199/dfx2020.21

Krcmar H (2015) Informationsmanagement. 6. überarb. Aufl. Springer Gabler. Berlin Heidelberg

Kühnapfel JB (2014) Nutzwertanalysen in Marketing und Vertrieb. Springer Gabler, Wiesbaden

Klüver C, Klüver J (2011) IT-Management durch KI-Methoden und andere naturanaloge Verfahren. Vieweg + Teubner, Wiesbaden

Klüver C, Klüver J, Schmidt J (2012) Modellierung komplexer Prozesse durch naturanaloge Verfahren: Soft Computing und verwandte Techniken. 2. erw. u. akt Aufl. Springer Vieweg. Wiesbaden

Leimeister JM (2015) Einführung in die Wirtschaftsinformatik. 12. vollst. Neu überarb. u. akt. Aufl. Springer Gabler. Berlin Heidelberg

Önder F (2016) Fusions- und Übernahmekandidaten in der deutschen Stahlindustrie. Ein Vergleich zwischen binär logistischen Regressionen und neuronalen Netzen. Springer Gabler, Wiesbaden

Einsatz eines Self-Enforcing Netzwerkes für die Ermittlung geeigneter Führungsstile auf Basis des „Process Communication" Modells (PCM)

8

Stefan Engels

Zusammenfassung

Mitarbeiter zu führen stellt eine große Herausforderung dar, da es sich grundsätzlich um ein Zusammenspiel zwischen eigener Führungskompetenz und individuell zu führender Charaktere handelt. Da die eigene Persönlichkeit ebenfalls bestimmte Führungsstile bevorzugt, ist es notwendig, die Zusammensetzung der Charaktere im Team zu analysieren und sich selbst zu reflektieren, um konstruktiv führen zu können. Ein Modell, mit einer Methode der Künstlichen Intelligenz, soll dabei unterstützen: Die Führungsstile werden in einem Self-Enforcing Network (SEN) gelernt und die Persönlichkeitstypen werden als Referenzobjekte definiert. Das SEN soll nach dem Lernprozess für einen Mitarbeiter einen geeigneten Führungsstil empfehlen.

Keywords

Persönlichkeitsarchetypen · Führungsstile · Process Communication Model · Self-Enforcing Network

8.1 Einleitung

Wie führe ich richtig? Eine Frage, die sich sowohl junge Nachwuchsmanager als auch erfahrene Führungskräfte immer wieder stellen. Meistens sucht man dabei nach dem allgemeinen, auf jede Situation passenden Stil, den man trainieren und sich aneignen kann. Schnell stellt man jedoch spätestens bei dem ersten Besuch eines Führungs-

S. Engels (✉)
Mönchengladbach, Deutschland
E-Mail: sammelband-KIKL@rebask.de

© Springer Fachmedien Wiesbaden GmbH, ein Teil von Springer Nature 2021
C. Klüver und J. Klüver (Hrsg.), *Neue Algorithmen für praktische Probleme*,
https://doi.org/10.1007/978-3-658-32587-9_8

coachings fest, dass es nicht den perfekten Führungsstil gibt, wie er in der Historie lange Zeit gesucht wurde. Vielmehr muss eine gute Führungskraft ein breites Repertoire an Führungsskills aufweisen um situations- und personenbezogen den richtigen Stil anzuwenden. Nur so wird beim Gegenüber das richtige Ergebnis erzielt. Aus einem kreativen Kopf holt man mit einem stark autoritären Verhalten bspw. nicht das Optimale heraus (Klüver und Klüver 2011).

Welcher Führungsstil passt zu welchem Menschen? Um dies zu ermitteln stehen eine Vielzahl von Modellen zur Auswahl (Unkrig 2020). Kurt Lewin (Lewin et al. 1939) definierte die klassischen Führungsmethoden; das „Process Communication Model" (PCM) nach Taibi Kahler (2010) beinhaltet sechs Persönlichkeitsarchetypen. Menschen lassen sich jedoch nicht vollständig in Typen einordnen und jeder Charakter ist unterschiedlich. Um dennoch zu analysieren, welcher Führungsstil für welche Charaktere am besten geeignet ist, wird ein Self-Enforcing Network eingesetzt. Nach Vorgabe der Charakterausprägungen der Standardtypen bietet das SEN, als selbstorganisiert lernendes künstliches neuronales Netz, die Möglichkeit weitere individuelle Persönlichkeiten einzuordnen und eine Handlungsempfehlung zu geben.

Um dies zu illustrieren werden zunächst das PCM-Modell der Persönlichkeitsarchetypen und die klassischen Führungsstile vorgestellt. Darauf aufbauend wird gezeigt, wie das SEN-Modell erstellt werden kann und welche Führung einzelner Charaktere durch SEN empfohlen wird. Die Charaktere, die den sechs Persönlichkeitstypen entsprechen, werden als Referenzobjekte definiert, für die ein Führungsstil mehr oder weniger vorzuziehen ist, um nach Möglichkeit die höchste Arbeitszufriedenheit und Effizienz zu erreichen.

8.2   Das PCM Modell

Das Process Communication Model, kurz PCM genannt, von Taibi Kahler (2010) ist ein Kommunikationsmodell zur Analyse der Persönlichkeitsarchitektur des Menschen. Er entwickelte es auf Basis der Transaktionsanalyse in den 80er-Jahren. Das Modell vermittelt leicht verständlich ein positives psychologisches Interventionsmodell, welches den Umgang mit Gesprächspartnern in kurzer Zeit verbessern und effektiver gestalten soll. Basierend auf wissenschaftlichen Aussagen der Verhaltenspsychologie zielt das PCM-Modell auf ein Erkennen von Persönlichkeit und Grundbedürfnis eines Kommunikationspartners ab (Eggebrecht 2005).

8.2.1   Geschichtliche Entwicklung

Anfang der 70er Jahre des letzten Jahrhunderts machte Taibi Kahler aus Arkansas, USA eine Entdeckung: Er erkannte, dass Menschen in der Art und Weise wie sie kommunizieren, ganz bestimmten Mustern folgen und das sowohl bei produktiver als auch missglückter Kommunikation. Das Neue an dieser Erkenntnis war, dass diese Muster im menschlichen Verhalten objektiv innerhalb weniger Sekunden identifiziert werden können. Kommunikationsprozesse werden dadurch voraussagbar und messbar. Diese Entdeckung brachte Kahler 1977 international Anerkennung und Auszeichnung ein.

Auf Basis seiner Erkenntnisse entwickelte Taibi Kahler (2010) das PCM Modell. Es sollte als Kommunikationsmodell für geschäftliche und private Kommunikation dienen und den Anwender innerhalb kürzester Zeit dazu befähigen die Kommunikationsmuster des Gesprächspartners zu identifizieren und dem jeweiligen Gegenüber adäquat begegnen zu können. Im Laufe der Jahrzehnte fand das PCM Modell Anwendung im Recruiting-Verfahren der NASA oder aber auch erfolgreich in politischen Wahlkampagnen (Bill Clinton Mitte der 90er Jahre) (Althaus 2016).

8.2.2 Persönlichkeitsarchitektur als Hologramm-Effekt

Taibi Kahler nutzt für die Beschreibung der Persönlichkeitsarchitektur die Metapher des Hologramms. Ein Hologramm ist eine Symbolik für ein Bild, das aus tausenden von einzelnen Bildern zusammengesetzt wird. Die Kombination dieser Bilder ergeben eine dreidimensionale Sicht auf das Objekt und machen das Bild erst vollständig. Menschen können ebenfalls wie ein Hologramm betrachtet werden. Zur Erlangung eines Bildes über einen Menschen muss zunächst seine Gesamtpersönlichkeit charakterisiert werden. Die Gesamtpersönlichkeit besteht aus Handlungseinheiten, die als Verhaltensabfolgen miteinander verbunden sind. Diese Muster können sowohl positiv gestaltet, als auch von negativer Natur sein. Oftmals sind diese Muster den Menschen und ihren Kommunikationspartnern bewusst, obwohl sie nicht offensichtlich sind. Ein Erkennen äußert sich dann in augenscheinlich instinktivem Verhalten auf eine interpretiert freundliche, aggressive, ehrliche oder unehrliche Kommunikation (Futrell et al. 2002).

8.2.3 Die sechs Persönlichkeitstypen nach Kahler

Das Prozesskommunikationsmodell definiert sechs unterschiedliche Persönlichkeitstypen. Menschen werden als mehr oder weniger zugehörig zu einem dieser Typen geboren, bzw. deren Hauptausprägung festigt sich in den ersten Lebensjahren. Es ist davon auszugehen, dass sich diese Basispersönlichkeit im Laufe des Lebens nicht mehr verändern lässt und dessen Charakteristika die Persönlichkeit des Menschen prägt. Dabei sind diese Persönlichkeitstypen jeder für sich weder besser noch schlechter oder stärker bzw. schwächer. Vielmehr hat jeder Typ für sich eigene Stärken und Schwächen, positive Verhaltensmuster oder negative Angewohnheiten. Jeder Mensch verfügt neben der Basispersönlichkeit in unterschiedlicher Ausprägung über Eigenschaften der fünf weiteren

Persönlichkeitstypen. Jedoch fällt der Mensch, besonders in Stresssituationen, immer wieder in seinen präferierten Persönlichkeitstyp zurück (Eggebrecht 2005).

Der Gedanke hinter dem Modell ist dabei, dass Menschen unter Stress in ihre negativen Verhaltensweisen geraten. Kennt man jedoch seine eigenen Schwächen kann man frühzeitig auf unerwünschte Reaktionen vorbeugend agieren. Gleiches gilt für das Erkennen solcher Anzeichen beim Kommunikationspartner (Taibi Kahler Associates 1997).

Derartige Klassifikationen beinhalten häufig nur bestimmte Aspekte und es gibt natürlich auch andere Klassifizierungen. Dieses Klassifikationsschema ist jedoch ausgesucht worden, um exemplarisch die durch SEN gegebenen Möglichkeiten zu zeigen, unterschiedliche Individuen in einem solchen Schema einordnen zu können.

Der Logiker

Der Logiker ist von seiner Veranlagung her ein klar strukturierter Denker, der gerne systematisch mit Fakten arbeitet. Ein strukturierter Zeitplan, meist schon Wochen im Voraus, liegt ihm und hilft ihm dabei, sich gezielt auf die anstehenden Ereignisse und Aufgaben vorzubereiten. Findet er diese Rahmenbedingungen vor, ist er ein überaus zuverlässiger Mitarbeiter. Übertragene Aufgaben werden zeitgerecht und mit Freude erledigt. Diese Eigenschaften führen dazu, dass ihm oftmals die Führung eines Teams oder Projektes übertragen wird.

Allerdings hat der Logiker ein starkes Aufmerksamkeits- und Anerkennungsbedürfnis. Er möchte für seine Arbeit ein in seinen Augen ausreichend starkes Lob erhalten. Dies ist auch die einzige Form, in der er ein guter Teamplayer sein kann. Ohne Lob hält er die Arbeit der Gruppe für nicht ausreichend und neigt dazu alles alleine zu machen, was zu Selbstüberlastung und Frustration gegenüber der Leistungsfähigkeit von Kollegen führt. Logiker bevorzugen den informativen Kommunikationskanal über sachliche und präzise Nachrichten (Kahler Communications 2016).

Der Empathiker

Die Anerkennung als Person und die Wahrnehmung über die Sinne sind die wichtigsten Grundbedürfnisse des Empathikers. Sie legen großen Wert darauf Beziehungen zu pflegen und fühlen sich in Gruppen, in denen sie helfen, mitarbeiten, kreativ sein oder gar organisieren können am wohlsten. Alleine sein liegt ihnen gar nicht und die Arbeitsqualität kann darunter leiden. Ungemütliche Umgebungen erzeugen negativen Stress, der sich in Fehlern oder Vergessen äußert.

Das wichtigste ist ihnen, die Aufmerksamkeit in einer Gruppe genießen zu können und das Gefühl der Anerkennung zu spüren. Andernfalls versucht der Empathiker es allen Recht zu machen, um die gewünschte Anerkennung zu erhalten. Er möchte auf dem fürsorglichen Kanal angesprochen werden (Kahler Communications 2016).

Der Beharrer

Beharrer handeln gemäß ihrer Überzeugung. Erlangt eine Aufgabe oder Thematik ihr Interesse stellen sie sich voll und ganz in den Dienst eben dieser und verfolgen sie bis zum Ende. Teilen Kollegen diese Überzeugung nicht, bleiben sie bei ihren Ansichten und versuchen sie davon zu überzeugen. Beharrer befolgen Regeln und Anweisungen und achten darauf, dass das Umfeld es ihnen gleichtut. Aufgrund dessen sind Beharrer oft Einzelkämpfer oder arbeiten in kleinen Gruppen aus zwei bis drei Gleichgesinnten.

Für einen Beharrer ist die Anerkennung seiner Überzeugung das Wichtigste. Wird ihm dies verwehrt beginnt er nach Fehlern anderer zu suchen, um missionarisch auf seinen eigenen Überzeugungen stehen zu bleiben. Beharrer sind gewissenhaft, engagiert und gute Beobachter, die den informativen Kommunikationskanal bevorzugen (Kahler Communications 2016).

Der Rebell

Der Rebell reagiert auf alles in seiner Umgebung, positiv oder negativ. Kontakt ist seine Motivationsquelle. Er hat das Bedürfnis aufzufallen. Daher werden Rahmen zunächst verlassen, bevor er sich in sie einordnet. Wird das Kontaktbedürfnis nicht befriedigt führt dies zu negativem Stress, der in Jammern, Provokation oder vorwurfsvollem Handeln mündet, um sein Kommunikationsbedürfnis durch eine Reaktion hierauf zu befriedigen. Rebellen sind überaus kreativ und spontan. Sie sind leicht zu begeistern, jedoch schwer von etwas zu überzeugen, dass ihnen nicht gefällt, allerdings auch sprunghaft in ihren Überzeugungen. Obwohl sie gerne in Gruppen unterwegs sind, sind sie innerlich Individualisten.

Rebellen interessieren sich nicht für Lob oder Tadel. Ihnen ist wichtig Interesse an etwas zu haben und von ihrem Gegenüber mitgerissen zu werden (Kahler Communications 2016).

Der Macher

Spannende Projekte, schnelle Ergebnisse, Grenzerfahrungen und weitere aufregende Ereignisse sind die Welt des Machers. Steht er vor einer großen Herausforderung oder einem Wettbewerb kann er erstaunliches leisten. Fehlt ihm diese positive Stimulation tendiert er dazu andere zu manipulieren oder die Aufregung durch das Eingehen von Risiken zu erzielen. Der Macher möchte direktiv mit klaren Aussagen angesprochen werden. Trotz alledem verfügt er über ein natürliches Führungstalent und kann andere mitreißen oder ein unangenehmer Verhandlungspartner sein.

Sie sind entscheidungsfreudig, direkt und wollen in erster Linie etwas tun. Trotz des Bedürfnisses nach Aufregung ist der Macher ein eher zurückhaltender Mensch (Kahler Communications 2016).

Der Träumer

Der Träumer bevorzugt Einsamkeit, Zeit und Ruhe. Alles andere führt zu negativem Stress. Träumer ziehen sich in Stresssituationen noch mehr in sich zurück und werden nahezu unerreichbar. In diesem Zustand fängt ein Träumer meist viele Dinge gleichzeitig an, ohne etwas zu Ende zu bringen. Daher braucht ein Träumer klare Anweisungen in direktiver Form.

Träumer haben oft gute Ideen, die sie jedoch zu oft für sich behalten. Sie brauchen daher Aufforderung und Führung. Dies macht sie jedoch prädestiniert für ruhige wiederkehrende Aufgaben, die sie zufriedenstellend erledigen. Zu viele gleichzeitige Aufgaben können zu Stress führen bei der Priorisierung. Am produktivsten sind Träumer, wenn man sie in einer klaren Struktur alleine lässt (Kahler Communications 2016).

8.3 Führungsstile

Die Grundlage für Führungsstile bildet das klassische Modell nach Kurt Lewin (Lewin et al. 1939). In den dreißiger Jahren des zwanzigsten Jahrhunderts hat der Psychologe Kurt Lewin bei Überprüfungen im Unterrichtsverhalten von Lehrern drei Stilarten in der Erziehung von Kindern vorgefunden, die er wiederum als Ursache für das herrschende Klassenklima wertete. Die Ergebnisse waren so richtungsweisend, dass sie auf die Arbeit mit Erwachsenengruppen übertragen wurde. Zentrales Interesse ist die Fragestellung nach einem Einfluss des Gruppenführers auf die Gruppe, einzig durch sein gezeigtes Verhalten. Er unterschied dabei in drei verschiedene Führungsstile, die in diesem Kapitel vorgestellt werden (Wingchen 2004, S. 187).

Direktive/autoritäre Führung

Beim direktiven oder auch autoritär genannten Führungsstil liegen alle Entscheidungsbefugnisse beim Führenden. Er nimmt die Position der Amtsautorität ein und bestimmt vereinfacht gesagt wann welcher Mitarbeiter was und bis wann zu erledigen hat. Der Mitarbeiter hat bei dieser Art von Führung kein Mitspracherecht und ist lediglich dazu verpflichtet den Anweisungen Folge zu leisten. Üblicherweise wird eine Nichteinhaltung mit Sanktionen bestraft, wohingegen Lob meist ausbleibt (Charlier 2001).

Obwohl dieser Führungsstil auf den ersten Blick ungemütlich erscheint, gibt es Menschen oder Situationen, die genau diesen Stil benötigen. Manche Mitarbeiter benötigen eine dauerhafte Anleitung über ihre nächsten Schritte und können oder wollen keine eigenen Meinungen einbringen. In Krisensituationen kann es ebenfalls förderlich sein, wenn ein Leiter klare Aufgaben verteilt. Kreativität und freie Meinungen werden jedoch mit diesem Stil völlig unterdrückt und dauerhafte autoritäre Führung führt zu keinem positiven Arbeitsklima und zu einem Vorgesetzten, der von seinen Mitarbeitern nicht mehr ernst genommen werden kann. Darüber hinaus kann ein plötzlicher Ausfall der Führungskraft zur Instabilität der gesamten Gruppe führen. Führungspersönlichkeiten, die dauerhaft in diesem Stil agieren, sagt man oftmals eigene Unsicherheit oder Machtgehabe nach. Beides sind keine Eigenschaften, die bei einer Führungskraft von Vorteil sind (Klüver und Klüver 2011).

Eine korrekte autoritäre Führung erfordert eine strikte Kontrolle aller Arbeitsprozesse und Ergebnisse, da sie rein auf den Output konzentriert ist. Der Mitarbeiter, ohnehin in degradierter (zweiter) Position hinter dem Führenden eingereiht, ist zunächst zweitrangig. Um dies realisieren zu können, muss der Führende selbst ein großes Know-how im betroffenen Tätigkeitsfeld vorweisen können. Weiterhin wird von der Führungskraft ein hohes Durchsetzungsvermögen und Belastbarkeit unter dem Druck der Alleinverantwortung erwartet (Mahlmann 2011).

Häufig wird in der verwendeten Literatur beschrieben, dass diese Form der Führung nicht mehr zeitgemäß ist (Charlier 2001).

Kooperative Führung
Wie der Name vermuten lässt steht bei diesem Führungsstil die Zusammenarbeit zwischen Mitarbeiter und Vorgesetztem im Vordergrund. Mitarbeiter und Leiter entwickeln eine solidarische Beziehung untereinander. Gerade in Projekten kann die gemeinsame Bearbeitung einer Aufgabe große Vorteile mit sich bringen. Die Führungspersönlichkeit kann nicht immer in allen Bereichen auf dem neuesten Stand sein oder vollständiges Wissen innehaben, sodass ein Einbringen der Mitarbeiter von großem Vorteil für das Gesamtprojekt sein kann. Diese Art der gemeinsamen Arbeit wirkt motivationsfördernd für die Mitarbeiter. Die Rolle des Führenden kann sich jedoch als problematisch erweisen. Da der Führende nicht die Position der Amtsautorität ausübt wird eine hohe Fach- und Sachkompetenz benötigt, damit die Autorität anerkannt wird (Klüver und Klüver 2011).

Der Führungsstil entstand aus einigen Theorien, wie der Bedürfnispyramide von Maslow. Sie zielt darauf aus, dass Menschen Bedürfnisse haben, die es zu befriedigen gilt. Dazu gehört bspw. ein gutes Arbeitsklima, nette Kollegen und Vorgesetzte, sowie spannende und herausfordernde Aufgaben (Mahlmann 2011). So zielt dieser Führungsstil gerade darauf aus, dass Mitarbeiter selbstverantwortliches Arbeiten lernen und durch die natürliche Autorität der Führungskraft aufgrund seines Wissensschatzes dahin gelenkt werden. Die Führungskraft benötigt selbst jedoch genug Vertrauen in seine Mitarbeiter, um gewisse Aufgabe delegieren zu können. Es entsteht eine moderierende Rolle für die Führungskraft. Damit diese Art der Führung auch funktioniert müssen die Mitarbeiter jedoch auch selbst den Anspruch haben, eigenverantwortlich und selbstständig Aufgaben erledigen zu wollen. Ist ein Mitarbeiter dazu nicht Willens, oder gibt es Kommunikationsschwierigkeiten zwischen Mitarbeiter und Vorgesetzten – gleichgültig von welcher Seite aus – ist dieser Führungsstil zum Scheitern verurteilt (Mahlmann 2011).

Laisser-faire Führungsstil
Konträr zur direktiven Führung verhält sich dieses Führungsmuster. Der Mitarbeiter wird weitestgehend allein gelassen und soll seine Arbeiten selbstorganisiert erledigen. Bei aufkommenden Fragen oder Problemen sollen sich die Mitarbeiter untereinander abstimmen oder befragen, sodass auch in diesen Situationen keine Leitung auftritt.

Dieser Umstand macht diesen Führungsstil jedoch auch zum problematischsten Stil. Menschen ordnen sich von Natur aus in Hierarchien unter. Tritt jedoch keine Führungspersönlichkeit in Erscheinung haben die Mitarbeiter keinen Orientierungspunkt und Konkurrenzkämpfe können entstehen, da jeder diese Rolle für sich beanspruchen möchte. Dies kann soweit führen, dass der eigentlichen Leitungsperson die Führungsrolle abhandenkommt. Besonders gut eignet sich dieser Führungsstil jedoch in Projekttätigkeiten. Mitarbeiter können den ihnen zugewiesenen Bereich entlang ihrer eigenen Präferenzen gestalten, was zu einer höheren Motivation und geringeren Bearbeitungszeit führt (Klüver und Klüver 2011).

Innerhalb einer Laisser-faire Führungsorganisation tritt der Führende nicht mehr als Bestwissender mit der höchsten Fachkompetenz auf, sondern versammelt eine Reihe von Spezialisten um sich, die er bestmöglich einzusetzen versteht. Führungskräfte müssen dabei ihren Mitarbeitern voll und ganz vertrauen, die fachlich richtigen Entscheidungen zu treffen. Die Führungskraft selbst bleibt dabei eher strategisch ausgerichtet und übernimmt die Planung und Vorbereitung neuer Aufgaben, die dann wiederum an die Spezialisten zur Durchführung übergeben werden können. Mitarbeiter und deren Spezialwissen können bei Bedarf auch in dieser Phase bereits hinzugezogen werden (Mahlmann 2011).

8.4   Modell-Erstellung

Zu Beginn besteht die Aufgabe zunächst darin, für die semantischen Matrix entsprechende Objekte und zugehörige Attribute zu bestimmen.

Um das komplexe Zusammenspiel zwischen Führungsstil und Persönlichkeitstypen abbilden zu können, werden in der semantischen Matrix die drei genannten Führungsstile als Objekte bestimmt, die Attribute enthalten jedoch die Eigenschaften der Persönlichkeitsarchetypen.

Für die Referenztypen, die als Eingabevektoren dem SEN nach dem Lernprozess präsentiert werden, dienen als Objekte die sechs Persönlichkeitstypen des PCM Modells. Diese Variante bietet zudem die Möglichkeit, das erstellte SEN zu erweitern und individuelle Persönlichkeiten außerhalb des PCM Modells zu erstellen und den passenden Führungsstil zu ermitteln.

Bei der Wahl der Attribute wurde die Sichtweise des Mitarbeiters gewählt. Dies bedeutet, dass die gewählten Charaktereigenschaften den Verhaltensweisen der Persönlichkeitstypen der Mitarbeiter entsprechen sollen. Diese Sichtweise passt besser zur Fragestellung, welcher Führungsstil zu einem bestimmten Typ von Mitarbeiter passt, um das Beste aus ihm herauszuholen. Zur Bewertung wurde eine bipolare Codierung von -1 bis $+1$ gewählt, sodass eine neutrale, sowie positive oder ablehnende Haltung symbolisiert werden kann.

Konkret bedeutet dies beispielsweise für das Attribut „spontan", dass ein gewisser Führungsstil Spontanität erwartet bzw. fördert (positive Einstellung und somit positive

Bewertung des Attributs zwischen 0 und + 1) oder dass dies bei einem anderen Führungsstil gar missfällt und diese Eigenschaft ablehnt (negative Bewertung zwischen −1 und 0). Selbiges gilt für die Bewertung des Attributs aus der Sicht des Mitarbeitertypen. Handelt ein Mitarbeitertyp gerne spontan kommt es zu einer positiven Bewertung zwischen 0 und + 1. Fühlt sich ein Mitarbeiter mit Spontanität überfordert und benötigt klare Vorgaben, so hat er eine ablehnende Haltung demgegenüber und es kommt zu einer negativen Bewertung zwischen −1 und 0.

Um das Ergebnis möglichst eindeutig zu machen und die Objekte klar differenzieren zu können wurden insgesamt 22 Attribute gewählt, um einen Mitarbeitertypen in möglichst allen Facetten betrachten zu können. Eingetragen in den Attributsektor des SEN ergibt sich daraus die in (Abb. 8.1) dargestellte Attributliste.

In der kompakten Ansicht sieht man schon die wichtigsten Grundeinstellungen. Die bipolare Kodierung [−1;1] bezieht sich auf die Normalisierung und führt zu einem Minimumwert von -1 und einem Maximalwert von 1. Null ist in diesem Fall der neutrale Standardwert. Auf die Nutzung eines cue validity factor (cvf), mit dem Attribute eine gesonderte Gewichtung erhalten können, wird bewusst verzichtet, da kein Attribut ein derartiges Alleinstellungsmerkmal bildet.

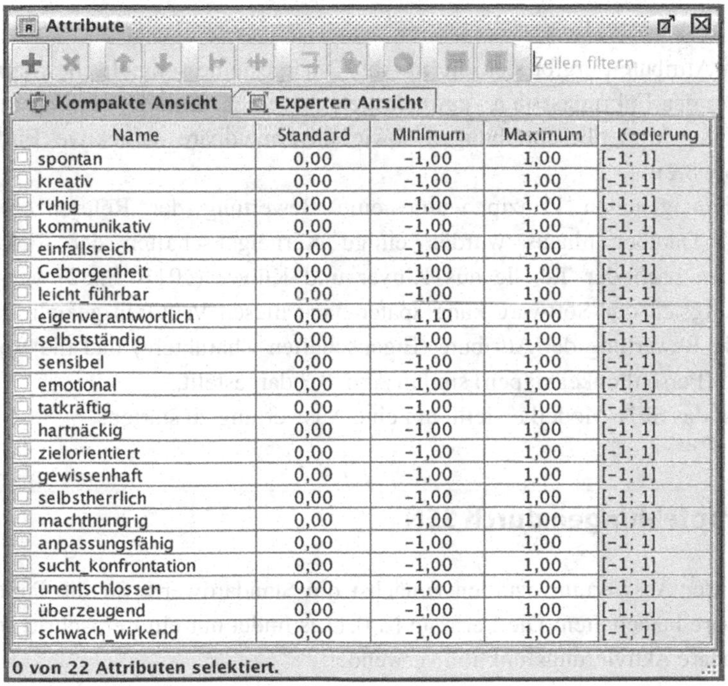

Name	Standard	Minimum	Maximum	Kodierung
spontan	0,00	−1,00	1,00	[−1; 1]
kreativ	0,00	−1,00	1,00	[−1; 1]
ruhig	0,00	−1,00	1,00	[−1; 1]
kommunikativ	0,00	−1,00	1,00	[−1; 1]
einfallsreich	0,00	−1,00	1,00	[−1; 1]
Geborgenheit	0,00	−1,00	1,00	[−1; 1]
leicht_führbar	0,00	−1,00	1,00	[−1; 1]
eigenverantwortlich	0,00	−1,10	1,00	[−1; 1]
selbstständig	0,00	−1,00	1,00	[−1; 1]
sensibel	0,00	−1,00	1,00	[−1; 1]
emotional	0,00	−1,00	1,00	[−1; 1]
tatkräftig	0,00	−1,00	1,00	[−1; 1]
hartnäckig	0,00	−1,00	1,00	[−1; 1]
zielorientiert	0,00	−1,00	1,00	[−1; 1]
gewissenhaft	0,00	−1,00	1,00	[−1; 1]
selbstherrlich	0,00	−1,00	1,00	[−1; 1]
machthungrig	0,00	−1,00	1,00	[−1; 1]
anpassungsfähig	0,00	−1,00	1,00	[−1; 1]
sucht_konfrontation	0,00	−1,00	1,00	[−1; 1]
unentschlossen	0,00	−1,00	1,00	[−1; 1]
überzeugend	0,00	−1,00	1,00	[−1; 1]
schwach_wirkend	0,00	−1,00	1,00	[−1; 1]

0 von 22 Attributen selektiert.

Abb. 8.1 Kompakte Ansicht der Attribute

Objekt Name	spontan	kreativ	ruhig	kommunikativ	einfallsreich	Geborgenheit	leicht führbar	eigenverantwortlich	selbstständig	sensibel	emotional
Direktiv	−0,60	−1,00	0,80	0,50	−0,50	−0,70	1,00	−1,00	−1,00	−0,70	−0,60
Kooperativ	0,40	0,60	0,00	0,70	0,80	0,80	0,40	0,40	0,40	0,40	0,80
Laissez-faire	0,90	1,00	−0,30	1,00	1,00	0,00	0,00	1,00	1,00	0,00	0,00

Objekt Name	tatkräftig	hartnäckig	zielorientiert	gewissenhaft	selbstherrlich	machthungrig	anpassungsfä...	sucht_konfront...	unentschlossen	überzeugend	schwach wirkend
Direktiv	1,00	1,00	1,00	1,00	−1,00	−1,00	1,00	−1,00	0,40	0,00	1,00
Kooperativ	0,60	0,50	0,50	0,50	0,20	0,30	0,00	0,00	0,00	0,50	0,00
Laissez-faire	0,40	0,80	1,00	0,50	0,80	0,70	−0,30	1,00	−0,60	1,00	−0,80

Abb. 8.2 Rohdaten der semantischen Matrix

Vektor Name	spontan	kreativ	ruhig	kommunikativ	einfallsreich	Geborgenheit	leicht führbar	eigenverantwortlich	selbstständig	sensibel	emotional
Träumer	−0,60	0,30	1,00	−0,30	0,50	0,50	0,70	−0,40	−0,60	0,60	0,00
Logiker	−0,80	−0,50	0,40	0,40	−0,50	0,20	0,50	0,00	0,10	0,50	−0,30
Beharrer	−0,30	−0,50	0,20	0,30	−0,50	0,00	−0,30	0,70	0,70	−0,50	0,00
Empathiker	0,50	1,00	−0,50	1,00	0,70	1,00	0,50	0,20	0,50	1,00	1,00
Rebell	1,00	1,00	−1,00	1,00	0,80	0,00	−0,50	−0,30	0,40	−0,50	1,00
Macher	0,60	0,70	−0,50	0,50	0,50	0,00	0,40	0,60	0,90	0,50	−0,50

Vektor Name	spontan	tatkräftig	hartnäckig	zielorientiert	gewissenhaft	selbstherrlich	machthungrig	anpassungsfähig	sucht konfronten	unentschlossen	überzeugend	schwach wirkend
Träumer	−0,80	0,30	0,60	0,60	0,80	−1,00	−1,00	0,50	−1,00	0,00	0,00	1,00
Logiker	−0,80	1,00	1,00	1,00	1,00	0,20	0,20	0,00	−0,50	−0,50	0,00	−0,20
Beharrer	−0,30	0,80	1,00	0,80	1,00	0,70	0,60	−1,00	0,80	−1,00	1,00	−0,80
Empathiker	0,50	0,50	0,30	0,20	0,60	−0,40	−0,40	1,00	−1,00	0,00	−0,20	0,50
Rebell	1,00	0,70	0,70	0,20	−0,30	0,30	0,30	−0,70	0,80	0,80	0,40	0,50
Macher	0,60	1,00	1,00	1,00	0,20	−0,30	−0,40	−0,20	0,50	−0,50	0,70	−0,70

Abb. 8.3 Rohdaten der Eingabevektoren (Persönlichkeitstypen)

Aus den Attributen ergibt sich die in Abb. 2 dargestellte semantische Matrix, in der die Attribute den Führungsstilen zugrunde gelegt werden. Eine Bewertung erfolgte auf Grundlage der Modellbeschreibungen sowie unvermeidbare subjektive Einflüsse des Autors (Abb. 8.2).

Nach dem gleichen Prinzip wurde eine Bewertung der Referenzobjekte vorgenommen. Darüber hinaus wurden einige Kerneigenschaften der PCM Persönlichkeitstypen nach der Tabelle aus Klüver und Klüver (2011, S. 82) verwertet. Im Visualisierungsteil der Software kann später nach diesen Vektoren gezielt ausgewertet werden. Die Bewertung der Attribute (Eigenschaften Charaktere) und die Bestimmung der Objekte (Persönlichkeitstypen) sind in Abb. 8.3 dargestellt.

Damit ist das SEN-Modell erstellt, um eine Auswertung zu starten.

8.5 Empfehlungen durch SEN

Zu Beginn der Auswertung wurden zunächst die Standardwerte für die Parameter der SEN=Software beibehalten: Die Lernrate ist 0.1, es findet nur ein Lernschritt statt und es wird die lineare Aktivierungsfunktion verwendet.

Bereits in dieser Konfiguration ergibt sich für den Persönlichkeitstypen des „Träumers" ein eindeutiges Ergebnis (Abb. 8.4).

Die Visualisierung deutet zweifellos darauf hin, dass ein direktiver Führungsstil am geeignetsten für einen Mitarbeiter ist, der den Charakterzügen eines Träumers entspricht. Ebenfalls lässt sich durch die Ranglistenvisualisierung erkennen, dass eine Führungskraft, die nach dem Laisser-faire-Prinzip agiert, sogar ein negatives Ergebnis bei dem Mitarbeiter erreichen würde.

An dieser Stelle kann bereits eine grundlegende Eigenschaft dieses SEN vorweggenommen werden. Eine Erhöhung der Lernrate führt zu keinen Veränderungen im Endergebnis. Die Ergebnisse werden in ihrer Darstellungsform lediglich verstärkt. Selbiges gilt für die verschiedenen Aktivierungsfunktionen, die in der Software gewählt werden können. Lediglich die lineare Mittelwertfunktion führt in diesem SEN zu keinem aussagekräftigen Ergebnis. Durch die bereits eingebaute Dämpfung werden die Ergebnisse nahezu neutralisiert und sehen für jeden Führungsstil identisch aus, selbst bei einem so eindeutigen Ergebnis, wie es für den Träumer der Fall ist. Um dies zu verdeutlichen gibt Abb. 8.5 das Ergebnis des Träumers wieder mit einer Lernrate von 0,3 und der linear-

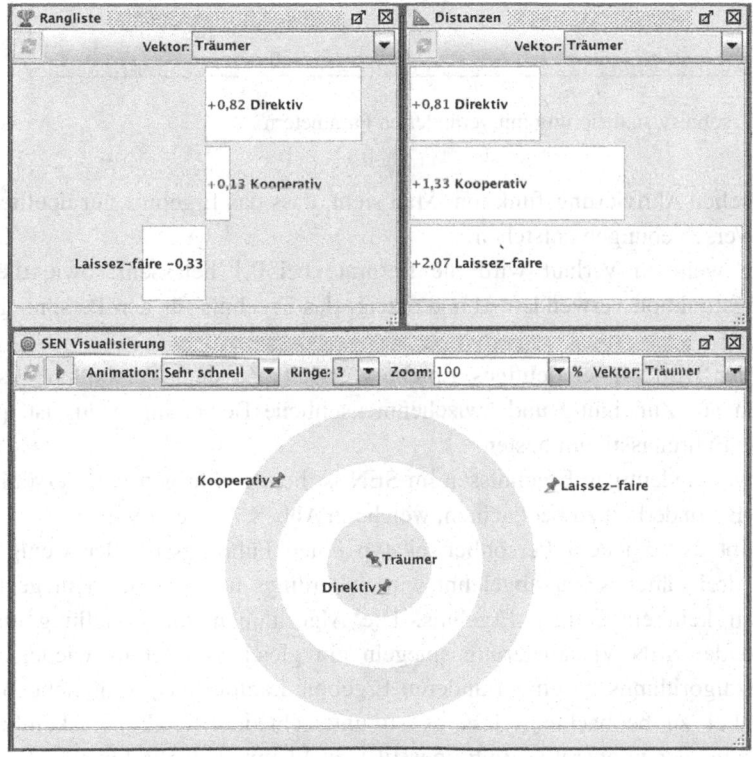

Abb. 8.4 SEN Ergebnisvisualisierung für "Träumer"

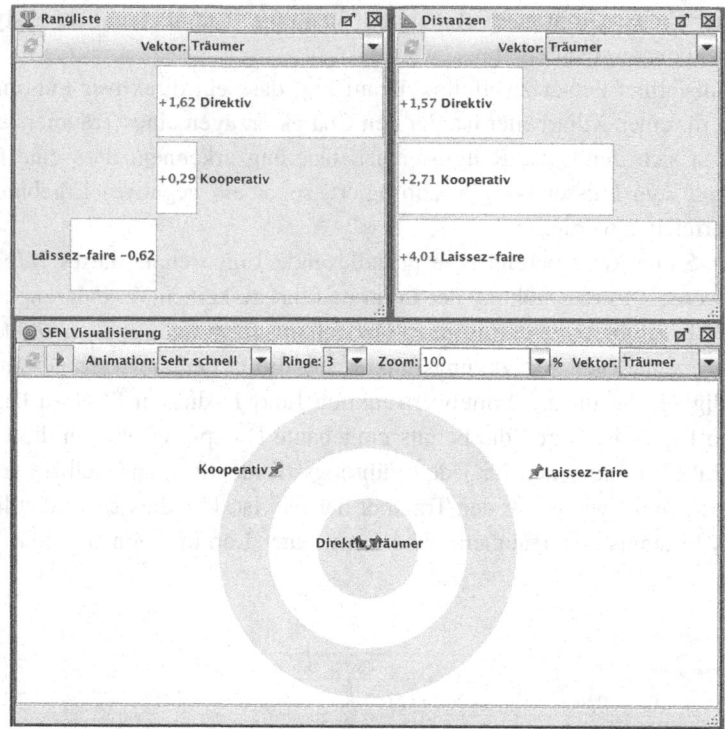

Abb. 8.5 Ergebnisvisualisierung mit veränderten Parametern

logarithmischen Aktivierungsfunktion. Man sieht, dass das Ergebnis nur deutlicher wird und keine Verschiebungen entstehen.

Für den weiteren Verlauf wird die Lernrate bei 0.1 belassen, sowie die lineare Aktivierungsfunktion verwendet. Abb. 8.6 zeigt das Ergebnis für den Persönlichkeitstyp Empathiker.

Auch hier wird ein eindeutiges Ergebnis erzielt. Zu dem Persönlichkeitstyp, der am meisten auf Zuneigung und zwischenmenschliche Beziehungen aus ist, passt der kooperative Führungsstil am besten.

Nach zwei eindeutigen Ergebnissen im SEN ist bei den übrigen vier Persönlichkeitstypen eine Besonderheit zu beobachten, welche in Abb. 8.7 gezeigt wird.

Zwar gibt es zu jedem Persönlichkeitstyp einen Führungsstil, der wenig passend ist und in drei Fällen sogar abgelehnt wird, allerdings herrscht bei dem geeignetsten Führungsstil kein eindeutiges Ergebnis. Die Algorithmen zur Erstellung der Rangliste sowie der SEN Visualisierung spiegeln ein gleiches Ergebnis wieder, während der Distanzalgorithmus zu einem anderen Ergebnis kommt. Als zusätzliche Besonderheit ist dabei zu beobachten, dass es zu unterschiedlichen Ergebniskombinationen kommt, wobei der kooperative Führungsstil sowohl mit dem direktiven, als auch mit

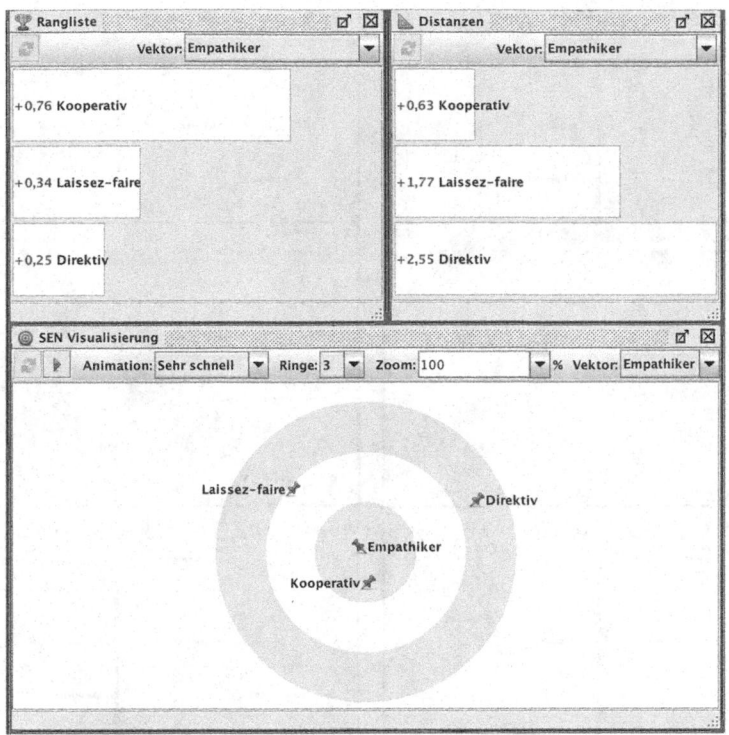

Abb. 8.6 SEN Ergebnisvisualisierung für "Empathiker"

dem Laisser-faire Stil je nach Persönlichkeitstyp kombinierbar erscheint. Nachfolgend werden die einzelnen Ergebnisse zur genaueren Betrachtung näher analysiert.

Träumer Futrell et al. (2002, S. 196) sowie Klüver und Klüver (2011, S. 82) stellen die wesentlichen Eigenschaften eines Träumers nochmal heraus: Eine introvertierte, ruhige, leicht zu führende Persönlichkeit, die eine klare Führung benötigt und bei Führungslosigkeit zu unfertigen Ergebnissen führt. Die spiegelt sich in der Gewichtung der Attribute wieder. Leichte Führbarkeit, ruhiges Auftreten und Gewissenhaftigkeit sind am positivsten bewertet. Negativ fallen die Attribute Selbstständigkeit, Spontanität und jegliche Eigenschaften zur Selbstdarstellung ins Gewicht. Alles sind klare Anzeichen für den Bedarf nach strikter Führung und Anweisung, was sich auch im SEN und dem eindeutigen Ergebnis zum direktiven Führungsstil widerspiegelt.

Empathiker Empathiker haben ihre Hauptbedürfnisse in der Geborgenheit innerhalb einer Gruppe und zielen stark auf Mitgefühl und Gefühl ab. Sie Integrieren sich schnell und gut. Sie kommunizieren auf dem fürsorglichen Kanal (Eggebrecht 2013, S. 115–116). Ihre stärksten Attribute sind Geborgenheit, Sensibilität, Anpassungsfähigkeit und

Abb. 8.7 Besonderheit im SEN

Emotionalität, während Konfrontationssuche am meisten abgelehnt wird. Das macht einen autoritären Führungsstil, der in diesen Attributen schwach ist, unpassend. Futrell et al. (2002, S. 196) zeigen aber auch, dass die lockere Handhabe des Laisser-faire-Stils ebenfalls diese Attribute vermissen lässt, da der Mitarbeiter zu sehr auf sich allein gestellt wird. Im SEN ist auch eine ganz klare Auswahl zum kooperativen Führungsstil ersichtlich.

Logiker Kahler (2010, S. 26) beschreibt den Logiker als zwanghafte Persönlichkeit, die Ihren Sinn in der Perfektion sucht. Erhält der Logiker eine Aufgabe, bringt er sie mit

Vehemenz zum Ende. Seine stärksten Attribute sind Hartnäckigkeit, Tatkraft und Ziel-orientiertheit. Gepaart mit Konfrontationsvermeidung und dadurch schwacher Wirkung hinsichtlich der Durchsetzungsfähigkeit eigener Interessen passt dieser Persönlichkeits-typ gut zu einem direktiven Führungsstil.

Das SEN kommt allerdings nicht zu einem eindeutigen Ergebnis und die Distanz-visualisierung empfiehlt einen kooperativen Führungsstil. Situativ ist das sicherlich die bessere Wahl und auch Futrell et al. (2002, S. 114–115) heben das auf Austausch und Diskussion ausgerichtete Verhalten des Logikers hervor, was ein Bedürfnis beschreibt, das nur der kooperative Führungsstil ausreichend befriedigt. Persönliche Erfahrungen im Berufsleben haben gezeigt, dass Netzwerkadministratoren häufig in diesen Persön-lichkeitstyp einzuordnen sind. Sie benötigen eine klare direktive Aufforderung, welche Aufgabe zu lösen ist. In einer Welt aus IP-Adressen fehlt ihnen oftmals die Fähigkeit, abstrakte Zahlen in einen realen Anwendungsfall zu übertragen.

Hat der Logiker sich durch diverse IP-Netze, Freigaben und Regeln durchgekämpft kommt er zu einem Ergebnis, bei dessen Verifizierung und Präsentation erhöhter Rede-bedarf besteht, den es zu befriedigen gilt. Wird dieser über längere Zeit nicht gestillt, kommt es zu starker Demotivation und Kritik am Gesamtsystem, was auch die Literatur als unerwünschte Reaktion bestätigt (Futrell et al. 2002, S. 196).

Beharrer Der Beharrer gilt als engagierter, gewissenhafter Mitarbeiter, der für seine Normen und Werte steht. Eigenverantwortlichkeit, Selbstherrlichkeit und Tatkraft sind seine stärksten Attribute. Ebenso ist in den Attributen sowie der Literatur zu erkennen, dass er keine Scheu vor Konfrontation zeigt, um seine Meinungen zu vertreten. Der direktive Führungsstil würde genau konträr dazu handeln, was auch die negative Bewertung in der Ranglistenvisualisierung ausdrückt. Eine freie Führung im Stile von Laisser-faire harmoniert am meisten zu diesen Persönlichkeiten, die als Freigeister ein-zuordnen sind. Allerdings haben Beharrer auch ein hohes Anerkennungsbedürfnis, was erklären würde, warum wir bei diesem Persönlichkeitstyp ebenfalls kein eindeutiges Ergebnis haben und in der Distanzauswertung eine Tendenz zum kooperativen Führungs-stil zu erkennen ist (Eggebrecht 2013, S. 115).

Rebell Die Auswertung des Rebell-Persönlichkeitstyps kommt zum gleichen Ergeb-nis, wie es für den Beharrer vorliegt, jedoch mit einer noch stärkeren Tendenz zur Kombination der Führungsstile, da die Ergebnisse sehr nah beieinanderliegen. Rebellen haben ihre Stärken in der Kreativität und Spontanität sowie Kommunikationsfreude (Eggebrecht 2013, S. 116). Dies zeigt sich auch in den Bewertungen der Attribute. Ein-schränkungen behindern sein Vorankommen, weshalb Laisser-faire am geeignetsten scheint (Futrell et al. 2002, S. 196). Allerdings macht das große Mitteilungsbedürf-nis den Rebellen auch zu einem guten Teamplayer, der sowohl mitreißen, als auch mitgerissen werden kann, indem man Gebrauch von seiner spontanen Begeisterungs-fähigkeit macht. Daher sollte, wie das nicht eindeutige Ergebnis im SEN zeigt, die kooperative Führungsweise ebenfalls stark genutzt werden.

Macher Wie auch für den Rebellen und Beharrer kommt das SEN zum Ergebnis, dass eine Kombination aus Laisser-faire und Kooperation am effektivsten ist. Macher haben eine starke Umsetzungs- und Aktionsorientierung (Eggebrecht 2013, S. 116). Kernattribute sind Hartnäckigkeit, Tatkraft, aber auch Überzeugungskraft und Kommunikationsfreude, also Eigenschaften, die man bei einem Laisser-faire fördert. Allerdings sind Macher auch anpassungsfähig, was sie gepaart mit hoher Kommunikationsfähigkeit zu guten Teamplayern in einer kooperativen Führung macht. Klüver und Klüver (2011, S. 82) führen diesen Persönlichkeitstyp als Befürworter, was die Eigenschaften und Charakterzüge nochmal herausstreicht.

8.6   Fazit

Die Ergebnisse dieses SEN spiegeln im Grunde zwei Resultate wieder. Zum einen gibt es unter den Persönlichkeitstypen Extremfälle, deren Zuordnung zu einem passenden Führungsstil eindeutig ist. Mitarbeiter, die ohne eine klare Struktur und Führung nicht arbeiten können, haben ebenso nur einen einzigen sinnvollen Weg zur Führung, wie solche Mitarbeiter, die ein erhöhtes Bedürfnis nach Gruppenzugehörigkeit und gegenseitiger Hilfe haben.

Die interessantere Erkenntnis ist allerdings das, was uns Abb. 8.7 widerspiegelt. Die verschiedenen Visualisierungsalgorithmen geben unterschiedliche Empfehlungen für den einzusetzenden Führungsstil wieder. Die Ergebnisse resultieren aus der gewählten bipolaren Normierung zur Bewertung der Attribute. Hierdurch fließt Missfallen und Ablehnung gegenüber einer Eigenschaft mit ein, was eine strikte Zuordnung zu einem der drei Führungsstile nicht möglich macht. Für die Führungskraft bedeutet dies, dass er in seiner Art und Weise der Mitarbeiterführung eine Mischform wählen sollte, um die besten Ergebnisse erzielen zu können. Vereint eine Führungskraft eine Vielzahl von verschiedenen Charakteren in seiner Abteilung oder Team, so hat er eine bedeutende und zugleich schwere Aufgabe vor sich, seine Mitarbeiter stets motiviert zu halten und ihre Stärken zu fördern.

Weitere Tests haben ergeben, dass auch ein eingesetzter „cue validity factor" (cvf) an dieser Tatsache nichts ändert. Erst, wenn die bipolare Normierung geändert wird und lediglich mit positiven Werten zwischen 0 und 1 gearbeitet wird, erhält man eindeutige Ergebnisse. In dieser Betrachtungsweise entfällt jedoch das entscheidende Merkmal der Ablehnung gegenüber einer gewissen Handlungsweise. Man hätte somit nicht die Möglichkeit deutlich zu machen, dass ein direktiver Führungsstil und ein selbstherrlicher Mitarbeiter ebenso wenig zusammenpassen wie man einem Mitarbeiter vom Charaktertyp Rebell das Attribut „ruhig" alles andere als zuschreiben kann.

Jeder konkrete Mensch entspricht immer nur „mehr oder weniger" einem der Grundtypen; durch das hier vorgestellte Modell kann dies berücksichtigt und realisiert werden. Die Ergebnisse mit SEN zeigen, dass eindeutige Zuordnungen in der Praxis nicht immer möglich sind und dass ggf. Mischungen von Führungsstilen häufig zu empfehlen sind.

Literatur

Althaus C (2016) PCM – Eine bedeutende wissenschaftliche Entdeckung in der Psychologie. https://www.c-a-communication.com/history-of-pcm/. Abruf am 2016–05–29

Charlier S (2001) Grundlagen der Psychologie. Soziologie und Pädagogik für Pflegeberufe. Georg Thieme Verlag, Stuttgart

Eggebrecht R (2005) Besser umgehen mit Persönlichkeitstypen. Therapeutischer Knigge und Kompendium für Menschen in helfenden Berufen. Books on Demand GmbH. Norderstedt

Futrell RT, Shafer DF, Shafer LI (2002) Quality Software Project Management. Prentice Hall PTR, New Jersey

Kahler Communications – KCG GmbH (2016) Die Persönlichkeitstypologie. https://www.kcg-pcm.de/persoenlichkeitstypologie.html. Abruf am 2016–07–24

Kahler T (2010) Process Model. Persönlichkeitstypen, Miniskripts und Anpassungsformen. Kahler Communication – KCG. Weilheim

Klüver C, Klüver J (2011) IT-Management durch KI-Methoden und andere naturanaloge Verfahren. Springer, Wiesbaden

Lewin K, Lippitt R, White RK (1939) Patterns of aggressive behavior in experimentally created social climates. J Soc Psychol 10:271–301

Mahlmann R (2011) Führungsstile gezielt einsetzen. Empfängerorientiert, kontextbezogen und authentisch führen. Beltz. Weinheim

Taibi Kahler Associates, Inc. (1997) Der Schlüssel zu mir – Max Mustermann. https://www.potenzialdiagnosen.de/fileadmin/pdf/Broschueren/PCM-Musterauswertung-NEU.pdf. Zugegriffen: 22 Juli 2016

Unkrig ER (2020) Führung jenseits von Patentrezepten. In: Mandate der Führung 4.0. Springer Gabler. Wiesbaden

Wingchen J (2004) Geragogik: von der Interventionsgerontologie zur Seniorenbildung: Lehr- und Arbeitsbuch für Altenpflegeberufe. Brigitte Kunz Verlag, Hannover

Erhöhung der Effizienz von agilen Teams unter Verwendung von Self-Enforcing Networks

9

Christine Salzeller

Zusammenfassung

In einer dynamischen Zeit, in der eine Digitale Transformation oder der Einsatz von Künstlicher Intelligenz Unternehmen für die Zukunft rüsten soll, wird Agilität hoch geschrieben. Die Entwicklung der Software erfolgt immer mehr in agilen Teams, die großen Herausforderungen entgegentreten müssen. In diesem Beitrag wird untersucht, wie Agilität formal erfasst und wie die Effizienz von agilen Teams gesteigert werden kann. Durch den Einsatz eines Self-Enforcing-Networks (SEN) werden verschiedene Aspekte der Agilität analysiert und simuliert.

Schlüsselwörter

Effizienz in agilen Teams · Self-Enforcing Network

9.1 Einleitung

Die Worte „Agilität", „agile Transformation", „agil", „agile Teams" und ähnliche sind in aller Munde (Dingsøyr et al. 2012; Poschen-Hueck et al. 2020). Tatsächlich wurde der Ausdruck „Agilität" das erste Mal bereits in den 1970er Jahren verwendet (Hofert 2017, S. 6). Der Duden (2018a) beschreibt das zugehörige Verb „agil" als „regsam und wendig" und „von großer Beweglichkeit zeugend". Dies ist auch das, was Unternehmen wollen, sie müssen unter anderem flexibler sein, schneller auf den Märkten reagieren und Entscheidungen treffen können. Agile Vorgehen spielen damit in der Softwareentwicklung

C. Salzeller (✉)
Münsingen, Schweiz
E-Mail: sammelband-KIKL@rebask.de

© Springer Fachmedien Wiesbaden GmbH, ein Teil von Springer Nature 2021
C. Klüver und J. Klüver (Hrsg.), *Neue Algorithmen für praktische Probleme*,
https://doi.org/10.1007/978-3-658-32587-9_9

eine immer größere Rolle, bei dem die Teams und deren Zusammenarbeit stark im Mittelpunkt stehen. Teamarbeit und Agilität gehören zusammen und einer der Aufgaben in der agilen Organisation ist es, Menschen zu motivieren und es ihnen zu ermöglichen, das Beste aus sich selbst und dem Team hervorzuholen – im Sinne der Zusammenarbeit und des Teamzusammenhaltes. Schon lange gilt nicht mehr der Spruch „Team – toll ein anderer macht´s", sondern es wurde erkannt, dass die Gruppenintelligenz höher liegt als die einzelner Teammitglieder oder der Summe aller. Es geht um das Gemeinsame, Kooperation, neue Arbeitsformen und das Ziel zusammen Ergebnisse zu liefern (Hofert 2017, S. 27–32). Um mit der veränderten Arbeitswelt zurecht zu kommen und auf dem immer schneller drehenden Markt zu bestehen, ist Agilität einer der Wege mit diesen Anforderungen umzugehen und damit ist es unabdingbar, Teams zu einer guten Zusammenarbeit zu bewegen.

Da die Agilität auf dem Erfolg der Zusammenarbeit von Gruppen aufbaut (Hofert 2017, S. 27–32), steht die zusammenarbeitende Gruppe auch im Fokus agiler Vorgehensweisen. Folglich ist eines der Ziele in agilen Unternehmen oder Gruppen Menschen in die Lage zu versetzen, optimal miteinander zu arbeiten. Unternehmen sind soziale Bereiche, die sich mit einer Sammlung von Regeln darstellen lassen, um damit deren Ziele unterstützen zu können. Diese Normen legen fest, wie die Rollen der einzelnen Teilnehmer in diesem Kreis sind, wie diese kommunizieren und interagieren und welche Maßnahmen zu Erfolgen führen und welche nicht (Klüver und Klüver 2011, S. 11).

Die Frage, die dabei auftaucht ist, wie ein Team optimal und effizient zusammenarbeiten und damit für die Gemeinschaft und die Aufgabe das beste Ergebnis erzielen kann.

Es gibt eine Reihe von „harten" Metriken, die verwendet werden können, um herauszubekommen, ob eine Gruppe gut zusammenarbeiten kann oder ob Verbesserungspotenzial besteht. Wohl am meisten bekannt und benutzt im Scrum-Framework ist beispielsweise die *Velocity*, hier wird die erreichte Arbeitsmenge (Story Points) eines Teams verfolgt und zeigt die Schnelligkeit der Entwicklung eines Teams auf.

Wie aus der Teamarbeit oder aus ziemlich jeder sozialen Interaktion bekannt, gibt es neben den „harten" auch die „weichen" Faktoren, wie gegenseitiger Respekt, Kommunikation oder Verantwortungsbewusstsein. Hier gibt es einige Aspekte, die eine erfolgreiche Zusammenarbeit mehr unterstützen können als andere. Aus der Erfahrung aus der Praxis als Scrum Master sind harte Faktoren bekannt und müssen hinreichend betrachtet werden. Die weichen Einflüsse hingegen, die oft schwer messbar sind, haben oft gewichtige, teils nicht wiedergutmachbare Auswirkungen, die ein Team dabei stark beeinflussen erfolgreich zusammenarbeiten, zu scheitern oder Potenzial zu verschwenden. Die Kernfrage ist damit, welche Ansatzpunkte gewählt werden können, um ein Team in seiner Effizienz zu steigern und zu einer optimalen Zusammenarbeit zu verhelfen.

Zunächst wird die Entwicklung des Modells zur Effizienzanalyse vorgestellt. Das *Agile Manifest* und grundlegende Aspekte, die zur Definition der Attribute und Objekte elementar sind, werden im Detail diskutiert. Anschließend werden zwei Modelle und die

Ergebnisse durch SEN vorgestellt. Im ersten Modell wird gezeigt, wie eine Effizienz-
messung grundsätzlich erfolgen kann; im zweiten Modell wird untersucht, in welchem
Maße die Prinzipien des Agilen Manifests durch die definierten Effizienzkriterien erfüllt
werden können.

Darüber hinaus wird betrachtet, welche Effizienzwerte hinreichend durch die agilen
Vorgehensmodelle Scrum oder Kanban unterstützt werden. Die wichtigsten Erkenntnisse
werden abschließend zusammengefasst.

9.2 Entwicklung eines Modells zur Effizienzanalyse

Klüver und Klüver (2014) benutzen den Begriff „naturanaloge Verfahren" als Ober-
begriff für Verfahren wie Neuronale Netze, Evolutionäre Algorithmen, Zellularautomaten und Fuzzy-Methoden. Diese Verfahren orientieren sich an natürlichen Prozessen
wie insbesondere biologischen Prozessen einschließlich an dem Gehirn. Die Methoden
bedienen sich mathematischer Verfahren, um Prozesse aus der Natur nachzubilden und
diese zu modellieren sowie auch simulieren zu können.

Im Bezug auf die Untersuchung der „weichen" Faktoren eignet sich diese Technik
hervorragend, da sie besonders geeignet ist, mit der „weichen Wissenschaft" Problemstellungen aus sozial- und kognitionswissenschaftlichen Umgebungen zu behandeln
(Klüver und Klüver 2011, S. 2). Ein weiterer Hintergrund ist, dass die Simulation
oder auch eine Klassifikation, welche immer wieder mit unterschiedlichen Faktoren
konfiguriert werden kann, wiederholt werden kann. Hier können in einer künstlichen
Lernumgebung beliebig viele Kombinationen ausprobiert werden, ohne diese Versuche
„am Team direkt" durchführen zu müssen. Damit soll das Risiko minimiert werden, dass
Mitglieder aufgrund von zu vielen Veränderungen resignieren und verunsichert oder
demotiviert werden.

9.2.1 Vorgehen zur Ergründung der Steigerung der Effizienz von Teams

Zusammenfassend benötigt es grob drei Schritte, die zur Beantwortung der Leitfrage
bearbeitet werden: Im ersten Schritt zur Erkenntnisgewinnung ist eine umfangreiche
Literaturrecherche notwendig. Bei der Fragestellung kommen viele Faktoren aus der
Agilität, der Künstlichen Intelligenz und Teaminteraktionen zusammen, die strukturiert
werden müssen. Es geht darum geeignete Einheiten für Agilität und die Effizienz für
die folgenden Simulationen zu finden. Um die Frage der Teameffizienz beantworten zu
können, werden im Anschluss die Objekte und Attribute in einer semantischen Matrix
für das SEN benötigt. Die Grundlage der Konzeption der semantischen Matrix bildet
die Auswahl geeigneter Attribute und Objekte und der Festlegung, wie diese in Relation

stehen. Dafür wird vorrangig das Agile Manifest (Beck et al. 2001) mit den zwölf Agilen Prinzipien verwendet (Abschn. 9.2.1).

Am Ende werden die Objekte und Attribute festgelegt und in einer semantischen Matrix zusammengeführt. In dieser wird die Zugehörigkeit der Attribute zu einem Objekt festgehalten; anders ausgedrückt wird hier das Wissen aus dem Realitäts- bereich abgebildet. Die semantische Matrix wird transformiert in die Gewichtsmatrix – diese ist Gegenstand des Lernprozesses. Nach dem Lernprozess werden verschiedene Simulationen durchgeführt, die zur Beantwortung der Frage, wie die Effizienz in Teams gesteigert werden kann, führen.

9.2.2 Erforschung und Bewertung möglicher Attribute

Aus der Fragestellung gehen zwei Dinge hervor, die miteinander in Verbindung gebracht werden: einerseits die Effizienz und andererseits die Zusammenarbeit von agilen Teams. Beide werden in ihrem Zusammenhang unter der Verwendung vom Werkzeug SEN untersucht. Zwingend für die Erforschung ist die Definition von Objekten und Attributen, die miteinander in Bezug gesetzt werden.

9.2.2.1 Betrachtung der Effizienz

Der Begriff Effizienz hat viele Bedeutungen (Gabler 2018c, Duden 2018b). Der Rahmen für die Erarbeitung der Fragestellung lässt sich auf den Ausdruck um die „Wirksamkeit" und „Wirtschaftlichkeit", beispielsweise einer Methode oder eines Systems zusammen- fassen. Die universelle Definition für das Wort lautet nach Gabler (2018c): „[Ein] Beurteilungskriterium, mit dem sich beschreiben lässt, ob eine Maßnahme geeignet ist, ein vorgegebenes Ziel in einer bestimmten Art und Weise (z. B. unter Wahrung der Wirtschaftlichkeit) zu erreichen." Der Effizienz werden unter anderem typische Ver- bindungen zu Schnelligkeit, Produktivität, Transparenz, verbessern, steigern, operativ und größtmöglich zugeordnet (Duden 2018b).

Hier fällt auf, dass zwischen den vorher genannten typischen Verbindungen und Begriffen, die im Agilen Manifest verankert sind, Analogien gebildet werden können: es geht um „Individuen" beziehungsweise „frühe und kontinuierliche Auslieferung", „nachhaltige Entwicklung", „technische Exzellenz" und „die effizienteste und effektivste Methode" (Beck et al. 2001a), welche im Bezug zu Produktivität, Verbesserungen, Steigerungen und Bürgernähe gesetzt werden können. Es scheint, dass das agile Vor- gehen Effizienz unterstützt oder zumindest im Zusammenhang steht.

Nach dem Agilen Manifest kann auf Effizienz beziehungsweise auf Verbesserung geschlossen werden, wenn die folgenden agilen Werte befolgt werden (Beck et al. 2001a; b):

1. **Individuen werden geschätzt und motiviert und Interaktionen funktionieren:** wie gut ist die Kommunikation in einem Software-Projekt und untereinander; erhalten Mitarbeiter Wertschätzung und werden sie motiviert? (Hunt 2006, S. 11)
2. **Die Software ist funktional:** kann der Benutzer die Software nutzen und nimmt er sie ab? (Hunt 2006, S. 11)
3. **Die Zusammenarbeit mit dem Kunden ist hoch:** wird mit dem Kunden zusammen-gearbeitet und wird er während der Entwicklung involviert? (Hunt 2006, S. 11)
4. **Auf Veränderungen kann reagiert werden:** Können Anforderungen angepasst werden, wird über den Verlauf auf das Benutzer-Feedback reagiert und kann das Projekt angepasst werden? Hinter diesem Aspekt verbirgt sich Agilität (Hunt 2006, S. 11)

Diese vier Punkte werden zu fünf Einheiten für die semantische Matrix definiert: *Teaminteraktion, Mitarbeitereinbindung, Softwarefunktionalität, Kundeninteraktion* und *Veränderungsreaktion*.

Nach Gabler (2018c) hat Effizienz demnach mit Beurteilung von Maßnahmen zu tun, auch gibt es Verweise auf den Begriff der Wirtschaftlichkeit. Weiter wird der Begriff mit Verbesserungen, Steigerung und einer größtmöglichen Übereinstimmung verknüpft. Nach Unterauer (2016) müssen für die Erreichung der Effizienz in diesem Zusammenhang zusätzlich Ziele vorhanden sein, damit Verschwendungen vermieden werden können, ein minimaler Aufwand möglich ist und Sparsamkeit betrieben werden kann. Angestrebt werden können unter anderem die Wertgenerierung für den Kunden durch geeignete Funktionen, Termine, Budget, Qualität, Kundenzufriedenheit und viele weitere Werte sein (Unterauer 2016). Ziele können sich auch auf die Softwarequalität beziehen, die auf die hohe Ausführungsgeschwindigkeit (Rechenzeit) aufbaut oder einen geringen Bedarf (Speicherbedarf) haben (Gabler 2018c).

Als Vergeudung sieht Unterauer (2016) Fehlerbehebungen, Re-Work, unnötige Arbeit und redundante Kommunikation. Effizienz zeigt dabei auf wie gut diese vermieden werden können. Ziele müssen dafür verhandelt und bewusst erwähnt werden. Die vorher benannten Punkte erzeugen Effizienz und werden in zwei Einheiten für die semantische Matrix zusammengefasst: *Zielbekanntheit* und *Verbesserung*.

Zusammenfassend werden folgende Einheiten (Attribute) für die Effizienz festgelegt (Tab. 9.1).

9.2.2.2 Betrachtung von agilen Teamprozessen

Auch bei der Erarbeitung der Einheiten für die Werte zur Optimierung zur Zusammen-arbeit von agilen Teams startet die Recherche im Agilen Manifest: Die Prinzipien darin helfen zu verstehen, was hinter agiler Softwareentwicklung steckt und zugleich kann mit diesen überprüft werden, ob Entwickler der agilen Methodologie folgen (Hunt 2006, S. 11). Diese Aussage deckt sich mit dem Ziel zur Beantwortung der Frage, welche Eigenschaften gegeben sind, die das Handeln von agilen Teams beeinflussen. Wie Hunt (2006, S. 11) feststellt, erscheinen die Prinzipien wage, ermöglichen aber

Tab. 9.1 Übersicht der Faktoren für Effizienz

Ziele der Effizienz	Grund der Wahl
Teaminteraktion	– Bestandteil im Agilen Manifest – Vorteilhaft ist es, wenn Gruppenmitglieder eine gewisse Homogenität, aber auch Heterogenität aufweisen, damit sie sich gegenseitig unterstützen und aber auch verstehen können (Klüver und Klüver 2011, S. 68)
Mitarbeitereinbindung	– Bestandteil im Agilen Manifest – Ein reibungsloser Ablauf kommt auch damit zustande, dass ein Team eine große Teamreife hat oder diese entwickeln kann. Gruppen sind arbeitsfähiger, je besser die Mitglieder involviert werden und der Zusammenhalt größer ist (Klüver und Klüver 2011, S. 67–68)
Softwarefunktionalität	– Bestandteil im Agilen Manifest – Der Kunde und das Team können schnell feststellen, ob Änderungen zu erfolgen haben und gegebenenfalls einlenken. Dies bedeutet Zeitersparnis
Kundeninteraktion	– Bestandteil im Agilen Manifest – Die Wertschöpfung oder die Wertgenerierung für den Kunden ist dann am höchsten, wenn der Kunde involviert wird, dieser kann zeitnah sagen, ob das Produkt ausreichend ist
Veränderungsreaktion	– Bestandteil im Agilen Manifest – Der Markt kann sich schnell ändern und Kunden ihre Anforderungen anpassen oder freigeben, sobald ein Produkt greifbarer für sie wird
Verbesserung	– Erst die Vermeidung von Verschwendung führt zu Effizienz: was kann weggelassen werden, was kann verbessert werden? (Hunt 2016, S. 11) – Verbesserungen im Team selbst – Andauernder Prozess der ständigen Verbesserung
Zielbekanntheit	– Um Verschwendung zu vermeiden und einen Vergleichswert zu haben: wenn das Ziel bekannt ist, kann auch der minimale Aufwand analysiert werden

auch Veränderungen. Im Agilen Manifest ist festgehalten, dass „Individuen und Interaktionen mehr als Prozesse und Werkzeuge" gelten, „Funktionierende Software mehr als umfassende Dokumentation" betrachtet werden muss, die „Zusammenarbeit mit dem Kunden mehr als Vertragsverhandlung" zu beachten ist und das „Reagieren auf Veränderung mehr als das Befolgen eines Plans" berücksichtigt werden sollte (Ashmore und Runyan 2014, S. 5, Beck et al. 2001a).

Zur Definition von Einheiten für die semantische Matrix werden deshalb im Folgenden Interpretationen der Grundsätze auf die Auswirkung einer Veränderung für das Verhalten eines agilen Teams vorgenommen und in Oberbegriffen zusammengefasst:

1. **Prinzip:** „Unsere höchste Priorität ist es, den Kunden durch frühe und kontinuierliche Auslieferung wertvoller Software zufrieden zu stellen." (Beck et al. 2001a)

   Die agile Gruppe kann sich diesen Grundsatz als Ziel vornehmen und sich so aufstellen, dass es dieses erreichen kann. Möglich ist dies durch Eigenschaften wie Selbstbestimmung des Teams und dem Grad der Ausprägung eines agilen Mindsets der einzelnen und in Kombination aller beteiligter Mitglieder. Darunter fallen die Übernahme von Verantwortung und Selbstverpflichtung für die frühe und kontinuierliche Lieferung. Weiterhin ist eine gute Kommunikation mit dem Kunden beziehungsweise der Fokus auf diesen, und die Transparenz von Informationen notwendig, damit die Gruppe die Anforderungen verstehen kann und folgend daraus zufriedenstellende und wertvolle Software liefern kann.

   Es werden die Einheiten „Mindsets", „Selbstbestimmung", „Transparenz" und „Kundenfokus" eingeführt.

2. **Prinzip:** „Heisse Anforderungsänderungen sind selbst spät in der Entwicklung willkommen. Agile Prozesse nutzen Veränderungen zum Wettbewerbsvorteil des Kunden." (Beck et al. 2001a)

   Dieser Grundsatz beschäftigt sich mit der Offenheit der Teammitglieder auf Veränderungen, die sich im agilen Mindset widerspiegelt (Kusay-Merkle 2018, S. 59–60) und dem Fokus auf Wertgenerierung fürs Geschäft des Kunden (Kaltenecker 2017, S. 8).

   Die derzeit nicht vorhandene Einheit „Wertgenerierung" wird eingeführt.

3. **Prinzip:** „Liefere funktionierende Software regelmäßig innerhalb weniger Wochen oder Monate und bevorzuge dabei die kürzere Zeitspanne." (Beck et al. 2001a).

   Um dieses Prinzip zu erfüllen muss das Team eine Selbstverpflichtung (agiles Mindset) geben und Verantwortung für die regelmäßige Lieferung funktionierender Software übernehmen und einen geeigneten Zeitraum wählen (Selbstbestimmung des Teams). Kaltenecker (2017, S. 8) betont, dass der Fokus hier auch auf dem Kunden liegt, dessen Zufriedenheit sich auf die Verlässlichkeit des Teams stützt (Kundenorientierung).

4. **Prinzip:** „Fachexperten und Entwickler müssen während des Projektes täglich zusammenarbeiten." (Beck et al. 2001a).

   Das Team muss offen sein mit anderen Menschen interdisziplinär zusammen zu arbeiten, um Wert für den Kunden zu generieren.

   Die derzeit nicht vorhandene Eigenschaft „Zusammenarbeit" wird eingeführt.

5. **Prinzip:** „Errichte Projekte rund um motivierte Individuen. Gib ihnen das Umfeld und die Unterstützung, die sie benötigen und vertraue darauf, dass sie die Aufgabe erledigen." (Beck et al. 2001a).

   In diesem Prinzip ist ersichtlich, dass das Team durch eine Führung bestimmt wird. Eine Führung auf Augenhöhe ist notwendig und vergrößert damit auch die Möglichkeit auf Selbstbestimmung der Gruppe. Klüver und Klüver (2011, S. 68) geben an, dass der „Führungsstil [...] bei der Gruppenbildung sowie für das Gruppenklima eine entscheidende Rolle" spielt. Besser sei es, wenn die Teammitglieder ihre eigenen Regeln aufstellen (Klüver und Klüver 2011, S. 68), und so die Wahr-scheinlichkeit der Demotivation zu senken. Durch erfolgreiche Selbstverantwortung (agiles Mindset) ist es anzunehmen, dass die Gruppe die Eigenmotivation selbst-ständig generiert. Betrachtet man die Methodik von Scrum sind für eine effektive und effiziente Zusammenarbeit keine Titel für das Entwicklungsteam erlaubt (Schwaber und Sutherland 2017, S. 7). Eine Einschränkung auf eine Führung auf Augenhöhe wird auf die Zusammenarbeit im Team erweitert.

Die derzeit nicht vorhandene Einheit „Augenhöhe" wird eingeführt.

6. **Prinzip:** „Die effizienteste und effektivste Methode, Informationen an und innerhalb eines Entwicklungsteams zu übermitteln, ist im Gespräch von Angesicht zu Angesicht." (Beck et al. 2001a).

Ein Team wird aufgrund des agilen Mindsets sein Verhalten an der ihm zur Verfügung stehenden Information ausrichten und nach bestem Gewissen handeln (Howard 2015). Voraussetzung hierfür bildet die Information, die durch geeignete Kommunikationsmethoden und Transparenz der Angaben an die Teammitglieder herangetragen werden muss (Transparenz).

7. **Prinzip:** „Funktionierende Software ist das wichtigste Fortschrittsmaß." (Beck et al. 2001a).

Der Kunde bestimmt, ob eine Software funktional ist und abgenommen wird. Der Fokus auf den Abnehmer muss für die Erfüllung des Prinzips vorhanden sein. Hier steht die Qualität des Produkts im Vordergrund, die durch das Team stark beeinflusst werden kann (Kaltenecker 2017, S. 8).

Die derzeit nicht vorhandene Einheit „Produktqualität" wird eingeführt.

8. **Prinzip:** „Agile Prozesse fördern nachhaltige Entwicklung. Die Auftraggeber, Entwickler und Benutzer sollten ein gleichmäßiges Tempo auf unbegrenzte Zeit halten können." (Beck et al. 2001a).

Das eigentliche Team ist sehr nah an der Entwicklung und erkennt, ob die Prozesse stimmen, eventuell angepasst oder verbessert werden müssen. Durch die Selbst-bestimmung der Gruppe kann es selbstständig überwachen, ob ein gleichmäßiges Tempo eingehalten werden kann oder Maßnahmen getroffen werden müssen. Durch den Fokus auf den Kunden kann die Gruppe die Auswirkungen auf den Kunden abschätzen.

9. **Prinzip:** „Ständiges Augenmerk auf technische Exzellenz und gutes Design fördert Agilität." (Beck et al. 2001a).

Technische Exzellenz und gutes Design sind Qualitätskriterien für das Produkt und fördern die Agilität (Kaltenecker 2017, S. 8). Das Team legt die Kriterien dafür gemeinsam fest oder adaptiert diese von Vorgaben (Selbstbestimmung und agiles Mindset über Selbstverpflichtung und Ziel auf Teamerfolg). Ob technische Exzellenz erreichbar ist, kann in regelmäßiger Reflexion und Feedback überprüft werden. Das Design wird vom Kunden abgenommen (Kundenfokus).

Die derzeit nicht vorhandene Einheit „Reflexion" wird eingeführt.

10. **Prinzip:** „Einfachheit – die Kunst, die Menge nicht getaner Arbeit zu maximieren – ist essenziell." (Beck et al. 2001a).

Einfachheit erfordert Mut, damit die Komplexität nicht unnötig erhöht wird (agiles Mindset). Auch die Selbstbestimmung ist ein notwendiger Aspekt, da das Team nahe an der Entwicklung ist und somit die Komplexität am besten einschätzen kann und gegebenenfalls geeignete Maßnahmen einleiten kann. Eine Akzeptanz von Fehlern (Fehlerkultur) sollte auch gegeben sein: Teams müssen in der Lage sein ausprobieren zu können, denn es ist nicht immer von Beginn an ersichtlich, ob die gewählten Lösungen einfach oder komplex sind. Die Einfachheit und der Fokus auf eine hohe Produktqualität sind in der Agilität essenziell (Kaltenecker 2017, S. 8).

Die derzeit nicht vorhandene Einheit „Fehlerkultur" wird eingeführt.

11. **Prinzip:** „Die besten Architekturen, Anforderungen und Entwürfe entstehen durch selbstorganisierte Teams." (Beck et al. 2001a).

Dieses Prinzip ist der Selbstbestimmung des Teams zuzuordnen. Schwaber und Sutherland (2017, S. 7) erweitern den Aspekt der Selbstbestimmung zusätzlich damit, dass sie für das Erreichen von Effizienz und Effektivität das Entwicklerteam ermächtigen, dass sie allein dafür verantwortlich sind, wie genau potenziell releasebare Funktionalität erstellt wird. Auch wird dabei davon ausgegangen, dass die Teams funktionsübergreifend aufgestellt sind und alle Fähigkeiten besitzen, um Produktinkremente zu generieren und damit optimale Ergebnisse zu erzielen. Dabei ist es unwichtig, ob die einzelnen Mitglieder spezialisiert sind oder nicht, denn die gesamte Gruppe trägt die Verantwortung (Schwaber und Sutherland 2017, S. 7).

12. **Prinzip:** „In regelmäßigen Abständen reflektiert das Team, wie es effektiver werden kann und passt sein Verhalten entsprechend an." (Beck et al. 2001a).

Das Prinzip spiegelt sich in Feedback, Reflexion und einer Fehlerkultur wider, der regelmäßig Beachtung geschenkt werden muss. Dazu müssen die Teammitglieder offen sein Vergangenes zu reflektieren, Rückmeldungen zu geben, zu empfangen und umzusetzen (agiles Mindset). Im Scrum werden beispielsweise regelmäßig nach dem Sprint Review Retrospektiven durchgeführt (Schwaber und Sutherland 2017, S. 14). Durch Reflexion besinnt sich das Team auf Vergangenes und hinterfragt, ob zukünftige Verbesserungen notwendig sind, welche es dann umzusetzen gilt.

Die gefundenen Einheiten für Veränderungen am Verhalten eines agilen Teams werden zur besseren Übersichtlichkeit zusammengefasst und in Tab. 9.2 dargestellt.

Tab. 9.2 weist vermehrte Verwendungen der Eigenschaften „Selbstbestimmung", „Mindsets" und den „Kundenfokus" auf. Des Weiteren fällt die „Produktqualität" mit drei Nennungen auf. Kaltenecker (2017, S. 8) kommt zu einem ähnlichen Ergebnis, dass das Erfolgsrezept aus einer Mischung von Kunde, Team und Qualität besteht. Ob die vermehrte Ansammlung dieser Einheiten sich auch in gleichem Maße in Bezug auf die Effizienzpunkte als Lösungsmöglichkeiten widerspiegelt, wird durch die Simulation mit SEN überprüft.

Tab. 9.2 Übersicht der Einheiten für das Verhalten eines agilen Teams

Eigenschaften agile Zusammenarbeit Team	Aufkommen der Begriffe aus den Interpretationen
Selbstbestimmung	Im ersten, dritten, fünften, achten, zehnten, elften Prinzip
Mindsets	Im ersten, zweiten, dritten, vierten, fünften, zehnten Prinzip
Transparenz	Im ersten, sechsten Prinzip
Kundenfokus	Im ersten, dritten, siebten, achten, neunten Prinzip
Wertgenerierung	Im zweiten, vierten Prinzip
Zusammenarbeit	Im vierten Prinzip
Augenhöhe	Im fünften Prinzip
Reflexion	Im neunten, zwölften Prinzip
Fehlerkultur	Im zehnten Prinzip
Produktqualität	Im siebten, neunten, zehnten Prinzip

9.2.3 Konzeption der semantischen Matrix

Die semantische Matrix ist durch Objekte aufgebaut, die sich in den Reihen widerspiegeln. Sie weisen bestimmte Attribute auf, welche in den Spalten aufzufinden sind. Die Elemente werden durch die Zellen abgebildet und sind numerische Werte zwischen 0 und 1. Sie zeigen an, wie die Attribute und Objekte zueinander in Verbindung stehen (Klüver und Klüver 2013, S. 519). Durch die Beziehung von Effizienz und agiler Team-Methoden wird aufgezeigt, inwiefern ein Attribut Einfluss auf das Objekt nehmen kann.

Nach Gabler (2018c) ist Effizienz ein „Beurteilungskriterium, mit dem sich beschreiben lässt, ob eine Maßnahme geeignet ist, ein vorgegebenes Ziel […] zu erreichen". Es bietet sich an, dieses Ziel als Objekt in der semantischen Matrix festzulegen, da über die Attribute überprüft werden kann, wie sehr sie die Anforderungen erfüllen können. Dem gegenüber werden die Attribute aus den Einheiten des beinflussbaren Verhaltens der agilen Teams gestellt.

9.2.3.1 Festlegungen für die semantische Matrix

Für die Erstellung der semantischen Matrix werden möglichst realistische Werte benötigt. Im späteren Verlauf der Untersuchungen soll dazu ein Referenztyp gebildet werden. Dieser enthält die optimalen Werte für alle Elemente und gilt später als Vergleichskriterium, welches in dem Visualisierungsteil in der Mitte platziert ist. Der Referenztyp ist damit als ideale Zusammenarbeit von Teams im Hinblick auf Effizienz in der Agilität definiert. Die auf der Euklidischen Distanz basierenden Ergebnisse zukünftiger Simulationen liefern das nächstbeste Ergebnis zum Optimum (Klüver und Klüver 2013,

S. 524). Dies bedeutet, dass diese die kleinste Differenz zur idealen Zusammenstellung der agilen Werte anzeigen.

Die Werte der Zeilen und Spalten zeigen auf, zu welchem Anteil ein Attribut die Anforderungen der Effizienz (des Objektes) verbessert. Beispielsweise können auch Referenztypen gebildet werden, die alle eine „1" als Wert enthalten (Klüver und Klüver 2013, S. 521). Dieser Wert zeigt, dass die Zugehörigkeit eines Attributs zu einem Objekt für den Benutzer eine hohe Relevanz hat. Es geht demnach in diesem Modell darum herauszufinden, in welcher optimalen Kombination die Faktoren (Attribute) die Effizienz am besten unterstützen.

Für die Beurteilung der Verbindungen von Objekten und Attributen wird festgelegt, dass lediglich die Werte von 0, 0.5 oder 1 verwendet werden. Eine feinere Abstufung kann vorgenommen werden, wenn konkrete praktische Beispiele angewendet werden. Dort kann genauer bestimmt werden, ob das Team zum Beispiel mehr Aufwand für den Erfüllungsgrad betreibt und die Wahrscheinlichkeit des Auftretens damit erhöhen kann. Darauf wird hier explizit verzichtet, da im ersten Schritt eine Allgemeingültigkeit der Ergebnisse unabhängig von konkreten Praxisbeispielen oder verwendeten Methoden, wie zum Beispiel Scrum oder Kanban, oder anderen Einflüssen gewahrt werden soll. Ein agiles Team kann unabhängig davon etwas zur Effizienz beisteuern oder nicht.

Für die Festlegung der semantischen Matrix wird für den Wert 0 in der Matrix, also wo sich Attribut und Objekt treffen, festgelegt, dass keine Beziehung zwischen Effizienz und der Eigenschaft des agilen Teams besteht. Es wird mit „trifft nicht zu" benannt. 0.5 zeigt eine mögliche Beziehung an und hängt von äußeren Einflüssen ab, wie zum Beispiel von dem Aufwand, dass das Team betreibt, um Schieflaufendes zu beseitigen oder welches Vorgehensmodell genommen wird. Die Benennung wird als „trifft bedingt zu" festgelegt. Die 1 steht dafür, dass zweifelsfrei eine Beziehung oder auch Abhängigkeit zwischen den beiden vorherrscht und die Beeinflussung des Objektes durch dieses Attribut hoch ist. Es erhält die Bezeichnung „trifft zu".

Die Einschätzung der Zusammenhänge wird teils subjektiv von der Autorin vorgenommen, basiert auf der vorgenommenen Literaturrecherche und baut auf den Zwischenergebnissen der vergangenen Unterkapitel für Effizienz und der Zusammenarbeit agiler Teams auf. Zusätzlich sind bei Unklarheiten Beurteilungen aus ihrer praktischen Erfahrung aus diversen agilen Projekten eingeflossen.

9.2.3.2 Aufbau der semantischen Matrix

Beispielhaft für das erste Prinzip soll im Folgenden das Vorgehen zur Bewertung der semantischen Matrix genauer beschrieben werden: In den Analysen im letzten Kapitel konnten bereits offensichtliche Zuordnungen vorgenommen werden. Beispielsweise wurde beim ersten Prinzip („Unsere höchste Priorität ist es, den Kunden durch frühe und kontinuierliche Auslieferung wertvoller Software zufrieden zu stellen.") festgestellt, dass einerseits der Kunde im Fokus steht, aber auch die Produktqualität. Somit sind die Bereiche „Software ist funktional" und „Gute Kundeninteraktion" aufseiten des Objektes betroffen.

Es wurde auch herausgefunden, dass die erkannten Attribute „Ausprägung des Agilen Mindsets", „Selbstbestimmung des Teams", „Transparenz" und „Fokus auf den Kunden" die Zielerreichung der Objekte unterstützen und damit in starker Verbindung stehen. Für die semantische Matrix werden damit in den Zellen der jeweiligen Einheiten der Wert 1 eingetragen. Beispielsweise ist eine gute Kundeninteraktion dann möglich, wenn das Team selbstbestimmt arbeitet und sich auf den Kunden fokussiert. Es erhält damit die Möglichkeit, den Kunden zu verstehen (Transparenz), Situationen besser einschätzen zu können und besitzt die Kompetenz, Maßnahmen einleiten zu können. Durch ein ausgeprägtes Mindset sind die Teammitglieder daran interessiert und haben sich dazu verpflichtet das Team zum Ziel zu führen. Durch das direkte Feedback und die Transparenz durch den Kunden, warum eine Software durch ihn abgenommen werden kann (oder nicht), hat das Team die Möglichkeit, wertvolle und funktionale Software zu liefern und Fehler in der bestehenden zu bereinigen.

Aus dem ersten Prinzip ergeben sich damit die ersten Einträge in der semantischen Matrix (Tab. 9.3).

Analog wurde dazu mit den anderen Prinzipien vorgegangen. Alle leeren Zellen wurden nach einer Literaturrecherche und Erfahrungswerten der Autorin bewertet (Tab. 9.4). Den Wert 0 erhalten jene Zellen, bei denen nicht direkt ersichtlich ist, dass sich diese gegenseitig beeinflussen. Die Aktivierungswerte von 0,5 wurden vergeben, wenn eine Verbindung bestehen kann, es aber auf die Anstrengungen vom Team ankommt, wie gut sie diese erfüllen kann. Beispielsweise kann das Mindset dazu beitragen ein besseres Verständnis für das Ziel zu bekommen. Das Team könnte diese Informationen proaktiv einfordern, nachfragen, wenn dieses von ihrer Seite noch nicht bekannt ist oder sogar anbieten es mit zu erarbeiten.

9.3　Simulationen mit SEN

Im vorherigen Kapitel wurde die semantische Matrix mit ihren wichtigen Objekten und Attributen konzipiert (siehe Tab. 9.4). In SEN sieht diese aus wie in Abb. 9.1 dargestellt.

Die Werte wurden im Intervall zwischen -1 und 1 normiert; der Lernprozess erfolgt mit einer Lernrate von 0.2, mit der logarithmisch-linearen Aktivierungsfunktion und in einem Lernschritt.

Tab. 9.3 Auszug aus der semantischen Matrix für die Eintragungen nach dem ersten Prinzip

Agiles Team (Attribut)/Effizienz (Objekte)	Kundeninteraktion	Softwarefunktionalität
Selbstbestimmung	1	1
Mindset	1	1
Transparenz	1	1
Kundenfokus	1	1

Tab. 9.4 Aufstellung der semantischen Matrix für effektive Zusammenarbeit agiler Teams

Agiles Team (Attribut)/ Effizienz (Objekte)	Team-inter-aktion	Mit-arbeiter-ein-bindung	Soft-ware-funktionali-tät	Gute Kunden-inter-aktion	Ver-änderungs-reaktion	Ver-besserung	Zielbe-kannt-heit
Selbst-bestimmung	1	1	1	1	1	1	0.5
Mindset	1	1	1	1	1	1	0.5
Transparenz	1	1	1	1	1	1	1
Kundenfokus	0	0.5	1	1	1	1	1
Wert-generierung	0	0.5	0.5	0.5	1	0.5	1
Zusammen-arbeit	0.5	0.5	0.5	0	0.5	0.5	0.5
Augenhöhe	1	1	0.5	0	0.5	0.5	0.5
Reflexion	0.5	0.5	1	0.5	0.5	1	0.5
Fehlerkultur	0.5	1	0.5	0	0.5	1	0
Produktquali-tät	0	0.5	1	1	0	1	0

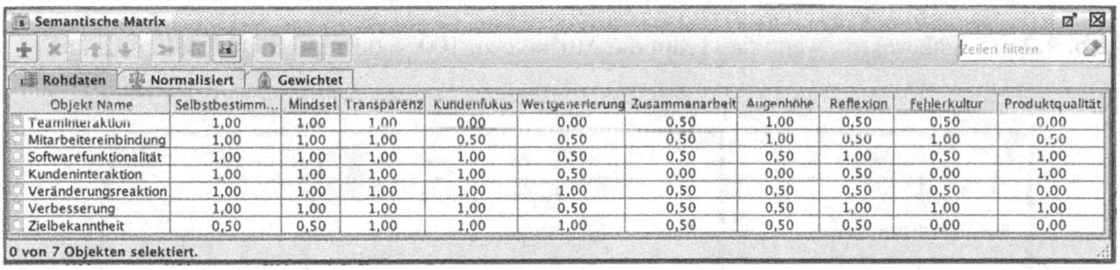

Objekt Name	Selbstbestimm...	Mindset	Transparenz	Kundenfokus	Wertgenerierung	Zusammenarbeit	Augenhöhe	Reflexion	Fehlerkultur	Produktqualität
Teaminteraktion	1,00	1,00	1,00	0,00	0,00	0,50	1,00	0,50	0,50	0,00
Mitarbeitereinbindung	1,00	1,00	1,00	0,50	0,50	0,50	1,00	0,50	1,00	0,50
Softwarefunktionalität	1,00	1,00	1,00	1,00	0,50	0,50	0,50	1,00	0,50	1,00
Kundeninteraktion	1,00	1,00	1,00	1,00	0,50	0,00	0,00	0,50	0,00	1,00
Veränderungsreaktion	1,00	1,00	1,00	1,00	1,00	0,50	0,50	0,50	0,50	0,00
Verbesserung	1,00	1,00	1,00	1,00	0,50	0,50	0,50	1,00	1,00	1,00
Zielbekanntheit	0,50	0,50	1,00	1,00	1,00	0,50	0,50	0,50	0,00	0,00

Abb. 9.1 Semantische Matrix in der SEN-Software

Auf der Basis dieser wurden vier Simulationen durchgeführt, die im Folgenden diskutiert werden.

9.3.1 Objekte werden durch Effizienz beschrieben

Im ersten Schritt wird betrachtet, welche Objekte, also in diesem Fall, welche Effizienzpunkte am besten erreicht werden können auf Basis der realistisch erstellten Matrix und von konkreten Beispielen.

Es wird angenommen, dass ein fiktives und exzellent zusammenarbeitendes Team existiert, das die Attribute jeweils zu 100 % erfüllen kann. Eine bestimmte agile Methode wird dabei nicht betrachtet. Um die Simulation für die Bemessung der Effizienz zu starten muss ein Eingabevektor erstellt werden. Dazu werden alle Attribute im Fenster „Eingabe Vektoren" mit 1 belegt („trifft zu"), dieser gilt als „idealer" Referenztyp und stellt die optimale Bedingung innerhalb eines Teams dar (Abb. 9.2). Als Kontrast wird ein zweiter Eingabevektor definiert, der für alle Kriterien den Wert 0 erhält und somit als ein „Anti-Idealtypus" definiert wird.

Zunächst wird in SEN der Idealtypus untersucht und das Ergebnis in Abb. 9.3 gezeigt.

Die Simulation ergibt, dass die bestmögliche Effizienz der ständigen Verbesserung, einer guten Softwarefunktionalität, der Einbindung von Mitarbeitern und gute Reaktionsfähigkeiten auf Veränderungen erreicht werden kann. Dies wird bewerkstelligt, wenn das Team in vollem Umfang selbstbestimmt arbeitet, das agile Mindset besitzt, Transparenz bietet, kundenorientiert ist und wertorientiert und interdisziplinär zusammenarbeitet. Weiterhin wenn die Teammitglieder auf Augenhöhe und mit Respekt miteinander umgehen, regelmäßige Reflexionen betreiben, eine Fehlerkultur leben und Wert auf die Produktqualität leben. Allerdings kann dadurch etwas weniger die Kunden- oder Teaminteraktion und die Zielbekanntheit beeinflusst werden.

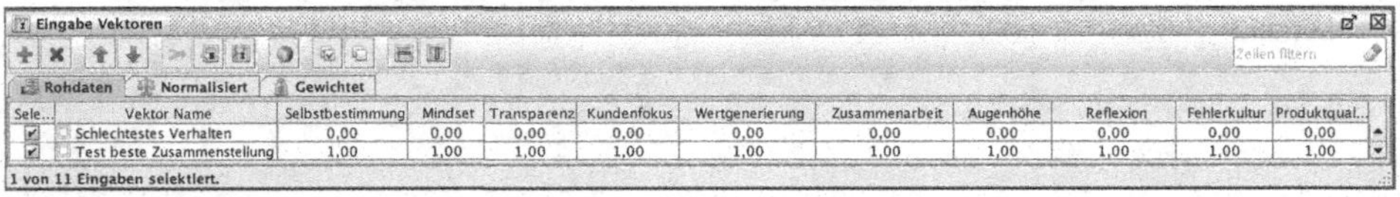

Abb. 9.2 Eingabevektor, wenn das Team die Attribute zu 100 % oder gar nicht erfüllen kann

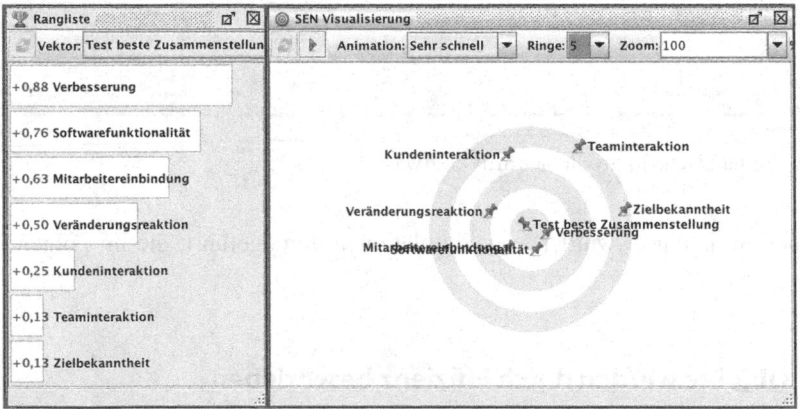

Abb. 9.3 Darstellung der Objekte, die am ehesten von einem Team mit voll belegten Attributen erreicht werden können

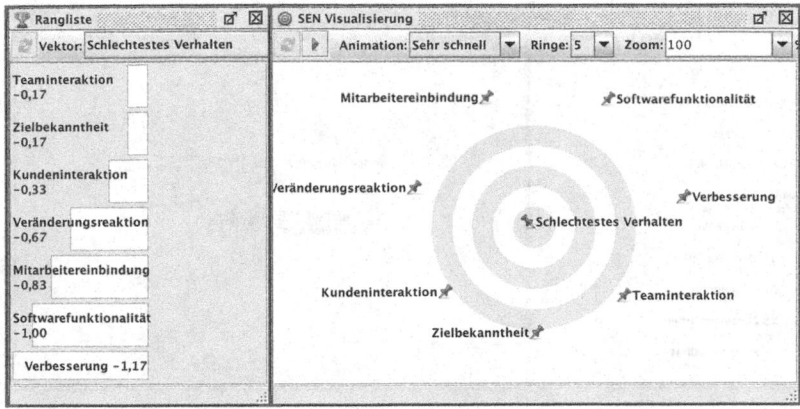

Abb. 9.4 Ranking und Visualisierung, wenn das Team keinen der Objekte unterstützen kann

Umgekehrt wird erkennbar: Sollte das Team keine der Objektwerte (Belegung mit 0) erfüllen können, werden die Verbesserung, die Softwarefunktionalität und die Mitarbeitereinbindung am meisten leiden (Abb. 9.4).

9.3.2 Objekte durch agile Faktoren beschrieben

Die zweite Untersuchung kehrt die semantische Matrix aus der vorherigen Betrachtung im SEN um, das heißt, dass die Objekte zu Attributen gesetzt werden und umgekehrt (Abb. 9.5). Damit soll eine Rangfolge von agilen Faktoren in Relation zur Effizienz herausgefunden werden.

Wieder werden alle Werte des Eingabevektors („Alles Top" als Idealvektor) mit 1 („trifft zu") belegt und die Simulation gestartet. Die Fragestellung, die hiermit beantwortet werden soll, ist wie sich die Werte auf die Prinzipien des Agilen Manifests auswirken. Außerdem wird durch diesen Referenztypen erkennbar, welche Effizienz-

Objekt Name	Teaminteraktion	Mitarbeitereinbindung	Softwarefunktionalität	Kundeninteraktion	Veränderungsreaktion	Verbesserung	Zielbekanntheit
Selbstbestimmung	1,00	1,00	1,00	1,00	1,00	1,00	0,50
Mindset	1,00	1,00	1,00	1,00	1,00	1,00	0,50
Transparenz	1,00	1,00	1,00	1,00	1,00	1,00	1,00
Kundenfokus	0,00	0,50	1,00	1,00	1,00	1,00	1,00
Wertgenerierung	0,00	0,50	0,50	0,50	1,00	0,50	1,00
Zusammenarbeit	0,50	0,50	0,50	0,50	0,50	0,50	0,50
Augenhöhe	1,00	1,00	0,50	0,50	0,50	0,50	0,50
Reflexion	0,50	0,50	1,00	1,00	0,50	1,00	0,50
Fehlerkultur	0,50	1,00	0,50	0,50	0,50	1,00	0,00
Produktqualität	0,00	0,50	1,00	1,00	0,00	1,00	0,00

Abb. 9.5 „Gedrehte" semantische Matrix

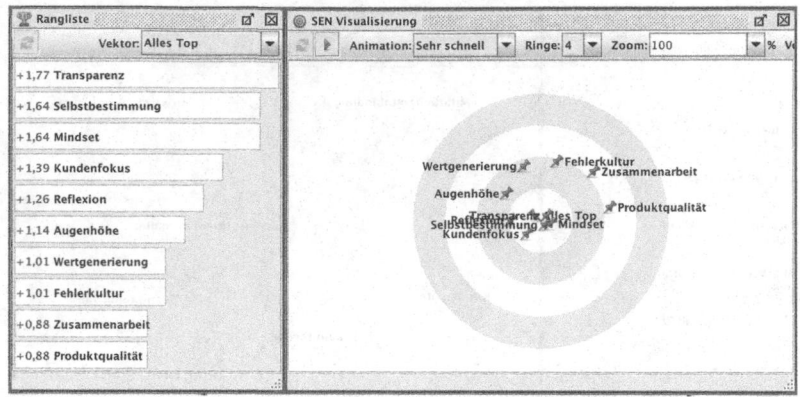

Abb. 9.6 Darstellung der Rangliste und Nähe der Attribute zum Idealvektor

kriterien durch volle Ausnutzung der agilen Eigenschaften am besten ausgereizt werden (Abb. 9.6). Die Parameter werden deswegen verändert: Die linear-logarithmische Funktion wird weiterhin eingesetzt, für die Normalisierung wird jedoch die Kodierung zwischen 0 und 1 gewählt und der Lernprozess erfolgt mit einer Lernrate von 0.4 und einem Lernschritt.

Nach der Analyse mit SEN stellt sich heraus, dass die Effizienz am meisten durch die Transparenz, die Selbstbestimmung, dem Mindset und dem Kundenfokus beeinflusst wird. Danach folgen die Faktoren der Reflexion, der Zusammenarbeit auf Augenhöhe, der Wertgenerierung, der Fehlerkultur und ranggleich der Produktqualität beziehungsweise der Zusammenarbeit.

9.3.3 Simulation mit Scrum und Kanban

Agile Methoden sind Werkzeuge, die die Agilität zur Verfügung stellt. Alle haben dabei einen speziellen Fokus und Wirkungsgrund. Scrum setzt den Fokus auf das Team und die Organisation der Arbeit und Kanban fokussiert sich auf Just-In-Time-Entwicklung, Visualisierung und den Arbeitsverlauf (Ashmore und Runyan 2014, S. 50) und legt den Wert auf Transparenz (Leopold und Kaltenecker 2013, S. 22).

Schwaber und Sutherland (2017, S. 4–5) legten drei Säulen fest, die bei jeder Implementierung berücksichtigt werden. Hierbei geht es um die Anforderung an die Transparenz und dem gemeinsamen Verständnis unter den Beteiligten, an die Überwachung der Artefakte im Hinblick auf das Sprint Ziel und an die frühe Anpassbarkeit von Prozessen und Produkten (Schwaber und Sutherland 2017, S. 4–5). Außerdem spielen die Werte der Selbstverpflichtung, Mut, Fokus, Offenheit und Respekt eine Rolle (Schwaber und Sutherland (2017, S. 5), die kurzgefasst als Kerninhalte des agilen Mindsets gesehen werden können (Kusay-Merkle 2018, S. 59–60). Je besser die Mitarbeiter die Denkweise ausleben, desto erfolgreicher können sie Scrum nutzen (Schwaber und Sutherland 2017, S. 5).

Mit diesem Hintergrund lässt sich der Eingabevektor für die nächste Simulation erstellen. Zur Vergleichbarkeit wird das Vorgehen über die Verwendung der Werte und der Säulen analog des Vorgehens zur Bestimmung der semantischen Matrix über des Agile Manifest übernommen und mit den Beziehungen zu den Objekten der Effizienz beleuchtet, da Scrum ebenfalls auf Prinzipien und Praktiken aufbaut (Kusay-Merkle 2018, S. 34).

Für die drei Säulen und die Werte von Scrum werden „Mindset", „Transparenz", „Wertgenerierung" und „Reflexion" mit 1.0 bewertet, da sie als Voraussetzung definiert sind (Schwaber und Sutherland 2017, S. 4–5). Bei der „Fehlerkultur" und der „Produktqualität" sind nach der Literaturrecherche keine direkten und für die restlichen Zellen nur teilweise Zusammenhänge ersichtlich (Abb. 9.7). Die zugehörige semantische Matrix kann in (Abb. 9.1) betrachtet werden. Die Lernrate ist für die nächsten Lernprozesse 0.4, die Lernschritte und die Aktivierungsfunktion sind wie bei der Untersuchung des Idealvektors unverändert, die Normalisierung findet jedoch erneut im Wertebereich zwischen -1 und 1 statt.

Die Visualisierung der Effizienzwerte und die Rangliste in SEN zeigen auf, welche Effizienzwerte gut durch Scrum unterstützt werden (Abb. 9.8).

Als Erstes wird ersichtlich, dass die Veränderungsreaktion die Effizienz am meisten beeinflusst. Vergleichbar ist dies mit der Aussage von Kusay-Merkle (2013, S. 34–35),

Seite	Vektor Name	Selbstbestim	Mindset	Transparenz	Kundenfokus	Wertgenerier...	Zusammenar...	Augenhöhe	Reflexion	Fehlerkultur	Produktqualität
☑	Scrum	0,50	1,00	1,00	0,50	1,00	0,60	0,50	1,00	0,00	0,00
☑	Kanban	1,00	0,50	1,00	0,50	1,00	1,00	0,50	1,00	0,50	0,50

Abb. 9.7 Eingabevektoren für Scrum und Kanban

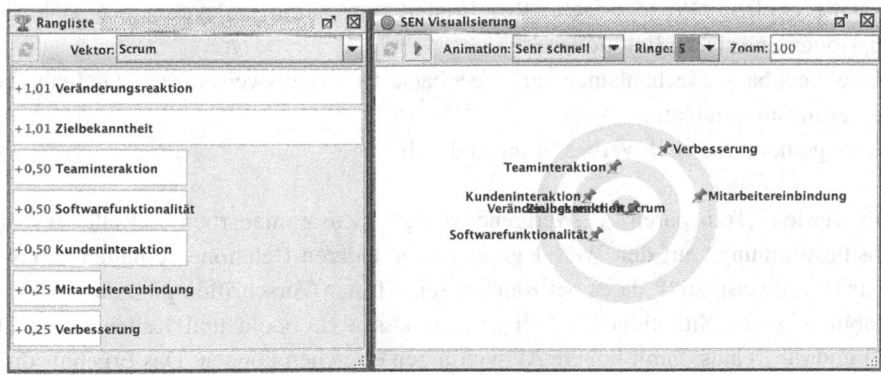

Abb. 9.8 Ansicht der SEN-Ergebnisse für den Eingabevektor Scrum

dass Scrum für die Umsetzung von komplexen Systemen in komplexen Einflüssen konzipiert wurde und Feedback und Lerneffekte Hauptbestandteile sind. Dies spiegelt sich beispielsweise in den täglich stattfindenden Daily Scrums wider, die es ermöglichen, Schwierigkeiten schnell im Team anzusprechen, bald eine Lösung zu finden und gegebenenfalls die Arbeit im Sprint anzupassen (Schwaber und Sutherland 2017, S. 12). Als Zweites wird das Element Zielbekanntheit durch eine effektive Maßnahme im Scrum verfolgt: Zu jedem Sprint gibt es auch ein Ziel, das genau definiert, was das Team sich vorgenommen hat und bietet eine Lenkung der Aktivitäten. In der nächsten Iteration wird ein neuer Zweck festgelegt (Schwaber und Sutherland 2017, S. 11). Auch unterstützt Scrum die Teaminteraktion, Softwarefunktionalität und Kundeninteraktion über klare Anforderungen im Product Backlog, die festen Strukturen des Vorgehens und die Nähe zum Kunden, wobei die Interaktion meist mit dem Abnehmer über den Product Owner realisiert ist (Schwaber und Sutherland 2017, S. 6).

Auch bei der Methode Kanban konnte die Reihenfolge der unterstützten Elemente der Effizienz herausgefunden werden. Hierzu wurde der Eingabevektor „Kanban" analog Abb. 9.8 verwendet.

Damit Kanban funktioniert, müssen die Kernpraktiken befolgt werden. Generell gibt es dort wenige Vorgaben, eher Vorschläge zum Vorgehen (Leopold und Kaltenecker 2013, S. 17).

Die sechs Kernpraktiken sind (Leopold und Kaltenecker 2013, S. 17–22):

1. Mach die Arbeit sichtbar: Transparenz des Arbeitsflusses und wie der aktuelle Status ist.
2. Limitiere das Work in Progress: Durchlaufzeiten sollen klein gehalten werden mit wenigen Aufgaben, die schneller erledigt werden; Engpässe bei Mitarbeitern werden sichtbar und können schnell angegangen werden.
3. Manage Flow: Blockaden und Engpässe sind schnell erkennbar und können aufgelöst werden; Steuerung einer aktiven Kommunikation.
4. Erstelle explizite Prozessregeln: Regeln sind transparent und vermeiden viele Diskussionen und starke Emotionen.
5. Halte Feedback-Mechanismen ein: Feedback zu Arbeitsweisen zur ständigen Verbesserungsmöglichkeit.
6. Führe gemeinschaftlich Verbesserungen durch.

Damit werden „Transparenz", „Wertgenerierung", „Zusammenarbeit", „Reflexion" und „Selbstbestimmung" auf den Wert 1 gesetzt. Die anderen Relationen erhalten den Wert 0,5 („trifft teilweise zu"), da es bei Kanban keine festen Vorschriften gibt, aber die Freiheit abhängig von Situationen ist, diese anzupassen (Leopold und Kaltenecker 2013, S. 22) und die Teams damit höhere Aktivierungen erreichen können. Das Ergebnis durch SEN sieht wie folgt aus (Abb. 9.9).

Kanban ist auf die wirtschaftliche Wertschöpfung und die technische Entwicklung ausgerichtet. Es pflegt die systematische Verbesserung, bei der alle oder zumindest die

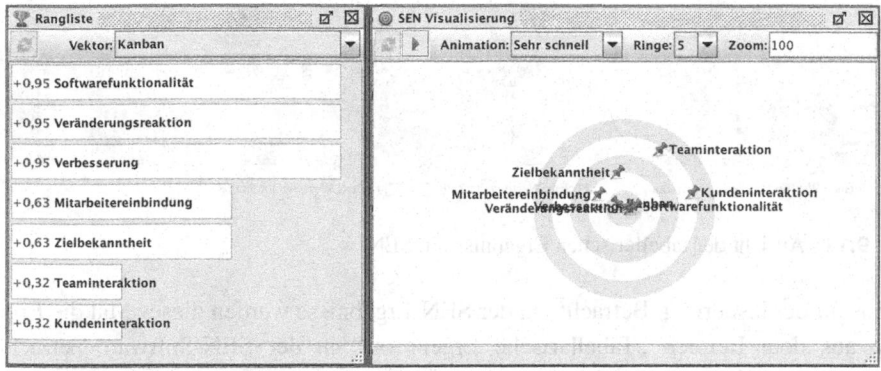

Abb. 9.9 Ansicht der SEN-Ergebnisse für den Eingabevektor Kanban

dafür benötigten Spezialisten beteiligt werden und setzt diese in kürzester Zeit markant um (Leopold und Kaltenecker 2013, S. 3–5). Die Ergebnisse können mit Ringbauer (2017, S. 86)verglichen werden, der den Prozess und die Produktqualität als herausragenden Einfluss durch Kanban bewertet.

Daraus kann geschlossen werden, dass die semantische Matrix valide Informationen enthält und sie für die weiteren Auswertungen verwendet werden kann.

9.3.4 Simulation zur Bestimmung von agilen Einflussfaktoren auf Effizienz mit den höchsten Aktivierungswerten

Im nächsten Schritt soll überprüft werden, welche Elemente (Objekte) sich gegenseitig beeinflussen können und welche Attribute besonders relevant sind. Dazu wird die semantische Matrix als Basis gewählt (siehe Abb. 9.1), das heißt die Objekte entsprechen den Effizienzwerten und werden auch für die Eingabevektoren verwendet. Das Vorgehen ermöglicht diejenigen Beziehungen zu finden, die das höchste Ranking haben und dazu den jeweiligen „Relationspartner". Über die Objekte können die zugehörigen erfolgreichsten Attribute herausgefunden werden.

Damit ist konkret Folgendes gemeint: Die in der semantischen Matrix definierten Objekte werden dupliziert und zusätzlich als Eingabevektoren verwendet; um dies zu kennzeichnen sind die Objektnamen mit _1 versehen (Abb. 9.10).

Vektor Name	Selbstbestimmung	Mindset	Transparenz	Kundenfokus	Wertgenerierung	Zusammenarbeit	Augenhöhe	Reflexion	Fehlerkultur	Produktqualität
Teaminteraktion_1	1,00	1,00	1,00	0,00	0,00	0,50	1,00	0,50	0,50	0,00
Mitarbeitereinbindung_1	1,00	1,00	1,00	0,50	0,50	0,50	1,00	0,50	1,00	0,50
Softwarefunktionalität_1	1,00	1,00	1,00	1,00	0,50	0,50	0,50	1,00	0,50	1,00
Kundeninteraktion_1	1,00	1,00	1,00	1,00	0,50	0,00	0,00	0,50	0,00	0,00
Veränderungsreaktion_1	1,00	1,00	1,00	1,00	0,50	0,50	0,50	0,50	0,50	0,50
Verbesserung_1	1,00	1,00	1,00	1,00	0,50	0,50	0,50	1,00	1,00	1,00
Zielbekanntheit_1	0,50	0,50	1,00	1,00	1,00	0,50	0,50	0,50	0,00	0,00

Abb. 9.10 Eingabevektoren zur Überprüfung der einflussnehmenden Attribute

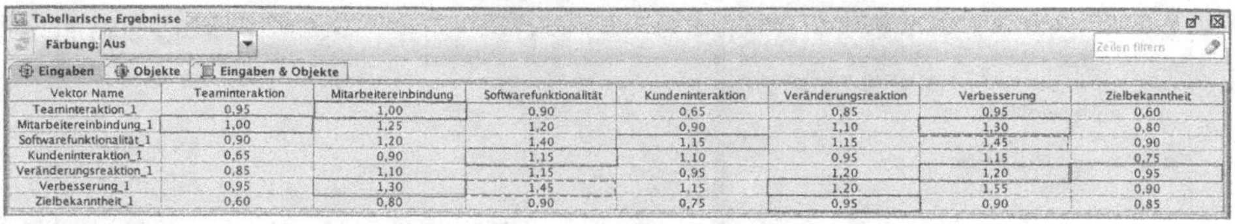

Vektor Name	Teaminteraktion	Mitarbeitereinbindung	Softwarefunktionalität	Kundeninteraktion	Veränderungsreaktion	Verbesserung	Zielbekanntheit
Teaminteraktion_1	0,95	1,00	0,90	0,65	0,85	0,95	0,60
Mitarbeitereinbindung_1	1,00	1,25	1,20	0,90	1,10	1,30	0,80
Softwarefunktionalität_1	0,90	1,20	1,40	1,15	1,15	1,45	0,90
Kundeninteraktion_1	0,65	0,90	1,15	1,10	0,95	1,15	0,75
Veränderungsreaktion_1	0,85	1,10	1,15	0,95	1,20	1,20	0,95
Verbesserung_1	0,95	1,30	1,45	1,15	1,20	1,55	0,90
Zielbekanntheit_1	0,60	0,80	0,90	0,75	0,95	0,90	0,85

Höchste Wertung aus Zeile und Spalte, höchste Wertung der Zeile, höchste Wertung der Spalte

Abb. 9.11 Ansicht der tabellarischen Ergebnisse in SEN

Anstatt der bisherigen Betrachtung der SEN-Ergebnisse werden dieses Mal die Ergebnisse aus dem Bereich „Tabellarische Ergebnisse" in der SEN-Software betrachtet, da dort festgehalten wird, wie stark die Eingabevektoren die jeweiligen Objekte der semantischen Matrix aktivieren. Die „Selbstaktivierung" in der Diagonale wird nicht berücksichtigt. Da es in diesem Fall um die stärkste Aktivierung der Objekte ging, wurde die lineare Aktivierungsfunktion, eine Lernrate von 0.1, zwei Lernschritte gewählt und der Wertebereich der Normierung zwischen 0 und 1 gesetzt (Abb. 9.11).

Die Analyse zeigt auf, wo die höchsten Endaktivierungen bei den Effizienzzielen sind. Sie begünstigen sich durch die starke Abhängigkeit gegenseitig. In Tab. 9.5 werden zur Verdeutlichung als Objektbenennungen die Effizienzziele angegeben.

Zur Beantwortung der Analyse zur Effizienzsteigerung werden die wichtigsten Attribute, welche die Effizienz (über Objekte) unterstützen, gesucht. Als Letztes wurden die erfolgreichsten Relationen herausgefunden, die nun rückwirkend über die semantische Matrix (Abb. 9.1) auf die jeweiligen Attribute zurückführen. Dort werden alle nachgewiesenen und zielführenden Werte (mit 1 markiert) entnommen und in einer Übersicht mit der Anzahl des Auftretens dargestellt (Tab. 9.6). Je höher die Häufigkeit eines Attributes, desto mehr trägt dieses zur Effizienz bei.

Die Eigenschaft „Anzahl der Vorkommen der Objekte in höchster Endaktivierung" wird danach berechnet, wie oft die einzelnen Objekte in den höchsten Endaktivierungen vorkommen. Als Beispiel zur Berechnung wird die Verbesserung gewählt. Die Eigenschaft kommt drei Mal vor: das erste Mal in der Kombination des Objektes „Teamintegration" und des Eingabevektors „Mitarbeitereinbindung_1", das zweite Vorkommen

Tab. 9.5 Eingabevektoren und höchste wechselseitige Aktivierung der Objekte

Vektor und Objekt	Endaktivierung
Teaminteraktion und Mitarbeitereinbindung	1,00
Mitarbeitereinbindung und Verbesserung	1,30
Softwarefunktionalität und Verbesserung	1,45
Kundenintegration und Softwarefunktionalität	1,15
Veränderungsreaktion und Zielbekanntheit	0,95

Tab. 9.6 Häufigkeit und Wichtigkeit agiler Attribute

Attribut	Vorkommen in Objekten mit Relationswert 1 (Anzahl Vorkommen der Objekte in höchster Endaktivierung)	Summe der Vorkommen	Rang des Auftretens (Wichtigkeit Attribut)
Selbst-bestimmung	Teaminteraktion (2), Mitarbeitereinbindung (3), Softwarefunktionalität (3), Kundeninteraktion (1), Veränderungsreaktion (2), Verbesserung (3)	14	2
Mindset	Teaminteraktion (2), Mitarbeitereinbindung (3), Softwarefunktionalität (3), Kundeninteraktion (1), Veränderungsreaktion (2), Verbesserung (3)	14	2
Transparenz	Teaminteraktion (2), Mitarbeitereinbindung (3), Softwarefunktionalität (3), Kundeninteraktion (1), Veränderungsreaktion (2), Verbesserung (3), Zielbekanntheit (2)	16	1
Augenhöhe	Teaminteraktion (2), Mitarbeitereinbindung (3)	5	6
Fehlerkultur	Mitarbeitereinbindung (3), Verbesserung (3)	6	5
Wertgenerierung	Veränderungsreaktion (2), Zielbekanntheit (2)	4	7
Reflexion	Softwarefunktionalität (3), Verbesserung (3)	6	5
Kundenfokus	Softwarefunktionalität (3), Kundeninteraktion (1), Veränderungsreaktion (2), Verbesserung (3), Zielbekanntheit (2)	11	3

(Fortsetzung)

Tab. 9.6 (Fortsetzung)

Attribut	Vorkommen in Objekten mit Relations- wert 1 (Anzahl Vorkommen der Objekte in höchster Endaktivierung)	Summe der Vor- kommen	Rang des Auftretens (Wichtigkeit Attribut)
Produktquali-tät	Softwarefunktionalität (3), Kundeninteraktion (1), Verbesserung (3)	7	4

ist in „Mitarbeitereinbindung" und „Teamintegration_1" und das Letzte in „Verbesserung" und „Softwarefunktionalität_1".

Über die höchsten Endaktivierungen der Objekte wurde herausgefunden, dass die
Attribute nach dieser Rangfolge am höchsten zur Effizienz agiler Teams beitragen:

1. „Transparenz"
2. „Selbstbestimmung" und dem „Mindset"
3. „Kundenfokus"
4. „Produktqualität"
5. „Reflexion" und die „Fehlerkultur"
6. „Augenhöhe"
7. „Wertorientierung".

Der Wert, der in dieser Liste ganz unten ist, trägt damit im Gegensatz zu den anderen,
am wenigsten dazu bei, agile Teams effizienter zu machen.

9.4   Zusammenfassung

Mit SEN wurden neun allgemein gültige Elemente identifiziert, die es einem agilen
Team ermöglichen, sich effizienter aufzustellen und das Unternehmen wirtschaftlicher
zu unterstützen. Sie basieren auf den Prinzipien und Werten des Agilen Manifests und
bestehen rein aus weichen Faktoren, wurden aber durch ein mathematisches Verfahren
bestimmt. Diese Ausrichtung ist nicht überraschend, da Agilität das Team in das Zentrum
stellt (Beck et al. 2001a) und dabei Individuen zusammenarbeiten. Jeder von ihnen ist
ein komplexes Wesen mit Gefühlen und Meinungen, steckt gemeinsam mit den anderen
in unterschiedlichen Teambildungsphasen und ist Umwelteinflüssen ausgesetzt, die
das Arbeiten im Team beeinflussen können. Hunt (2006, S. 11) stellte fest, dass die
Prinzipien sehr vage ausgedrückt sind und eigene, auch subjektive, Interpretationen
erlauben und damit abhängig davon sind, ob die Gruppenmitglieder diesen folgen

beziehungsweise in welchem Ausmaß. Genau dies macht die „weiche" Wissenschaft aus und durch die Anwendung der naturanalogen Verfahren konnten mit einem wissenschaftlichen Vorgehen Faktoren gefunden werden, die vor allem zwischenmenschliche Belange beeinflussen können.

Es wurde herausgefunden, dass agile Effizienz von ständiger Verbesserung, intensiver Kunden- und interner Teaminteraktion, der Einbindung von Mitarbeitern, der Reaktionsfreudigkeit (auch auf Veränderungen), der guten Funktionalität der Software und der Transparenz der zu erreichenden Ziele abhängig ist.

Darauf aufbauend wurde erkannt, dass Faktoren existieren, die agile Teams effizienter machen können, und genau diese Abhängigkeiten berücksichtigen.

Als erfolgreichster Punkt wurde in diesem Zusammenhang die Transparenz identifiziert. Möchte ein Team also effizienter werden, sollte es sich Maßnahmen überlegen, wie es gut funktionierende Arbeitsflüsse gestalten kann und diese bekannt macht. Dabei ist es wichtig keine Selbstbeschäftigung zu betreiben, sondern eine hohe Zuverlässigkeit für den Kunden zu erreichen (Kaltenecker 2017, S. 46).

Als nächstes kann das Team versuchen über die Selbstbestimmung und das agile Mindset die Effizienz zu erhöhen. Kaltenecker (2017, S. 41) und Hofert (2018, S. 127) warnen davor, Selbstorganisation nicht zu leichtfertig anzugehen und kontinuierlich zu pflegen. Für beide Faktoren gibt es eine Anzahl von Maßnahmen, die individuell und abhängig von Teams, Menschen, Organisationen und weiteren Umwelteinflüssen eingeführt werden können. Beispielsweise braucht es in einer Gruppe einen starken Leader, welcher bereits viel Erfahrung hat und die Anderen bei Schwierigkeiten anleiten kann, oder dass eine gemeinsame Einführung in die Agilität notwendig ist (dazu Adkins 2010, S. 1 ff., Hofert 2018, S. 1 ff.). Die Maßnahmen bestimmt das Team selbst und verantwortet das Resultat.

Ein weiterer wichtiger Faktor für die Verbesserung von Effizienz ist die Ausrichtung auf den Kunden. Dieser entscheidet am Ende, ob eine Software abgenommen wird und sie funktional ist. Je enger eine Zusammenarbeit ist, desto eher kann das Team den Kunden einschätzen, eine schnellere Reaktion erreichen und damit die Wertgenerierung für ihn erhöhen.

Weitere Faktoren hinsichtlich der effizienten Zusammenarbeit von Gruppen sind: Betreibung regelmäßiger Reflexion, sowie das Ausleben einer Zusammenarbeit auf Augenhöhe (auch mit den Führungskräften). Weiterhin können der Fokus auf Wertgenerierung, das Einführen und den Einsatz einer Fehlerkultur, die Steigerung der Produktqualität und die Verbesserung der Zusammenarbeit im Team zu mehr Erfolg führen.

Die aktuell vorliegende semantische Matrix (siehe Abb. 9.1) ist funktional und enthält belegte, realistische Werte. Sie kann von agilen Teams im Umfeld von SEN verwendet werden, um beispielsweise eine Bestandsaufnahme für ihre aktuelle Zusammenarbeit zu erhalten. Notwendig dazu ist eine Einschätzung der Bewertung bezogen auf die Gruppe und einen Eingabevektor, der ihre Zusammenarbeit realistisch darstellt. Im Anschluss nach der Simulation kann in den Visualisierungsmöglichkeiten in SEN erkannt werden, an welchen Stellen es noch an Verbesserung in der Zusammenarbeit bedarf und welche Punkte davon als Erste angegangen werden sollten. Kommt es zu Veränderungen in der Teamaufstellung, können die Bewertungen mit geringem Aufwand verändert werden.

Bei der Beantwortung der Fragestellung wurde auch herausgefunden, dass sich Effizienzpunkte gegenseitig beeinflussen und die herausgefundenen Faktoren nicht vorbehaltlos auf spezialisierte agile Methoden, wie Scrum oder Kanban, übertragen werden können. Die getätigten Simulationen zeigen auf, dass sie dafür einen guten Richtwert bilden.

Die Suche nach agilen Erfolgsfaktoren für die Steigerung der Effizienz muss mit den hier vorliegenden Ergebnissen nicht abgeschlossen werden. Es gibt viele Möglichkeiten die Agilität und die Zusammenarbeit detaillierter zu untersuchen. Aktuell ist bekannt, dass mit Hilfe von SEN der Zusammenhang zwischen Agilität und Effizienz untersucht werden kann. Exemplarisch können die einzelnen agilen Methoden, wie SAFe oder XP, oder hybride Vorgehen, wie ScrumBan, auf deren Effizienzpunkte untersucht und die Ergebnisse mit der vorliegenden semantischen Matrix und deren Resultate verglichen werden.

Die hier erarbeitete Matrix kann auch mit neuen Objekten oder Attributen erweitert werden, wenn beispielsweise im Laufe der Zeit neue wissenschaftliche Erkenntnisse vorliegen oder weitere Literatur, über das Agile Manifest hinaus, bezogen wird. Die Faktoren müssen dabei flexibel an Situationen, an Projekte, an Organisationen, an Menschen und anderen Einflüssen angepasst werden. SEN bietet diese Möglichkeit.

Eine endgültige Feststellung, ob ein Team nicht effizienter zusammenarbeiten kann, bleibt offen. Märkte, Erkenntnisse und die Menschen werden sich stetig weiterentwickeln. Die vorliegenden Erkenntnisse geben einen Ansatz, um in solche Überlegungen zu einzusteigen.

Literatur

Adkins L (2010) Coaching agile teams: a companion for scrummasters, agile coaches, and project managers in transition. Addison-Wesley, Boston

Ashmore S, Runyan K (2014) Introduction to agile methods. Addison-Wesley, Upper Saddle River

Beck K, Beedle M, van Bennekum A, Cockburn A, Cunningham W, Fowler M, Grenning J, Highsmith J, Hunt A, Jeffries R, Kern J, Marick B, Martin R, Mellor S, Schwaber K, Sutherland J, Thomas D (2001a) Manifest für Agile Softwareentwicklung. https://agilemanifesto.org/iso/de/manifesto.html. Zugegriffen: 28. Juli 2018

Beck K, Beedle M, van Bennekum A, Cockburn A, Cunningham W, Fowler M, Grenning J, Highsmith J, Hunt A, Jeffries R, Kern J, Marick B, Martin R, Mellor S, Schwaber K, Sutherland J, Thomas D (2001b) Prinzipien hinter dem Agilen Manifest. https://agilemanifesto.org/iso/de/principles.html. Zugegriffen: 7. Aug. 2018

Dingsøyr T, Nerur S, Balijepally V, Moe N (2012) A decade of agile methodologies: towards explaining agile software development. The Journal of Systems and Software 85:1213–1221

Duden (2018a) agil, https://www.duden.de/suchen/dudenonline/agil. Zugegriffen: 1. Aug. 2018

Duden (2018b) Effizienz, die. https://www.duden.de/rechtschreibung/Effizienz. Zugegriffen: 10. Aug. 2018

Gabler Wirtschaftslexikon (2018a) Künstliche Intelligenz (KI). https://wirtschaftslexikon.gabler. de/definition/kuenstliche-intelligenz-ki-40285. Zugegriffen: 3. Aug. 2018

Gabler Wirtschaftslexikon (2018b) Agile Softwareentwicklung. https://wirtschaftslexikon.gabler. de/definition/agile-softwareentwicklung-53460/version-276549. Zugegriffen: 7. Aug. 2018

Gabler Wirtschaftslexikon (2018c) Effizienz. https://wirtschaftslexikon.gabler.de/definition/ effizienz-35160/version-258648. Zugegriffen: 11. Aug. 2018

Howard L (2015) What does it mean to have an agile mindset? https://www.agileconnection.com/ article/what-does-it-mean-have-agile-mindset. Zugegriffen: 12. Aug. 2018

Hofert S (2017) Agiler führen: einfache Maßnahmen für bessere Teamarbeit, mehr Leistung und höhere Kreativität, 2. Aufl. Springer, Wiesbaden

Hofert S (2018) Das agile Mindset Mitarbeiter entwickeln, Zukunft der Arbeit gestalten. Springer, Wiesbaden

Hunt J (2006) Agile software construction. Springer, London

Kaltenecker S (2017) Selbstorganisierte Unternehmen Management und Coaching in der agilen. Welt. dpunkt.verlag, Heidelberg

Klüver C, Klüver J (2011) IT-Management durch KI-Methoden und andere naturanaloge Verfahren. Vieweg + Teubner Verlag, Wiesbaden

Klüver C, Klüver J (2013) Self-organized learning by self-enforcing networks. In: Rojas I, Joya G, Cabestany J (Hrsg) Advances in computational intelligence. Springer, Heidelberg

Klüver C, Klüver J (2014) Nature analogous methods for everybody. Applications to human resource management. In: Brito AC, Tavares JM, De Olivera CB (Hrsg) Proc 2014 European simulation and modelling conference (ESM '2014). Eurosis-ETI, Porto, S 171–177

Kusay-Merkle U (2018) Agiles Projektmanagement im Berufsalltag Für mittlere und kleine Projekte. Springer, Wiesbaden

Leopold K, Kaltenecker S (2013) Kanban in der IT. Eine Kultur der kontinuierlichen Verbesserung schaffen, 2. Aufl. Carl Hanser Verlag, München

Poschen-Hueck S, Jungtäubl M, Weigrich M (Hrsg) (2020) Agilität? Herausforderungen neuer Konzepte der Selbstorganisation. Reiner Hampp Verlag, Augsburg

Ringbauer A (2017) Qualitätsmanagement versus Agilität in IT-Unternehmen. Springer, Wiesbaden

Schwaber K, Sutherland J (2017) The scrum guide™. The definitive guide to scrum: the rules of the game. https://www.scrumguides.org/docs/scrumguide/v2017/2017-Scrum-Guide-US.pdf. Zugegriffen: 12. Aug. 2018

Unterauer M (2016) Effizienz als Vermeidung von Verschwendung https://www.software-quality-lab.com/wissen/blog/blogeintrag/effizienz-als-vermeidung-von-verschwendung/. Zugegriffen: 12. Aug. 2018

Entwicklung einer Konzeption zur Effektivitätsmessung von IT-Beratern

10

Moritz Eifler

Zusammenfassung

Das Beratungsumfeld wird in einer Zeit, in der Unternehmen sehr flexibel auf Änderungen reagieren müssen, immer komplexer und Entscheidungen müssen schnell getroffen werden. Ein entwickeltes Modell mit einer Methode der Künstlichen Intelligenz, nämlich einem Self-Enforcing Network (SEN), kann eine Entscheidungsunterstützung bieten. Die Voraussetzung für den Einsatz von SEN besteht darin, die Effektivität von Beratern sichtbar, messbar und auswertbar zu machen. Wie dies gelingen kann, wird systematisch in diesem Beitrag gezeigt und diskutiert.

Schlüsselwörter

Effektivitätsmessung von IT-Beratern · Self-Enforcing Networks

Bei der Besetzung von Projekten stehen Beratungsunternehmen als auch Abteilungen mit Inhouse-Beratern regelmäßig vor der Fragestellung, mit welchen Beratern anstehende Projekte besetzt werden sollen. Derzeit erfolgt die Besetzung mit Hilfe von Führungskräften, die ihre Berater und deren Skills kennen und entsprechend der Verfügbarkeit dieser Berater. Grundsätzlich kann davon ausgegangen werden, dass jede Führungskraft oder jeder Projektleiter die Intention hat, Projekte bestmöglich zu besetzen, jedoch hindern diverse äußere Einflussfaktoren (Verfügbarkeit des Beraters, politische Einflüsse, Standort des Beraters, u. a.) regelmäßig diese Besetzung.

M. Eifler (✉)
Hameln, Deutschland
E-Mail: eifler_sammelband_rebask@gmx.de

© Springer Fachmedien Wiesbaden GmbH, ein Teil von Springer Nature 2021
C. Klüver und J. Klüver (Hrsg.), *Neue Algorithmen für praktische Probleme*,
https://doi.org/10.1007/978-3-658-32587-9_10

Im Rahmen des vorliegenden Beitrags wird erst auf die oben genannte Problemstellung tiefer eingegangen. Es werden unter anderem die Begriffe des Beraters und der Beratung definiert und aufgezeigt, wie komplex das Beratungsumfeld ist. Nachfolgend wird versucht, die Komplexität durch Messwerte sichtbar, messbar und auswertbar zu machen damit im weiteren Verlauf das SEN zur Unterstützung und Problemlösung eingesetzt werden kann. Das SEN wird im Rahmen dieses Beitrags zur optimalen Besetzung eines Projektes mit Beratern verwendet. Abschließend werden Chancen jedoch auch mögliche Barrieren für die Einführung von SEN-Modellen aufgezeigt.

10.1 Einleitung

In Industriebetrieben kann die Produktivität einer Maschine anhand des Maschinenstundensatzes ermittelt werden. Da Produktivität das Verhältnis von Input und Output ist, kann anhand der eingebrachten (Input) Rohstoffe (z. B. Aluminium) und den ausgebrachten (Output) Produkten (z. B. Bilderrahmen) innerhalb einer Zeiteinheit (z. B. Stunde) der Maschinenstundensatz errechnet werden. Damit können die Kosten (maschinenabhängige Fertigungsgemeinkosten) auf einzelne Produkte umgelegt, und die hergestellten Produkte entsprechend kalkuliert werden. Die Kosten finden sich dann in den Fertigungskosten und damit letztendlich in den Herstellkosten wieder (Schmolke et. al. 2013).

Wenn jedoch immaterielle Produkte hergestellt werden, z. B. Beratung eines Unternehmens über die richtige Markteintrittsstrategie, lässt sich der Stundensatz eines Beraters zwar kalkulieren (anhand des Gehaltes und sonstiger Kosten seiner Kostenstelle, wie z. B. Telefonkosten und Leasingkosten für den Laptop), aber der Output ist schwieriger zu ermitteln. Damit hat der Anbieter des Beraters, also das Beratungsunternehmen, für das der Berater tätig ist, die Möglichkeit, einen Stunden und Tagessatz zu ermitteln, für den der Berater beim Kunden verkauft werden kann. Der Einkäufer weiß allerdings vorher nicht, ob der eingekaufte Berater auch den Betrag wert ist.

Um die richtige Begrifflichkeit für den Output eines Beraters herauszufinden, erfolgt zunächst eine Abgrenzung von Begriffen, die am ehesten auf den Output eines Beraters zutreffen.

Begriffsdefinitionen und Begriffsabgrenzung
Maschinen, Computer und in dieser Definition auch Berater arbeiten beide nach dem Prinzip EVA (Eingabe, Verarbeitung, Ausgabe). Das EVA-Prinzip eines Beraters ist die Eingabe von Informationen, die Verarbeitung dieser Informationen mit Hilfe von Erfahrungen aus vorhergehenden Projekten, bekannten Best-Practice-Ansätzen und Systemanalysen und die aufbereitete Ausgabe dieser Informationen mit einem Mehrwert (Handlungsoptionen) anhand von Konzepten, Präsentationen oder Systemeinstellungen/-entwicklungen.

Definition der Begriffe „Berater" und „Beratung" Die Berufsbezeichnung „Berater" ist nicht geschützt, daher existiert keine Definition in Form einer Berufsausbildung. Einschränkungen gibt es zum Beispiel für den Steuerberater oder Rentenberater. Ein Berater ist somit jemand, der eine Beratungsleistung anbietet. (Dewe und Schwarz 2011). Grundsätzlich wird unter Berater eine Person mit speziellen Kenntnissen in einem ausgewiesenen Fachgebiet verstanden, die Personen oder Organisationen Expertenwissen zu bestimmten Bereichen der Unternehmenstätigkeit anbietet. Berater können in allgemeinen Fragen des Managements oder als Unterstützung in bestimmten Projekten (z. B. Einführung einer Unternehmenssoftware), in der Regel für einen begrenzten Zeitraum, beauftragt werden.

Beratung kann von einzelnen Personen, von Gruppen oder Organisationen beziehungsweise Institutionen in Anspruch genommen werden (Bohn und Döring 2004). Häufige Ursachen für Beratungen sind Handlungs- oder Entscheidungsalternativen oder Problemdruck, dem die Ratsuchenden ausgesetzt sind (Dewe und Schwarz 2011).

Abstrakt gesehen ist eine Beratung eine Tat, die einen Rat über eine zukünftige Handlungsalternative bietet bzw. gibt. Da der Rat selbst jedoch Zeit benötigt, erfolgt ein Aufschub der Tat im Sinne einer Entscheidungs- und Handlungsbelastung, was wiederum eine Verlängerung von Entscheidungen bzw. zukünftigen Taten bedeutet (Dewe und Schwarz 2011).

Produktivität (Definition und Messung) Gabler beschreibt in seinem Wirtschaftslexikon zwei Arten von Produktivität. Zum einen die volkswirtschaftliche Produktivität als Messzahl für die technische Effizienz einer Produktionsstruktur einer Volkswirtschaft und zum anderen die betriebswirtschaftliche Produktivität als Ergiebigkeit der in der Wirtschaft eingesetzten Kombination der Produktionsfaktoren. Gabler definiert auch die Produktivität nicht als Wirtschaftlichkeit oder Rentabilität, sondern als das Verhältnis von Input zu Output. Es gibt unterschiedliche Arten der Produktivität. Genannt seien hier u. a. die Kapitalproduktivität oder die Arbeitsproduktivität (Gabler 1988, S. 1032).

Effizienz (Definition und Messung) Als Effizienz kann auch der Begriff Wirtschaftlichkeit eingesetzt werden. Sowohl Wirtschaftlichkeit als auch Effizienz bewerten Leistungen zu Kosten respektive Input (Mitteleinsatz) zu Output (Handlungsergebnis) (Krems 2009).

Um Effizienz zu messen, kann die Wirtschaftlichkeitsrechnung herangezogen werden. Da es diverse Arten der Wirtschaftlichkeitsrechnung gibt, wäre für den in der Einleitung genannten Fall des Beraters am ehesten eine Kosten-Nutzen-Analyse durchzuführen (Gabler 2000). Auf die Herleitung der Formel soll in diesem Artikel verzichtet werden, es folgt jedoch eine kurze Darstellung der Kosten-Nutzen-Analyse im nächsten Abschnitt. Die Kosten-Nutzen-Analyse wurde gewählt, da sie eine Form der Wirtschaftlichkeitsuntersuchung ist (Wirtschaftlichkeitsuntersuchungen müssen zum Beispiel nach §7 der Bundeshaushaltsverordnung durch öffentliche Körperschaften durchgeführt werden), es gibt jedoch noch weitere Verfahren der Wirtschaftlichkeitsuntersuchung, die im Rahmen dieses Beitrags nicht betrachtet werden.

Kosten-Nutzen-Analyse Die Kosten-Nutzen-Analyse (KNA) stellt ein häufig eingesetztes Instrument bei komplexen Entscheidungssituationen dar, da es sich als Methodenmix sowohl auf wohlfahrtsökonomische Modelle wie auch finanz- oder betriebswirtschaftliche Annahmen und Verfahren stützt. Die KNA unterstützt somit Investitionsentscheidungen mithilfe dynamischer Kalküle (Schierenbeck und Wöhle 2012).

Die Kosten-Nutzen-Analyse stellt somit den Versuch dar, positive (Nutzen) und negative (Kosten) Auswirkungen der zu evaluierenden Handlungsalternativen auf den dem Sachverhalt angemessenen Skalen zu quantifizieren und diese Effekte anschließend in Geldeinheiten darzustellen (Sen 2000; Westermann 2012).

Effektivität (Definition und Messung) Effektivität ist der Grad der Wirksamkeit oder auch Grad der Zielerreichung der eingesetzten Leistung im Sinne von „tun wir die richtigen Dinge". (Krems 2011). *„Die Bedeutung von Effektivität ist wichtiger als Effizienz, da es nicht zielführend ist, falsche Dinge effizient zu tun"* (Krems 2011).

Da Effektivität der Grad der Zielerreichung ist, muss, um diesen Grad messen zu können, die Zielerreichung vorher definiert werden. Das heißt, grundsätzliche Messgrößen (gerne als KPI, Key Performance Indikator, bezeichnet) um Effektivität zu messen, sind nicht vorhanden, sondern müssen von Fall zu Fall entwickelt werden.

Beratungsumfeld Als Beratungsumfeld wird die Umgebung bezeichnet, in der ein Berater tätig wird. Dies sind zum Beispiel Projektteams, in denen der Berater als Team mit anderen Mitarbeitern seines Unternehmens oder mit Mitarbeitern anderer Beratungsunternehmen sowie mit Mitarbeiten des Kunden zusammenarbeitet. Dies können auch Abteilungen sein, in denen der Berater unterstützend tätig ist (zum Beispiel beim Applikationssupport). Diese Abteilungen können sowohl Fachabteilungen als auch Stabsabteilungen innerhalb des Unternehmens sein (zum Beispiel der CIO-Bereich).

Das Beratungsumfeld hat maßgeblich Einfluss auf die Tätigkeit des Beraters. Vom und im Beratungsumfeld bekommt der Berater die benötigten Informationen, um seine Dienstleistung umsetzen zu können. Dies sind hauptsächlich Informationen jeglicher Art. Um diese Informationen zu erhalten, benötigt der Berater den Kontakt zu den entsprechenden Personen oder Medien. Je nach Tätigkeitsschwerpunkt befindet sich der Berater in einem Umfeld, welches ihm bereitwillig alle benötigten Informationen mitteilt oder aber diese vorenthält bzw. die Erlangung der Information erschwert.

Ein Berater, der von der Fachabteilung eingekauft wird, die Software zu reparieren oder zu modifizieren, welche dringend benötigt wird, wird eher mit allen notwendigen Informationen versorgt, als ein Berater, welcher vom Management dazu eingekauft wurde, alle Unternehmensprozesse zu modifizieren, dadurch leistungsfähiger und kostengünstiger zu machen, was gleichzeitig dazu führen kann, dass ein Teil des derzeitigen Mitarbeiterstammes nicht mehr benötigt wird. Es ist in diesem Fall schwierig, von Mitarbeitern zu erwarten „an ihrem eigenen Stuhl zu sägen". In der Theorie mag dies funktionieren, in der Praxis ist aber der Selbsterhaltungstrieb des Menschen die Hürde, die es zu nehmen gilt.

Das Umfeld, in dem der Berater tätig ist, hat maßgeblichen Einfluss auf die Effektivität des Beraters. Erhält der Berater keine, nicht die relevanten oder nicht alle Informationen, die er für seine Arbeit benötigt, ist er nur noch effizient, aber nicht mehr effektiv (siehe Effektivität – Definition und Messung).

Oben genannte Einflussfaktoren auf Projekte werden in der Literatur gerne Erfolgsfaktoren genannt. Nach einer Studie der Standish Group (Chaos Studie) existieren zehn Erfolgsfaktoren, deren Einhaltung eine deutlich positive Wechselwirkung mit einem Projekterfolg hat. Diese Erfolgsfaktoren werden als wesentlich für die Erreichung der vorgegebenen Projektziele angesehen. Beispiele aus der Praxis zeigen, dass der Einsatz dieser Erfolgsfaktoren dazu beiträgt, eine effiziente Projektbearbeitung zu gewährleisten (Wieczorrek und Mertens 2008) (Abb. 10.1).

Projektsponsor/Projekt-Champion/Champion/Auftraggeber Der Projektsponsor stellt das Budget für das Projekt bereit und wird vom Projekt regelmäßig über den Projektstatus informiert. In Six-Sigma bezeichnet man den Projektsponsor auch als Projekt-Champion (oder auch nur als Champion), welcher in der Regel Mitglied des mittleren Managements

Abb. 10.1 Erfolgsfaktoren des Projektmanagements. (Nach Wieczoreck und Mertens 2008, S. 18)

ist. Betrifft das Projekt eine Prozessverbesserung, ist der Projekt-Champion oft auch der Prozesseigner (Gygi et al. 2006, S. 343).

Stakeholder Stakeholder sind Betroffene, Interessenten bzw. Interessentengruppen oder interessierte Parteien, welche am Ergebnis des Projektes interessiert sind und eventuelle eigene Ansprüche in das Projekt einbringen wollen. Stakeholder werden unterteilt in interne und externe Stakeholder. Interne Stakeholder sind Mitarbeiter, Manager oder die Geschäftsführung des Unternehmens, externe Stakeholder sind Lieferanten, Kunden, Gläubiger und weiter gefasst auch die Gesellschaft sowie der Staat (Freeman 1984, Dobiéy 2004).

Projektdefinition/Projektbeschreibung Die Projektdefinition oder Projektbeschreibung wird in Projekten als Lastenheft bezeichnet und beinhaltet die „vom Auftraggeber festgelegte Gesamtheit der Forderungen an die Lieferungen und Leistungen eines Auftragnehmers innerhalb eines Projektes" (DIN 699015, 2009, S. 9). Das Lastenheft ist oft Bestandteil der Ausschreibungsunterlagen, auf die Dienstleister ein Angebot auf das Projekt abgeben. Der Folgeschritt ist die Erstellung des Pflichtenheftes, in dem die „vom Auftragnehmer erarbeiteten Realisierungsvorgaben auf der Basis des vom Auftraggeber vorgegebenen Lastenheftes" (DIN 699015, 2009, S. 10) einzutragen sind. Beispielsweise sind hier die Ist- und Sollprozesse beschrieben und auch die Schnittstellen an interne oder externe Systeme. Teilweise sind hier auch schon die Punkte beschrieben, an denen die Standardsoftware erweitert werden muss, um den Prozess abbilden zu können.

Je nach Detaillierungsgrad des Pflichtenheftes kann eine sehr genaue Kalkulation des Projektes hinsichtlich Budget, Ressourceneinsatz und Laufzeit erfolgen. Je feiner der Detaillierungsgrad, desto klarer ist der Projektinhalt/umfang (Scope) und desto einfacher verlaufen im Fortschritt des Projektes die Diskussionen um eine Änderung des Umfanges (Wieczorrek und Mertens 2008).

Projektrahmenbedingungen/Projektlandschaft Haben Unternehmen eine gewisse Größenordnung erreicht, gehören Projekte zum Alltag und müssen realistisch geplant, genau gesteuert und qualifiziert kontrolliert werden. In der Praxis bedeutet dies, dass um Ressourcen gekämpft wird und mit Druck umgegangen werden muss. Seien es Prozessoptimierungsprojekte, komplexe IT-Projekte oder zahlreiche, gleichzeitig laufende Produktentwicklungsprojekte, es werden für alle Projekte qualifizierte Mitarbeiter gebraucht, die in ausreichendem Maße zeitlich zur Verfügung stehen. Der Druck entsteht durch die zeitlichen Vorgaben, gepaart mit inhaltlicher Komplexität und sich ständig ändernden Rahmenbedingungen (Lomnitz 2004).

Auch hier sind die abgeleiteten Einflüsse aus den oben genannten Punkten auf die Effektivität eines Beraters unterschiedlich. Ist der Berater ein Mitarbeiter des Unternehmens, also Inhouse-Consultant, sind die Einflüsse eher gering, da er bereits entsprechende Hard und Software für seine Tätigkeit im Unternehmen hat, sowie die entsprechende Freischaltung für die unternehmensinternen Ressourcen vorhanden ist. Hier muss eventuell noch eine Freischaltung auf neue Ressourcen stattfinden, aber auch dies geht schneller als bei externen Beratern. Die oben beschriebenen Einflussfaktoren decken nicht alle, in Projekten vorkommenden, Einflussfaktoren ab und sind in ihren Konsequenzen nicht vollständig beschrieben, da sie in vielfachen Kombinationen vorkommen können und es wiederum Einflussfaktoren auf diese Einflussfaktoren gibt.

Hier endet nun die Darstellung des Problembereiches. Im Folgenden erfolgt erst die Ausarbeitung der Messgrößen, um das SEN im weiteren Verlauf einsetzen zu können.

10.2 Modellentwicklung

Im nun folgenden Teil erfolgt die Modellentwicklung für SEN, um die vorliegende Problemstellung zu bearbeiten. Zunächst werden beispielhaft einige Attribute definiert und bewertet. Die Ausprägungen der Attribute werden im Intervall zwischen 0 und 1 bestimmt.

10.2.1 Ausarbeitung und Ableitung der Messgrößen als Attribute

Betriebswirtschaftliche Kenntnisse Wie schon in im Absatz zur Definition der Begriffe „Berater" und „Beratung" beschrieben, erwartet der Kunde im Bereich der Prozessberatung fundierte betriebswirtschaftliche Kenntnisse, damit der Berater die Geschäftsprozesse des Kunden nachvollziehen, verstehen und verbessern kann, beziehungsweise damit der Berater seinem Beratungsauftrag gerecht wird. Diese Kenntnisse sind in rein technischen Projekten (zum Beispiel Ausstattung und Anbindung aller Abteilungen mit Druckern) nur bei Projektleitern notwendig (Tab. 10.1).

Tab. 10.1 Gewichtungen für betriebswirtschaftliche Kenntnisse

Stark ausgeprägt	…	Grundwissen vorhanden	…	Schwach ausgeprägt	Nicht vorhanden
1,0	…	0,5	…	0,1	0,0

IT-Kenntnisse Seitens des Kunden werden auch IT-Kenntnisse erwartet. Die Geschäftsprozesse des Kunden laufen schließlich auf entsprechenden IT-Systemen. Um das entsprechende Transferwissen herstellen zu können, wird von Beratern erwartet, dass sie ein grundlegendes Verständnis für das IT-System haben, das für den oder die Geschäftsprozesse eingesetzt wird (Tab. 10.2).

Tab. 10.2 Gewichtungen für IT-Kenntnisse

Stark ausgeprägt	...	Grundwissen vorhanden	...	Schwach ausgeprägt	Nicht vorhanden
1,0	...	0,5	...	0,1	0,0

Flexibilität Die hier gemeinte Flexibilität bezieht sich nicht auf die mobile Flexibilität des Beraters, sondern auf die geistige Flexibilität. Wie schnell kommt ein Berater mit den an ihn gestellten Anforderungen zurecht, wie schnell kann er sich mit dem Umfeld des Kunden vertraut machen. Auch dieser Wert ist, wie alle Soft Skills, schwierig zu bewerten und grundsätzlich eine Einschätzung des Beraters. Dazu später mehr im Absatz zur Herausforderung des Modells. Die hier gemeinte Flexibilität wächst auch mit der Erfahrung der Berater. Insofern kann ein Juniorberater eventuell weniger flexible Ausprägungen haben als ein Seniorberater (Tab. 10.3).

Tab. 10.3 Gewichtungsbandbreite für Flexibilität

Stark ausgeprägt	...	Neutral	...	Schwach ausgeprägt	Nicht vorhanden
1,0	...	0,5	...	0,1	0,0

Führungserfahrung Ebenso wie Flexibilität und später auch die Selbstständigkeit, wächst die Erfahrung im Bereich Mitarbeiterführung mit den Jahren, die der Berater in seinem Umfeld tätig ist (Tab. 10.4).

Tab. 10.4 Gewichtung für Führungserfahrung

Stark ausgeprägt	...	Grundwissen vorhanden	...	Schwach ausgeprägt	Nicht vorhanden
1,0	...	0,5	...	0,1	0,0

Selbstständigkeit Ein Berater im Projektumfeld muss selbstständig arbeiten können. Es gibt jedoch auch hier Einschränkungen. Ein Juniorberater kann aufgrund der fehlenden Erfahrung noch nicht die Selbstständigkeit aufweisen, die ein Seniorberater im Laufe seiner Beraterjahre gesammelt hat. Je nach Anforderung des Kunden beziehungsweise je nach angebotenem Profil des Beratungsunternehmens kann die Selbstständigkeit des Beraters also unterschiedlich stark ausgeprägt sein (Tab. 10.5).

Tab. 10.5 Gewichtungsbandbreite für Selbstständigkeit

Stark ausgeprägt	...	Neutral	...	Schwach ausgeprägt	Nicht vorhanden
1,0	...	0,5	...	0,1	0,0

Projektsponsor Der Projektsponsor ist grundsätzlich positiv gegenüber dem Projekt gestimmt, sonst würde er das Projekt nicht finanzieren. Da es aber durchaus politische Gründe für manche Entscheidungen gibt, darf die Grundstimmung des Projektsponsors nicht unterschätzt werden. Schnell kann es sonst passieren, dass Projekte bei kleineren Schwierigkeiten gestoppt oder ganz gestrichen werden (Tab. 10.6).

Tab. 10.6 Gewichtungen für Projektsponsor

Positiv gestimmt	...	Neutral	...	Negativ gestimmt
1,0	...	0,5	...	0,0

Stakeholder Stakeholder sind vom Projekt direkt betroffen (sowohl positiv als auch negativ). Im Gegensatz zum Projektsponsor, von dem es in der Regel nur einen gibt, können pro Projekt mehrere Stakeholder existieren, die selbstverständlich alle individuell gewichtet werden müssen (Tab. 10.7).

Tab. 10.7 Gewichtungsbandbreite für Stakeholder

Positiv gestimmt	...	Neutral	...	Negativ gestimmt
1,0	...	0,5	...	0,0

Projektdefinition Die Projektdefinition besteht aus dem entsprechenden Lastenheft und eventuell weiteren verpflichtenden Dokumenten, wie zum Beispiel Entwicklerrichtlinien.

Grundsätzlich sollte erst einmal festgehalten werden, ob ein Lastenheft existiert und in welchem inhaltlichen Zustand das Lastenheft sich befindet. Für die Projektdefinition haben wir also zwei Bandbreiten (Tab. 10.8 und Tab. 10.9).

Tab. 10.8 Gewichtung für Lastenheft–Existenz

Vorhanden	Grundzüge vorhanden	Nicht vorhanden
1,0	0,5	0,0

Tab. 10.9 Gewichtungsbandbreite für Lastenheft-Inhalt

Lastenheft vollständig inklusive Details vorhanden	...	Lastenheft auf Managementlevel beschrieben	...	Kein Inhalt vorhanden
1,0	...	0,5	...	0,0

Projektumfeld Beim Projektumfeld wird das politische Umfeld, in der sich das Projekt befindet, bewertet. Beispielsweise ist ein Umstrukturierungsprojekt bei einem größeren Unternehmen, welches Einsparmaßnahmen durchführen will, eher in einem negativen, unruhigen Fahrwasser, wogegen sich ein Umstrukturierungsprojekt bei einem Unternehmen, welches enorm wächst und daher seine Geschäftsbereiche neu ausrichten will, eher in einem positiven, unruhigen Fahrwasser unterwegs ist. Im erstgenannten Umfeld ist eher der Selbsterhaltungstrieb maßgeblich, im zweiten eher die Aufbruchsstimmung und der Entwicklungsdrang (Tab. 10.10).

Tab. 10.10 Gewichtungsbandbreite für politisches Umfeld

Positivpolitisches Umfeld	...	Neutral	...	Negativpolitisches Umfeld	Umfeld unbekannt
1,0	...	0,5	...	0,1	0,0

Technische Umweltbedingungen Als technische Umweltbedingungen werden die Bedingungen definiert, die notwendig sind, damit externe Berater in einem Unternehmen tätig werden und dem Beratungsauftrag nachgehen können (Tab. 10.11). Dazu gehören zum Beispiel der Zugriff auf alle notwendigen Informationen und Netzwerke des zu beratenden Unternehmens sowie der direkte Zugriff auf die Projektmitarbeiter des Projektes (bestehend aus internen aber eventuell noch weiteren externen Personen).

Tab. 10.11 Gewichtungen für technisches Umfeld

Kompletter Zugriff vorhanden	...	Zugriff teilweise vorhanden	...	Kein Zugriff vorhanden
1,0	...	0,5	...	0,0

Kosten (Stundensatz) Als zusätzliches Kriterium spielen für den Kunden die Kosten (Stundensatz) eine große Rolle. Der Auftraggeber möchte in der Regel gerne einen Top-Berater zu einem möglichst geringen Stundensatz.

Um den Stundensatz in der Matrix entsprechend bewerten zu können, wird die Bandbreite genau definiert und im SEN per Cue Validity Factor (CVF) gewichtet. Der Cue Validity Factor ist ein Wert, mit dem die normalisierten Werte aus der semantischen Matrix multipliziert werden, bevor diese in die Gewichtsmatrix durch die Lernregel transformiert werden. Mit dem cvf können einzelne Attribute noch weiter priorisiert und gewichtet werden. In diesem Beispiel werden die Kosten mit einem cvf von 10 sehr hoch priorisiert. Dies bedeutet in der Logik des SEN, dass bei zwei Beratern, die gleiche Werte erhalten haben, der Berater mit dem niedrigeren Stundensatz bevorzugt wird, bzw. im Ranking weiter oben steht (Tab. 10.12).

Tab. 10.12 Bewertungsbandbreite für den Stundensatz

170 €	160 €	150 €	140 €	130 €	120 €	110 €	100 €	90 €	80 €
0,1	0,2	0,3	0,4	0,5	0,6	0,7	0,8	0,9	1,0

10.2.2 Erstellung der semantischen Matrix

Die semantische Matrix besteht aus den Attributen (betriebswirtschaftliche Kenntnisse, IT-Kenntnisse, Flexibilität, Führungserfahrung und Selbstständigkeit) und den Objekten (die angebotenen Berater B1 bis B10). Das Beratungsunternehmen bewertet die jeweiligen Kompetenzen der Berater.

Darüber hinaus gibt der Auftraggeber seiner Wünsche an, indem er die Ausprägungen der geforderten Kompetenzen angibt (Kundenanforderung (K) sowie eine Bewertung des Umfeldes (Projektsponsor, Stakeholder, Projektdefinition, Projektumfeld und technische Umweltbedingungen). Daraus ergibt sich als Beispiel die semantische Matrix (Tab. 10.13).

Tab. 10.13 Semantische Matrix mit Bewertung der Ausprägungen für SEN

	K	B1	B2	B3	B4	B5	B6	B7	B8	B9	B10
Betriebswirtschaftliche Kenntnisse	1,0	0,8	0,7	0,5	1,0	0,1	0,2	0,4	0,6	0,3	0,9
IT-Kenntnisse	1,0	0,7	0,8	0,5	0,3	0,7	0,9	0,7	0,3	0,8	0,1
Flexibilität	1,0	0,9	0,8	0,4	0,9	0,7	0,8	1,0	0,9	0,8	0,4
Führungserfahrung	1,0	1,0	0,7	0,2	1,0	0,8	0,6	0,9	0,8	0,2	0,2
Selbstständigkeit	1,0	1,0	1,0	0,5	0,7	0,8	1,0	0,7	0,4	1,0	1,0
Projektsponsor	0,8										
Stakeholder	0,3										
Projektdefinition 1	0,9										
Projektdefinition 2	0,8										
Projektumfeld	0,5										
Technische Umweltbedingungen	0,7										
Kosten (Stundensatz)	1,0	0,8	0,7	0,8	0,4	0,6	0,7	0,7	0,8	1,0	0,9

In den Zeilen werden die Attribute abgebildet und in den Spalten die Objekte. Dies erfolgt an dieser Stelle der besseren Übersicht.

Somit beinhaltet die semantische Matrix die Kundenanforderungen einerseits sowie den Erfüllungsgrad der Kompetenzen von 10 Beratern andererseits. In dieser Tabelle wird mit den fehlenden Werten symbolisiert, dass diese unternehmensspezifisch definiert werden können, z. B. als Erfahrung der Mitarbeiter (Tab. 10.14).

Tab. 10.14 Angepasste semantische Matrix

	K	B1	B2	B3	B4	B5	B6	B7	B8	B9	B10
Betriebswirtschaftliche Kenntnisse	1,0	0,8	0,7	0,5	1,0	0,1	0,2	0,4	0,6	0,3	0,9
IT-Kenntnisse	1,0	0,7	0,8	0,5	0,3	0,7	0,9	0,7	0,3	0,8	0,1
Flexibilität	1,0	0,9	0,8	0,4	0,9	0,7	0,8	1,0	0,9	0,8	0,4
Führungserfahrung	1,0	1,0	0,7	0,2	1,0	0,8	0,6	0,9	0,8	0,2	0,2
Selbstständigkeit	1,0	1,0	1,0	0,5	0,7	0,8	1,0	0,7	0,4	1,0	1,0
Projektsponsor	0,8	0,7	0,8	0,2	0,9	0,7	0,6	0,7	0,6	0,1	0,1
Stakeholder	0,3	1,0	0,8	0,1	0,7	0,7	0,8	0,8	0,9	0,5	0,3
Projektdefinition 1	0,9	1,0	1,0	0,6	0,8	0,5	0,7	0,8	0,6	0,4	0,3
Projektdefinition 2	0,8	1,0	1,0	0,6	0,8	0,7	0,9	0,6	0,8	0,5	0,6
Projektumfeld	0,5	0,8	0,7	0,1	1,0	0,9	0,6	0,8	0,4	0,2	0,1
Technische Umwelt-bedingungen	0,7	0,4	0,6	0,7	0,9	0,8	1,0	1,0	0,5	0,7	0,4
Kosten (Stundensatz)	1,0	0,8	0,7	0,8	0,4	0,6	0,7	0,7	0,8	1,0	0,9

10.3 Anwendung des SEN und Auswertungen

10.3.1 Semantische Matrix und Parametereinstellungen

Nachdem nun die Problemstellung klar und die Messgrößen für das SEN herausgearbeitet wurden, erfolgen die Konfiguration und Nutzung des SEN für die oben genannte Problemstellung.

Zuerst werden die Attribute in das SEN eingegeben und mit den möglichen Werten für das Minimum (n_{min}) und das Maximum (n_{max}) versehen. In diesem Fall werden die Intervalle zwischen 0 und 1 festgelegt; darüber hinaus werden die Bewertungswerte der Attribute in diesem Intervall normalisiert. Als zweites werden die Rohdaten für die Bewertung eingegeben.

Anhand der obigen Tab. 10.13 ist erkennbar, dass bei den Beratern zwar die Bewertungen für die Soft Skills vorhanden sind, nicht jedoch die Bewertungen für die Kundenumgebung. Der Einfachheit halber wird nun angenommen, dass die ergänzten Bewertungen hier die Erfahrung des Beraters in den jeweiligen Bereichen widerspiegeln.

Die angepasste semantische Matrix sieht wie folgt aus (Tab. 10.14).

Die Parametereinstellungen für den Lernprozess im SEN sind 0,1 für die Lernrate, die lineare Aktivierungsfunktion sowie 1 Lernschritt.

Um durch SEN einen geeigneten Berater für eine bestimmte Kundenanfrage zu erhalten, ist es notwendig einen Eingabevektor zu definieren. Dieser beinhaltet die

Kundenanforderungen (als Objekt des Eingabevektors definiert) in dem alle gewünschten Anforderungen (Attribute) des Kunden an einen Berater angegeben werden.

Durch diese Form der Modellierung ist es demnach möglich, einerseits die Kompetenzen der Berater unternehmensintern festzuhalten und andererseits die gewünschten Kompetenzen seitens der Kunden durch den Eingabevektor abzubilden.

10.3.2 Erste Auswertung und Visualisierung der Ergebnisse

Die Visualisierung der Ergebnisse aus dem SEN kann anhand zwei verschiedener Verfahren erfolgen, die auf verschiedenen Berechnungsmodi beruhen. Das erste Verfahren ist die Karten-Visualisierung: Hier werden die Objekte und alle Eingabevektoren (die Eingabevektoren sind die Anforderungen des Kunden, Spalte K in Tab. 10.14) in einem Verhältnis zueinander gestellt. Je ähnlicher sich die Objekte sind, desto näher zueinander werden sie auf der Karte platziert. Es handelt sich dabei um eine Näherungslösung durch die Euklidische Distanz und soll dazu dienen, sich einen schnellen Überblick über die Ergebnisse des SENs zu verschaffen. Diese Visualisierung erfolgt auf Basis der errechneten Distanzen zwischen den Objekten.

Die SEN-Visualisierung zeigt die Ergebnisse des Rankings und somit die stärkste Aktivierung der Objekte in der semantischen Matrix. In diesem Fall wird der Eingabevektor (Kundenanforderungen) in der Mitte konzentrischer Kreise platziert („Input Centered Modus", Klüver et al. 2012) und die Objekte (Berater), die den Kundenanforderungen am ähnlichsten sind, werden in Abhängigkeit der Endaktivierung zum Zentrum angezogen.

Im Folgenden werden zunächst zwei Anwendungsfälle gezeigt, um die Auswertungen und Visualisierungen zu konkretisieren.

Erster Anwendungsfall: Alle Berater-Kompetenzen sind gleich wichtig Im ersten Anwendungsfall wird angenommen, dass alle Kompetenzen gleich wichtig sind, somit ist der Cue Validity Factor (CVF) für alle Attribute 1.0. Die Kundenanforderungen entsprechen denen der Tab. 10.14 und werden im SEN als Inputvektor eingegeben (Abb. 10.2).

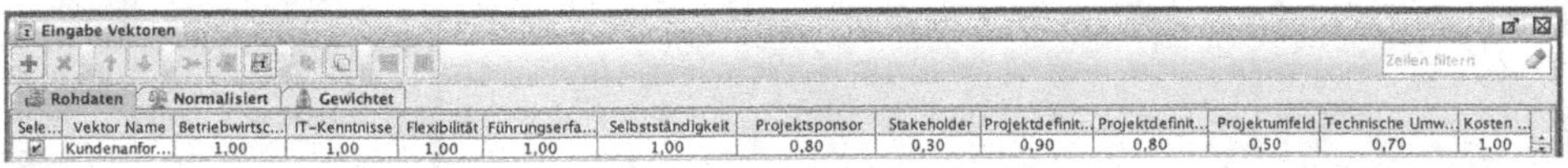
Eingabe Vektoren
Zeilen filtern
Rohdaten
Normalisiert
Gewichtet
Sele... Vektor Name Betriebwirtsc... IT-Kenntnisse Flexibilität Führungserfa... Selbstständigkeit Projektsponsor Stakeholder Projektdefinit... Projektdefinit... Projektumfeld Technische Umw... Kosten ...
Kundenanfor... 1,00 1,00 1,00 1,00 1,00 0,80 0,30 0,90 0,80 0,50 0,70 1,00

Abb. 10.2 Kundenanforderungen als Eingabevektor im SEN

Aufgrund dieser Anforderungen und da alle Kompetenzen gleich wichtig sind, ergibt sich das Ergebnis für die Distanzen (Abb. 10.3).

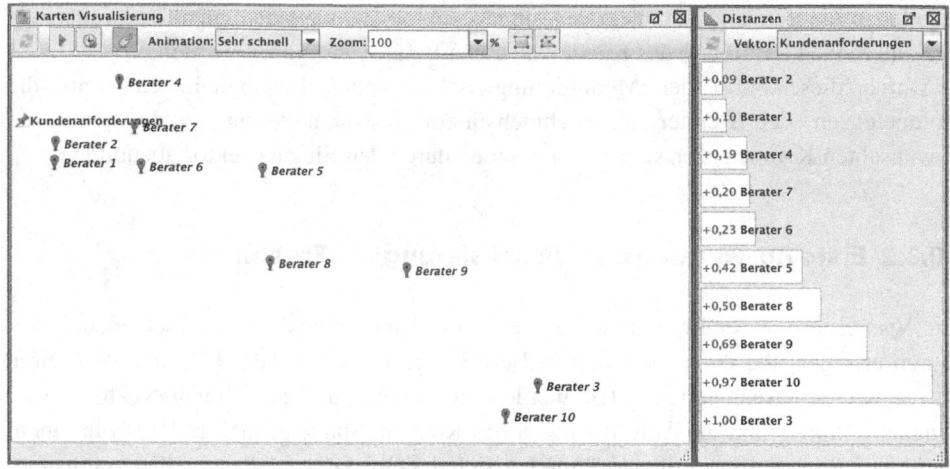

Abb. 10.3 Empfehlung durch SEN anhand der Distanzen

Wie der Abb. 10.3 zu entnehmen ist, entspricht Berater 2 am besten den Kunden-anforderungen, gefolgt in einem sehr geringen Abstand von Berater 1, der zum Bei-spiel eingesetzt werden kann, wenn Berater 1 nicht verfügbar ist. Hingegen kommen die Berater 10 und 3 praktisch bei diesen Anforderungen nicht infrage.

Diese Ergebnisse werden durch die Rangliste und die SEN-Visualisierung bestätigt (Abb. 10.4).

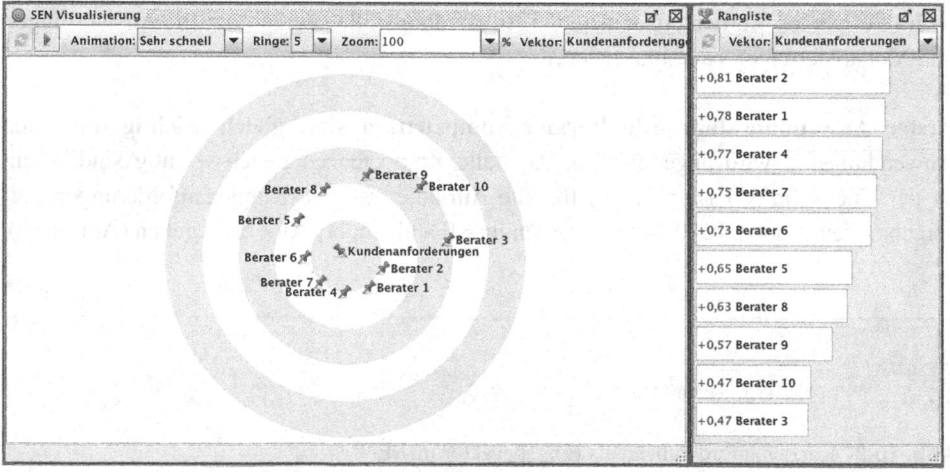

Abb. 10.4 SEN-Empfehlung anhand der Rangliste

Zweiter Anwendungsfall: Die Kosten sollen niedrig sein Wie bereits in (Tab. 10.12) erläutert, spielen die Stundensätze der einzelnen Berater eine wesentliche Rolle.

Im zweiten Anwendungsfall wird entsprechend der CVF für den Stundensatz auf 10.0 gesetzt, um damit sicher zu stellen, dass dieser einen wesentlichen Einfluss auf die Beraterempfehlung durch SEN hat.

Die Ergebnisse der Distanzen werden für diesen Fall in Abb. 10.5 vorgestellt.

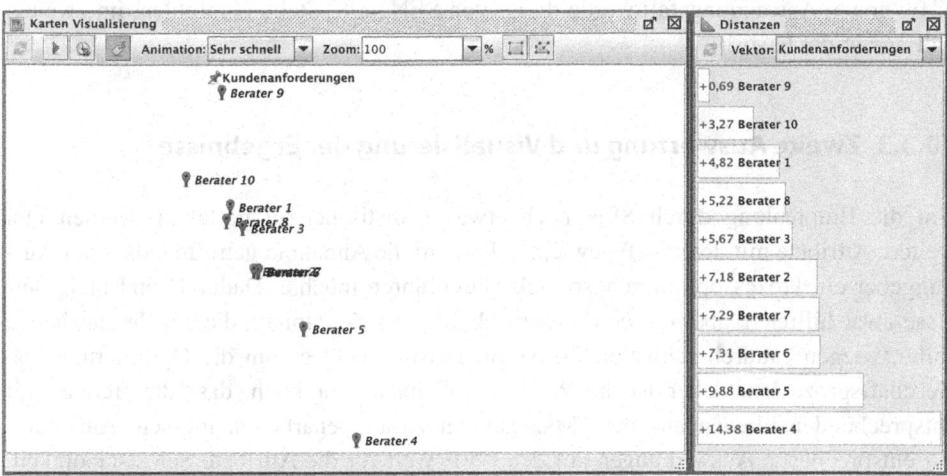

Abb. 10.5   SEN-Empfehlung anhand der Distanzen

In diesem Fall entspricht Berater 9 am meisten den Kundenanforderungen und zwar mit einem großen Abstand zum Zweitplatzierten. Berater 4 weist bei dem Kriterium des Stundensatzes die größte Distanz auf, da dieser den höchsten Stundensatz hat. Diese Ergebnisse werden erneut durch die Rangliste und die Visualisierung bestätigt (Abb. 10.6).

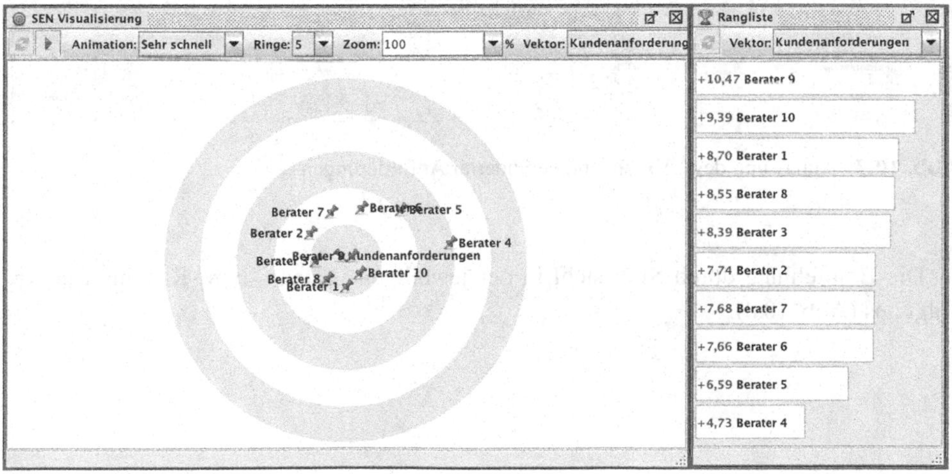

Abb. 10.6   Beraterempfehlung anhand der Rangliste

Durch diese zwei Anwendungen wird deutlich, dass allein die Änderung des CVF für eine Kriterium (in diesem Fall für die Stundensätze), eine sehr große Auswirkung auf die Empfehlung der Berater hat. Berater 4 war in der ersten Anwendung auf Platz 4 der Distanzen sowie der Rangliste. Werden die Stundensätze berücksichtigt, so wird dieser nicht mehr von SEN für den Kunden empfohlen. Umgekehrt verhält es sich mit Berater 9: Im ersten Anwendungsfall wurde dieser von SEN an 8. Stelle empfohlen, im zweiten Fall war er der Favorit.

10.3.3 Zweite Auswertung und Visualisierung der Ergebnisse.

Um die Empfehlung durch SEN noch etwas realistischer zu gestalten, werden nun weitere Attribute mit dem CVF gewichtet. Es wird die Annahme getroffen, dass der Auftraggeber ein Prozessoptimierungsprojekt durchführen möchte. Dadurch sind IT-Kenntnisse zwar hilfreich, aber die betriebswirtschaftlichen Kenntnisse, die ein Berater haben sollte, wiegen dadurch schwerer. In diesem Beispiel geht es um die Optimierung von Geschäftsprozessen, daher ist die Wahrscheinlichkeit sehr hoch, dass die Berater mit entsprechenden Ebenen aus dem Management zusammenarbeiten müssen. Auch dies hat entsprechende Auswirkungen auf den CVF-Wert für die Attribute Selbstständigkeit, Projektsponsor, Stakeholder und Projektumfeld. Daraus ergibt sich folgende angepasste Attributsgewichtung (Abb. 10.7).

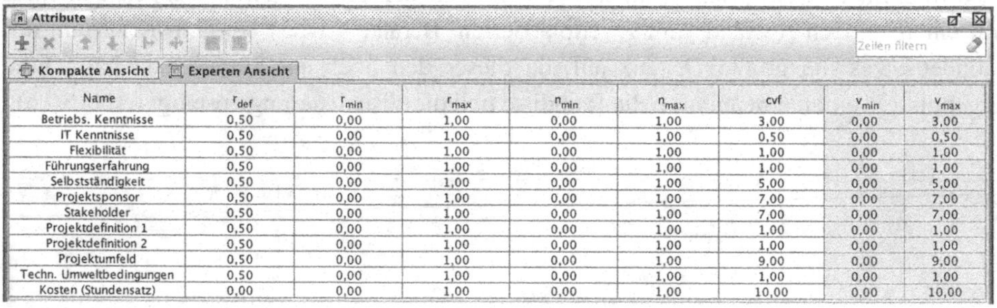

Name	r_{def}	r_{min}	r_{max}	n_{min}	n_{max}	cvf	v_{min}	v_{max}
Betriebs. Kenntnisse	0,50	0,00	1,00	0,00	1,00	3,00	0,00	3,00
IT Kenntnisse	0,50	0,00	1,00	0,00	1,00	0,50	0,00	0,50
Flexibilität	0,50	0,00	1,00	0,00	1,00	1,00	0,00	1,00
Führungserfahrung	0,50	0,00	1,00	0,00	1,00	1,00	0,00	1,00
Selbstständigkeit	0,50	0,00	1,00	0,00	1,00	5,00	0,00	5,00
Projektsponsor	0,50	0,00	1,00	0,00	1,00	7,00	0,00	7,00
Stakeholder	0,50	0,00	1,00	0,00	1,00	7,00	0,00	7,00
Projektdefinition 1	0,50	0,00	1,00	0,00	1,00	1,00	0,00	1,00
Projektdefinition 2	0,50	0,00	1,00	0,00	1,00	1,00	0,00	1,00
Projektumfeld	0,50	0,00	1,00	0,00	1,00	9,00	0,00	9,00
Techn. Umweltbedingungen	0,50	0,00	1,00	0,00	1,00	1,00	0,00	1,00
Kosten (Stundensatz)	0,00	0,00	1,00	0,00	1,00	10,00	0,00	10,00

Abb. 10.7 Anpassung des CVF anhand veränderter Anforderungen

Die Empfehlung durch SEN sieht in der jeweiligen Distanz- bzw. Rankingliste wie folgt aus (Abb. 10.8).

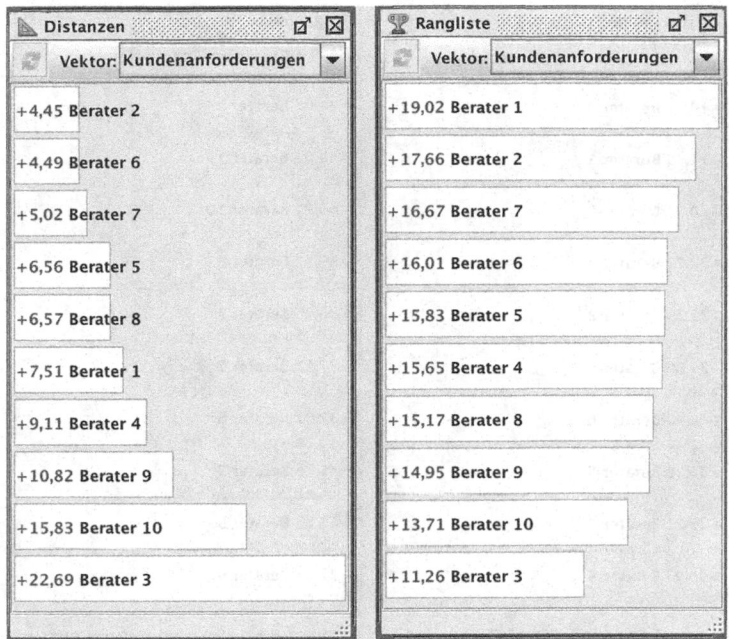

Abb. 10.8 Empfehlung von SEN (anhand der Distanzen links und der Rangliste rechts)

Anhand der unterschiedlichen CVF-Werte für die Differenzierung der geforderten Kompetenten ergibt sich erneut eine Empfehlung, die der ersten Auswertung der Ergebnisse in Abschn. 10.3.2 entspricht, mit dem Unterschied, dass in den Distanzen Berater 2 und in der Rangliste Berater 1 empfohlen wird.

Durch die CVF-Werte verändert sich insgesamt die Reihenfolge in der jeweiligen Liste, somit kann davon ausgegangen werden, dass die Entscheidung nicht mehr so eindeutig ausfällt.

Wird jedoch der Kostenfaktor erneut erhöht, in diesem Fall auf 20, um diesen von den insgesamt erhöhten CVF-Werte abzuheben, ergibt sich folgende Empfehlung durch SEN (Abb. 10.9).

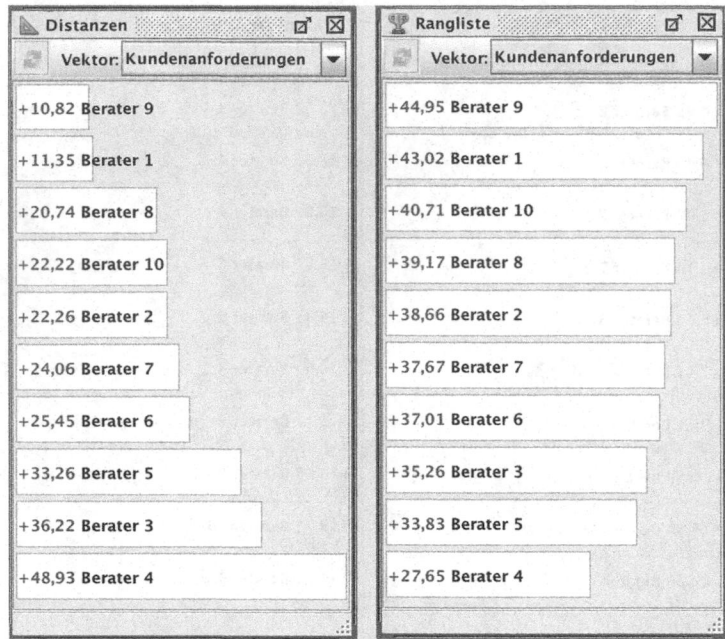

Abb. 10.9 Auswirkungen des veränderten CVF für die Empfehlung eines Beraters

Durch die Erhöhung des CVF für den Stundensatz erfolgt durch SEN erneut eine einheitliche Empfehlung für Berater 9 und auch der zweitplatzierte Berater 1 kommt aufgrund des geringen Abstandes zur Listenführung infrage.

Anhand der verschiedenen Gewichtungen durch den CVF wird deutlich, dass einige Kriterien einen entscheidenden Einfluss auf die Empfehlung eines Beraters haben. Obwohl in der zweiten Auswertung einige Attribute sehr stark variiert wurden, waren diese nicht ausschlaggebend. In den gezeigten Beispielen spielte grundsätzlich der Kostenfaktor eine entscheidende Rolle für die Empfehlung eines bestimmten Beraters.

10.3.4 Herausforderungen des Modells

Das oben beschriebene Modell weist nach Durchführung der ersten Versuche einige Herausforderungen auf. Zuerst muss eine einheitliche Definition der Soft Skills vorliegen, damit die Angabe der Bewertungen allgemein verständlich und einheitlich erfolgt. Trotzdem ist mit Abweichungen aufgrund von Unklarheiten zu rechnen.

Der zweite Punkt betrifft die Bewertung der Kundenumgebung durch den Auftraggeber selber. Durch die Selbstbewertung ist eine objektive Bewertung nicht gegeben. Sollte also, wenn möglich, die Kundenumgebung durch einen dritten bewertet werden? Dann wäre noch zu klären, wie die Bewertung der Kundenumgebung in den Beraterprofilen erfolgen soll. Eine Lösung könnte hier sein, die Erfahrung der Berater in entsprechenden Umgebungen abzubilden, wie bereits bei der Anwendung des SEN beschrieben. Dieses Verfahren wurde angewendet, um ein möglichst reales Ergebnis zu erhalten.

Punkt drei betrifft die Gewichtung der einzelnen Kriterien durch den Auftraggeber. Das ist eigentlich eine klare Angelegenheit, da der Auftraggeber selber festlegt, welche Kriterien von ihm noch auf- bzw. abgewertet werden. Nach Ende des Projektes sollte dann eine Bewertung der Kundenumgebung durch das Beratungsunternehmen erfolgen, um zumindest eine zweite Einschätzung der vorgefundenen Situation zu erhalten. Diese Informationen können dem Auftraggeber dienen, in Zukunft seine Umgebung selber besser zu bewerten, als auch dem Beratungsunternehmen, um abzugleichen, ob die Bewertung in den Beraterkriterien zu der Kundenumgebung passte.

Nähert man sich mit möglichst großer Neutralität und Objektivität an die einzelnen Themengebiete, lassen sich Bewertungen von Soft Skills und Projektumgebungen sicherlich noch einigermaßen einfach durchführen. Empathie zählt zwar ebenfalls zu den sozialen Kompetenzen und bezeichnet die emotionale Einfühlung in die Erlebnisweise einer fremden Person (daher auch Einfühlungsvermögen) (Pschyrembel 2020), und sie ist daher durchaus relevant für die Bewertung von Beratern; eine Form der neutralen und objektiven Bewertung ist in diesem Fall jedoch schwer vorstellbar und wird daher in diesem Beitrag als Soft Skill ausgegrenzt.

Nach den derzeit vorliegenden Ergebnissen und Erkenntnissen, gibt es für das bisher beschriebene Modell mehrere Einsatzmöglichkeiten. Zum einen kann das Modell gekapselt in Beratungsunternehmen angewendet werden. Eine größere Herausforderung stellt die Nutzung des Modells beim Kunden dar.

10.3.5 Modell im Beratungsunternehmen

Das hier beschriebene Modell kann innerhalb eines Beratungsunternehmens angewendet werden. Wie in den meisten Unternehmen üblich liegt über alle Berater pro Abteilung eine Skill-Matrix vor. Diese Skill-Matrix beinhaltet in der Regel alle Kenntnisse, die innerhalb einer Abteilung (z. B. Financials) erforderlich sind.

Eine Skill-Matrix in einem Unternehmen sollte nicht nur der Möglichkeit für Vorgesetzte zur Zuweisung von Mitarbeitern zu Projekten dienen, sondern sollte auch in regelmäßigen Personalgesprächen mit dem Berater angepasst und zur Personalentwicklung genutzt werden. Ein Personalgespräch sollte mindestens einmal im Jahr mit Anpassung der Skill-Matrix stattfinden. Eine Aktualisierung der Skill-Matrix kann, wenn notwendig, jedoch auch öfter angepasst werden, zum Beispiel nach Projekten, in denen der Mitarbeiter sich in einem speziellen Gebiet weiterentwickelt hat (Achouri 2015; Häusling et al. 2019).

Ein Beispiel für eine Skill-Matrix wird in Abb. 10.10 gezeigt.

Die Abb. 10.10 zeigt ein Beispiel für eine Skill-Matrix wie sie in einem Beratungsunternehmen in einer Abteilung für SAP FI und CO Beratung aussehen könnte. Die

	SAP FI							SAP CO							SAP PS				Sonstiges						
	SAP FI Grundkenntnisse	SAP FI Hauptbuchhaltung	SAP FI Anlagenbuchhaltung	SAP FI Nebenbuchhaltung (z.B. IS-U)	SAP FI Customizing	SAP FI Neues Hauptbuch	SAP FI Migration	SAP CO Grundkenntnisse	SAP CO Ergebnis- und Marktsegmentrechn	SAP CO Kostenstellenrechnung	SAP CO Innenaufträge	SAP CO Profit Center Rechnung	SAP CO Produktkostenplanung	SAP CO Migration	SAP PS Grundkenntnisse	SAP PS CO Integration	SAP PS Logistikintegration	SAP PS Migration	SAP ABAP Kenntnisse	SAP LSMW Kenntnisse	SAP Schedule Manager / Closing Cockpit	SAP Solution Manager	SAP Testmanagement	SAP ALE	SAP sonstige Modul-Schnittstellen
Berater 1	5	5	3	2	5	5	4	3	1	2	1	1	1	1	1	1	2	1	4	2	3	3	3	2	3
Berater 2	5	5	4	1	5	4	4	4	1	2	1	2	1	2	2	1	5	2	3	3	2	2	3	2	4
Berater 3	5	4	4	3	5	3	5	4	1	2	1	1	1	1	3	3	1	3	2	1	5	2	3	3	4
Berater 4	5	3	4	3	5	3	4	5	2	3	1	2	1	2	3	4	1	1	2	3	1	4	3	4	5
Berater 5	5	3	4	1	5	2	5	4	2	3	1	3	1	2	4	3	2	1	1	4	1	4	4	3	3
Berater 6	3	2	2	2	2	2	2	5	5	4	4	4	5	4	4	4	4	4	2	5	1	5	4	2	2
Berater 7	3	2	1	1	2	2	5	4	5	4	3	4	5	4	4	4	2	4	1	5	3	3	3	3	3
Berater 8	4	3	3	1	2	3	1	5	3	5	4	5	5	5	5	4	3	3	3	3	3	2	3	4	4
Berater 9	2	1	2	1	2	1	1	5	2	5	4	5	3	5	4	3	3	3	4	2	4	2	3	5	5
Berater 10	1	1	1	1	2	1	1	5	1	4	4	4	2	4	3	2	2	3	3	1	1	5	2	3	4

Legende
- 1 = Möchte ich lernen
- 2 = Grundkenntnisse vorhanden, Ausbaufähig
- 3 = Sicheres Auftreten
- 4 = Profunde Kenntnisse
- 5 = Experte auf dem Gebiet

Abb. 10.10 Beispiel einer Skill-Matrix

einzelnen Mitarbeiter schätzen dabei ihre Kenntnisse anhand der Legende in den einzelnen Modulen ein. Die Einschätzung der Berater wird, wie in der Legende ersichtlich, in den Stufen von 1–5 vorgenommen. Die Einschätzung der Berater kann direkt als semantische Matrix in SEN importiert werden und hat den Vorteil, dass die proportionale Erfassung der Werte anhand der SEN-Ergebnisse überprüft werden können. Dieses Vorgehen wird Pareto Set oder Pareto Optimality genannt (Köhncke und Balke 2007, S. 3 f.). Das Pareto-Optimum ist ein Lösungskonzept der kooperativen Spieltheorie (Feess und Tibitanzl 1997, S. 32).

Sobald ein Auftrag von einem Kunden eingeht, kann der entsprechende Ressourcenverantwortliche schauen, welcher Mitarbeiter am besten auf das vom Kunden angeforderte Profil passt. Bei einer Abteilung von ca. zehn Beratern ist dies manuell noch durchführbar. Bei ca. dreißig Beratern wird es schon schwieriger und bei einer Größenordnung 50+ist dies kaum noch zu prüfen. An dem Punkt bietet SEN die Möglichkeit, anhand des obigen Modells diese Prüfung vorzunehmen und den optimalen Berater zu ermitteln.

Dies lässt sich auch noch erweitern, da die meisten Projekte eines Kunden nicht nur ein oder zwei SAP-Module betreffen, sondern in der Regel ein Integrationsprojekt mit mehreren SAP-Modulen angefragt wird. In diesem Fall ließe sich in das SEN nicht nur die Skill-Matrix der Abteilung von SAP FI/CO sondern auch von anderen Abteilungen integrieren, die anhand der Kundenanforderungen nun ein ganzes Projektteam ermitteln könnte.

Das Beratungsunternehmen kann nun anhand der Ergebnisse des SEN das optimale Projektteam für den Kunden zusammenstellen. Im besten Fall sind alle vom SEN vorgeschlagenen Berater verfügbar und können in dem Projekt eingesetzt werden. Im schlimmsten Fall sind einige oder alle Berater bereits in einem oder mehreren Projekten gebunden. Nun ist es die Aufgabe der Ressourcenmanager und der disziplinarischen Führungskräfte in Absprache mit den Projektleitern der Projekte, in denen die Berater bereits arbeiten, eine für den Kunden bzw. das Projekt optimale Lösung zu finden. Hier könnte mithilfe des SEN ebenfalls geprüft werden, ob die Berater auf dem zweiten Platz nicht ebenfalls die erforderlichen Kenntnisse besitzen.

10.3.6 Modell aus Sicht des Auftraggebers

Die Einsatzmöglichkeit beim Auftraggeber gestaltet sich etwas schwieriger, wobei man auch hier zwischen mehreren Möglichkeiten unterscheiden muss.

Möglichkeit 1: Der Auftraggeber nutzt das SEN, um seine Inhouse-Berater (die Berater seines internen IT-Dienstleisters), ebenso wie es das Beratungsunternehmen macht, anhand der Skill-Matrix der Berater in seinen internen Projekten zu besetzen.

Möglichkeit 2: Der Auftraggeber möchte eine vollständige Transparenz über seine angebotenen Berater und fordert von den Beratungsunternehmen eine entsprechende Bewertung anhand definierter Attribute. Hierzu ist es notwendig, dass alle Beratungsunternehmen, die sich auf die Ausschreibung des Auftraggebers beworben haben, ihre Berater anhand der Attribute des Auftraggebers bewerten und diesem zur Verfügung stellen. Dies sollte anonymisiert geschehen. Sofern alle angebotenen Berater von einer Beratungsfirma aus Deutschland kommen, ist dieses Vorgehen durchaus noch realisierbar. Einer Transparenz und damit einer Vergleichbarkeit der Berater und die der Konkurrenz werden Beratungsfirmen jedoch eher ablehnend gegenüberstehen. Sobald auch Beratungsfirmen aus dem Ausland dabei sind, ist die Wahrscheinlichkeit groß, dass einige Attribute bei Beratern nicht so ausgeprägt sind, wie von inländischen Beratern, da unterschiedliche Wertmaßstäbe angelegt werden.

10.4 Fazit und Ausblick

Der hier beschriebene Fall mit zehn Beratern und zwölf Attributen weist sicherlich nicht die Komplexität auf, die in der wirklichen Beraterwelt vorkommt, er zeigt jedoch auf, dass die technischen Möglichkeiten vorhanden sind, um ein Modell zu entwickeln, welches die Komplexität abbilden kann. Die im Rahmen dieses Beitrags aufgezeigten

Ansätze lassen den Schluss zu, dass weitere Forschungen in diesem Bereich durchaus möglich sind und Erfolg haben können.

Ein System über die Messung der Effektivität von Beratern mit entsprechenden Attributen und den oben beschriebenen Problemen bei der Findung der Gewichtung sorgt für eine Transparenz, die den meisten Unternehmen eher nicht entgegenkommt. Es würde zwar den Einkauf von externem Personal erleichtern, dies aber zu einem Preis von Transparenz, den Unternehmen, den Erfahrungen des Autors entsprechend, eher ungern bereit sind zu zahlen.

Die Bewertung und Gewichtung von Attributen für die Effektivität von Beratern ist jedoch nur ein Teil. Wird ein Berater mit gut bewerteten und gewichteten Attributen in einem schwierigen Beratungsumfeld eingesetzt, leidet die Effektivität. Eine hundertprozentige Effektivität eines Beraters gibt es also nur unter Laborbedingungen.

Ein Ansatz zur Erarbeitung eines theoretischen Konzeptes für die genannte zweite Möglichkeit für die Messung der Effektivität von Beratern wäre eine internationale Bewertungsplattform von Beratungsunternehmen für ihre Berater, wo Kunden der Beratungsunternehmen eine Bewertung der entwickelten Attribute vornehmen können. Dabei müssten wie weiter oben schon beschrieben Ethnozentren berücksichtigt werden, es wird also unterschiedliche kulturelle Attribute und Gewichtungen geben, je nachdem ob der Auftraggeber bzw. das Beratungsunternehmen aus Europa, Asien, Amerika oder Afrika kommt. Im Rahmen dieses Beitrags ist die Entwicklung eines theoretischen Konzeptes, welches die oben genannten Rahmenbedingungen enthält, nicht realisierbar. Es ergibt sich hier jedoch ein neues theoretisches Forschungsfeld, welches durch weitere Arbeiten erschlossen werden kann.

Als Fazit dieses Beitrags bleibt also positiv festzuhalten, dass, mithilfe des SEN, ein theoretisches Modell eines Bewertungssystems zur Messung der Effektivität von Beratern entwickelt wurde, eine praktische Umsetzung dieses theoretischen Modells möglich, aber im Bereich der alleinigen Auftraggeberbewertung derzeit nicht abschätzbar ist, da der Aufwand und die Kosten aufgrund der vielen Einflussfaktoren und Rahmenbedingungen nicht überschaubar und kalkulierbar sind. Der Einsatz eines SEN kann jedoch hier entscheidend unterstützen und Objektivität und Transparenz ermöglichen.

Im Kontext der digitalen Transformation wird verstärkt thematisiert, dass Unternehmen sich veränderten Bedingungen anpassen müssen, das beinhaltet ebenso, mehr Transparenz zu schaffen und Mitarbeiter mehr einzubeziehen (Mezick et al. 2019; Grivas und Graf 2020). So besteht eine Chance darin, die Berater mit einzubeziehen in den internen Bewertungen in Beratungsunternehmen oder Inhouse Consultingbereichen.

Literatur

Achouri C (2015) Human Resources Management – eine praxisbasierte Einführung. Springer Fachmedien, Wiesbaden

Bohn U, Kühn S (2004) Beratung, organisation und profession. In: Schützeichel R, Bürgermeister T (Hrsg) Die beratende Gesellschaft. VS Verlag, Wiesbaden

Dewe B, Schwarz Martin P (2011) Beraten als professionelle Handlung und pädagogisches Phänomen. Verlag Dr. Kovac, Hamburg

DIN Deutsches Institut für Normung e. V. (2009) Projektmanagement Projektmanagementsysteme – Teil 5: Begriffe, Beuth Verlag, Berlin

Dobiéy D, Köplin T, Mach W (2004) Programmmanagement – Projekte übergreifend koordinieren und in die Unternehmensstrategie einbinden. WILEY_VCH Verlag GmbH & Co. KGaA, Weinheim

Feess E, Tibitanzl F (1997) Kompaktstudium Wirtschaftswissenschaften – Bd. 1 Mikroökonomie. Verlag Franz Vahlen, München

Freeman RE (1984) Strategic management. A stakeholder approach. Pitman Publishing, Boston

Gabler Wirtschaftslexikon (2000) 15. Aufl. Verlag Dr. Th. Gabler GmbH. Wiesbaden

Grivas SG, Graf M (2020) Digitale Transformation – Transformation der Unternehmen im digitalen Zeitalter. In: Gatziu Grivas S (Hrsg) Digital business development. Springer Gabler, Berlin

Gygi C, DeCarlo N, Williams B (2006) Six Sigma für Dummies. WILEY-VCH Verlag GmbH & Co. KG, Weinheim

Häusling A, Römer E, Zeppenfeld N (2019) Praxisbuch Agilität. Tools für Personal und Organisationsentwicklung, 2. erweiterte Aufl. Haufe Group, Freiburg

Klüver C, Klüver J, Schmidt J (2012) Modellierung komplexer Prozesse durch naturanaloge Verfahren, 2. Aufl. Vieweg und Teubner Verlag, Wiesbaden

Lomnitz G (2004) Multiprojektmanagement – Projekte erfolgreich planen, vernetzen und steuern. Verlag Redline Wirtschaft, Frankfurt

Mezick D, Pfeffer J, Pontes D, Sasse M, Sheffield M, Shinsato H, Kold-Taylor L (2019) Das Openspace Agility Handbuch Organisationen erfolgreich transformieren. Peppair GmbH, Oberweiler

Schierenbeck H, Wöhle C (2012) Grundzüge der Betriebswirtschaftslehre, 18. Aufl. Oldenbourg Verlag, München

Schmolke M, Deitermann S, Rückwart WD, Stobbe S (2013) Industrielles Rechnungswesen IKR, 42. Aufl. Westermann Schroedel Diesterweg Schöningh Winklers GmbH, Braunschweig

Sen AK (2000) The discipline of cost – benefit – analysis. *Journal of Legal Studies 29 (S2)*, Harvard University, S 931–952

Westermann G (2012) KostenNutzenAnalyse – Einführung und Fallstudien. Erich Schmidt Verlag GmbH & Co. KG, Berlin

Wieczorrek HW, Mertens P (2008) Management von ITProjekten, 3. Aufl. Springer Verlag, Heidelberg

Internetquellen:

Köhncke B, Balke, WT (2007) PreferenceDriven Personalization for Flexible Digital Item Adaption, Technische Universität Braunschweig, Institut für Informationssysteme (https://www.ifis.cs.tubs.de/publication/preferencedrivenpersonalizationflexibledigitalitemadaptation)

Krems, B., OnlineVerwaltungslexikon (https://www.olev.de/), (Begriffe: Effektivität, Effizienz) https://www.olev.de/e/effekt.htm, Zugegriffen: 22. Sept. 2020

Krems, B. OnlineVerwaltungslexikon (https://www.olev.de/) (Begriff Wirkungsrechnung), https://www.olev.de/w.htm#Wirkungsrechnung. Zugegriffen: 22. Sept. 2020

Pschyrembel https://www.pschyrembel.de/Empathie/K06RX/doc/. Zugegriffen: 24. Juli 2020

Rekonstruktion der US-Wahlergebnisse 2016: Modellierung und Simulation der Prognosen

11

Alexandar Schkolski, Mina Maria Zengin und Jan Demmer

Zusammenfassung

Die US-amerikanische Präsidentenwahl im Jahr 2016 hat weltweit für Aufmerksamkeit gesorgt, da anhand der damaligen Prognosen mit der Niederlage von Hilary Clinton nicht gerechnet wurde. In diesem Beitrag geht es um die Rekonstruktion der Prognosen anhand vorhandener Umfragewerte mit dem Self-Enforcing Network (SEN) und um ein erweitertes Prognosemodell, um mögliche Gründe für die Wahl von Donald Trump aufzuzeigen.

Schlüsselwörter

US-amerikanische Wahl · Wahlprognosen · Rekonstruktion der Wahlergebnisse

11.1 Einführung

Nach einem von Skandalen geprägten Wahlkampf, wurde der neue Präsident der Vereinigten Staaten von Amerika am 08. November 2016 gewählt. Bei dieser Wahl konnte sich Donald Trump überraschend gegen die Favoritin Hillary Clinton durchsetzen.

Ein wesentlicher Bestandteil von Wahlen sind die Prognosen, die sowohl den Wählern als auch den Kandidaten Aufschluss über das zu erwartende Wahlergebnis geben sollen. Bei dieser Wahl hat sich jedoch gezeigt, dass die Prognosen ihren Zweck nicht erfüllen konnten. Obwohl Hillary Clinton in nahezu jeder Prognose vor Donald Trump lag, war es am Ende Trump, der die Wahl für sich entscheiden konnte.

A. Schkolski (✉) · M. M. Zengin · J. Demmer
Essen, Deutschland
E-Mail: alexandar.schkolski@uni-due.de

© Springer Fachmedien Wiesbaden GmbH, ein Teil von Springer Nature 2021
C. Klüver und J. Klüver (Hrsg.), *Neue Algorithmen für praktische Probleme*,
https://doi.org/10.1007/978-3-658-32587-9_11

In dem vorliegenden Beitrag wird mit dem Self-Enforcing Network (SEN) untersucht, ob eine zutreffendere Prognose auf Basis vorhandener Umfragewerte möglich ist. Dafür werden zunächst die öffentlichen Prognosen mit einer durch SEN simulierten Prognose verglichen. Anschließend wird ein weiteres Prognosemodell entwickelt, das durch bestimmte Einflussfaktoren ergänzt wird. Auf diese Weise wird geprüft, welche wichtigen Einflüsse bei den traditionellen Prognosen eine Rolle spielen können. Thema dieses Beitrags ist demnach die Rekonstruktion des Entwicklungsprozesses eines auf SEN basierenden Prognosemodells. Wir zeigen hier, wie die systematische Erweiterung eines Ausgangsmodells zum Ziel einer korrekten Prognose führen kann.

Da sich das US-amerikanische Wahlsystem von dem deutschen Wahlsystem und auch anderen europäischen Wahlsystemen unterscheidet, wird dieses kurz erläutert:

Die Wahl des amerikanischen Präsidenten erfolgt über sogenannte Wahlmänner. Insgesamt existieren 538 Wahlmänner, wobei die Anzahl an Wählmännern in den Bundesstaaten zwischen 3 und 55 variiert. Bei der Wahl stimmen die Wähler für einen Kandidaten. Derjenige Kandidat, der in einem Bundesstaat die meisten Stimmen auf sich vereinen kann, erhält alle Wahlmännerstimmen des entsprechenden Bundesstaates. Um die Wahl zu gewinnen benötigt ein Kandidat mindestens 270 Wahlmännerstimmen.

Aufgrund dieses komplexen Wahlsystems und der Anzahl an Bundesstaaten, erfolgt eine Fokussierung auf einzelne Staaten. Von besonderer Bedeutung bei einer Wahl sind die als *Swing-* oder auch *Battleground States* bekannten Bundesstaaten. Hierbei handelt es sich um 14 Staaten, in denen die Prognosen relativ ausgeglichen sind und beide Kandidaten noch Chancen auf einen Sieg haben. Diese Staaten sind letztendlich entscheidend für den Ausgang der Wahl.

Die übrigen Bundesstaaten werden infolge der Prognosen und auf Basis der vorherigen Wahlen als bereits entschieden angesehen. Daraus ergibt sich die Verteilung der Wahlmänner (Tab. 11.1).

In Abb. 11.1 werden die bereits entschiedenen Bundesstaaten sowie die Swing States abgebildet.

Trump kann demnach mit 164 und Clinton mit 202 Wahlmännern mit Sicherheit rechnen. Die Swing States stellen die verbliebenen 172 Wahlmänner. Um die Wahl zu gewinnen muss Trump mindestens 106 Wahlmänner in den Swing States erringen, hingegen genügen Clinton 68 Wahlmänner. Welcher Kandidat die einzelnen Swing States gewinnt und damit die benötigten Wahlmännerstimmen sammeln kann, wird im weiteren Verlauf des Beitrags simuliert.

Der Aufbau des Beitrags gliedert sich wie folgt: In Abschn. 11.2 wird zunächst die Datenerhebung beschrieben und anschließend das erste Prognosemodell mit SEN vorgestellt. Wie es sich zeigt, war SEN ebenfalls nicht in der Lage, den Wahlausgang richtig zu prognostizieren. Aus diesem Grund wird in Abschn. 11.4 das Prognosemodell erweitert: In diesem Modell werden weitere Objekte berücksichtigt, die für wichtige Themen im Wahlkampf stehen und die Wähler beschäftigt haben. In Abschn. 11.5 wird beurteilt, wie gut das SEN geeignet ist, ein zutreffendes Wahlergebnis zu

Tab. 11.1 Verteilung der Wahlmänner in den USA

Trump		Clinton		Swing States	
Alaska	3	Kalifornien	55	Nevada	6
Idaho	4	Oregon	7	Arizona	11
Montana	3	Washington	12	New Mexico	5
Wyoming	3	Minnesota	10	Colorado	9
Utah	6	Wisconsin	10	Iowa	6
North Dakota	3	Illinois	20	Michigan	16
Nebraska	5	New York	29	Ohio	18
Kansas	6	Vermont	3	Pennsylvania	20
Oklahoma	7	Massachusetts	11	New Hampshire	4
Texas	38	Rhode Island	4	Maine	4
Missouri	10	Connecticut	7	Virginia	13
Arkansas	6	New Jersey	14	North Carolina	15
Louisiana	8	Delaware	3	Georgia	16
Mississippi	6	Maryland	10	Florida	29
Alabama	9	Hawaii	4	Summe	172
Tennessee	11	Washington D.C	3		
Indiana	11	Summe	202		
Kentucky	8				
West Virginia	5				
South Carolina	9				
South Dakota	3				
Summe	164				

prognostizieren. Basierend auf den Ergebnissen der vorherigen Kapitel, wird im fünften Kapitel ein Fazit gezogen.

11.2 Rekonstruktion der US-Wahlprognosen mit SEN

11.2.1 Datenerhebung und Methodik

Für die Modellentwicklung werden ausschließlich die US-Präsidentschaftskandidaten Hillary Clinton und Donald Trump berücksichtigt, da bereits zu Beginn des Wahlkampfes feststand, dass einer von ihnen die Wahl für sich entscheiden wird. Die Kandidaten Stein Johnson, Evan Mcmullin, etc. werden somit nicht weiter berücksichtigt.

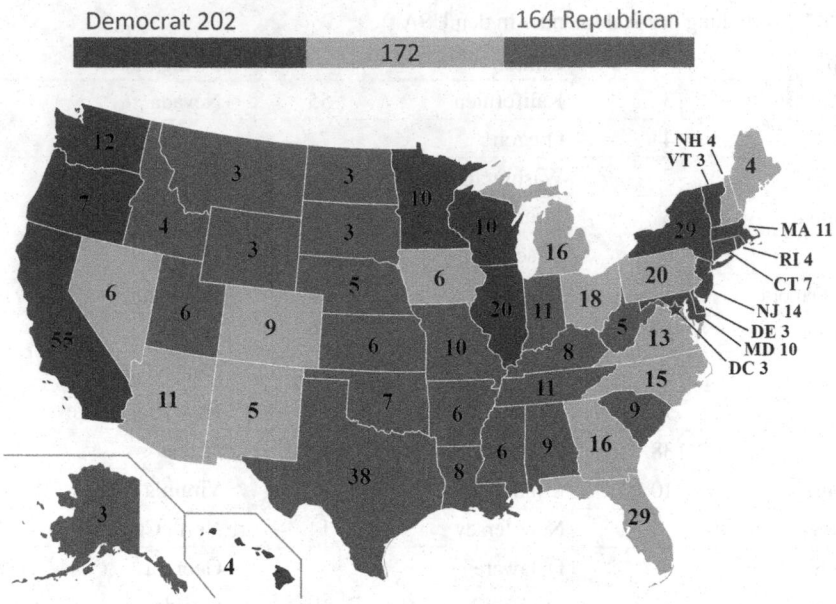

Abb. 11.1 Sichere Staaten und Swing States

Des Weiteren finden nur die sogenannten *Swing-* bzw. *Battleground States* Beachtung, da bei den übrigen Staaten das Ergebnis als vorhersehbar eingestuft wird.

Aufgrund des großen Datenumfangs wurden zu Beginn Recherchen mit mehreren Suchmaschinen durchgeführt (unter Anderem *Google Scholar* und *Google Bing*) und unterschiedliche Gruppen von Keywords genutzt, um ein umfängliches Bild der aktuellen Datenverfügbarkeit in Relation zu den US Wahlen zu erhalten. Die Daten der Website *Real Clear Politics* wurde letztlich verwendet, da diese eine umfassende und strukturierte Datenbank mit den benötigten Daten beinhaltet.

Die Daten wurden pro Tag für den Zeitraum zwischen dem 21.06. und dem 07.11.2016 gesammelt. Standen nicht alle Daten zur Verfügung, wie es bei einigen Staaten der Fall war, können ihre Anfangsdaten in der Modellierung leicht abweichen.

Die Prognosedaten für die Swing States wurden ebenfalls von der Internetseite *Real Clear Politics* bezogen. Für den Bundesstaat New Mexico sind sowohl auf dieser, als auch auf anderen Seiten keine Prognosen verfügbar. Stattdessen wird hierfür das tatsächliche Wahlergebnis verwendet.

Als Vorbereitung für das Prognosemodell mit SEN wurden daher in einem ersten Schritt die Umfragewerte der anderen 13 Swing States gesammelt, in separate Excel-Tabellen übertragen und für SEN aufbereitet.

11.3 Das Prognosemodell und erste Ergebnisse

Für das Modell wurden als Objekte die zwei Kandidaten Clinton und Trump definiert und als Attribute die jeweiligen Prognosewerte in dem Zeitraum 21.06.–07.11. 2016. Die Anzahl der Attribute, und somit der Prognosewerte, variiert zwischen 72 und 140, je nach Verfügbarkeit der Prognosedaten in den jeweiligen Swing States.

In SEN wurden die Prognosedaten der Swing States einzeln in die semantische Matrix importiert und mit der linearen Aktivierungsfunktion sowie mit einer Lernrate von 0.1 gelernt. Nach einer ersten Auswertung wurde festgestellt, dass SEN keine differenzierte Aussage treffen konnte über den führenden Kandidaten.

Das Modell wurde daher im nächsten Schritt durch zwei wesentliche Überlegungen erweitert:

Entwicklung eines Referenztypen „Führt" als Inputvektor Die Entwicklung des Referenztypen orientiert sich an dem von Klüver et al. definierten „Idealtypus" (2012, S. 142; vgl. Klüver 2015, S. 573) und beinhaltet die Annahme, dass die Objekte an einem zu bestimmenden „Optimum" gemessen werden – im vorliegenden Fall, dass beide Kandidaten den höchsten Prognosewert für sich erhalten wollen. Ein Vektor, der als Optimum definiert wird, wird im Zentrum des SEN als neuen Inputvektor gesetzt und zieht die Objekte an, die diesem am ähnlichsten sind. Somit handelt es sich hier um den „Reference Type Centered Modus" (Klüver et al. 2012, S. 152).

Bei dem Referenztypen wird davon ausgegangen, dass sich der „Führt-Vektor" auf einem statistischen Optimum von 45 % befindet, weil sich die Prognosedaten i. d. R. zwischen 40 % und 50 % bewegen. Somit haben in diesem Vektor alle Attribute, die für die Prognosetage stehen, einen Wert von 45.00.

Dynamische Anpassung des cue validity factors (CVF) Für die Anpassung des CVF war die Annahme entscheidend, dass die Wahlprognosen nicht gleichermaßen für den Ausgang der Wahl relevant sind. Der CVF befindet sich daher zu Beginn auf einem niedrigen Niveau von 0.1. Im Laufe der Zeit steigt er an, bis er schließlich am 07.11. einen Wert von 1.0 erreicht. Diesem Vorgang liegt die Annahme zugrunde, dass die Wahlprognosen kurz vor der Wahl aussagekräftiger sind.

Auf Basis dieser Modellerweiterungen konnten mit SEN die Prognosen für alle Swing States durchgeführt werden. Exemplarisch werden zwei Ergebnisse des SEN vorgestellt.

Zunächst das Ergebnis für Pennsylvania (Abb. 11.2).

Wie der Abb. 11.2 zu ersehen ist, wird Clinton mit einem Aktivierungswert von 0.89 in der Rangliste und mit einem Wert von 0.32 in den Distanzen als klare Favoritin von SEN bestimmt. In der SEN- Visualisierung wird Clinton vom dem Referenztypus „Führt" als Eingabevektor im Zentrum eindeutig angezogen und in der Kartenvisualisierung wird der Referenztypus nahe Clinton platziert.

Für North Carolina sind die Ergebnisse nicht mehr so eindeutig (Abb. 11.3).

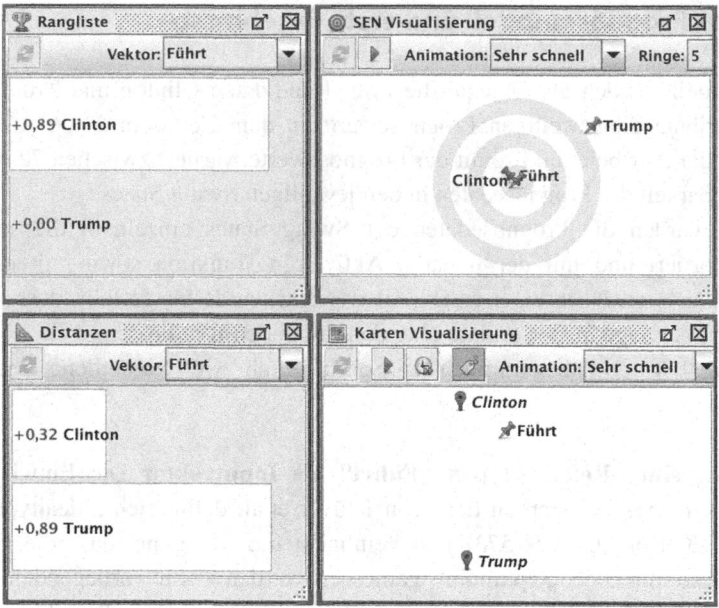

Abb. 11.2 SEN-Prognose für Pennsylvania

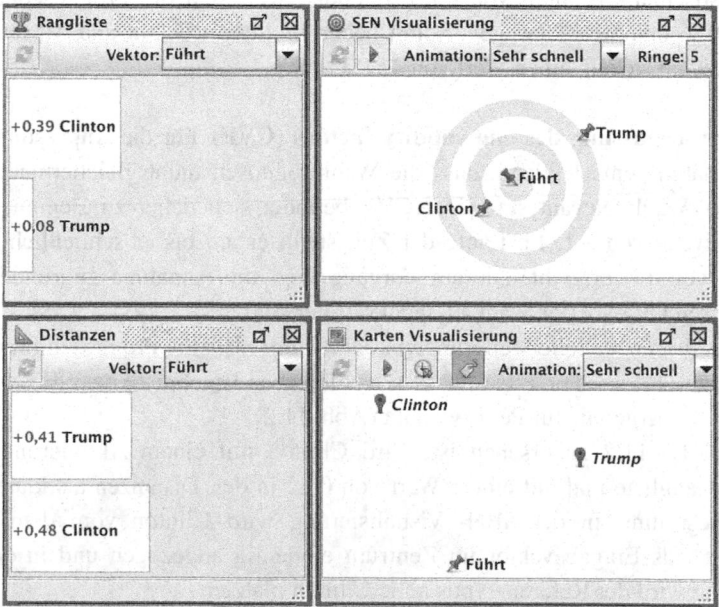

Abb. 11.3 SEN-Prognose für North Carolina

Clinton führt in der Rangliste mit einem Wert von 0.39, Trump bei den Distanzen mit einem Wert von 0.41. In der Visualisierung wird Clinton in diesem Fall nicht mehr eindeutig vom Referenztypus angezogen und in der Kartenvisualisierung liegen die Abstände zwischen Referenztypus und Objekten entsprechend weit auseinander.

Die Simulationen aller Wahlprognosen mit SEN haben ergeben, dass Clinton die Staaten Colorado, Florida, Maine, Michigan, Nevada, New Hampshire, New Mexico, North Carolina, Pennsylvania und Virginia gewinnt. Trump kann lediglich Arizona, Georgia, Iowa und Ohio für sich entscheiden. Dies führt zu einem Gesamtergebnis von 323 Wahlmännern für Hillary Clinton und 215 für Donald Trump (Tab. 11.2).

Tab. 11.2 Vergleich der Gewinner des jeweiligen Swing States am letzten Tag der Prognosen, in den Wahlen, sowie die erste Prognose mit SEN

Swing States	Wahlmänner	Letzter Tag der Prognosen von Real Clear Politics	Wahlergebnis	1. Prognose mit SEN
Nevada	6	Trump	**Clinton**	**Clinton**
Arizona	11	**Trump**	**Trump**	**Trump**
New Mexico (Annahme)	5	**Clinton**	**Clinton**	**Clinton**
Colorado	9	**Clinton**	**Clinton**	**Clinton**
Iowa	6	**Trump**	**Trump**	**Trump**
Michigan	16	*Clinton*	Trump	*Clinton*
Ohio	18	**Trump**	**Trump**	**Trump**
Pennsylvania	20	*Clinton*	Trump	*Clinton*
New Hampshire	4	**Clinton**	**Clinton**	**Clinton**
Maine	4	**Clinton**	**Clinton**	**Clinton**
Virginia	13	**Clinton**	**Clinton**	**Clinton**
North Carolina	15	**Trump**	**Trump**	*Clinton*
Georgia	16	**Trump**	**Trump**	**Trump**
Florida	29	**Trump**	**Trump**	*Clinton*
Ergebnis der Swing States	Clinton	71	41	121
Ergebnis der Swing States	Trump	101	131	51
Gesamtergebnis	Clinton	273	243	323
Gesamtergebnis	Trump	265	295	215

Die erste Spalte der Tabelle gibt die betrachteten Swing States an. Die zweite Spalte enthält die entsprechende Anzahl der Wahlmänner in den jeweiligen Swing States. Die Spalten drei bis fünf zeigen den Gewinner des jeweiligen Swing States. Die dritte Spalte basiert auf den Prognosen des letzten Tages bei Real Clear Politics, die vierte auf dem tatsächlichen Wahlergebnis und die fünfte auf dem Ergebnis der ersten Prognose mit SEN. Das *Ergebnis der Swing States* berechnet sich durch Addition der Wahlmänner aus den gewonnenen Swing States. Das *Gesamtergebnis* erhält man durch die Addition der *Ergebnisse der Swing States* und der Wahlmänner aus den bereits als entschieden eingestuften Staaten.

Auffällig ist hierbei, dass die Prognose mit SEN nicht nur dem tatsächlichen Wahlergebnis widerspricht, sondern darüber hinaus einen deutlicheren Sieg von Hillary Clinton prognostiziert, als die Prognosen von Real Clear Politics (Tab. 11.2).

Nach Durchführung aller Wahlprognosen mit SEN ergibt sich für die einzelnen Bundesstaaten folgendes Bild (Abb. 11.4).

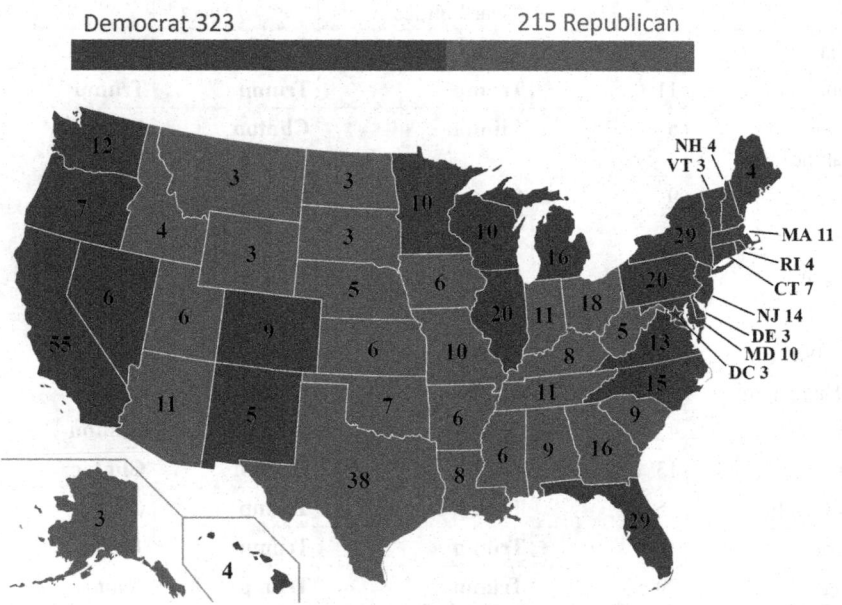

Abb. 11.4 SEN-Ergebnisse für die Swinging States

Das erste Prognosemodell mit SEN und die Simulation der Wahlergebnisse bestätigte insgesamt die reale Wahlprognose, auch wenn die Anzahl der Wahlmänner stärker abweicht als von Real Clear Politics, die Wahl von Trump konnte mit diesem Modell jedoch nicht rekonstruiert werden. Aus diesem Grund wurde das Basismodell zusätzlich erweitert.

11.4 Erweiterte Modellierung der US-Wahlprognosen durch zusätzliche Objekte und Gewichtungsfaktoren

11.4.1 Annahmen

In der zweiten Modellierung wurden erneut nur die beiden US-Präsidentschafts-kandidaten Hillary Clinton und Donald Trump miteinbezogen. Des Weiteren werden ausschließlich die Swing States (Arizona, Colorado, Florida, Georgia, Iowa, Maine Michigan, Nevada, New Hampshire, New Mexico, North Carolina, Ohio, Pennsylvania, Virginia) berücksichtigt. Die Ergebnisse der Nicht-Swing States werden als gegeben angesehen.

Genau wie im vorherigen Modell werden die Prognosedaten von der Internetseite *Real Clear Politics* bezogen. Aufgrund mangelnder Prognosedaten für den Swing State New Mexico wird bei diesem das tatsächliche Wahlergebnis verwendet.

Das Grundmodell wird beibehalten mit dem Unterschied, dass in diesem Modell weitere Objekte in das Modell eingefügt werden, die unterschiedlich gewichtet werden und einen Einfluss auf die Objekte haben, die Clinton und Trump repräsentieren. Diese Gewichtungsfaktoren wurden eingeführt um zu untersuchen, ob eine Prognose unter Berücksichtigung weiterer Faktoren verbessert und im Idealfall dadurch das tatsächliche Wahlergebnis nachgebildet werden kann.

Genau wie im ersten Modell wird angenommen, dass die Prognosen kurz vor der Wahl aussagekräftiger und somit von höherer Bedeutung sind. Entsprechend ist zu Beginn des Prognosezeitraums der CVF bei einem Wert von 0,1; mit der Zeit steigt dieser dann an, bis er am letzten Prognosetag bzw. dem Wahltag den Wert 1.0 zugewiesen bekommt.

Der Referenztypus „Führt" wird wie im ersten Modell eingeführt, die Lernrate von 0.1 sowie die lineare Aktivierungsfunktion entsprechen ebenfalls dem vorherigen Modell.

11.4.2 Zusätzliche Objekte und deren Gewichtungsfaktoren

Mit Hilfe von zusätzlichen Objekten werden die Präferenzen der Wähler bei der Wahl eines Kandidaten verdeutlicht. Die Objekte spiegeln die Themen wieder, die bei der Wahl eine wichtige Rolle spielen. Diese Objekte werden als Gewichtungsfaktoren in die Modellierung miteinbezogen.

Demzufolge sind den Wählern in Amerika folgende Themen wichtig, die sich dann in den Attributen widerspiegeln:

1. Wille für Veränderung
2. Unzufriedenheit mit vorheriger Regierung
3. Verbesserung der Wirtschaft

4. Gesundheitswesen
5. Bei den Umfragen nicht berücksichtigt
6. Außenpolitik, insb. Terror
7. Einwanderung
8. Steuern
9. Waffengesetze
10. Mexiko
11. Ehrlichkeit der Kandidaten
12. Religion
13. Qualifizierung für das Amt des Präsidenten
14. Homo-Ehe
15. Abtreibung
16. Umweltpolitik.

Wie hoch das Interesse der Wähler für die einzelnen Themen ist, hat das *Pew Research Center* in einer Umfrage erforscht (vgl. o. V. 2016d). Diese Umfrageergebnisse werden zur Gewichtung der oben aufgeführten Objekte verwendet und um weitere, als wichtig erachtete Faktoren, ergänzt.

Hierfür werden drei Kategorien erstellt. Die Objekte in der ersten Kategorie sind von hoher Relevanz für die Wähler und erhalten dementsprechend eine hohe Gewichtung. In der zweiten Kategorie sind Themen von geringerer Bedeutung zusammengefasst. Die dritte Kategorie enthält die Themen, die den Wählern am unwichtigsten sind.

Es ergibt sich somit die unten aufgeführte Klassifizierung (Tab. 11.3).

Im Folgenden findet eine Gegenüberstellung der Positionen der Kandidaten mit den Interessen der Wähler zu den oben aufgeführten Themen statt. Auf diese Weise wird ermittelt, welcher Kandidat die vorherrschenden Interessen der Wähler vertritt.

Wille für Veränderung Vier von zehn Wählern, die sich eine Veränderung in der amerikanischen Politik wünschen, geben an, diese Veränderung der Politik des Landes durch die Politik Trumps erreichen zu können (vgl. Benac und Swanson 2016).

Unzufriedenheit mit vorheriger Regierung In Bezug auf das Attribut Unzufriedenheit mit der vorherigen Regierung, hat sich Trump wie folgt geäußert: Er glaubt im Gegensatz zur vorherigen Regierung, als ein erfolgreicher Geschäftsmann, die Wirtschaft verbessern zu können. Clinton hingegen möchte sich jedoch an die Regierung Obamas halten und nicht viel verändern (vgl. Bittman 2016). Laut Umfragen sind ca. 7 von 10 Wählern unzufrieden mit der Regierung des Präsidenten Obama. Ein Viertel dieser Wähler gibt an, sogar sehr unzufrieden mit seiner Regierung zu sein. Drei Viertel dieser sehr unzufriedenen Wähler geben an, Trump wählen zu wollen (vgl. Benac und Swanson 2016; o. V. o. J. u).

Tab. 11.3 Objekte und deren Gewichtung

Klassen	Gewichtung	Attribute
Klasse 1	0,2	Wille für Veränderung
		Unzufriedenheit mit vorheriger Regierung
		Verbesserung der Wirtschaft
		Gesundheitswesen
		Bei den Umfragen nicht berücksichtigt
		Außenpolitik – Terror
Klasse 2	0,15	Einwanderung
		Steuern
		Waffengesetze
		Mexiko
Klasse 3	0,1	Ehrlichkeit der Kandidaten
		Religion
		Qualifikation für das Amt des Präsidenten
		Homo-Ehe
		Abtreibung
		Umweltpolitik

Verbesserung der Wirtschaft Ein Hauptziel von Trump ist es, die Importe zu reduzieren und mehr Arbeitsplätze im Land zu schaffen. Ein Hauptziel Clintons für die Wirtschaft besteht darin, Frauen in der Arbeitswelt zu fördern bzw. mehr Arbeitsplätze mit Frauen zu besetzen (vgl. Adamy et al. 2016). 49,1 % der Wähler glauben, dass die Wirtschaft unter dem Kandidaten Trump eine Verbesserung erfahren wird, bei Clinton vermuten dies nur 29,8 % der Wähler (vgl. o. V. o. J. v).

Gesundheitswesen In Bezug auf das Gesundheitswesen ist Hillary Clinton der Auffassung, dass die unter Obamas Regierung eingeführten Gesetze zum Gesundheitswesen namens „Obama Care" beibehalten werden sollen. Im Gegensatz dazu, ist Trump für die Abschaffung der Gesundheitsversorgung Obama Care (vgl. Fields et al. 2016). Laut Umfragen sind 54 % der Amerikaner gegen die Fortführung der Gesundheitsversorgung Obama Care, während 44 % Obama Care befürworten (vgl. Leonard 2016).

Bei den Umfragen nicht berücksichtigt Ein weiteres sehr wichtiges Attribut sind die Wähler, die bei den Umfragen nicht berücksichtigt wurden. Sie können der Grund dafür gewesen sein, dass die Prognosen das Wahlergebnis so ungenau widerspiegeln. Rund 18 % der Wahlberechtigten gaben an, weder Trump noch Clinton zu favorisieren; sie waren unentschlossen. 49 % dieser unentschlossenen Wähler haben letztendlich für

Trump gestimmt, während nur 29 % für Clinton gestimmt haben (vgl. Rosin 2016). Dieser signifikante Teil hatte höchstwahrscheinlich einen großen Einfluss auf das Wahlergebnis.

Außenpolitik Im Hinblick auf das Attribut Außenpolitik schneidet Clinton deutlich besser ab als Trump. 58 % der Wahlberechtigten trauen Clinton eine gute Außenpolitik zu. Trump wird hingegen nur von 36 % der Befragten eine gute außenpolitische Führung zugetraut. (vgl. Healy und Sussman 2016). Beim diesem Attribut ist, insbesondere vor dem Hintergrund von Terroranschlägen auf der ganzen Welt, der Punkt Terrorismus zu erwähnen. 49 % der Wahlberechtigten glauben, dass Clinton den Terrorismus erfolgreicher bekämpfen und für nationale Sicherheit sorgen kann; 45 % trauen dies Trump zu (vgl. Healy und Sussman 2016).

Einwanderung Im Hinblick auf das Attribut Einwanderung kann gesagt werden, dass Trump eine Mauer zu Mexiko bauen und bereits illegal in die USA eingewanderte Flüchtlinge deportieren lassen möchte. Clinton hingegen zieht es in Betracht, einige der illegal in die USA eingewanderten Flüchtlinge, welche keine Dokumente besitzen, vor einer Deportation zu bewahren und ihnen zu helfen, sich in die US-Bevölkerung zu integrieren (vgl. Liu 2016). Der Großteil der Wähler gibt an, dass das Einwanderungsniveau auf seinem derzeitigen Niveau verbleiben oder gesenkt werden sollte (vgl. Krogstad 2015).

Steuern In Bezug auf das Attribut Steuern ist zu sagen, dass Trump sich darauf konzentriert, Steuern zu senken, Regulierungen zu beseitigen und Handelsabschlüsse zu beenden. Er möchte den Spitzensteuersatz von 39,6 % auf 33 % senken. Im Gegensatz dazu möchte Clinton jedoch die Steuern für die Wohlhabenden und Höchstverdiener erhöhen, die Ausgaben für Ausbildung erhöhen und den Unternehmen, welche Amerikaner einstellen, niedrigere Steuern auferlegen. (vgl. o. V. 2016i). Unter den Wahlberechtigten herrscht die folgende Meinung zu Steuern vor: Sechs von zehn Amerikanern glauben, dass die Schicht der Wohlhabenden und Höchstverdiener in den USA zu geringe Steuern zahlen (vgl. Newport 2016).

Waffengesetze In Bezug auf das Thema Waffengesetze propagiert Donald Trump, dass er Kriminelle hinter Gitter bringen möchte und gesetzestreuen Amerikanern das Recht auf Selbstverteidigung garantieren will. Donald Trump geht noch weiter und möchte die Waffengesetze expandieren. In Bezug auf Waffengesetzte hat Hillary Clinton eine andere Meinung als Donald Trump. Sie will die Waffengesetze verschärfen und die Waffenlobby nicht begünstigen. Sie fordert beispielsweise härtere Kontrollen von Kunden beim Kauf von Waffen (vgl. Fields et al. 2016). 55 % der Wahlberechtigten fordern, dass die Waffengesetze im Land verschärft werden sollen und 34 % meinen, dass die Regelungen zu Waffengesetzen wie bisher beibehalten werden sollen (vgl. o.V. o. J.w).

Mexiko In Bezug auf das Attribut Mexiko muss erwähnt werden, dass Clintons Einwanderungsreform auf ihrer Webseite nicht erwähnt, dass zusätzliche Grenzsicherungen zum Stoppen illegaler Migration und Schmuggel eingeführt werden sollen. Ihre Einwanderungsreform konzentriert sich auf einen Ausbau der Möglichkeiten für Menschen, die bereits in den USA leben und sich für einen legalen Status und eine Arbeitserlaubnis bewerben können. Diesen Plan begründet sie damit, dass sie keine Familien auseinanderbringen möchte. Im Gegensatz zu Clinton hegt Trump einen anderen Plan: Er möchte eine Mauer zu Mexiko bauen und die Mexikaner dazu bringen, den Bau dieser zu zahlen. Der Präsident von Mexiko verneint jedoch, für den Bau dieser Mauer aufzukommen (vgl. Lee 2016). 40 % der Wahlberechtigten unterstützen den Bau einer Mauer, während 46 % dagegen sind.

Ehrlichkeit der Kandidaten Zum Attribut Ehrlichkeit der Kandidaten wird eine Statistik herangezogen. Laut dieser glauben 25 % der Wahlberechtigten, dass Hillary Clinton ehrlich und vertrauenswürdig ist, während 30 % dies von Donald Trump halten. Im Gegensatz dazu glauben 60 % der Wahlberechtigten, dass Clinton zwar nicht ehrlich, aber vertrauenswürdig ist. Von Donald Trump denken dies nur 58 % (vgl. o. V. 2016f).

Religion Zum Attribut Religion kann gesagt werden, dass Donald Trump einen deutlichen Vorsprung gegenüber seiner Rivalin Hillary Clinton hat. 20 % der Amerikaner sind katholischen Glaubens, mehr als doppelt so viele sind Protestanten und davon sind mehr als die Hälfte Evangelikale. Trump wird als nicht sehr religiös wahrgenommen, auch von den Leuten in der eigenen Partei. Trotzdem ist Trump Protestant und die Evangelikalen glauben, dass er am besten ihre Bedürfnisse versteht. Somit verzeichnet er gegenüber Hillary Clinton einen deutlichen Vorsprung unter den weißen Evangelikalen (vgl. o.V. 2016g). Hillary Clinton hingegen ist Methodistin und hat selten in ihrem Wahlkampf über ihren Glauben gesprochen (vgl. Chozick 2016). 48 % der Wahlberechtigten meinen, dass Clinton sehr bis etwas religiös ist, während 30 % dies von Donald Trump behaupten. 43 % sind der Meinung, dass Hillary Clinton nicht religiös ist, während dies 60 % von Donald Trump behaupten (vgl. o. V. 2016g).

Qualifizierung für das Amt des Präsidenten In Hinsicht auf das Attribut Qualifizierung für das Amt des Präsidenten sagen 51 %, dass Clinton für das Amt qualifiziert ist, 39 % glauben, dass sie es nicht ist und 10 % sind sich dabei nicht sicher. 32 % glauben, dass Donald Trump für das Amt qualifiziert ist, 58 % glauben, dass er nicht dafür qualifiziert ist und 10 % sind sich unsicher (vgl. o. V. o. J. v).

Homo-Ehe In Bezug auf die Homo-Ehe haben Trump und Clinton sehr gegensätzliche Meinungen. Trump sagt, dass er für die traditionelle Ehe zwischen Mann und Frau ist, während Clinton der Meinung ist, dass jedes liebende Paar und jede Familie es verdient, anerkannt und gleich behandelt zu werden (vgl. Fields et al. 2016). 55 % der US-Bevölkerung sind für die Homo Ehe, während 37 % dagegen sind (vgl. o. V. 2016h).

Abtreibung In Bezug auf das Attribut Abtreibung hat Trump folgende Meinung: Er ist darauf bedacht, dass Abtreibung illegal sein sollte, bis auf die Ausnahmen Vergewaltigung, Inzest oder wenn das Leben der schwangeren Frau gefährdet ist. Nach der 20. Schwangerschaftswoche sollte Abtreibung in jedem Fall verboten werden. Hillary Clinton sagt, dass sie für geplante Elternschaft steht. Sie unterstützt Abtreibung und will, dass sie sicher, legal und selten vorgenommen wird. Sie ist jedoch genau wie Trump dafür, dass nach der 20. Schwangerschaftswoche keine Abtreibungen mehr vorgenommen werden (vgl. Fields et al. 2016). 29 % der Wahlbeteiligten sind dafür, dass eine Abtreibung, unabhängig von den Umständen, legal ist, 50 % sind dafür, dass unter bestimmten Bedingungen eine Abtreibung legal ist und 19 % sind dafür, dass eine Abtreibung unter allen Umständen illegal ist (vgl. o. V. o. J. x).

Umweltpolitik In Bezug auf das Attribut Umweltpolitik vertreten die beiden Kandidaten sehr unterschiedliche Positionen. Trump akzeptiert den wissenschaftlichen Beweis zum Klimawandel nicht und will das Pariser Abkommen aufkündigen. Clinton hingegen sieht den Klimawandel als eine ernsthafte Bedrohung an. Sie ist darauf bedacht, das Pariser Abkommen aufrecht zu erhalten und die Effekte der globalen Erwärmung umzukehren (vgl. Harrington 2016). 56 % der Wahlberechtigten sind dafür, dass dem Umweltschutz Priorität beigemessen werden sollte, während 37 % sagen, dass dem Wirtschaftswachstum Priorität beigemessen werden sollte (vgl. o. V. o. J. y).

Bei dieser Gegenüberstellung wird deutlich, dass Clintons Position bei den folgenden Themen eine höhere Übereinstimmung mit den Interessen der Wähler aufweist: Steuern, Waffengesetze, Mexico, Qualifizierung für das Amt des Präsidenten, Homo-Ehe, Abtreibung und Umweltpolitik.

Trump kann die übrigen Attribute für sich entscheiden. Hierzu zählen: Wille für Veränderung, Unzufriedenheit mit vorheriger Regierung, Verbesserung der Wirtschaft, Gesundheitswesen, bei den Umfragen nicht berücksichtigt, Außenpolitik, Einwanderung, Ehrlichkeit der Kandidaten und Religion.

11.5   Methodik und Ergebnisse

Wie bereits erwähnt wird das erste Modell als Basis übernommen mit der Erweiterung der Umfrageergebnisse der einzelnen Swing States, die direkt von der Quelle *Real Clear Politics* übernommen wurden. Damit wird folgende Idee verfolgt: Wenn ein Kandidat mit seiner Positionierung zu einem Thema mit den Interessen der Wähler übereinstimmt, wird das Objekt, das das Thema repräsentiert mit dem Kandidaten verknüpft und der Kandidat erhält dadurch einen zusätzlichen positiven Einfluss.

Damit besteht der wesentliche Unterschied zur ersten Simulation in den Gewichtungen, die jetzt in das Modell eingeführt werden.

Da die Vorgehensweise eher ungewöhnlich ist, wird diese näher beschrieben:

In der semantischen Matrix des SEN-Tools wird zum jetzigen Zeitpunkt keine Verbindung zwischen Attributen oder zwischen den Objekten zugelassen. Für das erweiterte Modell soll jedoch der Einfluss wichtiger Themen für die Wähler und die Position der beiden Kandidaten zu den Themen in Zusammenhang gebracht werden.

Damit ist gemeint, dass die in Abschn. 11.4.1 ermittelten Themen als neue Objekte in das SEN-Modell eingefügt werden und die Gewichtung der Themen gemäß der Klasseneinteilung mit den Kandidaten verbunden werden müssen. Wenn ein Kandidat ein Thema (Objekt) für sich entscheiden kann, erhält der Kandidat einen zusätzlichen positiven Wert, gemäß der vergebenen Gewichtung.

Beispiel: Das Thema „Wille für Veränderung" gehört zu Klasse 1 und hat eine Gewichtung von 0.2 (Tab. 11.3). Da Trump dieses Thema für sich entscheiden kann, erhält er für dieses Thema zusätzlich eine positive Verstärkung mit dem Wert 0.2.

Um diese Einflussfaktoren berücksichtigen zu können, wird die *Gewichtsmatrix* des SEN manuell verändert und damit die Topologie des Netzwerkes verändert. In der Gewichtsmatrix ist es möglich, auch positive oder negative Verbindungen zwischen den Attributen oder den Objekten einzufügen. Wenn ein Kandidat laut Umfrage ein Thema für sich gewinnen kann, wird die Verbindung von dem Objekt, das dieses Thema repräsentiert, zum jeweiligen Kandidaten verändert. In dem Beispiel wird also vom Objekt „Wille zu Veränderung" zum Objekt „Trump" der Wert 0.2 eingetragen, wodurch Trump einen positiven Einfluss erhält.

Der Einfluss auf die Prognose wird exemplarisch anhand der Wahlprognose für Pennsylvania gezeigt (Abb. 11.5).

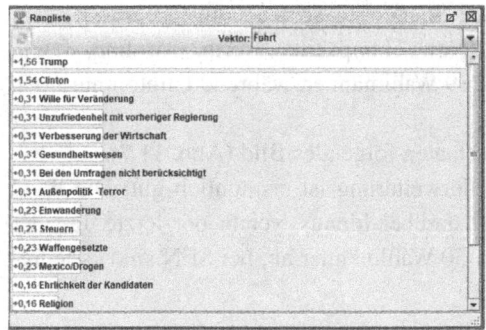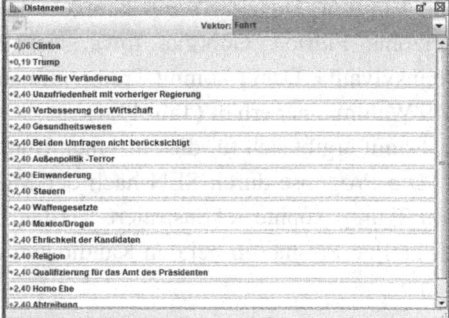

Abb. 11.5 SEN-Prognose für Pennsylvania mit Gewichtungsfaktoren

Die Ergebnisse sind jetzt völlig anders als in Abb. 11.2: Clinton hatte einen Aktivierungswert von 0.89 in der Rangliste und einen Wert von 0.32 in den Distanzen und war klare Favoritin von SEN (und in den Prognosen).

Nach der Erweiterung des Modells hat Trump in der Rangliste einen Wert von 1.56; Clinton führt jedoch bei den Distanzen, mit einem Wert von 0.06. Da die Prognosewerte im Modell nach wie vor einen Einfluss haben und die Prognosen Clinton als Gewinnerin ansahen, ist es nachvollziehbar, dass das Ergebnis nicht übereinstimmend ist in der Rangliste und in der Distanz, wie es im ersten Modell der Fall war. Da die beiden Bewertungsmethoden Ranking und Distanzen nicht übereinstimmen, ist es ein Indiz, dass die Prognose nicht eindeutig ist.

Analog verhält es sich auch mit der Prognose für North Carolina (Abb. 11.6).

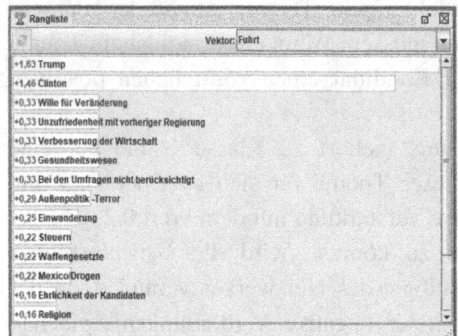 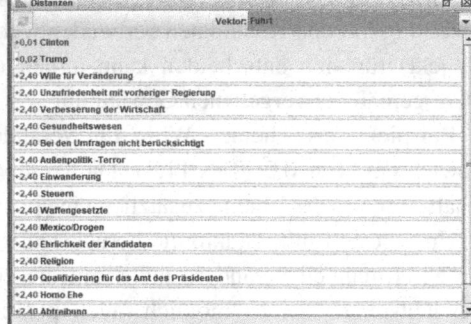

Abb. 11.6 SEN-prognose für North Carolina mit Gewichtungsfaktoren

Trump hat auch in diesem Fall die Führung im Ranking übernommen, in den Distanzen führt jedoch Clinton, der Abstand zwischen den beiden ist jedoch sehr gering.

Durch das Einführen der gewichteten Objekte in das Modell hat sich ein abweichendes Ergebnis im Vergleich zum ersten Modell ergeben. Clinton gewinnt jetzt nur noch in den folgenden Swing States: Colorado, Maine, Michigan, New Mexico und Virginia. Donald Trump konnte folgende Staaten zu seinen Gunsten entscheiden: Arizona, Florida, Georgia, Iowa, Nevada, New Hampshire, North Carolina, Ohio, Pennsylvania. Damit kommt Trump nun auf 289 Wahlmänner, während Clinton nur noch 249 Wahlmänner erhält (Tab. 11.4).

Somit ergibt sich für die einzelnen Bundesstaaten folgendes Bild (Abb. 11.7).

Die Prognose durch SEN nach der Modellerweiterung ist erstaunlich gut: Die Wahl von Trump konnte rekonstruiert werden und darüber hinaus weicht der letzte Tag der offiziellen Prognosen bei den Kandidaten um 30 Wahlmänner ab, bei SEN sind es lediglich 6.

11.6 Fazit

Die Ergebnisse der US Wahlen 2016 waren für viele überraschend. So entstand auch die Idee, die Wahl mit SEN zu modellieren. Dafür wurden zwei unterschiedliche Modelle erstellt, wobei das erste eine Nachbildung der Prognosen und das zweite eine durch Faktoren beeinflusste Simulation darstellt. Im Rahmen dieser zwei Simulationen wurden nur die Wahlen in den Swinging States herangezogen, da diese für den Wahlausgang ausschlaggebend waren.

Tab. 11.4 Übersicht Gewinner in den Swing States

Swing States	Wahlmänner	Gewinner des jeweiligen Swing States			
		Letzter Tag der Prognosen	Wahlergebnis	1. Prognose mit SEN	2. Prognose mit SEN
Nevada	6	Trump	Clinton	Clinton	Trump
Arizona	11	Trump	Trump	Trump	Trump
New Mexico (Annahme)	5	Clinton	Clinton	Clinton	Clinton
Colorado	9	Clinton	Clinton	Clinton	Clinton
Iowa	6	Trump	Trump	Trump	Trump
Michigan	16	Clinton	Trump	Clinton	Clinton
Ohio	18	Trump	Trump	Trump	Trump
Pennsylvania	20	Clinton	Trump	Clinton	Trump
New Hampshire	4	Clinton	Clinton	Clinton	Trump
Maine	4	Clinton	Clinton	Clinton	Clinton
Virginia	13	Clinton	Clinton	Clinton	Clinton
North Carolina	15	Trump	Trump	Clinton	Trump
Georgia	16	Trump	Trump	Trump	Trump
Florida	29	Trump	Trump	Clinton	Trump
Ergebnis der Swing States	Clinton	71	41	121	47
	Trump	101	131	51	125
Gesamtergebnis	Clinton	273	243	323	249
	Trump	265	295	215	289

Für die erste Simulation wurden die Daten der Wahlergebnisse, aus den im Internet unter Real Clear Politics verfügbaren Prognosen abgerufen und mit dem CoBASC SEN-Tool simuliert. Dabei sind keine überraschenden Ergebnisse herausgekommen. Die Vorhersage des Programms war dieselbe wie die der Prognosen, nämlich, dass Hillary Clinton die nächste Präsidentin der USA werden wird. Nachdem das Wahlergebnis überraschenderweise anders ausfiel, sah man es als wichtige Aufgabe an, den Grund des Auseinanderfallens der Prognose und des Wahlergebnisses herauszufinden.

Aufgrund dessen wurde ein zweites Modell erstellt, in dem die Umfragewerte um 16 Einflussfaktoren erweitert wurden. An dieser Stelle änderten sich die Ergebnisse insoweit, dass sie bis zu einem gewissen Grad mit dem echten Ausgang der Wahl übereinstimmen.

Methodisch wurde im Rahmen der Modellierung zunächst ein Optimum (Referenztyp) bestimmt, an dem die Performanz der Kandidaten gemessen wird. Der Referenztyp, der in unserem Modell für die angestrebte Führung der Kandidaten im Wahlkampf steht,

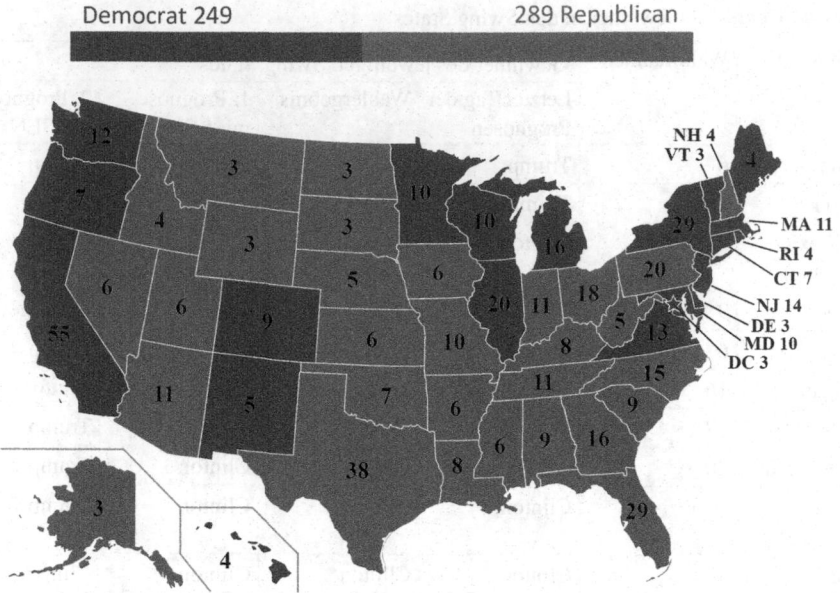

Abb. 11.7 Ergebnisse der SEN-Prognosen mit Einflussfaktoren

wird als Eingabevektor eingeführt und im Zentrum der SEN-Visualisierung platziert. Entsprechend wird das Objekt zum Zentrum angezogen, das dem Optimum am ähnlichsten ist.

Aus diesem Grund eignet sich SEN besonders gut für die in diesem Beitrag behandelte Problemstellung, da die Kandidaten im Laufe der Zeit ein möglichst hohes Ergebnis anstreben. Darüber hinaus eignet sich SEN für die Problemlösung aufgrund der möglichen Erweiterung um zusätzliche Faktoren, die in deren Relevanz unterschiedlich gewichtet werden können.

Dies ist vor allem in dem Fall der US-Wahlen wichtig, weil die unterschiedlichen Einflussfaktoren, die im Rahmen dieses Beitrags definiert werden, einen unterschiedlich starken Einfluss auf die Ergebnisse haben. Dadurch wird es auch erst möglich, die auf den Prognosen basierenden Modelle, so zu erstellen, dass sie die Realität besser widerspiegeln.

Ein weiterer Grund, der für die Eignung von SEN spricht, ist die Möglichkeit der Gewichtung der Signifikanz der Daten durch den CVF. Dies ist erforderlich, da es für die entwickelten Modelle von Bedeutung ist, die unterschiedlichen Daten mit unterschiedlicher Relevanz zu berücksichtigen, insbesondere, da es sich in diesem Fall um Daten über mehrere Monate und Wählerverhältnisse handelt. Dabei ist es gut denkbar, dass die Einflüsse auf das endgültige Wahlverhalten gegen Ende viel stärker ausgeprägt sind als am Anfang.

Somit wurde in diesem Beitrag gezeigt, wie ein Modell für die Wahlprognosen methodisch erweitert werden kann, um neben den Prognosen ebenso die Einschätzung der Wähler hinsichtlich der Glaubwürdigkeit der Kandidaten zu berücksichtigen. Daher können die Rekonstruktion der Wahlen und die Modellerweiterung als Basis für weitere Prognosen dienen. In einem anderen Beitrag (Kap. 12) wird gezeigt, wie die Wahlprognosen durch den Einfluss des Austausches der Wähler in Social Media erweitert werden können.

Literatur

Adamy J, Davidson K, Harrison D, Mauldin W, Mitchell J, Rubin R, Timiraos N, Trottman M (2016) Where they stand on economic policy issues. https://graphics.wsj.com/elections/2016/donald-trump-hillary-clinton-on-the-economy/. Zugegriffen: 22. Sept. 2020

Benac N, Swanson E (2016) Americans register anger, desire for changes with their votes. https://www.businessinsider.com/ap-americans-register-anger-desire-for-change-with-their-votes-2016-11?IR=T. Zugegriffen: 22. Sept. 2020

Bittman M (2016) Hillary Clinton is the status quo candidate, and Trump is capitalizing on it. https://www.theguardian.com/commentisfree/2016/jul/28/hillary-clinton-status-quo-candidate-donald-trump. Zugegriffen: 22. Sept. 2020

Chozick A (2016) Hillary Clinton emphasizes importance of faith to black audience. https://www.nytimes.com/2016/09/09/us/politics/hillary-clinton-emphasizes-importance-of-faith-to-black-audience.html. Zugegriffen: 22. Sept. 2020

Fields G, Hackman M, Kendall B, Meckler L, Radnofsky L (2016) Where they stand on social issues. https://www.wsj.com/graphics/elections/2016/donald-trump-hillary-clinton-on-social-issues/. Zugegriffen: 22. Sept. 2020

Healy P, Sussman D (2016) Voters' view of a Donald Trump presidency: big risks and rewards. https://www.nytimes.com/2016/09/16/us/politics/hillary-clinton-donald-trump-poll.html?_r=0. Zugegriffen: 22. Sept. 2020

Harrington R (2016) Where Hillary Clinton and Donald Trump stand on climate change. https://www.businessinsider.de/clinton-trump-environment-policies-plans-climate-change-platforms-2016-9?r=US&IR=. Zugegriffen: 22. Sept. 2020

Henderson B, Lawler D (2016) How does the US election work and which swing states will determine the winner?. https://www.telegraph.co.uk/news/0/how-does-the-us-election-work-and-which-swing-states-will-determ/. Zugegriffen: 22. Sept. 2020

Klüver C (2015) Modellierung sozialer, kognitiver und ökonomischer Prozesse durch Neuronale Netze. In: Braun N, Saam NJ (Hrsg) Handbuch Modellbildung und Simulation in den Sozialwissenschaften. Springer Fachmedien, Wiesbaden, S 547–577

Klüver C, Klüver J, Schmidt J (2012) Modellierung komplexer Prozesse durch naturanaloge Verfahren. Springer Fachmedien, Wiesbaden

Krogstad JM (2015) On views of immigrants, Americans largely split along party lines. https://www.pewresearch.org/fact-tank/2015/09/30/on-views-of-immigrants-americans-largely-split-along-party-lines/. Zugegriffen: 22. Sept. 2020

Lee K (2016) Trump and Clinton clash over border security and U.S.-Mexico relations. https://www.latimes.com/politics/la-na-pol-border-wall-fact-check-20161019-snap-story.html. Zugegriffen: 22. Sept. 2020

Leonard K (2016) Survey: Obamacare Disapproval Surges. https://www.usnews.com/news/
articles/2016-04-27/survey-shows-surge-in-disapproval-of-obamacare. Zugegriffen: 4. Febr.
2017

Liu L (2016) Here's where Hillary Clinton and Donald Trump stand on immigration. https://
www.businessinsider.de/hillary-clinton-and-donald-trump-immigration-2016-9?r=US&IR=T.
Zugegriffen: 22. Sept. 2020

Newport F (2016) Americans still say upper-income pay too little in taxes. https://www.gallup.
com/poll/190775/americans-say-upper-income-pay-little-taxes.aspx. Zugegriffen: 4. Febr. 2017

o. V. (2016a) So steht es im US-Wahlkampf. https://www.sueddeutsche.de/politik/us-wahl-so-
steht-es-im-us-wahlkampf-1.3069468#redirectedFromLandingpage. Zugegriffen: 4. Febr. 2017

o. V. (2016b) 2016 Battleground Map. https://www.270towin.com/maps/2016-election-
battleground-states. Zugegriffen: 4. Febr. 2017

o. V. (2016c) 2016 Presidential Election Results. https://www.politico.com/2016-election/results/
map/president. Zugegriffen: 4. Febr. 2017

o. V. (2016d) 2016 Campaign: strong interest, widespread dissatisfaction- 4. Top voting issues in
2016 election. https://www.people-press.org/2016/07/07/4-top-voting-issues-in-2016-election/.
Zugegriffen: 4. Febr. 2017

o. V. (2016e) Views among voters on building a wall along the U.S.-Mexico border to try stop
illegal immigration, as of July 2016. https://www.statista.com/statistics/586872/voter-opinion-
on-mexico-border-wall-us-election-2016/. Zugegriffen: 4. Febr. 2017

o. V. (2016 f) Voters opinion of whether candidates in the 2016 U.S. presidential election are
honest and trustworthy, as of July 2016. https://www.statista.com/statistics/585933/voter-
impression-of-candidate-honesty-us-election-2016/. Zugegriffen: 4. Febr. 2017

o. V. (2016g) Faith and the 2016 campaign. https://www.pewforum.org/2016/01/27/faith-and-the-
2016-campaign/. Zugegriffen: 4. Febr. 2017

o. V. (2016h) Changing attitudes on gay marriage. https://www.pewforum.org/2016/05/12/
changing-attitudes-on-gay-marriage/. Zugegriffen: 4. Febr. 2017

o. V. (2016i) Trump v Clinton: comparing their economic plans. https://www.bbc.com/news/
business-37013670. Zugegriffen: 4. Febr. 2016

o. V. (2017) Presidential Election Results: Donald J. Trump Wins. https://www.nytimes.com/
elections/results/president. Zugegriffen: 4. Febr. 2017

o. V. (o. J. a) Wie wird der US-Präsident oder die US-Präsidentin gewählt? https://www.uswahl.
lpb-bw.de/wahlsystem_usa.html. Zugegriffen: 4. Febr. 2017

o. V. (o. J. b) presidential results. https://edition.cnn.com/election/results/president. Zugegriffen: 4.
Febr. 2017

o. V. (o. J. c) presidential results. https://edition.cnn.com/election/results. Zugegriffen: 4. Febr.
2017

o. V. (o. J. d) US Election 2016. https://www.bbc.com/news/election/us2016/results. Zugegriffen:
4. Febr. 2017.

o. V. (o. J. e) 2016 Presidential Election Map. https://www.270towin.com/. Zugegriffen: 4. Febr.
2017

o. V. (o. J. f) 2016 Election: President. https://www.realclearpolitics.com/elections/live_
results/2016_general/president/map.html. Zugegriffen: 4. Febr. 2017

o. V. (o. J. g) Nevada: Trump vs. Clinton vs. Johnson. https://www.realclearpolitics.com/
epolls/2016/president/nv/nevada_trump_vs_clinton_vs_johnson-6004.html.   Zugegriffen: 4.
Febr. 2017

o. V. (o. J. h) Arizona: Trump vs. Clinton vs. Johnson vs. Stein. https://www.realclearpolitics.
com/epolls/2016/president/az/arizona_trump_vs_clinton_vs_johnson_vs_stein-6087.html.
Zugegriffen: 4. Febr. 2017

o. V. (o. J. i) New Mexico: Trump vs. Clinton vs. Johnson vs. Stein. https://www.realclearpolitics. com/epolls/2016/president/nm/new_mexico_trump_vs_clinton_vs_johnson_vs_stein-6113. html. Zugegriffen: 4. Febr. 2017

o. V. (o. J. j) Colorado: Trump vs. Clinton vs. Johnson vs. Stein. https://www.realclearpolitics. com/epolls/2016/president/co/colorado_trump_vs_clinton_vs_johnson_vs_stein-5974.html. Zugegriffen: 4. Febr. 2017

o. V. (o. J. k) Iowa: Trump vs. Clinton vs. Johnson vs. Stein. https://www.realclearpolitics.com/ epolls/2016/president/ia/iowa_trump_vs_clinton_vs_johnson_vs_stein-5981.html. Zugegriffen: 4. Febr. 2017

o. V. (o. J. l). Michigan: Trump vs. Clinton vs. Johnson vs. Stein. https://www.realclearpolitics. com/epolls/2016/president/mi/michigan_trump_vs_clinton_vs_johnson_vs_stein-6008.html. Zugegriffen: 4. Febr. 2017

o. V. (o. J. m) Ohio: Trump vs. Clinton vs. Johnson vs. Stein. https://www.realclearpolitics.com/ epolls/2016/president/oh/ohio_trump_vs_clinton_vs_johnson_vs_stein-5970.html. Zugegriffen: 4. Febr. 2017

o. V. (o. J. n) Pennsylvania: Trump vs. Clinton vs. Johnson vs. Stein. https://www.realclearpolitics. com/epolls/2016/president/pa/pennsylvania_trump_vs_clinton_vs_johnson_vs_stein-5964. html. Zugegriffen: 4. Febr. 2017

o. V. (o. J. o). New Hampshire: Trump vs. Clinton vs. Johnson vs. Stein. https://www. realclearpolitics.com/epolls/2016/president/nh/new_hampshire_trump_vs_clinton_vs_johnson_ vs_stein-6022.html. Zugegriffen: 4. Febr. 2017

o. V. (o. J. p) Maine: Trump vs. Clinton vs. Johnson vs. Stein. https://www.realclearpolitics. com/epolls/2016/president/me/maine_trump_vs_clinton_vs_johnson_vs_stein-6091.html. Zugegriffen: 4. Febr. 2017

o. V. (o. J. q) Virginia: Trump vs. Clinton vs. Johnson vs. Stein. https://www.realclearpolitics. com/epolls/2016/president/va/virginia_trump_vs_clinton_vs_johnson_vs_stein-5966.html. Zugegriffen: 4. Febr. 2017

o. V. (o. J. r) North Carolina: Trump vs. Clinton vs. Johnson. https://www.realclearpolitics. com/epolls/2016/president/nc/north_carolina_trump_vs_clinton_vs_johnson-5951.html. Zugegriffen: 4. Febr. 2017

o. V. (o. J. s) Georgia: Trump vs. Clinton vs. Johnson. https://www.realclearpolitics.com/ epolls/2016/president/ga/georgia_trump_vs_clinton_vs_johnson-5968.html. Zugegriffen: 4. Febr. 2017

o. V. (o. J. t) Florida: Trump vs. Clinton vs. Johnson vs. Stein. https://www.realclearpolitics. com/epolls/2016/president/fl/florida_trump_vs_clinton_vs_johnson_vs_stein-5963.html. Zugegriffen: 4. Febr. 2017

o. V. (o. J. u) How did Trump win? Breaking down the Republican's unexpected victory. https:// www.ctvnews.ca/world/how-did-trump-win-breaking-down-the-republican-s-unexpected- victory-1.3153472. Zugegriffen: 4. Febr. 2017

o. V. (o. J. v) Statistics and facts on the 2016 US Election. https://www.statista.com/ topics/2722/2016-election/. Zugegriffen: 4. Febr. 2017

o. V. (o. J. w) Guns. https://www.gallup.com/poll/1645/guns.aspx. Zugegriffen: 4. Febr. 2017

o. V. (o. J. x) Abortion. https://www.gallup.com/poll/1576/abortion.aspx. Zugegriffen: 4. Febr. 2017

o. V. (o. J. y) Environment. https://www.gallup.com/poll/1615/environment.aspx. Zugegriffen: 4. Febr. 2017

Rosin L (2016) the hidden group that won the election for trump: exit poll analysis from edison research. https://www.edisonresearch.com/hidden-group-won-election-trump-exit-poll-analysis- edison-research/. Zugegriffen: 22. Sept. 2020

Meinungsprognosen mithilfe von sozialen Netzwerken – künstliche Intelligenz als neues Instrument zur Wahlprognose

12

Erik Karger, Marko Kureljusic, Arda Cayci und Kevin Sigmund

Zusammenfassung

In der Vergangenheit entsprachen durchgeführte Wahlprognosen großer Meinungs-forschungsinstitute häufig nicht den korrekten Wahlausgängen. Dies traf unter anderem auf verschiedene Landtagswahlen sowie die Wahl zum deutschen Bundes-tag im Jahr 2017 zu. In diesem Beitrag wird am Beispiel der Bundestagswahl 2017 gezeigt, wie die Prognose durch die Modellierung mit einem Self-Enforcing Network und durch Einbeziehung der erfassten Meinungen in den Social Media optimiert werden kann.

Schlüsselwörter

Meinungsprognosen · Wahlprognose · Bundestagswahl 2017

E. Karger (✉)
Institut für Informatik und Wirtschaftsinformatik (ICB), Universität Duisburg-Essen, Essen, Deutschland
E-Mail: erik.karger@uni-due.de

M. Kureljusic
Institut für Betriebswirtschaft und Volkswirtschaft (IBES), Universität Duisburg-Essen, Essen, Deutschland
E-Mail: marko.kureljusic@uni-due.de

A. Cayci
Voerde, Deutschland
E-Mail: sammelband-KIKL@rebask.de

K. Sigmund
Marl, Deutschland
E-Mail: sammelband-KIKL@rebask.de

© Springer Fachmedien Wiesbaden GmbH, ein Teil von Springer Nature 2021
C. Klüver und J. Klüver (Hrsg.), *Neue Algorithmen für praktische Probleme*,
https://doi.org/10.1007/978-3-658-32587-9_12

12.1   Einleitung

Die Verlässlichkeit von Wahlprognosen wird seit längerer Zeit angezweifelt. Mit dem Ausgang der vergangenen Wahlen werden die führenden Umfrageinstitute zunehmend kritisiert. In der aktuellen Medienwelt sind gegenüber Forsa & Co. eine Vielzahl von kritischen Artikeln vorzufinden. Mit dem Titel „Warum die Wahlprognosen alle falsch waren" (Finanzen.net 2016) wird in einem Artikel der Online-Plattform finanzen.net der Ausgang der US-Präsidentschaftswahl 2016 thematisiert (siehe dazu Kap. 11). Sämtliche führenden Umfrageinstitute hatten zuvor fälschlicherweise einen Wahlsieg von Clinton prognostiziert.

Derartige Abweichungen zwischen im Vorfeld getätigten Wahlprognosen und dem dann tatsächlichen Wahlausgang kamen in letzter Zeit häufiger vor. So schreibt Spiegel, bezogen auf die Landtagswahl in Nordrhein-Westfalen am 14. Mai 2017, von einem „CDU-Überraschungssieg in NRW" (Spiegel 2017), nachdem Umfragen von Wahl- und Meinungsforschungs-Instituten im Vorfeld die SPD bereits als klaren Sieger gesehen hatten. In Bezug auf das Brexit-Referendum, welches am 23.06.2016 in Großbritannien abgehalten wurde, heißt es in der Frankfurter Allgemeinen am Folgetag, dass in London „viele […] noch gar nicht glauben [können], was geschehen ist" (Kühn 2016).

Die Versuche, das menschliche Verhalten bei Wahlen und Umfragen vorherzusehen, scheinen in letzter Zeit immer weniger von Erfolg gekrönt zu sein. Die Glaubwürdigkeit der Umfragen sinkt und zugleich steigen die Zweifel an deren zugrundeliegenden Annahmen. Mittlerweile fragen sich viele Menschen „ob sie den Modellen von Meinungsforschern überhaupt noch trauen sollten" (Neth und Gaissmeier 2017, S. 205).

Wie sich angesichts der mehr oder weniger starken Abweichungen vermuten lässt, bilden die Annahmen der Meinungsforschungsinstitute, die den Umfragen bzw. der Auswahl der Personengruppen zu diesen zugrunde liegen, die Realität möglicherweise nicht vollständig ab. Es ist daher zum einen fraglich, ob der Stichprobenumfang in ausreichendem Maße repräsentativ ist. Zum anderen lässt sich anzweifeln, ob die Befragten ehrlich antworten. So wäre es denkbar, dass ein AfD- oder NPD-Wähler bewusst falsch antwortet, wenn er nach seinem Wahlverhalten befragt wird. Eine mögliche Ursache hierfür könnte der vergleichsweise schlechte Ruf sein, welchen diese Parteien in Deutschland genießen.

Vor diesem Hintergrund ist es notwendig, die ehrliche Meinung von einer Vielzahl von Personen zu gewinnen, um Wahlprognosen zu verbessern. Ein mögliches Mittel zur Erhebung eines ehrlichen Meinungsbildes von Wählern ist die nähere Betrachtung von sozialen Online-Netzwerken.

Unter einem sozialen Online-Netzwerk, im allgemeinen Sprachgebrauch mittlerweile häufig auch nur noch soziales Netzwerk genannt[1], wird dabei laut Wikipedia „ein Online-Dienst [verstanden], der eine Online-Community beherbergt" (Wikipedia 2018).

Der Grund, warum sich Menschen in Online-Communities zusammenfinden, kann verschieden sein. Ebersbach et al. unterscheiden dabei zwischen Content-Aggregatoren und People-Aggregatoren (Ebersbach et al. 2016, S. 94). Während bei der ersten Kategorie ein gemeinsames Interesse, Thema oder Ziel der Ausgangspunkt sind, so steht bei der zweiten Kategorie der Mensch sowie seine Beziehungen im Mittelpunkt. Zu dieser zweiten Kategorie zählen nach Ebersbach et al. auch die sozialen Netzwerke (2016, S. 94 f.). Den meisten dieser sozialen Netzwerke sind in der Regel einige gemeinsame Eigenschaften zu eigen (Wanhoff 2011, S. 13):

- Profile: In diesem Profil gibt der Nutzer Daten von sich preis. Diese Daten können je nach sozialem Netzwerk variieren, beinhalten aber in der Regel etwa Name, Geburtsdatum und Alter, Wohnort, Beruf oder Ausbildung
- Adressbücher: Diese fungieren als Kontaktlisten, in welchem der jeweilige Nutzer seine Kontakte und Freunde verwalten kann
- Nachrichtendienste: Durch Nachrichtendienste ist es den Nutzern möglich, sich gegenseitig Nachrichten zu schicken
- Öffentliche Informationen: Durch öffentlich einsehbare Daten und Informationen, die Nutzer über sich oder ihre Aktivitäten teilen und generieren, können neue Verbindungen entstehen

Gerade der letzte Punkt kann für eine Untersuchung der politischen Vorlieben von Bedeutung sein, da es in den meisten sozialen Netzwerken im Regelfall öffentlich einsehbar ist, wem was gefällt. Bevor an diesen Gedanken angeknüpft wird, bietet es sich an, die mittlerweile recht große Anzahl an sozialen Netzwerken weiter in geschäftliche und privat-freundschaftliche Netzwerke zu unterteilen (Ebersbach et al. 2016, S. 99).

Zu der ersten Kategorie zählen Businessnetzwerke, deren Hauptaugenmerk darauf liegt, berufliche und geschäftliche Kontakte zu verwalten, was z. B. für Manager und Geschäftsleute interessant ist. Das weltweit prominenteste Beispiel aus dieser Kategorie ist vermutlich LinkedIn, welches Anfang 2017 weltweit rund 547 Mio. Mitglieder zählte (LinkedInsider Deutschland 2017).

Da der Fokus derartiger Businessnetzwerke auf dem Aufbau und der Pflege geschäftlicher Kontakte liegt, spielt ein politischer Meinungsaustausch dort nur eine untergeordnete Rolle. Interessanter ist daher die zweite Kategorie der freundschaftlich-orientierten Netzwerke. In diese Kategorie fallen bekannte Beispiele wie

---

[1]Der Einfachheit halber wird im Folgenden, auch wenn virtuelle soziale Netzwerke bzw. soziale Online-Netzwerke gemeint sind, ausschließlich der Begriff soziales Netzwerk verwendet.

Facebook, Google+, studiVZ oder MySpace. Das größte soziale Netzwerk dieser Kategorie ist Facebook mit, Stand September 2020, 2,47 Mrd. registrierten Nutzern, von denen 1,79 Mrd. dieses soziale Netzwerk täglich besuchen (AllFacebook.de 2020).

Angelockt durch diese hohe Zahl an Mitgliedern (in Deutschland immerhin 32 Mio. tägliche Nutzer (AllFacebook.de 2018)) sind auch Politiker und politische Parteien auf Facebook aktiv, um dort mit ihren Beiträgen und Inhalten auf sich aufmerksam zu machen. Durch ein Klicken auf „Gefällt mir" unter solch einem Beitrag signalisiert ein Nutzer, dass ihm dessen Inhalte zusagen. Die Tatsache, dass die Anzahl der Likes eines Beitrages auf Facebook öffentlich einsehbar ist, eröffnet die Möglichkeit, diese zu sammeln und nach den zugehörigen Beiträgen zu klassifizieren.

12.2 Datenerhebung und Modellierung in SEN

Der Umstand, dass die Anzahl der Likes eines Beitrages auf Facebook öffentlich einsehbar ist, eröffnet auch die Möglichkeit, diese quantitativ auswerten zu können. Dadurch lässt sich auch die Like-Anzahl der Beiträge verschiedener Parteien und damit deren Zuspruch vergleichen. Die Inhalte der verschiedenen Beiträge können dabei sehr unterschiedlichen Themengebieten bzw. Politikbereichen zugeordnet werden.

So befassen sich Beiträge mit Themen wie die Flüchtlings- oder Rentenpolitik, wohingegen andere Beiträge Randthemen wie die Tierschutz- oder Landwirtschaftspolitik thematisieren. Die Inhalte, welche in den sozialen Medien von den Parteien adressiert wurden, haben wir 13 politischen Feldern bzw. Teilbereichen zugeordnet.[2] Auf diese Art und Weise lässt sich nicht nur ermitteln, welche Parteien bei den Nutzern der sozialen Medien am meisten Zustimmung erhalten, sondern auch in welchen politischen Bereichen die Parteien eine hohe Nutzerreichweite aufweisen.

Der nächste Abschnitt beschreibt dabei zunächst das Vorgehen und die Bestandteile, auf welchen das Modell zur Ermittlung der Wahlprognose aufgebaut ist. Auch wird darauf eingegangen, für welche politischen Bereiche Beiträge gesucht und deren Likes gesammelt wurden. Der darauffolgende Abschnitt erklärt, wie die einzelnen Modellbestandteile in SEN integriert wurden. Im Anschluss daran werden die Ergebnisse bzw. Wahlprognosen vorgestellt, welche mit diesem Ansatz durch SEN ermittelt wurden. Auch werden hier nachträgliche Änderungen an dem Modell erläutert, welche retrospektiv eine noch präzisere Vorhersage des tatsächlichen Wahlausgangs erbracht haben.

---

[2] „Politisches Feld" wird in diesem Beitrag als Synonym zu einem Politikbereich verwendet und besitzt keine nähere Anlehnung an den im soziologischen Kontext von Pierre Bourdieu geprägten Begriff. Beispiele für politische Felder in der hier zugrundeliegenden Definition wären also beispielsweise Rentenpolitik, Steuerpolitik oder Umweltpolitik.

12.3 Methodische Vorgehensweise

Auch wenn das Hauptaugenmerk des hier beschriebenen Modells auf den sozialen Medien liegt, so eignen sich die dort erhobenen Daten nur schwer als eine alleinige Prognosebasis. Die Grundlage bilden daher verschiedene Wahlumfragen, welche von führenden deutschen Meinungsforschungs-Instituten erhoben wurden. Die Umfragedaten wurden auf der Internetplattform *Wahlrecht.de* gesammelt und manuell in eine CSV-Datei eingetragen.[3] Dieses Dateiformat bietet den Vorteil, dass es sich als semantische Matrix sehr leicht in SEN importieren lässt.

Die Ergebnisse der Wahlumfragen verändern sich dabei im Laufe der Zeit teilweise sehr stark. Lange zurückliegende Umfragen sind daher hinsichtlich ihrer Aussagekraft als nur begrenzt geeignet zu betrachten. Im Zuge dessen wurden regelmäßig die ältesten Umfragen aus der Datenbasis entfernt und durch neu veröffentlichte ersetzt. Vor jeder Wahlprognose sind so lediglich die aktuellsten 20 Wahlumfragen eingeflossen. Dabei wurden Umfragen von *Allensbach, Emnid, Forsa,* der *Forschungsgruppe Wahlen, GMS, Infratest dimap* und *Insa* berücksichtigt. Die erhobenen Daten aus den sozialen Medien und die anderen, weiter unten erklärten Attribute wurden anschließend mit den Umfragedaten zu einer neuen Wahlprognose verrechnet.

Die Beiträge der Parteien in den sozialen Medien unterscheiden sich hinsichtlich ihres Inhalts und ihrer Themen stark voneinander. Durch diese Unterschiede sind einzelne Beiträge für bestimmte Wählergruppen von höherer oder geringerer Relevanz. Auf der einen Seite stehen Themen wie die Außen- oder die Rentenpolitik, welche eine Vielzahl der Wähler unmittelbar betreffen oder häufig in den Medien angesprochen werden. Demgegenüber gibt es Themen wie die Tierschutzpolitik, welche für bestimmte Wählergruppen zwar wichtig sind, die aber keine breite gesellschaftliche Relevanz oder Medienpräsenz haben. Derartige Themen und Fragestellungen sind vielen Wählern daher unbekannt oder für die Wahlentscheidung nur von untergeordneter Bedeutung.

Die verschiedenen politischen Themen unterscheiden sich aufgrund dessen auch hinsichtlich ihrer Relevanz für den Wahlausgang. Es liegt daher nahe, die einzelnen politischen Themengebiete hinsichtlich ihrer Bedeutung für die Wähler und damit für den Wahlausgang unterschiedlich stark zu gewichten. Die Likes, welche eine Partei beispielsweise für ihre Aussagen zur Flüchtlings- oder Bildungspolitik erhält, müssen stärker in die Prognose miteinfließen als beispielsweise die Likes zur Tierschutzpolitik.

Selbstverständlich sind die Priorisierung und Wichtigkeit der politischen Fragestellungen höchst subjektiv und für jeden Wähler unterschiedlich. Die hier vorgenommene Zuordnung wurde dabei nicht auf Basis der Vorlieben der Autoren getroffen. Stattdessen erfolgte die Kategorisierung unter Bezugnahme von verschiedenen Quellen, darunter Studien und Umfragen zur politischen Stimmung in Deutschland im Vorfeld der

---

[3]CSV steht für Comma Separated Values und beschreibt ein Dateiformat, welches sich in Excel bearbeiten lässt.

Tab. 12.1 Darstellung der verwendeten Quellen zur Bestimmung der Relevanz der politischen Themen

Quelle	Titel	Erhebungs-zeitraum	Befragte Personen
Infratest dimap	ARD – DeutschlandTREND Mai 2017	08.–10. Mai 2017	1000
Infratest dimap	ARD – DeutschlandTREND Juni 2017	06.–07. Juni 2017	1000
Infratest dimap	ARD – DeutschlandTREND Juli 2017	03.–04. Juli 2017	1000
Infratest dimap	ARD – DeutschlandTREND August 2017	07.–08 August 2017	1005
Infratest dimap	ARD – DeutschlandTREND September 2017	04.–05. September 2017	1003
Stern	Umfrage zu den wichtigsten Themen im Wahlkampf zur Bundestagswahl in Deutschland 2017	02.–03. Februar 2017	1007
YouGov	Wichtige Themen bei der Bundestagswahl 2017	**03.–09. Juli 2017**	**1906**

Bundestagswahl 2017. Die nachfolgende Tab. 12.1 gibt einen Überblick über die verwendeten Quellen, welche von uns zur Kategorisierung herangezogen wurden.

Die aufgeführten Quellen haben jeweils repräsentative Umfragen zu der persönlichen Relevanz politischer Themen durchgeführt. Die von uns getroffene Auswahl der Umfragen erfolgte anhand verschiedener Kriterien. Wichtig für uns waren insbesondere eine große Breite verschiedener politischer Themen, eine hohe Anzahl befragter Personen sowie die Aktualität der Umfragen. Auf Basis der Umfrageergebnisse wurden die politischen Themen nach ihrer Wichtigkeit für die Wähler in folgende vier Kategorien eingeordnet:

Kategorie 1 Entscheidend: Zu der ersten Kategorie zählen die drei hinsichtlich ihrer Bedeutung im Wahlkampf wichtigsten Politikfelder. Die zu diesen Bereichen gehörenden Fragestellungen sind für eine erhebliche Zahl von Wählern entscheidend, um eine bestimmte Partei zu wählen. Diese hohe Wichtigkeit kann beispielsweise durch eine hohe mediale Präsenz oder eine unmittelbare Wichtigkeit der Themen für eine große Zahl an Wählern entstehen:

Flüchtlingspolitik: Zu diesem Themengebiet zählt beispielsweise, ob es eine Obergrenze für Flüchtlinge geben sollte, wie hoch die Sozialleistungen für Flüchtlinge ausfallen sollten und wie eine Integration der Flüchtlinge gestaltet werden muss. Dieses Thema besitzt seit dem Jahr 2015 eine hohe Medienpräsenz und sorgt auf politischer Ebene regelmäßig für viele Diskussionen.

Rentenpolitik: Hierzu gehören Fragestellungen wie das Renteneintrittsalter, die Höhe der Renten oder die Höhe gesetzlicher Rentenbeiträge. Derartige Fragestellungen sind unmittelbar für Wähler im Rentenalter oder kurz davor relevant. Aufgrund des immer höheren prozentualen Anteils ist die Gunst der älteren Wähler für die Parteien von zunehmender Wichtigkeit. Bei der Bundestagswahl 2013 waren 21 % der Wähler älter als 70 und 35 % der Wähler zwischen 60 und 69 Jahren alt (Bundesinstitut für Bevölkerungsforschung 2017). Daneben beinhaltet die Rentenpolitik auf lange Sicht auch für jüngere Wähler wichtige Fragestellungen.

Außenpolitik: Dieses breite Themengebiet beinhaltet Fragestellungen darüber, wie die politischen Beziehungen zu anderen Ländern ausgestaltet werden sollen. Auch Fragestellungen wie die Beteiligung an internationalen Hilfen seitens von Deutschland oder Auslandseinsätze der Bundeswehr fallen unter diesen Themenbereich.

Kategorie 2 Sehr wichtig: Hierunter fallen Themengebiete wie die Steuer- oder Wirtschaftspolitik, welche für eine große Zahl an Wählern wichtig sind und bei der Wahl eine Rolle spielen können. Diese Politikbereiche unterscheiden sich allerdings von denen aus der ersten Kategorie, beispielsweise durch eine weniger häufige Erwähnung in den Medien oder eine in Relation zur vorherigen Kategorie geringere Bedeutung für die Vielzahl der Wähler:

Steuerpolitik: Dieses politische Feld beinhaltet Fragestellungen zu dem Steuersystem, wie beispielsweise zu der Erbschafts- oder Reichensteuer. Eine Umfrage des Meinungsforschungsinstituts Emnid ergab, dass 75 % der Deutschen mit dem aktuellen Steuersystem unzufrieden sind (Epoch Times 2017).

Innere Sicherheit: Unter die innere Sicherheit fallen Beiträge und Diskussionen über Themen wie die Rechte der Polizei oder den Jugendschutz. Seit den terroristischen Anschlägen in Europa und auch in Deutschland hat das Thema innere Sicherheit für viele in Deutschland eine höhere Relevanz bekommen.

Wirtschafts- und Arbeitspolitik: Hierunter sind Fragestellungen zur Sicherung von Arbeitsplätzen, zur Arbeitslosenpolitik oder zum Mindestlohn subsumiert. Beiträge zu Fragestellungen aus diesem politischen Bereich wurden in den sozialen Medien sehr häufig veröffentlicht. Durch die mehr als 44 Mio. Erwerbstätigen in Deutschland ist dieser politische Bereich für viele Wähler von Bedeutung (statista.de 2018).

Existenzsicherungspolitik: Diese Kategorie beinhaltet Diskussionen über Themen wie die Höhe von Arbeitslosengeld, die Unterstützung für Alleinerziehende und Familien oder ein bedingungsloses Grundeinkommen.

Kategorie 3 Wichtig: Dies sind politische Themen, welche eine geringere Rolle als solche in den ersten beiden Kategorien spielen. Dennoch sind diese sowohl in der politischen Diskussion als auch bei den Wahlentscheidungen der Wähler von Bedeutung. Themen der dritten Kategorie können für einige Wähler wichtige Argumente für oder gegen eine bestimmte Partei sein:

Bildungspolitik: Dieser Teilbereich der Politik umfasst Fragestellungen, welche die schulische und universitäre Bildung in Deutschland betreffen. Hierunter fallen Diskussionen über die Dauer des Abiturs (G8 oder G9), Bildungsinvestitionen in den Schulen oder Studiengebühren. Obgleich viele dieser Fragestellungen unter den Zuständigkeitsbereich der Länder fallen, wurden einzelne Teilgebiete der Bildungspolitik in den sozialen Medien auch vor der Bundestagswahl durch Beiträge angesprochen.

Klima- und Umweltpolitik: Der Atomenergie- oder Braunkohleausstieg, Fragen zum Klimawandel oder zum Umgang mit genmodifizierten Nahrungsmitteln fallen unter dieses politische Teilgebiet.

Digitalisierung: Hierbei geht es um Themen wie den Breitband- und Glasfaserausbau, den Datenschutz oder die Netzneutralität.

Kategorie 4 Weniger wichtig: In diese letzte Kategorie fallen politische Gebiete, welche nur noch von einem geringen Anteil der Wähler bei der Wahlentscheidung berücksichtigt werden. Diese Themen sind sowohl in den Medien als auch in den Beiträgen der Parteien im Vergleich zu denen der ersten drei Kategorien selten anzutreffen. Da diese Themen zumindest für bestimmte Wählergruppen von Bedeutung sind, wurden diese dennoch in die Betrachtung mitaufgenommen.

Tierschutzpolitik: Hierunter fallen viele mit der Klima- und Umweltpolitik verwandte Fragestellungen. Themen in diesem Bereich betreffen z. B. die Tierhaltung, beispielsweise wie diese artgerechter gestaltet werden kann, oder die Förderung von veganer Ernährung.

Minderheitenpolitik: Dies beinhaltet Regeln und Fragestellungen, welche nur für eine Minderheit der Bevölkerung in Deutschland von Relevanz sind. Beispiele sind die Homoehe oder die Rechte und Rolle von Religionen in der Gesellschaft.

Nahrungs- und Agrarpolitik: Ob und in welchem Maße die Landwirtschaft subventioniert werden sollte, welche Produkte unter welchen Auflagen importiert werden dürfen sowie Themen des Verbraucherschutzes in Hinblick auf Nahrungsmittel fallen in diese letzte Kategorie.

Nachdem die Politikbereiche festgelegt und in Kategorien eingeordnet wurden, stand die eigentliche Erhebung der Daten in den sozialen Netzwerken an. Dieser Erhebungsprozess lässt sich grob in vier Phasen unterteilen:

1. Aufsuchen der Parteiseiten: Zunächst wurde nach den offiziellen Seiten der Parteien auf Facebook gesucht. Diese sind leicht an einem blauen Haken zu erkennen, welche die Seite verifizieren und somit als offiziell deklarieren. Es wurden ausschließlich Beiträge der bundesweiten Hauptseiten der Parteien in die Analyse mitaufgenommen. Die Beiträge der kleineren regionalen oder landesweiten Seiten wurden nicht näher betrachtet.

   Für die Wahlprognose wurden dabei insgesamt 10 Parteien betrachtet: Die Union, bestehend aus CDU und CSU, SPD, die Linke, die Grünen, FDP, AfD sowie drei sonstige Parteien. Bei der CDU/CSU wurden jeweils die beiden Parteiseiten betrachtet und in die Analyse mitaufgenommen. Da die CSU jedoch ausschließlich in Bayern zur Wahl antrat, wurden Beiträge der CSU bei der letztendlichen Analyse nur in geringerem Maße gewichtet. Bei den sonstigen Parteien beschränkte sich die Analyse auf die hinsichtlich ihrer Mitgliederanzahl größten drei Parteien, welche bundesweite Facebook-Seiten pflegen. Die waren die Nationaldemokratische Partei Deutschlands (NPD), die Partei für Arbeit, Rechtsstaat, Tierschutz, Elitenförderung und basisdemokratische Initiative (Die PARTEI) sowie die Piratenpartei Deutschland.

2. Suche nach Beiträgen: Durch eine Suchfunktionalität lassen sich die Beiträge und Inhalte einer Facebook-Seite nach bestimmten Texten oder Wörtern durchsuchen. Mit dieser Funktion wurde nun auf den in Schritt 1 gefundenen Parteiseiten mit bestimmten Stichworten nach Beiträgen zu den 13 politischen Bereichen gesucht. Derartige Stichworte waren, beispielsweise für das Thema Rentenpolitik: „Rente", „Sicherung", „Alterssicherung", „Alter", „Beitrag" oder „Rentenbeitrag".

3. Auswahl und Analyse der Beiträge: Bevor die Likes und Shares berücksichtigt werden, muss der zugehörige Beitrag zunächst hinsichtlich seines Inhaltes und seiner Aktualität bewertet werden. So können Beiträge, welche bei der Suche nach dem Wort „Sicherung" gefunden werden, z. B. auch eine „Sicherung der Außengrenzen" oder eine „Sicherung von Arbeitsplätzen" in ihrem Text beinhalten. Eine Zuordnung zu dem Thema Rentenpolitik wäre bei diesen Beiträgen daher falsch. Daneben ist die Aktualität des jeweiligen Beitrages ein wichtiger Aspekt. So enthalten Beiträge, welche schon mehrere Jahre alt sind, möglicherweise Aussagen, welche nicht mehr aktuelle Themen betreffen oder die gegenwärtige Position der Partei nicht mehr angemessen wiedergeben.

Weiterhin werden veraltete Beiträge in den sozialen Netzwerken, sofern nicht gezielt nach diesen gesucht wird, in der Regel nicht mehr angezeigt. Für die politische Meinungsbildung in den sozialen Netzwerken spielen diese bei aktuellen Wahlen daher in der Regel keine Rolle mehr. Aufgrund dessen wurden nur Beiträge in die nähere Auswahl mitaufgenommen, deren Erscheinungsdatum im Jahr der Bundestagswahl (2017) liegt.

Zu aktuelle Beiträge sind jedoch hinsichtlich ihrer Aussagekraft ebenfalls nur begrenzt geeignet. Dieser Idee liegt die Annahme zugrunde, dass ein neuer Beitrag auf Facebook nicht unmittelbar von allen Nutzern gesehen wird (beispielsweise da sich nicht jeder täglich auf Facebook einloggt). Somit wurde dieser Inhalt noch nicht von allen Mitgliedern gesehen, welche diesem potenziell zustimmen würden. Über die Beliebtheit eines neu veröffentlichten Beitrags lässt sich daher noch keine zuverlässige Aussage treffen. Möglicherweise haben einfach noch nicht genug Nutzer den Beitrag gesehen, obwohl sie ihn später liken oder teilen würden. Darum wurden nur Beiträge für die Analyse verwendet, welche älter als 2 Tage waren.

Von den Beiträgen, welche sowohl inhaltlich zu dem jeweiligen politischen Bereich passen als auch in gültigen Zeitfenstern erschienen sind, wurden nun für jede Partei und zu jedem politischen Feld fünf Beiträge ausgewählt.

4. Sammeln der Shares und Likes: Im letzten Schritt wurden die Shares und Likes der in Schritt 3 ausgewählten Beiträge addiert. Dies geschah händisch durch ein Eintragen der jeweiligen Zahlen in einer Excel-Tabelle. In der Summe wurden so für jede Partei die Likes und Shares der jeweils aktuellsten 65 Beiträge zusammengetragen (5 Bei-

träge für jedes der 13 politischen Teilgebiete). Insgesamt bestand der Datensatz für alle 10 Parteien somit aus den Likes und Shares aus 650 Beiträgen.

Nachdem auf diese Art und Weise genügend Daten zu allen 13 politischen Attributen vorhanden waren, wurde der Datensatz für SEN aufbereitet. Dies geschah für jede der politischen Sparten zunächst durch ein Zusammenzählen der Likes und Shares aller Parteien. Durch das Teilen der Likes einer einzelnen Partei durch diese Gesamtsumme ergab sich für jede Partei ein Wert zwischen 0 und 1. Die ist die relative Anzahl der Likes bzw. Shares dieser Partei.

Zur Veranschaulichung soll das folgende Beispiel dreier Parteien dienen, von denen die erste 50, die zweite 30 und die dritte 20 Likes in einer der 13 Themen erhalten hat. Die relativen Werte dieser Parteien, welche als Basis für die SEN-Analyse fungieren, liegen somit für die erste Partei bei 0,5, für die zweite bei 0,3 und bei der letzten Partei bei 0,2. Sofern eine Partei als einzige ein bestimmtes politisches Thema adressiert, so liegt dieser Wert bei 1. Geht eine Partei gar nicht auf einen bestimmten Bereich ein, so liegt die dortige Anzahl der Likes und Shares folglich bei 0 und damit auch der relative Wert.

Auch die meisten Spitzenkandidierenden der Parteien sind mit eigenen Seiten in den sozialen Netzwerken vertreten. Diese Spitzenkandidierenden werden vor der Bundestagswahl von ihren jeweiligen Parteien nominiert. Der Wahlkampf mit Spitzenkandidaten ist ein Resultat der Personalisierung der Politik, welche durch das Fernsehen seit den 1970ern stetig zugenommen hat. Ziel ist es letztendlich auch, durch geeignete Spitzenkandidaten die Wahl zu beeinflussen (Landeszentrale für politische Bildung Baden-Württemberg 2017). Auch aufgrund der häufigen medialen Präsenz lohnt sich daher ein genauerer Blick auf die Topkandidaten der jeweiligen Parteien in den sozialen Medien.

Ähnlich wie die Parteien selbst versuchen auch diese durch regelmäßige Aussagen und Beiträge die Gunst der Wähler zu gewinnen. Aus der potenziellen Wichtigkeit für den Wahlausgang wurden aus den Topkandidaten zwei weitere Attribute für die Parteien abgeleitet, welche als Basis für die Wahlprognose dienen. Dies waren zum einen die Gesamtzahl der Likes, welche die jeweilige Seite der Topkandidaten auf Facebook erhielt. Die Anzahl der Likes kann ein Indikator für die Beliebtheit einer Seite oder, wie in diesem Fall, einer Person in den sozialen Netzwerken sein. Desto größer die Anzahl der Likes einer Seite ist, desto höher ist auch die Zahl der Personen, welche die Beiträge sieht, die von dieser Seite veröffentlicht werden. Eine hohe Anzahl an Likes ist daher im Regelfall auch einhergehend mit einer großen Reichweite dieser Seite in den sozialen Netzwerken. Die Anzahl der Likes wurde dabei der Kategorie 3 zugeordnet, also so stark gewichtet wie beispielsweise die Bildungspolitik oder die Digitalisierung (s. o.).

Neben der Gesamtzahl an Likes der Topkandidatenseiten wurden auch die dort jeweils veröffentlichten Beiträge untersucht. Wie bei den politischen Themen fungierten die Likes und Shares der einzelnen Inhalte als Indikator für die Beliebtheit bzw. den Zustimmungsgrad durch die Facebook-Nutzer. Im Gegensatz zu den Beiträgen der Parteien wurde hier nicht erneut nach politischen Themen gefiltert. Stattdessen dienten die letzten 10 Beiträge der Topkandidatenseite als Ausgangsbasis, unabhängig von den jeweils adressierten Themen oder Fragestellungen.

Aufgrund der Regelmäßigkeit der neu veröffentlichten Inhalte ergab sich das Problem veralteter Beiträge hierbei nicht. Allerdings wurde auch hier darauf geachtet, zu neue Beiträge auszuklammern und nur solche zu verwenden, welche mindestens zwei Tage alt sind.

Nachdem für jeden Topkandidaten 10 Beiträge ausgewählt und deren Likes und Shares gesammelt waren, wurden diese Werte analog zu denen der politischen Beiträge für SEN aufbereitet. Als Resultat erhielt jeder Topkandidat einen Wert zwischen 0 und 1, welcher in die SEN-Analyse miteinbezogen wurde. Gewichtet wurde dieses Attribut wie ein politisches Feld der ersten Kategorie, also beispielsweise wie die Flüchtlings- oder Rentenpolitik. In späteren, nach der Wahl stattfindenden Anpassungen an dem Modell wurden den Topkandidaten eine noch größere Bedeutung in dem Modell beigemessen. Dies führte retrospektiv zu einer noch präziseren Annäherung der Prognose an das tatsächliche Wahlergebnis (Abschn. 12.5).

Regelmäßig wird der Vorwurf laut, Politiker, Parteien oder andere Organisationen würden sich für die sozialen Medien zusätzliche Gefällt-mir-Angaben kaufen. Die Zusammensetzung der Likes einer Seite ist ohne Weiteres nur schwer einsehbar; so suggerieren zusätzlich erworbene Likes eine höhere Beliebtheit. Da die Anzahl der Gefällt-mir-Angaben bei der hier beschriebenen Wahlprognose eine große Rolle spielt, wurde diesem Vorwurf für die betrachteten Seiten der Parteien und Politiker nachgegangen. Das im Internet verfügbare Tool „Like-Check"[4] erlaubt es, die Zusammensetzung der Likes einer Facebook-Seite nach Ländern einzusehen.

Gekaufte Likes stammen dabei häufig aus nicht-europäischen Ländern. Ein hoher Anteil an Likes außerhalb Deutschlands lässt daher auf einen zusätzlichen Erwerb dieser schließen. Bei sämtlichen betrachteten Seiten war dieser Anteil an verdächtigen Likes allerdings äußerst gering. Der Vorwurf, einzelne Parteien oder Politiker hätten sich zusätzliche Like dazugekauft, lässt sich angesichts dessen nicht halten. Auch ist von einem verfälschenden Einfluss dieser Likes auf die Wahlprognose nicht auszugehen.

Abschließend wurden noch einige quantitativ messbare Werte für die Parteien in die Datenbasis der Wahlprognose mitaufgenommen, welche einen Einfluss auf das Wahlergebnis nehmen können. Diese waren beispielsweise die Mitgliederanzahl der Parteien oder die verfügbaren monetären Mittel. Sämtliche Informationen zu diesen Attributen waren dabei im Internet oder sonstigen Quellen frei verfügbar und bedurften keiner weiteren analytischen Tätigkeiten zu ihrer Erhebung. Allerdings wurden auch hier keine absoluten Werte verwendet.

Wie bei den vorher beschriebenen Werten zu den einzelnen Politikbereichen wurden auch für die quantitativen Attribute relative Werte zwischen 0 und 1 berechnet. Diese

---

[4]Abrufbar auf https://felixbeilharz.de/like-check/.

ließen sich einfacher in SEN importieren und verarbeiten. Gewichtet wurden diese quantitativen Faktoren wie Politikbereiche der letzten oder vorletzten Kategorie, waren also in der Gesamtbetrachtung eher von geringerer Bedeutung.

Die einzige Ausnahme bildete hierbei die Häufigkeit der Berichterstattung über die einzelnen Parteien in den Medien und den Onlinenachrichten. Damit ist die Gesamtzahl an Nachrichten und Artikel gemeint, welche über eine Partei berichten. Die dazugehörigen Zahlen wurden dabei durch verschiedene Quellen zusammengetragen.[5] Die Rolle der Onlinemedien bei der politischen Meinungsbildung ist von zunehmender Bedeutung und wird auch in die sozialen Netzwerke hineingetragen.

Anbieter von Online-Nachrichten, aber auch viele deutsche Magazine sowie Tages- und Wochenzeitungen sind mit eigenen Seiten beispielsweise auf Facebook vertreten. Dort veröffentlichen die Medienunternehmen regelmäßig Beiträge und Verlinkungen zu Neuigkeiten und News, welche häufig auch Parteien oder deren Positionen thematisieren. Derartige Beiträge führen in den sozialen Netzwerken häufig zu lebhaften Diskussionen.

Aufgrund des Einflusses, welchen die Newsportale und Zeitungen durch ihre Berichterstattung über die Parteien mutmaßlich auf den Wahlausgang haben, wurde die mediale Präsenz als sehr wichtiges Attribut in die Analyse mitaufgenommen. Dieser Faktor hat somit also dieselbe Wirkung auf das prognostizierte Wahlergebnis wie beispielsweise die Steuer- oder die Existenzsicherungspolitik.

Zusammenfassend wurden dementsprechend neben den Meinungsumfragen, Daten und Werte zu den folgenden Politikbereichen sowie quantitative Faktoren als Datenbasis für die Prognose verwendet (Tab. 12.2).

Tab. 12.2 Politikbereiche und quantitative Faktoren

Kategorie	Politikbereiche/quantitative Faktoren
1 – Entscheidend	Flüchtlingspolitik, Rentenpolitik, Außenpolitik, Beiträge der Topkandidaten
2 – Sehr wichtig	Steuerpolitik, Innere Sicherheit, Wirtschaftspolitik, Existenzsicherungspolitik, mediale Präsenz
3 – Wichtig	Bildungspolitik, Klima- und Umweltpolitik, Digitalisierung, verfügbares Geld, Gesamtzahl der geteilten Parteiinhalte, Anzahl der Likes der Topkandidaten
4 – Weniger Wichtig	Tierschutzpolitik, Minderheitenpolitik, Nahrungs- und Agrarpolitik, Mitgliederanzahl der Parteien

---

[5]Beispielsweise auf der Internetpräsenz des Anbieters LexisNexis (https://www.lexisnexis.de/wahlkampfbeobachtung).

12.4 Einstellungen in SEN

Unser Modell unterscheidet sich hinsichtlich des methodischen Vorgehens wesentlich von den anderen Beiträgen in diesem Sammelband. Im Folgenden wird erklärt, wie die hier vorgestellten und beschriebenen Daten in SEN importiert wurden und wie die einzelnen Bestandteile unseres Modells aufgebaut sind. Dabei wird ebenfalls detailliert auf die Einstellungen der jeweiligen Matrizen eingegangen, auf deren Basis wir unsere Wahlprognose ermitteln konnten.

Die Ausgangsbasis für unser Modell in SEN stellen sowohl die Umfragen als auch die von uns erhobenen Einflussfaktoren dar. Diese wurden zunächst in einer CSV-Datei gesammelt, welche im Anschluss als semantische Matrix in SEN importiert wurde. Dies ließ sich aufgrund einer von dem Programm bereitgestellten Funktionalität einfach und ohne Probleme bewerkstelligen. Damit beinhaltet die semantische Matrix zum einen die Umfragen mit den jeweiligen Parteiprognosen sowie zum anderen die von uns in Abschn. 12.3 aufgeführten Politikbereiche und quantitativen Faktoren.

Die einzelnen Umfrageinstitute werden spaltenweise dargestellt, wohingegen die spezifischen Umfragewerte je Partei zeilenweise angegeben werden. Die folgende Abbildung zeigt dabei einen Ausschnitt aus der semantischen Matrix mit den Ergebnissen von vier Umfragen für die hier betrachteten Parteien (Abb. 12.1).

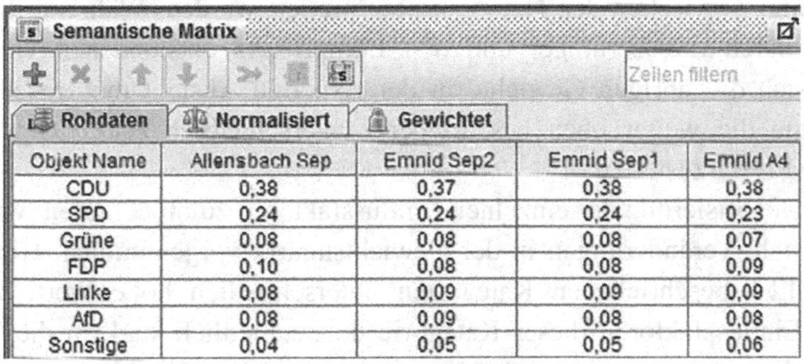

Objekt Name	Allensbach Sep	Emnid Sep2	Emnid Sep1	Emnid A4
CDU	0,38	0,37	0,38	0,38
SPD	0,24	0,24	0,24	0,23
Grüne	0,08	0,08	0,08	0,07
FDP	0,10	0,08	0,08	0,09
Linke	0,08	0,09	0,09	0,09
AfD	0,08	0,09	0,08	0,08
Sonstige	0,04	0,05	0,05	0,06

Abb. 12.1 Ausschnitt der Rohdaten der Semantischen Matrix

Die jeweiligen Spaltensummen für die betrachteten Parteien ergeben dabei jeweils 1, was 100 % der Stimmen entspricht. So haben die CDU laut der abgebildeten Allensbach-Umfrage beispielsweise 38 %, die SPD 24 % und die FDP 10 % der Stimmen erhalten. Neben den in der Abbildung dargestellten Parteien beinhaltet die semantische Matrix nun auch die Politikbereiche und quantitativen Faktoren, die in Tab. 12.1 aufgeführt sind. Dies führt dazu, dass sämtliche Einflussfaktoren hierdurch auch in der Gewichtsmatrix enthalten sind, da diese aus der semantischen Matrix generiert wird.

Da die Einstellungen für die von uns betrachteten Einflussfaktoren in der Gewichtsmatrix vorgenommen werden, sind diese in der semantischen Matrix durchgehend auf null gesetzt. Hierdurch wird gewährleistet, dass die Umfragen keine Veränderung auf die Einflussfaktoren bewirken und diese nicht zusätzlich aktiviert werden. Dies ist von Bedeutung, da sich die Ergebnisse der Prognose für die einzelnen Parteien aus der Aktivierung der jeweiligen Parteineuronen ergeben. Würde eine zu hohe Aktivierung der Neuronen stattfinden, welche die Politikbereiche und quantitativen Faktoren repräsentieren, würden diese daher zu stark mit den Parteineuronen „konkurrieren" und daher die Prognose verzerren. Innerhalb des SEN-Programms wurden von uns an der semantischen Matrix keine weiteren Änderungen mehr vorgenommen.

Durch den Import der CSV-Datei fließen die Wahlumfragen als Attribute in unser Modell ein. Die Kodierung der Attribute wurde unipolar beibehalten, wie dies in SEN bereits voreingestellt ist. Änderungen wurden von uns allerdings bei dem Cue Validity Factor (CVF) in der Experten Ansicht der Attribute vorgenommen. Der CVF gestattet es, die Attribute durch unterschiedlich hohe Wertzuweisungen unterschiedlich stark in das Gesamtergebnis miteinfließen zu lassen.

Diese Funktionalität ermöglicht es daher, länger zurückliegenden Umfragen eine geringere Bedeutung beizumessen und aktuelle Umfragen hingegen stärker in die Prognose miteinzubeziehen. In unserem Modell wurden die älteste Umfrage mit einem CVF von 0,1 und die aktuellste Umfrage mit einem CVF von 1 multipliziert. Alle anderen Umfragen hatten einen zwischen diesen beiden Werten liegenden CVF.

Der Aufbau der Gewichtsmatrix ist dem der semantischen Matrix identisch. Die jeweiligen Werte stellen nun jedoch keine Umfrageergebnisse mehr dar, sondern können als Gewichtungen zwischen den Neuronen interpretiert werden. Während die kompakte Ansicht die durch die Lernregel und den Lernprozess entstandenen Gewichte enthält, lassen sich die übrigen Gewichte in der Experten Ansicht modifizieren. Dies ist notwendig, um die weiter oben beschriebene unterschiedlich starke Gewichtung der Attribute in SEN darzustellen.

Um die Kategorisierung der einzelnen Einflussfaktoren zu modellieren, wurden in der Experten Ansicht Veränderungen in der Gewichtsmatrix vorgenommen. Hierzu wurden den in Tab. 12.1 beschriebenen Kategorien unterschiedlich hohe Werte zugewiesen, welcher die Einflussfaktoren dieser Kategorie unterschiedlich stark in die Berechnung miteinfließen lässt. Hierbei wurden den Kategorien die folgenden Werte zugewiesen:

- Äußerst wichtig: 0,25
- Sehr wichtig: 0,15
- Wichtig: 0,1
- Weniger wichtig: 0,05

Die Werte eines äußerst wichtigen Einflussfaktors fließen also beispielsweise fünfmal so stark in die Analyse mit ein wie die Werte eines weniger Wichtigen. Diese Werte sind für die ersten sieben Zeilen (die sechs Parteien sowie die Sonstigen) pro Spalte jeweils gleich. In den darauffolgenden Zeilen liegen die Werte jeweils bei 0, da eine Gewichtung der Attribute nur für die jeweiligen Parteien Sinn macht. Abb. 12.2 zeigt dabei einen Ausschnitt der Gewichtsmatrix in der Expertenansicht.

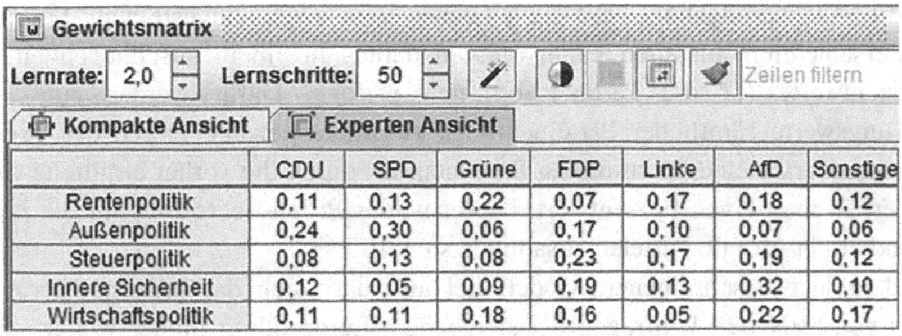

Gewichtsmatrix							
Lernrate: 2,0 Lernschritte: 50 Zeilen filtern							
Kompakte Ansicht Experten Ansicht							
	CDU	SPD	Grüne	FDP	Linke	AfD	Sonstige
Rentenpolitik	0,11	0,13	0,22	0,07	0,17	0,18	0,12
Außenpolitik	0,24	0,30	0,06	0,17	0,10	0,07	0,06
Steuerpolitik	0,08	0,13	0,08	0,23	0,17	0,19	0,12
Innere Sicherheit	0,12	0,05	0,09	0,19	0,13	0,32	0,10
Wirtschaftspolitik	0,11	0,11	0,18	0,16	0,05	0,22	0,17

Abb. 12.2 Ausschnitt der Gewichtsmatrix in der Expertenansicht

Die Abb. 12.2 zeigt die Gewichtsmatrix exemplarisch für die fünf Attribute Rentenpolitik, Außenpolitik, Steuerpolitik, innere Sicherheit sowie Wirtschaftspolitik. Die Zeilensumme der Parteien liegt jeweils bei 1, was 100 % entspricht. Der Wert 0,11 für die CDU in der Zeile Rentenpolitik bedeutet dabei, dass die CDU in diesem Politikbereich 11 % der insgesamt gesammelten Likes erhielt.

Die anfangs geplante Nutzung der linearen Aktivierungsfunktion erwies sich für das hier beschriebene Modell als nicht geeignet. Diese Aktivierungsfunktion ist zwar biologisch sehr plausibel sowie einfach und daher gut verständlich. Aufgrund der Linearität dieser Aktivierungsfunktion kommen in größeren Netzwerken häufig jedoch sehr große Werte zustande (Klüver et al. 2012, S. 140). In SEN waren die Aktivierungswerte des Modells beim Verwenden der linearen Aktivierungsfunktion aufgrund ihrer Größe nicht mehr darstellbar. Die Wahl fiel daher auf die Verwendung der Linear-logarithmische Funktion. Diese Aktivierungsfunktion ist für große Netzwerke am besten geeignet (Klüver et al. 2015, S. 26).

Eine sehr wichtige Rolle in diesem Modell spielen die ebenfalls in der semantischen Matrix festzulegende Zahl der Lernschritte und die Höhe der Lernrate. Diese beiden Werte zusammen determinieren, wie stark das neuronale Netz lernt. Dabei ist zu beachten, dass 100 Lernschritte bei einer Lernrate von 1 den gleichen Lerneffekt verursachen wie beispielsweise 50 Lernschritte bei einer 2er Lernrate oder 10 Lernschritte bei einer Lernrate von 10. Die Höhe der Lernrate und die Zahl der Lernschritte ergeben zusammen also ein Produkt, welches im Folgenden Lernprodukt genannt wird.

Nachdem die hier beschriebenen Einstellungen vorgenommen wurden, konnten die Ergebnisse für unsere Prognose ermittelt werden. Die Basis hierfür bildeten die unterschiedlich hohen Aktivierungswerte der Parteineuronen innerhalb des SEN. Die Neuronen der Parteien, welche die höchste Zustimmung in den sozialen Netzwerken für ihre Inhalte aus den jeweiligen Politikbereichen erhielten, wurden durch unsere Modellierung der Gewichtsmatrix am meisten aktiviert. Die Rangfolge der Aktivierungshöhe der Parteineuronen bildet daher zusammenfassend die Zustimmung der Parteien für die unterschiedlichen Politikbereiche ab. Dabei wird auch die von uns vorgenommene Gewichtung der einzelnen Politikfelder anhand ihrer Bedeutung und Wichtigkeit mitberücksichtigt.

Da die Aktivierungshöhe der Parteineuronen je nach eingestelltem Lernprodukt sehr unterschiedlich ausfallen kann, müssen daraus in einem abschließenden Schritt die Prozentwerte für die Parteien ermittelt werden. Dafür werden zunächst die Aktivierungswerte sämtlicher Parteineuronen zusammengezählt. Durch das Teilen des Aktivierungswertes eines bestimmten Parteineurons durch die vorher ermittelte Gesamtsumme erhält man einen Prozentwert. Dieser ist das Prognoseergebnis für die jeweilige Partei und ergibt für alle Parteien zusammen stets 100 %.

Bei dem hier beschriebenen Modell fiel auf, dass sich das prognostizierte Wahlergebnis von SEN den Umfragen bei steigendem Lernprodukt immer weiter annähert. Im Umkehrschluss bedeutet dies, dass die erhobenen Daten und Werte aus den sozialen Medien dabei zunehmend ausgeklammert werden und immer weniger in das Ergebnis miteinfließen. Bei einem maximal großen Lernprodukt liegt das Ergebnis einer Partei daher bei dem Durchschnittswert aller in der semantischen Matrix vorhandenen Umfragen.

Bei sehr kleinen Lernprodukten wiederum rücken die Umfragen in den Hintergrund und diejenigen Parteien erreichen die höchsten Prognosewerte, welche auch in den sozialen Medien punkten. Dieses Verhalten des neuronalen Netzes gestattet es daher, unterschiedliche Szenarien zu modellieren, was den Einfluss der sozialen Medien auf das Wahlergebnis betrifft: Diesem Einfluss der sozialen Netzwerke lässt sich so wie mit einem Schieberegler eine höhere oder geringere Bedeutung zuweisen. Da das hier beschriebene Modell und die Vorgehensweise jedoch komplett neu sind, gab es keinerlei Erfahrungswerte darüber, wie hoch das Lernprodukt optimalerweise sein sollte. Konkret bedeutet dies folgendes: Vor dem Bekanntwerden der tatsächlichen Wahlergebnisse war es schwer zu bestimmen, wie hoch die Bedeutung sein soll, die den Wahlumfragen auf der einen und den Social-Media-Daten auf der anderen Seite beigemessen werden soll.

Der Eingabevektor wurde bei diesem Modellansatz vorerst ausgeklammert und für alle Umfragen auf einen Wert von 0,1 gesetzt. Eine konstante Erhöhung der Werte bei allen Umfragen führt dazu, dass sich das von SEN prognostizierte Wahlergebnis dem Mittelwert der Umfragen annähert. Damit kommt eine Erhöhung der Werte des Eingabevektors einer Erhöhung des Lernproduktes gleich. Da der Einfluss der sozialen Medien vorerst ausschließlich über eine Erhöhung bzw. Verringerung des Lernproduktes modelliert werden sollte, wurde der Eingabevektor vorerst bei den oben genannten Werten von 0,1 belassen.

Mit den gesammelten Daten aus den sozialen Netzwerken und den im letzten Abschnitt beschriebenen Einstellungen ließen sich mit SEN nun brauchbare Wahlprognosen ermitteln. Die ersten Prognosen mit diesem Modell wurden bereits Ende August, also rund einen Monat vor der eigentlichen Bundestagswahl, erstellt.

Da der Wahlkampf in den Wochen vor der Wahl bekanntermaßen an Intensität zunimmt und sich dadurch auch die Stimmungslage in den sozialen Netzwerken ändern kann, wurden die Daten aus den sozialen Medien in regelmäßigen Abständen neu erhoben. Die dadurch vorgekommenen Wertänderungen wurden in der Gewichtsmatrix jeweils aktualisiert.

Zudem wurden die wöchentlich aktualisierten Wahlumfragen der Institute in der semantischen Matrix fortlaufend ergänzt. Für jede neu ergänzte Umfrage wurde die jeweils älteste Umfrage aus dem Datenbestand gelöscht, wodurch die Gesamtmenge von 20 verwendeten Umfragen gleichblieb.

12.5   Ergebnisse

Der Einfluss von Social-Media-Faktoren auf das Wahlergebnis wird durch die Anzahl der Lernschritte sowie die Höhe der Lernrate bestimmt. Je höher diese eingestellt werden, desto höher ist der Einfluss von Social-Media-Faktoren. Zur optimalen Gewichtung von Social-Media-Faktoren wurden zahlreiche Szenarien entwickelt, in denen sich die Anzahl der Lernschritte sowie die Höhe der Lernrate stark variiert haben.

Das lokale Optimum der Szenarioanalyse wurde mit 50 Lernschritten sowie mit einer Lernrate von 2 erreicht. Anhand dieser modellspezifischen Einstellungen wurde mithilfe von SEN eine vorläufige Wahlprognose errechnet, deren Ergebnisse in der Abb. 12.3 dargestellt sind.

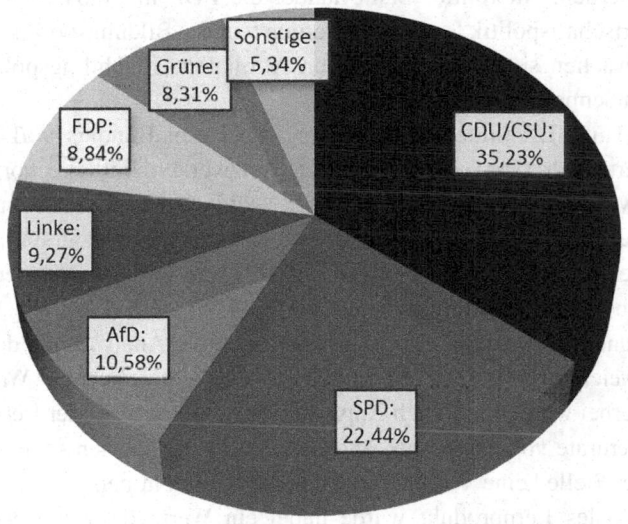

Abb. 12.3 Vorläufige Wahlprognose mithilfe von SEN anhand eines lokalen Optimums

In Bezug auf die *Rangfolge* der Parteien stimmen die von SEN prognostizierten Wahlergebnisse weitestgehend mit denen der führenden Wahlumfrageinstitute überein. Jedoch sind im Hinblick auf die relativen Anteile der Parteien größere Unterschiede zwischen der Wahlprognose von SEN und den Umfrageinstituten feststellbar. Beispielsweise wurde der Wähleranteil der CDU/CSU von SEN signifikant niedriger prognostiziert als bei den führenden Umfrageinstituten.

Nachfolgend werden die Stärken und Schwächen der einzelnen Parteien anhand der in SEN definierten Attribute untersucht. Die CDU/CSU wurde von SEN mit 35,23 % als stärkste Partei im Bundestag prognostiziert. Die Partei punktete vor allem mit den Attributen „Kandidaten-Likes" und „Mitgliederanzahl", wohingegen die Attribute „Steuerpolitik", „Rentenpolitik" und „Digitalisierung" weniger stark ausgeprägt waren.

An zweiter Stelle landet gemäß der Wahlprognose die SPD, welche mit 22,44 % jedoch weit abgeschlagen von der CDU/CSU ist. Besonders starke Attribute waren bei der SPD die „Außenpolitik" sowie die „Bildungspolitik", wohingegen Attribute wie „Innere Sicherheit", „Umweltpolitik" und „Flüchtlingspolitik" weniger Zuspruch in den sozialen Netzwerken erhalten haben.

An dritter Stelle landet die AfD mit 10,58 %. Besonders hervorzuheben sind bei der Partei die Attribute „Flüchtlingspolitik" sowie die „Innere Sicherheit", welche durch zahlreiche Beiträge sehr intensiv in den sozialen Netzwerken behandelt worden sind. Vernachlässigt wurden von der AfD die Attribute „Bildungspolitik" sowie „Ernährungs- und Agrarpolitik".

An vierter Stelle landet die Linke mit 9,27 %, welche vor allem mit den Attributen „Steuerpolitik" sowie „Existenzsicherung" punktet, jedoch zugleich Attribute wie „Wirtschaftspolitik" und „Innere Sicherheit" kaum von der Partei in den sozialen Netzwerken angesprochen werden. An fünfter Stelle landet die FDP mit 8,84 %, welche mit den Attributen „Wirtschaftspolitik", „Digitalisierung" und „Bildungspolitik" Stärken aufweist. Die Schwächen sind dagegen bei den Attributen „Flüchtlingspolitik", „Rentenpolitik" und „Außenpolitik" vorzufinden.

Schlusslicht laut SEN bildet im Bundestag die Partei Bündnis 90/Die Grünen mit 8,31 %. Die Partei adressiert in den sozialen Netzwerken Beiträge vor allem zu den Themen „Umweltpolitik" und „Tierpolitik", wohingegen die Attribute „Existenz-sicherung", „Steuerpolitik" und „Außenpolitik" weniger ausgeprägt sind. Die sonstigen Parteien bestehen in SEN vereinfacht aus der NPD, die Partei sowie der Piratenpartei. Aggregiert ergeben diese einen Stimmanteil von 5,34 %.

Nach der Bundestagswahl erfolgte eine retrospektive Analyse mit der Zielsetzung, die Gesamtabweichung der SEN-Prognose zu dem tatsächlichen Wahlergebnis zu minimieren. Hierbei wurden lediglich Anpassungen an der Anzahl der Lernschritte sowie der Höhe der Lernrate vorgenommen. An den Input-Daten aus den sozialen Netzwerken wurden an dieser Stelle keine Veränderungen mehr vorgenommen.

Als ein optimales Lernprodukt wurde dabei ein Wert von 156,5 ermittelt. Dieses Lernprodukt führt zu der kleinstmöglichen Abweichung der SEN Wahlprognose und resultiert in einem Ergebnis, welches dem tatsächlichen Wahlausgang sehr nahekommt. Die durchschnittliche prozentuale Abweichung je Partei beträgt lediglich 0,4 % und die Gesamtabweichung weist mit 2,82 % einen sehr geringen Wert auf. In der Abb. 12.4 sind die parteispezifischen Abweichungen näher aufgeschlüsselt.

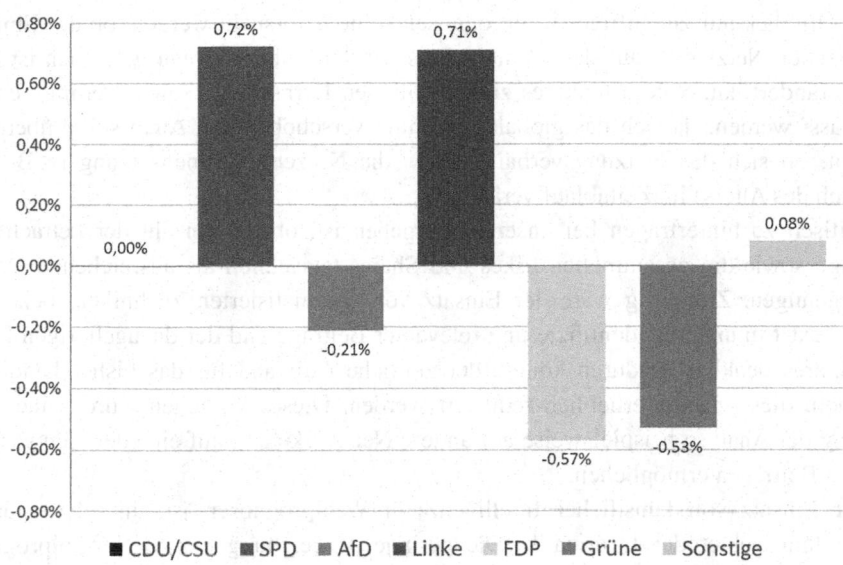

Abb. 12.4 Retrospektive Wahlprognose mithilfe von SEN anhand eines globalen Optimums

Die größte Abweichung zum tatsächlichen Wahlausgang war bei den Parteien SPD und die Linke mit lediglich 0,72 % bzw. 0,71 % zu beobachten. Zudem wurde das Wahlergebnis der CDU/CSU punktgenau von SEN prognostiziert.

Zur Beurteilung der Genauigkeit lohnt sich ein Vergleich mit den Wahlprognosen der führenden Umfrageinstitute. Das Umfrageinstitut INSA hatte mit einer mittleren Abweichung von 1,1 % die verlässlichste Wahlprognose. Hingegen ist die retrospektive Wahlprognose von SEN im Mittel um 0,7 % genauer als die der INSA. Somit wären bei der Bundestagswahl 2017 sämtliche Wahlprognosen der klassischen Umfrageinstitute gegenüber SEN unterlegen, sofern das ermittelte Optimum verwendet wird.

12.6   Ausblick

Die Bundestagswahl 2017 konnte dazu genutzt werden, um den Einfluss von sozialen Medien auf das Wahlergebnis zu bestimmen. Hierzu wurden retrospektiv die Höhe der Lernrate sowie die Anzahl an Lernschritten gemäß dem globalen Optimum angepasst. Die Ergebnisse der retrospektiven Wahlprognose zeigen auf, dass mithilfe von SEN sehr präzise Wahlausgänge prognostiziert werden können, sofern das Lernprodukt und damit der Einfluss der sozialen Medien korrekt justiert worden ist.

Mithilfe dieser neu gewonnen Erkenntnisse können zukünftige Wahlen bereits im Vorfeld durch SEN sehr genau vorausgesagt werden, da das globale Optimum der Bundestagswahl 2017 als Ausgangspunkt für zukünftige Wahlen fungieren kann.

Im Hinblick auf zukünftige Wahlprognosen sollte untersucht werden, ob der Einfluss der sozialen Netzwerke auf das Wahlergebnis auf demselben Niveau geblieben ist oder sich verändert hat. Sofern letzteres zutrifft, müssen Lernschritte sowie Lernrate erneut angepasst werden, da sich das globale Optimum verschoben hat. Auch sollte überprüft werden, ob sich das Nutzungsverhalten bzw. die Nutzerzusammensetzung (z. B. hinsichtlich des Alters) im Zeitablauf verändern.

Kritisch zu hinterfragen bei unserem Vorgehen ist, ob die Anzahl der betrachteten Beiträge sowie die gesammelten Likes und Shares tatsächlich als ausreichende Datenbasis genügen. Zukünftig wäre der Einsatz von automatisierten Techniken, beispielsweise Text-Mining, zur Identifizierung relevanter Beiträge und der dazugehörigen Likes und Shares denkbar. Dadurch könnte der zeitliche Aufwand für das bisher händische Sammeln dieser Daten erheblich reduziert werden. Dieses Vorgehen würde eine Ausweitung der Analyse beispielsweise auf andere Netzwerke und auf eine deutlich größere Zahl an Beiträgen ermöglichen.

Der Einsatz von künstlicher Intelligenz für Wahlprognosen ist ein relativ junges Anwendungsgebiet der Informatik. Die geringe Abweichung der SEN-Wahlprognose zu dem tatsächlichen Wahlausgang der Bundestagswahl 2017 zeigt auf, dass Wahlprognosen anhand von künstlicher Intelligenz das Potenzial besitzen mit klassischen Wahlumfragen zu konkurrieren.

Literatur

AllFacebook.de (2020) Nutzerzahlen: Facebook, Instagram, Messenger und WhatsApp, Highlights, Umsätze, uvm. (Stand August 2020). https://allfacebook.de/toll/state-of-facebook. Zugegriffen: 23. Sept. 2020

AllFacebook.de (2018) Offizielle Facebook Nutzerzahlen für Deutschland (Stand: November 2018). https://allfacebook.de/zahlen_fakten/offiziell-facebook-nutzerzahlen-deutschland

Bundesinstitut für Bevölkerungsforschung (2017) Zahlen und Fakten. Ältere Wähler beeinflussen immer stärker den Wahlausgang. https://www.demografie-portal.de/SharedDocs/Informieren/DE/ZahlenFakten/Wahlbeteiligung_Alter.html

Ebersbach A, Glaser M, Heigl R (2016) Social Web, UTB, 3. Aufl. UVK, Konstanz

Epoch Times (2017) Umfrage: 75 Prozent der Deutschen finden Steuersystem ungerecht – Staat verschwendet Steuergeld. https://www.epochtimes.de/politik/deutschland/umfrage-75-prozent-der-deutschen-finden-steuersystem-ungerecht-staat-verschwendet-steuergeld-a2101855.html. Zugegriffen: 8. Dez. 2018

Finanzen.net (2016) Warum die Wahlprognosen alle falsch waren. https://www.finanzen.net/nachricht/aktien/sieg-mit-ansage-warum-die-wahlprognosen-alle-falsch-waren-5177295

Klüver C, Klüver J, Schmidt J (2012) Modellierung komplexer Prozesse durch naturanaloge Verfahren: Soft Computing und verwandte Techniken. Springer Vieweg, Wiesbaden

Klüver C, Klüver J, Zurmaar B (2015) OSWI: a consulting system for pupils and prospective students on the basis of neural networks. AI & Soc 30(1):23–30

Kühn O (2016) Brexit? Oh shit!. https://www.faz.net/aktuell/brexit/reaktionen-auf-brexit-referendum-in-grossbritannien-14305769.html. Zugegriffen: 23. Sept. 2020

Landeszentrale für politische Bildung Baden-Württemberg (2017) Bundestagswahl 2017. https://www.bundestagswahl-bw.de/spitzenkandidaten_btwahl2017.html

LinkedInsider Deutschland (2017) LinkedIn Mitglieder Europa und Weltweit 2017. https://linkedinsiders.wordpress.com/2017/01/02/linkedin-mitglieder-europa-und-weltweit-2017/

Neth H, Gaissmeier W (2017) Warum erfolgreiche Prognosen einfach und unsicher sind. Von der Wahl des richtigen Werkzeugs für Wähler und die Wahlforschung. Z Politikwissenschaft, 27(2):05–220

Spiegel (2017) CDU-Überraschungssieg in NRW. Hochrechnungen sehen Mehrheit für Schwarz-Gelb. https://www.spiegel.de/politik/deutschland/wahl-in-nrw-2017-cdu-gewinnt-landtagswahl-spd-stuerzt-ab-a-1147620.html. Zugegriffen: 8. Dez. 2018

statista.de (2018) Saison- und kalenderbereinigte Anzahl der Erwerbstätigen mit Wohnsitz in Deutschland (Inländerkonzept) von Oktober 2017 bis Oktober 2018 (in Millionen). https://de.statista.com/statistik/daten/studie/1376/umfrage/anzahl-der-erwerbstaetigen-mit-wohnort-in-deutschland/. Zugegriffen: 8. Dez. 2018

Wanhoff T (2011) Wa(h)re Freunde. Spektrum Akademischer Verlag, Heidelberg

Wikipedia (2018) Soziales Netzwerk (Internet). https://de.wikipedia.org/w/index.php?title=Soziales_Netzwerk_(Internet)&oldid=183157773. Zugegriffen: 8. Dez. 2018

Entscheidungsunterstützungssystem zur Interpretation probabilistischer Wettervorhersagen für den Flughafen Frankfurt

13

Dirk Zinkhan

Zusammenfassung

In diesem Kapitel wird ein Entscheidungsunterstützungssystem zur Interpretation probabilistischer Wettervorhersagen auf der Basis eines Self-Enforcing Networks (SEN) vorgestellt. Als zu unterstützende Entscheidungssituation wird die Entscheidung über die Betriebsrichtung der Start- und Landebahnen des Flughafens Frankfurt betrachtet. Als Entscheidungsgrundlage stehen Daten aus dem Ensemble-Vorhersagemodell COSMO-DE – Ensemble Prediction System (COSMO-DE-EPS) des Deutschen Wetterdienstes (DWD) zur Verfügung.

Schlüsselwörter

Ensemble-vorsagemodell · Probabilistische Wettervorhersagen · Self-Enforcing Network

D. Zinkhan (✉)
Geschäftsbereich Wettervorhersage I Referat Daten- und Systemintegration, Deutscher Wetterdienst, Offenbach, Deutschland
E-Mail: dirk.zinkhan@dwd.de

© Springer Fachmedien Wiesbaden GmbH, ein Teil von Springer Nature 2021
C. Klüver und J. Klüver (Hrsg.), *Neue Algorithmen für praktische Probleme*,
https://doi.org/10.1007/978-3-658-32587-9_13

13.1 Einleitung

Mit dem zunehmenden Luftverkehr der vergangenen Jahre ist auch der Bedarf an meteorologischen Informationen für die Flugverkehrssteuerung gewachsen. Vorrangige Ziele dabei sind die Reduktion von Emissionen sowie die effiziente Nutzung der bestehenden Kapazitäten des Luftraumes und der Flughäfen. Im Ergebnis sollen Flugverspätungen vermieden oder zumindest reduziert werden.

Für den effizienten Betrieb eines Verkehrsflughafens ist die genaue Kenntnis über die vorherrschenden meteorologischen Bedingungen für einen definierten Zeitraum von herausragender Bedeutung. Die relevanten meteorlogischen Parameter, Genauigkeiten und Zeiträume werden international einheitlich durch die Regelungen des International Civil Aviation Organization (ICAO) Annex 3 festgelegt. Die Werte für Windrichtung und Windgeschwindigkeit, Sichtweite, Bewölkung und signifikante Wettererscheinungen werden in Form eines Terminal Aerodrome Forecast (TAF) für internationale Flughäfen für einen Zeitraum von 24 oder 30 h vorhergesagt.

Wetter spielt in Europa eine entscheidende Rolle für die Pünktlichkeit in der Luftfahrt. So wurde die Verspätung von innerdeutschen Flügen im Jahr 2019 zu 11,5 % durch Wetter verursacht (Abb. 13.1).

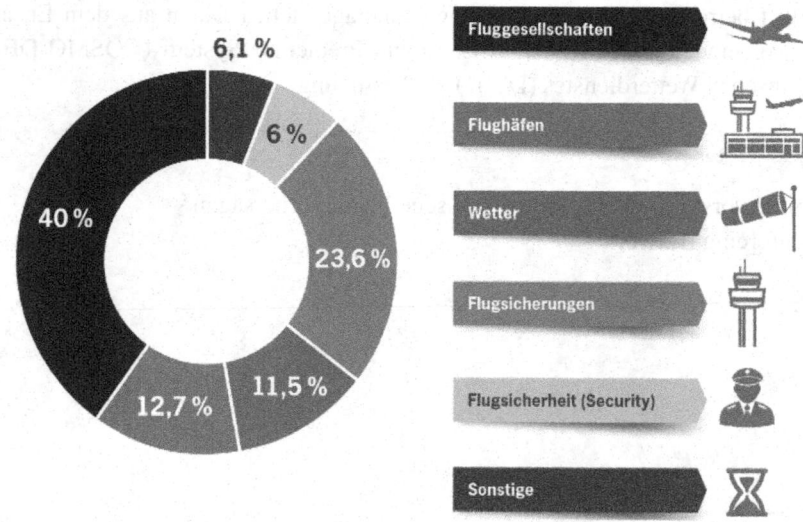

Abb. 13.1 Gründe für Verspätungen – Abflüge innerdeutscher Flüge (DFS 2020, S. 29)

Eine der Hauptherausforderungen für die Flugverkehrssteuerung an einem internationalen Flughafen ist die Wahl der Betriebsrichtung für die An- und Abflüge in Bezug auf die vorherrschenden Wetterbedingungen, speziell die Richtung und Stärke des Windes. Grundsätzlich erfolgen Start und Landung immer gegen den Wind, Rückenwindkomponenten sind nur in einem engen Rahmen zulässig, im Rahmen eines vom Flugzeugtyp und vom Flughafen abhängigen Schwellwertes. Da sich die Windverhältnisse in Mitteleuropa innerhalb verhältnismäßig kurzen Zeiträumen ändern können, muss die Flugsicherung jederzeit zuverlässige Informationen über die erwartete Entwicklung der Windverhältnisse zur Verfügung haben.

Die Änderung der Betriebsrichtung ist mit nicht unerheblichem Aufwand und damit auch weiteren Verzögerungen verbunden, sodass die Entscheidung über die Betriebsrichtung auf einer soliden Basis mit Sorgfalt getroffen werden sollte. Daher ist es wünschenswert, für diese Entscheidung ein Computerbasiertes Unterstützungssystem zur Verfügung zu haben, dass diese Entscheidung über einen Betriebsrichtungswechsel auf einer umfangreichen und soliden Datenbasis unterstützt. Besonders wenn der Flughafen am Rande seiner Kapazität betrieben wird, ist der Nutzen eines solchen Systems besonders hoch.

In Zusammenarbeit mit dem Deutschen Wetterdienst und der Forschungsgruppe CoBASC (Computer Based Analysis of Social Complexity) wurde ein solches Entscheidungsunterstützungssystem auf der Basis eines Self-Enforcing Networks entwickelt (Klüver und Klüver 2013).

Der grundlegende Ansatz ist, die erwarteten Windverhältnisse für den Vorhersagezeitraum als Eingabevektoren für das SEN zu nutzen, das SEN generiert für jeden Vorhersagezeitschritt eine Empfehlung für die geeignete Betriebsrichtung, also eine Empfehlung, die gewählte Betriebsrichtung beizubehalten oder zu ändern. Die durch das SEN erstellten Vorschläge werden im Rahmen der Validierung des Systems mit in der Vergangenheit durch Fluglotsen getroffenen tatsächlichen Entscheidungen verglichen.

Die Bedeutung der Entscheidung ist nicht zuletzt deshalb so hoch, da der Wechsel der Betriebsrichtung mit organisatorischen Änderungen verbunden ist und eine gewisse Vorbereitungszeit benötigt. Daher ist es auch wichtig, dass nicht nur die Windverhältnisse für den aktuellen Zeitpunkt oder einzelne Zeitpunkte betrachtet werden, sondern auch die zu erwartende Entwicklung über einen längeren Vorhersagezeitraum.

Im folgenden Abschnitt werden die Entscheidungssituation und die meteorologischen Daten näher erläutert. Anschließend wird die Modellkonstruktion für das Self-Enforcing Network (SEN) vorgestellt. Für das Entscheidungsunterstützungssystem werden zwei Referenztypen anhand von vergangenen Wetter- und Entscheidungsdaten gebildet, die für die jeweilige Start- und Landebahn entwickelt wurden. In nächsten Abschn. 13.4 wird das erstellte Modell anhand verschiedener Fallstudien demonstriert. In einem Fazit werden die Erkenntnisse zusammengefasst und im letzten Abschnitt auf weiterführende Arbeiten verwiesen.

13.2 Entscheidungssituation und meteorologische Daten

Der Flughafen Frankfurt hat drei parallele Start- und Landebahnen. Eine vierte Runway, die Startbahn West, kann nur zum Starten genutzt werden, und auch nur in eine Richtung. Daher wird diese Runway nicht in das System einbezogen. Das Parallelbahnsystem erstreckt sich in Richtung Westsüdwest-Ostnordost, entsprechend des Kompass-kurses von 270° bzw. 70° werden die Betriebsrichtungen als 25 und 07 bezeichnet.

Als Basis für die Vorhersagen der Windverhältnisse am Flughafen wird das COSMO-DE Ensemble Prediction System (COSMO-DE-EPS) des Deutschen Wetterdienstes genutzt. Das Vorhersagemodell umfasst Deutschland und die angrenzenden Gebiete.

Die numerische Wettervorhersage stellt prinzipiell ein mathematisches Anfangswert-problem dar. Ist der genaue Zustand der Atmosphäre zu einem gegebenen Zeitpunkt bekannt und auch die mathematischen Gleichungen, die die physikalischen Vorgänge in der Atmosphäre beschreiben, so kann die zukünftige Entwicklung des Wettergeschehens durch Vorwärtsintegration der Gleichungen bestimmt werden. In der klassischen numerischen Wettervorhersage mit deterministischen Modellen wird genau so ver-fahren. Dabei wird der Anfangszustand mithilfe der Datenassimilation aus vorliegenden Messungen und vorangegangenen Simulationen bestimmt. Anschließend wird mithilfe eines Hochleistungsrechners auf einem möglichst fein aufgelösten Gitter schrittweise vorwärts integriert. Das Ergebnis ist eine Wetterprognose, wobei die Genauigkeit von der Qualität des erfassten Anfangszustandes, der Abbildung der physikalischen Prozesse in numerische Methoden und der mit der Rechenleistung verbundenen Auflösung des zugrunde liegenden Modellgitters abhängig ist (Wernli 2011, S. 3).

Die Bestimmung des Ausgangszustandes kann zu einem gewissen Grad von der Realität abweichen, weiterhin stellen die Gleichungssysteme zur Modellierung der physikalischen Prozesse auch nur eine Annäherung an die Realität dar. Damit ist die deterministische Wettervorhersage mehr oder weniger fehlerbehaftet.

Eine Verbesserung der Situation stellen EPS Systeme da. Dabei wird das nummerische Modell mehrfach gerechnet, dabei werden entweder der Anfangszustand variiert (in dem z. B. die Randwerte aus verschiedenen globalen Modellen übernommen werden) oder ver-schiedene Gleichungen für die physikalischen Prozesse modifiziert. So entstehen beim COSMO-DE-EPS System des DWD 20 verschiedene Ensemble Member. Das Ergebnis eines Laufs des COSMO-DE-EPS sind somit 20 Vorhersagevarianten für die jeweiligen Parameter, die mehr oder weniger voneinander abweichen. Der Grad der Abweichung ist ein Hinweis darauf, wie sicher eine Vorhersage ist. Liegen die Ergebnisse vieler Ensemble-Member nah beieinander, so kann dies ein Hinweis auf einen wahrscheinlichen Wetterver-lauf sein. Eine breite Streuung der Ergebnisse deutet auf eine sehr unsichere Vorhersage hin.

Die Windvorhersagen, die für die Entscheidung benötigt werden, sind Ensemble-Vor-hersagen der bahnparallelen Windkomponente, also des Gegen- bzw. Rückenwindes eines anfliegenden oder startenden Flugzeuges. Für 11 Vorhersagepunkte entlang des Gleit-pfades werden jeweils 5 Quantile, die die Streuung der Windgeschwindigkeit aus den Ensemble Vorhersagen wiedergeben, berechnet. Für jeden Zeitpunkt stehen also 55 Werte zur Verfügung, die die Windverhältnisse entlang des Gleitpfades charakterisieren.

Die geografische Verteilung der Vorhersagepunkte kann der Abb. 13.2 entnommen werden.

Die vertikale Verteilung sowie die Entfernung vom Flughafen kann der Abb. 13.3 ent-nommen werden.

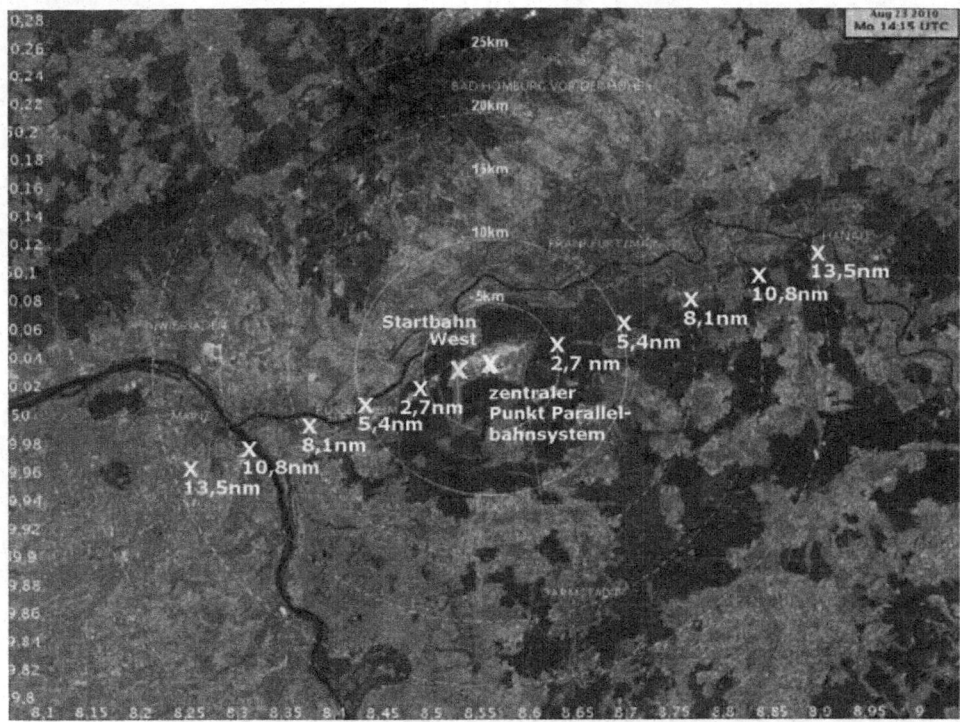

Abb. 13.2 Geografische Verteilung der Vorhersagepunkte

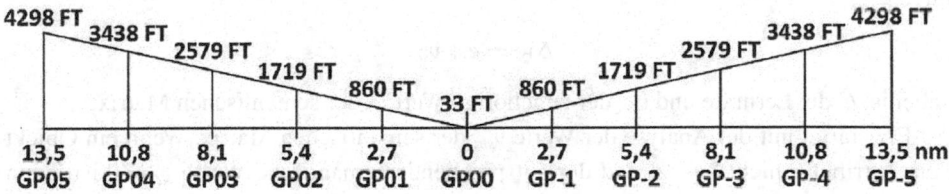

Abb. 13.3 Vertikale Verteilung der Vorhersagepunkte und ihre Entfernung vom Flughafen

13.3 Das SEN zur Entscheidungsunterstützung für den Betriebsrichtungswechsel

Self-Enforcing Networks eignen sich insbesondere für Klassifizierungsaufgaben. Im Zusammenhang mit der vorliegenden Entscheidungssituation soll das SEN eine Empfehlung geben, welche Betriebsrichtung des Flughafens am ehesten für die zu einem Zeitpunkt gegebene beziehungsweise vorhergesagte Windverteilung geeignet ist.

Die Semantische Matrix enthält dabei ideale Referenzvektoren für die beiden möglichen Betriebsrichtungen, 07 und 25. Diese Referenzvektoren repräsentieren die mittleren Windvektoren an den jeweiligen Vorhersagepunkten, die über ein Jahr bei der jeweiligen Betriebsrichtung ermittelt wurden.

Da die hier verwendeten Attribute die Windrichtung als Rücken- bzw. Gegenwindkomponente kodieren, können diese auch negative Werte annehmen. Daher ist es notwendig, eine für diesen Fall optimierte Variante der linear logarithmischen Aktivierungsfunktion zu verwenden:

$$A_j = \sum\nolimits_{i=1}^{n} \begin{cases} \log_3{(A_i + 1)} \cdot w_{ij}, \ A_i \geq 0 \\ \log_3{(|A_i - 1|)} \cdot -w_{ij}, \ A_i < 0 \end{cases} \qquad \text{(Gl. 13.1)}$$

Eine weitere Aktivierungsfunktion, die ebenfalls für das vorliegende Entscheidungsunterstützungssystem getestet wurde, ist die Enforcing Activation Rule (Klüver et al. 2017):[1]

$$A_j = \sum\nolimits_{i=1}^{n} \frac{w_{ij} \cdot A_i}{1 + |A_i|} \qquad \text{(Gl. 13.2)}$$

Beide Aktivierungsfunktionen liefern für diesen Anwendungsfall qualitativ ähnliche Ergebnisse.

Die Lernregel, die die semantische Matrix des Netzes in die Gewichtsmatrix transformiert, ist:

$$w(t + 1) = w(t) + \Delta w$$

mit

$$\Delta w = c * v_{sm}$$

Dabei ist C die Lernrate und v_{sm} der zugehörige Wert in der semantischen Matrix.

SEN startet mit der Analyse der Werte v_{sm} der semantischen Matrix. Wenn ein Objekt o ein Attribut a nicht besitzt und der entsprechende semantische Wert $v_{oa} = 0$ ist, dann ergibt sich für den Wert in der Gewichtsmatrix $w_{oa} = 0$. In allen anderen Fällen ist der entsprechende Wert in der Gewichtsmatrix.

$$w_{oa} = c * v_{oa}. \qquad \text{(Gl. 13.3)}$$

Für das Modell werden jeweils die Vorhersagedaten aus einem Modelllauf betrachtet. Daraus ergeben sich 16 Vorhersagetermine, die jeweils durch einen Eingabevektor mit 55 Attributen definiert sind. Die Attribute setzen sich wie folgt zusammen:

---

[1]Diese Funktion wurde von Viktor Schäfer entwickelt und implementiert.

- Elf Vorhersagepunkte (Gitterpunkte des meteorologischen Vorhersagemodells COSMO-DE-EPS), die entlang des Gleitpfades auf den Flughafen verteilt sind. Die Position der Vorhersagepunkte sowie die Höhe über Grund kann der Abb. 13.3 entnommen werden.
- Für jeden Vorhersagepunkt sind fünf Attribute definiert. Die Werte definieren ein Quantil für die vorhergesagte Windkomponente. Die Schwellwerte für die Quantile sind 10 %, 25 %, 50 % (Median), 75 % und 90 %.

Die 55 Attribute ergeben sich aus der Kombination von fünf Quantilen und elf Vorhersagepunkten.

Die einzelnen Attribute besitzen nicht alle das gleiche Gewicht für die Entscheidungsfindung. Mit steigender Entfernung sinkt die Bedeutung eines Vorhersagepunktes für die Entscheidungsfindung über die Betriebsrichtung. Zusätzlich wird noch eine Gewichtung innerhalb der einzelnen Attribute bzw. Quantile eines Vorhersagepunktes vorgenommen. Dabei hat jeweils das Attribut, das den Median darstellt, das höchste Gewicht, während die Attribute, die den 25 % und den 75 % Wert des Quantils darstellen ein niedrigeres, und die Attribute, die den 10 % und den 90 % Wert des Quantils repräsentieren, das niedrigste Gewicht haben. Dieser Gewichtungswert wird als „cue validity factor" (cvf) bezeichnet.

Die Werte, die den Attributen zugewiesen werden, sind die vorhergesagten bahnparallelen Windgeschwindigkeiten in KT. Der Wertebereich ist dabei auf $r_{min} = -50$ bis $r_{max} = 50$ KT beschränkt. Da negative Werte auftreten können, handelt es sich um eine bipolare Kodierung. Mithilfe der Formel

$$v_{norm} = \frac{v_{raw} - r_{min}}{r_{max} - r_{min}} \cdot (n_{max} - n_{min}) - n_{min} \qquad \text{(Gl. 13.4)}$$

werden die Attribute der semantischen Matrix und der Eingabevektoren auf den Wertebereich $[n_{min}; n_{max}] = [-1; 1]$ normalisiert. Anschließend erfolgt noch eine Gewichtung der einzelnen normalisierten Attribute entsprechend ihres cvf-Wertes mithilfe der Formel

$$v_{gew} = v_{norm} \cdot cvf \qquad \text{(Gl. 13.5)}$$

Die Referenztypen bestehen ebenfalls aus Vektoren mit 55 Attributen. Sie repräsentieren die idealen Bedingungen für einen bestimmten Betriebszustand des Flughafens. Als Betriebszustand sind die beiden möglichen Betriebsrichtungen vorgesehen:

- Richtung 25: die bahnparallele Windkomponente hat an allen Vorhersagepunkten einen positiven Wert, der Wind weht also aus westlichen Richtungen, die Betriebsrichtung des Flughafens ist 25.
- Richtung 07: die bahnparallele Windkomponente hat an allen Vorhersagepunkten einen negativen Wert, der Wind weht also aus östlichen Richtungen, die Betriebsrichtung des Flughafens ist 07.

Die Windverteilung entlang des Gleitpfades ist variabel und hängt von der jeweiligen Wetterlage ab. Die Referenzvektoren sollen jedoch die mittleren Windverhältnisse, also die klimatologischen Verhältnisse widerspiegeln.

Nachdem der Lernprozess des SEN abgeschlossen ist, kann für die verschiedenen Eingabevektoren, die jeweils die vorhergesagten Windverhältnisse zu einem Zeitpunkt repräsentieren, die geeignete Betriebsrichtung ermittelt werden. Für eine intuitive Visualisierung wird dabei die eingabezentrierte Darstellung genutzt (Abb. 13.4).

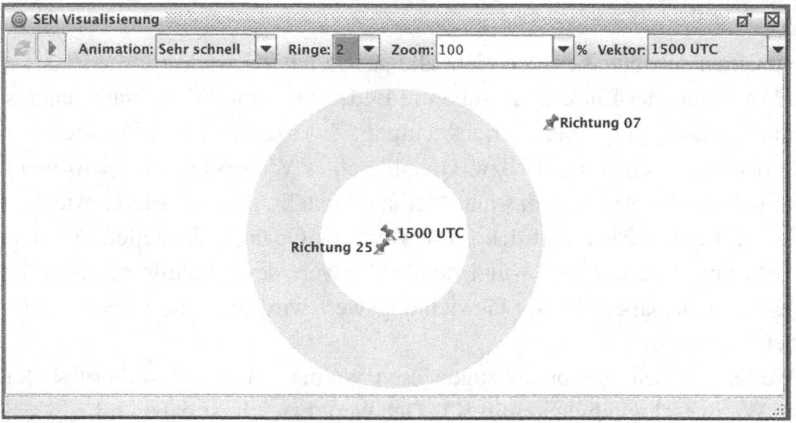

Abb. 13.4 Ergebnisdarstellung für einen SEN-Lauf

In diesem Fall kann man gut erkennen, dass durch das SEN die Betriebsrichtung 07 für die zum Zeitpunkt 0300 UTC vorliegenden Windbedingungen empfohlen wird.

Die Ergebnisse des SEN gelten immer nur für die jeweiligen Zeitpunkte. Um einen einfachen Überblick über den zeitlichen Verlauf zu bekommen und um die vorhergesagten Zeitpunkte für einen Wechsel der Betriebsrichtung einfacher erkennen zu können, wurde für die Evaluierung des Systems eine grafische Darstellung gewählt, bei der Aktivierungswerte durch einen Linie verbunden sind. Die durch das SEN vorgeschlagene Betriebsrichtung ist dabei immer die obere Linie. Der Schnittpunkt zwischen den Linien ist der optimale Zeitpunkt für den Bahnrichtungswechsel.

13.4 Evaluierung des Systems anhand ausgewählter Fallbeispiele

Zur Evaluierung des Systems wurden von der Deutschen Flugsicherung die Daten von ca. 700.000 Flugbewegungen aus der Zeit von März 2012 bis März 2013 am Frankfurter Flughafen bereitgestellt. Aus diesen Daten konnte abgeleitet werden, zu welchem Zeitpunkt durch die Flugsicherung welche Betriebsrichtung gewählt wurde, sowie die

Zeitpunkte der Betriebsrichtungswechsel bestimmt werden. Diese Betriebsrichtungswechsel fanden ohne Unterstützung durch das hier vorgestellte SEN statt. Insgesamt
wurden 70 identifizierte Betriebsrichtungswechsel untersucht, von denen drei als Fallbeispiele hier näher betrachtet werden sollen.

Fallbeispiel 1 Der erste Vorhersagezeitpunkt ist in Abb. 13.5 dargestellt.

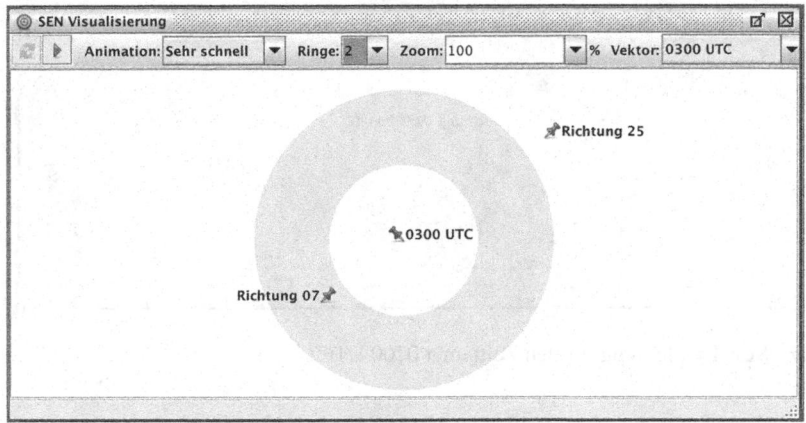

Abb. 13.5 SEN Empfehlung für 0300 UTC

Die Abb. 13.6 zeigt die Situation 2 h später.

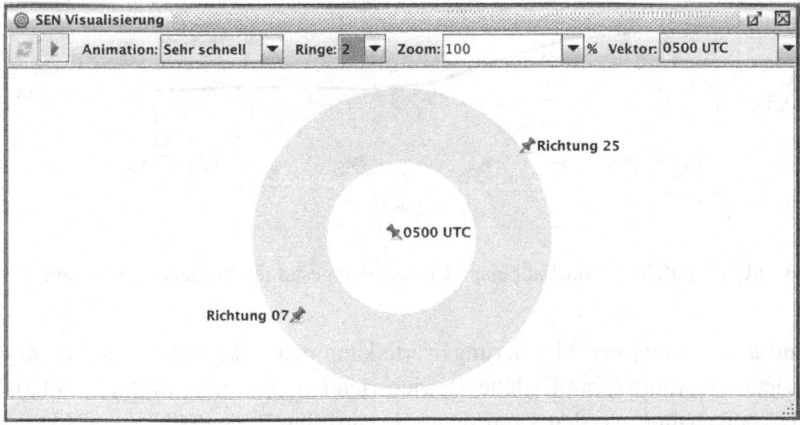

Abb. 13.6 SEN Empfehlung für 0500 UTC

In diesem Fall kann man erkennen, dass sich die Windverhältnisse allmählich ändern.
Die Flugsicherung kann so einen Bahnrichtungswechsel in Erwägung ziehen. In der

Abb. 13.7 wird die Situation weitere zwei Stunden später visualisiert, hier kann man dann klar erkennen, dass ein Bahnrichtungswechsel durch das SEN empfohlen wird.

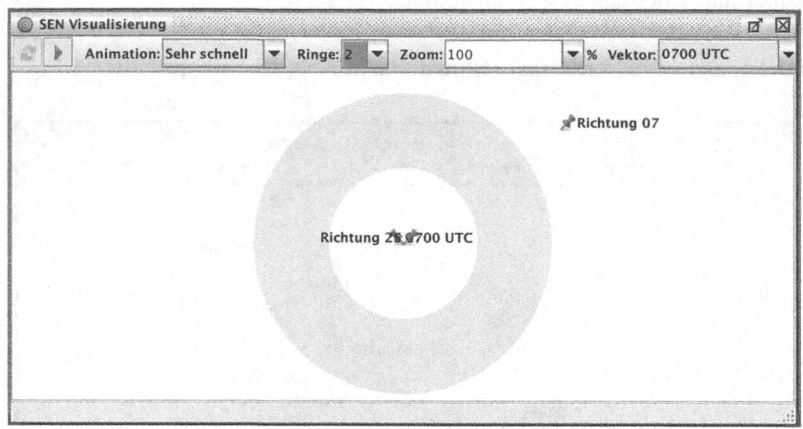

Abb. 13.7 SEN Empfehlung für den Zeitpunkt 0700 UTC

Der Verlauf über den gesamten Vorhersagezeitraum wird in Abb. 13.8 dargestellt.

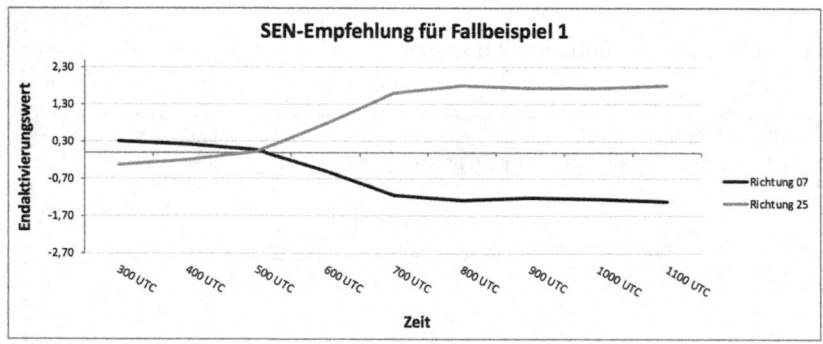

Abb. 13.8 SEN Empfehlung für Fallbeispiel 1 über den gesamten Vorhersagezeitraum

Anhand des Verlaufs der Aktivierungswerte kann man erkennen, dass die am Anfang des Vorhersagezeitraums empfohlene Betriebsrichtung bis zum Zeitintervall 0400 bis 0600 UTC beibehalten werden kann. Danach wird durch das SEN empfohlen, auf die Betriebsrichtung 25 zu wechseln.

Die tatsächliche Entscheidung der Flugsicherung war, zu Beginn des Vorhersage-zeitraums mit der Betriebsrichtung 25 zu starten, diese wurde aber nur für eine kurze Zeitspanne beibehalten, und es wurde auf die Betriebsrichtung 07 gewechselt. Um 0738 UTC wurde dann schließlich für den Rest des betrachteten Zeitraums auf die Betriebsrichtung 25 gewechselt. Hätte das SEN für diesen Entscheidungsfall bereits zur Verfügung gestanden, wäre die Notwendigkeit des Wechsels auf die Betriebsrichtung 25 früher erkannt worden und der Wechsel hätte zu einem früheren Zeitpunkt vorgenommen werden können. In jedem Fall zeigt sich, dass die Empfehlungen des SEN gut mit den tatsächlichen Entscheidungen der Flugsicherung übereinstimmen.

Fallbeispiel 2 Die Abb. 13.9 zeigt den zeitlichen Verlauf der Aktivierungswerte des SEN von 1500 UTC bis 2300 UTC. Dabei wird zu Beginn die Betriebsrichtung 25 vorgeschlagen, wobei die Aktivierungswerte für die Betriebsrichtung 25 kontinuierlich abnehmen und zwischen 1700 und 1800 UTC ein Wechsel zur Betriebsrichtung 07 vorgeschlagen wird. Allerdings ist zu beachten, dass die beiden Linien nah bei einander liegen, was auf eine Wetterlage mit schwachen Windverhältnissen hindeutet.

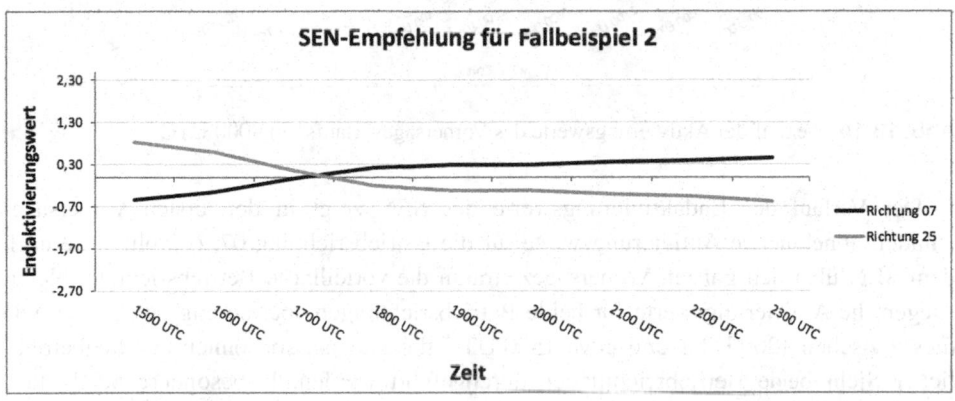

Abb. 13.9 Verlauf der Aktivierungswerte für den Vorhersagezeitraum 1500 UTC bis 2300 UTC

Tatsächlich hat die Flugsicherung zu Beginn des Zeitraumes die Betriebsrichtung 25 gewählt und bis 1837 UTC beibehalten. Der Wechsel der Betriebsrichtung wurde also später vorgenommen, als im SEN vorgeschlagen. Auch hier hätte mit der Verwendung des SEN basierten Entscheidungsunterstützungssytems die Notwendigkeit eines Wechsels früher erkannt und dieser entsprechend früher geplant werden können.

Fallbeispiel 3 An diesem Tag wurden durch die Flugsicherung drei Wechsel der Betriebsrichtung durchgeführt:

1. Um 1347 UTC von Betriebsrichtung 07 zu Betriebsrichtung 25,
2. um 1609 UTC von Betriebsrichtung 25 zu Betriebsrichtung 07 und
3. um 1815 UTC von Betriebsrichtung 07 zu Betriebsrichtung 25.

Die folgenden Abbildungen zeigen die Empfehlungen des SEN im zeitlichen Zusammenhang mit den durchgeführten Entscheidungen, für jeden Bahnrichtungswechsel standen die Ergebnisse eines neuen Modelllaufs des zugrunde liegenden COSMO-DE-EPS Wettervorhersagemodells zur Verfügung. Das Ergebnis des SEN zum ersten Wechsel der Betriebsrichtung kann der Abb. 13.10 entnommen werden.

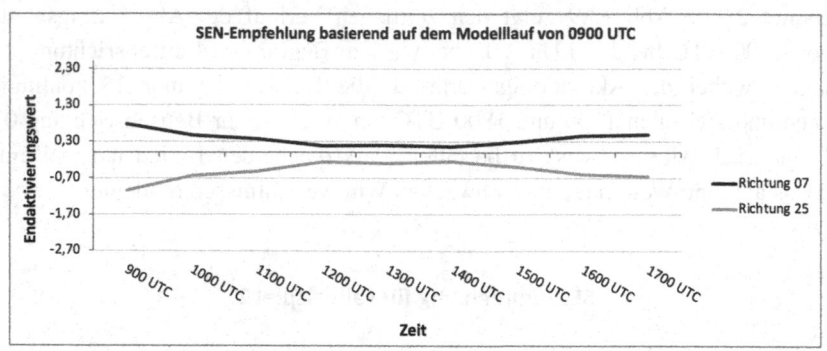

Abb. 13.10   Verlauf der Aktivierungswerte des Vorhersageverlaufs um 9000 UTC

Der Verlauf der Endaktivierungswerte des SEN zeigt in den ersten Vorhersagestunden abnehmende Aktivierungswerte für die Betriebsrichtung 07, obwohl diese nach dem SEN über den ganzen Vorhersagezeitraum die vorteilhafte Betriebsrichtung bleibt. Liegen die Aktivierungswerte für beide Betriebsrichtungen aber so eng zusammen, wie dies zwischen 1200 UTC und etwa 1500 UTC der Fall ist, so können aus flugbetrieblicher Sicht beide Betriebsrichtungen durchgeführt werden. Insbesondere bei Wetterlagen mit schwachen, zum Teil variablen Winden kann dies der Fall sein. So konnte auch die Flugsicherung um 1314 UTC auf die bevorzugte Betriebsrichtung 25 umschwenken. Gegen Ende des Vorhersagezeitraums deutet sich an, dass die Betriebsrichtung 07 vorteilhafter werden, der Abstand zwischen den beiden Linien vergrößert sich wieder.

Der nächste Modelllauf von 1200 UTC bestätigt zunächst die Entscheidung der Flugsicherung um 1314 UTC zum vorgenommenen Wechsel der Betriebsrichtung. Ab diesem Zeitpunkt ist die Richtung 25 auch nach dem Ergebnis des SEN gegenüber der Richtung 07 im Vorteil. Allerdings ist der Abstand zwischen den Aktivierungswerten in Bezug auf die beiden Betriebsrichtungen sehr gering (Abb. 13.11). Der nächste Wechsel der Betriebsrichtung, von der Richtung 25 auf die Richtung 07 um 1609 UTC, findet zwar zu einem Zeitpunkt statt, zu dem die Aktivierungswerte in Bezug auf die Richtung 07 wieder zunehmen, die Ergebnisse des SEN würden allerdings eher auf einen späteren Wechsel der Betriebsrichtung hindeuten, etwa gegen 1800 UTC.

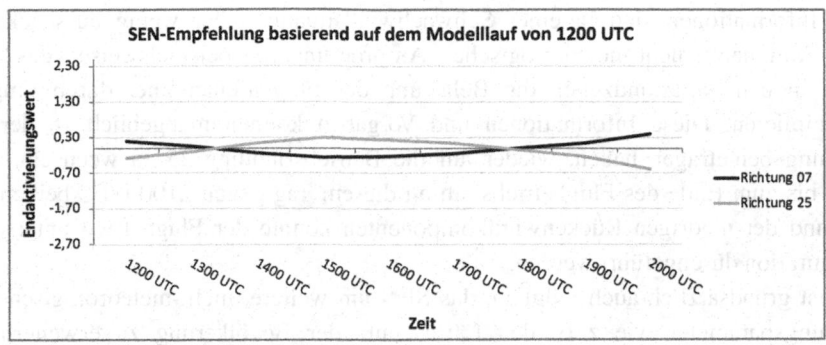

Abb. 13.11 Verlauf der Aktivierungswerte des Vorhersagelaufs um 1200 UTC

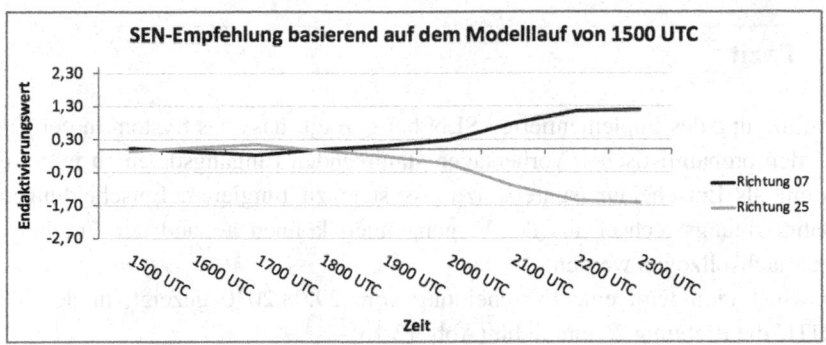

Abb. 13.12 Verlauf der Aktivierungswerte des Vorhersagelaufs um 1500 UTC

Um 1815 UTC erfolgt erneut ein Wechsel der Betriebsrichtung. Zu diesem Zeitpunkt hätten die Daten des Modelllaufs von 1500 UTC zur Verfügung gestanden (Abb. 13.12). Diese Entscheidung ist ebenfalls nicht direkt aus dem durch das SEN interpretierten Modellergebnis abzulesen, da nach der Interpretation des SEN die Betriebsrichtung 07 die vorteilhaftere Betriebsrichtung wäre. Zunächst steigen die Aktivierungswerte in Bezug auf die Richtung 07 leicht an, ab 2000 UTC bis 2200 UTC stärker an.

Die Entscheidung über den Bahnrichtungswechsel wurde ohne die Informationen aus dem hier vorgestellten SEN getroffen. Grundlage waren nur die Informationen, die dem Wachleiter der DFS zur Verfügung standen:

- Messungen am Flughafen in Bodennähe
- Informationen von Piloten über die Windverhältnisse entlang des Gleitpfades
- Allgemeine, deterministische Modellvorhersagen
- Die Vorhersagen der Windentwicklung aus dem TAF des Meteorologen der LBZ des DWD am Flughafen Frankfurt.

Diese Informationen sind in einer Schwachwindsituation aber wenig aussagekräftig. Dazu kommen nicht-meteorologische Anforderungen, beispielsweise das Ziel, gerade in den Tagesrandzeiten die Belastung der Flughafenanrainer durch Fluglärm zu minimieren. Diese Informationen und Vorgaben können maßgeblich zu der Entscheidung beigetragen haben, wieder auf die Betriebsrichtung 25 zu wechseln. Diese wurde bis zum Ende des Flugbetriebs am an diesem Tag gegen 2100 UTC beibehalten. Aufgrund der niedrigen Rückenwindkomponenten konnte der Flugbetrieb unter dieser Konfiguration durchgeführt werden.

Es ist grundsätzlich auch möglich, das SEN um weitere, nicht-meteorologische Entscheidungsparameter wie z. B. den Lärmschutz der Bevölkerung zu erweitern. Ein solcher Parameter kann dann bei einer geeigneten Gewichtung greifen, wenn aufgrund der übrigen Bedingungen ein entsprechender Entscheidungsspielraum besteht.

13.5 Fazit

Die Evaluierung des implementierten SEN hat gezeigt, dass das System in der Lage ist, die aus den probabilistischen Vorhersagen stammenden Eingangsdaten zu interpretieren und somit als Entscheidungsunterstützungssystem zu fungieren. Entscheidungen über den Bahnrichtungswechsel aus der Vergangenheit können anhand der Ergebnisse des SEN gut nachvollzogen werden.

Zur Illustration wird eine Entscheidung vom 29.08.2020 gezeigt, in der SEN für 1900 UTC die Richtung 25 empfiehlt (Abb. 13.13).

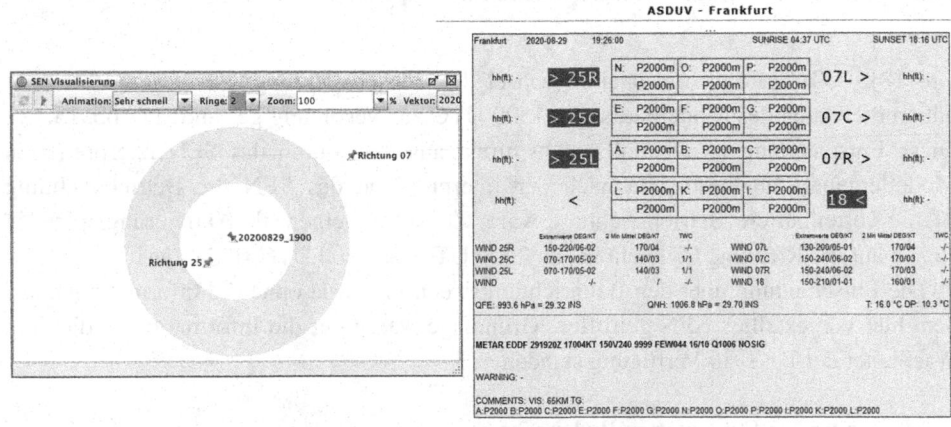

Abb. 13.13 Empfehlung von SEN für 1900 UTC und die tatsächliche Entscheidung am Frankfurter Flughafen (rechts)

Zeitliche Differenzen lassen sich nicht in jedem Fall mit Sicherheit erklären. Insbesondere aber, wenn der Wechsel der Betriebsrichtung in der Realität deutlich nach dem Zeitpunkt stattgefunden hat, den man aus den durch das SEN aufbereiteten Daten bestimmen kann, liegt dies möglicherweise an der bekannten Schwäche des bisherigen Verfahrens. Grundsätzlich können die probabilistischen Vorhersagen des COSMO-DE-EPS Modells und die Interpretation dieser Daten durch das SEN zu einer deutlichen Verbesserung der Entscheidungsgrundlage beitragen.

Insbesondere das dritte Fallbeispiel zeigt, dass eine Einbeziehung weiterer Entscheidungsparameter sinnvoll ist und in jedem Fall bei einer Weiterentwicklung einbezogen werden sollte. Ebenso soll in weiteren Schritten geprüft werden, wie das beschriebene SEN auch auf andere Flughäfen mit einem anderen Layout der Landebahnen übertragen werden kann. Hierzu ist es auch notwendig, die Anzahl der Referenztypen zu erweitern, da es vom in Frankfurt bestehenden Parallelbahnsystem deutlich abweichende Flughafenlayouts gibt. So hat der Flughafen Hamburg beispielsweise sich kreuzende Bahnen, oder der Flughafen München zwei parallele Bahnen, deren Abstand so groß ist, dass diese unabhängig voneinander, auch mit unterschiedlicher Betriebsrichtung, betrieben werden können.

Das System wird derzeit im laufenden Betrieb weiter erprobt. Hierzu werden für jeden Modelllauf des EPS Modellsystems auf dem HPC des DWD für die jeweiligen Vorhersagezeitschritte die entsprechenden Endaktivierungswerte in Bezug auf die möglichen Betriebsrichtungen ermittelt und den Nutzern über eine Webseite zur Verfügung gestellt. Die Implementierung dieses automatisiert betriebenen Systems erfolgte plattformunabhängig in der Programmiersprache Go.[2]

13.6   Ausblick auf die Weiterentwicklung des Systems

Neben den Windverhältnissen, von denen die Betriebsrichtung abhängt, bestimmen weitere meteorologische Parameter den Betrieb an einem Verkehrsflughafen. Von besonderer Bedeutung sind dabei Sichtweite und Wolkenuntergrenze. Insbesondere wenn die Sichtweite fünf Kilometer unterschreitet oder eine Wolkenuntergrenze unterhalb von 1500 Fuß auftritt, treten erste signifikante Auswirkungen auf den Flugbetrieb auf. Sinken die Sichtweiten unter 2000 m oder die Wolkenuntergrenze unter 1000 Fuß, sind

---

[2]Die Go-Implementierung wurde von Dominik Braun und Alexander Graute realisiert, die Integration in die Routine des Deutschen Wetterdienstes sowie konzeptionelle Arbeiten zur Ergebnisdarstellung erfolgte durch Sven Eiermann.

Einschränkungen zu erwarten, die die Kapazität eines Flughafens, und damit auch die Abläufe, erheblich einschränken können. Wenn solche Einschränkungen unerwartet eintreten, oder länger als geplant anhalten, kommt es zu Flugverspätungen.

In einem geplanten Projekt sollen diese Einschränkungen automatisiert durch ein SEN ebenfalls aus den Ensemble-Vorhersagen ermittelt werden.

Sichtweite und Wolkenuntergrenze sind allerdings keine unmittelbaren Ausgabeparameter der nummerischen Modellvorhersage. Die Sichtweite muss aus verschiedenen anderen Parametern abgeleitet werden. Dazu gehören beispielsweise die Verteilung der Feuchte im Raum, Temperatur, Windverhältnisse und eine Reihe andere Parameter. Dazu kommen auch nicht-meteorologische Faktoren, wie beispielsweise Aerosole oder andere Partikel in der Luftmasse, die unter Umständen zu Kondensation von Feuchtigkeit und damit zur Bildung von kleinen, schwebenden Tröpfchen führen. So entsteht feuchter Dunst oder Nebel, der die Sichtweite einschränkt. Auch die Wolkenuntergrenze ist keine direkte Ausgabe aus dem Modell.

Es ist geplant ein SEN zu konstruieren, dass eine für einen bestimmten Zeitpunkt vorhergesagte Verteilung von meteorlogischen Parametern einer bestimmten Sichtweiten- und Wolkenuntergrenzenklasse, einer sogenannten Betriebskategorie, zuordnen kann. Dabei soll nicht wie im oben beschriebenen Anwendungsfall auf bereits statistisch aufbereitete Daten für Referenzvorhersagepunkte zugegriffen werden, sondern es sollen die vollständigen Daten aus dem Modellsystem, für einen dreidimensionalen Bereich in der Umgebung des Flughafens direkt verwendet werden. Dabei soll die vollständige Gitterauflösung des zugrunde liegenden Modellsystems in diesem Bereich genutzt werden. Dies erfordert eine erheblich höhere Komplexität des SEN sowie einen erheblich höheren Rechenaufwand.

Literatur

DFS (2020) Luftverkehr in Deutschland. Mobilitätsbericht 2019. https://www.dfs.de/dfs_homepage/de/Presse/Publikationen/Mobilitaetsbericht2019_Web.pdf. Zugegriffen: 15. Juli 2020.

Klüver C, Klüver J (2013) Self-organized learning by self-enforcing networks. In: Rojas I, Joya G, Gabestany J (Hrsg.) Advances in computational intelligence. 12th International Work-Conference on Artificial Neural Networks, IWANN 2013, Puerto de la Cruz, Tenerife, Spain, June 12–14, 2013, Proceedings, Berlin, New York

Klüver C, Klüver J, Zinkhan D, (2017) A self-enforcing neural network as decision support system for air traffic control based on probabilitstic weather forecasts. Proceedings of the IEEE International Joint Conference on Neural Networks (IJCNN). Anchorage, S. 729–736 DOI: https://doi.org/10.1109/IJCNN.2017.7965924

Wernli H (2011) Wetter, Chaos und probabilistische Wettervorhersagen. Weather, chaos and probabilistic weather prediction. PROMET meteorologische Fortbildung 37(3/4):3–11

Logistische Regressionsanalysen und Self-Enforcing Networks zur Entdeckung von Akquisezielen in der deutschen Stahlindustrie durch Finanzkennzahlen

Fatih Önder

Zusammenfassung

Die Stahlindustriebranche steht großen Herausforderungen gegenüber: Die rückgängige Nachfrage, Forderung nach Innovationskraft, die schnelle Anpassung an veränderte politische- wie Umweltbedingungen setzen die Unternehmen weltweit unter Druck. Es stellt sich daher die Frage, ob es grundsätzlich möglich ist, eine Prognose für die Übernahme oder Fusion von Unternehmen zu erstellen. In diesem Beitrag wird dieser Frage nachgegangen und gezeigt, welche Voraussetzungen für die Erstellung eines Prognosemodells notwendig sind und welche Ergebnisse erzielt werden können durch eine logistische Regressionsanalyse sowie durch ein Self-Enforcing Network.

Schlüsselwörter

Aquiseziele · Finanzkennzahlen · Logistische Regression · Self-Enforcing Networks

14.1 Einleitung

Die Stahlindustrie hat sich nicht nur in Deutschland seit der zweiten Hälfte des 19. Jahrhunderts gewandelt. Im Fokus steht nicht mehr die Produktionsmenge, sondern die Innovationskraft. Durch Übernahme oder Fusionen der Unternehmen können Auslagerungen der Produktion außerhalb Deutschlands entstehen, die insgesamt große marktwirtschaftliche Auswirkungen haben.

F. Önder (✉)
Essen, Deutschland
E-Mail: sammelband-KIKL@rebask.de

© Springer Fachmedien Wiesbaden GmbH, ein Teil von Springer Nature 2021
C. Klüver und J. Klüver (Hrsg.), *Neue Algorithmen für praktische Probleme*,
https://doi.org/10.1007/978-3-658-32587-9_14

In den Medien werden politische Entscheidungen über mögliche Fusionen und Übernahmen in der Stahlindustriebranche diskutiert. Erst 2019 wurde durch die Europäische Union, die Fusion zwischen Thyssen-Krupp und Tata Steel untersagt; im Juli 2020 wurde über eine mögliche Fusion der Salzgitter- und Thyssen-Krupp-Konzerne berichtet (Dierig 2020).

Es stellt sich die Frage, ob es grundsätzlich möglich ist, eine Prognose für die Übernahme oder Fusion von Unternehmen zu erstellen – und in diesem Beitrag wird dieser Frage nachgegangen. Es wird gezeigt, welche Voraussetzungen für die Erstellung eines Modells notwendig sind und welche Ergebnisse erzielt werden können durch eine logistische Regressionsanalyse sowie durch ein Self-Enforcing Network im Vergleich.

Zunächst wird erläutert, welche die Faktoren identifiziert werden müssen, um zu entschieden ob ein Unternehmen ein Akquiseziel wird oder nicht. Anschließend werden die jeweiligen Modelle für die logistische Regressionsanalyse sowie für das Self-Enforcing Network (SEN) präsentiert.

Die Ergebnisse geben Aufschluss darüber, ob die entwickelten Modelle eingesetzt werden können, um konkrete Unternehmen zu analysieren und zu prognostizieren, ob diese tendenziell zu der Klasse der Akquiseziele oder Nicht-Akquiseziele gehören. Abschließend werden die Ergebnisse diskutiert.

14.2 Voraussetzungen für ein Modell zur Ermittlung von Fusions- und Übernahmehypothesen

Der technische Fortschritt in der Stahlindustrie in der zweiten Hälfte des 19. Jahrhunderts hatte einen großen Einfluss auf den wirtschaftlichen Aufschwung in Deutschland. In dieser Zeit versechsfachte sich die industrielle Produktion. Ein Grund hierfür war u. a. der Anstieg der Rohstahlproduktion zwischen 1870 und 1913 von ca. 1,4 Mio. Tonnen auf ca. 16,7 Mio. Tonnen. Jedoch sind seit den 90er Jahren vermehrt Produktionsverlagerungen in der Stahlindustrie zu beobachten. Diese Verlagerungen sind oftmals Resultate von Unternehmensübernahmen und -fusionen (Önder 2016).

Aktuell verschärft sich die Situation, da die Stahlindustrie durch die Corona-Pandemie vor großen Herausforderungen steht (WV Stahl 2020) und aufgrund des Konsolidierungsdrucks nicht nur europaweit mögliche Fusionen diskutiert werden (Knitterscheid 2020).

Eine Prognose, ob und in welchem Ausmaß es zu einer Übernahme- und Fusionswelle von deutschen Stahlunternehmen führen wird und als Folge dessen eine Produktionsverlagerung außerhalb Deutschlands ausgelöst werden könnte, ist kaum möglich. Die Frage, ob eine Produktionsverlagerung außerhalb Deutschlands ausgelöst wird, kann erst beantwortet werden, wenn die unternehmensspezifische Übernahme- und Fusionswahrscheinlichkeit für die deutschen Stahlunternehmen ermittelt worden ist.

Für andere Branchen und Regionen existieren bereits Prognosemodelle und empirische Untersuchungen, die solche Wahrscheinlichkeiten ermitteln (Önder 2016).

Eine Gemeinsamkeit dieser empirischen Untersuchungen besteht in der Verwendung von Hypothesen zu Übernahmen und Fusionen. Diese Hypothesen beschreiben die mutmaßlichen Gründe, warum Unternehmen Akquiseziele werden. Diese Gründe sind schwer messbar und werden daher mithilfe von verschiedenen Indikatoren in Form von Finanzkennzahlen operationalisiert. Die in den o. g. Untersuchungen Anwendung findenden Hypothesen zu Übernahmen und Fusionen sind u. a. folgende:

Hypothese des ineffizienten Managements: Es existieren immer Unternehmen mit nicht ausgeschöpften Opportunitäten zur Kostenreduzierung sowie Umsatz- und Gewinnsteigerung. Diese Unternehmen sind natürliche Akquiseziele für Unternehmen mit besserem Management, die diese Opportunitäten ausschöpfen können.

Hypothese des Wachstums-Ressourcen-Ungleichgewichts: Unternehmen mit Wachstumsmöglichkeiten, aber mit fehlenden Finanzmitteln, werden zu Akquisezielen von Unternehmen, welche die notwendigen Finanzmittel für diese Wachstumsmöglichkeiten haben. Umgekehrt werden Unternehmen mit gut ausgestatteten Finanzmitteln, aber ohne Wachstumsmöglichkeiten, auch zu Akquisezielen.

Größenhypothese: Mit zunehmender Größe eines Akquiseziels steigen die Kosten der Übernahme. Daher sinkt die Wahrscheinlichkeit ein Akquiseziel zu werden mit steigender Größe eines Unternehmens.

Hypothese des unterbewerteten Vermögens: Falls der Marktwert von Unternehmen geringer ist als der Buchwert, werden diese Unternehmen zu Akquisezielen, da dies eine günstige Akquise darstellt. Umgekehrt sind Unternehmen mit höherem Marktwert im Vergleich zum Buchwert eine teure Akquise und dementsprechend eher Nicht-Akquiseziele.

Kurs-Gewinn-Hypothese: Gemutmaßt wird eine steigende Übernahmewahrscheinlichkeit mit fallendem Kurs-Gewinn-Verhältnis. Hierbei wird die Annahme getroffen, dass das geringe Kurs-Gewinn-Verhältnis des Akquiseziels nach der Übernahme durch einen Akquiseakteur mit einem hohen Kurs-Gewinn-Verhältnis allein durch die positiven Erwartungen der Marktteilnehmer und durch das höhere Kurs-Gewinn-Verhältnis des Akquiseakteurs aufgebessert werden kann und hierdurch ein Marktwertzuwachs erreicht wird.

Diese Hypothesen werden mit den folgenden Finanzkennzahlen operationalisiert (Tab. 14.1).

Eine weitere wesentliche Gemeinsamkeit dieser empirischen Untersuchungen ist die Verwendung von hypothesenprüfenden Techniken der multivariaten Analysemethoden zur Entwicklung von Prognosemodellen, um mit ihrer Hilfe unternehmensspezifische Übernahme- und Fusionswahrscheinlichkeiten von potenziellen Akquisezielen systematisch zu ermitteln.

Tab. 14.1 Hypothesen und dazugehörige Finanzkennzahlen

Hypothese	Finanzkennzahl
Hypothese des ineffizienten Managements	Return on Equity
	Free Cash Flow/Total Assets
	Operating Profit Margin
	Asset Turnover
	Earnings Growth
	Earnings Before Tax
	Return on Capital Employed
	Earnings Before Tax/Equity
	Earnings Before Tax/ Growth
Hypothese des Wachstums-Ressourcen-Ungleichgewichts	Sales Growth
	Net Liquid Assets/Total Assets
	Long Term Debt/Equity
	Short Term Debt/Equity
	Long Term Debt/Total Assets
	Short Term Debt/Total Assets
	Cash/Current Assets
	Current Assets/Current Liabilities
	(Current Assets – Current Liabilities)/Total Assets
	Earnings Before Interest and Tax/Interests
Größenhypothese	Total Assets/Market
	Market Capitalization/Market
	Number of Employees/Market
	Sales Growth/Market
Hypothese des unterbewerteten Vermögens	Market Capitalization/Equity
Kurs-Gewinn-Hypothese	Share Price/Earnings

Multivariate Analysemethoden befassen sich mit der Untersuchung quantitativer Zusammenhänge zwischen Variablen. Diese Methoden ermöglichen die Erklärung von Veränderungen einer Variablen (abhängige Variable), die durch die Veränderung mehrerer Variablen (unabhängige Variablen) verursacht werden (Auer 2015).

Die hypothesenprüfenden Techniken der multivariaten Analysemethoden werden zur Prüfung von auf theoretischen Überlegungen basierenden Vorstellungen von Abhängigkeitsbeziehungen zwischen Variablen eingesetzt.

Bedingt durch das Skalenniveau der unabhängigen (metrisch skalierte Finanzkennzahlen) und der abhängigen (nominal skalierte Übernahme- und Fusionskandidaten) Variablen können für die Ermittlung von Aquisezielen eine logistische Regressionsanalyse und ein Self-Enforcing Network eingesetzt werden.

Die Modellentwicklung sowie vergleichende Ergebnisse werden im Folgenden dargestellt.

14.3 Bildung der Stahlprognosemodelle

Für die Modellerstellung wurden im ersten Schritt insgesamt 382 Stahlunternehmen untersucht, bei denen anhand der Literaturrecherche bekannt war, ob diese ein Akquiseziel darstellten oder nicht. Die Daten enthalten Kennzahlen aus den Jahren 1990 bis 2012. Aufgrund einiger fehlender Kennzahlen werden nur 308 Unternehmen für die *Modellbildung* übernommen.

Für die Modellentwicklung wird eine deskriptive Statistik herangezogen, um die Finanzkennzahlen zu erfassen. In Tab. 14.2 und 14.3 werden die Häufigkeit, die Vollständigkeit, die Untergrenze, die Obergrenze, der Mittelwert und die Standardabweichung der untersuchten Finanzkennzahlen für die Beobachtungen zur Modellbildung dargestellt. Hierbei werden Akquiseziele und Nicht-Akquiseziele separat abgebildet.

Tab. 14.2 Deskriptive Statistik zu den Merkmalsausprägungen der Akquiseziele

Finanzkenn-zahlen	Häufigkeit	Vollständig-keit (%)	Unter-grenze	Obergrenze	Mittelwert	Standard-abweichung
Return on Equity	91	96	−89 %	111 %	19 %	25 %
Free Cash Flow/Total Assets	86	91	−20 %	19 %	2 %	7 %
Operating Profit Margin	94	99	−239 %	57 %	7 %	27 %
Asset Turnover	91	96	0 %	275 %	103 %	52 %
Earnings Growth	88	93	−808 %	517 %	−26 %	187 %
Earnings Before Tax	95	100	−1587,04	5177,58	235,03	723,09
Return on Capital Employed	91	96	−11 %	55 %	9 %	10 %
Earnings Before Tax/ Equity	91	96	−159 %	76 %	12 %	31 %
Earnings Before Tax/ Growth	92	97	−809 %	1453 %	89 %	259 %
Sales Growth	94	99	−63 %	131 %	11 %	28 %
Net Liquid Assets/Total Assets	82	86	0 %	57 %	23 %	12 %

(Fortsetzung)

Tab. 14.2 (Fortsetzung)

Finanzkenn-zahlen	Häufigkeit	Vollständig-keit (%)	Unter-grenze	Obergrenze	Mittelwert	Standard-abweichung
Long Term Debt/Equity	91	96	−276 %	517 %	57 %	97 %
Short Term Debt/Equity	91	96	−17 %	615 %	41 %	78 %
Long Term Debt/Total Assets	91	96	0 %	97 %	16 %	15 %
Short Term Debt/Total Assets	91	96	0 %	72 %	11 %	13 %
Cash/Current Assets	91	96	0 %	56 %	9 %	11 %
Current Assets/ Current Liabilities	91	96	27 %	608 %	190 %	120 %
(Current Assets − Current Liabilities)/ Total Assets	91	96	−45 %	52 %	16 %	20 %
Earnings Before Interest and Tax/ Interests	89	94	−737 %	6128 %	737 %	1031 %
Total Assets/ Market	51	54	0 %	28 %	2 %	4 %
Market Capitalization/ Market	44	46	0 %	3 %	0 %	1 %
Number of Employees/ Market	36	38	0 %	13 %	1 %	2 %
Sales Growth/ Market	51	54	−218 %	362 %	62 %	114 %
Market Capitalization/ Equity	75	79	0 %	471 %	135 %	93 %
Share Price/ Earnings	72	76	−8625 %	8911 %	987 %	2127 %

Tab. 14.3 Deskriptive Statistik zu den Merkmalsausprägungen der Nicht-Akquiseziele

Finanzkenn-zahlen	Häufigkeit	Vollständig-keit (%)	Unter-grenze	Obergrenze	Mittelwert	Standard-abweichung
Return on Equity	204	96	−91 %	102 %	22 %	21 %
Free Cash Flow/Total Assets	194	91	−27 %	34 %	3 %	8 %
Operating Profit Margin	211	99	−10 %	48 %	10 %	9 %
Asset Turnover	205	96	0 %	341 %	107 %	54 %
Earnings Growth	193	91	−719 %	879 %	14 %	168 %
Earnings Before Tax	208	98	−860	29.609,1	1319,3	3074
Return on Capital Employed	204	96	−9 %	90 %	10 %	10 %
Earnings Before Tax/Equity	200	94	−79 %	97 %	18 %	18 %
Earnings Before Tax/Growth	189	89	−323 %	632 %	109 %	113 %
Sales Growth	202	95	−84 %	194 %	20 %	32 %
Net Liquid Assets/Total Assets	193	91	2 %	58 %	21 %	10 %
Long Term Debt/Equity	202	95	−681 %	339 %	49 %	75 %
Short Term Debt/Equity	204	96	−2 %	311 %	33 %	47 %
Long Term Debt/Total Assets	202	95	0 %	89 %	18 %	12 %
Short Term Debt/Total Assets	204	96	0 %	61 %	10 %	11 %
Cash/Current Assets	205	96	0 %	91 %	12 %	11 %
Current Assets/Current Liabilities	203	95	43 %	698 %	184 %	92 %

(Fortsetzung)

Tab. 14.3 (Fortsetzung)

Finanzkenn-zahlen	Häufigkeit	Vollständig-keit (%)	Unter-grenze	Obergrenze	Mittelwert	Standard-abweichung
(Current Assets – Current Liabilities)/ Total Assets	204	96	−38 %	55 %	16 %	15 %
Earnings Before Interest and Tax/ Interests	200	94	−1521 %	8819 %	925 %	1351 %
Total Assets/ Market	145	68	0 %	534 %	24 %	78 %
Market Capitalization/ Market	110	52	0 %	15 %	2 %	3 %
Number of Employees/ Market	108	51	0 %	17 %	1 %	4 %
Sales Growth/ Market	136	64	−206 %	569 %	102 %	140 %
Market Capitalization/ Equity	161	76	10 %	1142 %	154 %	127 %
Share Price/ Earnings	161	76	−7500 %	20.851 %	1599 %	2743 %

In Tab. 14.2 sind die statistischen Kennzahlen für die 95 Akquiseziele dargestellt, die zur Modellbildung verwendet werden.

In Tab. 14.3 sind die statistischen Kennzahlen für die 213 Nicht-Akquiseziele dargestellt.

Anhand der erfassten Kennzahlen werden die spezifischen Modelle für die logistische Regressionsanalyse sowie für das Self-Enforcing Network entwickelt.

14.3.1 Das Stahl-Prognosemodell für die logistische Regressionsanalyse

Bei der logistischen Regressionsanalyse geht es nicht nur um die Eingruppierung eines Unternehmens zu den Klassen „Akquiseziel" und „Nicht-Akquiseziel", sondern ebenso um das Ableiten einer Eintrittswahrscheinlichkeit.

Auf Basis der einzelnen Beobachtungen wird das logistische Stahl-Prognosemodell entwickelt, welches das konstante Glied b_0 und fünf Regressionskoeffizienten b_n enthält. Für das Modell werden folgende Parameter festgelegt (Abb. 14.1).

Das erste logistische Stahl-Prognosemodell lautet:

$$p(y_k) = \left(\frac{1}{1+e^{-z_k}}\right)^{y_k} * \left(1-\frac{1}{1+e^{-z_k}}\right)^{1-y_k}, \text{ für } y_k = \begin{cases} 1 & \text{falls} \quad z_k > 0 \\ 0 & \text{falls} \quad z_k \leq 0 \end{cases}$$

mit

$p(y_k)$ = Eintrittswahrscheinlichkeit für das Ereignis y_k ($p \in \mathbb{R}$ | $0 \leq p \leq 1$ $\forall$ y_k)

y_k = Ausprägung der abhängigen Variable y für das Unternehmen k (k = 1, 2, ..., K)

e = 2,71828183 (Eulersche Zahl)

$$z_k = b_0 + \sum_{j=1}^{J} b_k \cdot x_{hk} + u_k$$

b_0 = -1,127 (konstantes Glied)

b_7 = 10,361 (Regressionskoeffizient für Return on Capital Employed)

b_8 = -5,920 (Regressionskoeffizient für Earnings Before Tax / Equity)

b_{11} = 4,181 (Regressionskoeffizient für Net Liquid Assets / Total Assets)

b_{20} = -22,570 (Regressionskoeffizient für Total Assets / Market)

b_{23} = -0,405 (Regressionskoeffizient für Sales Growth / Market)

x_{hk} = Merkmalsausprägung des Regressionskoeffizienten h bei Unternehmen k

u_k = Residualgröße für das Unternehmen k (k = 1, 2, ..., K)

K = Anzahl der Unternehmen

H = Anzahl der Regressionskoeffizienten

Abb. 14.1 Das erste logistische Stahl-Prognosemodell

Die Vorgehensweise bei der logistischen Regressionsanalyse wurde in fünf Schritte durchgeführt:

1. Modellformulierung
2. Schätzung der logistischen Regressionsfunktion
3. Interpretation der Regressionskoeffizienten
4. Prüfung des Gesamtmodells
5. Prüfung der Merkmalsvariablen

Für die Modellformulierung wurden die in Abschn. 14.2 dargestellten Hypothesen herangezogen. Die verfügbaren Daten werden zufällig in Daten zur Modellbildung und Daten zur Modellvalidierung aufgeteilt.

Für die weiteren Schritte sind verschiedene Methoden und (Test-)Verfahren eingesetzt worden, um zu gewährleisten, dass das Modell valide ist.

Die größte Herausforderung bei der logistischen Regressionsanalyse besteht grundsätzlich darin, die Regressionskoefizienten geeignet zu bestimmen und zu interpretieren, sowie geeignete Methoden für die Überprüfung des Gesamtmodells und der Merkmalsvariablen zu bestimmen (für Details s. Önder 2016).

So ist beispielsweise in der ersten logistischen Regressionsanalyse als Ergebnis, dass alle Nicht-Akquiseziele identifiziert wurden, jedoch es wurde kein Akquiseziel erkannt. Das Modell musste entsprechend angepasst werden, um gute Ergebnisse zu erhalten.

Im Folgenden wird das Modell für das Self-Enforcing Network (SEN) vorgestellt.

14.3.2 Das Stahl-Prognosemodell für das Self-Enforcing Network

Für die Modellentwicklung ist es erneut notwendig, dass Einflussgrößen (d. h. unabhängige Variablen) und Zielvariablen (d. h. abhängige Variablen) im Vorfeld definiert werden.

Analog zur logistischen Regression wurden die Daten zu Beginn zufällig in Daten zur Modellbildung und Daten zur Modellvalidierung aufgeteilt. Für die Konstruktion der semantischen Matrix werden die Daten zur Modellbildung verwendet.

Die Finanzkennzahlen werden in SEN als Attribute übernommen. Die jeweiligen Wertebereiche für die Attribute werden in Abb. 14.2 vorgestellt.

Attribute

Zeilen filtern

Kompakte Ansicht | Experten Ansicht

Name	Standard	Minimum	Maximum	Kodierung
Return on Equity	0,00	-0,91	1,11	[-1; 1]
Free Cash Flow / Total Assets	0,00	-0,27	0,34	[-1; 1]
Operating Profit Margin	0,00	-2,39	0,57	[-1; 1]
Asset Turnover	0,31	0,00	3,41	[-1; 1]
Earnings Growth	-7,14	-8,08	8,79	[-1; 1]
Earnings Before Tax	-808,00	-1.587,07	29.609,10	[-1; 1]
Return on Capital Employed	-0,05	-0,11	0,90	[-1; 1]
Earnings Before Tax / Equity	-0,54	-1,59	0,97	[-1; 1]
Earnings Before Tax Growth	-8,09	-8,09	14,53	[-1; 1]
Sales Growth	-0,63	-0,84	1,94	[-1; 1]
Net Liquid Assets / Total Assets	0,02	0,00	0,58	[-1; 1]
Long Term Debt / Equity	0,00	-6,81	5,17	[-1; 1]
Short Term Debt / Equity	0,00	-0,17	6,15	[-1; 1]
Long Term Debt / Total Assets	0,00	0,00	0,97	[-1; 1]
Short Term Debt / Total Assets	0,00	0,00	0,72	[-1; 1]
Cash / Current Assets	0,00	0,00	0,91	[-1; 1]
Current Assets / Current Liabilities	6,08	0,27	6,98	[-1; 1]
(Current Assets - Current Liabilities) / Total Assets	0,00	-0,45	0,55	[-1; 1]
Earnings Before Interest and Tax / Interests	27,00	-15,21	88,19	[-1; 1]
Total Assets / Market	0,00	0,00	5,34	[-1; 1]
Market Capitalization / Market	0,00	0,00	0,15	[-1; 1]
Number of Employees / Market	0,00	0,00	0,17	[-1; 1]
Sales Growth /Market	0,00	-2,18	5,69	[-1; 1]
Market Capitalization / Equity	0,24	0,00	11,42	[-1; 1]
Share Price / Earnings	-15,86	-86,25	208,51	[-1; 1]

0 von 25 Attributen selektiert.

Abb. 14.2 Kennzahlen (Attribute) in SEN und deren Wertebereiche

Objekt Name	Return	Free Ca...	Operat...	Asset T...	Earning	Earning	Return	Earning	Earning	Sales C...	Net Liq	Long Te...	Short T...	Long Te...	Short T...	Cash /...	Current...	(Curren...	Earning	Total A...	Marker...	Numbe...	Sales C...	Market	Share P...
Akquiseziel	0,19	0,02	0,07	1,03	-0,26	235,03	0,09	0,12	0,89	0,11	0,21	0,57	0,41	0,16	0,11	0,09	1,90	0,16	7,37	0,02	0,00	0,01	0,62	1,35	9,87
Nicht-Akquiseziel	0,22	0,03	0,10	1,07	0,14	1.319,30	0,10	0,18	1,09	0,20	0,21	0,49	0,33	0,18	0,10	0,12	1,84	0,16	9,25	0,24	0,02	0,01	1,02	1,54	15,99

Abb. 14.3 Referenztypen für Aquise- und Nicht-Akquiseziel-Unternehmen

Wie der Abb. 14.2 zu entnehmen ist, wurden die Werte der Kennzahlen im Intervall zwischen -1.0 und 1.0 normiert („Kodierung"), um diese besser differenzieren zu können, da die Intervallwerte der einzelnen Attribute teilweise weit auseinanderliegen.

Da es sich erneut um die zwei Klassen von Unternehmen als „Akquiseziel" und „Nicht-Akquiseziel" handelt, werden zwei Referenztypen gebildet, die im SEN als Objekte definiert werden.

Für die Bildung der Referenztypen werden die Mittelwerte für Akquiseziele und Nicht-Akquiseziele gebildet. In Abb. 14.3 werden die Referenztypen, die Attribute sowie die jeweiligen Ausprägungen (Mittelwerte der Kennzahlen) dargestellt.

Für den Lernprozess wurde darüber hinaus die logistische Aktivierungsfunktion verwendet, in Anlehnung an der logistischen Regressionsanalyse, ein Lernschritt und eine Lernrate von 1.0. Damit wurde die semantische Matrix durch die Lernregel in die Gewichtsmatrix des SEN transformiert und gelernt.

Für die Klassifikation werden dem SEN neue Eingabe-Vektoren präsentiert. In diesem Fall handelt es sich um Unternehmen, die entsprechend Akquiseziele und Nicht-Akquiseziele darstellen, mit der jeweiligen Attributsausprägung (Kennzahlen).

Das erste Ergebnis der Klassifikation ergab ein interessantes Ergebnis, und zwar unabhängig von weiteren Parametern wie die Lernrate oder Aktivierungsfunktionen: Es war nicht möglich, zwischen den Akquisezielen und Nicht-Akquisezielen zu unterscheiden. Bei einer Normierung der Werte zwischen −1.0 und 1.0 wurden alle Nicht-Akquiseziele identifiziert, jedoch nicht die Akquiseziele. Umgekehrt, bei einer Normierung im Wertebereich zwischen 0.0 und 1.0 wurden alle Akquiseziele identifiziert, jedoch nicht die Nicht-Akquiseziele. Ersteres entspricht dem ersten Modell mit der logistischen Regressionsanalyse, wodurch auch das SEN-Modell angepasst werden muss.

In dem beschriebenen Fall waren alle Attribute als gleich wichtig angenommen worden, das bedeutet, dass der cue validity factor (cvf) für alle gleich 1.0 war. Für eine bessere Prognose werden nach einem Auswahlprozess Attribute ausgewählt, deren Gewichtungen über den cvf angepasst werden (vgl. Önder 2016).

Die Kennzahlen Return on Equity, Asset Turnover, Return on Capital Employed, Net Liquid Assets/Total Assets und Short Term Debt/Total Assets haben sich als wesentlich für die Klassifizierung herausgestellt und entsprechend wurde der cvf für diese Attribute angepasst.

Die Herausforderung bei der Modellierung im SEN ist demnach in diesem Fall die Bestimmung der Attribute, die einen wesentlichen Einfluss auf die Klassifikation haben können und deren cvf-Werte anzupassen.

Darüber hinaus muss bestimmt werden, ob die Rangliste oder die Distanzen als Ergebnis berücksichtigt werden. Bei der Rangliste wird an erster Stelle das Objekt (Unternehmen als Referenztyp) angezeigt, das den höchsten Aktivierungswert hat; bei den Distanzen wird hingegen nach der Euklidischen Distanz an erster Stelle angezeigt, welcher Referenztyp den kleinsten Abstand zu dem Eingabevektor aufweist. Für die im Folgenden dargestellten Stahl-Prognosemodelle wurde nur die Rangliste herangezogen, da diese unter Anwendung der logistischen Funktion insgesamt zuverlässigere Ergebnisse lieferte.

Nach Erstellung der ersten geeigneten Modelle für die jeweiligen Methoden werden die Ergebnisse im Folgenden vorgestellt.

14.4   Vergleich zwischen den Stahl-Prognosemodellen

Im Folgenden werden zunächst Gütemaße definiert, die einen Vergleich zwischen dem logistischen Stahl-Prognosemodell und KNN-Stahl-Prognosemodell erlauben.

Zum einen wird ein definiertes Gütemaß für die Klassifikationsergebnisse herangezogen, zum anderen werden weitere Gütemaße definiert. Hierzu zählen die Eindeutigkeit, die Irrtumswahrscheinlichkeit bei der Klassifikation, die Anpassungsfähigkeit an neue Rahmenbedingungen und die Anwendbarkeit bei unvollständigen Datensätzen. Im Folgenden werden die Gütemaße beschrieben:

1. Eindeutigkeit: Die betrachteten Unternehmen werden genau einer Klasse zugeordnet.
2. Irrtumswahrscheinlichkeit: Hiermit ist die Beurteilungssicherheit eines Klassifikationsergebnisses gemeint. Diese orientiert sich an der im Rahmen der Klassifikation akzeptierten Irrtumswahrscheinlichkeit.
3. Anpassungsfähigkeit: Die Variabilität der beiden Stahl-Prognosemodelle hinsichtlich der Verteilungsfunktion.
4. Robustheit: Unvollständige Datensätze sind nicht unwahrscheinlich. Deshalb stellt sich die Frage, wie die beiden Stahl-Prognosemodelle mit solchen unvollständigen Datensätzen umgehen und wie sich das auf die Klassifikationsergebnisse auswirkt.

Während die Klassifikationsergebnisse eine Ratioskala besitzen, sind die übrigen Gütemaße nominal skaliert.

Die Klassifikationsergebnisse liegen sehr nahe beieinander. Das logistische Stahlprognosemodell klassifiziert insgesamt (Modellbildungs- und Modellvalidierungsdaten) 103 von 126 Unternehmen richtig ein, das SEN-Stahl-Prognosemodell klassifiziert insgesamt (Modellbildungs- und Modellvalidierungsdaten) 102 von 126 Unternehmen richtig ein. Die Tab. 14.4 und 14.5 zeigen die Klassifikationsergebnisse des logistischen

Tab. 14.4 Klassifikationstabelle für die Modellierungsdaten im Vergleich

Istwert		Vorhersagewert		
		Nicht-Akquiseziel	Akquiseziel	Prozentsatz richtig
Logistisches Stahl-Prognosemodell[a]	Nicht-Akquiseziel	72	7	91,1
	Akquiseziel	12	11	47,8
	Gesamtprozentsatz	–		81,4
KNN-Stahl-Prognosemodell	Nicht-Akquiseziel	65	14	82,3
	Akquiseziel	6	17	73,9
	Gesamtprozentsatz	–		80,4

Tab. 14.5 Klassifikationstabelle für die Validierungsdaten im Vergleich

Istwert		Vorhersagewert		Prozentsatz richtig
		Nicht-Akquiseziel	Akquiseziel	
Logistisches Stahl-Prognosemodell[a]	Nicht-Akquiseziel	15	1	93,8
	Akquiseziel	3	5	62,5
	Gesamtprozentsatz		–	83,3
KNN-Stahl-Prognosemodell	Nicht-Akquiseziel	14	2	87,5
	Akquiseziel	2	6	75,0
	Gesamtprozentsatz		–	83,3

Stahl-Prognosemodells und des KNN-Stahl-Prognosemodells für die Modellbildungsdaten bzw. Modellvalidierungsdaten.

Hinsichtlich der Klassifikation der Modellierungsdaten ist die logistische Regression um 1 Prozentpunkt besser geeignet als das SEN. Die Klassifikation der Validierungsdaten ergibt prozentual das gleiche Ergebnis, jedoch mit unterschiedlichen Verteilungen (Tab. 14.5).

Hinsichtlich der *Eindeutigkeit* der Klassifikation ist festzuhalten, dass das logistische Stahl-Prognosemodell eine Wahrscheinlichkeit ermittelt, mit der das betrachtete Unternehmen eine Gruppe zugeordnet werden kann. Die Klassifikation des logistischen Stahl-Prognosemodells ist nicht eindeutig, wohingegen das SEN-Modell eine eindeutige Zuordnung vornimmt.

Durch die Angabe eines mindestens erforderlichen Signifikanzniveaus stellt das logistische Stahl-Prognosemodell eine gewisse *Sicherheit* bei der Beurteilung der Klassifikationsergebnisse dar. Das SEN-Stahl-Prognosemodell bietet diese Sicherheit nicht.

Das logistische Prognosemodell besitzt hinsichtlich der *Verteilungsfunktion* keine Variabilität. Das modifizierte SEN-Prognosemodell ist mit verschiedenen Verteilungsfunktionen (im Rahmen von SEN sind es die Aktivierungsfunktionen) ausgestattet und bietet ein einfaches Wechseln der Verteilungsfunktion. Der Vorteil bei einer variablen Verteilungsfunktion besteht in der Möglichkeit zur Validierung der Eignung der Verteilungsfunktion für das betrachtete Problem.

Beide Prognosemodelle können bei *unvollständigen Datensätzen* nicht angewendet werden. Diese Datensätze werden daher sinnvoll bei der Modellbildung als auch bei der Modellvalidierung ausgeschlossen. Eine Möglichkeit, unvollständige Datensätze zu verarbeiten, besteht in der Verwendung von Dummy-Werten. Dummy-Werte können zum Beispiel Industriedurchschnitte sein, die als Ersatz für die Vervollständigung der unvollständigen Datensätze dienen.

Die *Robustheit* der Stahl-Prognosemodelle wird im vorliegenden Fall jeweils anhand eines Vergleichs der Klassifikationsergebnisse der tatsächlichen Ausprägung einer unabhängigen Variable x_{hk} für das logistische Stahl-Prognosemodell sowie für den Aktivierungswert derselben unabhängigen Variable des SEN-Stahl-Prognosemodells durch Verwendung von Dummy-Werten bestimmt.

Das SEN-Stahl-Prognosemodell hat sich hier als deutlich robuster erwiesen.

Die Tab. 14.6 zeigt eine Übersicht der o. g. Gütemaße und der dazugehörigen Bewertung der zwei Stahl-Prognosemodelle. Hierbei wird für das Stahl-Prognosemodell, welches hinsichtlich der gewählten Gütekriterien „besser" im jeweiligen Gütemaß ist, eine Eins vergeben. Das „schlechtere" Stahl-Prognosemodell erhält eine Null. Die Gütemaße werden nicht unterschiedlich gewichtet.

Auf Basis der Bewertung der ausgewählten Gütemaße sind die Prognosen des SEN-Stahl-Prognosemodells in nicht eindeutigen Fällen (z. B. dann, wenn das logistische Stahl-Prognosemodell eine abweichende Klassifikation im Vergleich zum SEN-Stahl-Prognosemodell liefert) vorrangig zu berücksichtigen.

Tab. 14.6 Bewertung der Gütemaße

	Logistisches Stahl-Prognosemodell	SEN-Stahl-Prognosemodell
Klassifikationsergebnisse	1	0
Eindeutigkeit	0	1
Irrtumswahrscheinlichkeit	1	0
Anpassungsfähigkeit	0	1
Robustheit	0	1
Gesamt Score	2	3

Anhand der erstellten Modelle kann im nächsten Schritt konkret überprüft werden, ob deutsche Unternehmen als Akquiseziele identifiziert werden können. Dazu werden die Daten von 2014 herangezogen, um die Prognose zu erstellen (Önder 2016).

14.5 Identifizierung von Akquisezielen in der deutschen Stahlindustrie

Die größten 14 Stahlunternehmen in Deutschland im Jahr 2014 hatten einen Anteil von 98 % an der deutschen Stahlproduktion von 42,9 Mio t. Die Abb. 14.4 zeigt die 14 größten Stahlunternehmen in Deutschland im Jahr 2014 und die Produktionsmengen dieser 13 Stahlunternehmen.

Lediglich drei dieser 14 Stahlunternehmen sind börsennotiert und unterliegen einer Publikationspflicht. Die restlichen 11 Stahlunternehmen sind nicht börsennotiert. Diese werden für die weitere Betrachtung ausgeschlossen. Für die Identifizierung von Akquisezielen in der deutschen Stahlindustrie werden folgende drei Stahlunternehmen betrachtet:

1. ThyssenKrupp AG
2. Salzgitter AG
3. ArcelorMittal S.A.

In der Tab. 14.7 sind die Ausprägungen der Finanzkennzahlen der betrachteten drei Stahlunternehmen abgebildet.

Für die genannten drei Stahlunternehmen werden auf Basis der Daten aus Tab. 14.7 und mit den zwei Stahlprognosemodellen Prognoseergebnisse hergeleitet. Die Prognoseergebnisse bei der Identifizierung von Akquisezielen in der deutschen Stahlindustrie fallen identisch aus (Tab. 14.8).

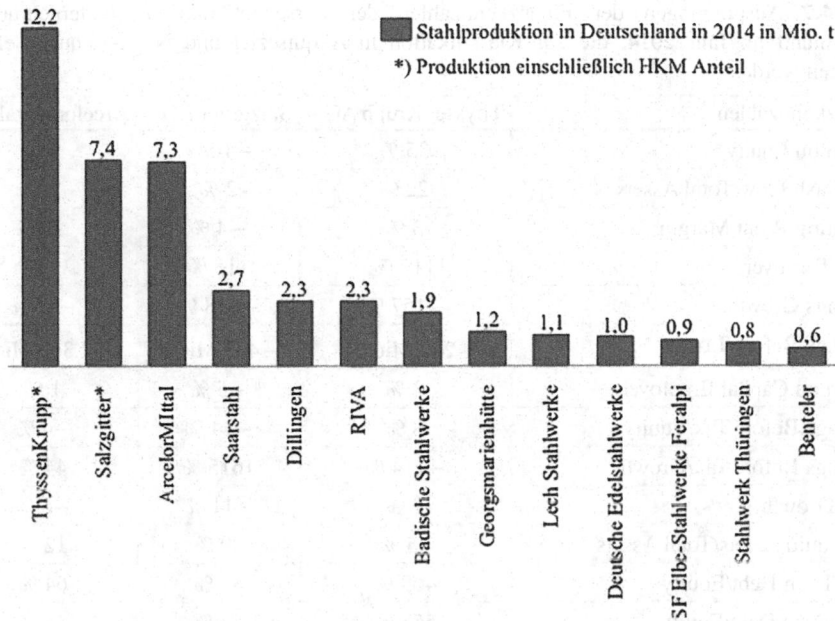

Abb. 14.4 Die größten Stahlunternehmen in Deutschland im Jahr 2014 (WV Stahl 2015)

Die ThyssenKrupp AG und die Salzgitter AG werden in beiden Stahl-Prognosemodellen als Akquiseziel klassifiziert. Die ArcelorMittal S.A. wird in beiden Stahl-Prognosemodellen als potenzielles Nicht-Akquiseziel klassifiziert.

Wie in Abschn. 14.1 erwähnt, zeigt sich in den Medienberichten, dass die beiden prognostizierten Akquiseziel-Unternehmen zur Zeit Fusionen in Betracht ziehen, Thyssen-Krupp wird darüber hinaus im Zusammenhang mit dem chinesischen Baosteel, schwedischen SSAB sowie mit Tata Steel Europe in Verbindung gebracht; ArcelorMittal S.A. wird in diesem Kontext nicht erwähnt.

Die aktuellen Entwicklungen zeigen somit, dass die entwickelten Modelle und die erzielten Ergebnisse nach wie vor eine Aussagekraft haben und dass die Strategie der Unternehmen darin besteht, selbst aktiv zu werden.

14.6 Fazit

In diesem Beitrag wurde dargelegt, wie ein Prognosemodell einer Übernahme- bzw. Fusionswahrscheinlichkeit für zwei unterschiedliche Methoden entwickelt werden und darüber hinaus konkret zur Prognose einer Übernahme- bzw. Fusionswahrscheinlichkeit eingesetzt werden kann.

Tab. 14.7 Ausprägungen der Finanzkennzahlen der börsennotierten Stahlunternehmen in Deutschland im Jahr 2014, die zur Klassifikation in Akquiseziel und Nicht-Akquiseziel verwendeten werden

Finanzkennzahlen	ThyssenKrupp AG	Salzgitter AG	ArcelorMittal S.A
Return on Equity	35 %	−10 %	2 %
Free Cash Flow/Total Assets	22 %	2 %	2 %
Operating Profit Margin	3 %	−4 %	2 %
Asset Turnover	115 %	115 %	7 %
Earnings Growth	−157 %	−838 %	−41 %
Earnings Before Tax	242 Mio €	−478 Mio €	−2.360 Mio €
Return on Capital Employed	3 %	−5 %	1 %
Earnings Before Tax/Equity	8 %	−14 %	−4 %
Earnings Before Tax/Growth	−114 %	1615 %	44 %
Sales Growth	7 %	−11 %	−6 %
Net Liquid Assets/Total Assets	35 %	29 %	12 %
Long Term Debt/Equity	469 %	83 %	64 %
Short Term Debt/Equity	558 %	54 %	48 %
Long Term Debt/Total Assets	42 %	37 %	30 %
Short Term Debt/Total Assets	50 %	24 %	23 %
Cash/Current Assets	20 %	17 %	18 %
Current Assets/Current Liabilities	113 %	235 %	135 %
(Current Assets − Current Liabilities)/ Total Assets	7 %	33 %	8 %
Earnings Before Interest and Tax/ Interests	−128 %	452 %	−38 %
Total Assets/Market	0,03 %	0,01 %	0,17 %
Market Capitalization/Market	3 %	1 %	7 %
Number of Employees/Market	9 %	1 %	12 %
Sales Growth/Market	12 %	−7 %	−1 %
Market Capitalization/Equity	368 %	47 %	54 %
Share Price/Earnings	9 %	−7 %	−1 %

Tab. 14.8 Vergleich der Klassifikation deutscher Stahlunternehmen in Akquiseziel und Nicht-Akquiseziel durch das logistische und das SEN-Stahl-Prognosemodell

Stahlunternehmen	Klassifikation durch das erste logistische Stahl-Prognose-modell	Klassifikation durch das optimierte KNN-Stahl-Prognosemodell
ThyssenKrupp AG	Akquiseziel	Akquiseziel
Salzgitter AG	Akquiseziel	Akquiseziel
ArcelorMittal S.A	Nicht-Akquiseziel	Nicht-Akquiseziel

Jede Methode hat charakteristische Herausforderungen: Bei der logistischen Regressionsanalyse sind es die Bestimmung der Regressionskoeffizienten und der Testverfahren, bei SEN die Wahl einer geeigneten Aktivierungsfunktion und die Bestimmung der Attribute, deren cvf-Werte variiert werden sollten.

Die Qualität der Prognosen war ähnlich, sodass es sich anbietet, beide Methoden im Vergleich einzusetzen, um sicherzustellen, dass die Ergebnisse zuverlässig sind. In der Praxis werden häufig zwei Methoden zur Analyse der Daten oder Bilder eingesetzt, um eine gewisse Entscheidungssicherheit zu haben. SEN als zweite Methode einzusetzen bietet sich an, da in SEN weniger Parameter eingestellt werden müssen und die Ergebnisse leichter nachvollziehbar und überprüfbar sind.

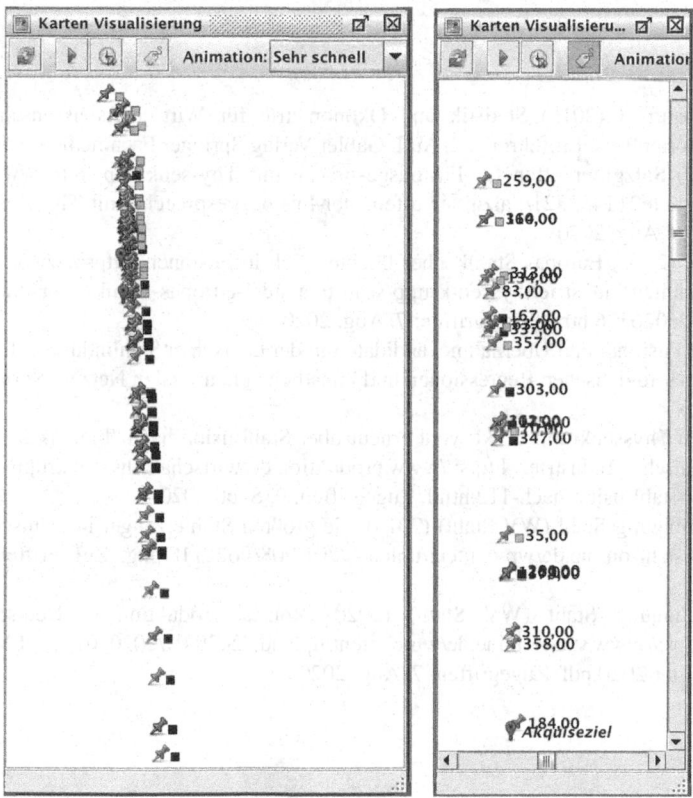

Abb. 14.5 Kartenvisualisierung des SEN (links das SEN-Ergebnis, rechts Vergrößerung der oberen Abbildung mit den Objektnamen)

Als Beispiel soll die Kartenvisualisierung herangezogen werden: Bei Anwendung der logistischen Aktivierungsfunktion (und nicht nur bei dieser) wird unmittelbar ersichtlich, dass einige Unternehmen nahe beieinander platziert werden, wobei ein Unternehmen als Nicht-Akquiseziel (dunkle Farbgebung) und das andere als Akquiseziele (graue Farbgebung) in der Literatur angegeben wurden (Abb. 14.5 rechts, Vergrößerung der oberen Ergebnisse im linken Bild).

Diese Unternehmen, bei denen eine korrekte Klassifizierung nicht erfolgt, können näher analysiert werden, um nachvollziehen zu können, warum die Prognosen, ggf. bei beiden Methoden, unzutreffend waren, damit die Modelle angepasst werden können.

Hinsichtlich der Modellanpassung kann jedoch festgehalten werden, dass diese im SEN wesentlich leichter gestaltet werden kann als bei der logistischen Regression.

Literatur

Auer B, Rottmann H (2015) Statistik und Ökonometrie für Wirtschaftswissenschaftler. Eine anwendungsorientierte Einführung, 2. Aufl. Gabler Verlag Springer Fachmedien, Wiesbaden

Dierig C (2020) Salzgitter offen für Fusionsgespräche mit Thyssenkrupp. https://www.welt.de/wirtschaft/article211452321/Salzgitter-offen-fuer-Fusionsgespraeche-mit-Thyssenkrupp.html. Zugegriffen: 9. Aug. 2020

Knitterscheid K (2020) Europas Stahlkocher flüchten sich in Fusionen. https://www.handelsblatt.com/unternehmen/industrie/thyssen-krupp-ssab-tata-steel-europas-stahlkocher-fluechten-sich-in-fusionen/26026576.html. Zugegriffen: 7. Aug. 2020

Önder F (2016) Fusions- und Übernahmekandidaten in der deutschen Stahlindustrie. Ein Vergleich zwischen binär logistischen Regressionen und künstlichen neuronalen Netzen. Springer Gabler, Wiesbaden

Wieser S (2020) Thyssenkrupp denkt wohl erneut über Stahlfusion nach. Technik und Wirtschaft für die deutsche Industrie. https://www.produktion.de/wirtschaft/thyssenkrupp-denkt-wohl-erneut-ueber-stahlfusion-nach-112.html. Zugegriffen: 9. Sept. 2020

Wirtschaftsvereinigung Stahl (WV Stahl) (2015) Die größten Stahlerzeuger in Deutschland 2014. https://www.stahl-online.de/wp-content/uploads/2013/08/Folie118.png. Zugegriffen: 27. Febr. 2015

Wirtschaftsvereinigung Stahl (WV Stahl) (2020) Rohstahlproduktion in Deutschland Juni 2020. https://www.stahl-online.de/wp-content/uploads/2020/07/2020_07_20_PM_Rohstahl-erzeugung_Juni-2020.pdf. Zugegriffen: 7. Aug. 2020

Analyse und Klassifikation von Voice Over IP-Angriffsdaten mit „ClustSEN"

15

Waldemar Hartwig

Zusammenfassung

Voice Over IP (VoIP) ist die Technologie, die den aktuellen Kommunikationsnetzen zugrunde liegt. Anbieter wie auch Nutzer dieser Technologie sind darauf angewiesen, mögliche Angriffe zu erkennen und abzuwehren. Dabei fallen enorme Datenmengen an, die analysiert werden müssen. In diesem Beitrag wird vorgestellt, wie ein Self-Enforcing Network (SEN) für die Analyse und Klassifizierung von Datenmengen im mehrstelligen Millionenbereich erweitert wurde. Dazu wird der Ansatz der Sequentiellen Clusterbildung verwendet und für „ClustSEN" modifiziert. Die Datenmenge wird unterteilt, die Untermengen nacheinander in ein SEN geladen, basierend der SEN-Ausgaben geclustert und die Teilergebnisse zum Schluss zusammengefügt. Dieser Ansatz wird am Beispiel von Angriffen in VoIP-System demonstriert, wobei sowohl bekannte Klassifizierungen bestätigt als auch neue Angriffstools identifiziert werden.

Schlüsselwörter

VoIP-angriffe · Clusterbildung · Self-Enforcing Networks

Parts are translated by permission from Springer Nature: ICANN 2018. Lecture Notes in Computer Science © (2018)

W. Hartwig (✉)
Murrhardt, Deutschland
E-Mail: sammelband-KIKL@rebask.de

© Springer Fachmedien Wiesbaden GmbH, ein Teil von Springer Nature 2021
C. Klüver und J. Klüver (Hrsg.), *Neue Algorithmen für praktische Probleme,*
https://doi.org/10.1007/978-3-658-32587-9_15

15.1   Einleitung

Per Telefon oder Internet miteinander zu kommunizieren, ist eine Selbstverständlichkeit, ohne sich im Normalfall Gedanken darüber zu machen, welche Technologie dahintersteht. Bis Ende des Jahres 2020 steht in Deutschland der große Umbruch bevor, da die meisten Telekommunikationsanbieter die bisherigen Telefonnetze auf Voice Over IP (VoIP) umstellen (Benetti 2020); bis 2022 werden alle analogen und ISDN-Anschlüsse der Vergangenheit angehören. Die meisten Menschen haben bereits diese Technologie, wahrscheinlich ohne es zu wissen.

Diese Technologie bietet viele Vorteile an; einer der Nachteile besteht jedoch darin, dass die Systeme trotz größter Sicherheitsbemühungen angegriffen werden können. Um dies zu vermeiden, ist es notwendig, die Angreifer bzw. deren Tools rechtzeitig zu erkennen. Technisch wird dies zum Beispiel durch „Honeypots" realisiert, indem bewusst gestattet wird, ein System anzugreifen, um das Verhalten zu analysieren. Wie eine solche Analyse mit einem Self-Enforcing Network (SEN) erfolgen kann, das durch eine sequenzielle Clusteranalyse zu ClustSEN erweitert wurde, wird in diesem Beitrag vorgestellt.

Zunächst wird erläutert, wie VoIP-Systeme und mögliche Angriffe auf diese funktionieren. Im weiteren Verlauf wird gezeigt, wie die sequentielle Clusterbildung in SEN integriert wurde, um Datenmengen im mehrstelligen Millionenbereich verarbeiten zu können. Anschließend werden das entwickelte Modell und die Identifizierung diverser Angriffstools durch SEN demonstriert und sowie Potenzial des Modells diskutiert.

15.2   Angriffe in VoIP-Systemen

Voice over IP (VoIP) ist eine kostengünstigere Alternative zu herkömmlichen Fest- und Mobilfunknetzen. Dabei werden Sprach- und Steuerinformationen über das Datennetz übertragen. Zur Vermittlung von Telefonaten und zur Benutzerverwaltung wird der Industriestandard „Session Initiation Protocol" (SIP), verwendet (Rosenberg et al. 2002).

In SIP werden verschiedene Nachrichten für Anfragen und Antworten definiert, von denen OPTIONS, REGISTER und INVITE im Folgenden relevant sind. OPTIONS fragt die Kapazitäten des Servers (z. B. unterstützte Codecs) ab (Johnston 2015; Barz und Bassett 2016). Diese Anfragen müssen standardmäßig beantwortet werden. Für die Registrierung am Server werden REGISTER-Nachrichten mit Zugangsdaten (Kontoname und Kennwort) gesendet. Der Server antwortet, abhängig von der Richtigkeit der Zugangsdaten, mit bestimmten Fehlercodes. Diese ausführliche Rückmeldung ermöglicht es dem Angreifer, gezielt nach Accounts (als Extensions bezeichnet) zu suchen. Mit INVITE kann eine Sitzungseinladung an eine andere Extension gesendet werden. Abb. 15.1 zeigt den Nachrichtenaustausch zwischen einem Client und einem SIP-Server für die drei beschriebenen Nachrichten-Typen (Hoffstadt et al. 2012a)

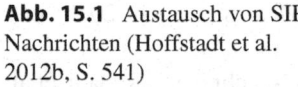

Abb. 15.1 Austausch von SIP Nachrichten (Hoffstadt et al. 2012b, S. 541)

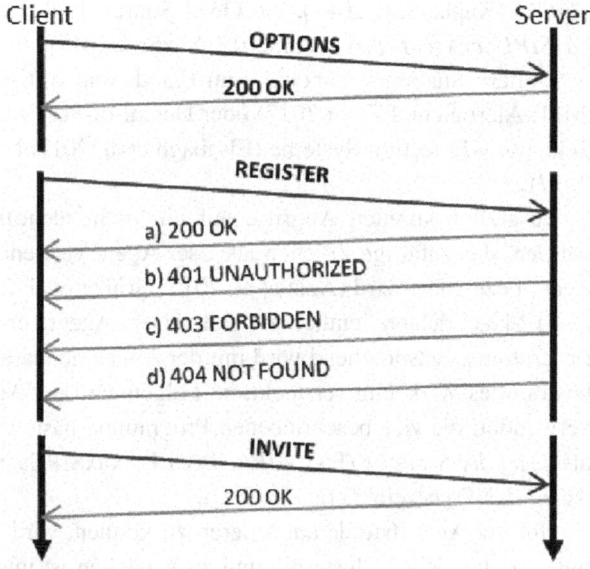

Durch sogenannte VoIP-Gateways sind Anrufe vom und ins herkömmliche Telefonnetz möglich. Diese Verbindung der Technologien eröffnet allerdings neue Formen des Missbrauchs. Ein Angriffsziel sind beispielsweise die Benutzerkonten von VoIP-Nutzern, die auf den SIP-Servern liegen. Durch unerlaubten Zugriff auf solche Konten können Angreifer eigene Premium-Rufnummern anrufen, um durch die Gebühren in kurzer Zeit finanziellen Profit zu erzielen.

Dabei läuft dieser Angriff üblicherweise in vier Phasen ab: *Server-Scan, Extension-Scan, Registration-Hijacking* und *Toll-Fraud*. In der ersten Phase wird ein Netzwerk nach SIP-Geräten durchsucht. Da eine beliebige SIP-Antwort ausreicht, kann jede der drei beschriebenen Nachrichten (OPTIONS, REGISTER oder INVITE) verwendet werden. In der zweiten Phase werden die gefundenen SIP-Geräte nach Extensions abgetastet, während in der dritten die Kennwörter der gefundenen Extensions gebrochen werden. Beide Phasen werden üblicherweise mittels Wörterbuchangriffen und REGISTER- oder INVITE-Nachrichten durchgeführt (Gruber et al. 2015).

Mit den angeeigneten Extensions werden dann in der letzten Phase (Toll-Fraud) teure Premiumnummern angerufen. Neben dem Gebührenbetrug sind weitere Anreize kostenlose Anrufe sowie die Verschleierung der eigenen Identität (Hoffstadt et al. 2014).

Um Angreifer zu entdecken und deren Verhalten zu analysieren, werden sogenannte Honeypots eingerichtet, mit denen suggeriert wird, dass Angreifer ein leichtes Spiel haben, um ein System anzugreifen (Gupta und Gupta 2020; Joos 2020).

In den letzten Jahren sind weltweit zahlreiche Untersuchungen durchgeführt worden, in denen gezeigt wurde, dass einige öffentlich erhältliche Programme für automatisierte Angriffe verwendet werden (Valli 2010; Hoffstadt et al. 2012a; b). Beispiele dafür sind

SipCLI (KaplanSoft 2011), die Open Source Tool-suite *SIPVicious* (Gauchi 2016) und *VaxSIPUserAgent* (Aziz et al. 2013; VaxSoft 2017).

Weitere Studien behandeln Anti-Fraud- und Anti-Phishing-Techniken (Rebahi et al. 2011; Aleroud und Zhou 2017) oder Denial-of-Service-, Fraud- und Spam-over-Internet-Telephony-Detection Systeme (Elsabagh et al. 2017; Manunza et al. 2017; Ganesan et al. 2017).

Zusätzlich konnten Angriffe auf ein nicht identifiziertes Programm zurückgeführt werden, das zufällige Zeichen als User Agent verwendet und folglich als *Random User Agent* bezeichnet wird (Aziz et al. 2013; Gruber et al. 2015).

SIP-Nachrichten enthalten den User Agent aber nicht die Bezeichnung des Programms. Entsprechend wird mit der Annahme, dass sich hinter einem User Agent ein bestimmtes Werkzeug versteckt, im Folgenden User Agent synonym für AT (attack tool) verwendet; die vier beschriebenen Programme basierend auf ihren User Agents werden als *Friendly-Scanner* (FS), *SIP/Cli* (CLI), VaxSIPUserAgent (VAX) und *Random User Agent* (RND) bezeichnet.

Um die Angriffstools analysieren zu können, wird im Folgenden kurz erläutert, was unter sequentieller Clusterbildung zu verstehen ist und wie diese in das Self-Enforcing Network integriert wurde.

15.3   Sequentielle Clusterbildung in SEN

Das Konzept der Referenztypen ist für die weitere Arbeit von zentraler Bedeutung, daher wird hier eine Anmerkung eingefügt: Eine Kategorie kann durch mehrere Referenztypen im Modell repräsentiert werden. Das ist notwendig, wenn eine Kategorie so komplex ist, dass ein Referenztyp nicht ausreicht, damit zugehörige Muster korrekt klassifiziert werden.

Um dies zu erläutern wird in Abb. 15.2 links wird ein Muster (Raute) aufgrund der Distanz zum oberen Referenztypen (Kreis) der oberen Kategorie (Punktwolke) zugeordnet, obwohl es zu der unteren Kategorie zugehörig ist. Durch den Einsatz mehrerer Referenztypen (Abb. 15.2 rechts) verbessert sich die Möglichkeit, Muster den richtigen

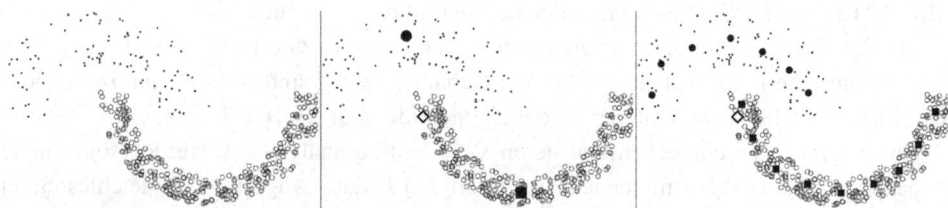

Abb. 15.2   Abbildung von Kategorien durch mehrere Referenztypen zur Verbesserung der Klassifizierung bei komplexen Kategorien (Fred und Jain 2002, Abb. 1a)

Kategorien zuzuordnen. Dies ist besonders bei hochkomplexen Kategorien, wie den SIP-Angriffen, notwendig.

Bisher arbeitet SEN mit vorgegebenen Referenztypen oder durch eine manuelle Auswahl von Clustern, aus denen Referenztypen bestimmt werden (Klüver et al. 2012; Klüver 2017). Wenn das Modell nicht bekannt ist, bzw. keine Referenztypen vorgegeben sind, kann versucht werden, dieses bzw. die Referenztypen aus der Datenmenge zu gewinnen. Eine Möglichkeit ist es, die Datenmenge als Objekte der semantischen Matrix in SEN einzulesen und durch SEN organisieren zu lassen. Ähnliche Objekte werden zusammengefasst. Die verbliebenen Objekte bilden dann Referenztypen von Kategorien bzw. Klassifikationen (Abb. 15.3).

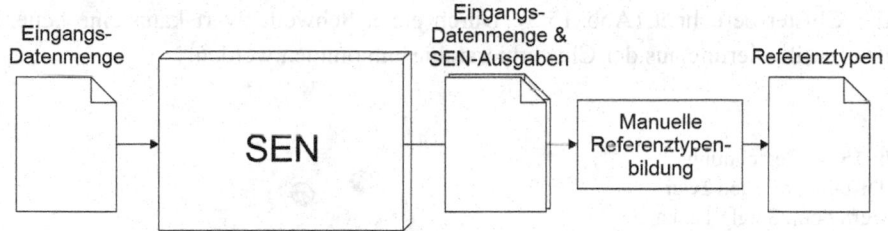

Abb. 15.3 Konzept der Referenztypenermittlung mit SEN

Beim Einsatz von SEN für die Analyse der Nachrichten des VoIP-Honeynet-Systems stellt die Größe der Datenmenge eine Herausforderung dar: Monatlich werden Nachrichten im teils zweistelligen Millionenbereich aufgezeichnet, wobei jede Nachricht einem Objekt entspricht. Für größere Datenmengen, die nicht in annehmbarer Zeit durch die SEN-Software oder den Nutzer verarbeitet werden können, wird ein Ansatz mit sequentieller Verarbeitung von Teilmengen durch SEN mit anschließender Zusammenführung der Teilergebnisse vorgestellt: die *sequentielle Clusterbildung*.

Die Eingangs-Datenmenge wird aufgeteilt und jede Teilmenge durchläuft den in Abb. 15.3 beschriebenen Vorgang der Referenztypen-Bildung. Am Ende entsteht für jede Teilmenge eine Referenztyp-Teilmenge. Diese Mengen werden zusammengefügt und zu den kompletten Referenztypen für die Eingangs-Datenmenge verarbeitet (Abb. 15.4).

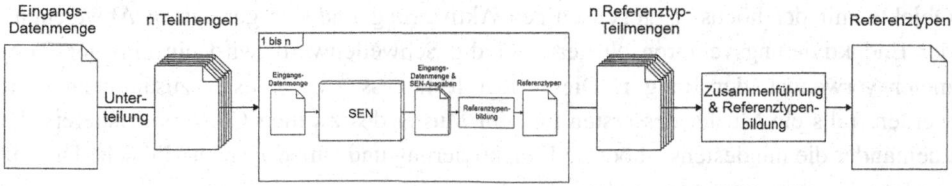

Abb. 15.4 Konzept der Referenztyp-Ermittlung durch sequentielle Abarbeitung

Die Bildung der Referenztypen der Teilmengen wird dabei durch Clusterung (Identifizierung und Zusammenfassung von Gruppen „ähnlicher" Objekte) automatisiert. In einer Erweiterung von SEN um die sequentielle Clusterbildung, genannt ClustSEN, wurden Varianten der Clusterverfahren k-Means nach Lloyd [23], Single-Linkage (Gower und Ross 1969; Wentura und Pospeschill 2015) und „Evidence Accumulation using k-Means" (Fred und Jain 2002; Jain 2010) implementiert. Es wurde außerdem ein modifizierter Single-Linkage Algorithmus speziell für SEN entwickelt.

Beim Single-Linkage Algorithmus starten alle Muster in 1-Element Clustern und werden hin zu einem Cluster gruppiert. Dabei werden in jedem Schritt zwei Cluster mit der kleinsten Distanz zu einem gemeinsamen Cluster kombiniert, wodurch eine Hierarchie von Clustern entsteht (Gower und Ross 1969). Die kleinste Distanz zwischen zwei Clustern wird dabei durch die kleinste Distanz zwischen zwei Mustern beider Cluster berechnet (Abb. 15.5). Durch einen Schwellenwert kann eine beliebige Clusterpartitionierung aus der Clusterhierarchie entnommen werden.

Abb. 15.5 Berechnung der Distanz zwischen zwei Clustern beim Single-Linkage (Wentura und Pospeschill 2015 S. 171, Abb. 71)

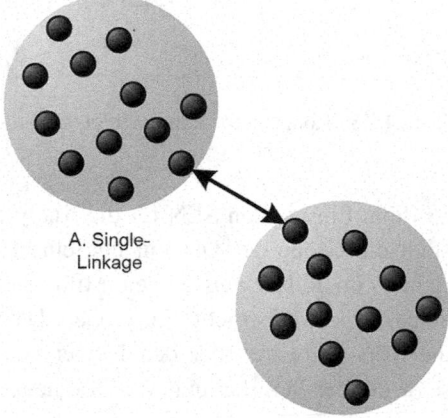

A. Single-Linkage

Der modifizierte Single-Linkage Algorithmus (MSL) verwendet für die Clusterzusammenführung zwei Distanzmaße statt einem: die Endaktivierung und die euklidische Distanz der Endaktivierungsvektoren zwischen zwei Mustern (vgl. Ranking und Distanzen bei den Visualisierungen in der SEN-Software).

Die Motivation hinter diesem Ansatz ist ein *SEN-immanenter Algorithmus,* der Objekte mit der höchsten gegenseitigen Aktivierung und der geringsten Abweichung der Endaktivierungsvektoren clustert. Für die Schwellenwerte wird ein einziger Parameter verwendet, der Rang **r**. Dieser legt fest, dass zwei Cluster zusammengeführt werden, falls ein Muster des ersten und ein Muster des zweiten Clusters existieren, die zueinander die mindestens r-höchste Endaktivierung und r-niedrigste euklidische Distanz der Endaktivierungsvektoren haben.

15.4   Analyse der Angriffsdaten mit ClustSEN

Mit ClustSEN und MSL wurden die SIP-Angriffsdaten mit dem Ziel der Identifikation von Referenztypen für vier der aktivsten User Agents (siehe Abschn. 15.1) analysiert. Für die Darstellung großer Datenmengen wurde die Kartenvisualisierung von SEN in der Version 2.5.0 angepasst: Zum einen wurden Farbpunkte für die Zuordnung von Clustern verwendet und zum anderen eine Version ohne Labels implementiert.

In den Kartenvisualisierungen werden Nachrichten von FS (Friendly-Scanner) in Rot, von CLI (SIP/Cli) in Blau, von VAX (VaxSIPUserAgent) in Grün und von RND (Random User Agent) in Lila dargestellt. Vermischungen mehrerer ATs werden in Orange gefärbt, während Nachrichten von ATs außerhalb der vier (als 0-ATs bezeichnet) in Schwarz angezeigt werden.

An dieser Stelle sollte eine Differenzierung der im Folgenden gebrauchten Begriffe Objekt, Muster und Nachricht gegeben werden. Mit einem „Objekt" ist ein Objekt der semantischen Matrix (SM) in SEN gemeint. Ein „Muster" ist ein Element einer zu clusternden Datenmenge. Und der Begriff „Nachricht" bezieht sich auf eine SIP-Nachricht. Weil im Folgenden SIP-Nachrichten als SM-Objekte eingelesen und basierend auf den Ausgaben von SEN geclustert werden, kann die Differenzierung dieser Begriffe verschwimmen.

15.4.1 Datenaufbereitung

Für verschiedene Analysen wurden die Datensätze mit allen Request-Nachrichten der Monate Januar 2016 (ca. 4,2 Mio. Nachrichten), August 2016 (ca. 26,2 Mio. Nachrichten) und Dezember 2016 (ca. 37 Mio. Nachrichten) verwendet. Die SIP-Nachrichten liegen im CSV-Format vor. Jede Zeile der CSV-Datei enthält 16 Datenfelder (Spalten) einer SIP-Nachricht. Als Trennzeichen wird das Komma und als Feldbegrenzerzeichen das Anführungszeichen („") verwendet. Abb. 15.6 zeigt einen kleinen Ausschnitt einer solchen CSV-Datei.

```
2    "248057601","83.136.86.85","5070","132.252.152.62","5060","INVITE","a38f5b97258c07e2ba07a48
3    "248057602","23.239.65.82","5086","132.252.152.62","5060","INVITE","63cdccc99adf0ec70bade19
4    "248057603","83.136.86.85","5070","132.252.152.62","5060","INVITE","4fc43f6e9ab9485616e22ed
5    "248057604","83.136.86.85","5071","132.252.152.62","5060","INVITE","3eca9a78c55ca8a98034e6d
6    "248057605","83.136.86.85","5070","132.252.152.62","5060","INVITE","38439b1f868d61acd7149cb
```

Abb. 15.6 Ausschnitt der ersten Attribute aus einem SIP-Datensatz im CSV-Format (Mit freundlicher Unterstützung von Prof. Dr. Rathgeb, Lehrstuhl für Technik der Rechnernetze)

Die 16 Datenfelder (Attribute in SEN) der CSV-Datei sind ID (ein einzigartiger Bezeichner der SIP-Nachricht), SourceIP (die Quell-IP-Adresse), SourcePort (der Quell-Port), DestinationIP (Ziel-IP-Adresse), DestinationPort (der Ziel-Port), Method (Typ der Nachricht), CallID (die ID eines „Anrufs"), UserAgent, ContactUser (User-

Teil der Adresse, an der eine Antwort erwartet wird), ContactHost (IP-Adresse, an der eine Antwort erwartet wird), ToUser (User-Teil der Adresse des Angerufenen), ToHost (Adresse des Angerufenen), FromUser (User-Teil der Adresse des Anrufers), FromHost (Adresse des Anrufers), Via (Pfad einer Anfrage, der genutzt wird, um eine Antwort auf demselben Weg zurückzuleiten) und Time (Abb. 15.7-links), welche aus dem Protokoll-Stack des SIP-Pakets entnommen werden (Abb. 15.7 rechts).

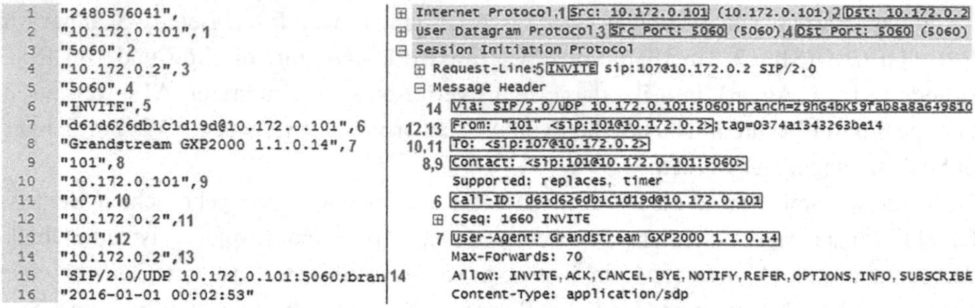

```
 1   "2480576041",                            ⊞ Internet Protocol,1 Src: 10.172.0.101 (10.172.0.101)2 Dst: 10.172.0.2
 2   "10.172.0.101",1                         ⊞ User Datagram Protocol 3 Src Port: 5060 (5060) 4 Dst Port: 5060 (5060)
 3   "5060",2                                 ⊟ Session Initiation Protocol
 4   "10.172.0.2",3                             ⊞ Request-Line:5 INVITE sip:107@10.172.0.2 SIP/2.0
 5   "5060",4                                   ⊟ Message Header
 6   "INVITE",5                            14     Via: SIP/2.0/UDP 10.172.0.101:5060;branch=z9hG4bK59fab8a8a649810
 7   "d61d626db1c1d19d@10.172.0.101",6  12,13    From: "101" <sip:101@10.172.0.2>;tag=0374a1343263be14
 8   "Grandstream GXP2000 1.1.0.14",7   10,11    To: <sip:107@10.172.0.2>
 9   "101",8                             8,9     Contact: <sip:101@10.172.0.101:5060>
10   "10.172.0.101",9                            Supported: replaces, timer
11   "107",10                               6    Call-ID: d61d626db1c1d19d@10.172.0.101
12   "10.172.0.2",11                           ⊞ CSeq: 1660 INVITE
13   "101",12                               7    User-Agent: Grandstream GXP2000 1.1.0.14
14   "10.172.0.2",13                             Max-Forwards: 70
15   "SIP/2.0/UDP 10.172.0.101:5060;bran 14     Allow: INVITE, ACK, CANCEL, BYE, NOTIFY, REFER, OPTIONS, INFO, SUBSCRIBE
16   "2016-01-01 00:02:53"                        Content-Type: application/sdp
```

Abb. 15.7 Darstellung der Datenfelder einer SIP-Nachricht im CVS-Format links (Datenfelder aus Platzgründen untereinander dargestellt) und im Paket-Stack (Galea 2014) rechts

Für die Analyse wird der Datensatz eines kompletten Monats mit 4 Mio. Nachrichten verwendet. Die Datenfelder der Nachrichten (Objekte in SEN) enthalten unter anderem die IP-Adressen, Ports und Extensions von Quelle und Ziel. (Abb. 15.7) zeigt eine solche Nachricht im CSV-Format (links) und den entsprechenden Protokoll-Stack des SIP-Pakets (rechts).

Für das Einlesen der SIP-Nachrichten als Objekte in SEN wurden die Datenfelder in dezimale Werte kodiert. Beispielsweise wurden Zeichenketten auf das arithmetische Mittel der ASCII-Werte der einzelnen Zeichen abgebildet. Zusätzlich werden für alle IP-Adress-Paare (mit Ausnahme des Paars SourceIP/DestinationIP) und alle Extension(User)-Paare Vergleichs-Attribute erzeugt, die 1 oder 0 bei Gleich- bzw. Ungleichheit enthalten (Abb. 15.8 zeigt die verwendeten Attribute).

Weitere Details für technisch Interessierte Für das Einlesen der SIP-Nachrichten als Objekte in SEN müssen diese in ein SEN-lesbares Format umgewandelt werden. Bei der Konvertierung werden Attributwerte vom Typ Zahl darauf geprüft, ob diese eine gültige Gleitkommazahl enthalten. Sollte dies nicht der Fall sein, dann werden diese Attribut-werte durch den Wert $-2^{16}-1$ codiert. Dieser Wert leitet sich durch die Obergrenze für die Attribute Quell-Port und Ziel-Port ab (Ports werden durch 16-bit Zahlen identifiziert).

Attribute mit IPv4-Adressen werden auf drei Attribute mit den Suffixen -8, -24 und -Class aufgeteilt: Das erste Attribut enthält die ersten 8 Bit der Adresse als Dezimalzahl, das zweite die letzten 24 Bit als Dezimalzahl und das dritte die Adressen-Klasse als Wert von 1 bis 5, wobei 1 der Klasse A und 5 der Klasse E entspricht. Bspw. entsteht aus der Zieladresse mit Wert 127.0.0.1 die drei Eingaben Zieladresse-8 mit 127, Zieladresse-24

Attribute

Zeilen filtern

Kompakte Ansicht | Experten Ansicht

Name	Standard	Minimum	Maximum	Kodierung	cvf
SourceIP-8	0,00	-255,00	255,00	[-1; 1]	1,00
SourceIP-24	0,00	-16.777.215,00	16.777.215,00	[-1; 1]	1,00
SourceIP-Class	0,00	-5,00	5,00	[-1; 1]	0,00
SourcePort	0,00	-65.535,00	65.535,00	[-1; 1]	0,00
DestinationIP-8	0,00	-255,00	255,00	[-1; 1]	0,00
DestinationIP-24	0,00	-16.777.215,00	16.777.215,00	[-1; 1]	0,00
DestinationIP-Class	0,00	-5,00	5,00	[-1; 1]	0,00
DestinationPort	0,00	-65.535,00	65.535,00	[-1; 1]	0,00
Method	69,00	69,00	79,00	[-1; 1]	0,00
OPT	0,00	0,00	100,00	[0; 1]	0,00
REG	0,00	0,00	100,00	[0; 1]	0,00
INV	0,00	0,00	100,00	[0; 1]	0,00
CallID	0,00	-130,00	130,00	[-1; 1]	0,00
UserAgent	0,00	-130,00	130,00	[-1; 1]	0,00
FS	0,00	0,00	100,00	[0; 1]	0,00
CLI	0,00	0,00	100,00	[0; 1]	0,00
VAX	0,00	0,00	100,00	[0; 1]	0,00
RND	0,00	0,00	100,00	[0; 1]	0,00
ContactUser	0,00	-130,00	130,00	[-1; 1]	1,00
ContactHost-8	0,00	-255,00	265,00	[-1; 1]	0,00
ContactHost-24	0,00	-16.777.215,00	16.777.215,00	[-1; 1]	0,00
ContactHost-Class	0,00	-5,00	5,00	[-1; 1]	0,00
ToUser	0,00	-130,00	130,00	[-1; 1]	1,00
ToHost-8	0,00	-255,00	255,00	[-1; 1]	0,00
ToHost-24	0,00	-16.777.215,00	16.777.215,00	[-1; 1]	0,00
ToHost-Class	0,00	-5,00	5,00	[-1; 1]	0,00
FromUser	0,00	-130,00	130,00	[-1; 1]	1,00
FromHost-8	0,00	-255,00	255,00	[-1; 1]	0,00
FromHost-24	0,00	-16.777.215,00	16.777.215,00	[-1; 1]	0,00
FromHost-Class	0,00	-5,00	5,00	[-1; 1]	0,00
Via	0,00	-130,00	130,00	[-1; 1]	0,00
Time	0,00	-16.777.215,00	16.777.215,00	[-1; 1]	0,00
ContactUser==ToUser	0,00	-1,00	1,00	[-1; 1]	1,00
ContactUser==FromUser	0,00	-1,00	1,00	[-1; 1]	1,00
ToUser==FromUser	0,00	-1,00	1,00	[-1; 1]	1,00
ContactHost==SourceIP	0,00	-1,00	1,00	[-1; 1]	1,00
ContactHost==DestinationIP	0,00	-1,00	1,00	[-1; 1]	1,00
ContactHost==ToHost	0,00	-1,00	1,00	[-1; 1]	1,00
ContactHost==FromHost	0,00	-1,00	1,00	[-1; 1]	1,00
ToHost==SourceIP	0,00	-1,00	1,00	[-1; 1]	1,00
ToHost==DestinationIP	0,00	-1,00	1,00	[-1; 1]	1,00
ToHost==FromHost	0,00	-1,00	1,00	[-1; 1]	1,00
FromHost==SourceIP	0,00	-1,00	1,00	[-1; 1]	1,00
FromHost==DestinationIP	0,00	-1,00	1,00	[-1; 1]	1,00

0 von 44 Attributen selektiert.

Abb. 15.8 Ausschnitt der Attribute und Attributgrenzen

mit 1 und Zieladresse-Class mit 1. Sollte der Attributwert keine gültige IPv4-Adresse enthalten, dann werden -2^8-1, $-2^{24}-1$ und -5 als Attributwerte gesetzt. Die Aufteilung erhöht den Einfluss der hinteren Teile der IP-Adressen bei der Berechnung.

Attributwerte vom Typ Datum wurden in Sekunden seit 2016-01-01 00:00:00 umgewandelt. Für die übrigen Attributwerte (Typ sonstige Zeichenkette) wird das auf eine Ganzzahl gerundete arithmetische Mittel der Dezimalwerte der ASCII-Codes

(INCITS, ANSI, 2007) der Schriftzeichen für die Codierung genutzt, wobei errechnete Werte über 130 auf -130 abgebildet, um den Wertebereich klein zu halten und auf diese Weise kleinen Wertunterschieden mehr Einfluss bei der Berechnung zu geben. Der Wert 130 leitet sich durch die ASCII-Dezimalcodes für die gewöhnlichen Schriftzeichen (a–z, A–Z, 0–9 und herkömmliche Satz- und Sonderzeichen) ab.

Zusätzlich werden für alle IP-Adress-Paare (mit Ausnahme des Paars SourceIP/DestinationIP) und alle User-Paare Vergleichs-Attribute erzeugt, die 1 oder 0 bei Gleich- bzw. Ungleichheit enthalten. Für die Attribute Method und UserAgent werden die Flaggen-Attribute OPT, REG und INV sowie FS, CLI, VAX und RND hinzugefügt, die den Wert 100 enthalten, falls ein gesetzter Attributwert (in den Attributen Method bzw. UserAgent) auftaucht, und ansonsten 0. Beispielsweise enthält das Flaggen-Attribut OPT den Wert 100, falls der Attributwert von Method die Zeichenkette OPTIONS enthält (Groß- oder Kleinschreibung nicht beachtet). Die Flaggen-Attribute FS, CLI und VAX reagieren auf die Zeichenketten „friendly", „sipcli" und „vaxsip", während RND nach dem regulären Ausdruck [a-zA-Z]{8} sucht.

Abb. 15.8 zeigt die Attribute, Attributgrenzen und cvf-Belegungen in SEN für die Analyse der Monatsdaten. Es wurde die Enforcing Activation Function mit Lernrate c: 0,1 und einem Lernschritt verwendet. Die Gesamtdatenmenge wurde in Teildatenmengen mit 2000 Objekten unterteilt und die für die Clusterung wurde RSLS mit $r = 1$ verwendet.

15.5 Auswertung durch SEN

Bei der sequentiellen Clusterbildung des Datensatzes wurden ca. 4200 Elemente erzeugt, von denen etwa 800 Elemente 0 % eines der vier ATs enthielten (ablesbar durch die UserAgent-Flaggen-Attribute). Alle erzeugten Elemente werden auf 20 Cluster verteilt, wobei 5 Cluster nur aus 0-AT-Elementen bestehen, was nahelegt, dass einige der 0-AT-Elemente Charakteristiken haben, die sie von den vier ATs unterscheiden.

Die 15 Cluster ohne 0-AT-Elemente sind in Abb. 15.7 durch schwarze Zahlen und Rahmen markiert. Cluster 3 enthält sowohl FS- als auch VAX-Elemente, was durch die vorherige Auswertung angedeutet wurde. Cluster 7 enthält allerdings neben FS- und VAX-Elemente auch CLI-Elemente. Demnach können die AT-Paare FS/RND, CLI/RND und VAX/RND in allen Fällen voneinander unterschieden werden (Abb. 15.9).

Aus den 15 Clustern werden durch das arithmetische Mittel der Attributwerte der Cluster-Elemente 18 Referenztypen Ref_1 bis Ref_{18} (für jedes AT in einem Cluster ein Referenztyp) erzeugt, welche in Abb. 15.8 dargestellt sind. Bei dieser Verteilung der Referenztypen ist eine Unterscheidung des ATs RND in allen Fällen und für die anderen ATs in den meisten Fällen möglich (Abb. 15.10).

Tab. 15.1 zeigt einen Teil der Charakteristiken der 18 Referenztypen: die Vergleichs-Attribute, wobei + für *gleich* und – für *ungleich* steht. Die Charakteristiken der FS-Referenztypen (Ref_1 bis Ref_7) stimmen mit vorhandenen Publikationen des TdR überein (Aziz et al. 2013), während die Charakteristiken der anderen ATs durch die vorliegende Analyse aufgedeckt werden konnten.

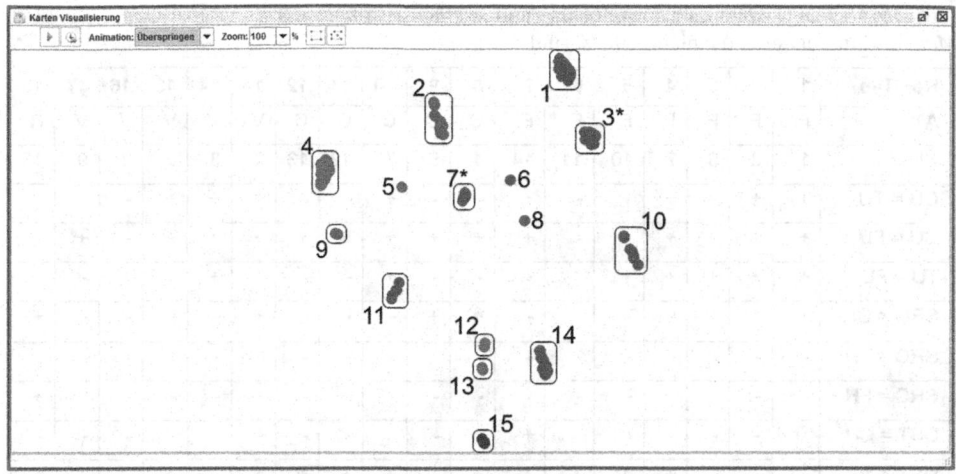

Abb. 15.9 Kartenvisualisierung ohne 0-ATs. Asterisk * markiert Cluster mit mehr als einem AT

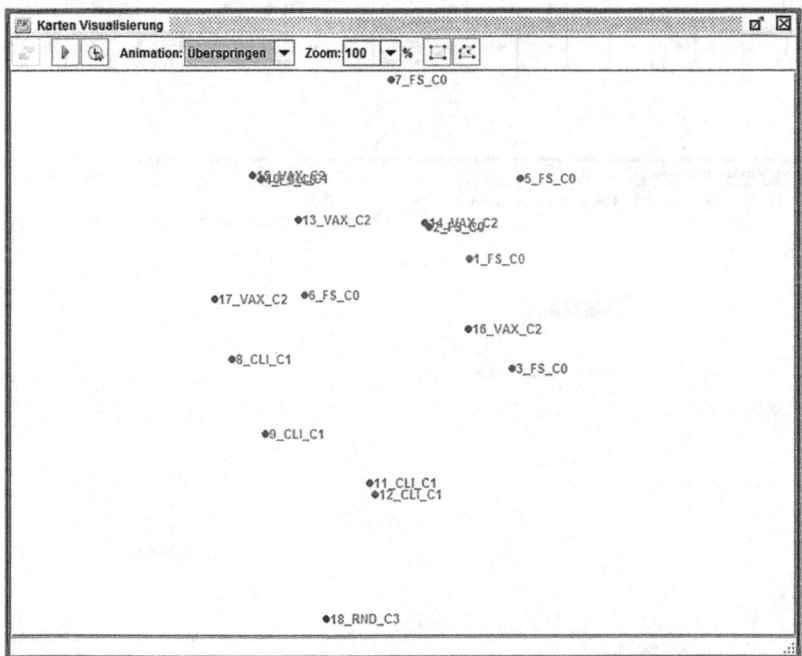

Abb. 15.10 Kartenvisualisierung der Referenztypen der vier Angriffswerkzeuge

Beim Test der Referenztypen mit Nachrichten aus Datensätzen anderer Monate wurden die Referenztypen bestätigt. Allerdings wurden auch nicht identifizierte Referenztypen aufgezeigt, aus denen Ref_{19} bis Ref_{25} erzeugt wurden (Abb. 15.11).

Tab. 15.1 Januar-Datensatz: Vergleichs- und *Method*-Attribute der Referenztypen * Markiert *Method*-Attributwerte, die nicht ≥ 90 % sind

RefTyp	1	2	3	4	5	6	7	8	9	10	11	12	13	14	15	16	17	18
AT	F	F	F	F	F	F	F	C	C	C	C	C	V	V	V	V	V	R
Cluster	1	3	6	7	10	11	14	4	5	7	12	13	2	3	7	8	9	15
CU = TU	+	+	-	+	+	-	+	-	-	+	-	-	+	+	+	-	-	-
CU = FU	+	+	-	+	+	-	+	+	+	+	+	+	+	+	+	-	+	-
TU = FU	+	+	+	+	+	+	+	-	-	+	-	-	+	+	+	+	-	-
SRC = CH	+	-	+	-	-	-	-	+	+	-	-	-	+	-	-	-	-	+
SRC = TH	-	-	-	-	-	-	-	-	-	-	-	-	-	-	-	-	-	-
SRC = FH	-	-	-	-	-	-	-	-	-	-	-	-	-	-	-	-	-	+
DST = CH	-	-	-	-	-	+	-	-	-	-	-	-	-	-	-	-	-	-
DST = TH	-	-	-	+	-	+	+	+	-	+	+	+	+	-	+	-	+	+
DST = FH	-	-	-	+	-	+	+	+	+	+	-	-	+	-	+	-	+	-
CH = TH	-	-	-	-	+	-	+	-	-	-	-	-	-	-	-	-	-	-
CH = FH	-	-	-	-	+	-	+	-	-	-	+	+	-	-	-	-	-	+
TH = FH	+	+	+	+	+	+	+	-	+	-	-	+	+	+	+	+	+	-

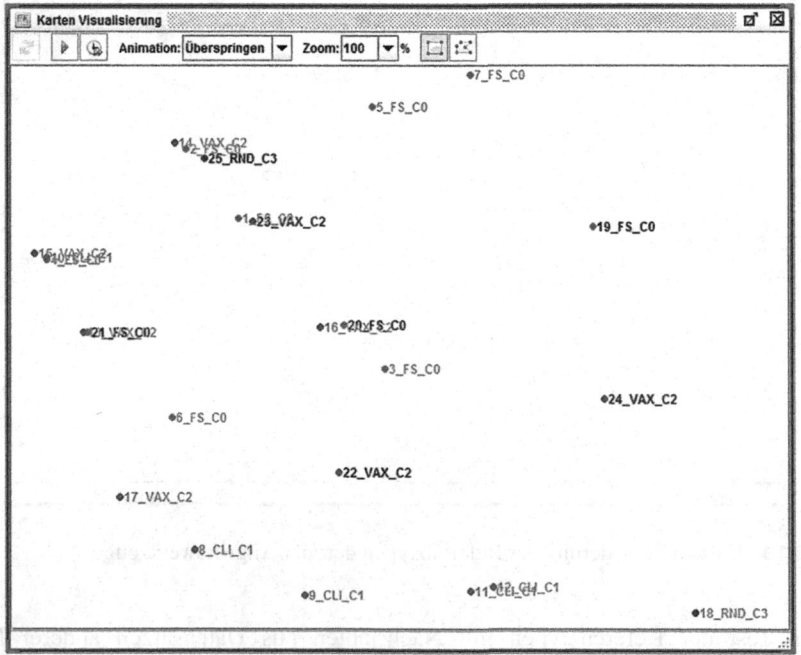

Abb. 15.11 Kartenvisualisierung der 18 Referenztypen und der 7 Referenztypen-Kandidaten

Die 25 Referenztypen wurden auf 17 Gruppen unterteilt, von denen 12 nur Referenztypen eines ATs enthalten. Von den AT-Paaren kann VAX/RND in allen Fällen voneinander unterschieden werden. Dies zeigt, dass die Auswertung eines Monats nicht ausreicht, um alle Referenztypen der ATs zu erhalten, dass die gefundenen Referenztypen aber allgemeine Gültigkeit haben und dass Anpassungen der Attribute und cvfs nötig sind, um stärkere Trennungen der ATs zu erhalten.

15.6 Fazit

Für die Analyse und Klassifizierung großer Datenmengen wurde der Ansatz der sequentiellen Clusterbildung vorgestellt und am Beispiel von Angriffen in VoIP-Systemen demonstriert. Bei der sequentiellen Clusterbildung wird die Gesamtmenge unterteilt, die Teilmengen sequentiell in das SEN geladen, basierend auf den SEN-Ausgaben durch Clusterung zusammengefasst und zum Schluss wieder zusammengefügt, um Referenztypen der Gesamtmenge zu erhalten.

Mit diesem Ansatz wurden Angreifer-Nachrichten in einem VoIP-System analysiert und 18 Referenztypen für vier Angriffswerkzeuge erhalten. Sieben Referenztypen bestätigen vorhandene Studien (Aziz et al. 2013), während die anderen 11 bisher nicht untersuchte Angriffsvariationen darstellen. Tests der Referenztypen mit anderen Datensätzen des VoIP Systems haben zusätzliche nicht identifizierte Referenzentypen aufgezeigt. Zusammen mit den ursprünglichen 18 Referenztypen wurden 17 Gruppen erzeugt, von denen 12 nur Referenzentypen eines ATs enthielten. Die Verarbeitung der Daten hat zwar keine eindeutige Unterscheidung der vier ATs in allen Fällen geliefert, aber gezeigt, dass eine Verarbeitung mit SEN potenziell möglich ist.

Danksagung Für die Bereitstellung der Daten und des Servers für die Analysen bedanke ich mich bei Prof. Dr. Erwin Rathgeb, Lehrstuhlinhaber für Technik der Rechnernetze an der Universität Duisburg-Essen, und seinem Team.

Literatur

Aleroud A, Zhou L (2017) Phishing environments, techniques, and countermeasures: a survey. Comput Secur 68:160–196

Aziz A, Hoffstadt D, Ganz S, Rathgeb E (2013) Development and analysis of generic VoIP attack sequences based on analysis of real attack traffic. In: 2013 12th IEEE International Conference on Trust, Security and Privacy in Computing and Communications (TrustCom 2013). Melbourne, Victoria, Australia: Institute of Electrical and Electronics Engineers (IEEE)

Barz HW, Bassett GA (2016) Session Initiation Protocol. Protocols, Design, and Applications. John Wiley & Sons. Chichester, UK Ltd., In Multimedia Networks, S 147–182

Benetti S (2020) VoIP und Internet-Telefonie: Die wichtigsten Fragen beantwortet. https://www.haus.de/smart-home/voip-und-internet-telefonie. Zugegriffen: 30. Juli 2020

Elsabagh M, Fleck D, Stavrou A, Bowen T (2017) Practical and accurate runtime application protection against DoS attacks. In: International Symposium on Research in Attacks, Intrusions, and Defenses. Springer. Cham, S 450–471

Fred ALN, Jain AK (2002) Data Clustering Using Evidence Accumulation. 16th International Conference on Pattern Recognition. Quebec, Institute of Electrical and Electronics Engineers (IEEE), S 276–280

Galea N (2014) The main SIP INVITE header fields explained. https://www.3cx.com/blog/voip-howto/sip-invite-header-fields. Zugegriffen: 19. Juni 2017

Ganesan V, Manikandan MsK, Suresh MN (2017) Detection and prevention of spam over internet telephony in voice over internet protocol networks using markov chain with incremental SVM. In: International Journal of Communication Systems, Bd. 30 Ausgabe 11

Gauchi S (2016) Sipvicious. https://blog.sipvicious.org. Zugegriffen: 9. Juni 2017

Gower JC, Ross GJS (1969) Minimum Spanning Tree and Single Linkage Cluster Analysis. J Roy Stat Soc: Ser C (Appl Stat) 18(1):54–64

Gruber M, Hoffstadt D, Aziz A, Fankhauser F, Schanes C, Rathgeb E, Grechenig T (2015) Global VoIP security threats. large scale validation based on independent honeynets. 2015 14th Networking Conference (IFIP Networking 2015), 20.–22. Mai, S 339–347

Gupta BB, Gupta A (2020) Assessment of Honeypots: Issues. IGI Global, Challenges and Future Directions. https://doi.org/10.4018/978-1-7998-2466-4.ch068

Hartwig W, Klüver C, Aziz A, Hoffstadt D, (2018) Classification of SIP attack variants with a hybrid self-enforcing network. In: Kůrková V, Manolopoulos Y, Hammer B, Iliadis L, Maglogiannis I (Hrsg) Artificial Neural Networks and Machine Learning – ICANN 2018. ICANN 2018. Lecture Notes in Computer Science, vol 11140. Springer, Cham, S 456–466 https://doi.org/10.1007/978-3-030-01421-6_44

Hoffstadt D, Marold A, Rathgeb E (2012a) Analysis of SIP-based threats using a VoIP honeynet system. In 2012 IEEE 11th International Conference on Trust, Security and Privacy in Computing and Communications (TrustCom 2012). Liverpool, United Kingdom: Institute of Electrical and Electronics Engineers (IEEE)

Hoffstadt D, Monhof S, Rathgeb E (2012b) SIP trace recorder: Monitor and analysis tool for threats in SIP-based networks. In 2012 8th International Wireless Communications and Mobile Computing Conference (IWCMC 2012). Limassol, Cyprus: Institute of Electrical and Electronics Engineers (IEEE)

Hoffstadt D, Rathgeb E, Liebig M, Meister R, Rebahi Y, Thanh TQ (2014) A comprehensive framework for detecting and preventing VoIP fraud and misuse. In 2014 International Conference on Computing, Networking and Communications (ICNC 2014). Honolulu, Hawaii, USA: Institute of Electrical and Electronics Engineers (IEEE)

Jain AK (2010) Data clustering: 50 years beyond K-means. Pattern Recogn Lett, 31(8): 651–666. https://msu.edu/~ashton/classes/866/papers/2010_jain_kmeans_50yrs__clustering_review.pdf. Zugegriffen: 21. Dez. 2016

Johnston AB (2015) SIP: Understanding the session initiation protocol (Artech House Telecommunications), 4. Aufl. Artech House, London

Joos T (2020) Honeypots – so locken Sie Hacker in die Falle. PC-Welt. https://www.pcwelt.de/ratgeber/Honeypots-so-locken-Sie-Hacker-in-die-Falle-Angreifer-bewusst-anlocken-9805621.html

KaplanSoft (2011) SipCLI. https://www.kaplansoft.com/sipcli. Zugegriffen: 11. Nov. 2017

Klüver C (2017) A Self-Enforcing network as a tool for clustering and analyzing complex data. Procedia Comput Sci 108:2496–2500

Klüver C, Klüver J, Schmidt J (2012) Modellierung komplexer Prozesse durch naturanaloge Verfahren. Softcomputing und verwandte Techniken, 2., Aufl. Springer Vieweg, Wiesbaden

Lloyd SP (1982) Least Squares Quantization in PCM. IEEE Transactions on Information Theory, 28(2): 129–137. Ursprünglich als unveröffentlichtes Bell Laboratorien Technical Note (1957)

Manunza L, Marseglia S, Romano SP (2017) Kerberos: a real-time fraud detection system for IMS-Enabled VoIP networks. J Netw Comput Appl 80:22–34

Rebahi Y, Nassar M, Magedanz T, Festor O (2011) A Survey on fraud and service misuse in Voice over IP (VoIP) Networks. Inf Secur Tech Rep 16(1):12–19

Rosenberg J, Schulzrinne H, Camarillo G, Johnston A, Peterson J, Sparks R, Handley M, Schooler E (2002) RFC 3261: SIP: Session Initiation Protocol. https://tools.ietf.org/pdf/rfc3261.pdf. Zugegriffen: 23. Sept. 2020

Valli C (2010) An analysis of malfeasant activity directed at a VoIP honeypot. Proceedings of the 8th Australian Digital Forensics Conference, 30. November, S 69–174

VaxSoft (2017) VaxVoIP SIP SDK. https://www.vaxvoip.com. Zugegriffen: 10. Nov. 2017

Wentura D, Pospeschill M (2015) Multivariate Datenanalyse. Eine kompakte Einführung. Springer-Verlag, Wiesbaden

Datenanalyse von Arbeitszeiten aus Bilddateien mit Self-Enforcing Networks

Daniel Büttner

Zusammenfassung

Das automatisierte Abgleichen eingereichter Leistungsnachweise von Kunden und Mitarbeitern wird durch unterschiedliche Abrechnungssysteme erschwert. Besonders schwierig ist es herauszufinden, ob die Abrechnungen identisch sind oder ob sich (Tipp-)Fehler eingeschlichen haben, da diese in unterschiedlichen Formaten vorliegen können. In diesem Beitrag wird ein hybrider Ansatz zur automatisierten Überprüfung von Leistungsnachweisen durch eine Software zur Analyse von Bilddateien sowie einem Self-Enforcing Network vorgestellt. Anhand konkreter Beispiele wird gezeigt, wie Unterschiede in den Abrechnungen aufgedeckt werden können.

Schlüsselwörter

Erfassung von Arbeitszeiten · Bilddateien · Self-Enforcing Networks

16.1 Einleitung

Eine spezielle Anwendung der vielfältigen Einsatzmöglichkeiten von neuronalen Netzen insbesondere von Self-Enforcing Networks zeigt der folgende Beitrag. Für ein tiefergehendes Verständnis des Anwendungsfalls wird zunächst ein Einblick in das Geschäftsmodell eines mittelständischen Unternehmens mit ca. 40 Mitarbeitern dargestellt. Dieses Unternehmen bildet Fachinformatiker mit der Fachrichtung Anwendungsentwicklung aus. Zusätzlich zur normalen Ausbildung erwerben die Mitarbeiter Qualifikationen im

D. Büttner (✉)
Essen, Deutschland
E-Mail: sammelband-KIKL@rebask.de

Bereich Testautomatisierung und Sicherung von Softwarequalität, welche durch in der Wirtschaft anerkannte Zertifikate belegt werden. Diese Fachkräfte unterstützen nach Abschluss ihrer Ausbildung die externen IT-Projekte von Kunden des Unternehmens, die eine solche Spezialisierung benötigen oder nicht über die notwendige Expertise verfügen. Ein solcher Kunde fordert einen passenden Mitarbeiter für ein Projekt über einen gewissen Zeitraum bei dem mittelständischen Unternehmen an. Dieser Mitarbeiter ist für diesen Zeitraum für den Kunden am Einsatzort tätig. Üblicherweise erfolgt die Vergütung der Fachkräfte anhand geleisteter Stunden bzw. Tage, wobei der Kunde das Unternehmen bezahlt und das Unternehmen wiederum den Mitarbeiter. Dementsprechend gibt es zwei Zahlungen, die getätigt werden müssen:

1. Die Begleichung einer Rechnung durch den Kunden des Unternehmens
2. Die Zahlung eines Gehalts des Unternehmens an die Fachkraft.

Beide Zahlungen beruhen auf den geleisteten Stunden der Fachkraft, jedoch gibt es einige unternehmensspezifische Unterschiede zu beachten.

Der Kunde bezahlt ausschließlich die geleisteten Stunden der Fachkraft innerhalb des Projekts, für das die Fachkraft verpflichtet worden ist. Dazu führt jeder Mitarbeiter in solch einem Projekt einen sogenannten Leistungsnachweis. In diesem Leistungsnachweis werden für jeden Arbeitstag die Arbeitszeiten festgehalten. Dabei besteht jeder Arbeitstag im Normalfall aus einem Datum, Zeiten für den Arbeitsbeginn, der Pause, des Arbeitsendes und der Summe der geleisteten Stunden. Zusätzlich gibt es noch beschreibende Felder für die Bezeichnung eines Projekts und die Beschreibung durchgeführter Arbeiten.

In Ausnahmefällen ist es möglich, dass dieser Leistungsnachweis anders aufgebaut ist. Dieses Dokument enthält alle Arbeitstage für einen Monat und wird von der Fachkraft täglich gepflegt. Am Ende eines Arbeitsmonats bestätigt der Kunde durch seine Unterschrift auf diesem Dokument, dass die Fachkraft alle eingetragenen Zeiten auch tatsächlich geleistet hat. Der Mitarbeiter fotografiert oder scannt dieses Dokument inklusive der Unterschrift des Kunden und schickt das entstandene Bild im PDF-Format per E-Mail an das Unternehmen. Das erhaltene Foto des Leistungsnachweises bildet die Berechnungsgrundlage für die Abrechnung des Kunden durch das Unternehmen. Ein Beispiel eines Leistungsnachweises wird in Abb. 16.1 dargestellt. Alle Unternehmens- und personenbezogen Daten werden aus Datenschutzgründen geschwärzt.

Zum Geschäftsmodell des Unternehmens gehört es zusätzlich, dass der Kunde keine Fehlzeiten, wie zum Beispiel Krankheit des Mitarbeiters oder interne Weiterbildungen des Unternehmens bezahlen muss. Die Bezahlung der Fachkraft erfolgt in vollem Umfang durch das Unternehmen und nicht durch den Kunden. Demzufolge benötigt das Unternehmen für die Zahlung an die Fachkraft, die oben erwähnte zweite zu tätigende Zahlung, eine andere Berechnungsgrundlage als für die Rechnungsstellung an den Kunden.

Beispielsweise erhält der Mitarbeiter im Krankheitsfall vollen Lohn von dem Unternehmen, allerdings muss der Kunde nur die tatsächlich geleistete Arbeit bezahlen. Da der

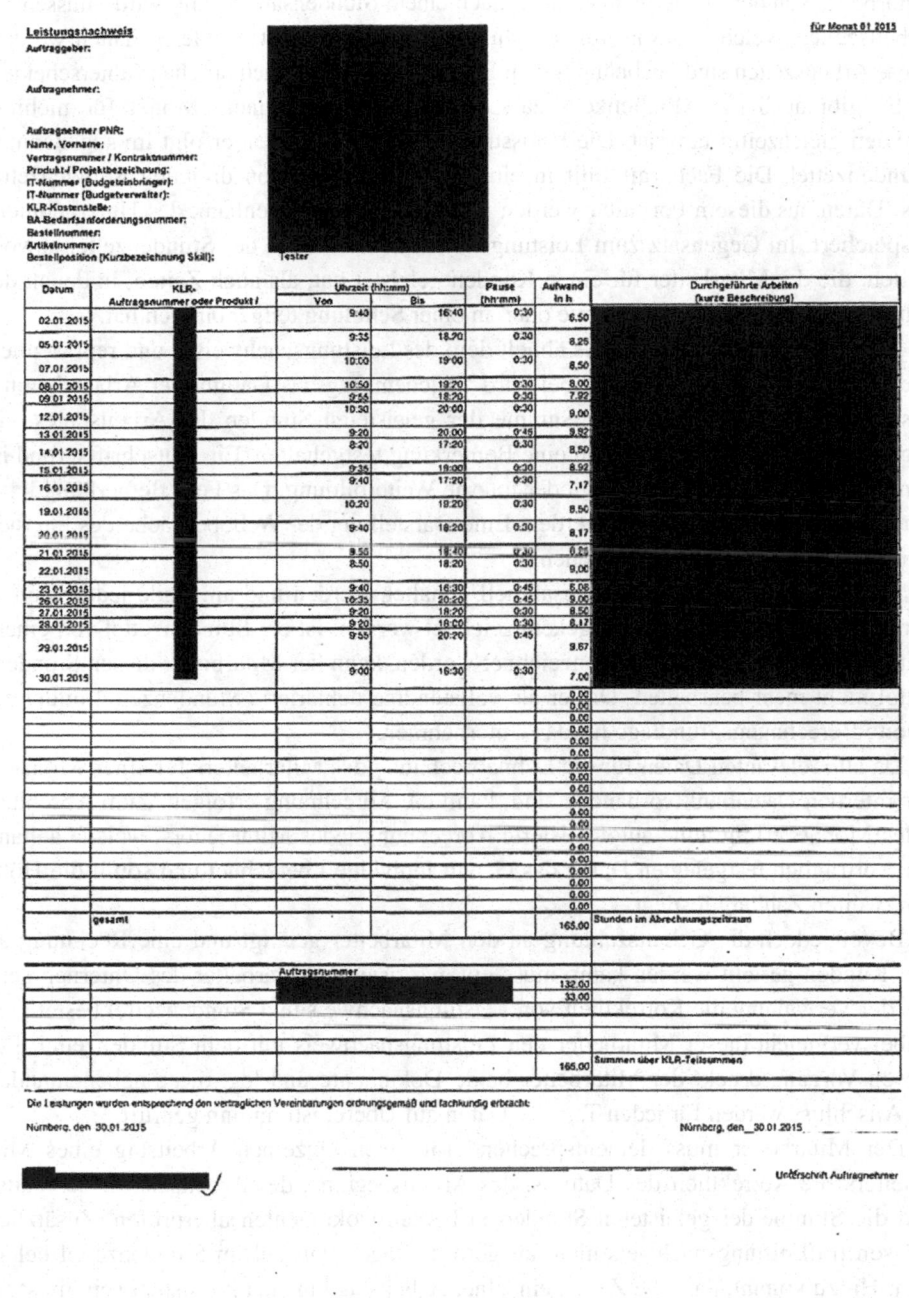

Abb. 16.1 Beispiel eines Leistungsnachweises

Mitarbeiter von dem Unternehmen auch nach einem Stundensatz bezahlt wird, müssen die Arbeitszeiten, welche relevant für das Unternehmen sind, zusätzlich festgehalten werden. Diese Arbeitszeiten sind unabhängig vom Kunden und können sich durchaus unterscheiden.

Es gibt auch die Möglichkeit, dass eine Fachkraft in einem Monat für mehrere Kunden gleichzeitig tätig ist. Die Erfassung dieser Arbeitszeiten erfolgt im sogenannten Stundenzettel. Die Fachkraft füllt in einem Webbrowser einen digitalen Stundenzettel aus. Daten aus diesem Formular werden in einer internen Datenbank des Unternehmens gespeichert. Im Gegensatz zum Leistungsnachweis beinhaltet der Stundenzettel sowohl Zeiten, die der Mitarbeiter für einen Kunden geleistet hat, als auch Zeiten, in denen der Mitarbeiter krank war, Urlaub hatte oder an einer Schulung teilgenommen hat.

Der Aufbau des Stundenzettels ähnelt dem des Leistungsnachweises und repräsentiert ebenfalls einen Arbeitsmonat. Dabei wird zu jedem Tag das Datum, der Arbeitsbeginn, das Arbeitsende, die Pause, die Summe der geleisteten Stunden des Arbeitstages, ein sogenannter Gutschriftsgrund und eine Bemerkung festgehalten. Ein Gutschriftsgrund ist zum Beispiel Krankheit, Feiertag oder interne Weiterbildung. Das Feld Bemerkung kann optional nach Belieben gefüllt werden. Eine Darstellung der Weboberfläche des internen Stundenzettels ist Abb. 16.2 zu sehen.

Dieser Stundenzettel muss tagesaktuell gehalten werden und am Ende jedes Monats vom Mitarbeiter als vollständig gekennzeichnet werden. Ist ein Stundenzettel von einem Mitarbeiter als vollständig gekennzeichnet worden, kann der Mitarbeiter diesen Stundenzettel nicht mehr bearbeiten. Dieser als vollständige deklarierte Stundenzettel bildet die zweite Berechnungsgrundlage für das Unternehmen.

Da alle relevanten Daten für die Lohnabrechnung des Mitarbeiters für einen Monat in der internen Datenbank vorhanden sind, kann die Abrechnung erfolgen. Zum Abschluss jedes Monats erfolgt eine automatisierte Abrechnung jedes Mitarbeiters, welche anhand von vertraglich festgelegten Daten das Gehalt individuell berechnet und somit die Höhe der zweiten Zahlung festlegt.

Bevor jedoch die Gehaltszahlung an den Mitarbeiter getätigt und eine Rechnung an den Kunden gestellt werden kann, muss ein autorisierter Mitarbeiter des Unternehmens aus der Verwaltung die Korrektheit von Leistungsnachweis und Stundenzettel bestätigen. Dabei vergleicht dieser Mitarbeiter den Leistungsnachweis mit dem Stundenzettel. Für diesen Vorgang druckt der Mitarbeiter beide Dokumente und legt diese nebeneinander. Im Anschluss werden für jeden Tag alle Daten auf Übereinstimmung geprüft.

Der Mitarbeiter muss dementsprechend für einen einzelnen Arbeitstag eines Mitarbeiters die Korrektheit des Datums, des Arbeitsbeginns, des Arbeitsendes, der Pause und die Summe der geleisteten Stunden in beiden Dokumenten überprüfen. Zusätzlich müssen im Leistungsnachweis nicht ausgefüllte Tage plausibel im Stundenzettel belegt sein. Hinzu kommt, dass die Zeiten einzelner Arbeitstage in sich konsistent sein müssen. Beispielsweise muss sich die korrekte Summe der geleisteten Stunden aus der Differenz des Arbeitsendes und dem Arbeitsbeginn abzüglich der eingetragenen Pause ergeben.

Für diesen Anwendungsfall wird zunächst jedoch nur die Übereinstimmung der eingetragenen Zeiten relevant sein, die für einen Kunden geleistet worden sind. Ausgehend

erbrachte Leistungen (Leistungsdaten)	Leistungsdaten speichern						Nur heute anzeigen ▣
Tag ∧ ∨		Beginn ∧ ∨	Ende ∧ ∨	Pause ∧ ∨	Summe ∧ ∨	Gutschriftsgrund ∧ ∨	Bemerkung ∧ ∨
Montag	01.08.2016				0,00	Wählen Sie einen Wert aus ▾	
Dienstag	02.08.2016				0,00	Wählen Sie einen Wert aus ▾	
Mittwoch	03.08.2016				2,31	Urlaub ▾	
Donnerstag	04.08.2016				2,31	Urlaub ▾	
Freitag	05.08.2016				2,31	Urlaub ▾	
Samstag	06.08.2016				0,00	Wählen Sie einen Wert aus ▾	
Sonntag	07.08.2016				0,00	Wählen Sie einen Wert aus ▾	
Montag	08.08.2016				2,31	Urlaub ▾	
Dienstag	09.08.2016				2,31	Urlaub ▾	
Mittwoch	10.08.2016				2,31	Urlaub ▾	
Donnerstag	11.08.2016				2,31	Urlaub ▾	
Freitag	12.08.2016				2,31	Urlaub ▾	
Samstag	13.08.2016				0,00	Wählen Sie einen Wert aus ▾	
Sonntag	14.08.2016				0,00	Wählen Sie einen Wert aus ▾	
Montag	15.08.2016				2,31	Urlaub ▾	
Dienstag	16.08.2016				2,31	Urlaub ▾	
Mittwoch	17.08.2016				2,31	Urlaub ▾	
Donnerstag	18.08.2016				2,31	Urlaub ▾	
Freitag	19.08.2016				2,31	Urlaub ▾	
Samstag	20.08.2016				0,00	Wählen Sie einen Wert aus ▾	
Sonntag	21.08.2016				0,00	Wählen Sie einen Wert aus ▾	
Montag	22.08.2016				2,31	Urlaub ▾	
Dienstag	23.08.2016				2,31	Urlaub ▾	
Mittwoch	24.08.2016				2,31	Urlaub ▾	
Donnerstag	25.08.2016				2,31	Urlaub ▾	
Freitag	26.08.2016				2,31	Urlaub ▾	
Samstag	27.08.2016				0,00	Wählen Sie einen Wert aus ▾	
Sonntag	28.08.2016				0,00	Wählen Sie einen Wert aus ▾	
Montag	29.08.2016				2,31	Urlaub	

Abb. 16.2 Beispiel Weboberfläche des internen Stundenzettels

von den relevanten Daten eines Arbeitstages, welcher für einen Kunden geleistet worden ist, muss der kontrollierende Mitarbeiter für jeden Tag fünf Werte aus dem Stundenzettel mit fünf Werten aus dem Leistungsnachweis vergleichen. Dieser Vergleich wird über alle Arbeitstage eines gesamten Monats durchgeführt.

Diese Überprüfung wird für jeden Mitarbeiter des Unternehmens im Außeneinsatz durchgeführt. Zur Zeit der Erstellung dieses Dokuments sind im konkreten Fall 35 Mitarbeiter für verschiedene Kunden in externen Projekten im Einsatz. Der Aufwand für die Durchführung dieser Kontrolle ist immens. Zur Veranschaulichung des Aufwands werden im Folgenden Formeln angegeben mit denen sich die durchgeführte Arbeit in Zahlen ausdrücken lässt. Die Anzahl der durchzuführenden Vergleiche durch den Mitarbeiter aus der Verwaltung für jeden Monat für alle Fachkräfte im Kundeneinsatz kann mit Gl. 16.1 berechnet werden:

$$\text{Anzahl Vergleiche pro Monat} = \text{Anzahl Daten pro Tag} * \phi \text{ Arbeitstage pro Monat}$$

$$* \text{ Mitarbeiter im Außeneinsatz}$$

$$\text{(Gl. 16.1)}$$

Für einen Einblick in den durchschnittlichen Arbeitsaufwand des Mitarbeiters der Verwaltung werden zusätzlich die durchschnittlichen Arbeitstage pro Monat in Nordrhein-Westfalen bei einer 5-Tage-Woche benötigt. Die Berechnung erfolgt nach Gl. 16.2:

$$\text{Ø Arbeitstage pro Monat} = \text{Arbeitstage pro Jahr}/12 \qquad \text{(Gl. 16.2)}$$

Die durchschnittliche Anzahl an Arbeitstagen in Nordrhein-Westfalen pro Monat bei einer 5-Tage-Woche im Jahr 2017 beträgt 20,83. Der Einfachheit halber wird im Folgenden die durchschnittliche Anzahl von Arbeitstagen auf 21 gerundet. Entsprechend Gl. 16.1 muss der Verwaltungsmitarbeiter 3675 (5*21*35) Vergleiche jeden Monat durchführen. Diese Arbeit erfordert höchste Konzentration und ist sehr monoton. Außerdem bietet diese Arbeit keine Erfolgserlebnisse für den Mitarbeiter und ist zusätzlich sehr fehleranfällig durch die Monotonie der Arbeit.

Aus der Erfahrung heraus lässt sich sagen, dass ein Mitarbeiter nur für den Vergleich von 35 Mitarbeitern eineinhalb Arbeitstage pro Monat benötigt. Hinzu kommt, dass der Mitarbeiter für gefundene Fehler bestimmte Korrekturmaßnahmen einleiten muss. Auf eine Beschreibung aller Korrekturmaßnahmen wird verzichtet, da an dieser Stelle nur der immense Aufwand dieser Tätigkeit skizziert werden sollen.

Der beschriebene Prozess ist von enormer Bedeutung für das Unternehmen. Beispielsweise führen Fehler in den Stundenzetteln zu fehlerhaften Lohnzahlungen, welche nur durch weiteren finanziellen Aufwand zu korrigieren sind. Eine inkorrekte Rechnung für einen Kunden, welche auf Basis der Leistungsnachweise erstellt wird, kann zusätzlich zu eventuellen finanziellen Einbußen auch den Prestigeverlust und damit den Verlust potenzieller Aufträge für das Unternehmen bedeuten. Dementsprechend ist die Korrektheit von Leistungsnachweis und Stundenzettel ein kritischer Faktor für den Unternehmenserfolg.

An dieser Stelle des Prozesses lässt sich ein großes Optimierungspotential durch Software erkennen. Dementsprechend wurde eine Software entwickelt, um die Daten für das Self-Enforcing Network, im Speziellen dem SEN-Tool, nutzbar zu machen.

Im Folgenden wird zunächst die Implementierung der Software zur Analyse der Bilddateien vorgestellt und deren Ablauf skizziert. Anschließend wird das Modell für einen Vergleich zwischen den Datensätzen durch ein Self-Enforcing Network (SEN) und in Abschn. 16.4 die unterschiedlichen Optionen für das Aufdecken von Ungereimtheiten vorgestellt. Abschließend werden die Potenziale der entwickelten Modelle diskutiert.

16.2 Implementierung einer Software zur Analyse der Bilddateien

Die entwickelte Software beginnt damit die Anhänge, die Bilder der Leistungsnachweise im .PDF-Format aus den erhaltenen E-Mails einer speziell dafür vorgesehenen Unternehmens-E-Mail-Adresse herunterzuladen. Diese Anhänge werden von dem.PDF-Format in das .JPG-Format konvertiert. Zusätzlich erfolgt eine Optimierung der Bilder, wobei eventuelle Rotationen oder Verschiebungen durch eingescannte bzw. fotografierte Leistungsnachweise ausgeglichen werden. Nach diesem Schritt werden die Koordinaten einzelner Tabellen-Zellen der Leistungsnachweise ermittelt und in Zeilen zusammengefasst. Die ermittelten Koordinaten werden für jeden Leistungsnachweis gespeichert.

Da alle benötigten Daten nur in Form eines Bildes vorliegen, wird eine OCR-Engine verwendet. OCR steht für „optical character recognition" und dient dazu Zeichen, Zahlen und auch ganze Wörter zu erkennen. In dem vorliegenden Anwendungsfall müssen hauptsächlich einzelne Ziffern aus Tabellen erkannt werden. Eine frei verfügbare OCR-Engine ist *Tesseract,* welche im Jahr 2005 als open-source Projekt von Hewlett-Packard bereitgestellt worden ist (Cheriet et al. 2007).

Die Verwendung von Tesseract erfolgt in der beschriebenen Software über die Angabe von Koordinaten. Im Speziellen wird ein Koordinaten Viereck, ein sogenannter Blob, an Tesseract übergeben. Die OCR-Engine versucht in diesen Koordinaten einzelne Zeichen bzw. Zeichenketten zu erkennen und gibt diese an die Software zurück. Darüber hinaus ist es möglich, Tesseract so zu konfigurieren, dass es nur bestimmte Zeichen versucht zu erkennen. Dazu wird der OCR-Engine eine Liste mit erlaubten Zeichen übergeben – sogenanntes Whitelisting. Dadurch kommt es zu einer verringerten Anzahl von Fehlerkennungen der OCR-Engine.

Die erlaubten Zeichen werden anhand eines sogenannten *Zeilentemplate* definiert. Ein Zeilentemplate stellt eine Zeile im Leistungsnachweis anhand von selbstdefinierten Datentypen dar. Beispielsweise könnte eine Zeile in einem Leistungsnachweis aus „Datum,Beginn,Ende,Pause,Summe" bestehen, wobei die erlaubten Zeichen für ein Datum, zum Beispiel Ziffern von 0–9 und ein Punkt „." sind. Die Definition dieser Datentypen ist mithilfe einer Grammatik in ANTLR (Parr und Quong 1995)0 durchgeführt worden.

Diese Grammatik wird nicht nur für die erlaubten Zeichen einer Zelle verwendet, sondern zusätzlich zur Korrektur von Erkennungsfehlern. Diese Grammatik und die definierten Datentypen sind erweiterbar und können somit auf viele verschiedenartig formatierte Leistungsnachweise angewendet werden. Zusammengefasst wird jede Zelle von Tesseract einzeln erkannt auf Basis von erlaubten Zeichen, die im Zeilentemplate definiert sind. Dadurch wurde eine Verbesserung der Erkennung einzelner Zeichen im speziellen Anwendungsfall erreicht.

Das gesamte Verfahren der Erkennung von Zeichen über die Koordinaten einzelner Zellen wird durchgeführt, da die in den Leistungsnachweisen enthaltenen Tabellen (siehe Abb. 16.1) Tesseract bei der Zeichenerkennung erheblich stören. Der Versuch, die Tabellenlinien aus den Bildern zu entfernen erwies sich weniger erfolgreich als die Erkennung einzelner Zellen und führte zu Seiteneffekten.

Durch Verschieben der Koordinaten zum Zelleninneren an den einzelnen Eckpunkten wird die Tabelle für Tesseract implizit entfernt ohne das Bild manipulieren zu müssen. Die OCR-Engine wird überdies verwendet, um die Kopfdaten der Leistungsnachweise auszulesen. In den Kopfdaten der Dokumente wird der zugehörige Mitarbeiter mithilfe der Levenshtein-Distanz ermittelt, um den gesamten Datensatz personalisiert serialisieren zu können. Zum Abschluss eines Programmdurchlaufs für einen Leistungsnachweis wird ein Datensatz mit allen relevanten Daten als XML-Datei gespeichert. Zur weiteren Verarbeitung erfolgt abschließend noch eine Konvertierung der Arbeitszeitdaten eines Leistungsnachweises in das CSV-Format, das von SEN eingelesen werden kann. Durch Abb. 16.3 wird der gesamte Programmablauf noch einmal veranschaulicht dargestellt.

Diese von der OCR-Engine erkannten Daten bilden die Grundlage und den Einstiegspunkt für den Einsatz des Self-Enforcing Networks. Die implementierte Software bildet den beschriebenen Prozess des Mitarbeiters ohne den durchzuführenden Vergleich ab. Der Vergleich wird durch den Mitarbeiter durchgeführt, um Diskrepanzen zwischen Leistungsnachweis und Stundenzettel aufzudecken. Da dieser Prozess sehr zeitaufwändig ist, soll die Software den Mitarbeiter bei diesem Prozess unterstützen.

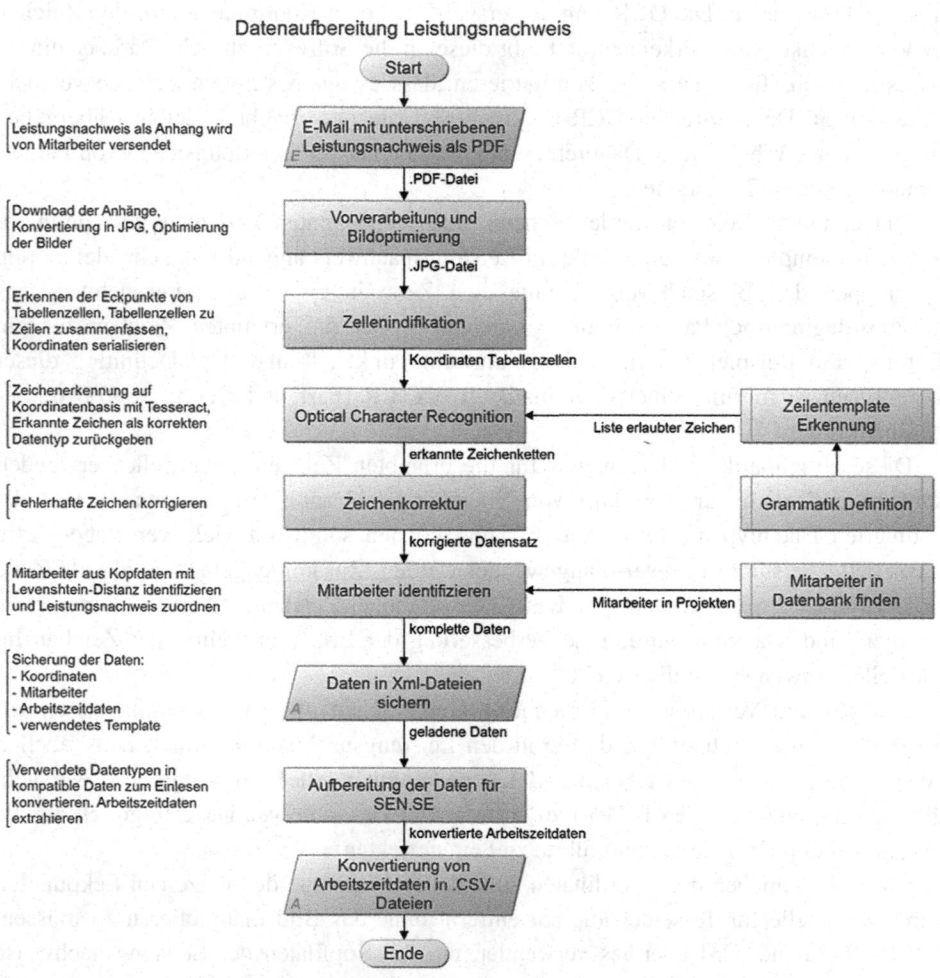

Abb. 16.3 Programmablauf Datenaufbereitung

Problematisch bei einem System zum Aufdecken von Fehlern, die durch Menschen verursacht worden sind, ist die Korrektur von Fehlern, die durch die Software selbst verursacht werden. Die Analyse von Dokumenten und die Erkennung von Zeichen und Ziffern aus Bilddateien mittels OCR-Engine funktioniert nicht fehlerfrei (Smith 2007). Diese Fehler lassen sich durch die oben beschriebenen Vorverarbeitungsmaßnahmen minimieren, aber sind je nach Bildqualität nicht zu eliminieren.

Zusätzliche Korrekturmaßnahmen unter Zuhilfenahme der Grammatik dürfen lediglich auf Interpunktionszeichen der Daten angewandt werden, zum Beispiel wird ein erkanntes Komma auf Basis der Grammatik in einen Punkt konvertiert, weil der Datentyp dieser Zelle kein Komma enthalten kann. Diese Art von Korrekturen beziehen sich nur auf die Struktur der erkannten Daten und nicht auf den Wert. Eine Wertekorrektur von beispielsweise der Ziffer sechs zur Ziffer acht in der Zelle des Arbeitsbeginns aufgrund einer vermeintlichen Fehlerkennung von Tesseract wäre natürlich möglich, wenn das Arbeitsende und die Gesamtsumme bekannt sind. Bei diesem Szenario korrigiert das System dann unter Umständen Fehler, die durch eine Fehleintragung des Mitarbeiters entstanden sind. Dadurch könnten Fehler nicht erkannt werden, somit keine Gegenmaßnahmen ergriffen und die gesamte Software würde ihren Einsatzzweck verfehlen. Ferner müsste die Software in der Lage sein zwischen Mensch- und Maschinenfehlern zu unterscheiden. Diese Differenzierung könnte unter dem Einsatz von Self-Enforcing Networks erreicht werden, dies wird jedoch in diesem Beitrag nicht weiter behandelt.

Vielmehr soll ein Self-Enforcing Network den Vergleich der Datensätze von Leistungsnachweis und Stundenzettel durchführen. In welcher Art und Weise die SEN-Software als Werkzeug zur Analyse der bereitgestellten Daten eingesetzt werden kann, wird im Folgenden dargestellt.

16.3   Self-Enforcing Networks für den Vergleich der Datensätze

Die SEN-Software erwartet .CSV-Dateien als Eingabeformat. Bisher liegen nur die Daten des Leistungsnachweises als .CSV-Datei vor. Zur Durchführung eines Vergleichs müssen dementsprechend die Daten aus dem Stundenzettel ebenfalls als .CSV-Datei bereitgestellt werden. Dabei müssen das Format und die Reihenfolge der Datentypen übereinstimmen, um eine einfache Datenanalyse durch SEN zu gewährleisten. Folglich ist die Bereitstellung von Daten des Stundenzettels aus der Datenbank als .CSV-Datei im kompatiblen Format vor dem Einsatz notwendig.

Zur Erinnerung: Diese Daten werden von jedem Mitarbeiter in einer Weboberfläche eingegeben und in einer unternehmensinternen MS-SQL-Datenbank gesichert. Um einen korrekten Import der Arbeitszeiten in SEN zu gewährleisten, müssen diese ebenfalls als CSV-Datei aus der Datenbank exportiert werden.

Für eine möglichst einfache Handhabung muss die Reihenfolge der Werte eines Arbeitstages von Leistungsnachweis und Stundenzettel in den CSV-Dateien übereinstimmen. Die Reihenfolge der Werte wird anhand des erkannten Zeilentemplates festgelegt. Hierzu werden die aktuellen Daten eines Stundenzettels des aktuellen Monats eines Mitarbeiters, dessen Leistungsnachweis verglichen werden soll, aus der Datenbank geladen. Diese Daten werden im Anschluss auf interne Konsistenz überprüft, um Fehler innerhalb des Stundenzettels auszuschließen. Dazu wird beispielsweise die eingetragene Summe eines Arbeitstages gegen die berechnete Differenz aus Arbeits- und Pausenzeiten auf Übereinstimmung geprüft.

Zusätzlich wird die Summe der Arbeitszeit aller Arbeitstage berechnet und mit der eingetragenen Summe des Gesamtmonats verglichen. Nach positiv verlaufener Konsistenzprüfung werden die Daten aus dem Datenbankschema in das benötigte Programmformat übertragen und mithilfe der vorhandenen Exportfunktionalität für SEN als CSV-Datei exportiert. Auf eine Darstellung der gesamten Datenbankstruktur der MS-SQL-Datenbank und aller verwendeten Klassen des Java-Programms wird an dieser Stelle verzichtet. Vielmehr zeigt Abb. 16.4 den Programmablauf der Datenanbindung des Stundenzettels.

Nach erfolgreichem Durchlauf des Programms liegen jetzt zusammen mit den Daten aus der Fallstudie zwei CSV-Dateien für jeden Mitarbeiter und Monat vor. Die erste CSV-Datei beinhaltet die mit Hilfe von Tesseract ermittelten Arbeitszeitdaten des Leistungsnachweises. Die zweite Datei beinhaltet auf interne Konsistenz geprüfte Arbeitszeiten des Stundenzettels aus der MS-SQL-Datenbank des Unternehmens. Beide

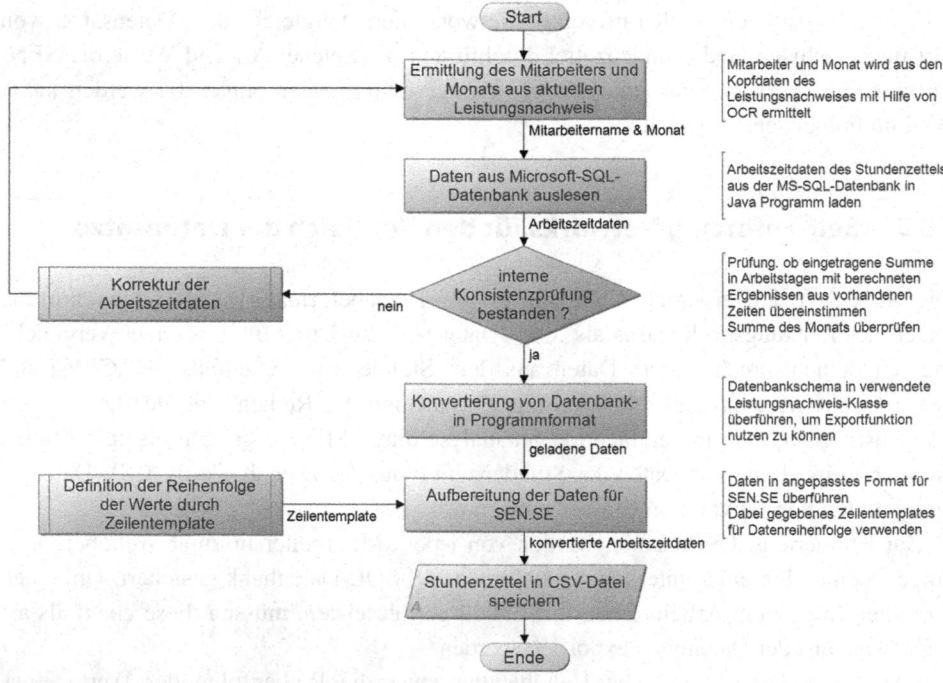

Abb. 16.4 Programmablauf der Anbindung des Stundenzettels für die Verwendung in SEN

Dateien sind identisch formatiert, um Fehler bei der Verwendung in SEN zu vermeiden. Ein Beispiel für eine CSV-Datei mit Arbeitszeiten des Stundenzettels zeigt Abb. 16.5.

Abb. 16.5 Arbeitszeiten aus
Stundenzettel als CSV-datei

```
DATUM, BEGINN, ENDE, PAUSE, SUMME
2015.01.02,08.30,14.30,0.0,6.0
2015.01.05,08.00,14.00,0.0,6.0
2015.01.19,08.15,17.45,0.5,9.0
2015.01.20,08.00,18.45,0.75,10.0
2015.01.21,08.15,18.45,1.5,9.0
2015.01.22,08.15,19.00,0.75,10.0
2015.01.23,08.30,14.30,0.0,6.0
2015.01.26,11.00,18.30,1.0,6.5
2015.01.27,08.30,19.15,0.75,10.0
2015.01.28,08.00,17.30,0.5,9.0
2015.01.29,08.45,15.45,0.5,6.5
```

Damit können alle benötigten Daten in SEN importiert werden. Der Import der Daten in das Tool SEN. erfolgt aktuell durch die manuelle Auswahl der Dateien und ist vom Programm, welches die Arbeitszeitdaten generiert, gekapselt. Für die Bearbeitung der aktuellen Fragestellung wurde dieses Vorgehen als akzeptabel empfunden und zusätzlich zur Reduzierung des Gesamtaufwands gewählt. Eine weitere Automatisierung und Kopplung sind natürlich für die Zukunft denkbar.

Zur Datenanalyse mit dem Self-Enforcing Network dient als Datenbasis ein Datensatz, der aus zwei Dateien besteht. Diese Dateien sind generierte CSV-Dateien aus dem Leistungsnachweis und einer MS SQL-Datenbank. Dier somit erhaltenen Arbeitszeiten in diesen Dateien werden in SEN importiert. Als Ausgangsbasis werden die Daten aus Abb. 16.6 verwendet.

Der Inhalt der beiden dargestellten Dateien ist identisch und repräsentiert den Standardfall der Arbeitszeiterfassung. Es wurde kein Fehler in der Eintragung im Stundenzettel und bei der Erkennung das Leistungsnachweises mit der OCR-Erkennung gemacht. Dieser Datensatz wird in den dargestellten Experimenten zunächst verwendet.

16.3.1 Das SEN-Modell

Die Attribute der Objekte in der semantischen Matrix sind hierbei die Arbeitszeitangaben eines Arbeitstages. Dementsprechend sind BEGINN, ENDE, PAUSE und SUMME als Attribute definiert. Abb. 16.7 zeigt die Attribute und möglicher Werte in SEN.

Für die Normalisierung wurde eine Kodierung der reellen Zahlen zwischen 0 und 1 gewählt. Die Werte für den Standard, das Minimum und dem Maximum eines Attributs sind Abb. 16.7 zu entnehmen und variieren je nach Stundenzettel.

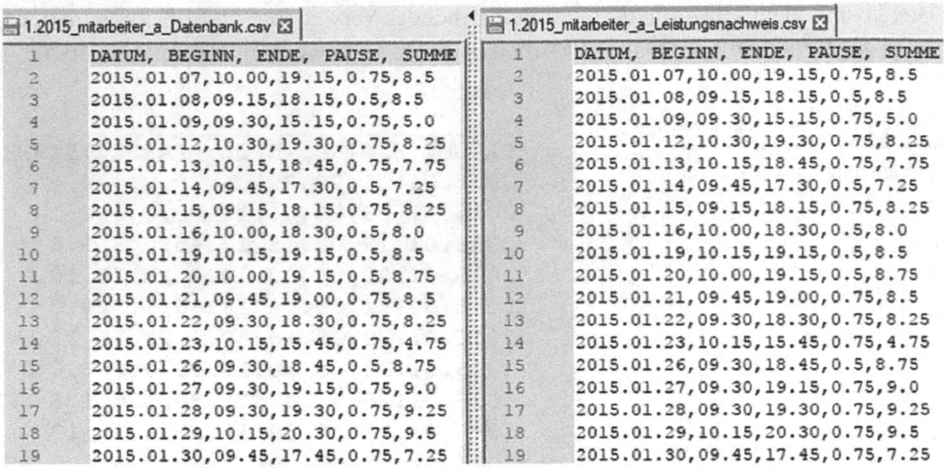

1.2015_mitarbeiter_a_Datenbank.csv

```
DATUM, BEGINN, ENDE, PAUSE, SUMME
2015.01.07,10.00,19.15,0.75,8.5
2015.01.08,09.15,18.15,0.5,8.5
2015.01.09,09.30,15.15,0.75,5.0
2015.01.12,10.30,19.30,0.75,8.25
2015.01.13,10.15,18.45,0.75,7.75
2015.01.14,09.45,17.30,0.5,7.25
2015.01.15,09.15,18.15,0.75,8.25
2015.01.16,10.00,18.30,0.5,8.0
2015.01.19,10.15,19.15,0.5,8.5
2015.01.20,10.00,19.15,0.5,8.75
2015.01.21,09.45,19.00,0.75,8.5
2015.01.22,09.30,18.30,0.75,8.25
2015.01.23,10.15,15.45,0.75,4.75
2015.01.26,09.30,18.45,0.5,8.75
2015.01.27,09.30,19.15,0.75,9.0
2015.01.28,09.30,19.30,0.75,9.25
2015.01.29,10.15,20.30,0.75,9.5
2015.01.30,09.45,17.45,0.75,7.25
```

1.2015_mitarbeiter_a_Leistungsnachweis.csv

```
DATUM, BEGINN, ENDE, PAUSE, SUMME
2015.01.07,10.00,19.15,0.75,8.5
2015.01.08,09.15,18.15,0.5,8.5
2015.01.09,09.30,15.15,0.75,5.0
2015.01.12,10.30,19.30,0.75,8.25
2015.01.13,10.15,18.45,0.75,7.75
2015.01.14,09.45,17.30,0.5,7.25
2015.01.15,09.15,18.15,0.75,8.25
2015.01.16,10.00,18.30,0.5,8.0
2015.01.19,10.15,19.15,0.5,8.5
2015.01.20,10.00,19.15,0.5,8.75
2015.01.21,09.45,19.00,0.75,8.5
2015.01.22,09.30,18.30,0.75,8.25
2015.01.23,10.15,15.45,0.75,4.75
2015.01.26,09.30,18.45,0.5,8.75
2015.01.27,09.30,19.15,0.75,9.0
2015.01.28,09.30,19.30,0.75,9.25
2015.01.29,10.15,20.30,0.75,9.5
2015.01.30,09.45,17.45,0.75,7.25
```

Abb. 16.6 Inhalt der CSV-Dateien: Arbeitszeiten Datenbank (links) und Arbeitszeiten Leistungsnachweis (rechts)

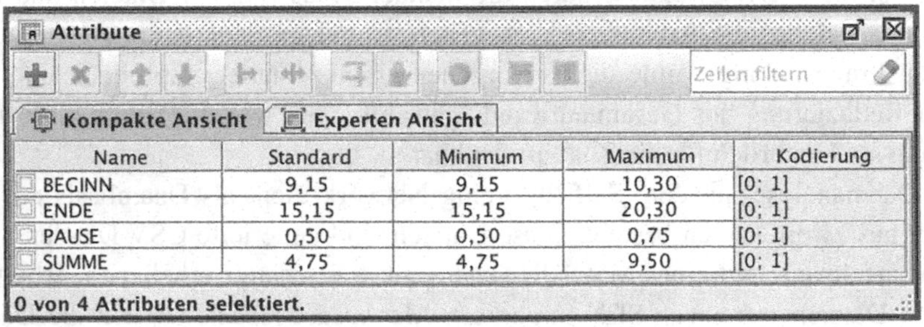

Name	Standard	Minimum	Maximum	Kodierung
BEGINN	9,15	9,15	10,30	[0; 1]
ENDE	15,15	15,15	20,30	[0; 1]
PAUSE	0,50	0,50	0,75	[0; 1]
SUMME	4,75	4,75	9,50	[0; 1]

Abb. 16.7 Attribute inklusive Ausprägungen in SEN

Der nächste Schritt zur Konstruktion des Self-Enforcing Networks ist die Definition der Objekte über die Ausprägungen der semantischen Matrix. Im Fall der vorliegenden Daten stellt jeder Tag und dessen Arbeitszeitausprägungen ein Objekt dar. Die semantische Matrix wird mit den Daten der CSV-Datei aus der Datenbank gefüllt. Da diese Daten schon einer Überprüfung unterliegen, werden die Daten des Stundenzettels als korrekt angesehen und gelten im Self-Enforcing Network als *Referenzvektoren* für den Leistungsnachweis.

Die semantische Matrix sowie die daraus resultierende Gewichtsmatrix (Abb. 16.8) wurde gemäß der Lernregel mit der Lernrate von 16.1, einer Anzahl der Lernschritte von 1 und mit der linearen Aktivierungsfunktion generiert.

Im Folgenden werden erste Ergebnisse des SEN gezeigt: Zunächst wird das Modell evaluiert, indem die Daten aus der semantischen Matrix nochmals identisch dem Netz präsentiert werden. Anhand der Ergebnisse kann untersucht werden, welcher

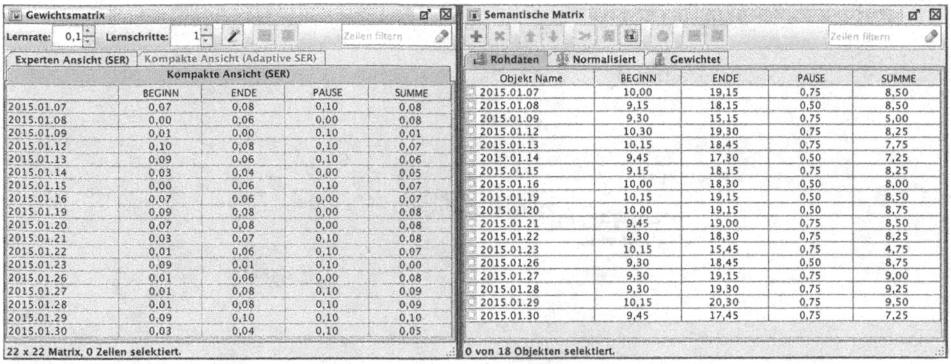

	BEGINN	ENDE	PAUSE	SUMME
2015.01.07	0,07	0,08	0,10	0,08
2015.01.08	0,00	0,06	0,00	0,08
2015.01.09	0,01	0,00	0,10	0,01
2015.01.12	0,10	0,08	0,10	0,07
2015.01.13	0,09	0,06	0,10	0,06
2015.01.14	0,03	0,04	0,00	0,05
2015.01.15	0,00	0,06	0,10	0,07
2015.01.16	0,07	0,06	0,00	0,07
2015.01.19	0,09	0,08	0,00	0,08
2015.01.20	0,07	0,08	0,00	0,08
2015.01.21	0,03	0,07	0,10	0,08
2015.01.22	0,01	0,06	0,10	0,07
2015.01.23	0,09	0,01	0,10	0,00
2015.01.26	0,01	0,06	0,00	0,08
2015.01.27	0,01	0,08	0,10	0,09
2015.01.28	0,01	0,08	0,10	0,09
2015.01.29	0,09	0,10	0,10	0,10
2015.01.30	0,03	0,04	0,10	0,05

Objekt Name	BEGINN	ENDE	PAUSE	SUMME
2015.01.07	10,00	19,15	0,75	8,50
2015.01.08	9,15	18,15	0,50	8,50
2015.01.09	9,30	15,15	0,75	5,00
2015.01.12	10,30	19,30	0,75	8,25
2015.01.13	10,15	18,45	0,75	7,75
2015.01.14	9,45	17,30	0,50	7,25
2015.01.15	9,15	18,15	0,75	8,25
2015.01.16	10,00	18,30	0,50	8,00
2015.01.19	10,15	19,15	0,50	8,50
2015.01.20	10,00	19,15	0,50	8,75
2015.01.21	9,45	19,00	0,75	8,50
2015.01.22	9,30	18,30	0,75	8,25
2015.01.23	10,15	15,45	0,75	4,75
2015.01.26	9,30	18,45	0,50	8,75
2015.01.27	9,30	19,15	0,75	9,00
2015.01.28	9,30	19,30	0,75	9,25
2015.01.29	10,15	20,30	0,75	9,50
2015.01.30	9,45	17,45	0,75	7,25

Abb. 16.8 Gewichtsmatrix (links) und semantische Matrix (rechts) in SEN

Berechnungsmodus sowie Visualisierung am besten für das Problem geeignet ist. Anschließend wird eine Optimierung des Modells vorgestellt.

16.3.2 Evaluation des SEN-Modells

Die Grundidee für die Datenanalyse ist, die Arbeitszeitdaten aus dem Leistungsnachweis mit den dargestellten Referenzobjekten zu vergleichen, um das Modell zu evaluieren. Hierbei werden die identischen Daten aus dem Leistungsnachweis als Eingabevektoren des Self-Enforcing Networks verwendet. Der Visualisierungsteil des Self-Enforcing Networks ermöglicht es dann, die Eingabevektoren mit den Referenztypen bezogen auf ihre Ähnlichkeit anzuzeigen und diese als Ergebnis des Vergleichs zu interpretieren.

Nach der Erstellung der semantischen Matrix findet der Lernprozess statt und anhand der Kartenvisualisierung kann unmittelbar erkannt werden, wie ähnlich sich die einzelnen Datensätze sind (Abb. 16.9).

Anhand der Visualisierung wird deutlich, dass sich beispielsweise die Arbeitszeiten am 31.01.2015 sowie 27.01.2015 sehr ähneln, hingegen deutet der Abstand vom 09.01.2015 zu den anderen Daten darauf hin, dass es sich in diesem Fall um abweichende Arbeitszeiten handelt. Eine Überprüfung der Datensätze zeigt, dass die Arbeitszeit am 27.01. sowie 31.01. mit nahe 9 h sehr ähnlich war, während am 09.01. die Arbeitszeit 5 h betragen hat.

Werden in SEN dieselben Daten als Eingabevektoren eingegeben, wird aufgrund der Benennung der Vektoren nach dem Datum eines Arbeitstages an den Namen der Eingabevektoren die Ziffer 1 hinzugefügt. Dies wird automatisch durch die Importfunktion von SEN durchgeführt und lässt eine einfache Unterscheidung zwischen Eingabe- und Referenzvektor zu. Die Kartenvisualisierung, die alle Eingabevektoren beinhaltet, wird in Abb. 16.10 gezeigt.

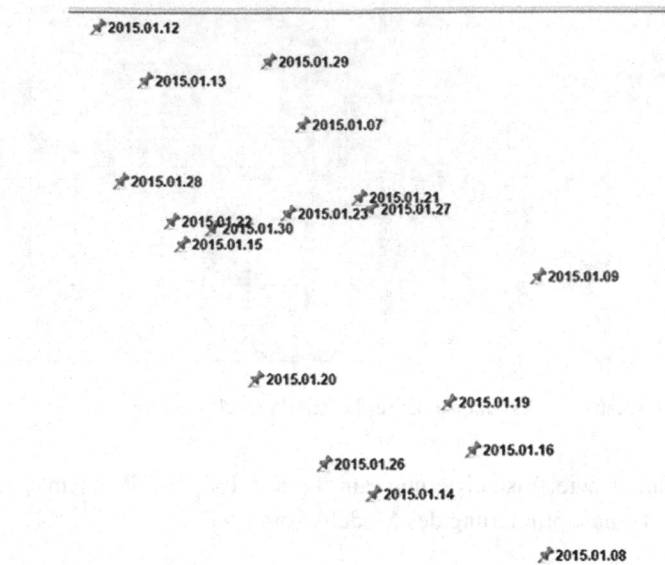

Abb. 16.9 Kartenvisualisierung der Referenzobjekte in SEN

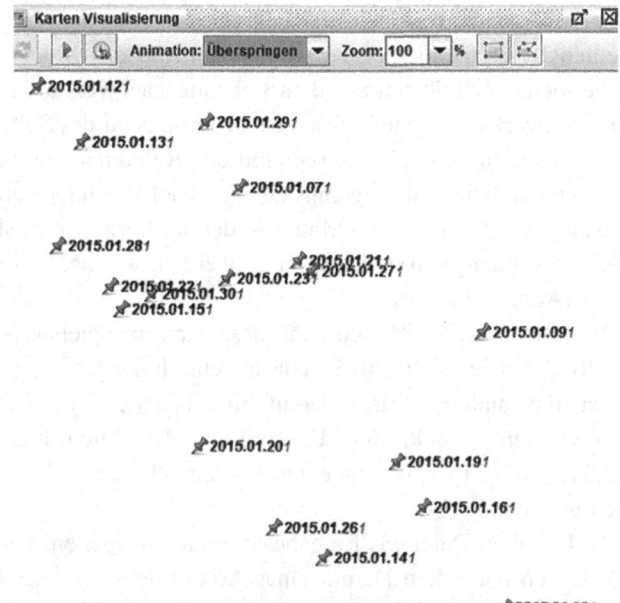

Abb. 16.10 Kartenvisualisierung der Standardkonfiguration inklusive Eingabevektoren

Es ist zu erkennen, dass die Namen der Objekte der Kartenvisualisierung inklusive der Eingabevektoren bis auf die 1 am Ende „**fett**" geschrieben sind. Hierbei überlagern sich Eingabe- und Referenzvektor mit gleichen Ausprägungen. Die Identität wird demnach in der Kartenvisualisierung sichtbar.

Anhand dieser Darstellung kann nun überprüft werden, ob alle Eingabevektoren einen überlagernden Referenzvektor besitzen. Ist ein Vektor nicht fett geschrieben, muss eine Diskrepanz zwischen Daten des Stundenzettels und Daten des Leistungsnachweises für diesen Arbeitstag bestehen. Diese Weise der Überprüfung kann für einen Menschen schneller und einfacher durchgeführt werden als der papierbasierte Prozess. Allerdings wird dieser Vorteil eliminiert, wenn die Arbeitszeitdaten verschiedener Tage übereinstimmen.

Um weitere Darstellungen und Visualisierungen zu erhalten, muss in SEN ein Eingabevektor ausgewählt werden. Anhand des Eingabevektors 2015.01.071 werden weitere Optionen gezeigt (Abb. 16.11).

In dem Fenster „Eingabe Analyse" (oben links) wird die Abweichung der verschiedenen Attribute zu den Referenzvektoren dargestellt. Hierbei ist eine graue Kennzeichnung mit schwarzer Schrift als positive Abweichung und eine hellgraue Einfärbung der Schrift als negative Abweichung zu sehen. Ein nicht eingefärbtes Feld bedeutet, dass es keine Abweichung zwischen dem Wert des Attributs des ausgewählten Vektors und dem Wert des Referenzvektors gibt. Die „SEN Visualisierung" zeigt die Zentrumsvisualisierung („Input Centered Modus") (Klüver et al. 2012, S. 152) bezogen auf den ausgewählten Vektor. Die Rangliste ist eine andere Art, die Aktivierungswerte der Zentrumsvisualisierung darzustellen und die Distanz der Vektoren, die durch die Kartenvisualisierung abgebildet wird, wird ebenfalls dargestellt.

Die *Distanzen* am Beispiel des Eingabevektors 2015.01.071 bezogen auf die Referenzvektoren sind in Abb. 16.11 in aufsteigender Reihenfolge sortiert. Diese Visualisierungsoption zeigt eine Distanz von 16.0 des Referenzvektors 2015.01.07 zum ausgewählten Eingabevektor an. Demzufolge handelt es sich um die Identität. Zur Über-

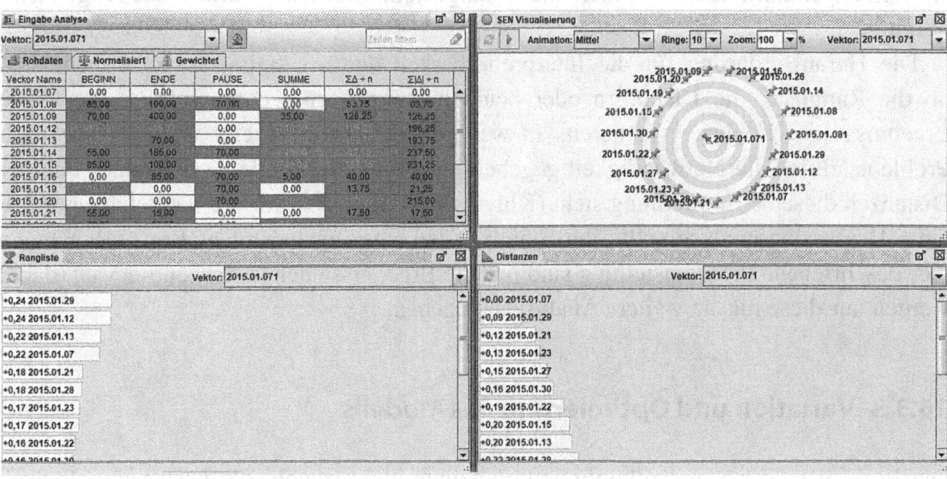

Abb. 16.11   Weitere Visualisierungen der Ergebnisse in SEN

prüfung der Daten eines gesamten Monats wird die Einzelselektion aller Inputvektoren in dieser Ansicht benötigt, wodurch mehr Zeit für die komplette Überprüfung benötigt wird.

Die *Eingabeanalyse* aus Abb. 16.11 zeigt ebenfalls die Ergebnisse bezogen auf den Vektor 2015.01.071. Hierbei lässt sich der Referenzvektor 2015.01.07 durch fehlende farbliche Markierung leicht als identisch erkennen. Diese Darstellungsweise kann die Auswertung unterstützen, aber besitzt auch den Nachteil der notwendigen Einzelselektion von Eingabevektoren. Zusätzlich wird die Interpretation der Ergebnisse schwieriger umso mehr Arbeitszeiten verschiedener Tage identisch sind, da in diesem Fall ohne Anpassung der semantischen Matrix mehrere Referenzobjekte ohne Färbung vorhanden sind. Dies könnte zusätzlich zu Flüchtigkeitsfehlern führen und dem nicht Auffinden von Diskrepanzen. Jedoch ist diese Darstellungsart von den Mitarbeitern als angenehmer empfunden worden als die Verwendung von Papier.

Die *Aktivierungswerte* in der Rangliste am Beispiel des Eingabevektors 2015.01.071, welche durch die Zentrums- und Ranglistenvisualisierung in Abb. 16.11 gezeigt werden, entsprechen nicht dem erwarteten Ergebnis. Da es sich bei dem Referenzvektor 2015.01.07 um die Identität des Eingabevektors handelt, ist das erwartete Ergebnis, dass dieser Referenzvektor den größten Aktivierungswert hat.

Die Ähnlichkeit eines Eingabevektors zu einem Referenzobjekt ist logischerweise am größten, wenn es sich um die Identität handelt. Das bedeutet, dass mit der Standardkonfiguration kein Netz zur Repräsentation der Identität aller Eingabedaten konstruiert wird. Anders formuliert, die Ähnlichkeitsdarstellung des Netzes über die Zentrums- und Ranglistenvisualisierung ist für den Anwendungsfall nicht korrekt. Die Referenzvektoren 2015.01.29 und 2015.01.12 haben eine höhere Aktivierung als der Referenzvektor 2015.01.07, der die Identität der Eingabedaten darstellt.

Anhand zahlreicher Experimente mit unterschiedlichen Parameterwerten und Aktivierungsfunktionen, die hier nicht dargestellt werden, wurden die Ergebnisse bestätigt.

Die Herausforderung für die Interpretierbarkeit der Ergebnisse ist zu entscheiden, ob die Rangliste, die Distanzen oder beide herangezogen werden sollten, um valide Ergebnisse zu erzielen. Wie bereits in weiteren Beiträgen gezeigt wurde, ist je nach Problemstellung die Notwendigkeit gegeben, dass an erster Stelle der Rangliste und der Distanzen dieselbe Empfehlung steht (Klüver 2016, Kap. 13); für die Vergleichbarkeit zu einer Regressionsanalyse sollte die Rangliste herangezogen werden (Kap. 14). Für die hier beschriebene Problemstellung sind nur die Ergebnisse der Distanzen relevant, daher werden nur diese für die weitere Analyse angegeben.

16.3.3 Variation und Optimierung des Modells

Die Ergebnisse der Standardkonfiguration zeigen, dass sowohl die Distanzen, als auch die Kartenvisualisierung sowie die Eingabeanalyse zur Unterstützung der Datenanalyse von Stundenzettel und Leistungsnachweis genutzt werden können. Wie bereits erwähnt, entsteht jedoch das Problem übereinstimmender Arbeitszeitdaten verschiedener Tage für eine einfache Analyse (Abschn. 16.2). Das Basis-Modell wurde daher zusätzlich variiert:

Da in dem bisherigen Modell das Datum als Objekt definiert wurde, und somit nicht im SEN gelernt worden ist, wird das Modell dahin gehend geändert, dass die Objekte (Arbeitstage) mit den Buchstaben A – R gekennzeichnet werden und das reduzierte Tagesdatum (ohne Jahreszahl) als Attribut übernommen wird. In Abb. 16.12 wird ein Auszug der jeweiligen Datensätze gezeigt.

Für die einfache Reproduzierbarkeit der Ergebnisse wurden als Parameterwerte die Lernrate auf 1.0 gesetzt, wodurch 1 Iterationsschritt ausreichend ist, sowie die lineare Funktion gewählt. Darüber hinaus wurde die Normierung der Daten im Intervall zwischen -1.0 und 1.0 durchgeführt.

Wie den Ergebnissen in Abb. 16.13 zu entnehmen ist, sind die Eingabevektoren den Referenzvektoren erneut identisch zugeordnet.

Die runden Pins stellen die Referenzvektoren aus der semantischen Matrix dar, die anderen Pins die Eingabevektoren. Somit wurde in der Evaluation der Referenzdaten gezeigt, dass die Erweiterung und Variation des Modells zum erwünschen Ergebnis geführt hat.

Durch diese Erweiterung wird im Folgenden die Kernfrage analysiert, ob SEN in der Lage ist, Abweichungen in den Daten zu erkennen.

16.4 Erkennung von Abweichungen in den Datensätzen durch SEN

Zur Überprüfung der Eignung von SEN für die Erkennung von Abweichungen in den Datensätzen werden die *Eingabevektoren* des Leistungsnachweises aus Abb. 16.12 mit denen aus Abb. 16.14 ersetzt. Die Parametereinstellungen bleiben unverändert.

test_naming_stundenzettel.csv		test_naming_leistungsnachweis.csv	
1	NAME; DATUM; BEGINN; ENDE; PAUSE; SUMME	1	NAME; DATUM; BEGINN; ENDE; PAUSE; SUMME
2	A;01.07;10,00;19,15;0,75;8,5	2	A;01.07;10,00;19,15;0,75;8,5
3	B;01.08;09,15;18,15;0,5;8,5	3	B;01.08;09,15;18,15;0,5;8,5
4	C;01.09;09,30;15,15;0,75;5,0	4	C;01.09;09,30;15,15;0,75;5,0
5	D;01.12;10,30;19,30;0,75;8,25	5	D;01.12;10,30;19,30;0,75;8,25
6	E;01.13;10,15;18,45;0,75;7,75	6	E;01.13;10,15;18,45;0,75;7,75
7	F;01.14;09,45;17,30;0,5;7,25	7	F;01.14;09,45;17,30;0,5;7,25
8	G;01.15;09,15;18,15;0,75;8,25	8	G;01.15;09,15;18,15;0,75;8,25
9	H;01.16;10,00;18,30;0,5;8,0	9	H;01.16;10,00;18,30;0,5;8,0
10	I;01.19;10,15;19,15;0,5;8,5	10	I;01.19;10,15;19,15;0,5;8,5
11	J;01.20;10,00;19,15;0,5;8,75	11	J;01.20;10,00;19,15;0,5;8,75
12	K;01.21;09,45;19,00;0,75;8,5	12	K;01.21;09,45;19,00;0,75;8,5
13	L;01.22;09,30;18,30;0,75;8,25	13	L;01.22;09,30;18,30;0,75;8,25
14	M;01.23;10,15;15,45;0,75;4,75	14	M;01.23;10,15;15,45;0,75;4,75
15	N;01.26;09,30;18,45;0,5;8,75	15	N;01.26;09,30;18,45;0,5;8,75
16	O;01.27;09,30;19,15;0,75;9,0	16	O;01.27;09,30;19,15;0,75;9,0
17	P;01.28;09,30;19,30;0,75;9,25	17	P;01.28;09,30;19,30;0,75;9,25
18	Q;01.29;10,15;20,30;0,75;9,5	18	Q;01.29;10,15;20,30;0,75;9,5
19	R;01.30;09,45;17,45;0,75;7,25	19	R;01.30;09,45;17,45;0,75;7,25

Abb. 16.12 Veränderte Datensätze

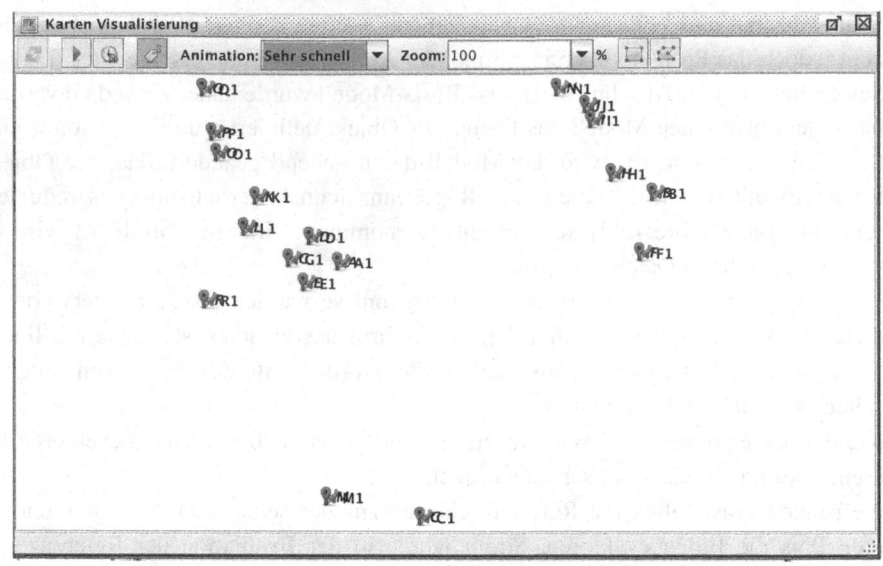

Abb. 16.13 Kartenvisualisierung des Modells

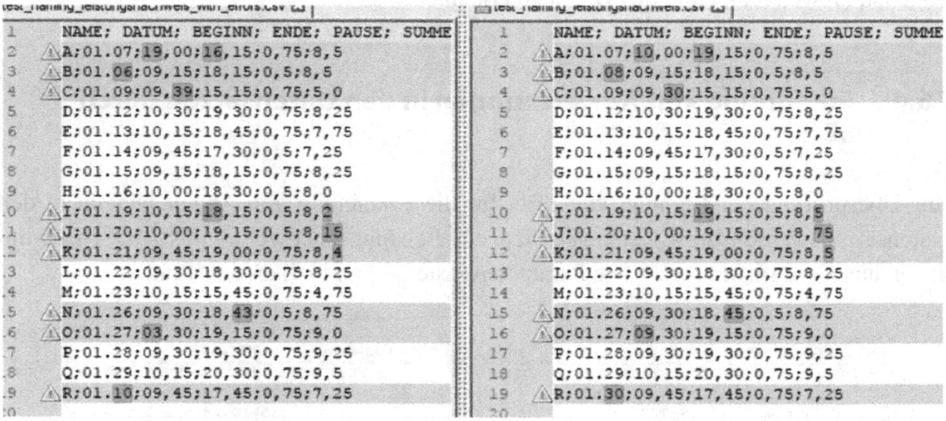

Abb. 16.14 Arbeitszeiten mit Fehlern im Leistungsnachweis (links) und Stundenzettel als Referenz (rechts)

Zur Verdeutlichung sind die Unterschiede in den Datensätzen hervorgehoben. Es ist eindeutig zu erkennen, dass es sich bei den Eingabedaten nicht um die Identität handelt. Die Fehler sind durch Verschlechterung der Qualität des Leistungsnachweises künstlich verursacht worden. Hierbei sind durch die optical character recognition einige fehlerhafte Erkennungen entstanden. Die Ergebnisse zeigt Abb. 16.15.

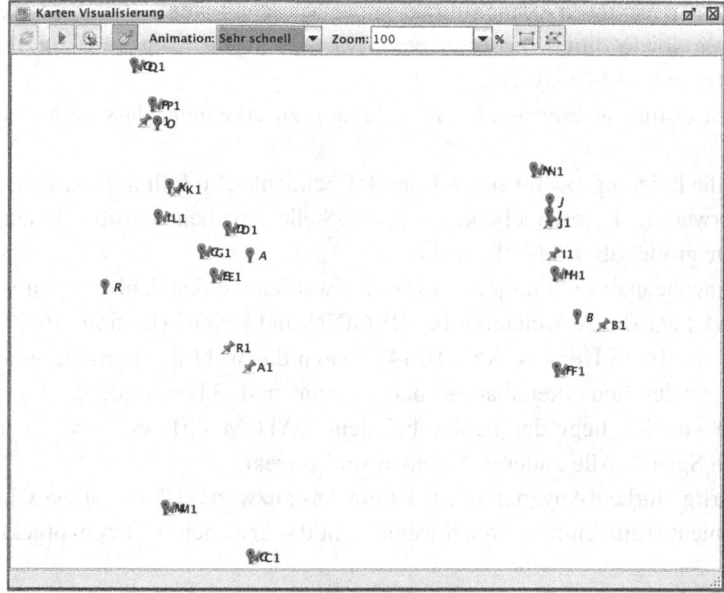

Abb. 16.15 Ergebnisse der Kartenvisualisierung

Bereits auf den ersten Blick können Abweichungen erkannt werden. Im Falle der Objekte **B und B1** ist davon auszugehen, dass es sich um kleinere Abweichungen handelt, da die Objekte noch relativ nahe beieinander sind. Im Falle von **A1** und **R1** handelt es sich um sehr starke Abweichungen, da diese Objekte der Eingabevektoren in einem großen Abstand zu den Referenzvektoren **A** und **R** abgebildet werden.

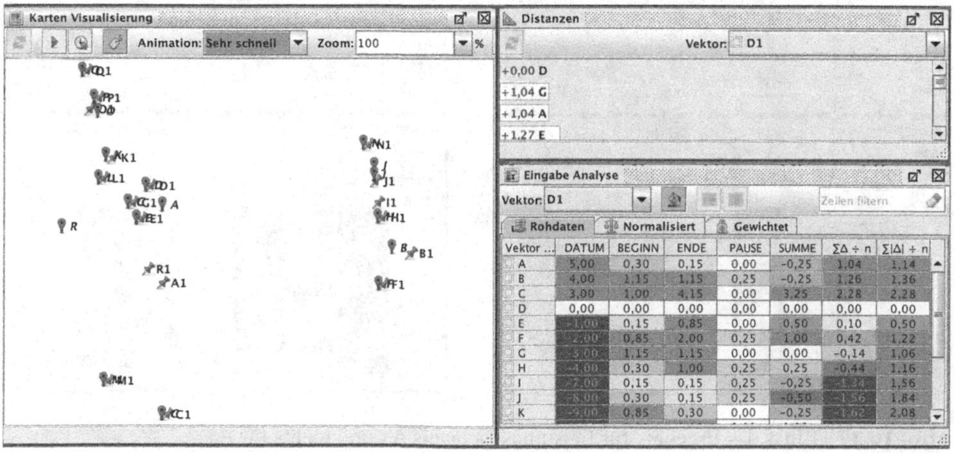

Abb. 16.16 Analyse in SEN

Die einzelnen Vektoren können direkt näher betrachtet werden, insbesondere anhand der Distanzen sowie durch die Eingabeanalyse. Der erste Eingabevektor D1 führt zu folgendem Ergebnis (Abb. 16.16).

Bei dem Leistungsnachweis „D" ist eindeutig zu erkennen, dass keine Abweichung vorliegt.

Werden die Leistungsnachweise A1 und R1 betrachtet, so fällt auf, dass die Distanzen nicht das erwartete Referenzobjekt an erster Stelle angeben; darüber hinaus sind die Distanzwerte größer als 1,5 (Abb. 16.17).

In der Eingabeanalyse kann jeweils ersehen werden wo der Fehler genau vorliegt: Im Falle von A1 liegt die Abweichung bei BEGINN und ENDE (Beginn: 16.00 vs. 19.00; Ende: 19.15 vs. 16.15 Uhr – s. Abb. 16.14). Durch die Wahl der Lernrate mit 1 sind die Abweichungen deutlich erkennbar (+9 bei „Beginn" und -3 bei „Ende").

Im Falle von R1 liegt der Fehler bei dem DATUM (10. vs. 30 = -20 in der entsprechenden Spalte). Alle anderen Angaben sind korrekt.

Bei derartig starken Abweichungen ist ein Distanzwert > 1.5 ein starkes Indiz dafür, dass etwas nicht stimmen kann, auch wenn nicht das erwartete Referenzobjekt angezeigt wird.

Die nächsten beiden Beispiele zeigen die Erkennung kleinerer Abweichungen (Abb. 16.18).

In der Eingabeanalyse lässt sich direkt der Fehler in den Arbeitszeiten von Vektor C1 erkennen (Beginn: 0,09) und der kontrollierende Mitarbeiter könnte eine Korrektur anfordern. Hierbei sind neun Minuten Abweichung zwischen dem Beginn im Leistungsnachweis und Stundenzettel festzustellen. Die Distanz zeigt entsprechend mit dem Wert 0,01 eine kleine Abweichung an.

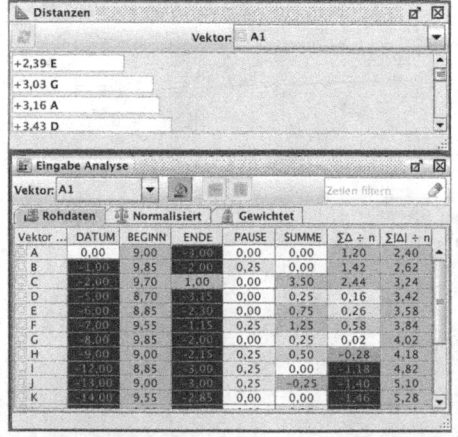
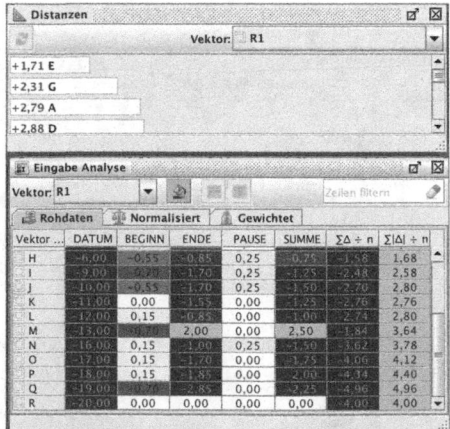

Abb. 16.17 Links das Ergebnis für Leistungsnachweis A1 und rechts für R1

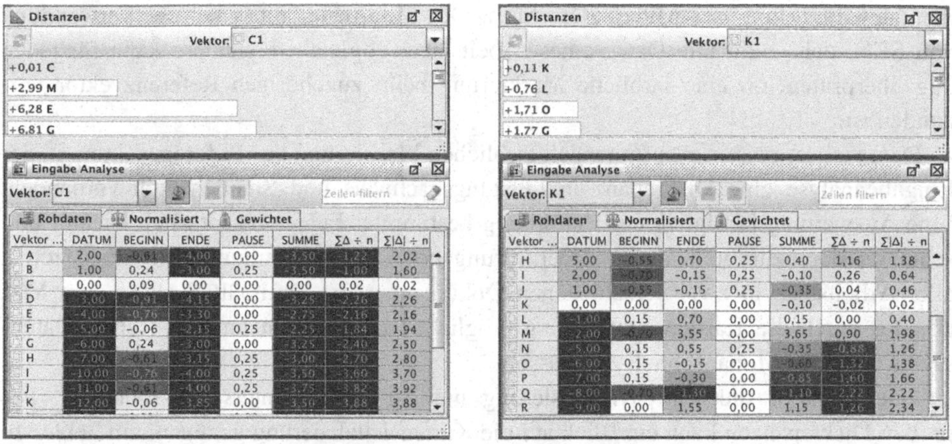

Abb. 16.18   Ergebnisse für C1 (linkes Bild) und K1 (rechtes Bild)

Ähnlich verhält es sich mit K1, wo die Distanz einen Wert von 0,11 anzeigt; die Eingabeanalyse zeigt eine Abweichung von $-0,10$ in der „Summe" der Arbeitszeit.

Diese Verbesserung der Ergebnisse ist zurückzuführen auf die Änderung der Datenabfrage, Änderung der Normierung und die damit verbundene Erweiterung der semantischen Matrix: Hierbei ist ein zusätzliches Attribut dem Datensatz hinzugefügt worden und die Attributswerte sind bipolar normiert.

Zusammengefasst sollten zum Vergleich von Arbeitszeiten zwischen Leistungsnachweis und Stundenzettel die Distanzen-, Kartenvisualisierung und die Eingabeanalyse gemeinsam verwendet werden.

16.5   Diskussion und Ausblick

Der Einsatz eines Self-Enforcing Networks für die Datenanalyse von Arbeitszeiten aus Bildern und der Datenbank und der Auffindung von Diskrepanzen ist durch das SEN-Tool sehr gut möglich. Generell kann eine Verbesserung der Situation unter Einsatz der beschriebenen Programme und Methoden erzielt werden. Die Eingabeanalyse, Distanzen und Kartenvisualisierung des Self-Enforcing Networks sind effiziente Werkzeuge zur Analyse der Daten. Dabei wird der Mitarbeiter bei der Durchführung des Prozesses entlastet, da weniger Daten abgeglichen werden müssen. Dabei reduziert sich der Aufwand für den Mitarbeiter um die Hälfte.

Im Anwendungsfall wird die Anzahl von 3675 Zellen auf ca. 1838 zu kontrollierenden Daten im Monat für die aktuelle Unternehmensgröße reduziert, da durch die Eingabeanalyse von SEN direkt eine Differenz angezeigt wird. Zusätzlich wird dies durch eine farbliche Repräsentation unterstützt, welche zu einer Reduktion der mentalen Belastung des Mitarbeiters führt. Der Mitarbeiter muss bei der Verwendung von SEN nicht mehr alle Daten eines Arbeitstages abgleichen, sondern kann für jeden Tag überprüfen, ob eine farbliche Markierung beim zugehörigen Referenzvektor vorhanden ist.

Demnach ist bei einer auftretenden farblichen Markierung des Referenzvektors in der Eingabeanalyse eine Diskrepanz in Leistungsnachweis und Stundenzettel vorhanden. Eine Auswertung bezüglich der Einfärbung bestimmter Felder ist natürlich leichter und schneller durchzuführen als die Überprüfung der Übereinstimmung von Arbeitszeiten aller Arbeitstage in zwei verschiedenen Dokumenten. Im Optimalfall ist es dem Mitarbeiter durch die Kartenvisualisierung möglich, Diskrepanzen innerhalb eines Datensatzes für einen Monat schnell zu erfassen.

Allerdings ist die Kartenvisualisierung nur für große Unterschiede nutzbar. Bei großen Diskrepanzen kann ein Blick auf die Kartenvisualisierung genügen, um Fehler zu erkennen. Dadurch kann der entsprechende Mitarbeiter sofort mit Korrekturmaßnahmen beginnen. Für eine genauere Analyse von einzelnen Tagen kann der Mitarbeiter die Eingabeanalyse verwenden.

Hingegen ist die Verwendung der Ranglisten- und Zentrumsvisualisierung für eine Anwendung in der Praxis nicht geeignet. Es konnte keine Konfiguration eines Self-Enforcing Networks für die Verwendung dieser Darstellungen gefunden werden. Dazu müsste das Self-Enforcing-Network selbst erweitert werden mit einer komponentenweisen Analyse der Aktivierungswerte.

Zukünftige Projekte könnten die beschriebene Problemstellung durch Automatisierung noch besser unterstützen. Die manuelle Zuordnung der CSV-Dateien könnte entfallen und eine direkte Anbindung an SEN könnte leicht umgesetzt werden. Zusätzlich könnte das Datenanalyse-Modul an eine Business-Rule-Engine gekoppelt werden. In einer Business-Rule-Engine könnten beim Auffinden bestimmter Unterschiede in den Datensätzen spezifische Aktionen definiert und automatisch durchgeführt werden. Beispielsweise könnte der Mitarbeiter via E-Mail um Korrektur gebeten werden. Des Weiteren könnten nach Abschluss der vollen Integration der Self-Enforcing Networks in den Unternehmensprozess weitere Studien die eingetretenen Verbesserungen zahlenmäßig belegen, was zum aktuellen Zeitpunkt nur über Stichproben möglich ist.

Literatur

Cheriet M, Kharma N, Liu C-L, Suen CY (2007) character recognition systems: a guide for students and practioners. John Wiley & Sons, Hoken, New Jersey

Klüver C, Klüver J, Schmidt J (2012) Modellierung komplexer Prozesse durch naturanaloge Verfahren: Soft Computing und verwandte Techniken. (2. erw. u. akt Aufl). Springer Vieweg. Wiesbaden

Klüver C (2016) Self-Enforcing Networks (SEN) for the development of (medical) diagnosis systems. 2016 International Joint Conference on Neural Networks (IJCNN). Vancouver, BC, 2016, 503–510, doi: 116.1109/IJCNN.2016.7727241.

Parr TJ, Quong RW (1995) ANTLR: A predicated-LL(k) parser generator. Software: Practice and Experience. Vol. 25: 7, 789–810

Smith R (2007) An overview of the tesseract OCR engine. Ninth International Conference on Document Analysis and Recognition (ICDAR 2007). Parana, 2007,629–633, doi: 1109/ICDAR.2007.4376991.

Bilderkennung von Verkehrszeichen mit Self-Enforcing Networks

17

Björn Zurmaar

Zusammenfassung

Das zuverlässige Erkennen von Verkehrszeichen ist ein essentieller Teilaspekt der verschiedenen Grade des autonomen Fahrens und wird bereits seit einigen Jahrzehnten erforscht. Insbesondere die Tatsache, dass die automatisierte Interpretation von Verkehrszeichen durch Angriffsvektoren manipuliert wird, trägt zur Aktualität und nach wie vor hohen Relevanz dieses Forschungssektors bei. Anhand dieser Domäne zeigt der Beitrag auf, dass auch selbstorganisiert lernende Systeme eine ernstzunehmende Konkurrenz zu den etablierten Deep Learning Verfahren sein können. Es werden die technischen Grundlagen der Klassifikation von Bilddaten mit einem Self-Enforcing Network erörtert, allgemeine Probleme bei der Klassifikation von Bilddaten aufgezeigt, sowie verschiedene Methoden demonstriert, die zur schrittweisen Verbesserung eines SEN Modells beitragen können.

Schlüsselwörter

Bildbearbeitung · Erkennung von Verkehrszeichen · Self-Enforcing Networks

B. Zurmaar (✉)
Paluno – The Ruhr Institute for Software Technology, Universität Duisburg-Essen, Essen, Deutschland
E-Mail: bjoern.zurmaar@uni-due.de

© Springer Fachmedien Wiesbaden GmbH, ein Teil von Springer Nature 2021
C. Klüver und J. Klüver (Hrsg.), *Neue Algorithmen für praktische Probleme*,
https://doi.org/10.1007/978-3-658-32587-9_17

17.1   Einleitung: SEN als vielseitiges Werkzeug

In den nunmehr neun Jahren seit seiner erstmaligen Veröffentlichung (Klüver und Klüver 2011a) konnte sich das Self-Enforcing Network (SEN) als vielseitiges Werkzeug in Domänen von einer bemerkenswerten Bandbreite beweisen. Alleine der erste Teil dieses Sammelbandes zeigt die Vielseitigkeit dieses Netztypus auf, und dennoch sind seine Einsatzmöglichkeiten damit keinesfalls erschöpfend behandelt. So werden Self-Enforcing Networks beispielsweise in Klüver (2016) im Kontext medizinischer Diagnosesystem verwendet oder kommen in der Domäne von E-Assessment-Systemen in Klüver und Zurmaar (2017) zur Diagnose von Fehlern bei der Lösung von Mathematikaufgaben zum Einsatz.

Das SEN wurde ursprünglich zu Klassifikationszwecken sowie der Ordnung von Daten entwickelt (Klüver et al. 2012). Die Klassifikation von Bilddaten mittels Self-Enforcing Networks scheint ein naheliegendes Einsatzgebiet zu sein und wird schon seit geraumer Zeit erforscht, wie auch dem nächsten Beitrag der Kategorie Bildbearbeitung zu entnehmen ist. Eine Publikation des grundsätzlichen Vorgehens in diesem Bereich steht allerdings noch aus. Diese Lücke soll mit dem vorliegenden Beitrag geschlossen werden.

Zur Illustration werden zwei Softwareprodukte eingesetzt. Zum einen die SEN-Software, eine in Java geschriebene Applikation, die es ermöglicht Modelle zu erstellen und ein entsprechendes SEN auszuführen; diese Software wird für alle bisher vorgestellten SEN-Modelle eingesetzt. Die Software unterstützt dabei den vollständigen Arbeitsablauf von der Eingabe der Daten in die semantische Matrix bis hin zur Analyse der Ausgabedaten mittels verschiedener Visualisierungen. Die SEN-Software basiert auf der Softwarebibliothek SEN Core, die gleichzeitig das zweite eingesetzte Softwareprodukt ist. Diese ebenfalls in Java geschriebene Bibliothek stellt die in SEN enthaltene Funktionalität als API (Application Programming Interface)[1] zur Verfügung. Zudem erweitert sie deren Funktionalität um mehrere Attributtypen und Routinen zur automatisierten Validierung von Modellen.

Zunächst wird die grundsätzliche Eignung des Netztypus anhand kleiner Beispiele aufgezeigt sowie die Konvertierung von Bilddaten in eine für Self-Enforcing Networks geeignete Form beschrieben. Anschließend wird das Vorgehen bei der Erstellung, Validierung sowie inkrementellen Verbesserung eines Modells zur Erkennung von Verkehrszeichen dokumentiert. Die verwendeten Techniken fußen zwar zum Teil auf Spezifika der Modelldomäne, sind jedoch ohne weiteres auch auf andere Anwendungsbereiche übertragbar.

---

[1]Schnittstelle zu einer Bibliothek oder Anwendung.

17.2 Herausforderungen bei der Bildbearbeitung

Im Bereich der Klassifikation von Bilddaten sind sogenannte Convolutional Neural Networks (LeCun et al. 1999) momentan das Maß der Dinge und werden zur Zeit sowohl theoretisch, beispielsweise in Zhou (2020), als auch in einem anwendungsorientierten Kontext verstärkt erforscht, etwa zur Klassifikation von Objekten in beliebigen Bildaufnahmen (Carion et al. 2020). Diese überwacht-lernende Netzwerke haben als Charakteristikum die „convolutional layer" (Faltungsschichten), die für die Extraktion der Merkmale zuständig sind und weitere Schichten, die zu Komprimierung der Bilddaten dienen (Kap. 18). Nach wie vor werden darüber hinaus weitere (klassische) Algorithmen oder Kombinationen dieser eingesetzt, da es eine Anzahl an Problemen gibt, die bislang nicht vollständig gelöst werden konnten.

Die im Folgenden beschriebenen Vorgehensweisen und Herausforderungen gelten daher allgemein in der Domäne der Bildbearbeitung und werden exemplarisch durch die Anwendung von SEN vorgestellt.

17.2.1 Problem der verrauschten Bilder: Erkennung von Buchstaben

Zur Darstellung von Farben haben sich im Bereich der Computergrafik vor allem RGB Farbräume mit sRGB als ihrem vermutlich prominentesten Vertreter etabliert. In diesen Farbräumen werden Farben durch das additive Mischen der Grundfarben Rot, Grün und Blau dargestellt. Eine konkrete Farbe wird somit durch einen dreidimensionalen Vektor repräsentiert, dessen erste Komponente dem Rot-, zweite Komponente dem Grün- und dritte Komponente schließlich dem Blauanteil der Farbe entspricht. Diese Darstellung als Vektor ermöglicht ohne weitere Vorüberlegungen die direkte Eingabe in ein Self-Enforcing Network.

Bilder werden in der Regel als zweidimensionales Raster von Pixeln kodiert[2], wobei jedes Pixel wiederum durch einen Farbwert repräsentiert wird. Da ein Self-Enforcing Network Vektoren einer konstanten Länge erfordert, ist es notwendig, dieses Raster von Pixeln in eine geeignete Form zu überführen. Dies kann geschehen, indem man das Raster von Pixeln zeilenweise konkateniert, jedes Pixel nimmt dabei eine seiner Anzahl an Kanälen entsprechenden Anzahl Komponenten des Vektors ein. Ein Bild mit der Höhe h, der Breite w und mit c Kanälen resultiert demnach in einem Vektor der Dimension $h \cdot w \cdot c$.

---

[2]Vektorgrafiken sind weit weniger gebräuchlich und sollen in diesem Beitrag nicht betrachtet werden.

Während mit dem Begriff Kanal im vorherigen Abschnitt der Rot- Grün oder Blaukanal eines RGB Farbraums gemeint war, kann dieser Begriff nun allgemeiner gefasst werden. Es kann nicht nur ein anderes Farbmodell wie etwa HSB verwendet werden, ebenso können Kanäle von unterschiedlichen Farbräumen kombiniert werden. Im weitesten Sinn kann ein Kanal hier als Information aufgefasst werden, die ein Merkmal eines einzelnen Pixels repräsentiert.

Die ausschließliche Verwendung von Kanälen aus dem RGB Farbraum ist insofern vorteilhaft, als dass sie alle den gleichen Definitionsbereich besitzen und die Normalisierung für diese somit einheitlich ist. Die Kanäle anderer Farbräume unterscheiden sich bezüglich ihres Wertebereichs nicht nur von denen des RGB Farbraums, sondern zum Teil auch untereinander. So ist beispielsweise der H Kanal[3] des HSV Farbraums ein Winkel, der in Grad gemessen wird, während die S und B Kanäle in Prozent angegeben werden.

Anhand der Erkennung von Buchstaben soll aufgezeigt werden, welche Schritte grundsätzlich nötig sind, um eine erfolgreiche Klassifikation von Bildern mit einem SEN durchzuführen. Für dieses Beispiel wurden 26 Bilder mit einer Größe von je 16·16 Pixeln erstellt, die mit den Buchstaben des Alphabets versehen wurden. Es wurden weiße Kleinbuchstaben auf schwarzem Hintergrund verwendet. Diese Bilder wurden als Objekte in die semantische Matrix eingefügt. Als Eingaben wurden die gleichen Bilder nochmal, sowie in zwei verfremdeten Varianten verwendet. Die erste Modifikation bestand im Hinzufügen eines Gaußschen Rauschens, die zweite in der Verzerrung der Ursprungsbilder mittels eines Ripplefilters. Die ursprüngliche sowie die beiden verfremdeten Varianten sind in Abb. 17.1 exemplarisch für die Buchstaben A bis D zu sehen.

Abb. 17.1 Buchstaben als Bilder

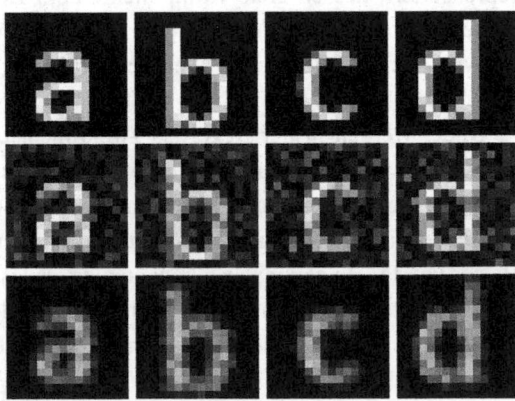

[3]Beim H Kanal muss zudem beachtet werden, dass sich der Winkel im Gegensatz zu den anderen Kanälen zyklisch verhält, da 0° 360° entspricht. Zwar gibt es Konzepte um auch zyklische Attribute mittels eine SENs abzubilden, diese wurden aber noch nicht hinreichend erforscht, um Aussagen über deren Eignung im Kontext von Bilddaten machen zu können.

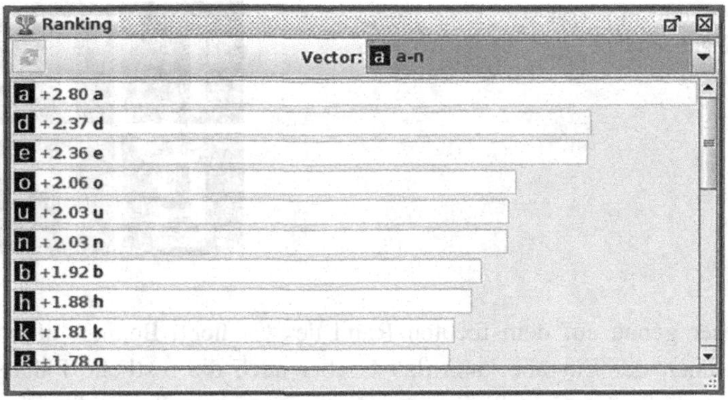

Abb. 17.2 Klassifikation des Buchstaben A mit Rauschen

Die Daten der Bilder wurden unipolar, d. h. auf den Wertebereich [0;1] normalisiert. Zum Training des Modells wurde ein Lernschritt bei einer Lernrate von 0.1 angewandt. Als Aktivierungsfunktion kommt zunächst die lineare Funktion zum Einsatz. Um nun die Klassifikation für eine bestimmte Eingabe durchzuführen, wird das Neuron mit der stärksten Endaktivierung ermittelt. In Abb. 17.2 ist zu sehen, wie ein A mit künstlich hinzugefügten Rauschen auch tatsächlich als der Buchstabe A mit einer Endaktivierung von 2.8 identifiziert wird. Mit den gewählten Parametern gelingt die Klassifikation aller Originalbilder anstandslos, auch für verrauschte Eingaben (Abb. 17.1). Allerdings gibt es eine Ausnahme bei dem Buchstaben L, der als G klassifiziert wird.

An diesem kleinen Beispiel kann aufgezeigt werden, dass die Klassifikation von Bilddaten mit SEN prinzipiell möglich und die oben beschriebene Konvertierung von Bilddaten zu Vektoren zu diesem Zweck ein probates Mittel ist. Ebenso ist zu attestieren, dass die Klassifikation der Bilddaten auch bei verrauschten oder anderweitig gestörten Eingangssignalen gelingt, was bei einem Neuronalen Netz aber auch ohnehin zu erwarten ist. Der viel interessantere Fund in diesem Experiment ist aber die fehlgeschlagene Klassifikation des Buchstaben L als G, insbesondere da die beiden Buchstaben augenscheinlich gut unterscheidbar sind.

Multipliziert man die Gewichtswerte der Objekte mit einem Eingabevektor, so vermittelt der resultierende Vektor einen guten Eindruck davon, welche Komponenten wie stark an der Endaktivierung des jeweiligen Neurons beteiligt sind. Dies lässt sich auch grafisch darstellen, wie in Abb. 17.3 zu sehen. In der oberen Reihe der Abbildung ist zunächst links das Objektbild für den Buchstaben L, in der Mitte die verrauschte Eingabe für den Buchstaben L und rechts schließlich das Ergebnis der Multiplikation der beiden vorhergehenden Bilder zu sehen. In der unteren Reihe wurde mit dem Objektbild für den Buchstaben G analog verfahren.

Die Neuronen, die die Objekte G und L repräsentieren beziehen ihre Endaktivierung gleichermaßen durch den Bereich, der durch den langen geraden Strich des Ls abgedeckt

Abb. 17.3 Multiplikation von
Objekt und Eingabebildern

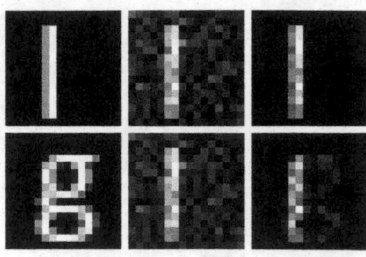

wird, da dieser genau auf dem rechten Rand des Gs liegt. Bedingt durch das hinzu-
gefügte Rauschen der Eingabe kann das G aber auch die restliche Fläche der Kreise
ober- und unterhalb der Grundlinie zum Zugewinn von weiterer Aktivierung nutzen,
im Bild nachvollziehbar durch die zwar schwerer aber immer noch deutlich erkennbare
Form des Gs unten rechts. Als Folge dieser zusätzlichen eingehenden Aktivierung wird
das den Buchstaben G repräsentierende Neuron natürlich in Summe stärker aktiviert und
entscheidet den Klassifikationsvorgang somit für sich.

Im Bezug auf die Wahrscheinlichkeit aus einem Klassifikationsvorgang als am
stärksten aktiviertes Neuron hervorzugehen, ist das den Buchstaben L repräsentierende
Neuron also bedingt durch die geringere Fläche, die das L im Vergleich zum G ein-
nimmt, grundsätzlich benachteiligt.[4]

Eine Aktivierungsfunktion, die diese Problematik entschärfen kann, ist die lineare
Mittelwertfunktion (Klüver und Klüver 2011b). Bei dieser Aktivierungsfunktion wird die
Netzeingabe durch die Anzahl der sendenden Neuronen geteilt:

$$a_j = \frac{\sum w_{ij} * a_i}{k} \qquad \text{(Gl. 17.1)}$$

Die lineare Mittelwertfunktion betrachtet jedoch lediglich die Anzahl der eingehenden
Verbindungen, nicht jedoch deren Stärke. Die in diesem Beitrag erstmals vorgestellte
relative Funktion erweitert die Grundidee der linearen Mittelwertfunktion, indem sie
die Netzeingabe in Bezug zu Anzahl und Gewichten der eingehenden Verbindungen
setzt. Dazu wird die Netzeingabe durch die Summe der Beträge der Gewichte aller eingehenden Verbindungen geteilt:

$$a_j = \begin{cases} \frac{net_j}{\sum |w_{ij}|}, \text{wenn } \exists i : w_{ij} \neq 0 \\ 0, \text{sonst} \end{cases} \qquad \text{(Gl. 17.2)}$$

---

[4]Die Tatsache, dass nur das L in diesem Modell von dem Problem betroffen ist, basiert auf der
zufälligen Generierung des Rauschens. Generiert man die verrauschten Bilder neu, so sind auch
andere Buchstaben von dem Problem betroffen, etwa das C, was eine große Schnittmenge mit dem
0 hat.

Der Fall, dass ein Neuron über keine eingehenden Verbindungen verfügt, muss hier in einer Fallunterscheidung betrachtet werden, um eine Division durch Null auszuschließen.

Bringt man die relative Aktivierungsfunktion zum Einsatz, so werden alle Buchstaben, sowohl im Original als auch in der verrauschten und der verzerrten Variante, korrekt klassifiziert. Anhand dieses kleinen Beispiels konnte aufgezeigt werden, dass SEN prinzipiell zur Klassifikation von Bilddaten geeignet ist. Durch Asymmetrie der Objektdaten bedingte Probleme konnten durch die Einführung einer neuartigen Aktivierungsfunktion gelöst werden.

17.2.2 Erster Ansatz: Erkennung von Verkehrszeichen mit SEN

Ein weiteres Problem bei der Bilderkennung besteht in der Dominanz der Farben, des Hintergrunds, sowie der unterschiedlichen Helligkeit. Darüber hinaus ist es häufig fraglich, nach welchen Kriterien ein neuronales Netz lernt. Dieses Problem soll anhand der Erkennung von Verkehrsschildern erörtert werden.

Für das Beispiel wird die bereits bekannte SEN-Software eingesetzt, mit Bildern aus dem Datensatz „German Traffic Sign Recognition Benchmark" (GTSRB), der im Abschn. 17.3.2 näher erläutert wird. Dem Netzwerk wurden 114 Verkehrsschilder zum Training vorgelegt, die Geschwindigkeitsbegrenzungen, Überholen verboten, Dreiecke, Vorfahrt etc. darstellen. 345 dem SEN unbekannte Bilder wurden anschließend für die Klassifikation als Testdaten (Inputvektoren) verwendet. Es handelt sich um eine Auflösung von $24 \cdot 24$ Pixeln in RGB-Farben, wodurch sich eine Anzahl von 1728 Attributen ergibt.

Als Lernparameter werden eine Lernrate von 0,1, ein Lernschritt sowie die relative Aktivierungsfunktion festgelegt. Das Ergebnis der Kartenvisualisierung wird in Abb. 17.4 gezeigt.

In der Abbildung werden die verschiedenen Verkehrsschilder farblich markiert, die für Vorfahrt, Dreiecke (mittelgrau), blaue Schilder (schwarz) und Schilder mit rotem Anteil (hellgrau) stehen. Wird mit der Maus über ein Objekt gefahren, wird das Bild angezeigt, wie es im SEN gelernt und klassifiziert wird. In der Abb. 17.4 handelt es sich bei den Schildern um Bilder, die aus SEN exportiert wurden und entsprechen demnach den gelernten (runde Pins) und den klassifizierten Bildern (Pins).

Anhand des Ergebnisses wird zunächst deutlich, dass SEN die Schilder nach dem Helligkeitsgrad anordnet: Links befinden sich die Bilder mit einem weißen Hintergrund, rechts die dunklen Bilder mit verschiedenen Hintergründen. Ebenfalls zu erkennen ist, dass SEN die Dreiecks-Schilder überwiegend im unteren Bereich anordnet und die runden im oberen Bereich, wobei die Geschwindigkeitsbegrenzungen (hellgrau markiert) sowie die blauen Schilder (schwarz markiert) nicht näher differenziert werden.

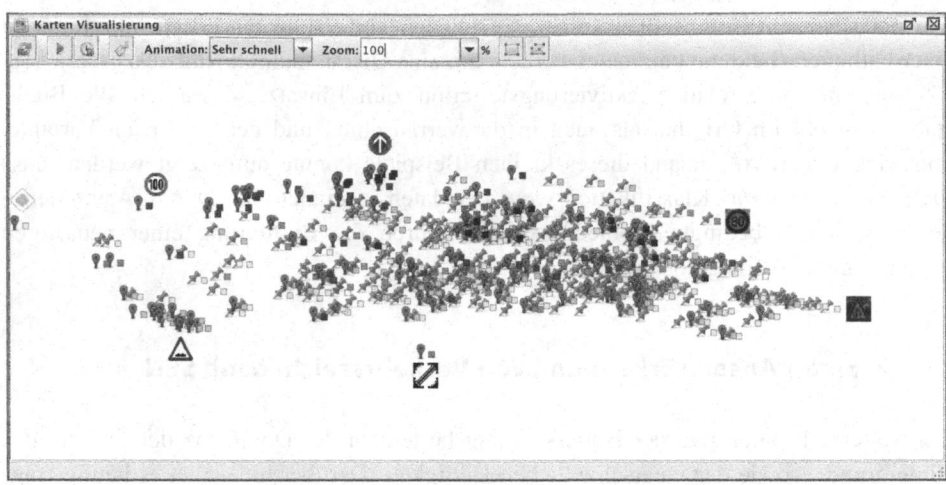

Abb. 17.4 Ergebnis des SEN zur Klassifizierung von Straßenschildern

Durch Änderung des Cue Validity Factors (cvf), der in diesem Fall automatisiert eingefügt wird und wodurch der Hintergrund der Schilder „ausgeblendet" wird (Abschn. 17.3.6), ergibt sich folgendes Ergebnis[5]:

Die Wirkung des cvf wird auch bei der Bildbearbeitung offensichtlich: Die Anordnung der Bilder erfolgt differenzierter, da in diesem Fall die Clusterung nach der Helligkeit *und* Farbe der Schilder erfolgt. Eine Clusterung nach dem Inhalt der Schilder ist jedoch nach wie vor nicht gegeben, wie anhand der Dreiecksschilder in Abb. 17.5. zu erkennen ist und nach wie vor ergeben sich keine Cluster, die nur gleiche Verkehrszeichen enthalten.

In der Rangliste ergibt die Klassifikation eines Schildes für die Geschwindigkeitsbegrenzung auf 20 das Ergebnis in Abb. 17.6.

In diesem Fall wurde das Verkehrszeichen richtig erkannt, insgesamt sind jedoch Helligkeit und Farbe ausschlaggebend, weshalb nicht alle Verkehrszeichen befriedigend nach deren Symbolen klassifiziert werden.

Die ersten Ergebnisse spiegeln die allgemeinen Probleme der Bildbearbeitung wieder und zeigen zugleich, dass SEN durchaus für die Bildbearbeitung vielversprechend ist. Im Abschn. 17.3 wird daher gezeigt, wie das Modell schrittweise verbessert wird.

Da die Bildbearbeitung grundsätzlich sehr rechenintensiv ist, wird für die nächsten Analysen die SEN Core verwendet. Dadurch können wesentlich mehr Daten analysiert werden, eine Visualisierung der Ergebnisse ist jedoch zum jetzigen Zeitpunkt nicht mehr möglich.

---

[5]Die Ergebnisse konnten Dank sehr guten Vorarbeiten von Julian Flieter erzielt werden.

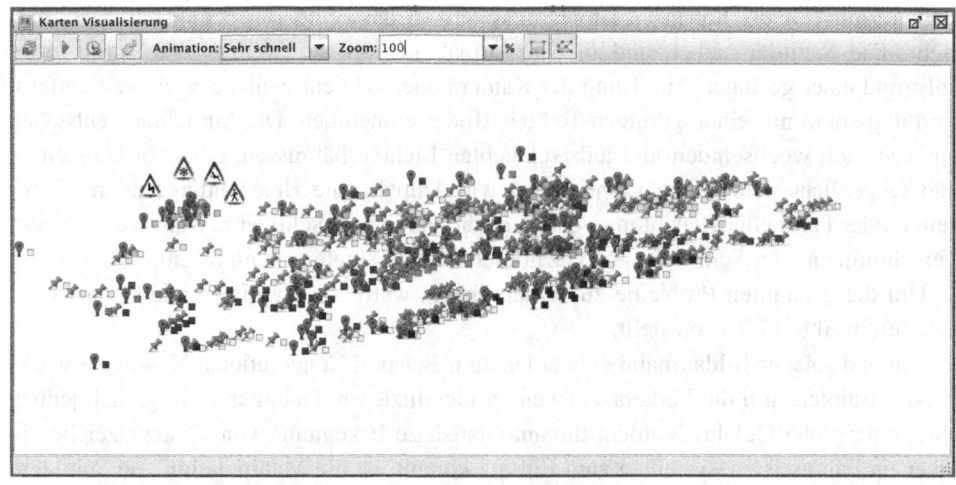

Abb. 17.5 Erkennung der Schilder mit einem veränderten cvf

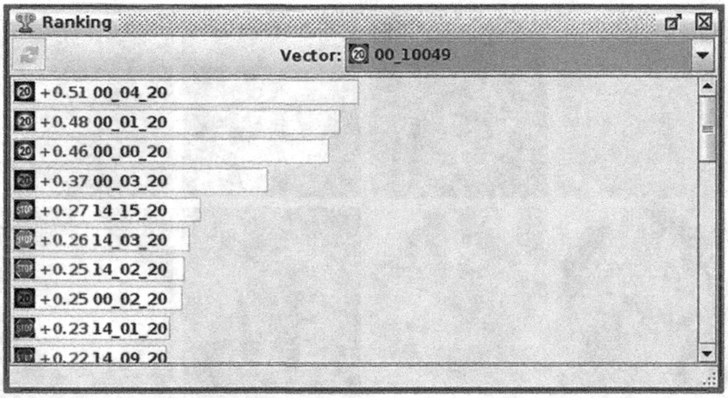

Abb. 17.6 Klassifikation eines Verkehrsschildes

17.3 Modellerweiterung zur Klassifikation von Verkehrszeichen

Die Erkennung von Verkehrszeichen ist eine in vielerlei Hinsicht anspruchsvolle Herausforderung, die eine große praktische Relevanz besitzt und nun schon seit mehreren Jahrzehnten erforscht wird (Stallkamp et al. 2012). Daran hat sich auch in den letzten acht
Jahren wenig geändert: Beispiele für aktuelle Forschungsergebnisse sind in Jayaprakash
und KeziSelvaVijila (2019) und Vennelakanti et al. (2019) zu finden.

Die Erkennung von Verkehrszeichen wird durch eine Vielzahl an Faktoren erschwert.
Die folgende Auflistung ist lose an Stallkamp et al. (2012) angelehnt. Aufnahmen ent-

stehen zum Teil bei hohen Geschwindigkeiten, so dass eine Bewegungsunschärfe entsteht. Die Schilder selber sind in den Aufnahmen oft nur wenige Pixel groß, etwa
aufgrund einer geringen Auflösung der Kamera oder schlicht weil sie noch weit entfernt
sind und somit nur einen geringen Teil des Bildes einnehmen. Die Aufnahmen entstehen
unter schnell wechselnden und teils schlechten Lichtverhältnissen, etwa bei Dunkelheit
und Gegenlicht. Künstliche Lichtquellen wie Ampeln, die Beleuchtung anderer Fahrzeuge oder Fahrbahnbeleuchtung verändern die Farbe von Schildern. Wetterverhältnisse,
Verschmutzung der Schilder sowie Sachbeschädigung spielen ebenfalls eine Rolle.

Um die genannten Probleme zu verdeutlichen, werden einige Beispiele solcher Aufnahmen in Abb. 17.7 vorgestellt.

Anhand solcher Bildaufnahmen werden zum Beispiel Convolutional Neural Networks
(CNN) trainiert, um die Verkehrszeichen zu identifizieren. Dahinter verbirgt sich jedoch
auch eine große Gefahr: Seitdem die automatisierte Erkennung von Verkehrszeichen in
diversen Fahrassistenzsystemen zum Einsatz kommt, ist die Manipulation von Schildern
auch zu einem Angriffsvektor zur Manipulation dieser Systeme geworden, wie beispielsweise in Eykholt et al. (2018) aufgezeigt wird.

Abb. 17.7 Beispiele für Bildaufnahmen von Verkehrszeichen

Ein weiterer wesentlicher Aspekt ist, dass Verkehrszeichen ausschließlich für Menschen entworfen wurden. Tatsächlich sind menschliche Fahrer nahezu perfekt im Erkennen von Schildern. Dies gilt nicht nur während der Fahrt, bei der die Schilder in einer Vielzahl von Kontextinformation eingebettet sind, sondern auch unter Laborbedingungen, wenn die Probanden tatsächlich nur die Schilder präsentiert bekommen (Stallkamp et al. 2012). Während die zugrunde liegende Systematik Menschen das Erkennen der Schilder erleichtert, erschwert sie die Klassifikation für Maschinen. So unterscheiden sich die verschiedenen Geschwindigkeitsbegrenzungen ausschließlich in der ersten und ggf. auch zweiten Ziffer, sofern die Höchstgeschwindigkeit dreistellig ist.

Neben all diesen erschwerenden Faktoren gibt es aber auch einige Erleichterungen: So sind Verkehrszeichen immer zweidimensional, dem Fahrzeug zugewandt und im Wesentlichen aufrecht, da sie zudem laut Vorgaben der StVO in einer Mindesthöhe aufgehängt werden müssen, ist die Fahrerperspektive auf sie nur bedingt veränderlich.

17.3.1 Erkennung von Verkehrszeichen mit dem SEN CORE

Im nun folgenden Abschnitt soll aufgezeigt werden, dass sich SEN auch mit großen Mengen an Echtdaten zu bewähren vermag und welche Modellierungstechniken bei diesem Unterfangen hilfreich sein können.

17.3.2 Datenquelle

Die für diesen Beitrag verwendeten Bilder von Verkehrszeichen sind dem German Traffic Sign Recognition Benchmark (GTSRB) entnommen (Stallkamp et al. 2012). Es handelt sich dabei um einen Wettbewerb zur Klassifikation von Verkehrszeichen, der mit dem Ziel ausgerufen wurde, die Erkennungsleistung aktueller Machine Learning-Verfahren mit der von Menschen zu vergleichen. Der Datensatz besteht aus 43 unterschiedlichen Klassen, also Arten von Verkehrszeichen. Der Trainingsdatensatz enthält insgesamt 26.684, der Testdatensatz 12.630 Bilder.[6]

Während es sich bei dem Testdatensatz ausschließlich um Einzelbilder handelt, besteht der Trainingsdatensatz aus Sequenzen von jeweils 30 Bildern, die während der Annäherung des Fahrzeugs aufgenommen wurden. Entstanden bei den Aufnahmen

---

[6]Diese Angaben beziehen sich auf die als Basic Training Set und Validation Set bezeichneten Datensätze. Es gibt einen weiteren Testdatensatz, der später bei der Austragung des Wettbewerbs genutzt wurde. Diese wurde im Rahmen dieser Arbeit nicht verwendet.

kürzere Sequenzen, wurden diese nicht in den Datensatz aufgenommen, bei längeren Sequenzen wurden 30 Bilder aus der gesamten Sequenz interpoliert.

Zu jedem Einzelbild enthielt der Datensatz auch 3 weitere vorberechnete Features: Histograms of Oriented Gradients (Dalal und Triggs 2005), Haar-like Features (Viola und Jones 2001) und Farbhistogramme. Da sich dieser Beitrag ausschließlich mit der Klassifikation von Bilddaten beschäftigt, wurden nur die Bilddaten selber verwendet.

Die Bilder lagen im RGB Format vor und wurden als PPM Dateien bereitgestellt. Das kleinste Bild verfügte über eine Auflösung von $25 \cdot 25$, also 625 Pixeln. Da bestimmte Machine Learning-Verfahren jedoch von einem Rand um die zu erkennenden Objekte profitieren, wurde beim Zuschnitt der Bilder ein Mindestabstand von fünf Pixeln belassen. Das kleinste Bild hatte also eine effektive Nutzlast von gerade einmal $15 \cdot 15$, also 225 Pixeln. Das größte Bild besaß eine Auflösung von $266 \cdot 232$ Pixeln. Da der Rand für das SEN unerheblich ist und somit lediglich die zu bewältigende Datenmenge ohne einen Gegenwert erhöht hätte, wurde dieser im ersten und einzigen Vorverarbeitungsschritt von allen Bildern abgetrennt. Die entsprechenden Bildkoordinaten lagen dem Datensatz in Form mehrerer CSV Dateien bei.

17.3.3 Bewertung der Ergebnisse

Bei der Klassifikation der Buchstaben sollte aufgezeigt werden, dass man mittels eines SENs alle Buchstaben korrekt klassifizieren kann. Für einen Datensatz der Größe des GTSRB erscheint diese Zielsetzung freilich unrealistisch, insbesondere da auch keines der am GTSRB teilnehmenden Teams dieses Ziel erreichte – auch der beste der menschlichen Probanden nicht.

Für Klassifikationsprobleme haben sich Konfusionsmatrizen einerseits und die Berechnung von Metriken wie Precision, Recall oder F1 andererseits etabliert. Voraussetzung für den Einsatz dieser ist die Möglichkeit, die Klasse eines Objekts vorauszusagen sowie die Kenntnis der tatsächlichen Klasse. Beide Voraussetzungen sind mit dem SEN, bzw. dem Datensatz des GTSRBs erfüllt. Somit können diese bekannten und etablierten Werkzeuge auch hier im Kontext von selbstorganisiert lernenden Netzen eingesetzt werden. Um eine zumindest rudimentäre Vergleichbarkeit mit den Ergebnissen des GTSRB zu erreichen, soll auch die gleiche Metrik wie dort zum Einsatz kommen, nämlich die Correct Classification Rate (CCR).

17.3.4 Erstellung des Modells und Ergebnis

Der Lernerfolg bei überwacht lernenden Neuronalen Netzen steht und fällt mit der Menge an verfügbaren Daten. Je größer die Menge an Beispielen, desto besser kann sichergestellt werden, dass das Neuronale Netz die relevanten Features erkennt. Bei Machine-Learning Ansätzen beschränken sich die Einflussmöglichkeiten im Wesentlichen auf die Wahl der Netzarchitektur sowie der Hyperparameter. Eine häufig verwendete Strategie ist zudem, bei nicht zufriedenstellenden Ergebnissen die Menge der Trainingsdaten zu erhöhen.

Ein diametraler Gegenentwurf ist die kontrollierte Modellbildung, wie sie mittels eines SENs durchgeführt werden kann. Die Objekte, die in die semantische Matrix eingefügt werden, stehen prototypisch für die später zu klassifizierenden Objekte. Der Modellierer behält somit die Kontrolle über die konkreten Zusammenhänge, die im fertig trainierten SEN vorliegen. Zwar ist auch hier kritisch, dass eine hinreichende Anzahl prototypischer Beispiele verfügbar ist, der Lernerfolg im Sinne eines Netzes, das die gewünschten Eigenschaften aufweist, verbessert sich mit dem Vorliegen weiterer Beispiele jedoch nicht mehr.

Unter dieser Prämisse wurde der GTSRB Datensatz gesichtet. Wie bereits oben beschrieben, bestehen die Daten aus Sequenzen von je 30 Bildern, die einer Vorbeifahrt des Fahrzeugs am jeweiligen Verkehrszeichen entsprechen. Untereinander unterscheiden sich dich Sequenzen teils drastisch, beispielsweise aufgrund der Lichtverhältnisse, Exaktheit der Ausrichtung und Zustand des Verkehrsschilds. Innerhalb einer Sequenz sind jedoch kaum Unterschiede bezüglich des Verkehrsschilds wahrnehmbar. Stattdessen ändern sich durch den immer geringer werdenden Abstand des Fahrzeugs zum Schild die Auflösung des Bildes einerseits, zum anderen der Hintergrund des Schildes aufgrund des sich ändernden Winkels zwischen Fahrzeug und Verkehrsschild. Während dieser Umstand für klassische Machine Learning Verfahren vorteilhaft ist, da er das zu erlernende Objekt in verschiedenen Kontexten präsentiert und somit verhindert, dass Features erlernt werden, die nicht zum eigentlichen Objekt gehören, bietet er für das Training des SENs keinen Mehrwert, da hier keine Features, sondern vollständige Bilder erlernt werden.

Als Konsequenz der obigen Überlegung wurde aus jeder der Sequenzen ein Bild ausgewählt, das als Objekt in die semantische Matrix aufgenommen werden sollte. Während die ersten Bilder der Sequenzen aufgrund der noch hohen Entfernung über nur eine geringe Auflösung verfügten, waren die letzten Bilder oftmals durch eine Bewegungsunschärfe gekennzeichnet. Das jeweils zwanzigste Bild erwies sich als guter Kompromiss aus Schärfe einerseits und adäquater Auflösung andererseits.

17.3.5 Schrittweise Verbesserung des Modells

Um sich einen Überblick über mögliche Problemfelder zu verschaffen, wurden in einem ersten Schritt Objekte für die insgesamt 43 Klassen an Verkehrsschildern aus dem Datensatz geladen und in die semantische Matrix importiert. Damit die Bilder im SEN verarbeitet werden können, müssen sie die gleiche Dimension aufweisen und wurden daher auf eine Größe von $20 \cdot 20$ Pixeln normalisiert. Als Kanäle wurden die Rot, Grün und Blaukanäle des RGB Farbraums ausgewählt und anschließend unipolar normalisiert. Anschließend wurde das Modell gegen den Testdatensatz aus 12.630 Bildern getestet.

Als Aktivierungsfunktion kam die relative Funktion zum Einsatz. Es erfolgte ein Lernschritt bei einer Lernrate von 0,1. Mit diesen Parametern wurde ein CCR von 0,37 gemessen. Das Ergebnis scheint auf einen ersten Blick unbefriedigend, ist aber tatsächlich Größenordnungen besser als der durch reines Raten zu erwartende Wert von 0.02, was sich auch in einem Kappascore von 0.34 widerspiegelt.[7]

Eine kursorische Inspektion der Konfusionsmatrix zeigt vor allem Verwechslungen in den Klassen 0 bis 5 sowie 7 – 10 und 15 auf, die den zulässigen Höchstgeschwindigkeiten 20, 30, 50, 60, 70, 80, 100 und 120 sowie den beiden Überholverbotszeichen 276 und 277 und dem Verbot für Fahrzeuge aller Art entsprechen. Alle diese Verkehrszeichen gehören zu den sogenannten Vorschriftzeichen und sind gleich aufgebaut: ein roter Kreis mit einer weißen Innenfläche. Lediglich die in der weißen Innenfläche befindlichen Symbole, bzw. Ziffern sind unterschiedlich.

17.3.6 Klassifikation gleichartiger Schilder

Hier kann aufgezeigt werden, dass die bereits in der Einleitung als Schwierigkeit identifizierte Tatsache, dass Verkehrszeichen für Menschen entworfen wurden, auch tatsächlich praktische Relevanz hat. Während die Vorschriftzeichen für Menschen einfach als solche zu erkennen und gut unterscheidbar sind, kann zu diesem Zeitpunkt bereits festgestellt werden, dass ihre Unterscheidung hier eine Herausforderung ist. Um die Probleme genauer zu diagnostizieren, soll mit einem kompakterem Modell fortgefahren werden. Es sollen die Klassen 1, 3 und 4 betrachtet werden, die den zulässigen Höchstgeschwindigkeiten 30, 60 und 70 entsprechen. Trainiert man das Netz mit den verfügbaren Objekten bei ansonsten gleichbleibenden Parametern und testet anschließend gegen die 1830 Testbilder dieser Klassen, so erhält man eine CCR von 0,51.

Es wurde oben bereits festgestellt, dass sich die hier zu unterscheidenden Vorschriftzeichen ausschließlich durch die Ziffern und Symbole in der weißen Kreisinnenfläche unterscheiden. Alle Ziffern und das Gros der Symbole sind dabei schwarz, um einen hohen Kontrast mit dem weißen Hintergrund zu erreichen. Das ist insofern problematisch, als dass die Farbe Schwarz bei einer unipolaren Kodierung in allen drei RGB Kanälen auf 0 abgebildet wird und somit die eigentlich relevante Information verloren geht. Durch die Verwendung einer bipolaren Kodierung, bei der die RGB Kanäle bei Weiß auf 1 und bei Schwarz auf -1 abgebildet werden, verbessert sich die CCR auf nunmehr 0,57.

Wurde im vorherigen Schritt dafür gesorgt, dass die eigentlich relevanten Informationen überhaupt erst angemessene Beachtung im Modell fanden, sind auf der

---

[7]Bei der Berechnung der zu erwartenden CCR wurde verkürzend davon ausgegangen, dass die Klassen mit gleicher Häufigkeit im Datensatz vorhanden sind, was aber tatsächlich nicht der Fall ist.

anderen Seite immer noch irrelevante Daten im Modell vorhanden. Die Gleichartigkeit
der Vorschriftzeichen, die deren Unterscheidung auf der einen Seite erschwert, kann nun
ausgenutzt werden um Informationen, die für die Klassifikation nicht entscheidend sind
zu eliminieren. Zunächst sind alle Verkehrszeichen kreisförmig, weswegen die Pixel
außerhalb dieses Kreises den Hintergrund des Schildes wiedergeben müssen und somit
nicht prototypisch für das jeweilige Schild sind. Da zudem alle Verkehrszeichen, die eine
zulässige Höchstgeschwindigkeit wiedergeben, von einem roten Ring umgeben sind, ist
dieser Bereich für die Klassifikation ebenfalls zu vernachlässigen. Der relevante Bereich
ist somit für alle Verkehrszeichen gleich und kann mittels des Cue Validity Factors (cvf)
gesteuert werden (wie bereits in Abschn. 17.2.2 gezeigt).

In der Domäne der Klassifikation von Bilddaten entstehen natürlich hoch-
dimensionale Vektoren. Eine manuelle Eingabe der jeweiligen Faktoren für die einzelnen Attribute wäre fehlerträchtig und unzweckmäßig. Stattdessen bietet sich ein
Import als Graustufenbild an, bei dem der CVF an schwarzen Stellen 0 ist und sich mit
zunehmender Helligkeit dem Wert 1 nähert. Die Anwendung auf das Bild entspricht der
Komponentenweisen Multiplikation der Kanalwerte mit der Helligkeit der Maske, wie es
in Abb. 17.8 verdeutlicht wird.

Durch das Ausblenden irrelevanter Bereich mittels des Imports der Cue Validity
Faktoren aus einem Graustufenbild und unter Beibehaltung der restlichen Parameter verbessert sich der CCR auf 0.75. Durch eine weitere Beschneidung des relevanten Bereichs
um die Rundungen oben und unten des Kreises kann dieser auf 0,79 gesteigert werden.
Da alle Höchstgeschwindigkeiten ohne Rest durch zehn teilbar sind, ist die rechte Ziffer
zudem immer eine Null und somit ebenfalls vernachlässigbar. Somit kann der über-
wiegende Teil der rechten Hälfte des Bildes ebenfalls außer acht gelassen werden, womit
eine CCR von 0,85 ermöglicht wird.

Eine weitere Möglichkeit irrelevante Information aus dem Modell herauszuziehen,
ist die Reduktion der Kanäle. Momentan werden der weiße Innenkreis sowie die Ziffern
darin betrachtet. Es ist überflüssig dafür die Rot-, Grün- und Blau Kanäle in Betracht
zu ziehen. Nimmt man nur den roten Kanal, so erreicht man, dass der rote Kreis um
das Schild sich nicht mehr abhebt, eine Reduktion der Daten um zwei Drittel sowie eine
Erhöhung der CCR um einen weiteren Prozentpunkt auf 0,86.

Nachdem durch Veränderung der Parameter bereits eine recht hohe Erkennungsrate
erreicht wurde, soll nun mittels Feinabstimmung des Modells weiter optimiert werden.
Während es bei den klassischen Machine Learning Verfahren unmöglich ist, das Ergebnis zu einer bestimmten Eingabe auf eines der erlernten Trainingsmuster zurückzuführen, erlaubt es die SEN Core API nicht nur das resultierende Label, also in diesem
Fall die Klasse und somit das identifizierte Verkehrszeichen zu ermitteln, sondern auch

Abb. 17.8 Ausblenden
irrelevanter Bereiche durch
den CVF

das Neuron, das zur Selektion des Labels führte und somit auch den jeweiligen Objekt-vektor zu identifizieren. Fehlgeschlagene Klassifikationen können somit konkreten Objektvektoren zugeordnet werden.

In der Praxis eröffnet das die Möglichkeit, häufig zu Fehlklassifikationen führende Objektvektoren aus der semantischen Matrix zu entfernen. Das Prozedere ist hier einen Testlauf durchzuführen, einen problematischen Objektvektor zu entfernen und zu über-prüfen, ob eine Verbesserung der Klassifikationsleistung eingetreten ist. Tritt die erhoffte Leistungssteigerung ein, so kann der Vorgang für weitere Objektvektoren durchgeführt werden. Bleibt die Leistungssteigerung aus, so sollte der Objektvektor wieder auf-genommen und überprüft werden, ob die Fehlklassifikationen, die dieses Objekt ver-antwortet, möglicherweise durch das Einfügen eines neuen Objekts verhindert werden kann, sofern entsprechende Daten vorhanden sind.

Durch das Löschen der fünf für die meisten Fehlklassifikationen verantwortlichen Objekte kann am Beispiel der Verkehrszeichen zur zulässigen Höchstgeschwindigkeit die CCR auf 0.90 gesteigert werden. Bemerkenswert ist an dieser Stelle, dass die so identifizierten Objekte auch nach manueller Sichtung der Bilder Mängel aufwiesen, von denen man intuitiv annehmen würde, dass sie deren Eignung als prototypische Vertreter ihrer Art beeinträchtigen.[8]

17.3.7 Klassifikation stark unterschiedlicher Objekte

Im vorherigen Abschnitt wurde aufgezeigt, wie die Erkennung sich stark ähnelnder Ver-kehrszeichen realisiert werden kann. Man könnte annehmen, dass es einem Neuronalen Netz umso leichter fällt, desto unterschiedlicher die Schilder ausfallen. Tatsächlich bringt die Klassifikation strukturell andersartiger Schilder ganz eigene Herausforderungen mit sich. Diese sollen an einem weiteren kleinen Feldversuch aufgezeigt werden. Dazu werden die Klassen 0, 13, 14, 21 und 39 des GTSRB Datensatzes ausgewählt, die den Schildern zulässige Höchstgeschwindigkeit 20, Halt! Vorfahrt gewähren, Doppelkurve zunächst links sowie vorgeschriebene Vorbeifahrt links entsprechen. Erneut werden die Rot- Grün- und Blaukanäle ausgewertet, die restlichen Parameter bleiben bei den bisherigen Werten.

Die Ergebnisse vermögen auf Anhieb mit einer CCR von 0.97 zu überzeugen. Bei einer näheren Untersuchung der Konfusionsmatrix springt ins Auge, dass bei 25 der insgesamt 39 fehlgeschlagenen Klassifikationen die Klasse 0 (zulässige Höchstgeschwindigkeit 20)

---

[8]Zwei der Aufnahmen waren durch Bewegungsunschärfe erheblich in ihrer Leserlichkeit ein-geschränkt. Eine Aufnahme war so schwach belichtet, dass man sie nur durch die künstliche Erhöhung des Kontrasts in einem Grafikprogramm leserlich machen konnte. Die obere Hälfte des vierten Bilds war durch gleißendes Licht nicht zu erkennen. Auf dem Schild der fünften Aufnahme schließlich war die Höchstgeschwindigkeit stark nach links verrutscht, möglicherweise war die Aufnahme auch perspektivisch verzerrt.

nicht erkannt wurde. Da der Support für Klasse 0 nur 60 beträgt, reißt der Recall dieser Klasse von 0,58 dementsprechend nach unten aus, die Precision von 0.94 hingegen fügt sich in das gute Gesamtbild ein. Die Ursache für die schlechte Erkennungsrate ist schnell identifiziert: mit nur 5 Aufnahmen ist die Datenbasis für diese Klasse die geringste im Modell und auch nicht besonders divers.

Bei der Klassifizierung gleichartiger Schilder ging die Verwendung des CVF Imports aus einer Bilddatei mit der größten Verbesserung des Modells einher. Grundlage dafür war, dass die Verkehrszeichen jenes Modells alle gleich aufgebaut waren und somit eine Maskendatei für alle Objekte verwendet werden konnte. Diese Bedingung ist in diesem Modell nicht mehr gegeben. Das Da das Stoppschild ein Oktagon ist, bedeckt es bereits den Großteil der rechteckigen Bildfläche. Die vier Ecken des Bildes, die von dem Oktagon nicht in Anspruch genommen werden, können ebenfalls nicht mit geringen CVF Werten belegt werden: die oberen Ecken werden für das Zeichen Vorfahrt gewähren benötigt, die unteren für das Zeichen Doppelkurve.

Die Lösung des Problems liegt darin, objektspezifische Cue Validity Faktoren zu verwenden. Die Self-Enforcing Rule muss dann um eine Variable erweitert werden:

$$\Delta w_{ij} = c \cdot v_{sm} \cdot cvf_G \cdot cvf_L$$

mit cvf_G als dem bereits bekannten Cue Validity Faktor, der nun zwecks besserer Unterscheidbarkeit als globaler CVF bezeichnet werden soll und cvf_L als dessen lokale Variante, die sich ausschließlich auf ein Objekt bezieht. Wird der $cvf = cvf_G \cdot cvf_L$ allgemein definiert, bleibt die ursprüngliche Lernregel (Kap. 2) unverändert.

Technisch kann ein lokaler CVF aus einem beliebigem Kanal einer Bilddatei geladen werden. Geradezu prädestiniert dazu ist allerdings der Alphakanal, der die Transparenz eines Pixels bestimmt und in den meisten Bildbetrachtungsprogrammen ohnehin schon korrekt angezeigt wird, sodass man eine intuitiv verständliche Ansicht der Auswirkungen hat. In Bildbearbeitungsprogrammen ist er zudem leicht bei gleichzeitiger Ansicht der RBG Kanäle zu manipulieren (Abb. 17.9).

Abb. 17.9 zeigt das Verkehrszeichen 222–10 (Vorgeschriebene Vorbeifahrt links) zweimal. Auf der linken Seite ist die Originalaufnahme aus dem Datenbestand des GTSRB. Rechts daneben ist die um einen Alphakanal erweiterte Aufnahme erneut.[9] Der Hintergrund wurde mit einem Alphawert von 0 belegt, sodass er künftig nicht mehr

Abb. 17.9 Verkehrszeichen vorgeschriebene Vorbeifahrt links – ohne (links) und mit (rechts) lokalen CVF

---

[9]Um eine bessere Erkennbarkeit der Abbildung in der Publikation zu gewährleisten, wurde der Hintergrund mit einem Schachbrettmuster versehen. Dieser ist nicht Teil der eigentlichen Bilddatei.

bei der Berechnung der Gewichte miteinbezogen wird. Diese Technik kann auch zum Ausblenden von Defekten des Bildes verwendet werden. So ist das Verkehrszeichen im Original teilweise mit einem runden Aufkleber oberhalb des Pfeils verdeckt. Dieser wurde durch eine Alphawert von 0 aus der modifizierten Version getilgt, da er selbstverständlich nicht prototypisch für dieses Verkehrszeichen ist.

Lässt man nun noch den grünen Kanal weg und testet das Modell erneut, so erhält man eine CCR von 0,992, nur vier der 510 erfolgten Klassifikationen sind noch inkorrekt.

17.4   Fazit

In diesem Beitrag wurde zunächst aufgezeigt, dass es mittels eines SENs möglich ist, Buchstaben und Verkehrsschilder zu klassifizieren. Die dazu notwendigen Überlegungen waren auch gleichzeitig die Grundlage zur Konvertierung von Bilddaten in eine für SEN geeignete Vektorform. Anhand des Fallbeispiels, bei dem es um die Klassifikation von Buchstaben ging, konnte der Einfluss der Aktivierungsfunktion auf den Klassifikationsprozess veranschaulicht werden und zudem die Notwendigkeit einer neuen Aktivierungsfunktion für diese Domäne hergeleitet werden. Im dritten und letzten Teil schließlich wurden anhand eines Praxisproblems Modellierungsmethoden erarbeitet, die eine inkrementelle Verbesserung der erstellten Modelle ermöglichten.

Dazu gehörten das schnelle Erstellen eines globalen Modells, um sich einen Überblick über die Problemfelder zu verschaffen, geschickte Wahl der zu importierenden Farbkanäle und der Normierung, gezielte Elimination von Objekten, die zur Falschklassifikationen führen, Verwenden eins Graustufenbildes zum Import der globalen, sowie Nutzung eines Alphakanals zum Import von lokalen Cue Validity Faktoren.

Die Daten des GTSRB wurden zur Illustration und schrittweisen Herleitung verschiedener Techniken verwendet. Nichtsdestotrotz ist der Klassifikationserfolg der Modelle beachtlich und zeichnet den Weg vor, den ein vollständiges System zur Klassifikation aller Verkehrszeichen beschreiten sollte. Da sowohl stark unterschiedliche als auch gleichartige Verkehrszeichen untereinander jeweils gut unterschieden werden können, bietet sich ein zweistufiges Modell an. Ein erstes SEN bestimmt die Art des Schildes. Aufgrund dieser Klassifikation kann ein zweites SEN selektiert werden, dass die konkrete Zuordnung zu einem Verkehrszeichen vornimmt. Diese zweistufige Architektur würde Validierung, Diagnose und Wartung des Systems zugute kommen.

Vergleicht man die hier skizzierte Lösung mit den Einreichungen zum GTSRB, so sticht einem die relative Einfachheit des Ansatzes ins Auge. Diese ist es auch, die das Modell transparent in Bezug auf einzelne Klassifikationsentscheidungen macht und somit erst eine rapide und kontrollierte Entwicklung ermöglicht. Eine weitere Konsequenz der Einfachheit und ebenso Grundlage für die die effiziente Entwicklung eines Modells ist die Performanz des Netzes. So dauerte das Training für alle Verkehrszeichen ca. 1,3 s, der Test der 12.630 Testbilder etwa 4 s, was einer Klassifikationsleistung von etwa 3.000 Bildern pro Sekunde entspricht.[10] Um das in einen Bezug zu setzen: das Training des Netzes, das den GTSRB gewann, benötigte 37 h für das Training des Netzes (Cireşan et al. 2012). Selbstverständlich sind die beiden Netze hinsichtlich ihrer Klassifikationsleistung nicht vergleichbar, dennoch lassen diese Zahlen Rückschlüsse auf die Dimension der Rechenkomplexität der beiden Ansätze zu. Ein weiterer Faktor zur Erklärung dieser Diskrepanz dürfte die Tatsache sein, dass für die SEN Lösung nur etwa 3 % der Datenmenge des GTSRBs genutzt werden musste.

Zusammenfassend lässt sich festhalten, dass mit der Klassifikation von Bilddaten eine neue und interessante Domäne für das SEN gewonnen werden konnte, wie auch die anderen Beiträge in diesem Teil des Sammelbandes dokumentieren. Die vielversprechenden Ergebnisse zeigen, dass hier bei einer ganzen Klasse von Problemen zwar keineswegs ein Ersatz, jedoch eine ernstzunehmende Alternative zum Einsatz der aktuellen Deep-Learning Verfahren zur Verfügung steht.

Wie in Abschn. 17.1 erwähnt, wird der entwickelte und hier vorgestellte Ansatz zur Bildbearbeitung bereits intensiv erforscht und im nächsten Beitrag wird gezeigt, dass die beiden Ansätze dabei nicht nur nicht in Konkurrenz zueinander stehen, sondern sogar erfolgreich kombiniert werden können.

Literatur

Carion N, Massa F, Synnaeve G, Usunier N, Kirillov AM, Zagoruyko S (2020) End-to-end object detection with transformers. arXiv:2005.12872

Cireşan D, Meier U, Masci J, Schmidhuber (2012) Multi-column deep neural network for traffic sign classification. Neural Networks: the official journal of the International Neural Network Society. 32:333–338. https://doi.org/10.1016/j.neunet.2012.02.023

Dalal N, Triggs B (2005) Histograms of oriented gradients for human detection. 2005 IEEE Computer Society Conference on Computer Vision and Pattern Recognition (CVPR'05), San Diego, CA, USA, 2005, 1, 886–893. doi: https://doi.org/10.1109/CVPR.2005.177

Eykholt K, Evtimov I, Fernandes E, Li B, Rahmati A, Xiao C, Prakash A, Kohno, T, Song D (2018) Robust physical-world attacks on deep learning visual classification. 2018 IEEE/CVF conference on computer vision and pattern recognition, Salt Lake City, UT, 2018, 1625–1634. doi: https://doi.org/10.1109/CVPR.2018.00175

Jayaprakash A, KeziSelvaVijila C (2019) Feature selection using Ant Colony Optimization (ACO) and Road Sign Detection and Recognition (RSDR) system. Cognitive Systems Research 58:123–133. https://doi.org/10.1016/j.cogsys.2019.04.002

Klüver J, Klüver C (2011a) Social Understanding. On Hermeneutics, Geometrical Models, and Artificial Intelligence. Springer. Dordrecht (NL)

Klüver C, Klüver J (2011) IT-Management durch KI-Methoden und andere naturanaloge Verfahren. Vieweg-Teubner, Wiesbaden

---

[10]Zum Einsatz kam ein AMD Ryzen 7 3700X Prozessor, der über 16 GB RAM verfügen konnte. Die SEN Core Library unterstützt den Einsatz von GPUs nicht.

Klüver C, Klüver J, Schmidt J (2012) Modellierung komplexer Prozesse durch naturanaloge Verfahren. Soft Computing und verwandte Techniken. 2., erweiterte und aktualisierte Auflage. Springer Vieweg. Wiesbaden

Klüver C (2016) Self-Enforcing Neworks (SEN) for the development of (medical) diagnosis systems. International Joint Conference on Neural Networks (IJCNN). Proceedings of the IEEE World Congress on Computational Intelligence (IEEE WCCI), Vancouver, 2016, 503–510 DOI: https://doi.org/10.1109/IJCNN.2016.7727241

Klüver C, Zurmaar B (2017) Einsatz eines Self-Enforcing Networks zur kontrollierten Modellbildung am Beispiel der Bewertung von Lösungen für Mathematikaufgaben. In: Hoffmann F, Hüllermeier E, Mikut R (Hrsg.) Proceedings. 27. Workshop Computational Intelligence, Dortmund, 23.–24. November 2017. Verlag KIT Scientific Publishing. Karlsruhe 89–101 http://dx.doi.org/https://doi.org/10.5445/KSP/1000074341

LeCun Y, Haffner P, Bottou L, Bengio Y (1999) Object Recognition with Gradient-Based Learning. In: Shape, contour and grouping in computer vision. lecture notes in computer science (Bd. 1681). Springer, Berlin. https://doi.org/https://doi.org/10.1007/3-540-46805-6_19

Stallkamp J, Schlipsing M, Salmen J, Igel C (2012) Man vs. computer: benchmarking machine learning algorithms for traffic sign recognition. Neural Networks. 32:323–332. https://doi.org/10.1016/j.neunet.2012.02.016

Vennelakanti A, Shreya S, Rajendran R, Sarkar D, Muddegowda D, Hanagal P (2019) Traffic Sign Detection and Recognition using a CNN Ensemble. 2019 IEEE International Conference on Consumer Electronics (ICCE), Las Vegas, NV, USA, 2019, 1–4, doi: https://doi.org/10.1109/ICCE.2019.8662019

Viola P, Jones M. (2001) Rapid object detection using a boosted cascade of simple features. Proceedings of the 2001 IEEE Computer Society Conference on Computer Vision and Pattern Recognition. CVPR 2001, Kauai, HI, USA, 2001, pp. I-I, doi: https://doi.org/10.1109/CVPR.2001.990517

Zhou D-X (2020) Universality of deep convolutional neural networks. Applied and Computational Harmonic Analysis 48(2):787–794. https://doi.org/10.1016/j.acha.2019.06.004

Homogenitätsprüfung von LED-Lichtleitern durch Neuronale Netzwerke

Sandra Thiemermann, Gregor Braun und Christina Klüver

Zusammenfassung

Die Prüfung von LED-Lichtleitern in Kraftfahrzeugen unterliegt nicht nur objektiven Qualitätskriterien, sondern auch subjektiver Wahrnehmung. Wenn ein Defekt offensichtlich vorliegt, ist die Bewertung unproblematisch. Handelt es sich jedoch um die Entscheidung, ob die Lichtleiter ein gleichmäßiges, angenehmes Licht ausstrahlen, oder ob nicht, kommt die Subjektivität ins Spiel, die zum Beispiel durch Müdigkeit oder persönliche Wahrnehmung beeinflusst werden kann. Um die subjektiven Bewertungen zu minimieren, wird eine automatisierte Qualitätsprüfung angestrebt. In diesem Beitrag werden zur Problemlösung verschiedene neuronale Netzwerke (Convolutional Neural Networks, Multi-Layer Perceptrons, Self-Enforcing Networks) sowie Modelle eingesetzt und deren Ergebnisse diskutiert.

Schlüsselwörter

LED-lichtleiter · Qualitätsprüfung · Convolutional Neural Networks · Multi-layer Perceptrons · Enforcing Rule Supervised · Self-Enforcing Networks

S. Thiemermann (✉)
Schöneich, Deutschland
E-Mail: sammelband-KIKL@rebask.de

G. Braun
Langenfeld, Deutschland
E-Mail: gregor.braun@hs-duesseldorf.de

C. Klüver
Fakultät für Wirtschaftswissenschaften / Soft Computing, Universität Duisburg-Essen, Essen, Deutschland
E-Mail: christina.kluever@uni-due.de

18.1 Einleitung

Die beleuchtete „Inneneinrichtung" der Autos, auch als Ambientebeleuchtung bezeichnet, gewinnt immer mehr an Bedeutung. Der Einbau von LED-Lichtleitern in Autos dient nicht nur dazu, ästhetische Wünsche zu erfüllen, sondern auch dazu, dem Fahrer als Orientierungsunterstützung im Fahrzeuginnenraum zu dienen (Wette 2019). Die Qualitätsprüfungen müssen im Produktionsprozess erfolgen, da ein Einbau fehlerhafter LED-Leuchten in Kraftfahrzeugen mit hohen Kosten verbunden ist.

Die Herausforderung bei der Qualitätsprüfung besteht in der Bewertung und Einteilung der Lichtleiter in die Klassen „fehlerfrei" bzw. „fehlerhaft", da diese nicht nur objektiv bewertet werden, sondern auch subjektiven Einflüssen unterliegen. Ob ein Licht als homogen und angenehm empfunden wird, kann variieren, je nach Müdigkeitsgrad oder anderen persönlichen Empfindungen. Aus diesem Grund wird eine automatisierte Qualitätskontrolle angestrebt (VDI 2019).

Künstliche neuronale Netzwerke bieten sich für die Qualitätskontrolle an, da sie anhand von Beispielbildern die Klassifikation der Leuchten als „fehlerfrei" und „fehlerhaft" erlernen können. Nach dem Lernprozess sind diese in der Lage, neue Bilder zu klassifizieren.

Durch ein Kamerasystem werden die Leuchten aufgenommen (Abb. 18.1) und ein menschlicher Gutachter überprüft, ob die Ausleuchtung homogen, also gleichmäßig hell ist, oder ein Fehler vorliegt wie zum Beispiel, dass das Licht zu dunkel erscheint oder ein Flackern zu beobachten ist (VDI 2019). Entsprechend erhalten diese Bilder ein „Label" mit der jeweiligen Kennzeichnung der Qualität.

Die beiden abgebildeten Aufnahmen solcher LED-Leuchten zeigen zum einen eine fehlerhafte Leuchte im oberen Bild, ein Fehler, der unmittelbar durch die starke Ausleuchtung links erkennbar ist. Im unteren Bild wird zum anderen eine LED-Leuchte gezeigt, die ein homogenes Licht produziert und entsprechend als fehlerfrei eingestuft wird. Die helleren Streifen in den Bildern der Leuchten sind durch Halterungen bedingt und werden für die Bewertung und Klassifizierung vernachlässigt.

In Kooperation mit dem Unternehmen Mentor GmbH wurden in einer Laborsituation insgesamt 201 LED-Leuchten aufgenommen, fehlerfreie sowie manuell manipulierte, und (subjektiv) bewertet. Die Bewertung ergab 82 Bilder für fehlerfreie und 119 für fehlerhafte LED-Leuchten. In der Praxis ist das Auftreten einer derart hohen Anzahl fehlerhafter LED-Leuchten in der Produktion natürlich ausgeschlossen; für den Trainingsprozess waren unterschiedliche Fehlerquellen jedoch von Bedeutung wie Kratzer, Fehlstellungen, zu dunkles Licht oder ein Gelbstich, welche die Leuchten

Abb. 18.1 Bilder von LED-Leuchten (Die Bilder wurden von Mentor GmbH zur Verfügung gestellt, vgl. VDI 2019, S. 4)

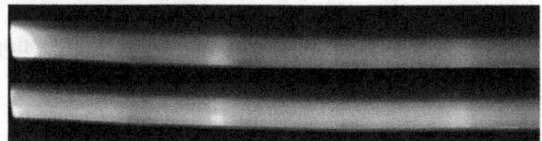

prinzipiell aufweisen können. Die Bilder haben eine Auflösung von 4112×188 Pixeln (Breite mal Höhe).

Wie eine Qualitätskontrolle durch verschiedene neuronale Netzwerke und Modelle erfolgen kann, wird im Folgenden vorgestellt. Zunächst werden die grundlegenden Eigenschaften der eingesetzten Netzwerke und erste Ergebnisse der Klassifizierung mit überwacht lernenden Netzwerken (Multi-Layer Perceptrons (MLP) und Convolutional Neural Network (CNN)) vorgestellt. Da bei einer Bildanalyse große Datenmengen verarbeitet werden müssen (Kap. 17), wird anschließend der Einsatz eines Self-Enforcing Networks (SEN) zur Datenreduktion und zur Referenztypenbildung gezeigt. Die Referenztypen stehen für fehlerfreie bzw. fehlerhafte Leuchten und werden von überwacht-lernenden Netzwerken trainiert, wodurch die Trainingsdatenmenge stark vermindert wird. Die erzielten Ergebnisse werden in Abschn. 18.3.2 vorgestellt. Die wichtigsten Erkenntnisse werden abschließend diskutiert.

Die Zielsetzung dieses Beitrages besteht nicht darin, einen Vergleich zwischen den verschiedenen Algorithmen durchzuführen, sondern verschiedene Modellierungsmethoden aufzuzeigen.

18.2 Überwacht-lernende Neuronale Netzwerke

In den letzten Jahren ist der Einsatz überwacht-lernender Netzwerke, insbesondere sogenannter Convolutional Neural Networks (CNN) für die Analyse von Bilddaten fast selbstverständlich geworden (Khan et al. 2020) Auch für das vorliegende Problem ist es naheliegend, neuronale Netzwerke zu verwenden, die zunächst lernen, Bilder von Lichtleitern gemäß den Kategorien „fehlerfrei" und „fehlerhaft" zu unterscheiden, um anschließend neue Bilder entsprechend zu bewerten und zu klassifizieren. Wie dies erfolgen kann wird beispielhaft durch Multi-Layer Perceptrons (MLP) und Convolutional Neural Networks (CNN) demonstriert.

Die Details der eingesetzten Netzwerke können aufgrund der Gesamtkomplexität nicht behandelt werden, daher werden lediglich die Charakteristika der Netzwerke und die erzielten Ergebnisse kurz vorgestellt:

18.2.1 Multi-Layer Perceptrons

Die Multi-Layer Perceptrons (MLP) sind wohl die bekanntesten und am häufigsten eingesetzten Netzwerktypen, die überwacht lernen. In modernen Netzwerkarchitekturen und im Kontext des Maschinellen Lernens werden diese auch als „dense layer" oder „fully connected layer" bezeichnet.

Alle Netzwerke bestehen aus Eingabe- und Ausgabeschichten sowie einer Anzahl an sogenannten Zwischenschichten, die für die Lösung des Problems benötigt werden. Darüber hinaus bestehen die Schichten aus einer Anzahl von Neuronen, die miteinander vorwärtsgerichtet verbunden sind. Diese Verbindungen und deren Stärke werden in einer Gewichtsmatrix, wie bei neuronalen Netzwerken üblich, festgehalten. Im Gegensatz zum Self-Enforcing Network (SEN), werden die Werte der Verbindungen (Gewichtswerte) zu Beginn per Zufall generiert. Auch bei überwacht-lernenden Netzwerken spielen darüber hinaus verschiedene Funktionen sowie die Lernrate eine entscheidende Rolle.

Diesen Netzwerktypen wird grundsätzlich die Zielsetzung präsentiert (zum Beispiel in der Gl. 18.1 mit t für „target" gekennzeichnet), in dem vorliegenden Fall Bilder, die in fehlerfreie und fehlerhafte Lichtleiter eingeteilt werden. Das Netz soll demnach lernen, eine vorgegebene Anzahl an Bildern, korrekt zu klassifizieren. Wurde ein Bild nicht korrekt klassifiziert, was nach einem ersten Lernprozess sehr wahrscheinlich ist, müssen die Gewichtswerte (w_{ij}) der Verbindungen angepasst werden. Dies geschieht nach einer vorgegebenen Lernregel, wobei die bekannteste Lernregel als sogenanntes „Backpropagation" (BP) bezeichnet und formal wie folgt dargestellt wird:

$$\Delta w_{ij} = \eta \left(t_j - o_j \right) o_i = \eta \delta_j o_i \qquad \text{(Gl. 18.1)}$$

Die Berechnung des Fehlers erfolgt nach der folgenden Formel:

$$\delta_j = \begin{cases} f_j' \left(net_j \right) \left(t_j - o_j \right) & \textit{falls j eine Ausgabezelle ist} \\ f_j' \left(net_j \right) \sum_k \left(\delta_k w_{jk} \right) & \textit{falls j eine verdeckte Zelle ist} \end{cases} \qquad \text{(Gl. 18.2)}$$

Der Fehler (δ_j) in den Ausgabeneuronen (o_j) wird demnach als Differenz zum Ziel (t) ausgerechnet (t_j-o_j), mit einer Lernrate (η) multipliziert und der Wert als Korrekturvorgabe der jeweiligen Gewichtswerte dem Netzwerk zurückgegeben; der Fehler wird im Netz „zurück propagiert", daher auch der Name der Lernregel. Da für die Zwischenschichten keine Zielvorgabe bekannt ist, wird der Fehler von der Zwischenschicht zur nächsthöheren Schicht in Richtung des Inputvektors lediglich proportional übergeben (unterer Teil der Formel, wobei k für alle Nachfolgezellen einer aktuellen Zelle steht).

Die Forschungsgruppe CoBASC hat aus theoretischen Gründen alternative Lernregeln entwickelt, die als Self-Enforcing Rule Supervised (ERS) bezeichnet werden[1]:

$$\Delta w_{ij} = c * \left| \left(1 - \left| w_{ij}(t) \right| \right) \right| * \delta_j * sgn(o_i) \qquad \text{(Gl. 18.3)}$$

In der als ERS bezeichneten Version wird auf die Multiplikation mit dem Output des sendenden Neuron o_i verzichtet und nur das Vorzeichen durch die Signumfunktion (sgn) betrachtet; $w_{ij}(t)$ bedeutet, dass der Gewichtswert zum Zeitpunkt (t) betrachtet wird. Bei der Berechnung des Fehlers (δ_j) wird auf Ableitungen verzichtet, wodurch die Lernregel stark vereinfacht ist.

---

[1]Die Hintergründe sowie die Darstellung eines „Allgemeines Lernschemas" für Neuronale Netze finden sich in Klüver und Klüver (2014).

$$\delta_j = \begin{cases} t_j - o_j, \text{ wenn je eine Ausgabezelle ist} \\ \sum_k \delta_k * w_{jk}, \text{ sonst} \end{cases} \qquad \text{(Gl. 18.4)}$$

In der Alternative ERS2 wird die Multiplikation mit dem Wert des sendenden Neurons aufgenommen, um eine Vergleichbarkeit zur BP-Lernregel zu ermöglichen:

$$\Delta w_{ij} = c * \left|\left(1 - \left|w_{ij}(t)\right|\right)\right| * \delta_j * o_i \qquad \text{(Gl. 18.5)}$$

Eine zweite Alternative wurde von Sandra Thiemermann entwickelt, implementiert und als ERS DL bezeichnet, damit auch tiefe Netzwerke mit dieser Lernregel trainiert werden können:

$$\delta_j' = 2 * d * \frac{\delta_j}{n_i} \qquad \text{(Gl. 18.6)}$$

Hierbei stellt δ_j den gemäß ERS berechneten Deltawert, d die Gesamttiefe des Netzes in Schichten und n_i die Anzahl der Neuronen in der unmittelbaren Vorgängerschicht dar.

18.2.2 Erste Ergebnisse

Für das Training wurden per Zufall 40 % der fehlerfreien und 50 % der fehlerhaften Bilder verwendet (somit insgesamt 112 Bilder). Die restlichen Bilder dienten als Test für die Qualität der Zuordnung. Die Anzahl der Inputneuronen (Pixel eines Bildes) wurde reduziert, damit eine Bearbeitung in akzeptabler Zeit möglich ist.

In ersten Experimenten mit verschiedenen Modellen hat es sich gezeigt, dass diese durchaus für die Problemlösung geeignet sind, die Performanz jedoch sehr zu wünschen lässt. Für den Einsatz eines MLP mit der Backpropagation-Lernregel wurde eine Bildgröße von 248×24 gewählt, wodurch allein, bedingt durch die RGB-Werte der einzelnen Pixel, die Eingabeschicht 17.856 Inputneuronen enthielt, dann 5 Zwischenschichten mit jeweils 120 Neuronen und eine Ausgabeschicht mit 2 Neuronen für die zwei Klassen. Mit dieser Topologie (und 2.200.560 Verbindungen, die angepasst werden müssen) lag das beste Klassifikationsergebnis bei 96,6 %, die durchschnittliche Erkennungsrate war jedoch wesentlich niedriger.

Beim Einsatz der Enforcing Rule Supervised-Lernregel (ERS) wurde eine Topologie gewählt mit 15.360 Inputneuronen, 3 Zwischenschichten mit 60,40 und 20 Neuronen sowie 2 Ausgabeneuronen. Die Erkennungsrate lag bei 91 %, wobei die Rechendauer, trotz der kleineren Topologie, bedingt durch eine notwendig kleine Lernrate wesentlich länger war.

Zwischenfazit In den ersten Experimenten hat sich gezeigt, dass ein klassisches überwacht-lernendes Netzwerk durchaus in der Lage ist, eine Klassifizierung der Bilddaten durchzuführen. Das Finden einer geeigneten Topologie und die Trainingsdauer stellen jedoch hohe Herausforderungen dar. Die erreichte Klassifizierungsgüte ist für ein derartiges Problem durchaus ein gutes Ergebnis.

Wie bereits erwähnt, haben sich für die Klassifizierung von Bildern Convolutional Neural Networks (CNN) als besonders gut geeignet herausgestellt und wie die Klassifizierung der Bilder mit derartigen Netzen gelöst werden kann, wird im Folgenden kurz präsentiert.

18.2.3 Convolutional Neural Networks

Charakteristisch für diese Netzwerktypen ist die Fähigkeit der Datenkomprimierung und Merkmalsextraktion. Den Netzwerken wird ein Bild als Matrix präsentiert deren Merkmale durch sogenannte „Convolutional Layer" (Faltungsschichten) anhand von speziellen Filtern (Kernel) ausgewertet werden. Zusätzliche „Pooling Layer" (Aggregationsschichten) dienen der Extrahierung und Komprimierung der Daten.

Das eigentliche Netzwerk ist schließlich für die Klassifizierung der Bilder zuständig. Da ein MLP nicht in der Lage ist, eine Matrix zu verarbeiten, wird die Matrix in einen Vektor transformiert („Flatten", s. Abb. 18.2). Das Netz enthält verschiedene Zwischenschichten (in diesem Fall als „fully connected" oder vollverbunden bezeichnet) und die Berechnung des Fehlers findet ebenfalls variiert statt: In der Ausgabeschicht wird die sogenannte Softmax-Funktion eingesetzt, die eine Wahrscheinlichkeit für die jeweilige Klasse ausgibt. Somit wird in diesem Fall der Fehler nicht mehr wie bei MLP genau ausgerechnet, sondern die Wahrscheinlichkeit, die richtige Klassifizierung zu erzielen, maximiert.

Da es sich hier um eine sehr stark vereinfachte Beschreibung der CNN handelt, wird die Topologie für diese Problemstellung in Abb. 18.2 dargestellt.

Das Bild einer Leuchte wird dem Netz in RGB-Farben präsentiert; da es sich um eine Auflösung von 4112×188 Pixeln handelt, ergibt sich daraus die Anzahl von 773.056 Pixeln.

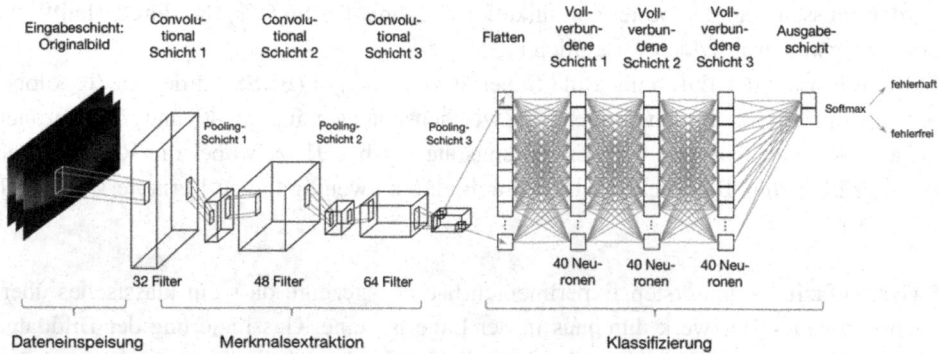

Abb. 18.2 Mögliche Topologie für die Klassifizierung von LED-Leuchten

	n = 89	Wahre Klasse		
		fehlerfrei	fehlerhaft	
Vorhergesagte Klasse	fehlerfrei	37	2	94,87%
	fehlerhaft	4	46	92,00%
		90,24%	95,83%	

Abb. 18.3 Konfusionsmatrix

Durch den Einsatz der Convolutional- und Pooling-Layer wird die Datenmenge reduziert und das Netzwerk enthält insgesamt für alle Schichten „nur noch" 120.122 Verbindungsgewichte, die angepasst werden müssen.

Für das Training des Netzwerkes wurden erneut 55 % (112 Bilder) ausgewählt und für das Testen 45 % (89 Bilder) verwendet. Das CNN erzielt im besten Fall eine Erkennungsrate von 97,8 %, und das innerhalb von Millisekunden[2].

Die Güte der Klassifizierung wird auch bei Neuronalen Netzen durch eine sogenannte Konfusionsmatrix abgebildet. Darin wird festgehalten, wie viele Bilder richtig oder falsch klassifiziert werden (Abb. 18.3).

In diesem Fall werden 37 Bilder als fehlerfreie Leuchten und 46 Bilder als fehlerhafte Leuchten korrekt klassifiziert; 2 Bilder von fehlerfreien Leuchten werden fälschlicher Weise als fehlerhaft eingestuft, obwohl sie als "fehlerfrei" bewertet wurden und 4 weitere Bilder wurden als fehlerfreie Leuchte klassifiziert, die mit dem Label "fehlerhaft" versehen wurden.

18.2.4 Fazit

Die erzielten, sehr guten Ergebnisse mit einem CNN bei einer so geringen Datenmenge sind nicht selbstverständlich, da diese Netzwerktypen vor allem für das Training großer Datenmengen geeignet sind und üblicherweise 80 % der Bilder trainiert, 10 % validiert und 10 % tatsächlich getestet werden.

Aus den bisherigen Ergebnissen wird bereits deutlich, dass eine 100 % Erkennungsrate mit den verwendeten Netzwerktypen nicht möglich ist. Es ist nicht auszuschließen, dass andere Topologien, Funktionen etc. zu noch besseren Ergebnissen führen, dies kann jedoch grundsätzlich nicht vorausgesetzt werden. Es müsste ebenfalls geprüft werden, ob die Bewertung der Leuchten ggf. angepasst werden muss.

Da für den Produktionsprozess eine noch geringere Trainingsmenge und ggf. schnelle Anpassung wünschenswert ist, wird im Folgenden gezeigt, wie das SEN zur Daten-

---

[2]Für CNN wurden die Open-Source Bibliotheken Keras und Tensorflow verwendet.

reduktion und zur Bildung von Referenztypen genutzt werden kann, die anschließend von klassischen überwacht-lernenden Netzen gelernt werden.

18.3 SEN zur Datenreduktion und zur Bildung von Referenztypen

Wie in Abb. 18.2 dargestellt, dienen die Convolutional- und Pooling-Layer der Datenreduktion und Merkmalsextraktion. Als eine Alternative zur Datenreduktion wurde ein SEN eingesetzt, indem die Bilddaten nur in „Graustufen" in einer Dimension von 50 X 10 Pixeln (Breite mal Höhe) importiert wurden[3]. Die Bilder sind entsprechend verkleinert wodurch die Eingabeschicht aus 500 Neuronen besteht (zur Erinnerung, bei BP waren es ursprünglich 17.856 Neuronen in der Eingabeschicht, bei ERS 15.360 Neuronen).

Bei dem Self-Enforcing Network handelt es sich um ein selbstorganisiert lernendes Netzwerk. Derartige Netzwerke lernen „nicht-überwacht", das bedeutet, dass sie keine Zielvorgaben erhalten. Nach dem Lernprozess werden die Bilder gemäß ihrer Ähnlichkeit geclustert und klassifiziert.

Für die Bildanalyse mit SEN werden die Daten in die semantische Matrix importiert, wobei die Pixel eines Bildes die Attribute darstellen und die Objektnamen die Bewertung einer LED-Leuchte (Label) enthalten[4]. Die Farbabstufungen werden in den Wertebereichen 0 bis 255 abgebildet und die Normierung der Daten findet zwischen 0 und 1 statt.

Für die folgenden Verarbeitungen wird die lineare Aktivierungsfunktion verwendet, es wird ein einzelner Lernschritt durchgeführt und eine Lernrate von 0.1 verwendet. Entsprechend werden gemäß der Lernregel die Bilder in die Gewichtsmatrix transformiert.

In der SEN-Software besteht der Vorteil, dass die erlernten Bilder eingesehen werden können, wenn man mit der Maus darüber geht; so kann überprüft werden, ob die Bilder erwartungsgemäß platziert werden. Abb. 18.4 zeigt die Clusterung der Bilder nach dem Lernprozess.

Da die Label weitere Informationen enthalten als nur fehlerfrei oder fehlerhaft werden diese Informationen durch Farbmarkierungen aufgenommen. Wie in der Kartenvisualisierung zu erkennen ist, entstehen Cluster, die nur LED-Leuchten enthalten, die fehlerfrei oder fehlerhaft sind. Teilweise zeigt es sich jedoch auch, dass zum Beispiel in dem Cluster unten rechts die Einordnung nicht eindeutig ist, sondern fehlerhafte wie fehlerfreie Leuchten sehr nah beieinander abgebildet werden.

Im nächsten Schritt werden die Referenztypen gebildet:

---

[3]Nähere Hinweise dazu finden sich in Kap. 17.

[4]Für wertvolle Vorarbeiten bei der Klassifizierung der Bilder von Leuchten mit SEN bedanken wir uns bei David Bergmann, Fabian Berns und Fabian Niehaus.

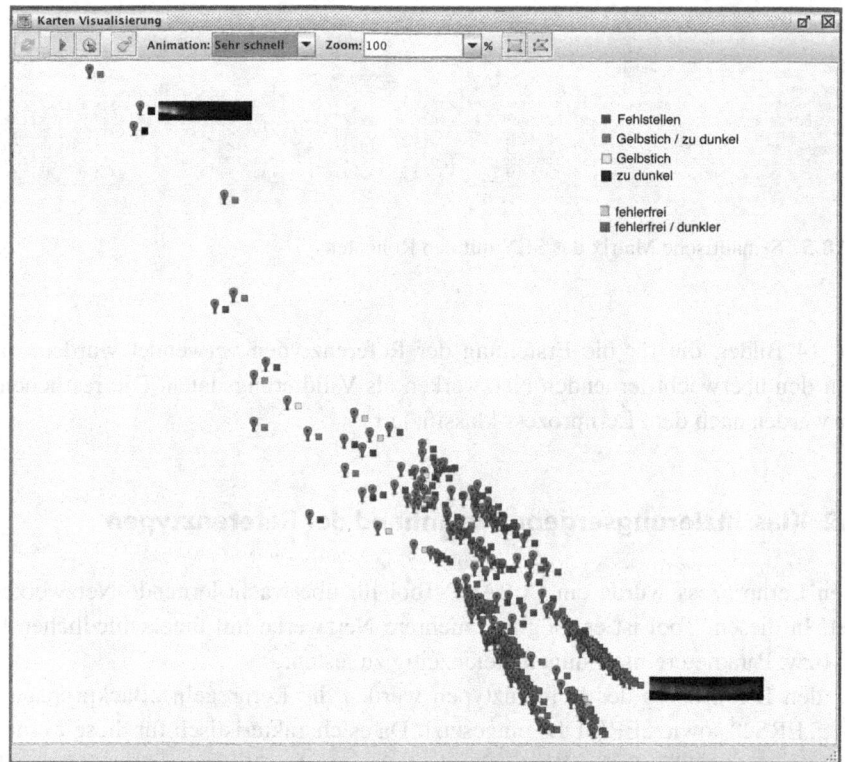

Abb. 18.4 Kartenvisualisierung nach dem Lernprozess mit Beispielen für die Bildaufnahmen der LED-Leuchten

18.3.1 Methodisches Vorgehen für die Bildung von Referenztypen

Die Erstellung der Referenztypen erfolgt in diesem Fall manuell, indem in der SEN-Software die Bilder, die ausgewählt werden sollen, markiert werden. Aus diesen Bildern wird der Mittelwert gebildet.

Um einen minimalistischen Ansatz zu wählen, wurden für 5 Referenztypen jeweils nur zwei Bilder ausgewählt und in einem weiteren Fall 4 Bilder; anschließend werden die 14 verwendeten Bilder als „Validierungsbilder" für die Referenztypen herangezogen. Damit wird überprüft, ob die Bilder anschließend korrekt klassifiziert werden.

In der semantischen Matrix verbleiben nur die Referenztypen. Abb. 18.5 zeigt einen Ausschnitt der semantischen Matrix.

Die normalisierten Daten der semantischen Matrix werden als Trainingsdatenmenge den überwacht-lernenden Netzen übergeben. Als Zielwerte wurden erneut nur die zwei Klassen „fehlerfrei" (Kodierung 1 0) und „fehlerhaft" (0 1) vorgegeben.

Semantische Matrix

Rohdaten | Normalisiert | Gewichtet

Objekt Name	0,0...	1,0...	2,0...	3,0...	4,0...	5,0...	6,0...	7,0...	8,0...	9,0...	10,...	11,...	12,...	13,...	14,...	15,...	16,...	17,...	18,...	19,...	20,...
Referenztyp fehlerfrei	9,44	6,00	4,00	4,11	3,00	3,00	2,67	2,33	2,00	2,33	2,67	2,00	2,00	2,00	2,00	1,78	2,00	1,67	1,67	2,00	
Referenztyp fehlerfrei dunkler	6,67	4,50	2,50	3,00	2,00	2,00	2,50	1,50	1,50	2,00	2,00	2,00	1,33	2,00	1,00	1,50	1,50	1,50	1,00	1,00	2,00
Referenztyp Fehlstellen	5,83	4,00	3,00	3,00	3,00	3,00	2,50	2,50	2,50	1,50	2,50	2,00	2,00	2,00	2,00	2,00	2,00	2,00	1,83		
Referenztyp Gelbstich	10,83	5,83	4,00	3,00	3,00	1,50	2,50	2,00	2,00	2,00	2,00	2,00	2,00	1,50	1,50	2,00	2,50	1,50	1,50	2,00	2,50
Referenztyp zu dunkel	8,50	5,00	2,00	2,50	2,00	2,00	2,00	1,50	1,50	1,50	1,00	1,50	0,83	1,83	1,50	1,50	1,50	1,00	1,00	1,50	1,83
Referenztyp Gelbsich zu dunkel	16,67	10,17	7,33	5,00	3,83	3,50	3,00	3,00	2,50	2,50	2,00	1,50	2,00	2,00	2,00	1,67	1,00	1,50	1,50		

Abb. 18.5 Semantische Matrix des SEN mit den Rohdaten

Die 14 Bilder, die für die Erstellung der Referenztypen verwendet wurden, dienen auch in den überwacht-lernenden Netzwerken als Validierungsdaten. Die restlichen 187 Bilder werden nach dem Lernprozess klassifiziert.

18.3.2 Klassifizierungsergebnisse anhand der Referenztypen

Für den Lernprozess wurde ein CoBASC-Tool für überwacht-lernende Netzwerke eingesetzt. In diesem Tool ist es möglich, mehrere Netzwerke mit unterschiedlichen Lernregeln bzw. Parametereinstellungen gleichzeitig zu testen.

Für den Lernprozess der Referenztypen wurden die Lernregeln „Backpropagation", „ERS", „ERS2" sowie „ERS DL" eingesetzt. Da es charakteristisch für diese Lernregeln ist, dass sie unterschiedliche Werte für die Lernrate benötigen und ggf. unterschiedliche Aktivierungsfunktionen, werden diese entsprechend ausgewählt; die zu Beginn generierte Gewichtsmatrix (im Intervall zwischen −0,5 und 0.5) ist jedoch für alle Netzwerke gleich.

Die Topologie der Netzwerke ist ebenfalls gleich: 500 Neuronen sind in der Eingabeschicht, jeweils 60 Neuronen in zwei Zwischenschichten und 2 Ausgabeneuronen, die für die zwei Klassen stehen. In Abb. 18.6 werden die Einstellungen dargestellt.

Netzaufbau

Gewichtsmatrix: Zufällig

Input 500   L1 60   L2 60   Output 2

Trainingsmuster: Import   Pfad: /Users/CK/Desktop/Mentor Sammelband/Referenztypen.txt
Anzahl: 6   Minimum (Zielwert): 0.0   Maximum (Zielwert): 1.0

Lernregeln

Name	Lernregel	Lernrate	Aktivierungsfunktion:						
Backpropagation	BackPropagation	0.9	LogisticFunction	x	x	x	x	x	x
ERS	EnforcingRuleSupervised	0.04	TangensHyperbolicus	x	x	x	x	x	x
ERS2	EnforcingRuleSupervisedV2	0.08	TangensHyperbolicus	x	x	x	x	x	x
ERS DL	EnforcingRuleSupervisedDL	0.04	TangensHyperbolicus	x	x	x	x	x	x

Abb. 18.6 Parametereinstellungen für den Lernprozess

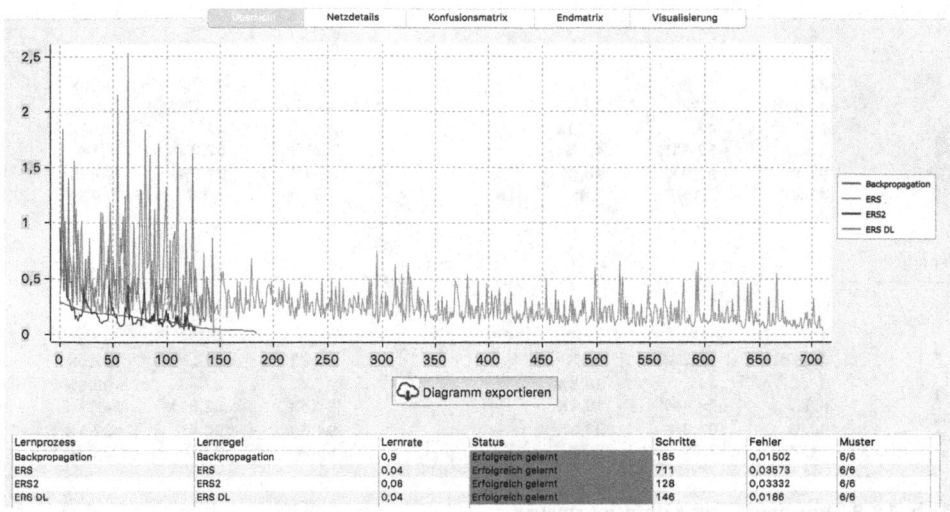

Abb. 18.7 Ergebnisse des Lernprozesses

Nach nur wenigen Sekunden stehen die Ergebnisse fest (Abb. 18.7):

Wie der Abb. 18.7 zu entnehmen ist, haben alle Lernregeln die sechs Referenztypen gelernt. Die angegebene Topologie ist insbesondere für die BP-Lernregel gut geeignet. Für ERS und ERS2 hat sich die Topologie von 500-50-50-50-2 (also drei Zwischenschichten) besser bewährt, wobei die Lernraten zusätzlich auf 0,004, 0,008 und 0,004 reduziert wurden.

Obwohl es in diesem Beitrag nicht primär darum geht, die verschiedenen Netzwerktypen zu vergleichen, wurden in einem ersten Schritt dennoch nach dem Trainingsprozess der Referenztypen per Zufall 89 Bilder ausgewählt, die klassifiziert werden sollten.

Im Folgenden werden die besten Ergebnisse anhand der jeweiligen Konfusionsmatrix[5] vorgestellt (Abb. 18.8).

Die erzielten Ergebnisse zeigen, dass die Referenztypen auch für überwacht-lernende Netzwerke gut geeignet sind. Dadurch reduziert sich die Trainingsmenge auf nur 6 Bilder und eine entsprechend kleine Topologie führt zu vergleichbaren Ergebnissen zu klassischen MLP oder CNN.

Auffällig ist die Ähnlichkeit der Ergebnisse, insbesondere, dass mindestens 1 Bild einer als fehlerfrei bewerteten Leuchte bei allen Netzwerken fälschlich als defekt klassifiziert wurde und mindestens 2 defekte Leuchten als fehlerfrei eingestuft wurden. Ein Vergleich dieser Ergebnisse mit denen des CNN hat ergeben, dass alle Netzwerke dieselben Bilder von Leuchten nicht laut Label klassifiziert haben. In diesem Fall sollten menschliche Experten die Leuchten nochmals bewerten und ggf. das Label korrigieren.

---

[5]Die Konfusionsmatrix wurde im CoBASC-NN-Tool von Simon Busley implementiert.

BP			
	0	1	
0	39 43,82%	1 1,12%	97,5% 2,5%
1	2 2,25%	47 52,81%	95,9% 4,1%
	95,1% 4,9%	97,9% 2,1%	96,6% 3,4%

ERS DL			
	0	1	
0	39 43,82%	1 1,12%	97,5% 2,5%
1	2 2,25%	47 52,81%	95,9% 4,1%
	95,1% 4,9%	97,9% 2,1%	96,6% 3,4%

ERS 2			
	0	1	
0	39 43,82%	1 1,12%	97,5% 2,5%
1	5 5,62%	44 49,44%	89,8% 10,2%
	88,6% 11,4%	97,8% 2,2%	93,3% 6,7%

ERS			
	0	1	
0	35 39,33%	5 5,62%	87,5% 12,5%
1	2 2,25%	47 52,81%	95,9% 4,1%
	94,6% 5,4%	90,4% 9,6%	92,1% 7,9%

Abb. 18.8 Ergebnisse der Konfusionsmatrix

18.3.3 Erhöhung der Testdatenmenge

Bei einer zufälligen Auswahl der Testbilder kann es durchaus passieren, dass die Ergebnisse dadurch besser ausfallen, dass die gewählten Testbilder sehr ähnlich zu den trainierten Bildern sind, oder wesentlich schlechter ausfallen, wenn das nicht der Fall ist. Somit kann nicht gewährleistet werden, dass die Ergebnisse grundsätzlich gleich sind.

Aus diesem Grund werden für die nächsten Klassifizierungsaufgaben alle restlichen 187 Bilder verwendet. Für jede Lernregel werden exemplarisch zwei Ergebnisse vorgestellt (Abb. 18.9).

Bei genauer Betrachtung der Ergebnisse fällt auf, dass in manchen Fällen die Prozentzahl niedriger ist, beispielsweise bei ERS mit 82,4 % oder bei ERS DL mit 81,3 %, die Klassifizierung hinsichtlich fehlerhafter Leuchten trotzdem am besten gelungen ist – dafür wurden mehr fehlerfreie Leuchten als fehlerhaft eingestuft. Es ist anzunehmen, dass es für den Produktionsprozess wesentlich günstiger ist, wenn so wenig LED-Leuchten wie möglich als fehlerfrei identifiziert werden, die jedoch fehlerhaft sind.

18.4 Fazit und weiterführende Überlegungen

Bei Erhöhung der Testdaten sind die Ergebnisse schlechter, es hat sich jedoch gezeigt, dass keine Lernregel in der Lage war, alle Muster korrekt zu klassifizieren.

BP (links)

	0	1	
0	57 / 30,48%	19 / 10,16%	75% / 25%
1	13 / 6,95%	98 / 52,41%	88,3% / 11,7%
	81,4% / 18,6%	83,8% / 16,2%	82,9% / 17,1%

BP (rechts)

	0	1	
0	57 / 30,48%	19 / 10,16%	75% / 25%
1	11 / 5,88%	100 / 53,48%	90,1% / 9,9%
	83,8% / 16,2%	84% / 16%	84% / 16%

ERS (links)

	0	1	
0	52 / 27,81%	24 / 12,83%	68,4% / 31,6%
1	11 / 5,88%	100 / 53,48%	90,1% / 9,9%
	82,5% / 17,5%	80,6% / 19,4%	81,3% / 18,7%

ERS (rechts)

	0	1	
0	52 / 27,81%	24 / 12,83%	68,4% / 31,6%
1	9 / 4,81%	102 / 54,55%	91,9% / 8,1%
	85,2% / 14,8%	81% / 19%	82,4% / 17,6%

ERS 2 (links)

	0	1	
0	58 / 31,02%	18 / 9,63%	76,3% / 23,7%
1	15 / 8,02%	96 / 51,34%	86,5% / 13,5%
	79,5% / 20,5%	84,2% / 15,8%	82,4% / 17,6%

ERS 2 (rechts)

	0	1	
0	57 / 30,48%	19 / 10,16%	75% / 25%
1	12 / 6,42%	99 / 52,94%	89,2% / 10,8%
	82,6% / 17,4%	83,9% / 16,1%	83,4% / 16,6%

ERS DL (links)

	0	1	
0	52 / 27,81%	24 / 12,83%	68,4% / 31,6%
1	11 / 5,88%	100 / 53,48%	90,1% / 9,9%
	82,5% / 17,5%	80,6% / 19,4%	81,3% / 18,7%

ERS DL (rechts)

	0	1	
0	55 / 29,41%	21 / 11,23%	72,4% / 27,6%
1	13 / 6,95%	98 / 52,41%	88,3% / 11,7%
	80,9% / 19,1%	82,4% / 17,6%	81,8% / 18,2%

Abb. 18.9 Konfusionsmatrizen für die Klassifizierung der 187 Bilder

Da es sich auch um eine subjektive Bewertung handelt, müsste im nächsten Schritt eine Expertengruppe die LED-Leuchten nochmals bewerten. Zu diesem Zweck kann SEN helfen, die Leuchten zu identifizieren, die sehr nahe beieinander geclustert werden.

In Abb. 18.10 wird nochmals die Kartenvisualisierung mit den Referenztypen herangezogen.

Anhand der Farbmarkierungen bzw. der Label, die in diesem Fall ausgeblendet wurden, können die Leuchten identifiziert werden, die nicht eindeutig zugeordnet werden. Diese können erneut bewertet werden, um zu überprüfen, ob eine Änderung der Label oder die Bildung neuer Referenztypen erforderlich ist.

Wie in diesem Beitrag gezeigt wurde, können verschiedene Methoden und Modelle für die Klassifizierung von LED-Leuchten anhand von Bildern eingesetzt werden. Jede Methode hat ihre Vor- und Nachteile.

Durch den Einsatz von SEN zur Reduktion der Bildgröße sowie durch die Bildung von Referenztypen wurde eine neuartige Möglichkeit der Modellbildung vorgestellt. Es ist möglich, sehr wenige Daten für das Training zu verwenden, wodurch viel mehr Bilder getestet werden können. Der Vorteil besteht insbesondere darin, dass auch klassische MLP-Netzwerke eingesetzt werden können.

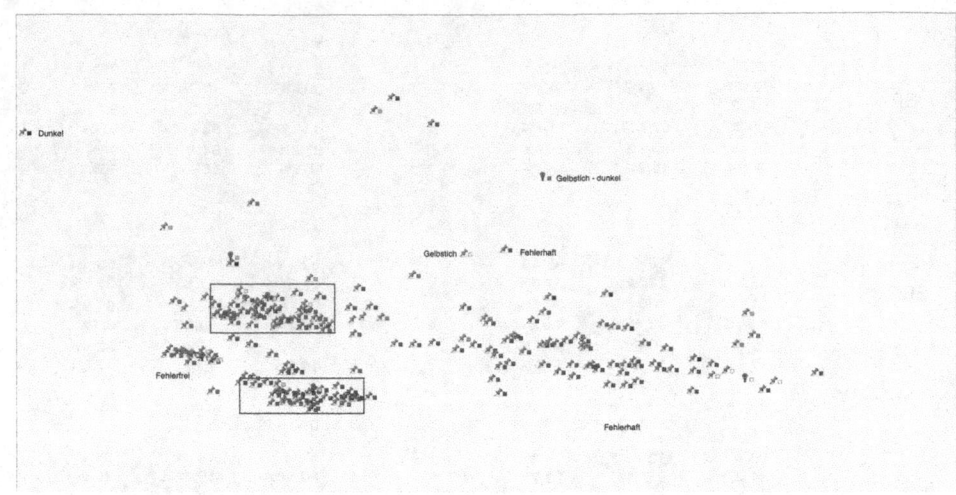

Abb. 18.10   Kartenvisualisierung

Die Erhöhung der Referenztypenanzahl kann problemlos durchgeführt werden, bis alle möglichen Fehler erfasst wurden. Die Koppelung zwischen SEN und MLP sieht sehr vielversprechend aus.

Im nächsten Schritt muss das Modell im Produktionsprozess angepasst werden. Durch die automatisierte Qualitätsprüfung eröffnet sich die Chance, dass eine gleichbleibende Qualität gewährleistet wird, ohne dass Ermüdungserscheinungen oder persönliche Befindlichkeiten die Bewertung beeinflussen können.

Danksagung Wir bedanken uns bei Herrn Thomas Kümpfel (Mentor GmbH) für die weitreichende Unterstützung des Projektes.

Literatur

Khan A, Sohail A, Zahoora U, Qureshi AS (2020) A survey of the recent architectures of deep convolutional neural networks. Artif Intell Rev. https://doi.org/10.1007/s10462-020-09825-6

Klüver C, Klüver J (2014) New Learning Rules for Three-layered Feed-forward Neural Networks based on a General Learning Schema. In: Madani, K. (Hrsg): Proceedings of ANNIIP 2014: International Workshop on Artificial Neural Networks and Intelligent Information Processing. Portugal: Scitepress, S 27–36. doi: https://doi.org/10.5220/0005125600270036

VDI Statusreport. Braun A, Günther M, Hasna G, Heizmann M, Hüttel M, Klüver C, Lay R, Marquardt E, Overdick M, Ulrich M (2019) Maschinelles Lernen. Künstliche Intelligenz mit neuronalen Netzen in optischen Mess- und Prüfsystemen. VDI Statusreport November 2019.

VDI / VDE-H Gesellschaft Mess- und Automatisierungstechnik. https://www.vdi.de/ueber-uns/presse/publikationen/details/kuenstliche-intelligenz-mit-neuronalen-netzen-in-optischen-mess-und-pruefsystemen

Wette S (2019) LEDs im Fahrzeug und der Industrie: Licht ist Design und Funktion. Elektronik Praxis https://www.elektronikpraxis.vogel.de/leds-im-fahrzeug-und-der-industrie-licht-ist-design-und-funktion-a-814757/. Zugegiffen: 03. Sept. 2020

Teil II
Einsatz des Regulatoralgorithmus (RGA)

Christina Klüver und Jürgen Klüver

Zusammenfassung

In dieser Einleitung werden die formalen Grundlagen des Regulator Algorithmus (RGA) gezeigt, auf denen die inhaltlichen Beiträge aufbauen.

Schlüsselwörter

Evolutionäre Algorithmen · Regulator Algorithmus (RGA) · Optimierungsalgorithmus

19.1 Einleitung

Zu den wichtigsten Algorithmen, die aus dem Bereich des Künstlichen Lebens stammen, zählen neben Zellularautomaten zweifellos die an der biologischen Evolution orientierten Evolutionären Algorithmen, deren wohl bekannteste und am meisten verwendeten Vertreter die bereits erwähnten Genetischen Algorithmen (GA) sind.

Die heuristische Orientierung der etablierten Evolutionären Algorithmen an der biologischen Evolution basiert auf der sog. Modern Synthesis; diese besagt, dass es Gene gibt, die die ontogenetische Entwicklung des Organismus determinieren, und dass auf diesen

C. Klüver (✉)
Forschungsgruppe COBASC, REBASK GmbH, Essen, Deutschland
E-Mail: kluever@rebask.de

J. Klüver
Forschungsgruppe COBASC, Essen, Deutschland
E-Mail: juergen.kluever@uni-due.de

© Springer Fachmedien Wiesbaden GmbH, ein Teil von Springer Nature 2021
C. Klüver und J. Klüver (Hrsg.), *Neue Algorithmen für praktische Probleme*,
https://doi.org/10.1007/978-3-658-32587-9_19

Genen die Variation, nämlich Mutation und Rekombination, operiert[1]. Gesteuert wird der gesamte Prozess durch die Selektion auf der Ebene des Phänotypus. Wesentlich dabei ist vor allem die Annahme, dass es nur einen Typus von Genen gibt, auch wenn jedes Gen unterschiedliche Entwicklungsaufgaben wahrnimmt. Dieser Annahme folgen die bisher entwickelten Evolutionären Algorithmen, insbesondere der Genetische Algorithmus, die Evolutionsstrategie, das Genetische Programmieren und das Evolutionäre Programmieren.

Seit einiger Zeit ist jedoch in der evolutionären Molekularbiologie deutlich geworden, dass es mindestens zwei verschiedene Gentypen mit deutlich unterschiedlichen Funktionen gibt.[2] Der eine Typus wird als „Baukastengene" bezeichnet und entspricht im Wesentlichen der Genvorstellung, die noch für die Modern Synthesis charakteristisch war, also die genetische Determination der individuellen Ontogenese durch Ausprägung der einzelnen Körpereigenschaften.

Der zweite Typus, der bereits Ende der Sechziger durch die französischen Biologen Jacob und Monod entdeckt wurde, wird als *Steuergen* oder auch als *Regulatorgen* bezeichnet. Diese Gene bestimmen nicht die Entwicklung spezieller Eigenschaften, sondern „steuern" die Baukastengene, indem sie diese an- oder abschalten. Ob also bestimmte Baukastengene aktiv sind und dadurch die Entwicklung spezifischer Eigenschaften ermöglicht wird, entscheidet sich danach, ob die jeweiligen Steuergene selbst aktiv sind oder nicht. Die biologische Evolution findet also nicht nur durch die Entstehung und Variation bestimmter Baukastengene statt, sondern auch durch die Entstehung und Variation von Steuergenen (vgl. dazu Carroll 2008).[3]

19.2   Der Regulator Algorithmus

Ein mathematisches Modell, also ein Evolutionärer Algorithmus, der diesen molekularbiologischen Erkenntnissen als heuristische Grundlage Rechnung trägt, lässt sich dann folgendermaßen charakterisieren:

Die traditionellen Evolutionären Algorithmen sind formal als Systeme aufzufassen, deren Elemente durch die genetischen Operatoren von Mutation und Crossover miteinander verbunden sind. Genauer gesagt bestehen diese Systeme aus einer Population

---

[1]Mit Mutation meint man die zufällige Änderung eines oder mehrerer Gene; Rekombination ist der Austausch von Teilen von Gensequenzen. Bei den evolutionären Algorithmen der KL versteht man darunter die zufällige Veränderung einzelner Komponenten der Vektoren, die Genome repräsentieren (Mutation), und den „kreuzweisen" Austausch von Teilvektoren (Rekombination) – daher „crossover".

[2]Tatsächlich wird gegenwärtig sogar angenommen, dass es drei Typen von Genen gibt, wovon hier allerdings abstrahiert wird.

[3]Damit lässt sich z. B. erklären, warum so verschiedene Organismen wie Mäuse und Menschen ungefähr die gleiche Anzahl von Genen auf der Baukastenebene haben, aber phänotypisch völlig verschieden sind. Menschen haben nämlich wesentlich mehr Regulatorgene (Moore 2020).

eindimensionaler Teilsysteme, also Vektoren. In der folgenden Abbildung wird dies noch einmal verdeutlicht mit einer Population aus zwei eindimensionalen Elementen (Abb. 19.1).

Ein Regulator Algorithmus (RGA) demgegenüber besteht aus einer Population zweidimensionaler Teilsysteme, die durch die Verknüpfungen zwischen der Ebene der Regulatorgene und der der Baukastengene eine einfache topologische Struktur erhalten. Dies lässt sich folgendermaßen visualisieren (Abb. 19.2).

Der obere Vektor repräsentiert die einzelnen Regulator- bzw. Steuergene, die hier wie auch die unteren Baukastengene binär codiert sind. Die Pfeile der Verknüpfungen besagen, dass nur von den Steuergenen auf die Baukastengene eingewirkt wird, nicht jedoch umgekehrt. Gemäß dem biologischen Vorbild gibt es offenbar wesentlich weniger Regulatorgene als Baukastengene, was bedeutet, dass jedes Regulatorgen im Regelfall mehr als ein Baukastengen steuert.

In Anlehnung an eine topologische Terminologie lassen sich dann die mit einem Regulatorgen verknüpften Baukastengene als „Umgebung" des Regulatorgens bezeichnen; hier ist jedoch, im Gegensatz beispielsweise zu Zellularautomaten, „Umgebung" keine symmetrische Relation sondern eine asymmetrische. Im einfachsten

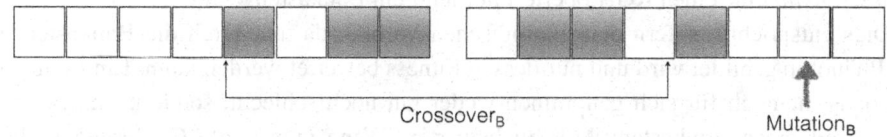

Abb. 19.1 Eindimensionale Elemente mit den genetischen Operatoren Crossover und Mutation

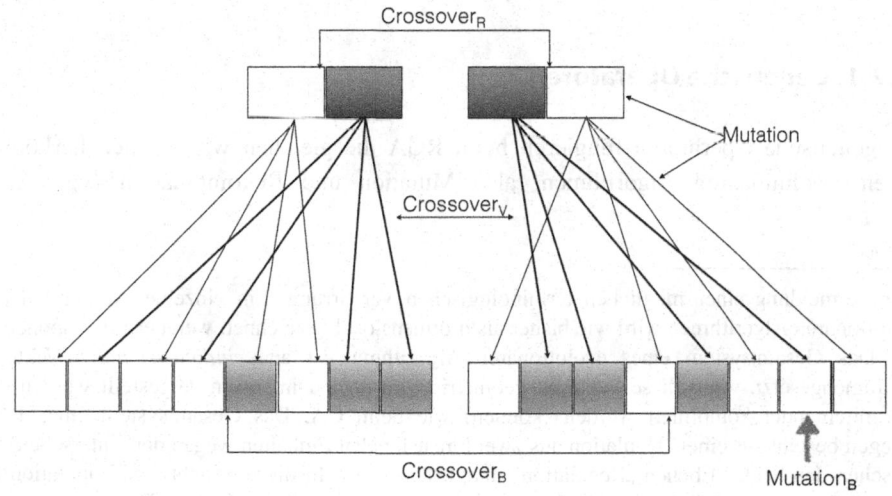

Abb. 19.2 Elemente eines RGA-Systems

Fall einer binären Codierung beider Ebenen bedeutet eine 1 als Wert eines Regulatorgens, dass die mit ihm verknüpften Baukastengene aktiviert sind und damit eine bestimmte Funktion erfüllen; ist ein Regulatorgen im Zustand 0, dann bleiben die entsprechenden Baukastengene inaktiv.[4]

Man braucht natürlich nicht bei einer binären Codierung zu bleiben, sondern kann für eine oder beide Genebenen reelle Codierungen einführen. Ein Regulatorgen, das z. B. im Zustand 0.5 ist, schaltet dann die entsprechenden Baukastengene mit einer mittleren Intensität ein, d. h., die Funktion der Baukastengene wird nur zu einem mittleren Maße aktiviert. Eine derartige Festsetzung ist übrigens ähnlich der Berechnung des Informationsflusses in neuronalen Netzen. Wenn also der Wert eines Steuergens $W_S = 0,5$ ist und der Wert eines mit dem Steuergen verknüpften Baukastengens $W_B = 0.3$, dann verändert das Steuergen den Wert des Baukastengens zu $W_B = 0,5 * 0,3 = 0,15$. Natürlich sind auch andere Berechnungsverfahren möglich, z. B. einfach die Addition der beiden Werte. Nach unseren bisherigen experimentellen Erfahrungen jedoch bietet sich das obige Verfahren an, mit dem man es zuerst versuchen sollte.

Die Ergebnisse der Operationen von Optimierungsverfahren wie die evolutionären Algorithmen werden ständig bewertet, d. h. nach bestimmten sog. Fitnesskriterien in „besser", „gleich gut" und „schlechter" eingeteilt. Eine entsprechende *Bewertungs-* oder *Fitnessfunktion* für einen RGA operiert nur auf dem Baukastenvektor.

Dies entspricht insofern dem biologischen Vorbild, da nur durch die Baukastengene ein Phänotyp gebildet wird und nur dessen Fitness bewertet werden kann. Ein Regulatorvektor ist nämlich für sich genommen weder gut noch schlecht, sondern immer nur in Bezug auf einen Baukastenvektor zu bewerten. Wenn eine reelle Codierung vorliegt, dann muss die Bewertungsfunktion natürlich berücksichtigen, in welchem Maß ein Baukastengen aktiviert worden ist. Ist der Wert eines Steuergens $W_S = 0$, dann wird das mit dem Steuergen verknüpfte Baukastengen nicht in die Bewertung mit einbezogen.

19.2.1 Genetische Operatoren

Als genetische Operatoren fungieren beim RGA die gleichen wie bei den herkömmlichen Evolutionären Algorithmen, also Mutation und Rekombination (vgl. Anm.

---

[4]Zur Vermeidung einer möglichen terminologischen Verwirrung: Ein einzelner Vektor bei den evolutionären Algorithmen wird wie bisher als n-dimensional bezeichnet, wenn er n Komponenten hat. Das Gesamtsystem eines evolutionären Algorithmus ist aus *eindimensionalen* Vektoren zusammengesetzt, wenn diese Vektoren geometrisch in einer Dimension dargestellt werden und alle miteinander kombiniert werden (können) wie beim GA. Das Gesamtsystem eines RGA dagegen besteht aus einer Population aus zweidimensionalen Einheiten wegen der Unterscheidung zwischen den beiden Ebenen „Regulation" und „Baukasten". Insofern besteht eine Population für einen RGA aus zweidimensionalen Elementen mit jeweils m-dimensionalen Regulatorvektoren und n-dimensionalen Baukastenvektoren.

3). Hierbei ist allerdings folgendes zu beachten: Bei den etablierten Evolutionären Algorithmen operieren die genetischen Operatoren nur auf einer Ebene, nämlich den Vektoren, die das jeweilige Problem repräsentieren. Beim RGA erhöht sich die Anzahl der Möglichkeiten, die genetischen Operatoren einzusetzen, in fast schon dramatischer Weise: Es gibt insgesamt sieben Möglichkeiten, die Variationen vorzunehmen, nämlich a) auf der Ebene der Regulatorvektoren, b) auf der Ebene der Baukastenvektoren, c) auf beiden Ebenen zugleich, d) eine Variation der Verknüpfungen, also ähnlich wie bei neuronalen Netzen eine Variation der Systemtopologie, e) und f) jeweils Variationen auf einer Genebene sowie der Verknüpfungen und schließlich g) Variationen beider Genebenen sowie der Verknüpfungen.

Die Möglichkeit b) entspricht offensichtlich einem herkömmlichen GA oder einer ES. Es ist natürlich eine Frage des jeweiligen Problems, welche der Ebenen variiert werden soll bzw. ob auch oder nur die Verknüpfungen der Variation unterzogen werden sollen. Für die Variation der Verknüpfungen werden diese ebenfalls als Vektor geschrieben, also z. B. (1, (2, 3, 6)), falls das Steuergen 1 verknüpft ist mit den Baukastengenen 2, 3 und 6.[5]

Aufgrund der deutlich höheren Komplexität des RGA im Vergleich zu den etablierten Evolutionären Algorithmen ist es häufig notwendig, bestimmte Restriktionen einzuführen. Beispielsweise muss definiert werden, was eine elitistische Variante für ein Ersetzungsschema beim RGA bedeutet, was hier nicht näher behandelt werden soll (s. dazu Klüver und Klüver 2016). Analog wie bei den Möglichkeiten zur Variation von RGA-Systemen sind auch hier sieben verschiedene Formen von Elitismus denkbar; unter elitistischen Verfahren versteht man die Beibehaltung des oder der besten Ergebnisse in der jeweils nächsten Generation.

Die Tatsache, dass die biologische Evolution offenbar wesentlich komplexer verfährt als dies in der Modern Synthesis und damit in den etablierten Evolutionären Algorithmen angenommen wurde, ist für sich natürlich nicht unbedingt ein hinreichender Grund, einen entsprechenden Evolutionären Algorithmus zu entwickeln, der ebenfalls wesentlich komplexer ist als seine Vorgänger. Wenn es schon aus Gründen der Parametervielfalt kaum möglich ist, allgemeine Aussagen über Genetische Algorithmen und/oder Evolutionsstrategien zu gewinnen, dann ist das beim RGA naturgemäß noch wesentlich schwieriger. Die Gründe, warum wir ein derart komplexes System entwickelt haben, sind im Wesentlichen die folgenden:

Zum einen ist es für Simulationen der biologischen Evolution und deren Analyse im Computer natürlich unabdingbar, das Modell in seinen wesentlichen Grundzügen der

---

[5]Streng genommen gibt es sogar 128 verschiedene Kombinationsmöglichkeiten. Das kann man sich dadurch verdeutlichen, dass die genannten 7 Verknüpfungsmöglichkeiten selbst als binäre Operationen dargestellt werden – findet statt oder nicht. Das ergibt dann $2^7 = 128$ Möglichkeiten (im Detail haben wir das in Klüver und Klüver 2016 dargestellt). Bei praktischen Anwendungen reichen jedoch gewöhnlich die sieben Grundmöglichkeiten.

Realität entsprechen zu lassen. Die etablierten Evolutionären Algorithmen sind offenbar in ihrer Grundlogik viel zu einfach, um biologische Evolution verstehen zu können. Natürlich sind GA schon längst *allgemeine* Optimierungsalgorithmen geworden, deren Tauglichkeit unabhängig davon gemessen wird, inwiefern sie ihrem biologischen Vorbild entsprechen. Wenn man jedoch mit Evolutionären Algorithmen arbeiten will, um evolutionäre Prozesse nicht nur in der Biologie genauer zu verstehen, wird man nicht umhin können, sich komplexerer Systeme wie dem RGA zu bedienen.

Zum anderen bietet sich der RGA offensichtlich an, wenn man hierarchisch strukturierte Systeme wie etwa betriebliche und andere soziale Organisation modellieren und optimieren will. Man kann beispielsweise den Begriff der Ebene von Steuer- bzw. Regulatorgenen als Steuerungsebene wörtlich nehmen und untersuchen, welche Auswirkungen eine Variation auf dieser Ebene, ggf. durch Einbezug einer Variation der Verknüpfungen, auf die Effizienz der Organisation hat. Mit „eindimensionalen" Systemen wie etwa einem GA ist das ohne komplizierte Zusatzregeln nur sehr bedingt möglich. Entsprechend lässt sich untersuchen, wie sich Variationen der Verknüpfungen, also der Organisationsstruktur, auswirken, wenn gleichzeitig geringfügige Modifikationen auf den Ebenen vorgenommen werden.

Prinzipiell kann man bei derartigen Untersuchungen auch die Anzahl der Ebenen im RGA vergrößern, also z. B. über die Steuerebene noch eine weitere setzen, die dann die obersten Steuerungen vornimmt. Die ursprüngliche Steuerungsebene wäre dann in Relation zur neuen Steuerebene selbst Baukastenebene, jedoch in Relation zur Baukastenebene immer noch Steuerungsebene. Der kombinatorischen Phantasie sind da buchstäblich keine Grenzen gesetzt.

Zum dritten kann der RGA bei manchen Problemen deutlich schneller sein als ein GA oder eine Evolutionsstrategie (ES) – eine ES kann natürlich auch erweitert werden zu einer „RES". Dies haben wir in verschiedenen Experimenten auch schon demonstriert. Wenn es beispielsweise bei manchen Problemen ausreicht, nur die Steuergene zu variieren, ist der Optimierungsprozess wesentlich schneller, da der Regulatorvektor deutlich kleiner sein sollte als der Baukastenvektor. Es liegt auf der Hand, dass dies zu einer wesentlichen Beschleunigung der Optimierungsprozesse führt. Dabei brauchen die Steuergene gar nicht realen Komponenten des zu optimierenden Systems zu entsprechen, sondern können einfach als mathematische Konstrukte zur Effizienzsteigerung der Optimierungsprozesse eingeführt werden.

Schließlich ist es bei einem RGA einfacher, sog. Constraints einzuführen. Damit ist gemeint, dass bei Optimierungsprozessen häufig bestimmte Elemente nicht verändert werden dürfen, sozusagen die Heiligen Kühe des Systems. Außerdem unterliegen die Prozesse, die optimiert werden sollen, nicht selten noch weiteren Randbedingungen, die dann durch Zusatzregeln in einem üblichen Evolutionären Algorithmus implementiert werden müssen. Derartige Constraints lassen sich in einem RGA häufig einfacher berücksichtigen, indem z. B. bestimmte Verknüpfungen gesperrt werden. Die Erforschung derartiger und anderer Möglichkeiten des RGA steht naturgemäß erst am Anfang.

19.2.2 Beispiel

Erste Experimente mit dem RGA, deren Ergebnisse natürlich noch nicht generalisiert werden können, zeigten übrigens, dass gar nicht selten die Variation der Verknüpfungen gemeinsam mit der Variation der Regulatorvektoren die besten Ergebnisse brachten. Unter anderem führten wir ein kleines Beispiel durch, nämlich binäre Vektoren so zu optimieren, dass am Ende nur Vektoren mit allen Komponenten im Zustand 1 übrig blieben. Wir nahmen dafür Vektoren mit der Dimension 1000 (Abb. 19.3).[6]

Bei dieser logisch simplen aber rechenaufwendigen Aufgabe zeigte es sich, dass der RGA mit einer Variation nur der Regulatorvektoren einem Standard-GA in Bezug auf die Schnelligkeit deutlich überlegen war (Abb. 19.4). Dies liegt in diesem Fall nicht nur daran, dass die Regulatorvektoren wesentlich kleiner waren als die Baukastenvektoren und deshalb deutlich weniger Zeit für die optimale Variation benötigten.

Das Beispiel zeigt vor allem, wie effektiv die Variation der Systemtopologie sein kann, die hier nach unserer Einschätzung der entscheidende Faktor war: Eine Variation

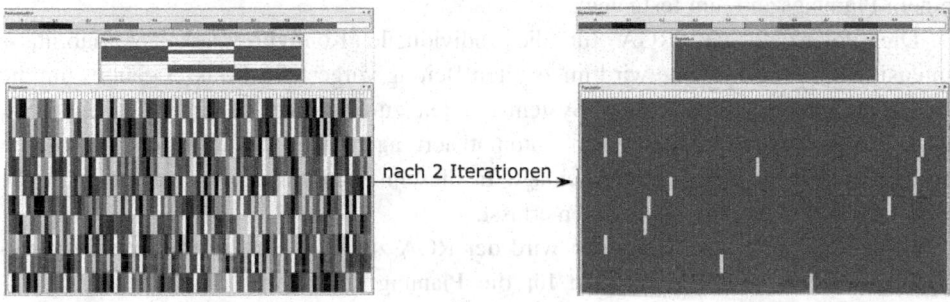

Abb. 19.3 Ergebnis des RGA nach 2 Iterationen

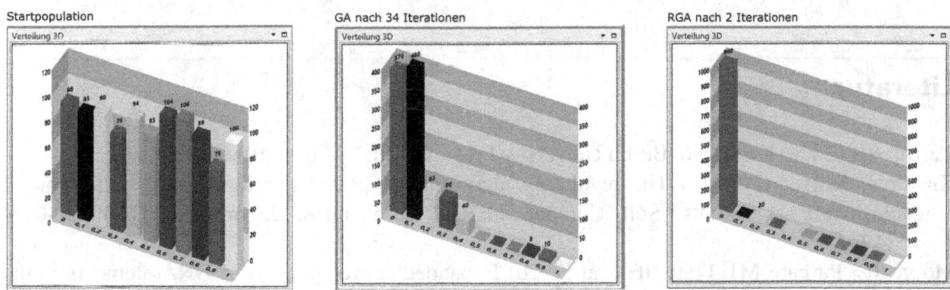

Abb. 19.4 Startpopulation für beide Algorithmen (links), Ergebnisse des GA (mittig) und des RGA (rechts)

---

[6]Dieses Tool für Windows wurde von Marcel Mintken implementiert.

von Steuervektoren ist natürlich auch immer eine Variation der Topologie, wenn auch gewöhnlich nicht so radikal wie eine Variation der Verknüpfungen selbst. Die biologische Evolution nützt dies vermutlich ebenfalls aus, nämlich nicht unbedingt die großen Baukastengenome zu variieren, sondern die viel kleineren Regulatorgenome und ggf. die Verbindungen.[7]

19.3 Anwendungsgebiete des RGA

Die Beiträge dieses Teils zeigen wieder auf, wie sich mit Algorithmen, die aus eher theoretischen Überlegungen heraus entstanden sind, genuin praktische Probleme erfolgreich lösen lassen.

Im ersten Beitrag wird der RGA für die Materialbedarfsplanung eingesetzt und die Leistungsfähigkeit mit Genetischen Algorithmen sowie mit dem klassischen Algorithmus „Material Requirements Planning" (MRP) anhand von erzielten Kennzahlenwerte verglichen. Durch den Regulatorvektor wird in diesem Fall die Auftragsfreigabemenge in einem Planungszeitraum festgelegt.

Die Potenziale des RGA für die Individuelle Konfigurierbarkeit variabilitätsintensiver Softwaresysteme wird im zweiten Beitrag vorgestellt. Konkret geht es um die Konfiguration eines Smart-Home-Systems, in dem zum Beispiel sichergestellt sein muss, dass der Bewegungsmelder einen automatisiert agierenden Staubsauger als solchen erkennt und nicht gleich Alarm schlägt. In diesem Algorithmus werden die Wünsche eines Kunden in den Regulatorgenen erfasst.

In den nächsten zwei Beiträgen wird der RGA zunächst für die Raumplanung universitärer Lehre und anschließend für die Planung von schriftlichen Prüfungen eingesetzt. In beiden Fällen sind verschiedene Constraints zu berücksichtigen. Diese bilden die Regulatorgene und sorgen dafür, dass die Anzahl unzulässiger Lösungen minimiert wird.

Literatur

Carroll SB (2008) Evo Devo. Berlin University Press, Berlin, Das neue Bild der Evolution

Klüver J, Klüver C (2016) The regulatory algorithm (RGA): a two-dimensional extension of evolutionary algorithms. Soft Comput 20:2067–2075. https://doi.org/10.1007/s00500-015-1624-6

Moore JE, Purcaro MJ, Pratt HE et al (2020) Expanded encyclopaedias of DNA elements in the human and mouse genomes. Nature 583:699–710. https://doi.org/10.1038/s41586-020-2493-4

---

[7]Wahrscheinlich experimentiert die Natur *abwechselnd* mit unterschiedlichen Möglichkeiten, da sich ja Veränderungen in der Evolution sowohl auf beiden Genebenen als auch bei den Verknüpfungen nachweisen lassen. Das müssen wir jedoch so als Hypothese stehen lassen, da es in der Literatur dazu, wie bemerkt, keine detaillierten Hinweise gibt.

Materialbedarfsplanung unter Berücksichtigung von Ressourcenkapazität und minimaler Losgröße durch einen RGA

Matthias Hubert

Zusammenfassung

In diesem Artikel wird ein Verfahren für die Materialbedarfsplanung beschrieben, welches sowohl Ressourcenkapazitäten als auch minimale Losgrößen bei der Erstellung eines Materialbedarfsplans berücksichtigt. Das Verfahren basiert auf einem Regulator Algorithmus (RGA). Die Leistungsfähigkeit des RGA wird beurteilt, indem der RGA mit zwei weiteren Algorithmen der Materialbedarfsplanung, nämlich dem genetischen Algorithmus und dem Material Requirements Planning (MRP), verglichen wird. Die Leistung der Implementierung des RGA, des genetischen Algorithmus und des MRP-Verfahrens wird anhand von Messgrößen gemessen. Als Messgrößen werden Leistungskennzahlen verwendet, die im Rahmen eines Experiments jeweils für den RGA, den genetischen Algorithmus und das Material Requirements Planning berechnet werden. Anschließend werden die von den Algorithmen im Rahmen eines Experiments erzielten Kennzahlwerte miteinander verglichen, um die Leistung der Implementierungen der drei Algorithmen zu beurteilen.

Schlüsselwörter

Materialbedarfsplanung · Regulator Algorithmus · Optimierungsverfahren

M. Hubert (✉)
Wiesloch, Deutschland
E-Mail: sammelband-KIKL@rebask.de

© Springer Fachmedien Wiesbaden GmbH, ein Teil von Springer Nature 2021
C. Klüver und J. Klüver (Hrsg.), *Neue Algorithmen für praktische Probleme*,
https://doi.org/10.1007/978-3-658-32587-9_20

20.1   Problem der Materialbedarfsplanung

Der Zweck eines Unternehmens besteht darin, Leistungen zu erstellen (Oeldorf 1995). Es wird hier davon ausgegangen, dass es sich bei den Leistungen um Endprodukte (Fertigerzeugnisse) handelt, die von einem Unternehmen hergestellt werden und an seine Kunden verkauft werden.

Die Endprodukte werden durch eine Kombination der Produktionsfaktoren Arbeit, Betriebsmittel und Werkstoffe erstellt. Des Weiteren wird von der Annahme ausgegangen, dass sich ein Endprodukt aus Baugruppen (Halbfertigteilen) bzw. aus Einzelteilen (Materialien) zusammensetzt.

Im Gegensatz zu den Baugruppen, welche im Unternehmen hergestellt werden (Eigenfertigung), werden die Einzelteile von Lieferanten beschafft (Fremdbezug). Die Materialbedarfsplanung leitet sich aus den Produktionsmengen und -terminen der Endprodukte, welche als Primärbedarfe bezeichnet werden, dem Bedarf an Baugruppen und Einzelteilen nach Menge und Termin ab (Tempelmeier 1999; Scheer 1995). Darüber hinaus werden terminierte Bedarfsmengen an Endprodukten, Baugruppen und Einzelteilen zu Losgrößen zusammengefasst (Tempelmeier 1999). Eine Losgrößenbildung verfolgt das Ziel, terminierte Bedarfsmengen zu Losen zusammenzufassen, um die davon abhängigen Kosten, beispielsweise Beschaffungskosten, Lagerhaltungskosten etc., zu minimieren (Tempelmeier 1999; Oeldorf 1995).

In diesem Artikel wird ein Verfahren für die Materialbedarfsplanung beschrieben, welches sowohl Ressourcenkapazitäten als auch minimale Losgrößen bei der Erstellung eines Materialbedarfsplans berücksichtigt. Das Verfahren basiert auf einem Regulator Algorithmus (RGA).

Für die Implementierung des RGA wird das Verfahren der minimalen Losgröße zur Bildung von Losgrößen verwendet (Voß und Woodruff 2003). Die minimale Losgröße entspricht einer Mindestmenge für die Herstellung bzw. für die Beschaffung eines Endprodukts, einer Baugruppe oder eines Einzelteils.

In Abschn. 20.2 wird das zu untersuchende Problem, nämlich die Materialbedarfsplanung unter Berücksichtigung von Ressourcenkapazität und minimaler Losgröße, verbal anhand eines Beispiels dargestellt. Anschließend werden Algorithmen genannt, welche zur Lösung des Problems verwendet werden können.

In Abschn. 20.3 wird zunächst das Modell dargestellt, auf dem der implementierte RGA basiert. Es folgt eine Begründung des Modells.

Abschn. 20.4 enthält eine Beschreibung der Ergebnisse eines Vergleichs des implementierten RGA mit zwei weiteren Algorithmen MRP-Verfahren und genetischer Algorithmus. Anschließend werden die aus dem Vergleich gewonnenen Erkenntnisse dargestellt und ein Ausblick auf potenzielle Modellerweiterungen gegeben.

20.2 Bedeutung der Ressourcenkapazität für die Materialbedarfsplanung

Im folgenden Abschnitt wird die Bedeutung der Ressourcenkapazität für die Material-bedarfsplanung dargestellt. Es wird davon ausgegangen, dass es sich bei einer Ressource um den Produktionsfaktor Arbeit, um den Produktionsfaktor Betriebsmittel oder um einen Lieferanten handelt. Ein Betriebsmittel ist ein Mittel, das zur Erstellung der Leistungen eines Unternehmens verwendet wird, beispielsweise eine Maschine (Stein-buch und Olfert 1995). Einerseits wird eine Ressource verwendet, um ein Endprodukt, eine Baugruppe oder ein Einzelteil im Unternehmen herzustellen (Eigenfertigung); anderseits wird eine (Lieferanten-) Ressource benutzt, um ein Einzelteil von einem Lieferanten zu beschaffen (Fremdbezug). Die Kapazität einer Ressource entspricht der maximalen Menge eines Produkts, die unter Verwendung der Ressource in einer Periode entweder hergestellt oder beschafft werden kann (Voß und Woodruff 2003).

In der Regel sind die Kapazitäten der Ressourcen eines Unternehmens beschränkt. Eine Materialbedarfsplanung ohne Berücksichtigung von Ressourcenkapazitäten erzeugt terminierte Bedarfsmengen für Endprodukte, Baugruppen und Einzelteile, ohne zu prüfen, ob die Ressourcenkapazitäten ausreichen, um diese Mengen herzu-stellen bzw. von Lieferanten zu beschaffen. Eine solche Materialbedarfsplanung erzeugt unter Umständen einen Materialbedarfsplan, der nicht ausgeführt werden kann, da die terminierten Bedarfsmengen des Plans eine Überschreitung der Kapazität einzelner Ressourcen zur Folge haben. Aus diesem Grund ist es erforderlich, Ressourcenkapazi-täten im Rahmen der Materialbedarfsplanung zu berücksichtigen (Voß und Woodruff 2003; Tempelmeier 1999).

20.2.1 Sekundärbedarfsermittlung

Die Materialbedarfsplanung leitet aus den Produktionsmengen und –terminen der End-produkte, welche als Primärbedarfe bezeichnet werden, den Bedarf an Baugruppen, Einzelteilen und Materialien nach Menge und Termin ab. Der abgeleitete Bedarf wird als Sekundärbedarf bezeichnet. Für die Ableitung des Sekundärbedarfs aus dem Primär-bedarf werden zwei Informationsquellen benötigt. Die erste ist das Produktions-programm, welches den Bedarf an Endprodukten (Primärbedarf) für jede einzelne Periode des Planungszeitraums enthält (Scheer 1995; Tempelmeier 1999; Oeldorf 1995).

Ein Primärbedarf resultiert aus einer Absatzprognose oder aus Kundenauf-trägen. Bei der zweiten Informationsquelle handelt es sich um Informationen über die mengenmäßige und strukturelle Zusammensetzung eines Endprodukts bzw. einer Bau-gruppe (Tempelmeier 1999; Oeldorf 1995). Diese Informationen sind in der Stückliste

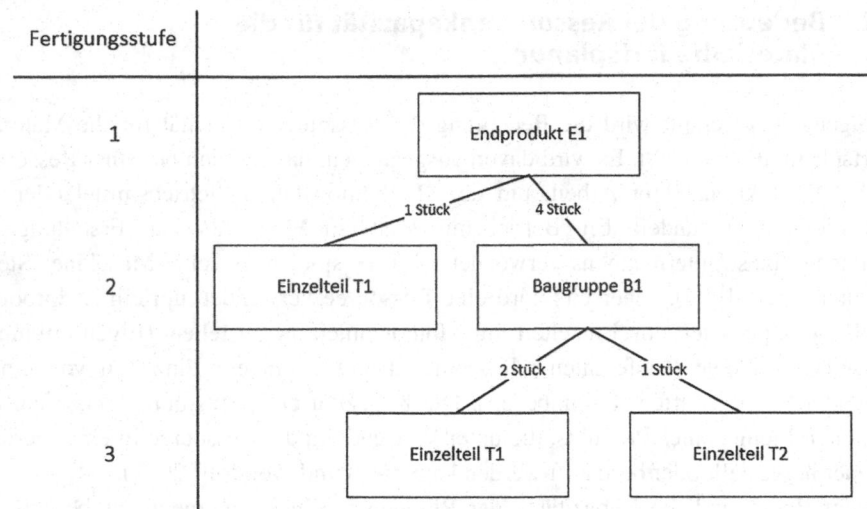

Abb. 20.1 Nach Fertigungsstufen geordnete Stückliste des Endproduktes E1

eines Endprodukts bzw. einer Baugruppe hinterlegt (Oeldorf 1995). Der Aufbau einer Stückliste wird anhand der folgenden Abb. 20.1 erläutert.

Die Stückliste des Endprodukts E1 wird in Abb. 20.1 in Form eines Erzeugnisbaums dargestellt. Ein Knoten des Baums repräsentiert ein Erzeugnis (Tempelmeier 1999). Eine Kante, die im Knoten i startet und im Knoten j endet, signalisiert, dass Erzeugnis i in das übergeordnete Erzeugnis j eingeht. Das bedeutet, Erzeugnis i ist ein Bestandteil des Erzeugnisses j. Die Beschriftung einer Kante zwischen Knoten i und Knoten j spezifiziert die Anzahl Mengeneinheiten des untergeordneten Erzeugnisses i, welche zur Herstellung einer Mengeneinheit des übergeordneten Erzeugnisses j benötigt werden. Die Beschriftung einer Kante wird auch als Direktbedarfskoeffizient oder Produktionskoeffizient bezeichnet.

Aus dem in Abb. 20.1 dargestellten Baum wird der fertigungstechnische Ablauf anhand der Fertigungsstufen ersichtlich. Die Fertigungsstufen werden entgegen dem Fertigungsablauf nummeriert. Daraus folgt, dass ein Endprodukt der Fertigungsstufe 1 zugeordnet wird. Fertigungsstufe 2 enthält Erzeugnisse, welche unmittelbar in das Endprodukt eingehen, usw.

20.2.2 Durchführung der Materialbedarfsplanung

Die Materialbedarfsplanung kann nach mehreren Vorgehensweisen durchgeführt werden (Oeldorf 1995; Tempelmeier 1999). Im Folgenden wird die in der Implementierung des RGA verwendete Vorgehensweise der programmorientierten Materialbedarfsermittlung anhand der analytischen Bedarfsauflösung unter Verwendung des Dispositionsstufenverfahrens dargestellt. Für die Ermittlung des Materialbedarfs ist eine Sortierung der

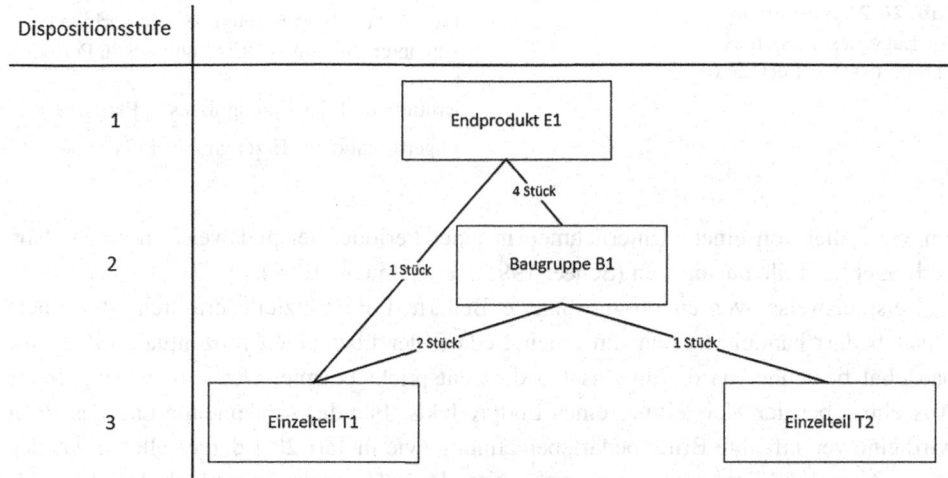

Abb. 20.2 Nach Dispositionsstufen geordnete Stückliste des Endproduktes E1

Stückliste nach Fertigungsstufen in der Regel ungeeignet, da ein Endprodukt unter Umständen dasselbe Erzeugnis mehrfach auf verschiedenen Fertigungsstufen enthalten kann (Oeldorf 1995). Daher wird vor Ermittlung des Materialbedarfs eine Stückliste aufsteigend nach Dispositionsstufen sortiert. Die Funktionsweise des Dispositionsstufenverfahrens wird anhand der folgenden Abb. 20.2 erläutert.

Eine Dispositionsstufe entspricht der kleinsten Fertigungsstufe, auf welcher ein Erzeugnis innerhalb eines Erzeugnisbaums vorkommt (Scheer 1995). Jedes Erzeugnis wird genau einer Dispositionsstufe zugeordnet. Beginnend mit dem Erzeugnis mit Dispositionsstufe 1 werden die Erzeugnisse aufsteigend nach Dispositionsstufenzuordnung verarbeitet. Die Primärbedarfe eines Erzeugnisses sind im Produktionsprogramm spezifiziert und dadurch vorgegeben (Tempelmeier 1999; Oeldorf 1995). Anschließend wird der Bruttobedarf eines Erzeugnisses anhand folgender Berechnungsvorschrift ermittelt (Tab. 20.1).

Aus der Fachliteratur wird ersichtlich, dass neben dem Primär- und Sekundärbedarf noch weitere Arten von Bedarfen in die Berechnung des Bruttobedarfs eingehen (Scheer 1995; Tempelmeier 1999). Der prognostizierte Bedarf wird basierend auf Vergangenheitsdaten anhand eines Prognoseverfahrens bestimmt. Eine solche Bedarfsermittlung ist einfach durchzuführen, sie beinhaltet jedoch verfahrensabhängige Prognosefehler (Scheer 1995 S. 9). Daher wird die Prognose von Bedarfen überwiegend für solche Endprodukte, Baugruppen und Einzelteile verwendet, die einen geringen prozentualen Anteil

Tab. 20.1 Berechnung des Bruttobedarf eines Erzeugnisses in Periode t	+	Primärbedarf des Erzeugnisses in Periode t
		Sekundärbedarf des Erzeugnisses in Periode t
	=	Bruttobedarf des Erzeugnisses in Periode t

Tab. 20.2 Berechnung des Lagerbestands eines Erzeugnisses in Periode t

+ -	Lagerbestand des Erzeugnisses in Periode t-1 geplanter Zugang des Erzeugnisses in Periode t Bruttobedarf des Erzeugnisses in Periode t
=	Lagerbestand des Erzeugnisses in Periode t

am Wert aller von einem Unternehmen in einer Periode, beispielsweise in einem Jahr, verbrauchten Teile ausmachen (Scheer 1995; Tempelmeier 1999).

Beispielsweise werden prognostizierte Bedarfe für Ersatzteile ermittelt. Bei einem Zusatzbedarf handelt es sich um einen Bedarf, der über einen prozentualen Zuschlag pauschal berechnet wird. Ein Zusatzbedarf entspricht beispielsweise einem erwarteten Ausschuss bei der Herstellung eines Endprodukts. Für die Implementierung des RGA wird eine vereinfachte Bruttobedarfsberechnung, wie in Tab. 20.1 dargestellt, verwendet. Diese berücksichtigt weder prognostizierte Bedarfe noch Zusatzbedarfe, da beide Bedarfsarten für die inhaltliche Validität des Modells, auf dem der implementierte RGA basiert, nicht relevant sind.

Nachdem der Bruttobedarf eines Erzeugnisses ermittelt wurde, wird der Lagerbestand Tab. 20.2 des Erzeugnisses berechnet (Voß und Woodruff 2003).

Ein geplanter Zugang entspricht der Menge eines Erzeugnisses, welche zu Beginn der Periode t im Lager eintreffen wird. Dabei kann es sich um eine Menge handeln, die zuvor im Unternehmen hergestellt wurde (Eigenfertigung), oder um eine Menge, welche bei einem Lieferanten bestellt wurde (Fremdbezug). Für die Berechnung des Lagerbestands eines Erzeugnisses in der ersten Periode des Planungszeitraums wird anstelle des Lagerbestands der Vorperiode der initiale Lagerbestand verwendet, d. h. der Lagerbestand des Erzeugnisses, welcher zu Beginn des Planungszeitraums im Lager physisch vorhanden ist. In der Implementierung des RGA wird die in Tab. 20.2 angegebene Vorschrift zur Berechnung des Lagerbestands verwendet.

Nachdem der Lagerbestand eines Erzeugnisses ermittelt wurde, wird der Nettobedarf eines Erzeugnisses nach folgender Formel berechnet und terminiert:

Konstanten:	T	Anzahl der Perioden des Planungshorizonts
	P	Anzahl der Produkte
Indizes:	$i = 1, \ldots, P$	Produkte
	$t = 1, \ldots, T$	Perioden
Parameter:	$B(i, t)$	Bruttobedarf für Produkt i in Periode t (mit $i = 1, \ldots, P$, $t = 1, \ldots, T$)
	$LB(i, t)$	Lagerbestand für Produkt i in Periode t (mit $i = 1, \ldots, P$, $t = 1, \ldots, T$)
Variablen:	$n_{i,t}$	Nettobedarf Produkt i in Periode t (mit $i = 1, \ldots, P$, $t = 1, \ldots, T$)

$$n_{i,t} = maximum\{B(i,t) - LB(i,t), 0\} \tag{20.1}$$

Aus Formel Gl. 20.1 geht hervor, dass ein Nettobedarf nur dann entsteht, falls der Lagerbestand der Vorperiode kleiner als der Bruttobedarf ist (Tempelmeier 1999, S. 123). Ansonsten ist der Nettobedarf 0.

Anschließend werden die terminierten Nettobedarfsmengen zu Losgrößen zusammengefasst, um daraus die Sekundärbedarfe der Bestandteile des Erzeugnisses abzuleiten. Die Fachliteratur enthält eine Vielzahl von Verfahren zur Bildung von Losgrößen (Oeldorf 1995; Scheer 1995; Tempelmeier 1999). In der Implementierung des RGA wird das Verfahren der minimalen Losgröße zur Bildung von Losgrößen verwendet (Voß und Woodruff 2003). Die minimale Losgröße entspricht einer Mindestmenge für die Herstellung bzw. für die Beschaffung eines Produkts. Das Verfahren der minimalen Losgröße ist ein einfach verwendbares Verfahren zur Losgrößenermittlung, da es nicht auf Kostenminimierung abzielt und deshalb keine Kosten – wie beispielsweise Lagerkosten oder Beschaffungskosten – zur Ermittlung einer Losgröße erfordert (Scheer 1995). In dem folgenden Beispiel (vgl. Tab. 20.3) wird die minimale Losgröße anhand folgender Berechnungsvorschrift ermittelt:

Konstanten:	T	Anzahl der Perioden des Planungs-horizonts
	P	Anzahl der Produkte
Indizes:	$i = 1, \ldots, P$	Produkte
	$t = 1, \ldots, T$	Perioden
Parameter:	$LS(i)$	Minimale Losgröße für Produkt i (mit $i = 1, \ldots, P$)
Variablen:	$z_{i,t}$	Geplanter Zugang Produkt i in Periode t
	$n_{i,t}$	Nettobedarf Produkt i in Periode t

$$\text{Falls } n_{i,t} > 0 \wedge n_{i,t} \leq LS(i):$$
$$z_{i,t} = LS(i)$$
$$\text{Falls } n_{i,t} > 0 \wedge n_{i,t} > LS(i):$$
$$z_{i,t} = n_{i,t} \tag{20.2}$$
$$\text{Falls } n_{i,t} = 0:$$
$$z_{i,t} = 0$$

Die Produktion bzw. die Beschaffung von Erzeugnissen, die in übergeordnete Erzeugnisse eingehen, benötigen Zeit. Daher werden die Nettobedarfsmengen der Erzeugnisse, die in übergeordnete Erzeugnisse eingehen, um die Produktions- bzw. Beschaffungszeit vorgezogen (Tempelmeier 1999; Oeldorf 1995); d. h., wenn es erforderlich ist, dass eine zu Losgrößen zusammengefasste Nettobedarfsmenge eines Erzeugnisses i in der Periode t zur Verfügung steht, dann muss die Produktion bzw. Beschaffung der Menge spätestens in Periode $t - LT$ initiiert werden (Tempelmeier 1999). LT steht für Durchlaufzeit (engl. „lead time"), welche die Produktionszeit bzw. Beschaffungszeit für das Erzeugnis umfasst.

Dieser Sachverhalt wird in dem folgenden Beispiel (vgl. Tab. 20.3) anhand der folgenden Berechnungsvorschrift abgebildet (Gl. 20.3):

Konstanten:	P	Anzahl Produkte
	T	Anzahl der Perioden des Planungshorizonts
Indizes:	$i = 1, \ldots, P$	Produkte
	$t = 1, \ldots, T$	Perioden
Parameter:	$Z(i, t)$	Zu Losgrößen zusammengefasste Nettobedarfsmenge des Produkts i in Periode t, d. h. geplanter Zugang des Produkts i in Periode t (mit $i = 1, \ldots, P, t = 1, \ldots, T$)
	$LT(i)$	Durchlaufzeit Produkt i (mit $i = 1, \ldots, P$)
Variablen:	$x_{i,t}$	Geplante Auftragsfreigabemenge Produkt i in Periode t

$$x_{i,t-LT(i)} = Z(i, t) \tag{20.3}$$

Die Bestandteile eines Erzeugnisses sind immer einer höheren Dispositionsstufe als der Dispositionsstufe des Erzeugnisses zugeordnet (Tempelmeier 1999). Die Verarbeitung der Erzeugnisse aufsteigend nach Dispostufe stellt sicher, dass zum Zeitpunkt der Berechnung des Materialbedarfs eines Erzeugnisses dessen übergeordnete Erzeugnisse bereits verarbeitet wurden und dadurch deren zu Losgrößen zusammengefasste Netto-bedarfsmengen, welche für die Berechnung des Materialbedarfs erforderlich sind, bereits bekannt sind. Die Berechnung des Materialbedarfs wird im Folgenden anhand der Stück-liste aus Tab. 20.3 beispielhaft durchgeführt.

Der durch die Materialbedarfsplanung erzeugte Plan kann aufgrund seines groben Zeitrasters nicht unmittelbar für die Ausführung der Produktions- bzw. Beschaffungs-prozesse verwendet werden (Tempelmeier 1999). Für die Durchführung dieser Prozesse muss der im Rahmen der Materialbedarfsplanung erzeugte Plan durch nachfolgende Planungen verfeinert werden. Auf die nachfolgenden Planungen wird nicht weiter ein-gegangen, da sie nicht zur Materialbedarfsbedarfsplanung zählen. Aus diesem Grund sind sie für die Implementierung des RGA nicht relevant.

Die Dauer einer Periode des durch die Materialbedarfsplanung erzeugten Plans (vgl. Tab. 20.3) ist vom Unternehmen abhängig (Voß und Woodruff 2003). Eine Periode repräsentiert beispielsweise einen Tag, eine Woche oder einen Monat. Die Material-bedarfsplanung wird üblicherweise für einen Planungszeitraum von sechs bis achtzehn Monaten durchgeführt.

Tab. 20.3   Beispiel für die Berechnung des Materialbedarfs

Endprodukt: E1 Dispostufe: 1 Durchlaufzeit: 2 Min. Losgröße: 50	Periode 1	Periode 2	Periode 3	Periode 4	Periode 5	Periode 6	Periode 7	Periode 8
Primärbedarf	10	10	0	10	10	10	0	20
Sekundärbedarf	0	0	0	0	0	0	0	0
Bruttobedarf	10	10	0	10	10	10	0	20
Lagerbestand (60)	50	40	40	30	20	10	10	40
Nettobedarf	0	0	0	0	0	0	0	10
Geplanter Zugang	0	0	0	0	0	0	0	50
Geplante Auftragsfreigabe	0	0	0	0	0	50	0	0
Baugruppe: B1 Dispostufe: 2 Durchlaufzeit: 1 Min. Losgröße: 10	Periode 1	Periode 2	Periode 3	Periode 4	Periode 5	Periode 6	Periode 7	Periode 8
Primärbedarf	0	0	0	0	0	0	0	0
Sekundärbedarf	0	0	0	0	0	200	0	0
Bruttobedarf	0	0	0	0	0	200	0	0
Lagerbestand (10)	10	10	10	10	10 ara>	0	0	0
Nettobedarf	0	0	0	0	0	190	0	0
Geplanter Zugang	0	0	0	0	0	190	0	0
Geplante Auftragsfreigabe	0	0	0	0	190	0	0	0
Einzelteil: T1 Dispostufe: 3 Durchlaufzeit: 2 Min. Losgröße: 100	Periode 1	Periode 2	Periode 3	Periode 4	Periode 5	Periode 6	Periode 7	Periode 8
Primärbedarf	0	0	0	0	0	0	0	0
Sekundärbedarf	0	0	0	0	380	50	0	0
Bruttobedarf	0	0	0	0	380	50	0	0
Lagerbestand (30)	30	30	30	30	0	50	50	50
Nettobedarf	0	0	0	0	350	50	0	0
Geplanter Zugang	0	0	0	0	350	100	0	0
Geplante Auftragsfreigabe	0	0	350	100	0	0	0	0
Einzelteil: T2 Dispostufe: 3 Durchlaufzeit: 1 Min. Losgröße: 20	Periode 1	Periode 2	Periode 3	Periode 4	Periode 5	Periode 6	Periode 7	Periode 8
Primärbedarf	0	0	0	0	0	0	0	0
Sekundärbedarf	0	0	0	0	190	0	0	0
Bruttobedarf	0	0	0	0	190	0	0	0
Lagerbestand (300)	300	300	300	300	110	110	110	110
Nettobedarf	0	0	0	0	0	0	0	0
Geplanter Zugang	0	0	0	0	0	0	0	0
Geplante Auftragsfreigabe	0	0	0	0	0	0	0	0

Im Folgenden wird der Zusammenhang zwischen einer geplanten Auftragsfreigabe-menge und der Auslastung einer Ressource dargestellt. Bei den Mengen, die in der Zeile „Geplante Auftragsfreigabe" eines Erzeugnisses enthalten sind (vgl. Tab. 20.3), handelt es sich um Mengen, welche entweder im Unternehmen auf einer Ressource, z. B. auf einer Maschine, hergestellt werden, oder um Mengen, welche von einem Lieferanten (Ressource) beschafft werden. In beiden Fällen wird Kapazität der entsprechenden Ressource verbraucht. Dieser Sachverhalt soll anhand des Einzelteils T1 (vgl. Tab. 20.3) veranschaulicht werden. Die Kapazität einer Ressource pro Periode beträgt 1. Das Einzelteil T1 wird von einem Lieferanten L1 bezogen. Die Herstellung einer Einheit T1 verbraucht 0,01 der Periodenkapazität der (Lieferanten-)Ressource L1. Die geplanten Auftragsfreigabemengen des Einzelteils T1 aus Tab. 20.3 verursachen folgende Ressourcenauslastung (Tab. 20.4).

Aus Tab. 20.4 wird ersichtlich, dass die Kapazität der Ressource L1 in Periode 3 über-schritten wird. Daraus folgt, dass der durch die Materialbedarfsplanung erzeugte Plan (vgl. Tab. 20.3) nicht ausgeführt werden kann. Um einen ausführbaren Plan zu erzeugen, muss also sichergestellt werden, dass die Periodenkapazität einer Ressource nicht über-schritten wird (Kapazitätsrestriktion).

Eine weitere Voraussetzung für einen ausführbaren Plan ist, dass die Lagerbestände aller Erzeugnisse in allen Perioden jeweils größer oder gleich Null sind (Lagerbestands-restriktion).

Des Weiteren erfordert ein ausführbarer Plan, dass, falls eine Menge eines Erzeug-nisses in einer Periode hergestellt (Eigenfertigung) bzw. von einem Lieferanten beschafft wird (Fremdbezug), die Menge größer oder gleich der minimalen Losgröße des Erzeug-nisses ist (Losgrößenrestriktion).

Aus dem in Tab. 20.3 dargestellten Materialbedarfsplan wird folgende Eigenschaft der Materialbedarfsplanung ersichtlich: Die Eigenfertigung eines Erzeugnisses bzw. der Fremdbezug eines Einzelteils wird um die Durchlaufzeit, d. h. die erwartete Produktions-zeit bzw. die erwartete Beschaffungszeit, vorgezogen (Tempelmeier 1999). Aufgrund der Durchlaufzeitverschiebung wird so spät als möglich, jedoch nicht zu spät terminiert, damit die zu Losgrößen zusammengefassten Nettobedarfe des Erzeugnisses termingerecht bereitgestellt werden (vgl. Formel Gl. 20.3, Voß und Woodruff 2003; Tempelmeier 1999).

Das Problem der Materialbedarfsplanung unter Berücksichtigung von Ressourcen-kapazität und minimaler Losgröße besteht darin, die geplanten Auftragsfreigabemengen der Erzeugnisse bzw. die geplanten Auftragsfreigabemengen der Einzelteile so zu wählen, dass die Lagerbestands-, Losgrößen- und Kapazitätsrestriktionen nicht verletzt werden. Darüber

Tab. 20.4 Auslastung Ressource L1 pro Periode

Ressource L1	Periode 1	Periode 2	Periode 3	Periode 4	Periode 5	Periode 6	Periode 7	Periode 8
Auslastung	0	0	3,5	1	0	0	0	0

hinaus sind die geplanten Auftragsfreigabemengen so spät als möglich zur Deckung der zu Losgrößen zusammengefassten Nettobedarfe zu terminieren (Voß und Woodruff 2003).

Der implementierte RGA erzeugt Materialbedarfspläne und bewertet diese anhand einer Fitnessfunktion (vgl. Abschn. 20.3). Der RGA verfolgt das Ziel einen Materialbedarfsplan zu berechnen, welcher die Lagerbestands-, Losgrößen- und Kapazitätsrestriktion erfüllt und darüber hinaus möglichst geringe Lagerhaltungskosten aufweist.

20.2.3 Weitere Verfahren der Materialbedarfsplanung

Mit dem Branch&Bound-Verfahren kann eine optimale Lösung für das Problem der Materialbedarfsplanung ermittelt werden unter der Voraussetzung, dass eine optimale Lösung für das Problem existiert (Voß und Woodruff 2003). Ein Nachteil des Branch&Bound-Verfahrens ist, dass es sehr aufwendig ist, was zur Folge hat, dass bei größeren Optimierungsproblemen nicht sichergestellt werden kann, dass eine optimale Lösung in kurzer Zeit gefunden werden kann (Suhl und Mellouli 2006). Neben dem Branch&Bound-Verfahren zur Ermittlung einer optimalen Lösung gibt es auch heuristische Verfahren, um möglichst gute Lösungen für ein Optimierungsproblem zu berechnen (Voß und Woodruff 2003; Suhl und Mellouli 2006). Üblicherweise kann ein heuristisches Verfahren nicht sicherstellen, dass eine optimale Lösung für ein Problem ermittelt wird (Hromkovic 2004).

Zu den heuristischen Verfahren zählen das Material Requirements Planning (MRP, Gao et al. 2020), der genetische Algorithmus und der Regulator Algorithmus (Voß und Woodruff 2003; Klüver und Klüver 2015; Alicke 2005). Ein genetischer Algorithmus bzw. ein Regulator Algorithmus (RGA) können so implementiert werden, dass sie alle Restriktionen des Problems der Materialbedarfsplanung berücksichtigen. Im Gegensatz zu diesen beiden Verfahren berücksichtigt das MRP keine Ressourcenkapazitäten (Alicke 2005; Voß und Woodruff 2003). Daraus folgt, dass MRP die Kapazitätsrestriktion des Problems der Materialbedarfsplanung nicht berücksichtigt.

20.3 Darstellung und Begründung des Modells

In diesem Kapitel wird das Modell dargestellt, auf dem der implementierte RGA basiert. Anschließend erfolgt eine Begründung des Modells.

20.3.1 Darstellung des Modells

Grundsätzlich handelt es sich bei dem RGA für die Materialbedarfsplanung unter Berücksichtigung von Ressourcenkapazität und minimaler Losgröße um eine Population zweidimensionaler Teilsysteme. Ein Teilsystem wird als RGA-Individuum bezeichnet.

Anhand der folgenden Abb. 20.3 wird der Aufbau eines RGA-Individuums des RGA für die Materialbedarfsplanung unter Berücksichtigung von Ressourcenkapazität und minimaler Losgröße erläutert.

Aus Abb. 20.3 werden die zwei Dimensionen des RGA-Individuums, nämlich der Regulator- und der Baukastenvektor ersichtlich. Des Weiteren werden die Elemente des Regulatorvektors (Regulatorgene) und die Elemente des Baukastenvektors (Baukastengene) dargestellt. Die Verknüpfungen zwischen Regulator- und Baukastengenen werden in als Pfeile dargestellt. Neben den beiden Vektoren enthält das RGA-Individuum noch einen Verknüpfungsvektor, welcher die Verknüpfungen zwischen den Genen des Regulatorvektors und den Genen des Baukastenvektors beinhaltet.

Es geht weiterhin hervor, dass der Baukastenvektor einen Materialbedarfsplan für alle Produkte enthält. Der Planungszeitraum umfasst acht Perioden. Im Unterschied zu dem in Tab. 20.3 (vgl. Abschn. 20.2.2) dargestellten Materialbedarfsplan enthält der Baukastenvektor einen Materialbedarfsplan ohne die Zeilen Bruttobedarf und Nettobedarf, da diese beiden Zeilen in der Implementierung des RGA aus den Werten der anderen Zeilen zur Laufzeit des Algorithmus berechnet werden. Ein Gen des Baukastenvektors entspricht einer Periode (Spalte) des Materialbedarfsplans. Die Anzahl Gene eines Baukastenvektors errechnet sich aus der Anzahl der Produkte multipliziert mit der Anzahl Perioden des Planungszeitraums.

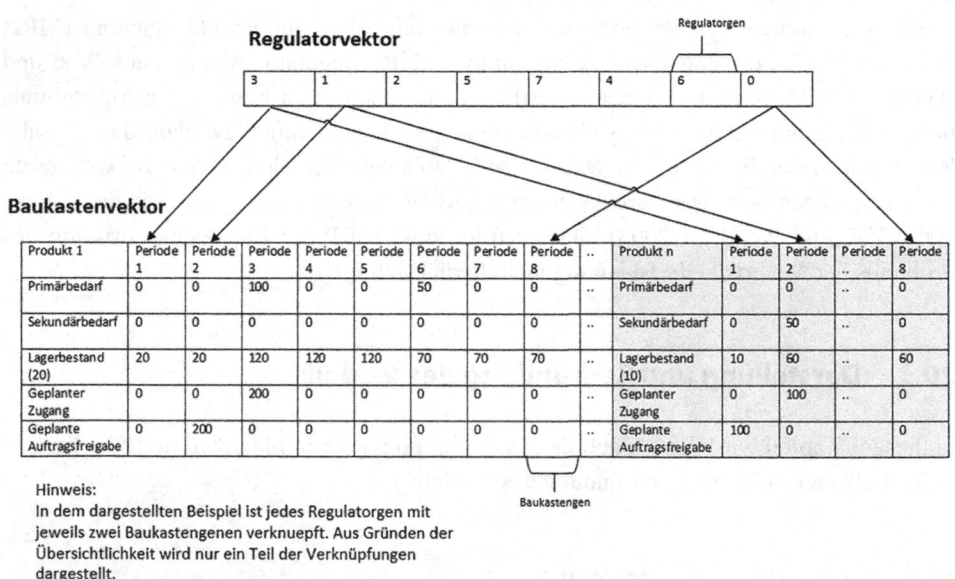

Abb. 20.3 RGA Individuum für die Materialbedarfsplanung

Des Weiteren wird ersichtlich, dass der Regulatorvektor insgesamt acht Gene enthält. Die Länge des Regulatorvektors entspricht der Länge des Planungszeitraums von acht Perioden. Ein Regulatorgen kann die folgenden Werte annehmen:

Konstante:	T	Anzahl der Perioden des Planungszeitraums
Index:	$t = 1, \ldots, T$	Index eines Regulatorgens
Variable:	$Regulatorgenwert_t$	Regulatorgenwert (mit $t = 1, \ldots, T$)

$$Regulatorgenwert_1 \in \{0, 1, \ldots, T - 1\} \tag{20.4}$$

Ein Regulatorgenwert wird vom RGA verwendet, um die untere bzw. obere Grenze für eine zufällige Veränderung der geplanten Auftragsfreigabemenge einer Periode und des geplanten Zugangs einer Periode festzulegen. Die Bestimmung einer solchen unteren bzw. oberen Grenze wird am Ende dieses Kapitels im Zusammenhang mit dem Mechanismus des RGAs zur Veränderung der Baukastengene durch die Regulatorgene erläutert.

Abb. 20.3 zeigt auch die Verknüpfungen der Regulatorgene mit den Genen des Baukastenvektors. Sie werden als Pfeile dargestellt. Die Richtung der Pfeile besagt, dass die Regulatorgene die Baukastengene beeinflussen, nicht jedoch umgekehrt. In dem dargestellten Beispiel ist jeweils ein Regulatorgen mit zwei Baukastengenen verknüpft. Aus Gründen der Übersichtlichkeit werden.

jedoch nicht alle Verknüpfungen dargestellt. Die Anzahl der Gene des Verknüpfungsvektors errechnet sich anhand der folgenden Formel (Gl. 20.5):

$$Anzahl\ Gene\ Verknüpfungsvektor =$$

$$Anzahl\ Produkte * Anzahl\ Perioden\ Planungszeitraum \tag{20.5}$$

Ein Verknüpfungsgen enthält genau eine Verknüpfung zwischen einem Regulatorgen und einem Baukastengen. Die Verknüpfungen zwischen den Genen eines Regulator- und den Genen eines Baukastenvektors werden verwendet, um Gene des Baukastenvektors zu verändern.

Im Folgenden wird der vom RGA verwendete Mechanismus zur Veränderung eines Baukastengenwerts anhand des Werts eines Regulatorgens, welches mit dem Baukastengen verknüpft ist, beschrieben. Der Mechanismus der Beeinflussung von Baukastengenen durch Regulatorgene wird durch folgende Gl. 20.6 definiert:

Konstante:	T	Anzahl der Perioden des Planungshorizonts
Indizes:	$t = 1, \ldots, T$	Perioden
Parameter:	*Regulatorgenwert*	Wert eines Gens des Regulatorvektors
	$I(0)$	Initialer Lagerbestand eines Produkts
	LT	Durchlaufzeit eines Produkts in Perioden
	geplanter Zugang$_t$	Geplanter Zugang eines Produkts in Periode t (mit $t = 1, \ldots, T$)
	Primärbedarf$_t$	Primärbedarf eines Produkts in Periode t (mit $t = 1, \ldots, T$)
	Sekundärbedarf$_t$	Sekundärbedarf eines Produkts in Periode t (mit $t = 1, \ldots, T$)
	Lagerbestand$_p$	Lagerbestand eines Produkts in Periode p ohne Berücksichtigung des geplanten Zugangs in Periode p: *Lagerbestand$_p$* $= I(0) -$ *geplanter Zugang$_p$* $- \sum_{t=1}^{p}($*Primärbedarf$_t$* $+$ *Sekundärbedarf$_t$* $-$ *geplanter Zugang$_t$*$)$
	minimale Losgröße	Minimale Losgröße eines Produkts
	z_1	Zufallszahl, welche folgende Werte annehmen kann: $z_1 \in A$, $A = \{x \in \mathbb{Z} \mid x = 0 \vee$ *minimale Losgröße* $\le x \le \lfloor$ *Lagerbestand$_p$* $\rfloor\}$
	z_2	Zufallszahl, welche folgende Werte annehmen kann: $z_2 \in B$, $B = \{x \in \mathbb{Z} \mid x = 0 \vee x =$ *minimale Losgröße*$\}$
Variable:	*geplante Auftragsfreigabe$_{t-LT}$*	Geplante Auftragsfreigabe eines Produkts in Periode $t - LT$
	geplanter Zugang$_t$	Geplanter Zugang eines Produkts in Periode t
	p	Periode

Falls $t - LT < 1$: (Bed. 1)

    geplanter Zugang$_t$ = 0

Falls $t + Regulatorgenwert > T$: (Bed. 2)

    $p = T$

Falls $t + Regulatorgenwert \leq T$: (Bed. 3)

    $p = t + Regulatorgenwert$

Falls $Lagerbestand_p < 0 \wedge |Lagerbestand_p| \geq minimale\ Losgröße$: (Bed. 4)

    geplanter Zugang$_t$ = z_1

    geplante Auftragsfreigabe$_{t-LT}$ = z_1

Falls $Lagerbestand_p < 0 \wedge |Lagerbestand_p| < minimale\ Losgröße$: (Bed. 5)

    geplanter Zugang$_t$ = z_2

    geplante Auftragsfreigabe$_{t-LT}$ = z_2

Falls $Lagerbestand_p \geq 0$: (Bed. 6)

    geplanter Zugang$_t$ = 0

    geplante Auftragsfreigabe$_{t-LT}$ = 0

$$(20.6)$$

Es folgt eine Erläuterung der Gl. 20.6 anhand eines Beispiels (Abb. 20.4).

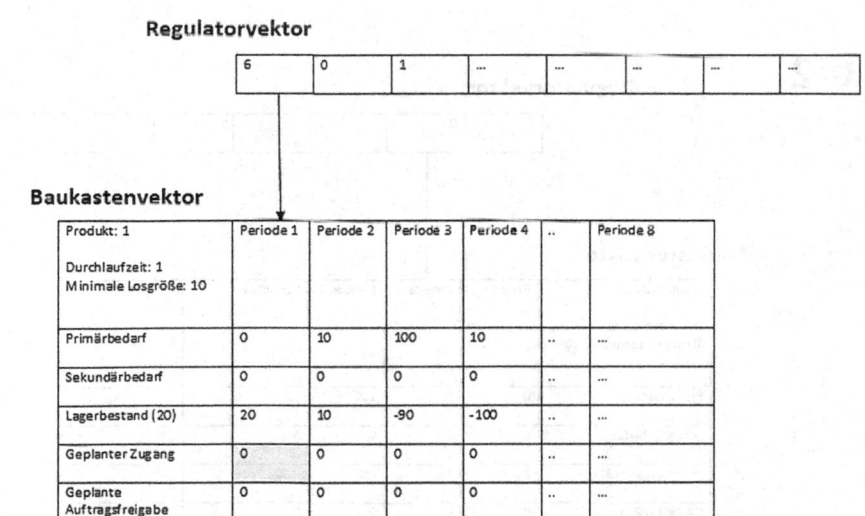

t=1

Regulatorvektor

6	0	1	...	...	...	...	...

Baukastenvektor

Produkt: 1 Durchlaufzeit: 1 Minimale Losgröße: 10	Periode 1	Periode 2	Periode 3	Periode 4	..	Periode 8
Primärbedarf	0	10	100	10	..	...
Sekundärbedarf	0	0	0	0	..	...
Lagerbestand (20)	20	10	-90	-100	..	...
Geplanter Zugang	0	0	0	0	..	...
Geplante Auftragsfreigabe	0	0	0	0	..	...

Abb. 20.4 Beeinflussung eines Baukastengens durch einen Regulatorgen (Periode t = 1)

Aus Abb. 20.4 wird Folgendes ersichtlich: Der RGA verarbeitet die erste Periode ($t = 1$). Der Planungszeitraum umfasst $T = 8$ Perioden. Die Durchlaufzeit des Produkts beträgt eine Periode ($LT = 1$). Das erste Gen des Regulatorvektors ist mit dem ersten Gen des Baukastenvektors verknüpft. Bei dem ersten Gen des Baukastenvektors handelt es sich um die Periode 1 des Materialbedarfsplans. Aus Formel (2.3) wird ersichtlich, dass die Bedingung 1 erfüllt ist, da $1 - 1 < 1$ wahr ist. Dadurch wird der geplante Zugang in Periode 1 auf Null gesetzt (*geplanter Zugang*$_1 = 0$).

Die nächste Periode wird in Abb. 20.5 dargestellt.

Aus Abb. 20.5 wird Folgendes ersichtlich: Der RGA verarbeitet die zweite Periode ($t = 2$). Der Planungszeitraum umfasst $T = 8$ Perioden. Die Durchlaufzeit des Produkts beträgt eine Periode ($LT = 1$). Das zweite Gen des Regulatorvektors ist mit dem zweiten Gen des Baukastenvektors verknüpft. Bei dem Letzteren handelt es sich um Periode 2 des Materialbedarfsplans. Der Wert des Regulatorgens beträgt Null. Aus Formel (2.3) geht hervor, dass die Bedingung 3 erfüllt ist, da $2 + 0 \leq 8$. Somit ergibt sich $p = 2$, da $p = 2 + 0$. Des Weiteren ist die Bedingung 6 erfüllt, da $10 \geq 0$. Daher wird sowohl der geplante Zugang in Periode 2 auf Null (*geplanter Zugang*$_2 = 0$) als auch die geplante Auftragsfreigabemenge in Periode 1 auf Null gesetzt (*geplante Auftragsfreigabe*$_{2-1} = 0$).

Die nächste Periode ergibt das Ergebnis in Abb. 20.6.

Aus Abb. 20.6 wird Folgendes ersichtlich: Der RGA verarbeitet die dritte Periode ($t = 3$). Der Planungszeitraum umfasst $T = 8$ Perioden. Die Durchlaufzeit des Produkts beträgt eine Periode ($LT = 1$). Die minimale Losgröße des Produkts ist zehn. Das dritte Gen des Regulatorvektors ist mit dem dritten Gen des Baukastenvektors verknüpft. Bei dem dritten Gen des Baukastenvektors handelt es sich um Periode 3 des Materialbedarfsplans. Der Wert

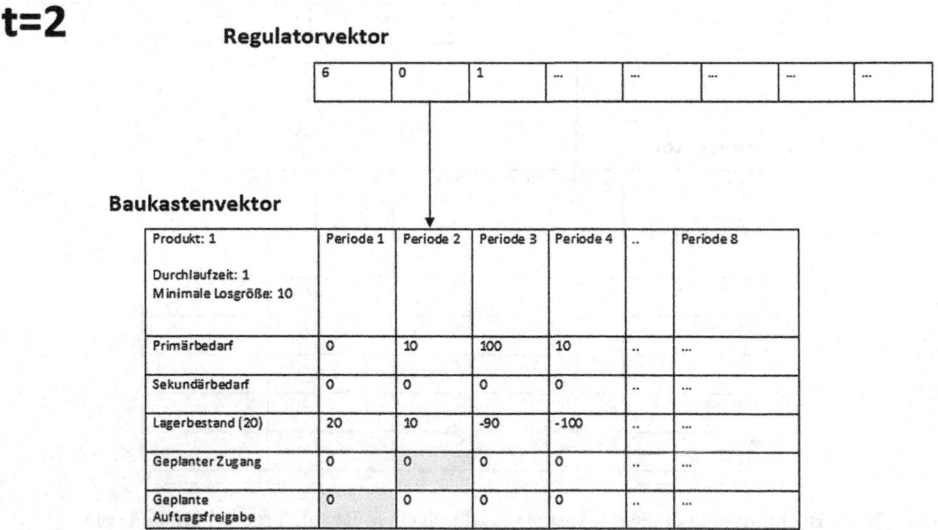

Abb. 20.5 Beeinflussung eines Baukastengens durch ein Regulatorgen (Periode t = 2)

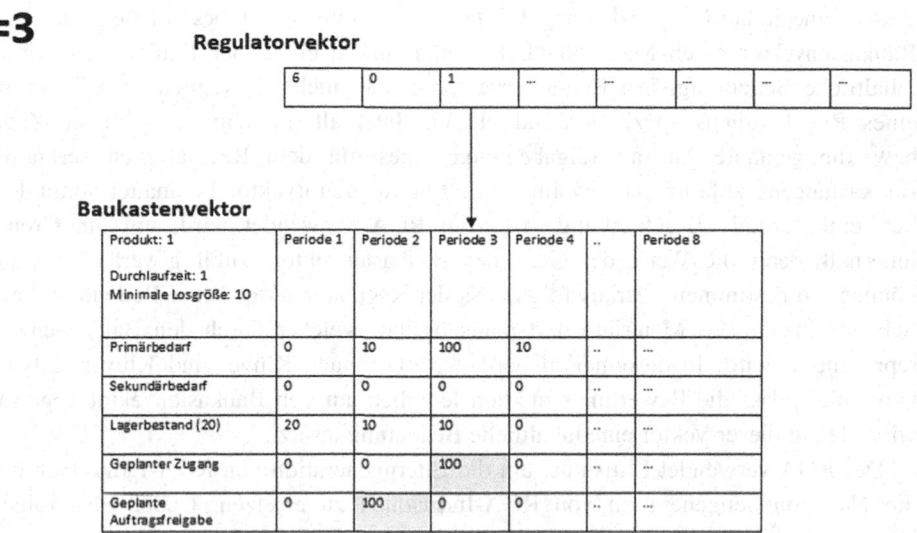

t=3

Regulatorvektor

6	0	1	...	...	...	...	...

Baukastenvektor

Produkt: 1 Durchlaufzeit: 1 Minimale Losgröße: 10	Periode 1	Periode 2	Periode 3	Periode 4	..	Periode 8
Primärbedarf	0	10	100	10	..	...
Sekundärbedarf	0	0	0	0	..	...
Lagerbestand (20)	20	10	10	0	..	...
Geplanter Zugang	0	0	100	0	..	...
Geplante Auftragsfreigabe	0	100	0	0	..	...

Abb. 20.6 Beeinflussung eines Baukastengens durch ein Regulatorgen (Periode $t = 3$)

des Regulatorgens beträgt Eins. Aus Formel (2.3) wird ersichtlich, dass die Bedingung 3 erfüllt ist, da $3 + 1 \leq 8$. Somit ergibt sich $p = 4$, da $p = 3 + 1$. Des Weiteren geht aus Formel (2.3) hervor, dass die Bedingung 4 erfüllt ist, da $-100 < 0 \wedge |-100| \geq 10$. In diesem Beispiel wird eine Zufallszahl $z_1 = 100$ erzeugt. Der geplante Zugang in Periode 3 wird auf 100 (*geplanter Zugang*$_3 = 100$) und die geplante Auftragsfreigabemenge in Periode 2 wird auf 100 gesetzt (*geplante Auftragsfreigabe*$_{3-1} = 100$).

Aus den zuvor dargestellten Beispielen wird der Mechanismus ersichtlich, auf welche Art und Weise der RGA die geplante Auftragsfreigabemenge einer Periode bzw. die geplante Zugangsmenge einer Periode zufällig verändert. Zunächst wird die Periode p ermittelt. Anschließend wird der Lagerbestand eines Produkts in Periode p ohne Berücksichtigung des geplanten Zugangs in Periode p ermittelt (*Lagerbestand*$_p$). Anhand dieses Lagerbestands werden die untere bzw. die obere Grenze für eine zufällige Veränderung der geplanten Auftragsfreigabemenge einer Periode und des geplanten Zugangs einer Periode festgelegt. Der Mechanismus stellt sicher, dass sowohl eine geplante Auftragsfreigabemenge als auch ein geplanter Zugang innerhalb eines definierten Intervalls zufällig verändert wird, sodass die Losgrößenrestriktion nicht verletzt wird (vgl. Abschn. 20.2.2).

20.3.2 Begründung des Modells

Aus dem Mechanismus der Beeinflussung der Gene des Baukastenvektors durch die Regulatorgene wird ersichtlich, dass der Baukastenvektor im Gegensatz zum Regulatorvektor eine inhaltliche Bedeutung besitzt. Wie bereits zuvor beschrieben, enthält ein Baukastenvektor einen Materialbedarfsplan. Dadurch erhält der Baukastenvektor eine inhaltliche Bedeutung. Ein Regulatorvektor enthält mehrere Regulatorgene. Der Wert eines Regulatorgens spezifiziert indirekt ein Intervall, in dem der geplante Zugang bzw. die geplante Auftragsfreigabemenge eines mit dem Regulatorgen verknüpften Baukastengens zufällig ausgewählt wird. Ein Regulatorvektor beinhaltet somit lediglich eine formale Beschreibung, die vom RGA verwendet wird, um die Grenzen, innerhalb derer die Werte der Gene des Baukastenvektors zufällig verändert werden können, zu bestimmen. Daraus folgt, dass der Regulatorvektor keine Bedeutung bezüglich des Inhalts des Materialbedarfsplans besitzt, welcher durch den Baukastenvektor repräsentiert wird. In diesem Fall wird der RGA nach Klüver und Klüver (2015) so konstruiert, dass die Bewertungsfunktion lediglich auf den Baukastenvektor angewandt wird, da nur dieser Vektor eine inhaltliche Bedeutung besitzt.

Der RGA verwendet Elitismus, um die Elterngeneration von RGA-Individuen durch die Nachkommengeneration von RGA-Individuen zu ersetzen. Dabei wird folgende Form des Elitismus genutzt: Der RGA wählt zuerst die RGA-Individuen aus, welche in die nächste Generation übernommen werden sollen. Anschließend wird jedes der ausgewählten RGA-Individuen inklusive aller darin enthaltenen Vektoren in die nächste Generation übernommen. Diese Vorgehensweise wurde aus folgendem Grund für die Implementierung des RGA gewählt: Eine komplette Übernahme eines RGA-Individuums in die Nachfolgegeneration ist wesentlich einfacher zu implementieren als die Übernahme von Teilen eines RGA-Individuums. Denn bei einer Übernahme nur eines Teils eines RGA-Individuums, beispielsweise des Regulatorvektors, in die Nachfolgegeneration muss nämlich auch das RGA-Individuum der Nachfolgegeneration bestimmt werden, in welches das Teil eingefügt werden soll.

Der RGA wurde so implementiert, dass entweder der Regulatorvektor oder die Verknüpfungen zwischen Regulator- und Baukastenvektor durch genetische Operatoren variiert werden. Des Weiteren wurde in der Implementierung des RGA berücksichtigt, den Baukastenvektor nicht durch genetische Operatoren zu variieren. Dadurch wird sichergestellt, dass durch die Anwendung des Rekombinationsoperators keine ungültigen RGA-Individuen entstehen können. Auf eine Variation beider Komponenten des RGA, d. h. sowohl auf eine Variation des Regulatorvektors als auch auf eine Variation der Verknüpfungen wurde verzichtet, um die Nachvollziehbarkeit der Ergebnisse zu gewährleisten.

Es wurde die Annahme getroffen, dass sich alle Werte eines Materialbedarfsplans auf die Einheit Stück beziehen. Da ein Materialbedarfsplan in einem Baukastenvektor abgelegt wird, wurde daher für die Repräsentation des Baukastenvektors die Ganzzahl-Codierung (Integer-Codierung) gewählt. Der Regulatorvektor des RGA enthält ausschließlich Informationen zur Bildung von Losgrößen, die als ganzzahlige Werte codiert werden. Daher wurde auch für die Repräsentation des Regulatorvektors die Ganzzahl-Codierung verwendet.

20.4 Ergebnisse und potenzielle Modellerweiterungen

Es wurde ein RGA entworfen und implementiert, welcher in der Lage ist, einen ausführbaren Materialbedarfsplan zu erzeugen (Abschn. 20.2). Bei einem solchen Plan handelt es sich um einen Materialbedarfsplan, welcher die Lagerbestands-, Losgrößen- und Kapazitätsrestriktion berücksichtigt. Daneben verfolgt der RGA auch das Ziel, die Lagerhaltungskosten, welche durch einen Materialbedarfsplan verursacht werden, zu minimieren, indem der RGA die geplanten Auftragsfreigabemengen so spät als möglich zur Deckung der zu Losgrößen zusammengefassten Nettobedarfe terminiert.

Aufgrund der Gemeinsamkeiten, insbesondere aufgrund derselben Zielsetzung der drei Algorithmen RGA, genetischer Algorithmus und MRP-Verfahren ist es sinnvoll, den RGA mit dem genetischen Algorithmus bzw. mit dem MRP-Verfahren zu vergleichen, um die Vorteile bzw. Nachteile des RGA gegenüber dem genetischen Algorithmus bzw. dem MRP-Verfahren zu ermitteln. Der Vergleich basiert auf den Ergebnissen von Experimenten, welche mit dem RGA, dem MRP-Verfahren und dem genetischen Algorithmus durchgeführt wurden. Im Rahmen eines Experiments wurden der RGA, das MRP-Verfahren und der genetische Algorithmus jeweils mit identischen Stammdaten ausgeführt. Die Algorithmen wurden, basierend auf den endgültigen Fitnesswerten der Materialbedarfspläne, welche im Rahmen der durchgeführten Experimente von den drei Algorithmen erzeugt wurden, verglichen. Der genetische Algorithmus verwendet das elitistische Ersetzungsschema delete-n-last. Dieses Ersetzungsschema ersetzt die n schlechtesten Individuen der Elterngeneration durch die n besten Individuen der Nachkommengeneration (Klüver et al. 2012). Ein Vektor, der durch den genetischen Algorithmus variiert wird, enthält jeweils einen Materialbedarfsplan (vgl. Tab. 20.3).

Die Berechnung des Fitnesswerts eines Materialbedarfsplans erfolgt in zwei Schritten. Im ersten Schritt wird ein vorläufiger Fitnesswert und im zweiten Schritt ein endgültiger Fitnesswert eines Materialbedarfsplans errechnet. Der vorläufige Fitnesswert wird nach folgender Berechnungsvorschrift ermittelt (Gl. 20.7).

Konstante:	T	Anzahl der Perioden des Planungshorizonts
	P	Anzahl Produkte
Indizes:	$t = 1, \ldots, T$	Perioden
	$i = 1, \ldots, P$	Produkte
Parameter:	$x_{i,t}$	Geplante Auftragsfreigabe eines Produkts i (mit $i = 1, \ldots, P$) in einer Periode t (mit $t = 1, \ldots, T$)
Variable:	*voräufiger Fitnesswert*	Vorläufiger Fitnesswert eines Materialbedarfsplans, welcher der gewichteten Summe der geplanten Auftragsfreigaben über alle Produkte und Perioden des Planungshorizonts entspricht

$$vorläufiger\ Fitnesswert = \sum_{i=1}^{P} \sum_{t=1}^{T} (T - t)x_{i,t} \qquad (20.7)$$

Ein Wert der Variablen *vorläufiger Fitnesswert* repräsentiert die Lagerhaltungskosten, welche durch den Materialbedarfsplan verursacht werden. Ein Materialbedarfsplan mit einem niedrigen vorläufigen Fitnesswert ist somit günstiger als ein Materialbedarfsplan mit einem hohen vorläufigen Fitnesswert.

Aus dem vorläufigen Fitnesswert eines Materialbedarfsplans wird nach folgender Berechnungsvorschrift der endgültige berechnet (Gl. 20.8).

Konstante:	*M*	2.000.000 (große Zahl)
Variablen:	*endgültiger Fitnesswert*	Endgültiger Fitnesswert eines Materialbedarfsplans
	vorläufiger Fitnesswert	Vorläufiger Fitnesswert eines Materialbedarfsplans

Falls Lagerbestandsrestriktion erfüllt Kapazitätsrestriktion erfüllt:

$$endgültiger\ Fitnesswert = vorläufiger\ Fitnesswert$$

Falls Lagerbestandsrestriktion nicht erfüllt Kapazitätsrestriktion nicht erfüllt:

$$endgültiger\ Fitnesswert = vorläufiger\ Fitnesswert + M$$

$$(20.8)$$

Die Berechnungsvorschrift Gl. 20.8 überprüft somit, ob der Materialbedarfsplan ausführbar ist, d. h. ob die Lagerbestands-, Losgrößen- und Kapazitätsrestriktion erfüllt sind (vgl. Abschn. 20.2). Es wird jedoch nur geprüft, ob die Lagerbestandsrestriktion und die Kapazitätsrestriktion erfüllt sind. Das ist ausreichend, da in der Implementierung des MRP-Verfahrens, des genetischen Algorithmus und des RGA sichergestellt wird, dass die Losgrößenrestriktion auch erfüllt ist.

Darüber hinaus wurden die endgültigen Fitnesswerte der Materialbedarfspläne, die mit dem RGA, dem genetischen Algorithmus bzw. mit dem MRP-Verfahren erzeugt wurden, mit den endgültigen Fitnesswerten der optimalen Materialbedarfspläne verglichen. Die optimalen Materialbedarfspläne wurden mit dem Branch&Bound-Verfahren ermittelt (vgl. Abschn. 20.2.3). Die Leistung der Implementierung des RGA, des genetischen Algorithmus und des MRP-Verfahrens wurde anhand von Messgrößen (Metriken) gemessen. Als Messgrößen wurden Leistungskennzahlen verwendet. Im Rahmen eines Experiments wurden die Leistungskennzahlen jeweils für den RGA, den genetischen Algorithmus und das MRP-Verfahren berechnet. Die von den Algorithmen im Rahmen eines Experiments erzielten Kennzahlwerte wurden miteinander verglichen, um die Leistung der Implementierungen der drei Algorithmen zu beurteilen.

Danach wurde ein zusammenfassender Vergleich der drei Algorithmen durchgeführt, indem die erzielten Vergleichsergebnisse mit einer Gewichtung (Punkte) versehen und die Punkte pro Algorithmus aufaddiert wurden. Anhand der Zusammenfassung der Vergleichsergebnisse wurde festgestellt, dass die Implementierung des RGA der Implementierung des MRP-Verfahrens bzw. der Implementierung des genetischen Algorithmus überlegen ist. Diese Feststellung ist jedoch nicht als allgemeingültig zu interpretieren. Würde man andere Experimente durchführen, andere Bewertungskriterien für den Vergleich nutzen oder eine andere Gewichtung der Bewertungskriterien vornehmen, so würde das möglicherweise zu einem anderen Vergleichsergebnis führen.

Im Folgenden wird ein Ausblick auf potenzielle Modellerweiterungen gegeben:

20.5 Fazit

Der RGA wurde so implementiert, dass entweder der Regulatorvektor eines RGA-Individuums oder der Verknüpfungsvektor eines RGA-Individuums durch einen genetischen Operator variiert wird. Eine Variation des dritten Vektors eines RGA-Individuums, d. h. eine Variation des Baukastenvektors, wurde in der Implementierung des RGA nicht berücksichtigt. Daraus ergibt sich folgende, weitergehende Forschungsfrage: Welche Auswirkungen hat die Variation des Baukastenvektors eines RGA-Individuums durch einen genetischen Operator auf die Ergebnisse des RGA?

Die Implementierung des RGA variiert lediglich einen Vektor eines RGA-Individuums, d. h. entweder den Regulatorvektor oder den Verknüpfungsvektor, durch einen genetischen Operator. Aus diesem Sachverhalt ergibt sich die folgende weitergehende Forschungsfrage: Welche Auswirkungen auf die Ergebnisse eines RGA hat die Variation von zwei bzw. von drei Vektoren eines RGA-Individuums?

Abschließend lässt sich festhalten, dass der zusammenfassende Vergleich der Algorithmen MRP-Verfahren, genetischer Algorithmus und RGA zeigt, dass ein RGA eine Alternative zu den bereits etablierten heuristischen Verfahren MRP und genetischer Algorithmus darstellt. In diesem Anwendungsbeispiel zeigte sich der RGA sogar überlegen.

Literatur

Alicke K (2005) Planung und Betrieb von Logistiknetzwerken, 2. Aufl. Springer, Berlin

Gao KZ, He, ZM, Huang Y, Duan PY, Suganthan PN (2020) A survey on. Meta-heuristics for. Solving disassembly line balancing, planning and scheduling problems in remanufacturing. Swarm and Evol Comput 57, Elsevier. https://doi.org/10.1016/j.swevo.2020.100719

Hromkovic J (2004) Algorithmics for hard problems, 2. Aufl. Springer, Berlin

Klüver C, Klüver J, Schmidt J (2012) Modellierung komplexer Prozesse durch naturanaloge Verfahren, 2. Aufl. Springer Vieweg, Wiesbaden

Klüver J, Klüver C (2015) The regulatory algorithm (RGA): a two-dimensional extension of evolutionary algorithms. Soft Comput. https://doi.org/10.1007/s00500-015-1624-6

Oeldorf G (1995) Materialwirtschaft, 7. Aufl. Friedrich Kiehl Verlag, Ludwigshafen, S 1995

Scheer A (1995) Wirtschaftsinformatik: Referenzmodelle für industrielle Geschäftsprozesse. Springer, Berlin

Steinbuch P, Olfert K (1995) Fertigungswirtschaft, 6. Aufl. Friedrich Kiehl Verlag, Ludwigshafen

Suhl L, Mellouli T (2006) Optimierungssysteme. Springer, Berlin

Tempelmeier H (1999) Material-Logistik: Modelle und Algorithmen für die Produktionsplanung und –steuerung und das Supply Chain Management, 4. Aufl. Springer, Berlin

Voß S, Woodruff D (2003) Introduction to computational optimization models for production planning in a supply chain. Springer, Berlin

Variabilitätsmodellierung und Optimierung softwareintensiver Systeme durch einen Regulator Algorithmus (RGA)

21

Ole Meyer

Zusammenfassung

In der heutigen Zeit besteht immer mehr der Wunsch nach individueller Konfigurierbarkeit der Systeme. Die Industrie hat sich in deren jeweiligen Produktlinien bereits darauf eingestellt, dass Kunden ihre Autos, Rechner, Schuhe oder Müsli nach eigenen Bedürfnissen konfigurieren möchten. Dies gilt auch für softwareintensive Systeme, deren Systemkomponenten (Features) trotz einer Vielzahl möglicher Kombinationen kontrolliert werden müssen, damit sie einwandfrei funktionieren. In diesem Beitrag wird die Herausforderung variabilitätsintensiver Softwaresysteme anhand der Modellierung eines Smart-Home-Systems vorgestellt und wie eine Optimierung des Modells durch einen Regulator Algorithmus erfolgen kann.

Schlüsselwörter

Software-produktlinie (SPL) · Regulator Algorithmus (RGA) · Variabilitätsintensive Softwaresysteme · Constraints

O. Meyer (✉)
Universität Duisburg-Essen, Software Engineering, Essen, Deutschland
E-Mail: ole.meyer@uni-due.de

© Springer Fachmedien Wiesbaden GmbH, ein Teil von Springer Nature 2021
C. Klüver und J. Klüver (Hrsg.), *Neue Algorithmen für praktische Probleme*,
https://doi.org/10.1007/978-3-658-32587-9_21

21.1   Einleitung

Variabilitätsintensive Softwaresysteme können unterschiedlich konfiguriert werden und dadurch optimal an die jeweiligen Anforderungen einer spezifischen Umgebung angepasst werden. Die Möglichkeit einer Konfiguration bringt zugleich aber auch eine neue Herausforderung mit sich: die optimale Auswahl der passenden Konfiguration aus einer potenziell großen Menge von Variabilitätspunkten mit unterschiedlichen Abhängigkeiten oder Ausschlüssen. Variabilität wird im Bereich des Software-Engineering insbesondere im Kontext von Software-Produktlinien (SPL) verwendet (Pohl et al. 2005; Chumpitaz et al. 2019). Die Auswahl einer passenden Konfiguration wird als *Feature Selektion* bezeichnet.

Die Bedeutung des Begriffes *Feature Selektion* hängt von der Domäne ab und darf in diesem Kontext nicht mit dem im Bereich des maschinellen Lernens verwendeten Begriff des *Feature Engineerings* verwechselt werden. Im Software-Engineering bezieht sich der Begriff auf die Komponenten des Systems, während im Bereich des maschinellen Lernens damit die Auswahl relevanter Eigenschaften aus den Daten gemeint ist.

Die Selektion von Features ist eine Herausforderung bei der Konfiguration von Softwareproduktlinien. Die Anzahl der möglichen Lösungen beträgt hier 2^n, wobei n die Anzahl der vorhandenen Komponenten ist. Bei genügend großen Systemen, kann die optimale Auswahl daher nicht mehr durch eine Brute-Force-Suche gefunden werden. Zur Lösung dieses Problems können verschiedene (optimierende) Algorithmen und Methoden verwendet werden.

In diesem Beitrag wird gezeigt, wie ein sogenannter Regulatory Algorithm (RGA) für die Optimierung verwendet werden kann. Hierbei handelt es sich um einen evolutionären Algorithmus, der eine zweidimensionale Darstellung eines Individuums ermöglicht. Im Folgenden wird erst das für Softwareproduktlinien (SPL) existierende Problem der Featureselektion genauer beleuchtet und auf den unterliegenden Modellierungsansatz, ein sogenanntes FCORE-Modell, eingegangen.

Darauffolgend wird gezeigt wie der RGA für die Featureauswahl angepasst und verwendet werden kann. Die Anpassung stellt insbesondere sicher, dass die resultierende Lösung hinsichtlich der modellierten Einschränkungen fachlich korrekt ist. Die Lösung wird am Beispiel eines Variabilitätsmodells für ein Smart-Home-System evaluiert.

21.2   Features in der Softwareentwicklung

Die Anforderungen an größere Softwareprodukte sind häufig sehr komplex. Das Konzept der Softwareproduktlinien (SPL) ermöglicht Komponenten von Softwareprodukten variabel zu gestalten und dadurch die Wiederverwendbarkeit zu fördern. Die Folge ist eine Verringerung der Entwicklungskosten und der benötigten Time-to-Market. Die

Hauptherausforderung besteht dabei darin, die Variabilität zwischen den verschiedenen Produkten der SPL bei einer großen Menge an Subsystemen oder Komponenten zu kontrollieren. Aufbauend auf der Methode der *Feature-Oriented Domain Analysis* von Kang et al. (1990) wird ein System als eine Menge von obligatorischen, optionalen oder alternativen Features beschrieben. Softwareproduktlinien bauen auf diesem Feature-Begriff auf und beschreiben die Komponenten eines Softwareprodukts im Hinblick auf Gemeinsamkeiten und Variationen (Pohl et al. 2005).

In einem sogenannten Feature-Modell kann Variabilität als eine Baumstruktur mit optionalen und obligatorischen Features und Sub-Features modelliert werden, die an- oder abgewählt werden können. Dabei können Einschränkungen mit *required* und/oder *exclude* Beziehungen modelliert werden (oberer Teil von Abb. 1). Für die Ableitung eines konkreten Softwareprodukts müssen Merkmale ausgewählt werden (d. h. Variabilität gebunden werden). Ein abgeleitetes Produkt ist genau dann gültig, wenn alle modellierten Bedingungen erfüllt sind.

Die Idee der Modellierung der Variabilität eines Systems und der Ableitung von Produkten ist dabei nicht ausschließlich auf die Entwurfszeit eines Softwaresystems beschränkt. Dynamische Software-Produktlinien (DSPL) berücksichtigen Variabilitätspunkte zur Laufzeit (z. B. Hallsteinsen et al. 2008; Capilla et al. 2014; Metzger et al. 2016). Beim An- und Abwählen von Features (d. h. bei der Rekonfiguration) müssen dabei alle Einschränkungen durchgehend auf ihre Gültigkeit überprüft werden. So wird verhindert, dass das System in einen inkonsistenten Zustand gerät (Abb. 21.1).

Die einfache Auswahl von Features mit einer gültigen Belegung erfüllt dabei zwar immer die funktionalen Anforderungen an ein bestimmtes System (in Form von Features und ihren Einschränkungen), deckt aber keine nicht-funktionalen Anforderungen oder Benutzeranforderungen ab. Um dieses Problem zu lösen, kann das FCORE-Modell verwendet werden. Dabei handelt es sich um einen Ansatz zur Kombination von Feature-Modellen mit sogenannten Softgoals (Metzger et al. 2016). Softgoals werden häufig in Goal-Modellen verwendet, um z. B. verschiedene Interessen zu berücksichtigen und abzuwiegen. Dies ermöglicht eine bessere Lösungssuche bei der Optimierung der Featureselektion, wie in Abb. 21.1 dargestellt. Dabei können nun neben funktionalen, auch nicht-funktionale Anforderungen berücksichtigt werden.

Eine gültige Lösung mit einer optimalen Softgoal-Erfüllung zu finden, ist eine zentrale Aufgabe, welche aufgrund der Komplexität aber schwer zu lösen ist. Eine Brute-Force-Lösung ist bei einer größeren Anzahl von Features undurchführbar, weil jedes neue Element zwei neue Zustände (ausgewählt und nicht ausgewählt) einführt und dadurch die Menge der möglichen Selektionen verdoppelt.

Es gibt mehrere existierende Ansätze, welche die Suche nach einer optimalen Featureauswahl auf Basis von Aussagenlogik unterstützen. Hierbei können klassische Lösungswerkzeuge der Aussagenlogik verwendet werden (von Lamsweerde 2009; Elfaki et al. 2009a). Aussagenlogik ist jedoch auf Feature-Modelle mit booleschen Variablen beschränkt, was die Verwendung von nicht-funktionalen Anforderungen oder Softgoals verhindert. Zur Lösung dieses Problems werden Constraint Satisfaction

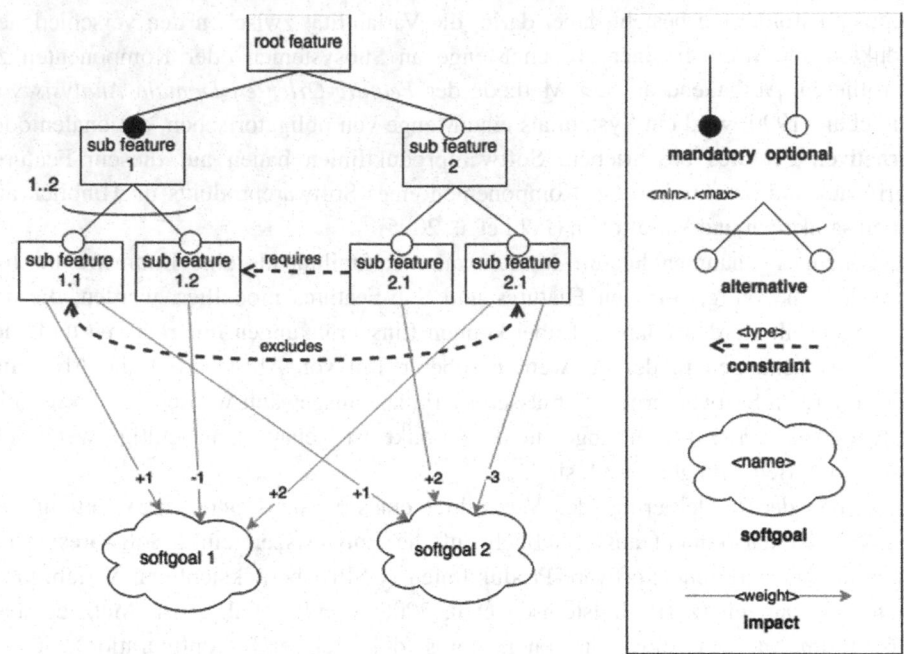

Abb. 21.1 FCORE-Modell: Eine Kombination aus Feature-Modell (oberer Teil) und Softgoals

Solver (CSP) verwendet. Diese sind auch in der Lage, Lösungen zu finden, welche durch Dezimalzahlen beschränkt werden (Elfaki et al. 2009b; Benavides et al. 2005; Karataş et al. 2010). CPS-Solver iterieren über verschiedene mögliche Lösungen und verwenden dabei Heuristiken, um möglichst nur die relevantesten Elemente im Lösungsraum zu durchsuchen. Bei einer ungeeigneten oder nicht trivialen Heuristik kommt diese Optimierungsvariante potenziell einem Brute-Force-Ansatz nahe und kann sehr viel Zeit in Anspruch nehmen. Hier bedarf es eines intelligenteren Ansatzes, welcher eine ausreichende Skalierbarkeit bietet.

21.3 FCORE-Modelle

Wie bereits erwähnt, kombiniert der FCORE-Ansatz zwei verschiedene Arten der Modellierung: Feature-Modelle und Goal-Modelle. Damit wird die Möglichkeit geschaffen, alle Features eines variabilitätsintensiven Systems und ihre Beziehungen, aber auch ihre Auswirkungen auf nicht-funktionale Eigenschaften einer Selektion in einem einzigen Artefakt zu beschreiben. Abb. 21.2 zeigt die Modellierung eines einfachen Smart-Home-Systems in FCORE.

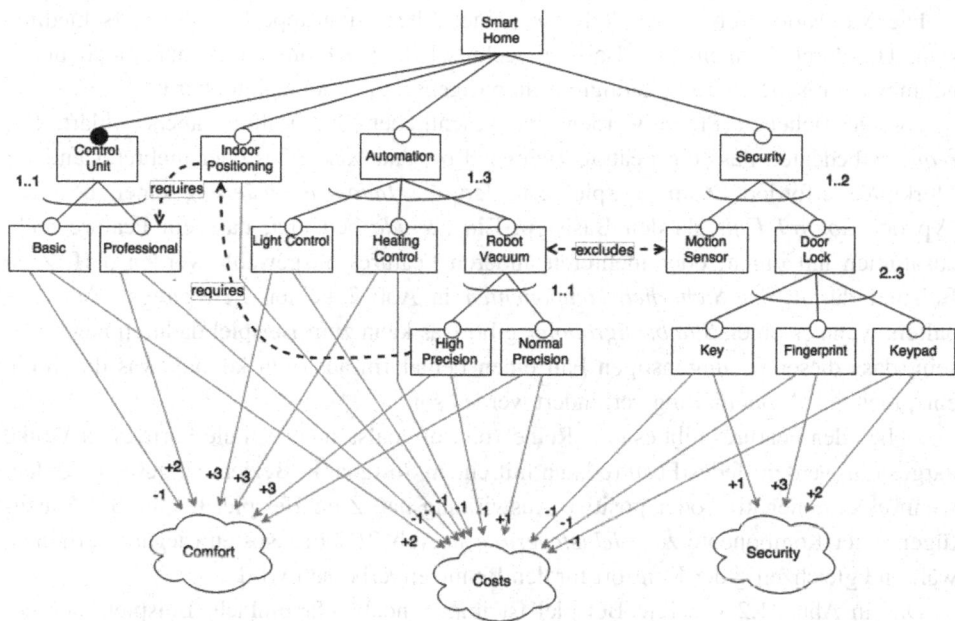

Abb. 21.2 Modellierung eines Smart-Home-Systems

Der obere Teil besteht aus einer Reihe von Features (Rechtecken) in einer hierarchischen Baumstruktur. Diese können von oben nach unten gelesen werden. Die jeweils unteren Features stellen Sub-Features der oberen Elemente dar. Zum Beispiel enthält das Smart Home-System in Abb. 21.2 eine *Control Unit*. Der Kreis am Ende der Verbindung beschreibt, ob die Beziehungen obligatorisch (ausgefüllter Kreis) oder optional (nicht ausgefüllter Kreis) sind. In dem Beispiel muss das Smart-Home-System daher über eine *Control Unit* verfügen, die Integration einer Komponente zur *Indoorlokalisierung* ist dagegen optional.

Beziehungen zwischen einem Feature und den Sub-Features können weiterhin auch in sogenannten Alternativgruppe organisiert werden. Die ermöglichen es zu modellieren, welche Anzahl von Features aus der Gruppe ausgewählt oder nicht ausgewählt werden muss, ohne dass ein konkretes Set an Features dabei festgelegt wird. Die Alternativgruppe ist dadurch visualisiert, dass alle Verbindungen durch eine leicht gerundete Linie verbunden sind und daneben die minimale und/oder maximale Anzahl von Features notiert wird. Dementsprechend muss ein *smartes Türschloss* in Abb. 21.2 mindestens zwei *Entriegelungsmechanismen* enthalten, z. B. einen *Fingerabdrucksensor* und ein Keypad. Gemäß der im Beispiel modellierten Alternativgruppe ist aber potenziell auch eine andere Kombination möglich.

Die Motivation für die Modellierung einer Alternativgruppe könnte unterschiedlich sein. Hierdurch können zum Beispiel technischen Beschränkungen, aber auch unternehmenspolitische oder marketingrelevante Eigenschaften abgebildet wird.

Die gestrichenen Pfeile werden im Wesentlichen durch ihre Labels erklärt. Ein *requires* bedeutet, dass ein Feature zwingend die Auswahl eines oder mehrerer anderer Merkmale erfordert. Zum Beispiel erfordert die *Indoorlokalisierung* einen besseren Typ der *Control Unit* als den Basistyp. Ein *exclude* bedeutet, dass ein Feature nicht zusammen mit einem oder mehreren anderen Features ausgewählt werden darf. Zum Beispiel dürfen die *Sicherheitskomponenten* in Abb. 2 keinen *Bewegungssensor* enthalten, wenn es einen *Staubsaugroboter* gibt. Das kann zum Beispiel dadurch begründet sein, dass dieser im ungünstigen Fall einen Fehlalarm auslösen könnte, was durch die entsprechende Modellierung verhindert werden soll.

Neben den Features gibt es eine Reihe von Softgoals, die durch die Form einer Wolke dargestellt werden. Jedes Feature kann mit einem Softgoal in Beziehung gesetzt werden, wenn es eine negative oder positive Auswirkung hat. Zum Beispiel könnte das Hinzufügen einer Komponente zur *Lichtsteuerung* in Abb. 21.2 die Kosten (negativ) erhöhen, während gleichzeitig der Komfort für den Benutzer verbessert wird.

Das in Abb. 21.2 gezeigte Beispiel ist immer noch sehr einfach, Beispiele aus der realen Welt könnten leicht hunderte oder tausende von Features mit der damit verbundenen Menge an Einschränkungen enthalten. Bereits in dem noch einfachen Beispiel des Smart-Home-Systems fällt es jedoch schon schwer, für alle Benutzeranforderungen eine passende Lösung abzuleiten. Es gibt 217 denkbare Selektionsmöglichkeiten von Features, welche meistens wegen der Verletzung der bestehenden Einschränkungen ungültig sind. Auch wenn diese Zahl noch durch eine Brute-Force-Suche bewältigt werden könnte, so führt das Hinzufügen weiterer Modellierungselemente zur detaillierteren Beschreibung des Systems schnell zu einer Anzahl an denkbaren Selektionen, wo dieses nicht mehr einfach der Fall ist. Aus diesem Grund wird eine intelligentere Optimierungstechnik benötigt.

21.4 Übersetzung eines FCORE-Modells zur Optimierung durch einen RGA

Die im Folgenden beschriebene Lösung basierend auf dem Regulatory Algorithm (RGA), einer zweidimensionalen Erweiterung eines Evolutionären Algorithmus (Klüver und Klüver 2016). Im Gegensatz zu der eindimensionalen Genstruktur eines Individuums bei einem klassischen Evolutionären Algorithmus, existiert beim RGA eine zusätzliche Gendimension, sogenannte *regulatory genes*. Diese haben einen direkten Einfluss auf die verbundenen Strukturgene und können auf diese Weise zum Beispiel ganze Gruppen von Genen steuern.

Das FCORE-Modell selbst ist ebenfalls ein zweischichtiges Modell, bestehend aus einem Feature-Modell und einem Zielmodell. Es stellt sich nun die Frage, wie beliebige FCORE-Modelle in die Logik des RGA übersetzt werden können.

Die Merkmale eines abgeleiteten Produkts sind das Ergebnis der ausgewählten Features. Die in einem FCORE-Modell modellierten Features sind somit die exakten Gegenstücke zu den Strukturgenen in einem RGA.

Die Softgoals, und insbesondere ihre Verbindung zu den Features, bestimmen mit, wie gut eine Selektion ist. Die Softgoals können gewichtet werden, z. B. um die Bedeutung für einen Nutzer zu definieren. Auf diese Weise haben sie einen großen Einfluss auf die Bewertung einer getroffenen Selektion. Folglich "steuern" die Softgoals den Fitnesswert auf die gleiche Weise wie die regulatorischen Gene dieses innerhalb des RGA tun.

Um ein FCORE-Modell für die Optimierung durch einen RGA zu übersetzen, muss daher für jedes Softgoal ein regulatorisches Gen erstellt werden. Für jedes mögliche Feature muss ein Strukturgen abgeleitet werden. Für jede existierende Verbindung zwischen einem Softgoal und einem Feature innerhalb des FCORE-Modells kann dann im RGA eine entsprechende Verknüpfung zwischen dem zugehörigen regulatorischen Gen und dem jeweiligen Strukturgen erstellt werden. Das Gewicht der modellierten Verbindung wird dabei einfach übernommen. Auf diese Weise kann ein beliebiges in FCORE modelliertes Problem zur Optimierung durch einen RGA übersetzt werden. In Abb. 21.3 wird dieser Übersetzungsvorgang visualisiert.

In den nächsten Schritten muss nun noch eine Fitnessfunktion definiert werden. Insbesondere benötigen die genetischen Operatoren (Mutation und Rekombination) spezifische Anforderungen, um sicherzustellen, dass die Abhängigkeiten der Features jederzeit erfüllt werden.

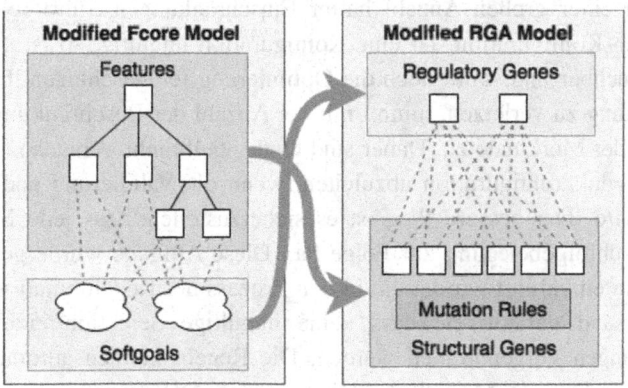

Abb. 21.3 Übersetzung von FCORE zu RGA

21.4.1 Definition der Fitnessfunktion

Beide Modellierungsdimensionen des FCORE-Modells sind notwendig, um den Grad der Zielerfüllung einer bestimmten Feature-Selektion zu bestimmen. Dieser Wert beschreibt den Abstand zwischen einer gegebenen Selektion und der bestmöglichen Auswahl. In der Terminologie eines evolutionären Algorithmus ist dies die Fitness einer Auswahl. Um dieser zweischichtigen Struktur und der spezifischen Fitness einer Selektion Rechnung zu tragen, wurde ein RGA verwendet. Dieser kann genau diese Anforderungen auf natürliche Art und Weise erfüllen.

Der Fitnesswert ist hauptsächlich die Summe aller Auswirkungen zwischen den aktivierten Features und den damit verbundene Softgoals. Zusätzlich müssen die Softgoals gewichtet werden, damit eine Zielvorgabe für die Optimierung erstellt werden kann. Durch eine Gewichtung ist es möglich, den RGA eine Selektion für eine spezifische Zielvorstellung finden zu lassen. Im Beispiel des Smart-Home-Systems kann so zum Beispiel die Sicherheit höher oder niedriger priorisiert werden. Der gewichtete Wert wird mit den Einflüssen zwischen den Features und den Softgoals multipliziert und dadurch in der Berechnung der Fitness (Gl. 21.1) berücksichtigt:

$$fitness = \sum_{i=1} \sum_{j=1} Imp_{i,j} * Soft_{i,j} \tag{21.1}$$

Auf der Grundlage dieser Berechnung wird der Fitnesswert je nach Bedeutung des jeweiligen Softgoals gleichermaßen von negativen und positiven Auswirkungen beeinflusst.

21.4.2 Zufällige Mutation und Rekombination ohne Verletzung der modellierten Einschränkungen

Die Anwendung zufälliger Änderungen durch einen evolutionären Algorithmus in einer Umgebung mit einer großen Anzahl harter Einschränkungen, führt relativ schnell zu einer ungültigen Konfiguration. Ist eine Konfiguration ungültig, so ist sie für das reale Problem unbrauchbar und somit auch die Optimierung fehlgeschlagen. Die Möglichkeit eine Beschränkung zu verletzen, nimmt mit der Anzahl der Beschränkungen im Verhältnis zur Anzahl der Merkmale zu. Daher sind tendenziell mehr Versuche erforderlich, um eine gültige Produktkonfiguration abzuleiten, wenn die Validierung nach der Mutation durchgeführt wird. Der bessere Weg ist es sicherzustellen, dass jede Mutation immer eine gültige Nachfolgebelegung zur Folge hat. Diese Aufgabe wurde gelöst, indem ein Satz von Regeln eingeführt wurde, die in den Prozess der Rekombination und Mutation integriert sind und garantieren, dass keine ungültige Selektion erzeugt wird, egal welche Änderungen vorgenommen werden. Die Regeln können automatisch generiert und von jedem beliebigen Modell abgeleitet werden. Dieses passiert auf der Basis des modellierten FCORE-Modells.

Während das FCORE-Modell selbst dazu verwendet werden könnte, zu prüfen, ob eine gegebene Konfiguration gültig ist, stellen die definierten Regeln sicher, dass, wenn ein Feature ausgewählt oder nicht ausgewählt wird, niemals eine ungültige Konfiguration erreicht wird. Auf diese Weise werden Verletzungen der modellierten Abhängigkeiten und Einschränkungen aktiv verhindert.

21.4.3 Schritt 1: Vereinheitlichung von Alternativgruppen und einfachen Beziehungen zwischen Features

Mit Alternativgruppen und direkten Beziehungen zwischen Features existieren unterschiedliche Arten von modellierbaren Abhängigkeiten. Dieses erhöht die Komplexität bei der Regelableitung. Optionale und obligatorische Verbindungen können jedoch in eine einfache Alternativgruppe übersetzt werden. Dieses vereinfacht das weitere Vorgehen maßgeblich. Die Modellierung erfolgt in Form von Alternativgruppen mit genau einem Subfeature. Die Verwendung eines Maximums von Eins und eines Minimums von Null oder Eins für die Anzahl der zulässigen ausgewählten Merkmale führt technisch zum gleichen Ergebnis wie die explizite Modellierung als optionale oder obligatorische Verbindung.

Unabhängig von der Frage, ob dies leichter verständlich ist oder nicht, erlaubt dies, diesen Teil des FCORE-Modells mit den gleichen Regeln abzudecken, die im folgenden Teil diskutiert werden. Im ersten Schritt werden daher alle entsprechend existierenden Beziehungen übersetzt und vereinheitlicht.

21.4.4 Schritt 2: Ableitung der Regeln

Eine Regel kann als 5-Tupel wie folgt beschrieben werden (Gl. 21.2):

$$F = \{select, deselect\}$$

$$S = Die\ Menge\ aller\ Strukturgene\ (oder\ Features\ in\ FCORE) \qquad (21.2)$$

$$R = (s_1, f_1, s_2, n, f_2)\ mit\ f_1, f_2 \in F, s_1, s_2 \in S\ und\ n \in N$$

F ist die Menge der Funktionen, die auf ein Merkmal angewendet werden können, in diesem Fall die An- und Abwahl. Die Funktionen können auf ein Element oder eine Teilmenge von S ausgeführt werden, was zu einer neuen Auswahl von selektierten Features führt. Gleichzeitig erzeugt die Ausführung ein Ereignis, das wiederum als Auslöser für den Aufruf anderer Funktionen verwendet werden kann. Diese Beziehungen werden durch eine Regel R ausgedrückt. Die ersten beiden Elemente bilden den Auslöser der Regel, d. h. sie legen fest, wann die Regel ausgeführt werden soll, und die letzten drei Elemente beschreiben die Aktion. Die semantische Bedeutung ist wie folgt (Gl. 21.3):

$$IF\,f_1(s_1)\,THEN\,min\,(n, s_2, f_2) \tag{21.3}$$

Die Funktion *min* nimmt n, s_2 und f_2 als Parameter und stellt sicher, dass es in s_2 ein Minimum von n Strukturgenen gibt, auf die die Funktion f_2 angewendet wird (Selektion oder Deselektion).

Mit dieser Notation können alle möglichen Einschränkungen berücksichtigt werden, indem eine Regel generiert wird, die eine Verletzung während des Mutations- und Rekombinationsprozesses verhindert:

Ein Feature, welches das Subfeature eines anderen Features ist, kann nicht ausgewählt werden, wenn das übergeordnete Feature nicht Teil der Konfiguration ist. Daher muss das übergeordnete Feature ausgewählt werden, wenn es nicht bereits ausgewählt ist (Gl. 21.4):

$$(select, childs, select, 1, \{parent\}) \tag{21.4}$$

Wenn das übergeordnete Feature abgewählt wird, müssen auch alle untergeordneten Features abgewählt werden (Gl. 21.5):

$$(deselect, \{parent\}, deselect, childs.length, childs) \tag{21.5}$$

Wenn ein Feature ausgewählt ist und ein anderes Feature erfordert, muss das erforderte Feature ebenfalls aktiviert werden, falls es nicht bereits aktiv ist. Diese Regel ist technisch die gleiche wie die Regel zur Aktivierung des übergeordneten Features (Gl. 21.6):

$$(select, \{requires.from\}, select, 1, \{requires.to\}) \tag{21.6}$$

Umgekehrt müssen alle Features, die ein bestimmtes Feature erfordern, abgewählt werden, wenn das erforderliche Feature abgewählt wird (Gl. 21.7):

$$(deselect, \{requires.to\}, deselect, 1, \{requires.from\}) \tag{21.7}$$

Wenn ein Feature aktiviert wird und ein anderes Feature ausschließt, so muss das jeweils andere deaktiviert werden, wenn es aktiv ist. Die Ausschlussbeschränkung ist bidirektional, daher muss diese Regel in beide Richtungen definiert werden (Gl. 21.8):

$$(select, \{excludes.from\}, deselect, 1, \{excludes.to\}) \tag{21.8}$$

und (Gl. 21.9)

$$(select, \{excludes.to\}, deselect, 1, \{excludes.from\}) \tag{21.9}$$

Es muss sichergestellt werden, dass die Anzahl der ausgewählten Mitglieder einer Alternativgruppe die maximal zulässige Anzahl nicht überschreitet. Bei Verwendung der gleichen Notation wie bei den anderen Regeln definiert diese Regel die Mindestanzahl der nicht ausgewählten Merkmale. Da Merkmale nur einen binären Zustand haben, ist dies eine äquivalente Einschränkung (Gl. 21.10):

$$(select, group.members, deselect, group.length - group.max, group.members)$$

$$\tag{21.10}$$

Auf der anderen Seite muss sichergestellt werden, dass die Anzahl der ausgewählten Features nicht unter die Mindestanzahl der Features fällt, die ausgewählt werden müssen. Dies ist nur dann wichtig, wenn die minimale Anzahl größer als Null ist (Gl. 21.11):

$$(deselect, group.members, select, group.min, group.members) \qquad (21.11)$$

Eine visuelle Darstellung der Regeln, wie diese sich im Beispiel des Smart-Home-Systems ergeben, ist in Abb. 21.4 dargestellt.

Jede Regel wird durch einen Kreis dargestellt und wird ausgelöst, wenn entweder ein Feature abgewählt (roter Pfeil) oder ausgewählt (grüner Pfeil) wird. Als Ergebnis wird ein definiertes Minimum (innerhalb des Kreises) eines bestimmten Satzes von Merkmalen entweder ausgewählt (grüner Pfeil) oder abgewählt (roter Pfeil). Nach der Ausführung aller getriggerten Regeln aus dem Graphen ist sichergestellt, dass die durch den Algorithmus angepasste Belegung weiterhin alle Regeln erfüllt und somit eine gültige Auswahl von Features darstellt.

Wenn z. B. das Feature für den *Staubsaugroboter* aktiviert ist (ausgehender grüner Pfeil), dann muss mindestens eines (grüner Kreis) der Features *High Precision* oder *Normal Precision* auch dann aktiviert sein, wenn keines der beiden bereits aktiv ist.

Das resultierende RGA-Modell einschließlich der spezifischen Regeln für die Rekombination und Mutation ist in Abb. 21.5 dargestellt.

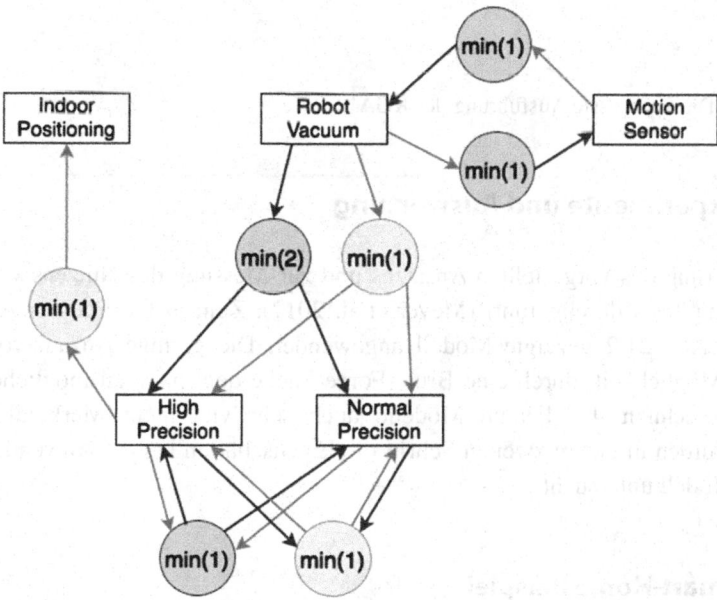

Abb. 21.4 Ausschnitt aus dem generierten Regelgraphen für das FCORE-Modell aus Abb. 21.2

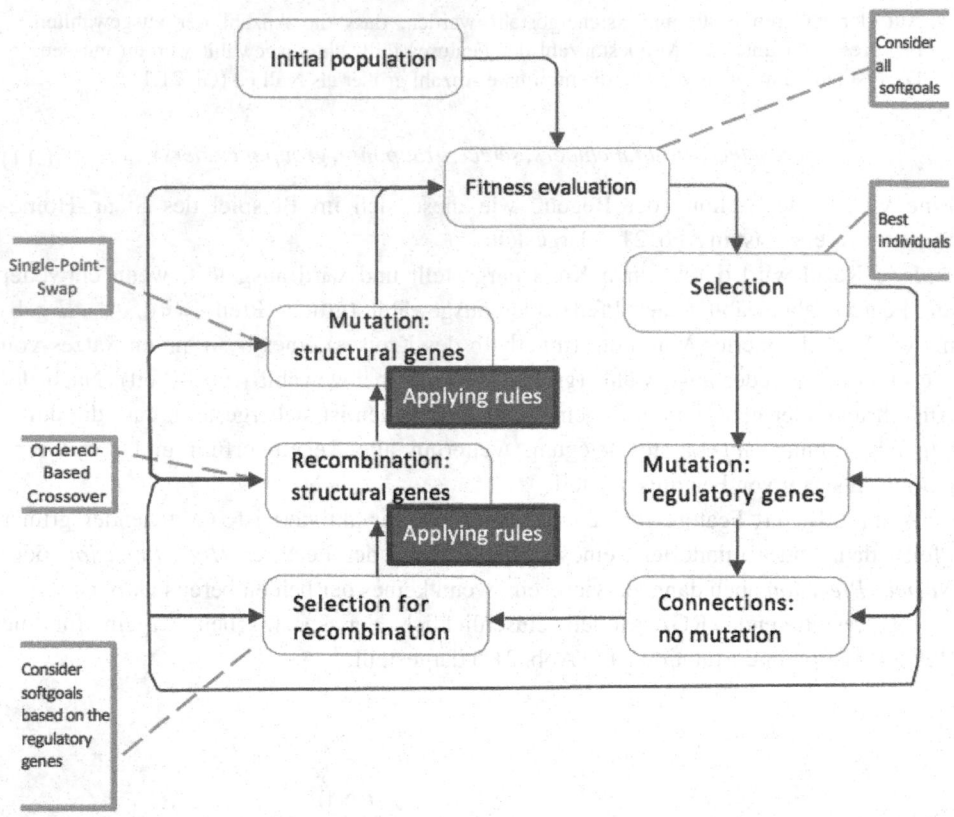

Abb. 21.5 Die angepasste Ausführung des RGA

21.5 Experimente und Auswertung

Zur Validierung des vorgestellten Ansatzes und zur Messung des Nutzens wurden zwei verschiedene Tests durchgeführt (Meyer et al. 2017). Zunächst wurde der Algorithmus auf das in Abb. 21.2 gezeigte Modell angewendet. Die geringe Anzahl von Features bietet die Möglichkeit, durch eine Brute-Force-Suche den maximal möglichen Fitness-wert zu berechnen. Da Feature-Modelle auch sehr viel mehr Merkmale enthalten könnten, wurden in einem zweiten Schritt die Eigenschaften bei der Anwendung auf ein größeres Modell untersucht.

21.5.1 Smart-Home Beispiel

Für den ersten Test wurde eine Gewichtung der Softgoals von etwa 0,5 für die *Kosten,* 0,3 für den *Komfort* und 0,2 für die *Sicherheit* gewählt. Das daraus resultierende

Maximum liegt bei etwa 2,6 und ergibt sich durch die Auswahl der Merkmale: *Control Unit* in der Variante *Basic, Automation* mit *Light Control, Heating Control* und *Robot Vacuum* mit *Normal Precision, Security* mit *Door Lock* mittels *Fingerprint* und *Keypad*.

Es wurden 100 Testdurchläufe mit maximal 500 Generationen durchgeführt. Das Ergebnis ist in Abb. 6 dargestellt. Zusätzlich ist in der Abbildung die theoretische Ersparnis gegenüber einer Brute-Force-Suche eingezeichnet. Ein Wert von 75 % bedeutet hierbei, dass nur ein Viertel der Anzahl der möglichen Konfigurationen generiert wurde. Jedes Mal, wenn mindestens einer der 100 Testdurchläufe eine optimale Konfiguration enthält, wurde ein Marker auf die x-Achse aufgetragen (Abb. 21.6).

Der Algorithmus war in der 31. Generation erstmals in der Lage, die perfekte Lösung zu finden. Dies bedeutet eine Gesamtzahl von 7.750 betrachteten Individuen oder Feature-Selektionen. Dies entspricht etwa 5,91 % der möglichen Gesamtmenge oder einer Einsparung von 94,09 % im Vergleich zu einer Brute-Force-Suche. Auch wenn dies eine Ausnahme sein mag, so lässt sich dennoch beobachten, dass die Dichte der gefundenen optimalen Lösungen mit der Anzahl der Generationen stark zunimmt. In der Regel kann davon ausgegangen werden, dass die optimale Lösung deutlich vor eine Brute-Force-Suche gefunden werden kann (Tab. 21.1).

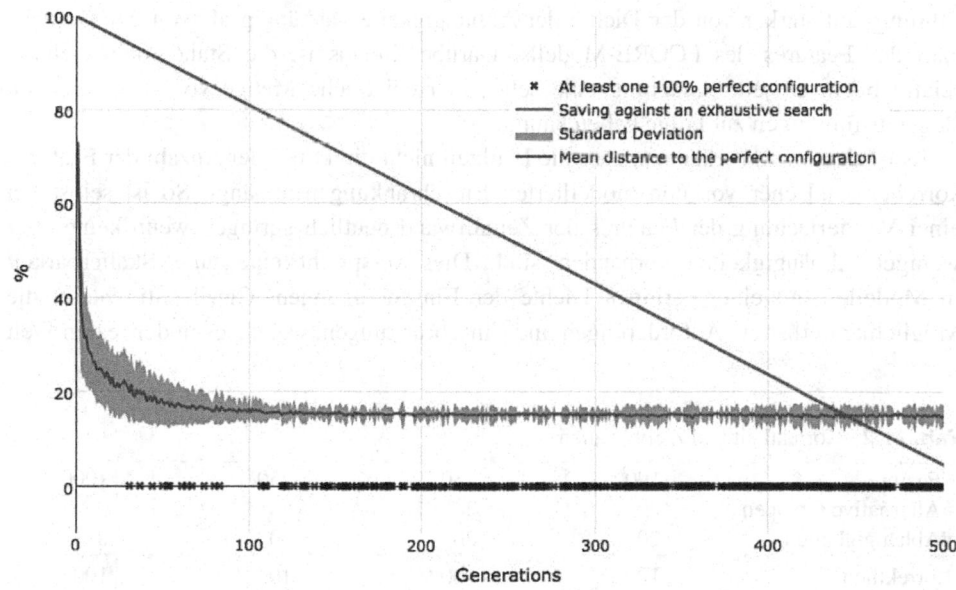

Abb. 21.6 Qualität der gefundenen Feature-Selektionen

Tab. 21.1 Konfiguration des RGA

Mutationsrate für SG	0.1
Mutationsrate für RG	0.1
Cross Over	0.5
Selektionsschema	Elitismus-Auswahl
Individuen	250

21.5.2 Verhalten bei größeren Feature-Modellen

Für den zweiten Test wurden zufällige FCORE-Modelle mit einer hohen Anzahl von Features, Einschränkungen und Softgoals generiert. Es ist nicht selbstverständlich, dass eine zufällige und automatische Auswahl einer Teilmenge von Features korrekt ist. Bestehende Ansätze zu Feature-Modellen zeigten, dass dies oft nicht der Fall ist (Sayyad et al. 2013; Abbas et al. 2016).

Tab. 21.2 zeigt, dass der vorgestellte Ansatz in der Lage ist sicherzustellen, dass alle Einschränkungen erfüllt werden.

Zusätzlich wurde die Zeit gemessen, welche für die Ausführung einer Mutation benötigt wurde. Im Allgemeinen liegt die Laufzeit für eine Aktion zwischen O(1), wenn kein anderes Merkmal berücksichtigt werden muss, und O(n), wenn die Änderung eines Merkmals auch eine Änderung aller anderen Merkmale erfordert. Daher ist die Ausführungszeit stärker von der Dichte der Abhängigkeiten abhängig als von der Gesamtzahl der Features des FCORE-Modells. Darüber hinaus ist die Standardabweichung relativ hoch, da jede Änderung eine sehr unterschiedliche Menge von resultierenden Regelausführungen zur Folge haben kann.

Es ist deutlich zu erkennen, dass die Laufzeit nicht direkt mit der Anzahl der Features korreliert und eher von den modellierten Einschränkungen abhängt. So ist selbst bei einer Vervierfachung der Features der Zeitaufwand deutlich geringer, wenn keine oder weniger Abhängigkeiten vorhanden sind. Dies verspricht eine gute Skalierbarkeit in Modellen mit einer geringen Dichte der Einschränkungen. Gleichzeitig bleibt die Möglichkeit erhalten, Anforderungen und Einschränkungen, welche es in der realen Welt

Tab. 21.2 Korrektheit und Zielverhalten

#Feature #Alternative Gruppen #Abhängigkeiten	100 20 20	250 20 20	250 50 50	1000 0 0
Korrektheit	100 %	100 %	100 %	100 %
Durchschnitt Zeit/Mutation	39.369 ns	42.686 ns	44.373 ns	10.345 ns
Standartabweichung Zeit/Mutation	38.824 ns	30.978 ns	33.375 ns	4198 ns

in der Regel gibt, zu integrieren und eine korrekte Selektion zu garantieren und dennoch von den Vorteilen eines evolutionären Verfahrens zu profitieren.

Literatur

Abbas A, Siddiqui IF, Lee SU-J (2016) Multi-objective optimization of feature model in software product line: perspectives and challenges. Indian J Sci Technol 9(45). https://doi.org/10.17485/ijst/2016/v9i45/106769

Benavides D, Trinidad P, Cortés AR (2005) Using constraint programming to reason on feature models. In: Proceedings of the 17th international conference on Software Engineering and Knowledge Engineering SEKE. 677–682

Capilla R, Bosch J, Trinidad P, Ruiz-Cortés A, Hinchey M (2014) An overview of dynamic software product line architectures and techniques: observations from research and industry. J Syst Softw 91:3–23

Chumpitaz L, Furda A, Loke S (2019) Evolving variability requirements of IOT systems. In: Mistrik I, Galster M, Maxim BR (Hrsg) Software engineering for variability intensive systems. Foundations and applications. CRC Press – Taylor & Francis Group. Boca Raton, FL

Elfaki AO, Phon-Amnuaisuk S, Ho CK (2009a) Using first order logic to validate feature model. In: Proceeding of the international workshop Variability Modelling of Software-Intensive Systems (Va-MoS), 169–172

Elfaki AO, Phon-Amnuaisuk S, Ho CK (2009b) Modeling variability in software product line using first order logic. In: Proceedings of the Software Engineering Research, Management and Applications, SERA '09. 7th ACIS International Conference on, 227–233

Hallsteinsen S, Hinchey M, Park S, Schmid K (2008) Dynamic software product lines. Computer 41(4):93–95

Kang KC, Cohen SG, Hess JA, Novak WE, Peterson AS (1990) Feature-Oriented Domain Analysis (FODA) feasibility study. Technical Report. Software Engineering Institute, Carnegie Mellon University, PA

Karataş AS, Oğuztüzün H, Doğru A (2010) Mapping extended feature models to constraint logic programming over finite domains. In: Bosch J, Lee J (Hrsg) Software product lines: going beyond. In: Proceedings of 14th international conference. Vol. 6287 of LNCS. Springer. Berlin, Heidelberg 286–299

Klüver J, Klüver C (2016) The Regulatory Algorithm (RGA): a two- dimensional Extension of Evolutionary Algorithms. Soft Comput. Springer, 20(5): 2067–2075. https://doi.org/10.1007/s00500-015-1624-6

Metzger A, Bayer A, Doyle D, Sharifloo AM, Pohl K, Wessling F (2016) Coordinated run-time adaptation of variability-intensive systems: an application in cloud computing. In: Proceedings of the 1st international workshop on variability and complexity in software design (ACM, 2016), 5–11

Meyer O, Wessling F, Klüver C (2017) Finding optimized configurations for variability-intensive systems without constraint violations using a Regulatory Algorithm (RGA). In: Proceedings of the IEEE Congress on Evolutionary Computation (IEEE CEC), San Sebastian, 1908–1915. https://doi.org/10.1109/CEC.2017.7969534

Pohl K, Böckle G, F.J. van Der Linden FJ (2005) Software product line engineering: foundations, principles and techniques. Springer, Heidelberg

Sayyad AS, Menzies T, Ammar H (2013) On the value of user preferences in search-based software engineering: a case study in software product lines. In: Proceedings of the 2013 International Conference on Software Engineering ICSE 2013, 492–501

von Lamsweerde A (2009) Requirements engineering: from system goals to uml models to software specifications. Wiley, West Sussex

Raumbelegungspläne mit einem Regulator Algorithmus

Marcel Kleine-Boymann

Zusammenfassung

Raumbelegungspläne an Universitäten stellen nach wie vor eine große Herausforderung dar. Zurzeit existiert keine Standardlösung, die problemlos auf die individuellen Bedürfnisse einer Universität angepasst werden kann. Die meisten Raumbelegungspläne werden daher überwiegend manuell erstellt und weltweit werden verschiedene Algorithmen entwickelt und getestet, um dem Problem zu begegnen. Die Herausforderung besteht in der Optimierung verschiedener Constraints, die nicht verletzt werden dürfen. In diesem Beitrag wird der Regulator Algorithmus (RGA) zur Lösung der Raumbelegungspläne vorgestellt. Es handelt sich dabei um einen zweidimensionalen Optimierungsalgorithmus, der es erlaubt, die Constraints als Steuerungsinstanz einzusetzen.

Schlüsselwörter

Regulator Algorithmus · RGA · Hard-constraint · Soft-constraint · Raumbelegungsplan · Optimierung

M. Kleine-Boymann (✉)
Bottrop-Kirchhellen, Deutschland
E-Mail: sammelband-KIKL@rebask.de

© Springer Fachmedien Wiesbaden GmbH, ein Teil von Springer Nature 2021
C. Klüver und J. Klüver (Hrsg.), *Neue Algorithmen für praktische Probleme*,
https://doi.org/10.1007/978-3-658-32587-9_22

22.1   Einleitung

Eine Universität bietet ihren Studierenden eine Vielzahl an Vorlesungen innerhalb eines Semesters an, welche überschneidungsfrei Räumen zugeordnet werden müssen. Bei über tausend Lehrveranstaltungen und Räumen pro Semester ergibt sich eine kombinatorische Vielfalt, die trotz der kontinuierlich verbesserten Leistungsfähigkeit von Rechnern nicht effizient berechenbar ist. Zudem weisen die einzelnen Lehrveranstaltungen und Dozenten spezifische Besonderheiten und Wünsche auf. So erfordert eine praktisch-orientierte Vorlesung und Übung aus dem Bereich der Chemie entsprechend ausgestattete Laborräume. Derartige Wünsche und Besonderheiten erhöhen die Anzahl an Möglichkeiten und damit die Komplexität weiter.

Die Lösung eines solchen Raumbelegungsproblems lässt sich in der Informatik anhand von Näherungslösungen und Heuristiken auffinden. Dabei erfolgt eine Annäherung an die exakte Lösung. Da der optimale Lösungsweg sowie eine konkrete optimale Lösung nicht bekannt sind, werden weltweit verschiedene Algorithmen für die Lösung dieses Problems eingesetzt (Bashab et al. 2020; Colajanni und Daniele 2020; de la Rosa-Rivera et al. 2020; Hambali et al. 2020).

In diesem Beitrag wird der Regulator-Algorithmus als ein Ansatz vorgestellt, bei dem Gütekriterien angegeben werden können, welche bei der Exploration des Lösungsraums leiten. Diese Gütekriterien werden über die jeweiligen zu erfüllenden Bedingungen (Constraints) definiert und bei der Fitnessfunktion evaluiert. Die Stärken des Regulator Algorithmus liegen dabei auf der spezifischen direkten Einwirkung von Operationen auf der sogenannten Baukastenebene.

Im Folgenden wird ein Modell vorgestellt, welches die praxisrelevanten, d. h. realen Raum-, Vorlesungs- und Dozentendaten verwaltet und optimierte Raumbelegungspläne auf Basis eingehender Raumanträge generiert.

Zunächst werden die Problemstellung, das Datenmodell sowie die spezifischen Anforderungen näher erläutert, die sich auf die Universität Duisburg-Essen, Campus Essen beziehen. Da ein Algorithmus die spezifischen Anforderungen einer Universität erfüllen muss, wird der Regulator Algorithmus (RGA) anhand der methodischen Umsetzung vorgestellt. Die exemplarisch erzielten Optimierungsergebnisse werden in Abschn. 22.4 gezeigt und abschließend diskutiert.

22.2   Universitätspläne und Anforderungen

Jede Universität bietet bekanntlich pro Semester verschiedene Vorlesungen, Übungen und Tutorien an, die rechtzeitig geplant werden müssen. Für manche Veranstaltungen sind besondere Ausstattungen notwendig wie Labore oder PC-ausgestattete Räume. Handelt es sich um Veranstaltungen, die keine Teilnehmerbegrenzung haben, kommt es hinzu, dass die Anzahl der tatsächlichen Studierenden nicht bekannt ist. In diesem Fall wird auf Erfahrungswerte aus vergangenen Semestern zurückgegriffen, die jedoch stark variieren können. Nach Beginn eines Semesters müssen daher unter Umständen die Räume gewechselt werden, da die zugewiesenen Räume nicht genügend Kapazität aufweisen.

Diese Herausforderungen werden anhand der Daten der Universität Duisburg-Essen im Folgenden konkretisiert.

22.2.1 Datengewinnung

Um eine realitätsgetreue Abbildung der Raumbelegung zu ermöglichen, müssen Realdaten in das Modell eingelesen werden können. Hierzu ist im ersten Schritt eine Datensammlung erforderlich.

Die Universität Duisburg-Essen besitzt an beiden Standorten in Duisburg und Essen die entsprechenden Räumlichkeiten, wobei in diesem Beitrag die Planung nur für den Campus Essen erfolgt ist. Die verfügbaren Räume und deren Kapazität sowie Ausstattung sind in einer Liste aufgeführt.

Darüber hinaus existiert ein Modulkatalog, in dem die dazugehörigen Veranstaltungen pro Modul festgehalten werden sowie die dafür verantwortlichen Personen. Jede Vorlesung wird von einem Dozenten – mit einem entsprechenden akademischen Titel wie Professor oder Doktor – gehalten. Übungen und Tutorien können von Dozenten, wissenschaftlichen Mitarbeitern oder studentischen Hilfskräften unterrichtet werden.

Mit einem gewissen Vorlauf werden von den Lehrstühlen Anträge für die Zuweisung entsprechender Räumlichkeiten und Zeiten gestellt, die als Datenquelle für den Optimierungsalgorithmus dienen.

Module (Vorlesungen und Übungen) unterscheiden sich dabei eindeutig aus der Kombination von Titel, Dozent und Semester. So können auch mehrere Module mit dem gleichen Titel vorhanden sein und eingelesen werden. Ein Beispiel hierfür ist das Modul *Grundkurs Mediävistik II: Übersetzungskurs,* welches von mehreren Dozenten gehalten wird.

Aus den oben genannten Datenquellen ergibt sich eine umfangreiche praxisrelevante Datensammlung, die auf das zu erstellende Modell angewendet werden kann (Abb. 22.1).

Anhand dieser Daten können die Anforderungen an ein Modell abgeleitet werden.

22.2.2 Anforderungen, Annahmen und Constraints

Die durch die Datengewinnung erfassten Datensätze bestehen aus Vorlesungen, d. h. den einzelnen Modulen der jeweiligen Modulkataloge, verfügbaren Dozenten sowie Räumen mit festen Kapazitätsangaben. Ein Planmodul besteht dabei aus einer eindeutigen

Abb. 22.1 Übersicht der möglichen Wunschangaben

Kombination von Modul, Raum und Dozent, welches einem entsprechenden Zeitslot zugewiesen wird.

Dabei müssen verschiedene Abhängigkeiten, Vorgaben und Bedingungen *(engl. Constraints)* beachtet und eingehalten werden. So erfordern einzelne Lehrveranstaltungen bestimmte Räumlichkeiten. Jeder Raum hat dazu eine gewisse Anzahl an Stühlen bzw. Arbeitsplätzen und dementsprechend eine maximale Kapazität zur Aufnahme von Studierenden.

Neben normalen Vorlesungen, welche überlappungsfrei Räumen und Dozenten zugewiesen sein müssen, existieren auch solche, die einem bestimmten Zeitfenster zugeordnet werden und sowohl innerhalb einer Fakultät als auch zwischen verschiedenen Fakultäten überlappungsfrei stattfinden müssen. Das können z. B. für das Lehramt benötigte Grundlagenvorlesungen sein, die zusammen mit Studierenden verschiedener Studiengänge besucht werden. Diese Zeitfenster gehören zu den Spezifika der Universität Duisburg-Essen, die an anderen Universitäten nicht vorhanden sein müssen.

Ebenso übernimmt die Organisation innerhalb der Universität bei der Planung eine entsprechende Rolle. Die Auslastung der Lehrenden ist an verschiedenen Tagen höher als an anderen, da die Gremienarbeit ebenfalls eingeplant werden muss. Zudem werden Vorlesungen um 8 Uhr morgens erfahrungsgemäß von den Studierenden weniger häufig besucht als später beginnende Vorlesungen.

Die Lehrenden können bei der Einreichung eines Raumantrags eigene Wünsche hinsichtlich der Ausstattung angeben, die, wenn möglich, beachtet werden sollen. Die jeweiligen Constraints, welche die Bedingungen für den zu generierenden Raumbelegungsplan beschreiben, werden dabei in zwei Arten unterschieden:

▶ Ein hartes Constraint *(engl. Hard-Constraint)* ist eine Bedingung, die ein Raumbelegungsplan zwingend erfüllen muss. Ein Beispiel ist die Bedingung, dass nicht zwei Planmodule zeitgleich in einem Raum stattfinden dürfen.

▶ Ein weiches Constraint *(engl. Soft-Constraint)* ist eine Bedingung, die ein Raumbelegungsplan erfüllen sollte, aber nicht zwingend muss. Hierunter fallen alle Wünsche des Dozenten. Aufgrund der zugrunde liegenden Komplexität praxisrelevanter Fälle können diese, wenn nötig, missachtet werden. In den meisten Fällen ist eine Lösung ohne eine einzige Verletzung nicht möglich.

Es wird angenommen, dass sich Veranstaltungen während eines Semesters wöchentlich in gleicher Form wiederholen, sodass die Planung auf Wochenbasis erfolgen kann. Die Raumbelegungsplanung erfolgt hierbei aus Sicht der Universität und nicht aus Sicht einzelner Dozenten.

Den verschiedenen *Constraints* werden unterschiedliche Abstrafungswerte bei der Fitnesszuweisung zugeordnet. Hierbei werden *Hard-Constraints* stärker abgestraft als *Soft-Constraints*.

Modellierte Arten von Hard-Constraints 1 Module 1 Time Ein Planungsmodul darf zur selben Zeit am selben Tag auf Fakultätsebene und Semesterturnus nur einmal verplant werden. Zur Behandlung wird entweder der Tag oder die Zeit geändert.

1Module1Room Ein Raum kann nur von einem Planungsmodul gleichzeitig belegt werden. Zur Behandlung wird in 40 % der Fälle die Startzeit, bei weiteren 20 % der Tag und in den restlichen 40 % der Fälle der Raum ausgetauscht.

1Module1Lecturer Ein Dozent kann nur ein Planungsmodul gleichzeitig, d. h. zur selben Zeit am selben Tag, unterrichten. Zur Behandlung wird entweder der Tag oder die Zeit geändert.

TeachOnlyOwnModules Ein Dozent darf nur die Vorlesungen und Übungen lehren, zu denen er Fachwissen besitzt. Durch dieses Constraint wird sichergestellt, dass am Ende nur Dozenten, welche das Modul lehren dürfen, diesem zugeordnet sind. Zur Behandlung wird der standardmäßige Dozent dem Planungsmodul zugewiesen, ansonsten wird, wenn dieser nicht vorhanden ist, ein zufälliger Dozent aus der Liste der für dieses Modul gültigen Dozenten ausgewählt.

Timeframe Bestimmte Planungsmodule müssen auch zwischen mehreren Fakultäten überlappungsfrei sein. Das sind z. B. Vorlesungen aus unterschiedlichen Fachbereichen oder der Didaktik, die für Lehramtsanwärter relevant sind. Als Referenz wird der angegebene Wunschtag und die Wunschzeit der zugeordneten Dozenten herangezogen und bei Nichteinhaltung abgestraft. Zur Behandlung wird die Wunschangabe des Dozenten gesetzt.

NoDoubleModules Bei der Generierung der Raumbelegungspläne werden keine Planmodule doppelt eingeplant. Das ist eine Sicherheitsabfrage zur Überprüfung der Konsistenz des erstellten Planes.

Capacity Jedes Modul (Vorlesung oder Übung) besitzt eine erwartete Anzahl an Studenten. Diese Zahl wird mit der Kapazität des ausgewählten Raumes abgeglichen und bei Unterdeckung abgestraft. Zur Behandlung wird ein neuer Raum zugewiesen.

AllModules Bei der Generierung der Raumbelegungspläne werden alle übergebenen Planmodule verplant. Das ist eine Sicherheitsabfrage zur Überprüfung der Konsistenz des erstellten Plans.

Modellierte Arten von Soft-Constraints **WishDay** Beschreibt die Einhaltung eines bei dem Antrag eingereichten Wunschtags. Zur Behandlung wird einer der entsprechenden Wunschtage zufällig gesetzt.

WishRoom Beschreibung der Erfüllung eines bei dem Antrag eingereichten Wunschraums. Zur Auflösung wird einer der Wunschräume zufällig gesetzt.

WishTimeStart Stellt die Einhaltung der gewünschten Startzeit dar. Die Behandlung erfolgt durch Zuweisung der Wunschzeit. Zusammen mit der dem Modul zugehörigen Veranstaltungsdauer kann die Endzeit berechnet werden.

WishFurniture Formuliert die Einhaltung der gewünschten Ausstattungsmerkmale eines Raums. Dies kann beispielsweise ein vorhandener Beamer, Overhead-Projektor oder eine Tafel sein. Zur Auflösung wird ein zufälliger neuer Raum gesetzt.

AvoidRented Beschreibung des Wunschs der Universitätsleitung, wenn möglich, eigene Räumlichkeiten bevorzugt zu verplanen, da extern angemietete Räume zusätzliche Kosten verursachen. Es ist das einzige Soft-Constraint, welches nicht aus den Wünschen der Lehrenden hervorgeht. Die Behandlung erfolgt, indem ein zufälliger neuer Raum gesetzt wird.

Nach Festlegung der Constraints besteht bei jedem Algorithmus die Herausforderung, diese nach Möglichkeit optimal einzuhalten. Das Modell für den RGA wird im Folgenden vorgestellt.

22.3 Methodische Umsetzung

Der Regulator Algorithmus stellt eine Erweiterung sogenannter Genetischer Algorithmen (GA) dar, bestehend aus zwei Ebenen (Kap. 19). Die sogenannte *Baukastenebene* entspricht dem Vektor (Chromosom) eines GA. Dieser Vektor wird durch Regulatorgene über Verknüpfungsvektoren gesteuert (Klüver und Klüver 2016).

Die genaue Operationsweise des RGA wird anhand des Raumbelegungsplans vorgestellt.

22.3.1 Modellierung

Jede Metaheuristik, auch die des Regulator Algorithmus, muss auf die konkreten Problemfälle hin angepasst werden. Im Falle der Planung und Optimierung von Raumbelegungsplänen bekommen die einzuhaltenden Bedingungen eine besondere Gewichtung. Es liegt daher nahe, die einzelnen Constraints als Regulatorgene zu betrachten, die problemspezifisch an der passenden Stelle regulativ eingreifen können und die Unterscheidung zwischen harten und weichen Constraints ermöglichen.

Eine weitere Idee besteht darin, die Wirkungen von Regulatorgenen auf Baukastengene nicht nur durch Verknüpfungen zu steuern, sondern die Regulatorgene an sich über einen Trigger zu aktivieren oder deaktivieren. Die Aktivierung und Deaktivierung der

Regulatorgene wird als Steuerungsinstrument für den Regulationsprozess übernommen und bei der Rekombination und Mutation der Regulatorgene eingesetzt.

Jedes Individuum *(Chromosom)* repräsentiert auf Ebene der Baukastengene einen Raumbelegungsplan. Dieser Raumbelegungsplan umfasst alle zu betrachtenden Räume und setzt sich aus mehreren Planmodulen zusammen. Jedem Planmodul werden ein Tag, eine Uhrzeit, ein Dozent, ein Modul (Vorlesung oder Übung) sowie ein Raum zugeordnet. Ein zugewiesener Dozent gibt Aufschluss über die einzuhaltenden Wünsche. Zudem enthält jedes Individuum die einzuhaltenden Bedingungen (Soft- und Hard-Constraints) modelliert als Regulatorgene mit entsprechenden Verknüpfungen zu den Planmodulen.

Die Länge des Regulatorvektors entspricht dabei der Anzahl einzuhaltender Constraints. Variation und Regulation wirken auf die einzelnen Planmodule und dessen Komponenten ein. Die Zuordnung eines Moduls zu einem Planmodul ist jedoch vorgegeben und kann nicht verändert werden. Da die Anzahl der zu verordneten Planmodule konstant bleibt, kann auch gewährleistet werden, dass immer Baukastenvektoren mit derselben Länge erzeugt werden und somit eine gleiche Struktur aufweisen. Das ist in der Natur anders, da hier auch unterschiedlich lange Chromosomen vorkommen können.

In Abb. 22.2 wird das problemspezifische Modell gezeigt. Dabei wird in Abb. 22.2 links die Topologie eines einzelnen RGA-Individuums dargestellt und rechts die Einbettung der Individuen innerhalb einer Population.

Kodierung Bei der Kodierung der Individuen soll die semantische Logik in einer Programmlogik ausgedrückt werden. Dabei wird oft als Repräsentation eine indirekte binäre Darstellung des Problems genutzt (Schmidt et al. 2010). Bei der Raumbelegungsberechnung, liegt jedoch ein wesentlich komplexeres Problem vor. Das Modell einzelner Räume, Dozenten und Vorlesungen, mit wiederum individuellen Eigenschaften, Wünschen, Anforderungen und Abhängigkeiten untereinander, erschwert eine einheitliche Kodierung. Insbesondere muss eindeutig zwischen den unterschiedlichen Eigenschaften, Wünschen und Anforderungen differenziert werden können, somit Platzhalter eingeführt, verwaltet und ausgewertet werden.

Logische Zusammenhangskomponenten werden als Objekte betrachtet. Dabei werden die einzelnen Räume, Dozenten, Module und generierten Raumbelegungspläne als Objekte in dynamischen Listen und Vektoren verwaltet und durchnummeriert. Somit kann jede Eigenschaft, Wunsch oder Anforderung innerhalb des Raumbelegungsplans *(TimeTable)* direkt per Referenz angesprochen werden.

Jedes zu erfüllende Constraint wird, angefangen bei den harten Constraints ebenfalls durchnummeriert. Regulatorgene, welche die einzelnen Constraints repräsentieren, erhalten dieselbe Nummer als Kodierung. Dies gewährleistet eine eindeutige Zuordnung, da die Anzahl der Constraints mit der Anzahl Regulatorgene übereinstimmt. Verknüpfungen zwischen Regulator- und Baukastengenen werden als Vektor bestehend aus den Nummern der verknüpften Baukastengene kodiert und dem jeweiligen Regulatorgen zugeordnet.

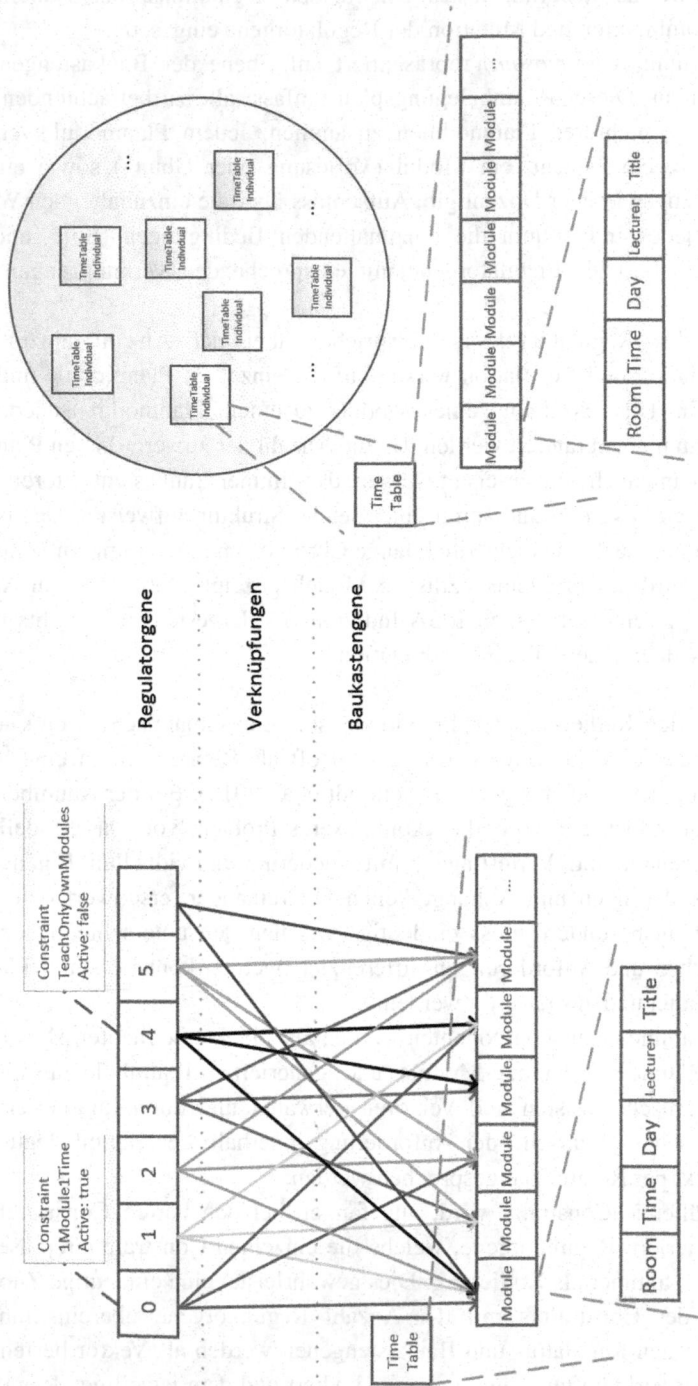

Abb. 22.2 Einzelnes RGA-Individuum (links) und Populations-Generation (rechts)

Um steuern zu können, wann welches Regulatorgen auf seine verknüpften Baukastengene und damit auf die jeweiligen Planmodule einwirkt, kann zusätzlich binär angegeben
werden, ob ein einzelnes Regulatorgen aktiviert (Kodierung 1) oder deaktiviert
(Kodierung 0) ist.

Problemspezifische Fitnessfunktion Die Güte eines Individuums wird über dessen
Fitnesswert ausgedrückt. In der Regel bedeutet ein höherer Fitnesswert eine bessere Güte
des Individuums. Bei der Optimierung von Raumbelegungsplänen wird dieses Verhalten
invertiert.

Für die Bewertung eines Individuums wird eine *Abstrafungs-Vorgehensweise (engl.
Penalty Approach)* eingesetzt (Michalewicz 1996). Hierzu wird das Individuum auf
phänotypischer Ebene (dem "Aussehen") ausgewertet. Dementsprechend wird der
gesamte berechnete Raumbelegungsplan auf Einhaltung der Constraints überprüft. Für
jede Nichteinhaltung eines Constraints, in dem hier diskutierten Fall z. B. die Überlappung zweier Planmodule, ist eine Erhöhung des Fitnesswertes vorgesehen.

Wird ein hartes Constraint verletzt, erhöht sich der Fitnesswert um einen bestimmten
Wert. Wird ein weiches Constraint verletzt, ebenso. Da weiche Constraints weniger
stark als harte Constraints in die Fitnessbewertung eingehen sollen, werden diese auch
weniger stark abgestraft.

Ein erstelltes Individuum, welches einen Raumbelegungsplan repräsentiert, ist umso
näher am gesuchten Optimum, je kleiner sein Fitnesswert und somit die Summe der
Abstrafungen mit den entsprechenden Gewichtungen ist. Hierdurch wird der Algorithmus bei der Exploration des Lösungsraums in Bereiche passender Lösungen geleitet.
Ziel ist letztlich die Minimierung des Fitnesswertes. Durch die Invertierung ergibt sich
zudem der Vorteil, dass der Algorithmus jederzeit abgebrochen werden kann und dass
ein eindeutiges Abbruchkriterium, das wünschenswerte Optimum (Fitnesswert = 0)
existiert.

Das bedeutet jedoch nicht, dass durch die vorgegebenen Kombinationen eine solche
Lösung überhaupt möglich sein muss. Durch die komplexen Wechselwirkungen der
einzelnen Module kann eine Lösung ohne Verletzungen schlicht unmöglich sein. Jedoch
korreliert der Fitnesswert mit der Anzahl verletzter Constraints und ermöglicht so eine
Einschätzung der Lösungsgüte.

Die Gesamtfitness ergibt sich durch die Summierung aller einzelnen Constraint-
Verletzungen multipliziert mit der jeweiligen zugeordneten Gewichtung. Dies ist in
Gl. 22.1 dargestellt.

$$\textit{fitness}(\textit{indv}) = h_1 \cdot w_h + h_2 \cdot w_h + \cdots + h_i \cdot w_h + s_1 \cdot w_s + s_2 \cdot w_s + \cdots + s_j \cdot w_s$$

$$(22.1)$$

i: Anzahl Hard Constraints j: Anzahl Soft Constraints
h_i: Anzahl an Verletzungen für Constraint i s_j: Anzahl an Verletzungen für Constraint j
w_h: Gewichtung eines Hard Constraints w_s: Gewichtung eines Soft Constraints

Heirats- und Ersetzungsschema Als Heiratsschema werden jeweils paarweise zwei Eltern aus der besseren Hälfte der Population ausgewählt, die anschließend zwei Kinder zeugen. Dabei werden die gesamten RGA-Individuen übernommen und anschließend rekombiniert. Hierbei wird mit den beiden besten Eltern begonnen und sukzessive bis zur Mitte der Population fortgefahren. Die Kinder ersetzen anschließend die komplette vorherige Population (Generational Replacement) (Schöneburg et al. 1994). Durch die Selektion der besseren und nicht nur der besten Individuen wird die Gefahr einer zu frühen Einschränkung des Suchraums abgeschwächt.

Kombiniert wird die Selektion mit einem Elitismus. Dabei werden die zwei besten Individuen der Elterngeneration in die Nachfolgepopulation übernommen. Die Ersetzung erfolgt, nach Übernahme aller Kinder, an zufälliger Stelle. Der Elitismus stellt sicher, dass eine stetige monotone Verbesserung des Raumbelegungsplans stattfindet. Einmal gefundene gute Lösungen bleiben erhalten.

Rekombination Die Planmodule eines Raumbelegungsplans unterliegen einer festgelegten Ordnung. Bei der Zuweisung zu Räumen soll diese Ordnung permutiert und nicht in der Art verändert werden, dass zusätzliche Planmodule hinzukommen oder verloren gehen können. Auch die Constraints, welche durch die Regulatorgene dargestellt werden, haben eine inhärente Ordnung.

Unter Einsatz einer normalen Rekombination mittels *Ein-Punkt-* oder *Zwei-Punkt-Crossover,* bei welchem an einer oder zwei Stellen die Individuen geteilt und dann neu zusammengesetzt werden, würden aber diese Inkonsistenzen auftreten können (Weise 2011).

Für die *Rekombination von Regulator- und Baukastengenen* muss dementsprechend eine spezielle Crossover-Variante genutzt werden. Hierfür wird der *Ordered-Based-Crossover* eingesetzt, bei dem Kinder wechselseitig getauscht werden und somit Duplikatserzeugung vermieden wird (Sivanandam und Deepa 2008).

Die *Rekombination von Verbindungen,* modelliert als numerische Vektoren, erfolgt durch Einsatz eines *Ein-Punkt-Crossovers.*

Mutation Komponenten der Planmodule eines Raumbelegungsplans werden bei der Mutation entweder getauscht, indem Einzelinformationen wie der Raum untereinander gewechselt werden oder es wird aus der Menge aller möglichen Kombinationen eine neue Information gewählt und mit der vorherigen ersetzt. Hierdurch wird eine lokale Suche mit einer Suche durch den ganzen Suchraum – zum Erhalt der Diversität – kombiniert.

Mutation von Regulatorgenen bedeutet ein zufälliges Aktivieren oder Deaktivieren dieser durch Wechsel des entsprechenden Status (0 oder 1).

Die *Mutation von Baukastengenen,* d. h. der einzelnen Planmodule, erfolgt anhand einer zufälligen Auswahl von *Multi-Point-Swap-Mutation* und *Multi-Point-Mutation.* Bei der *Multi-Point-Swap-Mutation* werden zufällig Tage, Startzeiten, Räume und Dozenten innerhalb der verschiedenen Planmodule desselben Individuums getauscht, *bei der*

Multi-Point-Mutation zufällig aus der Menge aller vorliegenden Daten – eingelesene Dozenten, Räume und Module – ausgewählt. Die eingesetzte Mutation wirkt dabei auf alle Baukastengene und somit auf alle Planmodule ein.

Die *Mutation von Verbindungen wird mittels Multi-Point-Swap-Mutation* vorgenommen, das bedeutet, es werden mehrere Stellen des Genoms, genauer einzelne numerisch kodierte Verknüpfungen von verschiedenen Regulator- zu Baukastengenen desselben Individuums ausgewählt und miteinander ausgetauscht (Weise 2011).

Regulation Im Prozess der Regulation wird ein Baukastengen nur verändert, sofern es mindestens eine Verknüpfung zu einem aktiven Regulatorgen aufweist. Die Regulation wirkt den Constraints entsprechend direkt auf einzelne Planmodule des Raumbelegungsplans ein und verändert Räume, Uhrzeiten, zugewiesene Dozenten und Wochentage. Die Verknüpfungen zu den Baukastengenen geben in Kombination mit dem zugehörigen Regulatorgen Aufschluss darüber, welche spezifische lokale Operation zur mutmaßlichen Behebung der vorliegenden Verletzung führt.

Finden beispielsweise zwei Planmodule im gleichen Raum statt, kann einem Planmodul ein zufälliger neuer Raum zugewiesen werden. Ebenso kann die Uhrzeit oder der Tag abgeändert werden. Welche Operation verwendet wird, ist abhängig von der zugehörigen Gewichtung des Constraints.

Der Ablauf der Regulation wird in Abb. 22.3 zusammengefasst.

Abb. 22.3 zeigt den Einsatz der Regulation bei einer doppelten Raumbelegung für die *Planmodule 0* und *1*. Bei *Planmodul 0* wird der Tag abgeändert, bei *Planmodul 1* der Raum. Die Gewichte an den Pfeilen geben an, mit welcher Wahrscheinlichkeit der Raum

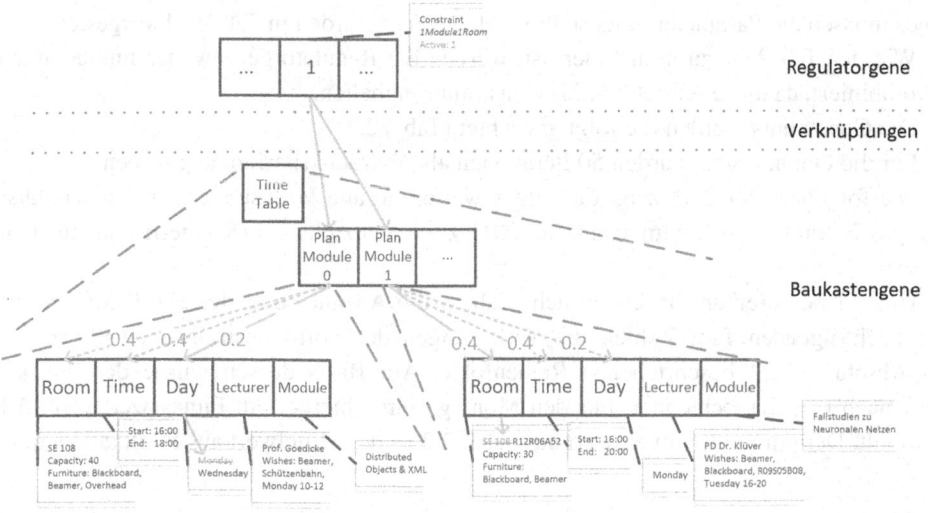

Abb. 22.3 Beispielhafter Ablauf der Regulation bei zeitlicher Überlappung von Modulen in einem Raum

(40 %), die Uhrzeit (40 %) oder der Tag (20 %) geändert wird. Die Regulation kann, beispielsweise bei Überschneidung zweier Module eines Dozenten, einem Planungsmodul einen anderen Dozenten zuweisen. Die Regulation kann jedoch nie das abhängige Modul verändern.

In jedem Regulationsschritt wird auf alle verknüpften Baukastengene eingewirkt. Die vorgelagerte Ebene entscheidet dabei durch den Aktivierungsstatus (*Active*) des Regulatorgens, wie lange ein einzelnes Constraint auf die Baukastenebene einwirkt. Die Regulation wird hierbei immer auf die beiden selektierten Individuen angewendet.

Initialisierung Bei der Initialisierung des Algorithmus werden die verschiedenen Daten der Module, Dozenten und Räume eingelesen. Als Ausgangsbasis wird anhand der vorliegenden Raumanträge und deren Beziehungen die Anfangspopulation erstellt. Diese Variante erzeugt eine möglichst gute Ausgangsbasis, in welcher nur die auf Grund der formulierten Wünsche verletzten Constraints aufgelöst werden müssen, indem lokale Verbesserungen gesucht werden. Alternativ kann eine rein zufällige Ausgangsbasis erzeugt werden.

22.4 Optimierung der Raumbelegung durch den RGA

Für die Optimierung der Raumbelegung ist sehr schnell deutlich geworden, dass diese aus Performanzgründen pro Tag und nicht für die gesamte Woche erfolgen sollte. In Gesprächen mit den Verantwortlichen wurde diese Vorgehensweise bestätigt, da die manuelle Erstellung der Raumpläne ebenfalls pro Tag erfolgt.

Nach Initialisierung der Startpopulation mit der jeweiligen Angabe eines Wochentages müssen die Parameter eingestellt werden. Diese werden in Tab. 22.1 vorgestellt.

Wie der Tab. 22.1 zu entnehmen ist, werden die Regulatorgene weder mutiert noch rekombiniert, da diese schließlich die Constraints enthalten.

Die Constraints wurden die folgt gewichtet (Tab. 22.2).

Für die Optimierung wurden 50 Iterationen als Abbruchkriterium angegeben.

Die folgende Tab. 22.3 zeigt die Fitnesswerte, um alle Vorlesungen am Universitätscampus Essen für das Sommersemester 2015 zuordnen zu lassen (Kleine-Boymann et al. 2016).

Hierbei beschreiben die ersten acht Zahlen die Anzahl verletzter Hard-Constraints, die nachfolgenden fünf Zahlen die Verletzungen der Soft-Constraints jeweils in der im Abschn. 22.2.2 beschriebenen Reihenfolge. Auf Basis dessen wurde der Fitnesswert nach Gl. 22.1 berechnet. Für den Montag wurde hierbei ein Fitnesswert von 15.1 ermittelt. Der ermittelte Fitnesswert aus Tab. 22.3 ist der Mittelwert aus 50 Iterationen.

Tab. 22.1 Parametereinstellungen

Schritte	800	Population	100	Regulation	Ja	Elitismus	Ja	Initialisierung	Zufällig
		Baukastengen		*Verbindungen*		*Regulatorgen*			
Mutation		*0.01*		*0.3*		–			
Rekombination		*0.1*		0.1		–			

Tab. 22.2 Gewichtung der Hard- und Soft-Constraints

Hard-Constraints	1.0			
Soft-Constraints	*WishDay*	*WishRoom*	*WishTimeStart*	*WishFurniture AvoidRented*
	0.9	0.5	0.8	0.125

Tab. 22.3 RGA-Ergebnisse für die komplette Woche

Tag	Vorlesungsmodule	Fitnesswert
Montag	297	15.1 [0, 1, 0, 2, 0, 0, 1, 0] [0, 19, 2, 0, 0]
Dienstag	322	20.4 [0, 2, 0, 4, 0, 0, 3, 0] [0, 21, 4, 0, 0]
Mittwoch	270	14.4 [0, 0, 0, 0, 0, 0, 1, 0] [0, 22, 3, 0, 0]
Donnerstag	309	16.7 [0, 1, 0, 3, 0, 0, 4, 0] [0, 11, 4, 0, 0]
Freitag	117	2 [0, 0, 0, 0, 0, 0, 0, 0] [0, 4, 0, 0, 0]
Samstag	13	0.5 [0, 0, 0, 0, 0, 0, 0, 0] [0, 1, 0, 0, 0]
Gesamt	1328	

Im Gegensatz zu deterministischen Algorithmen, welche immer demselben Ablauf folgen, verhält es sich bei den auf Stochastik basierenden Prozessen der Evolutionären Algorithmen anders. Die zeitliche Aufwendung zur Findung einer Lösung und die gefundene Lösung können variieren. Zur Beurteilung der Güte werden mehrere Merkmale herangezogen. Es werden die beste gefundene Fitness, die Anzahl Schritte sowie die benötigte Zeit betrachtet (Schmidt et al. 2010).

Die Abb. 22.4 und 22.5 zeigen Beispiele der Entwicklung des Montags im Verlauf der Anzahl Schritte sowie der Zeit. Die Abb. 22.6 und 22.7 zeigen analog die Entwicklung der Constraints-Verletzungen (vgl. Kleine-Boymann et al. 2016).

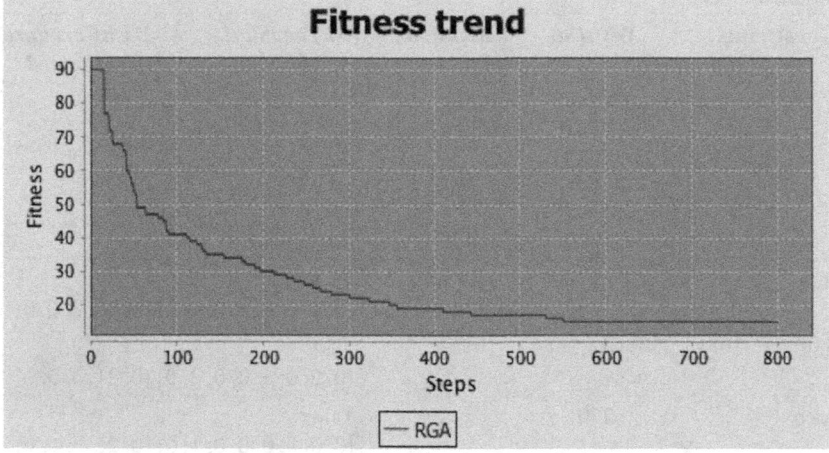

Abb. 22.4 Verlauf der Fitness des Montags in Relation zur Anzahl der Schritte

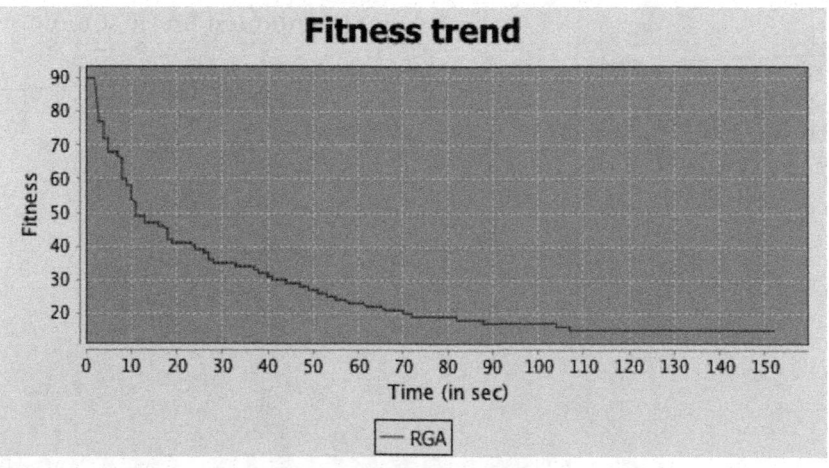

Abb. 22.5 Verlauf der Fitness „Montags" in Relation zur Zeit

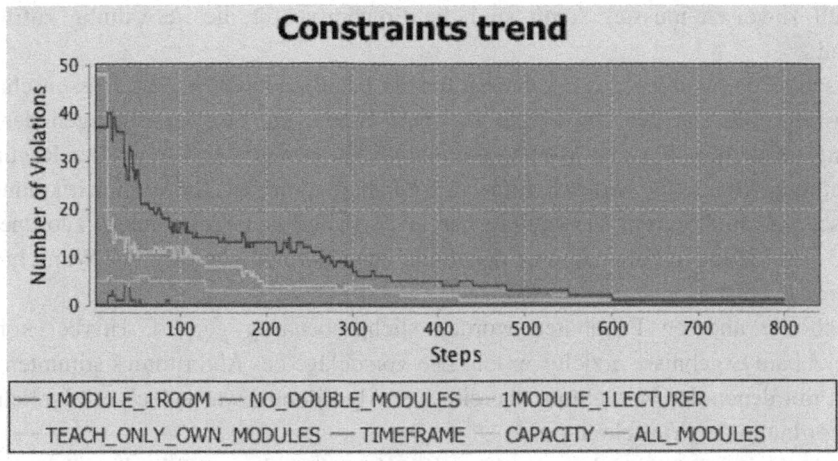

Abb. 22.6 Verlauf Anzahl verletzter Hard-Constraints

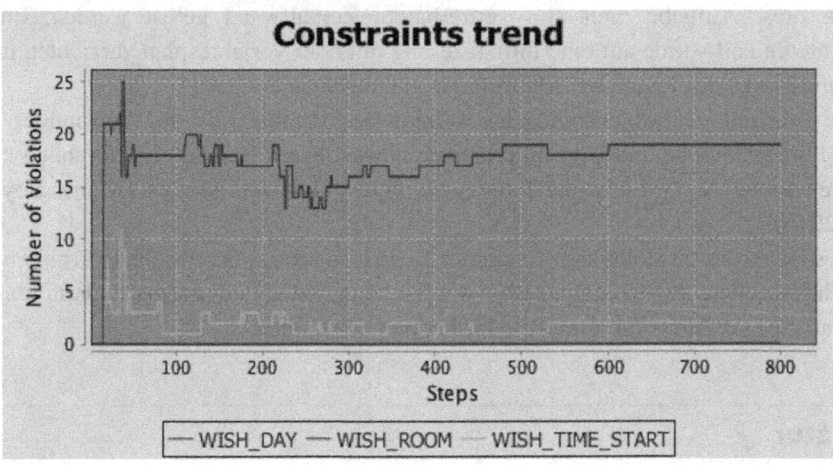

Abb. 22.7 Verlauf Anzahl verletzter Soft-Constraints

22.5   Diskussion

Es wird ersichtlich, dass sich der Fitnesswert durch den verwendeten Elitismus stetig verbessert. Zudem lässt sich erkennen, dass der Regulator Algorithmus erfolgreich die Hard-Constraints auflösen kann, jedoch bei den Soft-Constraints insbesondere bei Wunschraum und Wunschzeit Probleme hat. Dies ist erwartungskonform, da die Anzahl Räume an der Universität begrenzt sind.

Mehrfach erreichte der Regulator-Algorithmus signifikant bessere Werte wie beispielsweise 8.5 und 9. Dies bedeutet, dass die Verwaltung der Universität nur vier Räume

manuell zuweisen musste. Somit sind die Ergebnisse für die Verwaltung zufriedenstellend.

Anschließend wurden die Ergebnisse für die Fakultät der Wirtschaftswissenschaften,
der zweitgrößten an der Universität Duisburg-Essen, mit den Zuordnungen der Verwaltung verglichen. Für den Montag wurden 45 Vorlesungen angefragt. Der Regulator-
Algorithmus konnte die Wunschräume in 32 Fällen zuordnen. Im Vergleich konnte die
händische Zuordnung der Verwaltung nur in 21 Fällen den Wunschraum zuordnen. In
den 13 verbleibenden Fällen konnte der Raum ohne Berücksichtigung des Wunschraums
zugeordnet werden.

Auch die anderen Fakultäten wurden stichprobenartig geprüft. Hierbei konnten
vergleichbare Ergebnisse erzielt werden. Die Vorschläge des Algorithmus stimmten hierbei oft mit denen der Verwaltung überein. Der Algorithmus war jedoch erfolgreicher in
der Zuordnung der Wunschräume.

Hierbei sei angemerkt, dass das Vorgehen des Algorithmus nicht dasselbe der Verwaltung ist. Diese startet nicht jedes Semester mit einem komplett neuen Plan, sondern
verbessert den Plan des Vorjahres und passt diesen an neue Anforderungen an. Ansonsten
könnte diese Aufgabe nicht mit vertretbarem Zeitaufwand gelöst werden. Im hier
betrachteten Fall wurde auf eine Initialisierung mit dem Vorjahresplan verzichtet, um die
Leistungsstärke des Regulator-Algorithmus aufzeigen zu können.

Die Laufzeit des Algorithmus ist weitaus performanter als die Anwendung einer
Brute-Force-Methode und liegt im praktisch anwendbaren Bereich. Im Vergleich konnte
der Genetische Algorithmus die Fitness nie unter 80 Punkte senken (Kleine-Boymann
et al. 2016).

Dies ist an dieser Stelle kein fundierter Beweis, dass das beschriebene Problem nicht
auch durch andere Algorithmen gelöst werden kann, jedoch ein Indikator dafür, dass der
Regulator Algorithmus für komplexe Probleme gut geeignet ist.

Literatur

Bashab A, Ibrahim AO, AbedElgabar EE et al (2020) A systematic mapping study on solving university timetabling problems using meta-heuristic algorithms. Neural Comput Appl. https://doi.
org/10.1007/s00521-020-05110-3

Colajanni G, Daniele P (2020) A new model for curriculum-based university course timetabling.
Springer, Optimization Letters. https://doi.org/10.1007/s11590-020-01588-x

de la Rosa-Rivera F, Nunez-Varela JI, Cesar A. Puente-Montejano CA, Nava-Muñoz SE (2020)
Measuring the complexity of university timetabling instances. J Sched. Springer https://doi.
org/10.1007/s10951-020-00641-y

Hambali AM, Olasupo YA, Dalhatu M (2020) Automated university lecture timetable using
heuristic approach. Niger J Technol (NIJOTECH) 39(1):1–14

Kleine-Boymann M, Klüver C, Klüver J (2016) Optimization of room allocation plans
at the university duisburg-essen with a regulatory algorithm. 2016 IEEE Congress on
Evolutionary Computation (CEC). Vancouver, BC 2016:4815–4822. https://doi.org/10.1109/
CEC.2016.7744407

Klüver J, Klüver C (2016) The Regulatory Algorithm (RGA): a two-dimensional extension of evolutionary algorithms. Soft Comput 20:2067–2075. https://doi.org/10.1007/s00500-015-1624-6

Michalewicz Z (1996) Genetic algorithms + data structures. Evolution programs, 3. überarbeitete und erweiterte Aufl. Springer, Berlin

Schmidt J, Klüver C, Klüver J (2010) Programmierung naturanaloger Verfahren – Soft Computing und verwandte Methoden. Springer, Berlin

Schöneburg E, Heinzmann F, Feddersen S (1994) Genetische Algorithmen und Evolutionsstrategien. Eine Einführung in Theorie und Praxis der simulierten Evolution. Addison-Wesley, Bonn

Sivanandam SN, Deepa SN (2008) Introduction to genetic algorithms. Springer, Berlin. https://doi.org/10.1007/978-3-540-73190-0

Weise T (2011) Global optimization algorithms. Self-published https://www.it-weise.de/projects/bookNew.pdf. Zugegriffen: 21. Juli 2020

Webbasierte Raum- und Zeitplanung für schriftliche Prüfungen in der universitären Lehre

23

Arne Hetzenegger und Firas Zaidan

Zusammenfassung

Die Prüfungsorganisation an Universitäten stellt eine große Herausforderung dar, da die Planung in einer kurzen Zeit durch mehrere Beteiligte und in mehreren Innstanzen erfolgen muss. In diesem Beitrag wird der Regulator Algorithmus für eine automatisierte Prüfungsplanung vorgestellt. Dieser Algorithmus berücksichtigt nicht nur die Hard-Constraints sondern auch die verschiedenen Wünsche der Beteiligten. Die Planung kann dadurch in einer kürzeren Zeit erfolgen und außergewöhnliche Situationen, wie zum Beispiel die Corona-Pandemie, berücksichtigen.

Schlüsselwörter

Regulator Algorithmus · RGA · webbasierte Raum- und Zeitplanung · Klausurplanung

23.1 Einleitung: Herausforderungen bei der Prüfungsplanung

Im vorherigen Beitrag (Kap. 22) wurde die Raumplanung für Lehrveranstaltungen vorgestellt. Neben den Lehrveranstaltungen stellt die Prüfungsplanung ebenfalls eine besondere Herausforderung dar (Caramia et al. 2001; Ezike 2020; Mandal et al. 2020), inklusive der Sitzplatzordnung bei den Klausuren (Tuniki et al. 2020).

A. Hetzenegger (✉)
Köln, Deutschland
E-Mail: sammelband-KIKL@rebask.de

F. Zaidan
Cerody, Essen, Deutschland
E-Mail: firas.zaidan@cerody.com

Bei diesem Projekt hatten wir die einmalige Gelegenheit mit allen Stakeholdern zu sprechen, um eine webbasierte Lösung für den produktiven Einsatz in der Universität Duisburg-Essen zu entwickeln.

Da, wie auch bei der Raumplanung, die Prüfungsplanung weitestgehend manuell, teils mit Hilfe von Tabellenkalkulation durchgeführt wurde, war auch hier durch die Einführung des Regulator Algorithmus (RGA) von einem großen Optimierungspotential auszugehen. Insbesondere versprach man sich von der Nutzung dieses Potenzials eine Optimierung hinsichtlich der Raumknappheit zu erreichen und so zusätzliche Kosten für externe Räume einsparen zu können.

Die Vision bestand daher in der realen Umsetzung einer webbasierten und weitestgehend automatisierten Prüfungsplanung und deren Integration in die universitären Prozesse, um die Dozenten-Wünsche soweit wie möglich zu erfüllen und die zur Verfügung stehenden Raum-Kapazität so optimal wie möglich zu nutzen. Hierdurch sollen also auch die Mitarbeiter der Verwaltung, insbesondere der Prüfungsämter und des Gebäudemanagements, sowie Lehrstuhl-Mitarbeiter entlastet werden.

Der Hauptteil der Prüfungen eines Semesters werden an der Universität Duisburg-Essen in zwei Zeiträumen innerhalb jedes Semesters durchgeführt, dem Vor- und Nachtermin. Jeder dieser Termine erstreckt sich über drei bis vier Kalenderwochen und festgelegte Wochentage (in der Regel montags bis samstags), in welchem alle notwendigen Prüfungen geplant werden müssen.

Bei den Prüfungen handelt es sich ausschließlich um solche, für deren Durchführung ein Raum benötigt wird. Ausgeschlossen sind bspw. Hausarbeiten, sowie mündliche Prüfungen, da diese überwiegend in den Büros der Dozenten durchgeführt werden.

Grundsätzlich besteht ein Platzmangel bei der Raumvergabe, sodass es erforderlich ist, Prüfungen gleichzeitig in mehreren Räumen stattfinden zu lassen. Dies wird verschärft durch den sogenannten Belegungsfaktor. Er beschreibt die Reduzierung der Kapazität eines Raumes, der sich dadurch ergibt, wie viele Plätze neben einem Prüfling freigehalten werden müssen. Beispielsweise hat die größte Prüfung zum Nachtermin des Sommersemesters 2016 eine Anzahl von 1295 Teilnehmer, jedoch verfügt der größte extern angemietete Raum, des Kongress- und Freizeitparks Gruga, nur über 721 Plätze bei einem Belegungsfaktor von 1 und für das Audimax (R14) der Universität verbleiben nur 271 der tatsächlichen 1086 Plätze nach Anwendung des Belegungsfaktors 4.

Weiterhin ist bei den schriftlichen Prüfungen, wie bei der Raumplanung, das sogenannte Zeitfenstermodell zu berücksichtigen – eine Besonderheit an der Universität Duisburg-Essen, um die Lehramtsveranstaltungen überschneidungsfrei zu gestalten.

Für die verbleibenden schriftlichen, Labor- und PC-gestützten Prüfungen müssen die Dozenten zu Beginn des jeweiligen Semesters eine Reihe von erforderlichen sowie optionalen Angaben für ihre Prüfungen auflisten. Nachdem diese Angaben gesammelt wurden, werden sie vom Prüfungsamt noch um die tatsächlichen Anmeldezahlen der jeweiligen Prüfungen ergänzt. Dies geschieht in etwa zur Hälfte des Semesters, nachdem sich die Studierenden innerhalb eines zweiwöchigen Anmeldezeitraumes für die jeweiligen Prüfungen verbindlich angemeldet haben. Die Studierenden haben zwar noch die Möglichkeit, sich im Nachhinein von einer Prüfung bis 1 Woche vor dem Prüfungs-termin abzumelden; da sich der Prüfungstermin erst aus dem Ergebnis der Planung ergibt, ist dies für die Planung nicht von Bedeutung.

Diese vervollständigte Liste der Angaben wird von den Prüfungsämtern in Form einer Excel-Tabelle für die Prüfungsplanung an eine weitere Verwaltungsinstanz übermittelt.

Garantierte Angaben bei jede für Prüfung
Art der Prüfung, Teilnahme am Zeitfenstermodell (Ja/Nein), ein / mehrere Paare aus Wochentag und Startzeit für die Prüfung, Dauer, Prüfer, geschätzte Teilnehmerzahl und angemeldete Teilnehmer.

Optionale Angaben
Wunsch-Ausstattung, Wunsch-Räume und abweichender Belegungsfaktor.

Die zuvor genannten Datensätze waren jedoch schwer zu beschaffen und mussten von uns aufwendig aufbereitet werden. Die Daten waren stark verteilt und unstrukturiert abgelegt. Diese Problematik ist darin begründet, dass zum Zeitpunkt des Projektes keine zentrale Prüfungsanmeldung und -verwaltung existierte und somit die Anmeldungen der Prüfungen in unterschiedlicher Form erfolgte. Dieses Problem wird zudem durch Daten-schutzrichtlinien verschärft, wodurch mehrere hierarchische Instanzen der Verwaltung passiert werden müssen. Da eine zentrale Prüfungsplanung mit möglichst aktuellen Daten arbeiten muss, besteht somit ein Datenerfassungs- und Persistenz-Problem.

Dementsprechend wurde das Projekt in mehreren Modulen umgesetzt, indem der Optimierungsalgorithmus als Modul von dem Web-Interface abgegrenzt wurde. Das Web-Interface ist für die Datenerfassung, Steuerung des RGA und Ergebnis-Darstellung zuständig. Zudem wurde das Modell als Modul vom abstrakten RGA abgegrenzt. Auf-grund des Umfangs wird in diesem Beitrag primär das Optimierungsproblem betrachtet.

In nächsten Abschnitt wird das Modell zur Prüfungsplanung dargestellt. Wie bei der Raumplanung sind Constraints zu berücksichtigen, die ebenfalls in Hard- und Soft-Constraints eingeteilt werden. Anhand des Modells werden die einzelnen Ebenen des RGA und die genetischen Operatoren näher erläutert. Die Ergebnisse werden in Abschn. 23.3.2 präsentiert und abschließend die Potenziale des RGA für die Prüfungs-planung diskutiert.

23.2   Modell zur Prüfungsplanung

Bei der Modellierung dieses Problems konnten wir auf den in Kap. 22 beschriebenen Modellierungsansatzes der Raumplanung zurückgreifen; insbesondere können einige Informationen, die für die Raumplanung relevant sind, direkt für die Prüfungsplanung übernommen werden. So ist zum Beispiel die Angabe der Veranstaltung, der ver-antwortlichen Dozenten, des Veranstaltungstages oder der Zuordnung zum „Zeitfenster" zugleich relevant für die Prüfungsplanung, da es sich immer um modulbezogene Prüfungen handelt.

Für die Prüfungsplanung sind jedoch weitere Punkte zu berücksichtigen, daher wird im Folgenden der Verlauf der Problemlösung beschrieben und anhand dieser die einzelnen Ebenen und Komponenten des RGA erläutert.

23.2.1 Ablauf der Problemlösung

Da der RGA aus mehreren Ebenen besteht (Kap. 19), muss jeweils ein Baukastenvektor („Structural Vector" – SV), ein Verknüpfungsvektor („Connection Vector" – CV) und ein Regulatorvektor („Regulatory Vector – RV) für die genetischen Operatoren berücksichtigt werden (Klüver und Klüver 2016).

Die Constraints (C_1 bis C_i) sind wie bei der Raumplanung in den Regulatorvektoren enthalten und steuern über die Verknüpfungsvektoren (V_1 bis V_k) die konkreten Prüfungsplanungen (S. 1 bis S_j), die sich auf der Baukastenebene befinden (Abb. 23.1).

Der Ablauf des Algorithmus, die Constraints und der Einfluss der Steuerung sowie der genetischen Operatoren werden im Folgenden im Detail beschrieben. Der Ablauf des

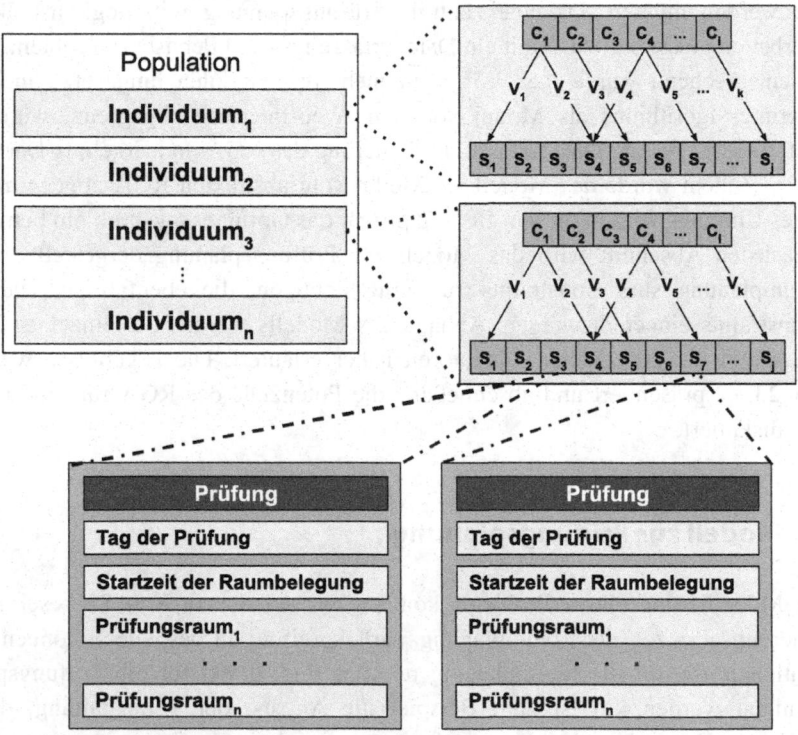

Abb. 23.1 Modellüberblick

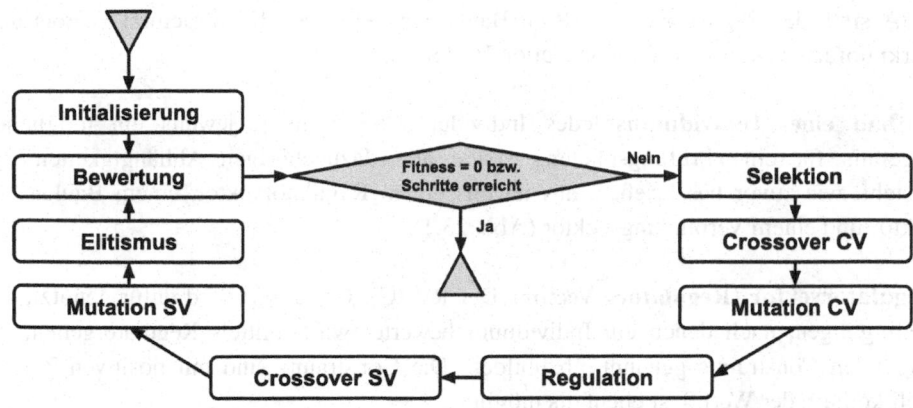

Abb. 23.2 Ablauf des RGA. CV (Connection Vector) steht für die Verknüpfungsvektoren und SV (Structural Vector) für die Baukastenvektoren aller Individuen in den gewählten Paaren der Selektion

RGA ist für die vorliegende Problemlösung, entsprechend angepasst, in (Abb. 23.2) dargestellt.

Der Prozess beginnt mit der Initialisierung der, aus diversen Prüfungsplänen (Individuen) Population; auf diese wird in einem später folgenden Abschnitt näher eingegangen. Anschließend erfolgt eine Bewertung bei der jedes Baukastengen gegen jedes aktive Constraint geprüft und für jede einzelne Verletzung jeweils der Wert des entsprechenden Constraint akkumuliert wird. Der daraus ermittelte Wert legt die Gesamtbewertung jedes Individuums fest.

Da die Individuen zu Beginn sehr unwahrscheinlich eine gültige Lösung mit einem Fitnesswert von 0 präsentieren und die Durchlaufzahl noch nicht erreicht ist, werden die besten Individuen selektiert.

Wie der Abb. 23.2 zu entnehmen ist, werden die genetischen Operatoren Crossover und Mutation nicht auf die Regulatorvektoren angewandt, da diese die Constraints enthalten und somit nicht verändert werden dürfen. Somit folgt auf die Selektion direkt das Crossover und die Mutation der Verknüpfungsvektoren jedes Individuums. Dies gleicht dem normalen Vorgehen des RGA.

Darauf folgend kommt als neuer Schritt die sogenannte Regulation hinzu, mehr dazu später. Dieser agiert auf dem Strukturvektor ist von Verbindungen abhängig, entsprechend wird sie an genau dieser Stelle durchgeführt.

Abschließend folgt das Crossover und die Mutation der Baukastenvektoren sowie die Anwendung des Elitismus, vergleichbar zum Normal-Vorgehen des RGA, bevor der nächste Durchlauf mit der Bewertung der neuen Generation startet.

Diese allgemeinen Beschreibungen werden im Folgenden konkretisiert indem die Rollen der drei Vektoren beschrieben werden, die Bestandteil eines Individuums beim

RGA sind: der Regulatorvektor (RV), Baukastenvektor (SV für Structural Vector) und Verknüpfungsvektor (CV für Connection Vector).

Aufbau eines Individuums Jedes Individuum repräsentiert jeweils ein mögliches Ergebnis für eine Prüfungsplanung sowie alle dazugehörigen Abhängigkeiten. Es besteht, wie zuvor beschrieben, aus jeweils einem Regulatorvektor, einem Baukasten-vektor und einem Verbindungsvektor (Abb. 23.1).

Regulatorvektor (Regulatory Vector) Der RV (C_1, C_2, ... C_i) wird dafür genutzt, die Bedingungen, nach denen ein Individuum bewertet wird, mittels Regulatorgenen, im folgenden Constraints genannt, abzubilden. Die Constraints sind mit positiven Zahlen reell kodiert, der Wert 0 ist ebenfalls möglich.

Ist einem Constraint ein positiver Wert zugeordnet, gilt es als aktiviert und der Wert wird für die Bewertung verwendet, um jede gefundene Verletzung des Constraint inner-halb des Strukturvektors in Höhe des Wertes zu bestrafen. Andernfalls ist das Constraint als deaktiviert anzusehen, es geht somit nicht in die Bewertung mit ein.

Die Constraints werden, wie bereits einleitend beschrieben, zwischen sogenannten Hard-Constraints und Soft-Constraints unterschieden.

Hard-Constraints bezeichnen in diesem Fall Bedingungen, deren Verletzung dazu führen würden, dass die Lösung grundlegende Fehler beinhaltet. Im Gegensatz dazu evaluieren Soft-Constraints solche Bedingungen, die sich aus den Wunsch-Angaben der Dozenten ergeben.

Die verwendeten Constraints werden im Folgenden in Bezug auf ihre jeweilige Bedingung und ihr entsprechendes Regulationsverhalten näher erläutert:

Capacity – Hard-Constraint Die Aufgabe dieses Constraint ist es sicherzustellen, dass die erwartete Anzahl an Prüflingen in den zugewiesenen Räumen unterkommen kann. Dabei wird hier, sowie an allen anderen Stellen wo die Raumkapazität beachtet wird, auf den ggf. abweichenden Belegungsfaktor der Prüfung, anstelle des raumbezogenen Belegungsfaktors zurückgegriffen.

Die in der Regulation durchgeführten Veränderungen fallen unterschiedlich aus. Sie sind zum einen abhängig davon, ob die Kapazität aller zugeordneten Räume ausreicht, zum anderen ob die maximale Anzahl an zu verteilenden Räumen, in denen eine Prüfung gleichzeitig stattfinden kann, erreicht wurde.

Zunächst wird geprüft, ob einer der zugewiesenen Räume freigegeben werden kann, sodass die verbleibenden Räume immer noch eine ausreichende Kapazität besitzen. Ist dies nicht möglich, wird geprüft, ob die Kapazität durch die zugeordneten Räume abgedeckt wird. Dafür wird anhand der zu erwartenden Teilnehmerzahl die maximale Anzahl der Räume ermittelt. Für bis zu 50 Prüflinge ist jeweils ein Raum kalkuliert, so wird beispielsweise bei 42 Prüflingen maximal ein Raum zugewiesen und für 84 Prüf-lingen sind es maximal zwei Räume. Sollte diese Zahl nicht erreicht sein, wird zufällig ein neuer Raum hinzugefügt. Wenn möglich wird dafür ein Raum gewählt, in dem die übrige Anzahl an Prüflingen unterkommen kann.

PcHall -- Hard-Constraint Da es Prüfungen gibt, für deren Abhaltung ein PC-Raum zwingend erforderlich ist, soll dies hiermit sichergestellt werden. Es wird überprüft, ob die entsprechende Prüfung einen PC-Raum benötigt und sofern dies erforderlich ist, ob alle zugeordneten Prüfungsräume auch PC-Räume sind.

Als Regulation wird jeder nicht passende Raum durch einen noch nicht zugewiesenen PC-Raum ersetzt.

Lab -- Hard-Constraint Dieses Constraint hat die Aufgabe sicherzustellen, dass Prüfungen, deren Abhaltung ein Labor erfordert, auch ein solches zugewiesen bekommen. Entsprechend überprüft es, ob die entsprechende Prüfung ein Labor benötigt und sofern dies der Fall ist, alle zugeordneten Prüfungsräume auch einem Labor entsprechen.

In der Regulation wird jeder nicht passende Raum durch ein noch nicht zugewiesenes Labor ersetzt.

TimeInRange -- Hard-Constraint Die Startzeit des durch die Prüfung belegten Zeitraumes kann auf eine Uhrzeit in 30 minschritten zwischen 8 Uhr und 20 Uhr gelegt werden. Allerdings ist 20 Uhr gleichzeitig auch die späteste Uhrzeit, wodurch diese Startzeit so geplant werden muss, dass die Prüfung gemäß ihrer Dauer nicht nach 20 Uhr endet. Entsprechend wird geprüft, dass die Startzeit nicht vor 8 Uhr und die Endzeit der Prüfung entsprechend nicht nach 20 Uhr liegen.

Für die Regulation werden entsprechend der Dauer der Prüfung alle validen Startzeiten ermittelt. Daraus wird zufällig eine Startzeit gewählt, welche die alte Startzeit ersetzt.

TimeFrame -- Hard-Constraint Dieses Constraint identifiziert Fehler in Bezug auf die Nutzung des Zeitfenstermodells, für jede Prüfung, sofern sie davon betroffen ist. Entsprechend wird geprüft, ob der Wochentag sowie die Startzeit mit den Werten der zugehörigen Prüfung übereinstimmen.

Als Regulation wird die existierende Zuordnung auf die vorgesehenen Werte für Wochentag und Startzeit geändert. Für den Wochentag wird zufällig ein passender Tag innerhalb des mehrwöchigen Prüfungszeitraumes ausgewählt.

OneExamOneRoomSameTime -- Hard-Constraint Für eine erfolgreiche Prüfungsplanung ist es erforderlich, dass in einem Raum zu jeder Zeit nur eine Prüfung gleichzeitig verplant wird. Dies wird über dieses Constraint abgedeckt.

Es werden in diesem Fall der Tag der Prüfung, die Startzeit der Prüfung oder die Prüfungsräume zufallsbasiert reguliert. Für die Startzeit und den Tag der Prüfung wird jeweils zufällig ein Element aus der Liste der gültigen Startzeiten bzw. der zulässigen

Tage innerhalb des Prüfungszeitraumes ausgewählt, um mit diesen den jeweils vorherigen Wert zu ersetzen. Bei den Prüfungsräumen wird ein zugewiesener Raum zufällig durch einen neuen Raum gleicher oder größerer Kapazität ersetzt.

NoDoubleRooms -- Hard-Constraint Hiermit wird sichergestellt, dass ein Raum nicht mehrfach derselben Prüfungen zugewiesen ist. Reguliert wird indem ein zufälliger Raum aus der Liste der verfügbaren Räume entnommen wird. Dabei wird sichergestellt, dass der neue Raum noch nicht zugewiesen ist.

BlockedSlots -- Hard-Constraint Dieses Constraint hat zur Aufgabe geblockte Zeitabschnitte in Räumen zu überprüfen, sodass sichergestellt wird, dass Prüfungen außerhalb dieser geplant werden. Dadurch lässt sich die Nichtverfügbarkeit eines Raumes abbilden, bspw. wegen einer weit im Voraus geplanten Tagesveranstaltung.

Für die Regulation werden mit einer gewissen Wahrscheinlichkeit die Startzeit, das Datum oder die zugeordneten Räume mit einem zufälligen neuen Wert ersetzt.

WishDay – Soft-Constraint Sofern die Lehrenden eine Angabe für einen gewünschten Wochentag gemacht haben, wird die Angabe durch dieses Constraint geprüft. Sollte die Prüfung vom Zeitfenstermodell betroffen sein, gleicht dieses Constraint dem Timeframe-Constraint in Bezug auf den Prüfungstag, wodurch eine höhere Wahrscheinlichkeit besteht, dass eine Verletzung durch eine der beiden Regulationen behoben wird.

Für die Regulation wird aus der Liste der zulässigen Tage innerhalb des Prüfungszeitraumes ein neuer Wert ausgewählt, welcher den vorherigen Wert ersetzt.

WishTimeStart – Soft-Constraint Für den Fall, dass sich Lehrende eine bestimmte Startzeit für die Prüfung gewünscht haben, wird diese mit der zugewiesenen Startzeit auf Gleichheit hin verglichen. Ist die Prüfung vom Zeitfenstermodell betroffen, gleicht auch dieses Constraint dem Timeframe-Constraint in Bezug auf die Startzeit. Dadurch besteht eine höhere Wahrscheinlichkeit, dass eine Verletzung durch eine der beiden Regulationen behoben wird.

Als Regulation wird aus der Liste der gewünschten Startzeiten, ein passender neuer Wert entnommen. Sollte dies nicht möglich sein, wird stattdessen aus den gültigen Startzeiten ein neuer Wert ausgewählt, um den vorherigen Wert zu ersetzten.

WishRoom – Soft-Constraint Sofern die Lehrenden einen oder mehrere Räume als Wunsch für die Prüfung angegeben haben, stellt dieses Constraint sicher, dass mindestens einer dieser Räume auch zugewiesen ist.

In der Regulation wird überprüft, ob der Prüfung bereits ausreichend Räume zugeordnet wurden, um alle Prüfungsteilnehmer unterzubringen. In diesem Fall wird einer der zugeordneten Räume zufällig durch einen der gewünschten Räume ersetzt oder alternativ wird einer der gewünschten Räume hinzugefügt. In beiden Fällen erfolgt die Auswahl zufällig.

Baukastenvektor (Structural Vector) Der SV (S. 1, S. 2, ... S_j) stellt die vorgeschlagene Lösung eines Individuums dar. Er bildet somit den Prüfungsplan für den gesamten zu planenden Prüfungszeitraum ab. So repräsentiert jedes Baukastengen des SV den Plan in Bezug auf jeweils eine einzelne Prüfung.

Um diesen Plan darzustellen, besteht jedes Baukastengen aus einer Sammlung mehrerer Komponenten. Dieses besteht immer aus exakt einer Hauptkomponente, der Prüfung, welche sich nicht ändert, und mehreren Zusatzkomponenten, deren Zuordnung sich im Verlauf der Ausführung ändern kann (Tag, Uhrzeit, Raumwunsch etc.).

Der Tag der Prüfung entstammt einer Liste von möglichen Tagen innerhalb des Prüfungszeitraumes. Die Startzeit der Raumbelegung liegt im Intervall von 8 Uhr morgens und 20 Uhr abends mit 30 min Abständen beispielsweise 9:00 Uhr, 9:30 Uhr und 10 Uhr. Für die Prüfungsräume existiert eine Liste mit Räumen und deren Ausstattung, aus denen diese ausgewählt werden.

Verknüpfungsvektor (Connection Vector) und Regulation Der CV (V_1, V_2, ... V_j) wird dazu verwendet, den Prozess der Regulation zu steuern. Dieser Prozess arbeitet auf den Baukastengenen, interagiert aber nur mit solchen Genen, die über eine Verknüpfung zu den Regulatorgenen aufweisen.

Der Regulationsprozess erfolgt nach der Constraints-Vorgabe. Dies bedeutet auch, dass sofern ein Baukastengen Verknüpfungen zu mehreren Regulatorgenen aufweist, auch mehrere Veränderungen durchgeführt werden – eine für jedes Constraint.

Angenommen es existiert eine Verknüpfung zwischen dem Constraint der "Kapazität" und einem Baukastengen, in dessen Lösung die zugewiesene Raumgröße nicht ausreicht. In diesem Fall wird anhand der zu dem Constraint passenden Regulation zufällig ein neuer Raum zugewiesen.

Um den Prozess der Regulation vergleichbar zu halten, wird dieser immer in der gleichen Reihenfolge durchgeführt. Dafür orientiert sich der Prozess an der jeweiligen Position des entsprechenden Constraint innerhalb des Regulatorvektors.

Genetische Operatoren Im Folgenden ist beschrieben, wie und welche Varianten der genetischen Operatoren „Crossover" und „Mutation" auf die SV bzw. CV angewendet werden. Die ausgewählten Varianten sind für das Crossover und für die Mutation des SV und des CV jeweils unterschiedlich.

Crossover Es werden zwei verschiedene Arten des Crossovers zur Erzeugung der Nachkommen-Vektoren von CV und SV verwendet, der Regulatorvektor (RV) wird nicht verändert. Diese sind der One-Point-Crossover und der Orderbased-Crossover.

One-Point-Crossover Im One-Point-Crossover wird eine Position innerhalb der gegebenen Vektorenlänge, ggf. zufällig, ausgewählt. Aus jedem Eltern-Vektor werden von Anfang an alle Elemente bis zur ausgewählten Position in einen entsprechenden

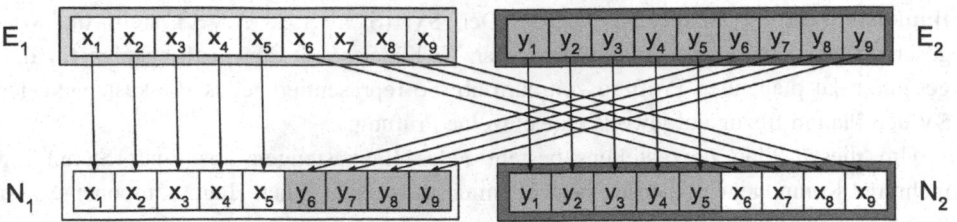

Abb. 23.3 Ablauf eines One-Point-Crossovers mit dem aus den beiden Eltern-Vektoren E1 und E2, die beiden Nachkommen-Vektoren N1 und N2 abgeleitet werden

Nachkommen-Vektor übernommen. Außerdem werden die auf die gewählte Position folgenden Elemente in den jeweils anderen Nachkommen-Vektor übernommen.

Da dieser Tauschvorgang die Elemente der beiden Vektoren vermischt, kann es beim One-Point-Crossover zu Problemen kommen, wenn bspw. die Elemente in einem Vektor nur einmal vorkommen dürfen. In diesem Fall sollten die Elemente in beiden Eltern-Vektoren in die gleiche Reihenfolge gebracht werden, sodass lediglich die Belegung des Elementes ausgetauscht wird.

Die Abb. 23.3 zeigt den Ablauf eines sog. One-Point-Crossovers (Bean 1994), bei dem zwei Vektoren gleicher Länge benötigt werden.

Orderbased-Crossover Der Orderbased-Crossover erzeugt aus zwei Eltern-Vektoren jeweils einen Nachkommen-Vektor, indem zu Beginn aus den beiden Eltern-Vektoren der primäre Eltern-Vektor ausgewählt wird sowie in beiden Vektoren je zwei Trennpunkte an den gleichen Stellen positioniert werden. Anschließend werden die Elemente des jeweils primären Eltern-Vektors, welche sich vor dem ersten und nach dem letzten Trennpunkt befinden, in den vorläufigen Nachkommen-Vektor übernommen. Für den Bereich zwischen beiden Trennpunkten werden jeweils die Elemente des anderen Eltern-Vektors übernommen.

Der daraus resultierende Nachkommen-Vektor ist zunächst vorläufig, da er, wie in Abb. 23.4 dargestellt, ggf. doppelte Elemente enthält. Um diese zu korrigieren und den finalen Nachkommen-Vektor zu erzeugen, werden für die übernommenen Elemente zwischen den Trennstellen, im Beispiel für N*1 die Elemente b, c und i, die Duplikate nacheinander aufgelöst. Dafür wird beispielsweise für das erste Element b, die Position des Elementes, in diesem Fall Position 4 sowie die Position des Duplikates ermittelt. Anschließend wird an der Position des Elementes aus dem primären Eltern-Vektor das dortige Element, in diesem Fall h, entnommen und an die Position des Duplikates gesetzt, sodass anschließend der Nachkommen-Vektor an Position 9 das Element h enthält. Auf diese Weise werden, wie in der Abb. 23.4 dargestellt, die restlichen Duplikate entfernt, sodass der entstehende Nachkommen-Vektor N_1 keine Duplikate mehr enthält.

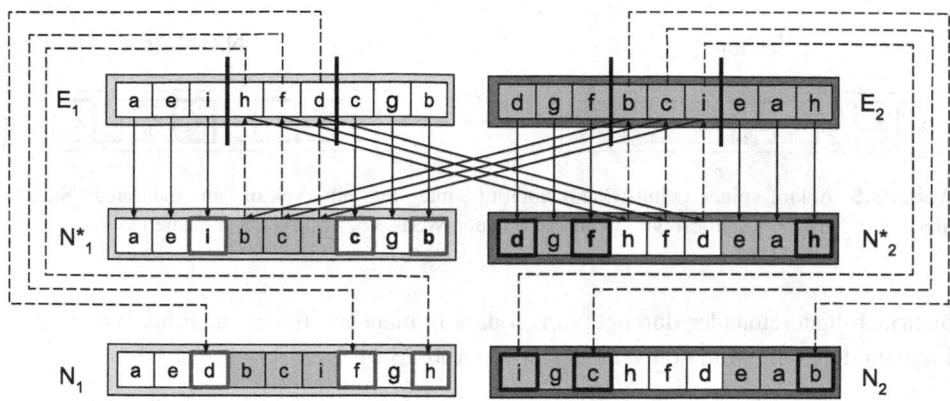

Abb. 23.4 Ablauf eines Orderbased-Crossovers mit dem aus den beiden E1 und E2 die beiden Nachkommen-Vektoren N1 und N2 entstehen

Sollte das Crossover einen zweiten Nachkommen-Vektor erfordern, kann dieser mit dem gleichen Prozess ebenfalls erzeugt werden. Dafür wird bei der Auswahl des primären Eltern-Vektors der jeweils andere Eltern-Vektor verwendet.

Die Abb. 23.4 zeigt den Ablauf eines sog. Orderbased-Crossovers, auch Partially Mapped Crossover (PMX) genannt (Starkweather et al. 1991), welcher sich für Vektoren eignet, die übereinstimmende Elemente besitzen, deren Reihenfolge sich jedoch ggf. unterscheidet.

Modellspezifische Verwendung der Crossover-Varianten Für den Verbindungsvektor kommt One-Point-Crossover zum Einsatz. Für den Baukastenvektor kommt hingegen ein Orderbased-Crossover zum Einsatz.

Letzteres ist deswegen erforderlich, da jedes Gen des SV, wie zuvor beschrieben aus mehreren Komponenten besteht. Somit wird sichergestellt, dass eine Komponente immer durch eine Komponente gleicher Art getauscht wird.

Mutation Wie auch beim Crossover wird Mutation nur auf den SV bzw. CV angewandt. Für den RV wird ebenfalls keine Mutation ausgeführt. Zum Einsatz kommen die Multi-Point-Mutation und die Multi-Point-Swap-Mutation.

Multi-Point-Mutation Die nachfolgende Abb. 23.5 zeigt schematisch den Ablauf einer Multi-Point-Mutation (Weise 2009). Wie sich aus dem Namen der Mutation erschließen lässt, werden hier mehrere Elemente verändert. Dafür wird zunächst eine Position zufällig ermittelt. Für diese wird anschließend zufällig ein neuer Wert innerhalb des gültigen Wertebereiches ermittelt und zugewiesen.

Bei einem binär kodierten Vektor würde entsprechend eine 1 durch eine 0 ersetzt werden und vice versa. Diese Schritte werden mit einer gewissen Wahrscheinlichkeit

Vorher   Nachher

$$\boxed{x_1\,|\,x_2\,|\,\boxed{x_3}\,|\,x_4\,|\,\boxed{x_5}\,|\,x_6\,|\,x_7\,|\,\boxed{x_8}\,|\,x_9} \dashrightarrow \boxed{x_1\,|\,x_2\,|\,\boxed{x'_3}\,|\,x_4\,|\,\boxed{x'_5}\,|\,x_6\,|\,x_7\,|\,\boxed{x'_8}\,|\,x_9}$$

Abb. 23.5 Ablauf einer Multi-Point-Mutation mit der ein Vektor an mehreren Stellen, hier $\times\,3, \times\,5$ und $\times\,8$, mutiert wird, sodass die neuen Werte x'3, x'5 und x'8 entstehen

mehrfach hintereinander durchgeführt, sodass in manchen Fällen auch nur ein einziges Element durch die Mutation verändert wird (Abb. 23.5).

Multi-Point-Swap-Mutation Die Abb. 23.6 zeigt schematisch den Ablauf einer Multi-Point-Swap-Mutation in der eine Swap-Mutation (Samanlioglu et al. 2008) mehrfach durchgeführt wird. Auch hier lässt der Name auf das Verhalten schließen, da in diesem Falle mehrere Elemente so verändert werden, dass diese mit den Elementen eines anderen Vektors ausgetauscht werden.

Dafür wird zunächst eine zufällige Position ermittelt, die in beiden Vektoren existiert. Anschließend werden die Werte aus den Elementen beider Vektoren an dieser Position ausgewählt und mit den Werten des jeweils anderen Vektors getauscht. Diese Schritte werden mit einer gewissen Wahrscheinlichkeit mehrfach hintereinander durchgeführt, sodass in manchen Fällen der Austausch nur ein einziges Mal stattfindet.

Modellspezifische Verwendung der Mutationen Im Gegensatz zum Crossover wird nicht nur eine einzige Mutation auf den SV bzw. CV angewandt. Stattdessen gibt es jeweils zwei unterschiedliche Arten der Veränderung, aus denen zufällig gewählt wird.

Für den SV wird bei jeder Mutation zufällig zwischen der „Multi-Point-Mutation" bzw. „Multi-Point-Swap-Mutation" gewählt.

Zu beachten ist hierbei: Da ein Baukastengen des SV aus mehreren Komponenten besteht und die Hauptkomponente einzigartig innerhalb des Baukastengens sein muss, müssen die Varianten angepasst verwendet werden, damit ein Baukastengen nicht voll-

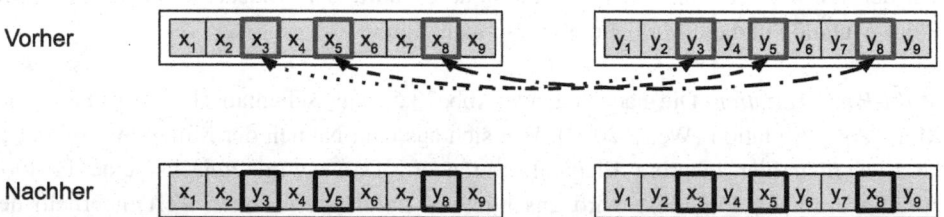

Abb. 23.6 Ablauf einer Multi-Point-Swap-Mutation mit dem zwei Vektoren an mehreren Stellen verändert werden, indem die Elemente jeweils ausgetauscht werden, hier $\times\,3, \times\,5$ und $\times\,8$ sowie y3, y5 und y8

ständig getauscht bzw. angepasst wird. Entsprechend agieren die Mutationen nur auf einer zufällig ausgewählten Zusatzkomponente, wodurch die Hauptkomponente unberührt bleibt.

Im Kontrast dazu wird bei der Mutation des CV zufällig die Multi-Point-Swap-Mutation verwendet oder es werden Verbindungen entfernt. Das Löschen der Verknüpfungen ähnelt dem Vorgehen der anderen Varianten dahin gehend, dass nach jedem Löschvorgang eine weitere Verknüpfung nur mit einer gewissen Wahrscheinlichkeit ebenfalls gelöscht wird.

Da die Verknüpfungen direkt beeinflussen für welche Baukastengene die Regulation erfolgt, führt die Entfernung der Verknüpfung dazu, dass die Regulation über den Verlauf hinweg immer seltener durchgeführt wird.

Initialisierung der Population Der Initialisierungsvorgang erfolgt für jeden der 3 Vektoren (Regulator- (RV), Verknüpfungs- (CV) und Baukastenvektor (SV)) eines Individuums unterschiedlich:

Ein RV wird gemäß der konfigurierten Constraints zusammengesetzt. Er enthält ein Regulatorgen für jedes aktive Constraint des aktuellen Durchlaufes. Dieser Vektor wird einmalig erzeugt und anschließend für jedes Individuum dupliziert.

Für den CV wird jede mögliche Verknüpfung zwischen Regulatorgenen und Baukastengenen einzeln durchlaufen. Dabei wird für jede dieser Verknüpfungsmöglichkeiten jeweils zufällig entschieden, ob diese existieren soll, oder nicht.

Der SV wird so erzeugt, dass für jede Prüfung ein Baukastengen erzeugt wird. In diesem Gen wird die Prüfung als Hauptkomponente hinterlegt. Anschließend wird jedes Baukastengen mit den notwendigen Zusatzkomponenten gefüllt.

Hierfür war zunächst die Zufallsinitialisierung verwendet worden. Da sich diese im Rahmen von Experimenten allerdings als unzureichend gezeigt hat, wird stattdessen eine angepasste Version verwendet: die Wunsch-Initialisierung. Sie ist so genannt, da sie die Initialisierung basierend auf den Wunsch-Angaben der Lehrenden durchführt.

Für die Auswahl der Zusatzkomponenten kommen drei unterschiedliche Vorgehen zum Einsatz – eine für jede Art der Zusatzkomponente (siehe Abb. 23.1).

(1) Tag der Prüfung Der Wert für den Tag der Prüfung wird im Falle einer Wunsch-Angabe darüber ermittelt, dass alle Wunsch-Paare von Wochentag und Startzeit durchlaufen werden und für jeden angegebenen Wochentag jeweils die dazu passenden Tage innerhalb des mehrwöchigen Planungszeitraumes festgehalten werden. Sollte ein Wochentag in mehr Wunsch-Paaren angegeben sein als ein anderer, wird auf diese Weise sichergestellt, dass passende Tage auch häufiger festgehalten werden.

Aus der daraus resultierenden Liste von Tagen wird abschließend ein Tag zufällig ausgewählt. Im Falle, dass keine Wunsch-Angabe existiert oder die Liste der Wunsch-Paare keine Einträge enthält, wird stattdessen der Tag zufällig aus allen zulässigen Tagen des Planungszeitraumes ausgewählt.

(2) Startzeit der Raumbelegung In ähnlicher Art wird die Startzeit ermittelt. Allerdings werden beim Durchlauf der Wunsch-Paare nur die angegebenen Startzeiten solcher Paare festgehalten, welche entweder keine Wochentag-Angaben enthalten oder in denen die Angabe des Wochentages mit dem zuvor ausgewählten Datum übereinstimmt.

Sollten auf diese Weise keine möglichen Startzeiten ermittelt worden sein, insbesondere wenn keine Wunsch-Angaben existieren, wird stattdessen die Liste der verfügbaren Uhrzeiten als Basis genutzt, um daraus zufällig die Startzeit zu ermitteln, welche abschließend zugeordnet wird.

(3) Prüfungsräume Um die initial zuzuordnenden Prüfungsräume zu ermitteln, wird zunächst eine Liste der Räume erstellt, welche zugeordnet werden können. Diese enthält entweder alle angegebenen Wunsch-Räume oder, wenn keine angegeben sind, alle planbaren Räume.

Aus dieser Liste werden anschließend solange zufällig Räume entnommen, bis die ausgewählten Räume für die Menge der angemeldeten Studierenden ausreichen, die maximale Menge an Räumen ausgewählt worden ist (siehe vorherige Beschreibung des „Capacity-Constraint"), oder keine weiteren Räume mehr verfügbar sind.

23.3 Ergebnisse der Klausurplanung mit einem RGA

In den folgenden Abschnitten werden die Ergebnisse zu jeweils mehreren Testläufen aufgeführt und diskutiert. Außerdem werden in Abschn. 23.3.3 die Ergebnisse des RGA mit Ergebnissen der manuellen Planung verglichen.

23.3.1 Testläufe und Parametereinstellungen

Für jedes der dargestellten Ergebnisse des RGA wurde je ein Docker-Container erstellt. Dieser wurde jeweils mit der entsprechenden Version der Code-Basis der entsprechenden Module sowie den entsprechenden Rohdaten befüllt. Anschließend wurden in ihnen jeweils 10 Testläufe gestartet und die hier aufgeführten grafische Darstellung der Ergebnisse aus dem Frontend extrahiert (Abb. 23.7a).

Für jeden dieser Testläufe wurde der RGA mit den in den Tab. 23.1 und 23.2 angegebenen Parametern sowie den angegebenen Werten für die Bewertung der verschiedenen Constraint-Verletzungen verwendet. Die aufgeführten Raten geben an, mit welcher Wahrscheinlichkeit die jeweiligen genetischen Operatoren auf den angegebenen Vektor angewendet werden sollen. Außerdem gibt die Elitismus-Anzahl an, wie viele der besten Individuen einer Generation in die folgende Generation übernommen werden sollen.

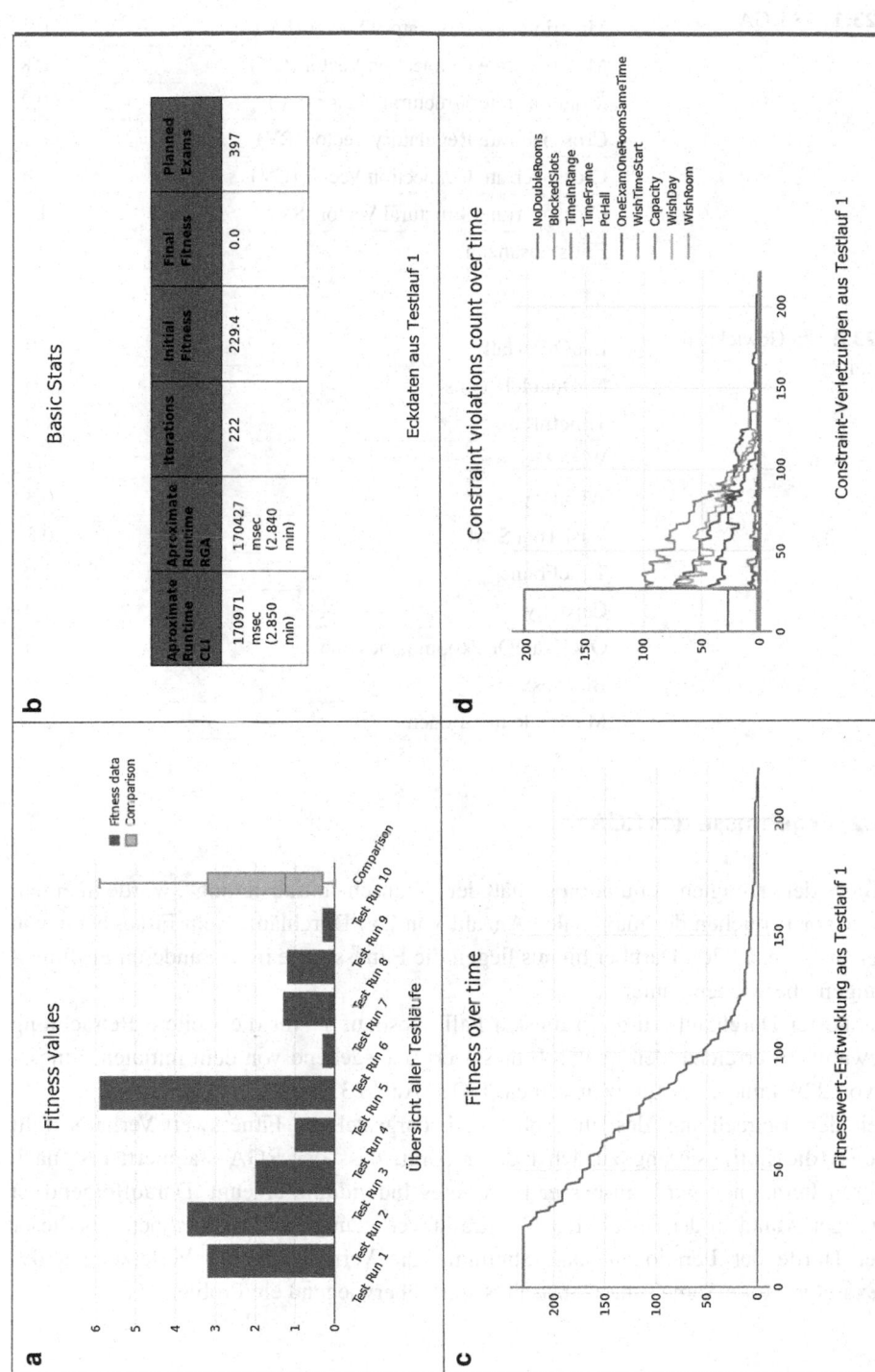

Abb. 23.7 Ergebnis des RGA nach 10 Durchläufen

Tab. 23.1 #S RGA-Parameter

Mutationsrate Regulatory Vector (RV)	0
Mutationsrate Connection Vector (CV)	0.8
Mutationsrate Structural Vector (SV)	0.2
Crossoverrate Regulatory Vector (RV)	0
Crossoverrate Connection Vector (CV)	0.4
Crossoverrate Structural Vector (SV)	1
Elitismusanzahl	2

Tab. 23.2 #S Gewichte der Constraints

LabOrPcHall	1.0
NoDoubleRooms	1.0
TimeInRange	1.0
WishRooms	0.2
WishDay	0.3
WishTimeStart	0.8
TimeFrame	1.0
Capacity	1.0
OneExamOneRoomSameTime	1.0
BlockesSlots	1.0
Maximale Iterationen	250

23.3.2 Ergebnisse des RGA

Auf Basis der erzeugten Population gemäß der „Wunsch-Initialisierung", wurde in einem Testlauf vor Erreichen der maximalen Anzahl von 250 Durchläufen ein Fitnesswert von 0 erreicht (Abb. 23.7c). Darüber hinaus liegen die Fitnesswerte in den anderen Prüfungsplanungen überwiegend unter 3.

Als bester Durchlauf wurde in diesem Fall „Testlauf 1" für die weitere Betrachtung ausgewählt. Er erreichte den finalen Fitnesswert 0 ausgehend von dem initialen Fitnesswert von 229.4 und einer Laufzeit von ca. 170 s (Abb. 23.7b).

Bei der Betrachtung des in Abb. 23.7d dargestellten Fitnesswert-Verlaufs fällt auf, dass die Initialisierung zunächst dafür sorgt, dass der RGA stagniert; erst nach mehreren Iterationen wird ein besser bewertetes Individuum erzeugt. Darauffolgend ist ein stetiger Abfall in der Anzahl der Constraint-Verletzungen zu verzeichnen, bis dieser ab der Hälfte der Iterationen stark abnimmt; die Vermeidung der Verletzungen des OneExamOneRoomSameTime-Constraints stellt überwiegend ein Problem dar.

23.3.3 Vergleich mit der manuellen Planung

In Absprache mit UDE-Mitarbeitern wurde für die Planung des RGA die konkrete Belegung der Räume für den Zeitraum der gleichen Prüfungsphase aus der LSF[1]-Instanz des Campus Essen als Beispiel-Datensatz extrahiert.

Dieser Datensatz enthält die Belegungen aller Räume für das Sommersemester 2018, wie sie nach dem Abschluss der manuellen Planung der Prüfungen in der LSF-Instanz hinterlegt sind. Demzufolge war es erforderlich, diesen Datensatz weiter zu bearbeiten, um nur Belegungen innerhalb des Prüfungszeitraumes des Vortermins zu erhalten.

Da diese Belegungen den Stand nach der manuellen Planung darstellen, wird angenommen, dass in diesen das gesamte Ergebnis der manuellen Prüfungsplanung enthalten ist.

Entsprechend wurde versucht, die verbleibenden Belegungen, mit dem für den RGA verwendeten Datensatz, der zu verplanenden Prüfungen abzugleichen.

Da der LSF-Datensatz für die Belegung allerdings aus Datenschutzgründen nur den Namen der Veranstaltung enthält, konnte nur dieser für den Abgleich verwendet werden. In Folge dessen konnte allerdings nur für weniger als die Hälfte der zu planenden Prüfungen eine Zuordnung der Lehrenden ermittelt werden, sodass sich der folgende Vergleich der Ergebnisse nur auf Prüfungen bezieht, die zugeordnet werden konnten.

Dieser erfolgt in Bezug auf die Ergebnisse der zuvor erwähnten 10 Testläufe und anhand der folgenden vier Kriterien:

- Verteilung auf die verschiedenen Tage des Prüfungszeitraumes
- Verteilung der Prüfungen auf Wochentage gemäß des zugeordneten Prüfungstages
- Verteilung der Startzeiten der Prüfungen
- Verteilung der Prüfungen in Bezug auf die ihnen zugeordneten Räume

Verteilung auf die verschiedenen Tage des Prüfungszeitraumes Abb. 23.8 zeigt die Verteilungen der Prüfungen auf die verschiedenen Tage innerhalb des Prüfungszeitraumes im Vergleich. Bei näherer Betrachtung fällt, dass sich die Ergebnisse weder einander noch im Vergleich mit den LSF-Daten merklich ähneln.

Insbesondere ist an dieser Stelle allerdings darauf hinzuweisen, in dieser Abbildung die Ergebnisse von Testlauf 1 sowie die der LFS-Daten gleich gefärbt sind. Dies liegt an einer technischen Einschränkung bei der Erstellung der Abbildung durch das Frontend.

Verteilung der Prüfungen auf Wochentage gemäß des zugeordneten Prüfungstages Im Gegensatz dazu steht eine klare Ähnlichkeit bei den Verteilungen der Prüfungen auf Wochentage in Abb. 23.9. In dieser ist ebenfalls die zuvor beschriebene Problematik

---

[1]LSF steht für Lehre, Studium, Forschung.

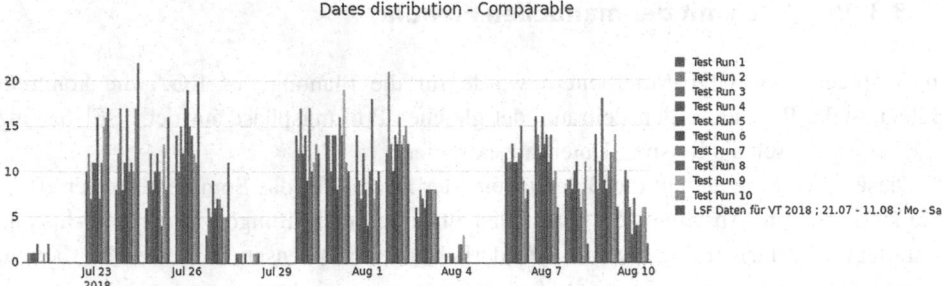

Abb. 23.8 Verteilung der Prüfungen auf die verschiedenen Tage des Prüfungszeitraumes

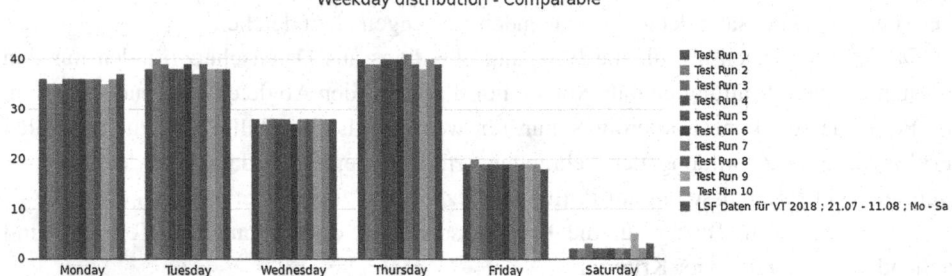

Abb. 23.9 Verteilung der Prüfungen auf Wochentage – Vergleich manuelle- und RGA-Planung

der Gleichfärbung zu erkennen. Für jede Gruppe von Balken erfolgt die Färbung in der gleichen Reihenfolge, wie sie auch in der Legende aufgeführt sind. Entsprechend bezieht sich jeweils der linke dunkelgraue Balken auf die Daten aus Testlauf 1 und der rechte dunkelgraue Balken auf die LSF-Daten.

Verteilung der Startzeiten der Prüfungen Die zuvor betrachtete Ähnlichkeit kann außerdem für die Verteilung der Startzeiten der Prüfungen in Abb. 23.10 wiedergefunden werden. Allerdings fällt bei näherer Betrachtung auf, dass im rechten Teil der Abbildung ausschließlich Werte der LSF-Daten zu finden sind.

Verteilung der Prüfungen auf die Räume Für die Verteilungen der Räume, welche den Prüfungen zugeordnet sind, lassen sich im Vergleich zunächst keine Gemeinsamkeiten erkennen. Allerdings zeigt eine nähere Betrachtung der Verteilungen der LSF-Daten im Vergleich zu Testlauf 1 und Testlauf 7 in Abb. 23.11 ein besseres Bild.

Zum einen kann aus beiden Gegenüberstellungen der Verteilungen entnommen werden, dass die Zuordnungen der Räume sowohl bei verschiedenen Ergebnissen des RGA als auch im Vergleich mit den LSF-Daten kaum Überschneidungen aufweisen.

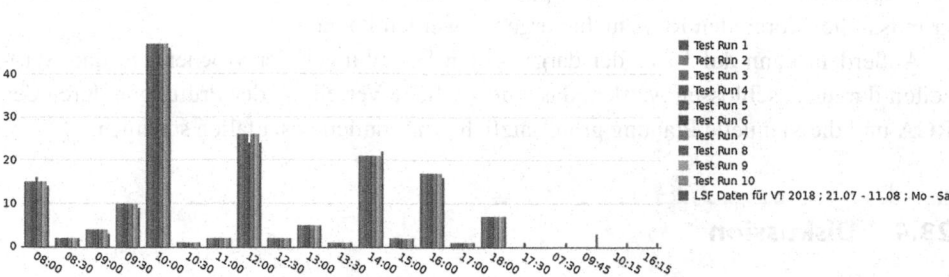

Abb. 23.10 Verteilung der Startzeiten der Prüfungen – Vergleich manuelle Planung und RGA

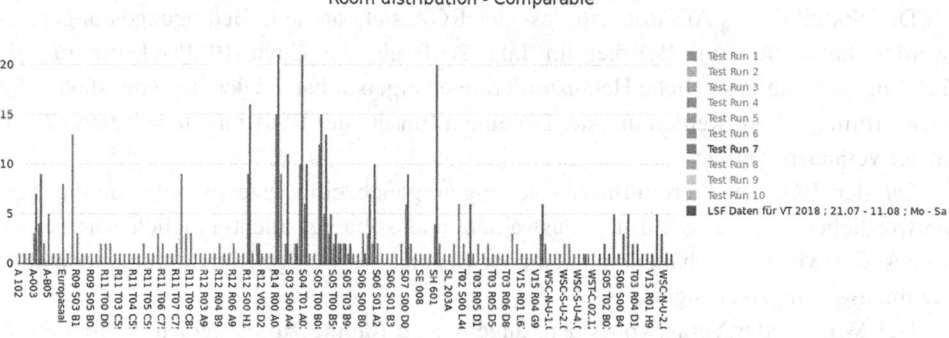

Abb. 23.11 Limitierte Anzeige der Verteilungen der Prüfungen auf die Räume – Vergleich manuelle Planung und Testläufe 1 und 7

Zum anderen lässt sich erkennen, dass der RGA im Vergleich zur manuellen Planung die Prüfungen überwiegend auf eine größere Anzahl an unterschiedlichen Räumen verteilt.

Zusammenfassung Aus den Vergleichen lässt sich ableiten, dass die Verteilung der Prüfungen auf den Zeitraum der Prüfungsphase im Rahmen der Planung des RGA und der manuellen Planung grundsätzlich unterschiedlich ausfallen. Da sie sich allerdings gleichmäßig auf die einzelnen Wochentage verteilen, ist davon auszugehen, dass dies auf die zufällige Verteilung der Prüfungen innerhalb des dreiwöchigen Zeitraumes zurückzuführen ist. Wird auch in diesem Fall eine bereits erfolgte Planung aus einem früheren Semester als Start-Initialisierung verwendet, dürften diese Unterschiede kleiner ausfallen.

Weiterhin lassen sich die Ableger der LSF-Daten bei dem Vergleich der Startzeiten zum einen dadurch erklären, dass der RGA die Startzeiten der Prüfungen nur ab 8 Uhr morgens verteilt. Zum anderen erfolgt die Verteilung durch den RGA gemäß seiner

Konzeption in 30 min-Blöcken. Entsprechend sind diese Uhrzeiten-Ableger solche, die grundsätzlich durch den RGA nicht vergeben werden können.

Außerdem kann auf Basis der dargestellten Verteilungen der Wochentage und Startzeiten daraus geschlossen werden, dass die zeitliche Verteilung der Prüfungen durch den RGA und die manuelle Planung grundsätzlich sehr ähnlich auszufallen scheinen.

23.4   Diskussion

In diesem Beitrag wurde eine prototypische Umsetzung des RGA für die schriftliche Prüfungsplanung am Campus Essen der Universität Duisburg-Essen beschrieben und deren Ergebnisse mit dem Ergebnis der manuellen Planung verglichen. Der RGA erzeugt vergleichbar gute Ergebnisse, allerdings in einer wesentlich schnelleren Zeit.

Der Vorteil dieses Ansatzes ist, dass der RGA stets an neue Bedingungen angepasst werden kann. So zum Beispiel im Jahr 2020 als die Covid-19 Pandemie für die Prüfungsplanung zusätzliche Herausforderungen ergeben hat, da der Belegungsfaktor für jede Prüfung erhöht werden musste. Bei einem Einsatz des RGA müsste nur dieser Parameter verändert werden.

Da der RGA mehrere Prüfungsplanungen gleichzeitig erzeugt, können die Verantwortlichen die beste Lösung auswählen und sollte es nicht möglich sein, einen Fitnesswert von 0 zu erhalten, müssen überwiegend nur wenige Korrekturen oder andere Raumzuweisungen erfolgen.

Der Wunsch der Verantwortlichen, angemietete Räume zu vermeiden, konnte durch den RGA ebenfalls teilweise realisiert werden, da der RGA entsprechend mehr universitätseigene Räume für eine Prüfung angegeben hat.

Für einen effektiven Einsatz des RGA muss eine zentrale Seite vorhanden sein, in der alle Angaben standardisiert erfolgen und die jeweils Verantwortlichen die Angaben überprüfen können. Wahrscheinlich ergibt sich im Rahmen der Digitalisierung diese Option, wodurch der RGA im laufenden Betrieb getestet werden kann.

Danksagung Wir danken Uwe Blotevogel, Georg Kapellner, Dr. Daniel Bielle, Sven Radermacher und Mitarbeitern/Mitarbeiterinnen der Raumvergabe für die sehr große Unterstützung des Projektes.

Literatur

Bean JC (1994) Genetic algorithms and random keys for sequencing and optimization. ORSA J comput 6(2):154–160

Caramia M, Dell'Olmo P, Italiano GF (2001) New algorithms for examination timetabling. In: Näher S, Wagner D (Hrsg) Algorithm engineering. WAE 2000. Lecture notes in computer science, Bd. 1982. Springer, Berlin. https://doi.org/10.1007/3-540-44691-5_20

Ezike JOJ (2020) Tabu search with explicit adaptive guiding heuristic for the examination timetabling problem. NIPES J Sci Technol Res. 2(3):52–69. https://doi.org/10.37933/nipes/2.3.2020.7

Klüver J, Klüver C (2016) The Regulatory Algorithm (RGA): a two-dimensional extension of evolutionary algorithms. Soft Comput 20:2067–2075. https://doi.org/10.1007/s00500-015-1624-6

Mandal AK, Kahar, MNM, Kendall G (2020) Addressing examination timetabling problem using a partial exams approach in constructive and improvement. Computation 8:46. https://doi.org/10.3390/computation8020046

Samanlioglu F, Ferrell WG, Kurz ME (2008) A memetic random-key genetic algorithm for a symmetric multi-objective traveling salesman problem. Comput Ind Eng 55(2):439–449

Starkweather T, McDaniel S, Mathias KE, Whitley LD, Whitley C (1991) A comparison of genetic sequencing operators. International Conference for Genetic Algorithms (ICGA), 69–76

Tuniki C., Kunta V., Trupthi M. (2020) A system for efficient examination seat allocation. In: Raju K, Senkerik R, Lanka S, Rajagopal V (Hrsg) Data engineering and communication technology. Advances in intelligent systems and computing, Bd. 1079. Springer, Singapore. https://doi.org/10.1007/978-981-15-1097-7_38

Weise T (2009) Global optimization algorithms-theory and application. Self-published. https://www.it-weise.de/projects/book.pdf. Zugegriffen: 14. Sept. 2020

Teil III
ANG und hybride Systeme

Die Generierung von Datenordnungen durch den Algorithm for Neighborhood Generating (ANG)

24

Christina Klüver und Jürgen Klüver

Zusammenfassung

In dieser Einleitung werden die formalen Grundlagen des Algorithm for Neighborhood Generating (ANG) gezeigt, auf denen die inhaltlichen Beiträge aufbauen.

Schlüsselwörter

Algorithm for Neighborhood Generating (ANG) · Generierung von Datenordnungen

24.1 Einleitung

Der ANG, ein weiterer Algorithmus aus dem Bereich des KL, lässt sich als eine Variante zu den bekannten Algorithmen der Zellularautomaten (ZA) verstehen: Das methodische Vorgehen bei deren Konstruktionen lässt sich allgemein folgendermaßen beschreiben: Man definiert eine bestimmte Topologie bzw. Geometrie. Dies sind bei Zellularautomaten sog. *Umgebungen,* die definieren, welche Elemente des Systems miteinander verknüpft werden sollen. Anschließend werden bestimmte *Übergangsregeln* festgelegt, aus denen sich *auf der Basis der jeweiligen Topologie* eine bestimmte Dynamik aus ebenfalls festgelegten Anfangszuständen ergibt. Die Beispiele in Klüver et al. (2021) geben einen ersten Eindruck davon, welch unterschiedliche Fragestellungen mit diesem Vorgehen bearbeitet werden können.

C. Klüver (✉) · J. Klüver
Forschungsgruppe COBASC, REBASK GmbH, Essen, Deutschland
E-Mail: kluever@rebask.de

J. Klüver
E-Mail: juergen.kluever@uni-due.de

© Springer Fachmedien Wiesbaden GmbH, ein Teil von Springer Nature 2021
C. Klüver und J. Klüver (Hrsg.), *Neue Algorithmen für praktische Probleme,*
https://doi.org/10.1007/978-3-658-32587-9_24

Bei manchen Problemen erweist es sich als sinnvoll, dies methodische Vorgehen zu variieren: Man bestimmt nicht zu Beginn die Topologie des Systems, sondern lässt diese vom System selbst generieren. Die bei einem derartigen Vorgehen interessierende Frage ist dann nicht die spezifische Dynamik eines entsprechenden Systems und deren Ergebnisse, sondern welche topologische Ordnungsstruktur eine Menge von Objekten bzw. Elementen erhalten kann.

Da der topologische Grundbegriff der einer *Umgebung* ist, kann man diese Frage auch so formulieren, welche Umgebungsstruktur einer Menge von Objekten aufgeprägt werden kann. Zur Bearbeitung dieser Frage haben wir den sog. *Algorithm Neighborhood Generating (ANG)* entwickelt; ins Deutsche übersetzt kann man diesen Algorithmus auch als *Umgebungen generierender Algorithmus* (UGA) bezeichnen.

In einer Zeit, in der die Probleme der sog. *Big Data* immer wichtiger geworden sind, nämlich die Ordnung sehr großer Datenmengen, ist ANG häufig eine geeignete Lösung. Wir stellen ANG mit Beispielen deswegen hier in diesem Buch dar, weil er von uns aus der allgemeinen Logik von Zellularautomaten heraus als ein weiteres neues Beispiel zum Gebiet des Künstlichen Lebens entwickelt wurde.

24.2 ANG-Logik

Allgemein lässt sich das Prinzip von ANG folgendermaßen darstellen: Gegeben sei eine Menge von Objekten, die man wie in der Informatik üblich auch als Daten bezeichnen kann. Diese Objekte lassen sich durch bestimmte Eigenschaften bzw. Attribute charakterisieren, wodurch sich Ähnlichkeitsbeziehungen zwischen jeweils zwei Objekten definieren lassen.

Es hängt natürlich von den Objekten ab, wie man die jeweilige Ähnlichkeitsbeziehung festlegt. Wenn man von einem bestimmten Objekt A ausgeht, dann sind die Objekte B_1, B_2 usw. Elemente der *Umgebung* von A, wenn sie gemäß der jeweiligen Definition von Ähnlichkeit A so ähnlich wie möglich sind.

Im Fall sog. metrischer Räume wird der Begriff der Ähnlichkeit präzise formuliert durch Angabe einer Distanz bzw. Entfernung zwischen zwei Objekten. Dann sind B_1, B_2 usf. Elemente der Umgebung von A, wenn die Distanz zwischen A und den B_i minimal ist. Entsprechend definiert man die Umgebung(en) von B_1, B_2 usf.

Der Algorithmus ordnet dann, ausgehend von A, die gesamte Menge je nachdem, in welchen Umgebungen die verschiedenen Elemente sind.[1] In Einleitung I haben wir bereits am Beispiel eines SEN zur Bestimmung von Offshore Standorten für Windkraftanlagen gezeigt, dass derartige Ordnungsprobleme vor allem mit geeigneten SEN Modellen

---

[1]Mathematisch interessierte Leser seien hier darauf hingewiesen, dass in der allgemeinen Topologie der Begriff der Umgebung ohne Verwendung der metrischen Definition einer Distanz definiert wird. Wir verwenden für die Operationen von ANG „nur" die metrische Umgebungsdefinition.

erfolgreich zu bearbeiten sind; das gleiche Problem wurde mit äquivalenten Ergebnissen mit einem ANG gelöst.

24.2.1 ANG und Word Morph

Diese allgemeinen Hinweise lassen sich am besten durch das Problem verdeutlichen, für dessen Lösung ANG ursprünglich entwickelt wurde, nämlich das sog. *Word Morph* Spiel. Word Morph ist ein international und insbesondere im Internet sehr populäres Sprachspiel, an dessen Lösung sich zahlreiche Interessenten versucht haben. Wir sind durch Sprachtherapeuten darauf gebracht worden, uns mit Word Morph zu beschäftigen. Die Therapeuten setzen Word Morph dazu ein, die Wortfindungsprobleme von Patienten mit entsprechenden Störungen zu therapieren. Der Grund, sich an uns zu wenden, war die Hoffnung, dass die Patienten durch die Unterstützung eines entsprechenden Programms ihre Wortfindungsschwierigkeiten selbstständig, d. h. ohne ständige Betreuung durch einen Therapeuten, bearbeiten und ggf. verbessern können.

Die Regeln von Word Morph sind denkbar einfach: Gegeben ist ein „Startwort" mit einer bestimmten Menge von Buchstaben, z. B. vier, und ein „Endwort" mit der gleichen Anzahl von Buchstaben. Die Aufgabe besteht nun darin, eine „Wortkette" zu bilden, die vom Startwort zum Endwort durch die Ersetzung genau eines Buchstabens durch einen anderen führt. Eine einfache Kette ist z. B. „Baum – Saum – Salm" mit „Baum" als Startwort und „Salm" als Endwort. Man kann diese Aufgabe dann formal folgendermaßen darstellen:

Es wird eine *metrische* Relation d zwischen zwei gleich langen Worten A und B definiert mit der Eigenschaft $d(A,B) = n$, wenn A und B sich durch genau n Buchstaben unterscheiden. Eine „Word Morph Kette" $A - B - C - D$ ist dann charakterisiert durch $d(A,B) = d(B,C) = d(C,D) = 1$, wobei die Relation d symmetrisch ist, also $d(A,B) = d(B,A)$.

Wenn man festlegt, dass $d(A,A) = 0$, dann lässt sich zeigen, dass d im mathematisch strengen Sinne eine Metrik auf dem Raum aller Worte mit der gleichen Anzahl von Buchstaben bildet (Klüver et al. 2016). Im Fall von Word Morph handelt es sich um eine sog. diskrete Metrik, weil d immer nur ganze positive Zahlen annehmen kann.

Es handelt sich hier übrigens um einen Spezialfall der sog. Levenshtein Distanz, die allgemein eine Entfernung zwischen zwei Objekten definiert durch die Anzahl der Transformationen, die ein Objekt in ein anderes überführen. Zusätzlich zu der Regel von Word Morph sind da auch Transformationen zugelassen, die durch Vertauschung von z. B. Buchstaben entstehen wie etwa „Lied – Leid".

Für zwei Worte A und B wird nun festgelegt, dass $d(A,B) = 1$ bedeutet, dass B in der Umgebung U(A) von A liegt und umgekehrt. Ein Algorithmus für die Lösung von Word Morph Problemen hat nun die Aufgabe, von einem gegebenen Startwort A aus die Umgebung $U_1(A)$ aus einer Menge vorgegebener Worte zu suchen. Diese Umgebung bildet eine Wortmenge $B_1, B_2, \ldots$.

Der Algorithmus prüft, ob das Endwort X in dieser Menge enthalten ist. Ist das der Fall, stoppt der Algorithmus und gibt das Endwort mit der Lösung A – X aus. Ist X nicht in der Umgebungsmenge von A enthalten, besteht der nächste Schritt des Algorithmus darin, die Umgebungen $U_2(B_i)$ aller Worte zu generieren, die die Umgebungen der B_i, also der Umgebungsworte von A, bilden. Diese lassen sich als Umgebungen zweiter Stufe (nämlich in Bezug auf A) bezeichnen. Es wird wieder überprüft, ob X in einer der Umgebungen $U_2(B_i)$ enthalten ist. Ist $X \in U_2(B_k)$, stoppt der Algorithmus wieder und gibt die Lösung $A - B_k - X$ aus.

Im folgenden Beispiel wird die Generierung der Umgebungen gezeigt mit dem Startwort „ace" (Abb. 24.1).

Wenn X noch nicht gefunden wird, generiert der Algorithmus Umgebungen dritter Stufe, also die Umgebungen der Worte, die die Umgebungen zweiter Stufe bilden. Diese werden wieder daraufhin überprüft, ob eine Umgebung – ggf. sogar mehrere – X enthält. Im positiven Fall stoppt der Algorithmus; im negativen Fall werden entsprechend die Umgebungen 4. Stufe generiert usf., bis entweder in einer Umgebung U_n X gefunden wird, so dass die entsprechende Lösungskette ausgegeben wird, oder bis der Algorithmus keine neuen Umgebungen mehr generieren kann.

Dieser zweite Fall kann zweierlei bedeuten: a) Die vorgegebene Wortmenge W ist ausgeschöpft, sodass zwar alle Worte bezüglich der Umgebungsstruktur geordnet wurden, aber X nicht in dieser Wortmenge enthalten ist. Dann könnte man X nachträglich hinzufügen und den Algorithmus erneut Umgebungen generieren lassen.

b) Der interessantere Fall, der bei hinreichend großen vorgegebenen Wortmengen nicht selten auftritt, ist natürlich der, dass X zwar in der Wortdatei enthalten ist, aber dass es keine Kette von A nach X gibt. Dies bedeutet, dass die Wortmenge W bezüglich der Relation d *nicht topologisch zusammenhängend ist.* Etwas anders formuliert: Der Algorithmus generiert eine „Partition" von W derart, dass jedes Wort in genau einer Untermenge von W enthalten ist. Diese Untermengen sind „disjunkt", d. h. sie haben keine gemeinsamen Elemente; die mengentheoretische Vereinigung der Untermengen ergibt dann wieder W. Es sei hier nur erwähnt, dass diese generierte Partition eine Äquivalenzrelation auf W definiert (für Details dazu sei z. B. verwiesen auf Klüver et al. 2021). Die Aufgabe, eine Kette von A nach X zu generieren, ist also in Bezug auf die Wortdatei nicht lösbar.

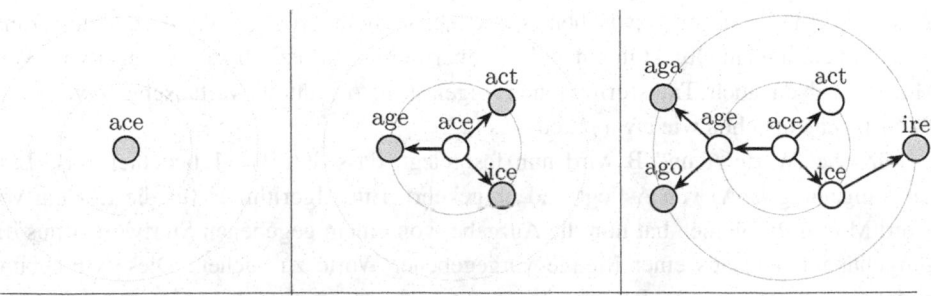

Abb. 24.1 Generierung von Umgebungen (Zeichnung: Jozsef Sütö)

Sei nun die W_1 die bisher untersuchte Teilmenge von W. In diesem Fall wählt der Algorithmus aus der „Restmenge" $W_2 = |W - W_1| = \{X | X \in W \wedge X \notin W_1\}$ per Zufall ein neues Startwort S mit $S \in W_2$ aus und generiert dessen Umgebungen, bis entweder X gefunden ist oder es sich wieder keine Lösung findet. Dann wird nach dem gleichen Verfahren die zweite Restmenge W_2 partitioniert, woraus sich zwei Restmengen W_3, die bereits strukturiert ist, und W_4 ergeben. Falls sich auch in W_4 keine Lösung ergibt, werden die Restmengen W_5 und W_6 konstruiert usf., bis sich eine Restmenge W_n ergibt, in der X enthalten ist.

24.2.2 Umgebungen

Der Algorithmus, den wir aus mittlerweile nachvollziehbaren Gründen als ANG bezeichnen wegen seiner Logik, topologische Umgebungen *und* eine Folge von Partitionen zu generieren, leistet demnach mehrere Aufgaben:

1. In Bezug auf die – z. B. bei Word Morph – Standardaufgabe, eine Kette zwischen zwei vorgegebenen Objekten zu bilden, liefert ANG entweder eine Lösung oder beweist *konstruktiv,* dass es bei der vorgegebenen Objektdatei keine Lösung gibt. Konstruktiv ist der Beweis insofern, dass die iterative Generierung der Umgebungen jedes Objekt erfasst, das sich überhaupt auf diese Weise erfassen lässt.
2. Wird im zweiten Fall die Umgebungsgenerierung fortgesetzt, dann liefert ANG eine topologische Strukturierung der Gesamtmenge, die aus mehreren disjunkten Untermengen besteht. Wenn man primär daran interessiert ist, ob eine vorgegebene Menge von Objekten eine zusammenhängende topologische Struktur hat, ob also von jedem beliebigen Objekt eine Kette zu jedem anderen Objekt existiert, dann braucht kein Endobjekt vorgegeben zu werden, sondern lediglich ein beliebiges Startobjekt. ANG strukturiert dann die vorgegebene Gesamtmenge, sodass für jedes Objektpaar entweder eine Kette angegeben wird oder gezeigt wird, in welchen verschiedenen und disjunkten (!) Teilmengen die beiden Objekte jeweils enthalten sind.

Die topologische Strukturierung einer zusammenhängenden Menge bildet als Ergebnis einen sog. Graphen, d. h. eine bestimmte Menge von Objekten, die direkt oder indirekt miteinander verbunden sind. Graphen sind ein wichtiges mathematisches Werkzeug für Strukturanalysen von Datenmengen. Man kann ANG demnach auch charakterisieren als einen Algorithmus, der aus einer vorgegebenen Datenmenge Graphen generiert. Abb. 24.2 zeigt aus einer englischsprachigen Version von ANG für Wordmorph[2] (genauer einer Version, die eine englische Wortdatei benutzt) einen generierten Graphen, der aus Umgebungen bis zur 9. Stufe konstruiert worden ist.[3]

---

[2]Das Tool für WordMorph wurde von Simi Wang und Jozsef Sütö implementiert.

[3]Für die ursprünglich deutschsprachige und die englischsprachige Version der Lösung von Word Morph durch ANG benutzten wir jeweils einen Wortthesaurus aus dem Internet für das verwandte Wortspiel „Scrabble" mit Dateien bis zu 18.000 Wörtern.

Es sei nur nebenbei erwähnt, dass bei unseren Experimenten mit Wörtern verschiedener Länge es sich zeigte, dass die Wortlänge einen deutlichen Einfluss auf die Strukturierung der jeweiligen Wortmenge hat: Je länger die Wörter sind, desto weniger zusammenhängend sind die gesamten Mengen und umgekehrt (Klüver et al. 2016). Doch das ist ein Problem für Linguisten.

Die Operationen von ANG auf einer Menge von Objekten wie hier im Beispiel von Word Morph lassen sich auch interpretieren als die Entfaltung einer spezifischen Dynamik durch die iterative Generierung der Umgebungen verschiedener Stufen. Es sei noch einmal betont, dass hier nicht eine Topologie vorgegeben wird, sondern dass umgekehrt diese durch die Dynamik von ANG erst erzeugt wird. Auch hier gilt allerdings, dass die Dynamik je nach Datenmenge Attraktoren erzeugt, nämlich dadurch, dass der Algorithmus durch Ausschöpfen der Datenmenge angehalten wird. Im einfachsten Fall, wenn der Algorithmus einfach stoppt, liegt offenbar ein Punktattraktor vor; es können jedoch auch Attraktoren größerer Periode auftreten, die den Algorithmus in Schleifen bringen. In Abb. 24.2 sind derartige Schleifen durch graue Linien visualisiert.

Wenn ANG eine Teilmenge strukturiert hat, diese ausgeschöpft hat und die übrigen (disjunkten) Teilmengen ebenfalls strukturieren soll, dann muss die oben beschriebene

Abb. 24.2 Ein Graph generiert von Umgebungsstufe 1–9; Startwort ist „amber", Endwort ist „urges"

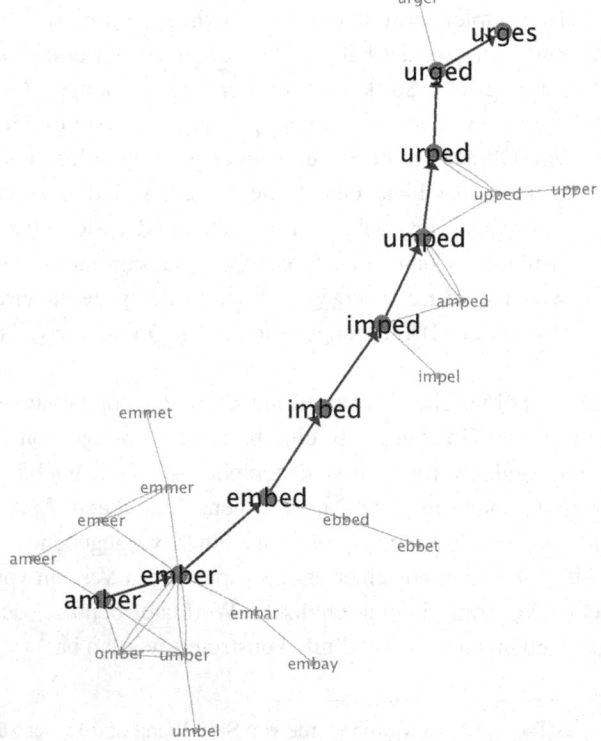

Metaregel eingesetzt werden, die eine Strukturierung der übrigen Teilmengen realisiert und damit die Strukturierung der Gesamtmenge.

24.2.3 Der Radius

Eine topologische Umgebung wird üblicherweise (insbesondere im Fall sog. metrischer Räume) durch einen Radius r definiert: Eine Umgebung U eines Elements X besteht aus allen Elementen Y, für die gilt dass $d(X, Y) \leq r$. Im Fall einer diskreten Metrik wie bei Word Morph ist $d(X, Y) = r$. Man kann nun r selbst als Parameter auffassen, von dessen Größe die generierende Dynamik und die resultierende Topologie abhängt. Entsprechend kann man zeigen, dass im Fall von Wort Morph die Vergrößerung von r, also die Vertauschung von zwei oder noch mehr Buchstaben, dazu führt, dass die entsprechenden Wortmengen wesentlich zusammenhängender sind – ein Ergebnis, das sich durch die größere Anzahl von Kombinationsmöglichkeiten als durchaus plausibel erweist. Allgemeiner heißt dies, dass eine Variation der jeweiligen Definition von Ähnlichkeit auch wesentliche Ergebnisunterschiede produzieren kann.

Interessanter ist eine Erweiterung der Regel von Word Morph, dass nämlich nicht nur die Vertauschung eines oder mehrerer Buchstaben bei der Generierung der Umgebungen durchgeführt wird, sondern auch die Hinzufügung bzw. Weglassung von Buchstaben. Dadurch entsteht ein zweiter Typus von Umgebungen. Um diese beiden Umgebungstypen voneinander zu unterscheiden, haben wir als *horizontale Umgebungen* diejenigen bezeichnet, die durch Vertauschung von Buchstaben entstehen; als *vertikale Umgebungen* werden dann diejenigen Umgebungen bezeichnet, die durch Hinzufügen oder Weglassen von Buchstaben aus den ersten Umgebungen generiert werden (Abb. 24.3).[4]

Man kann dadurch Versionen von Word Morph – und ebenso anderen Problemen – analysieren, bei denen a) nur horizontale Umgebungen generiert werden, b) nur vertikale und c) sowohl horizontale als auch vertikale Umgebungen konstruiert werden sollen. Es ist natürlich eine Frage des praktischen Anwendungsinteresses, welche Möglichkeit verwendet werden soll.

Zusammenfassend sei noch einmal betont, dass es sich bei ANG um eine Variante der Logik von Zellularautomaten handelt. In beiden Fällen ist der entscheidende topologische Grundbegriff der der Umgebung. Bei Zellularautomaten werden die entsprechenden Umgebungen vorgegeben, bei ANG werden diese aufgrund einer Definition der Distanzrelation von einem Startobjekt aus generiert. Dies kann ebenfalls vorgegeben oder per

---

[4]In Klüver et al. (2016) wird das näher beschrieben.

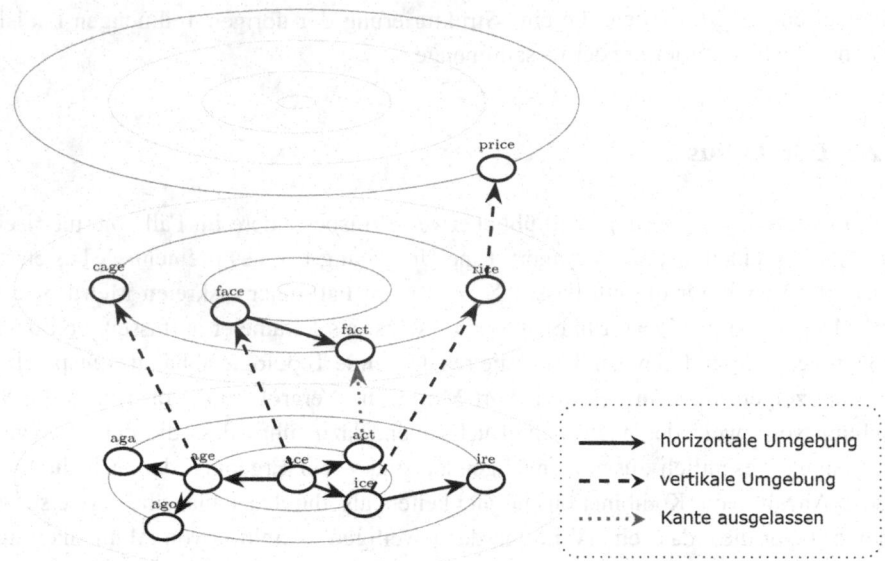

Abb. 24.3 Horizontale und vertikale Umgebungen (Zeichnung von Jozsef Sütö)

Zufall generiert werden. Insofern handelt es sich bei ANG um eine Erweiterung der Fragestellungen, die mit entsprechenden formalen Systemen bearbeitet werden können.

Im Unterschied zu SEN haben wir mit ANG noch nicht viele praktische Erfahrungen sammeln können. Die folgenden Beiträge zeigen jedoch jetzt schon, welche prinzipiellen Möglichkeiten auch in diesem Algorithmus enthalten sind.

24.3   Anwendungsbeispiele

Im nächsten Beitrag werden Patientendaten untersucht. ANG sucht aus der Datenmenge alle Informationen zu einem Patienten und zeichnet die Krankengeschichte nach (sämtliche Diagnosen im Laufe der Zeit). Durch die Erhöhung der Umgebung ist es möglich, die Krankengeschichten mehrerer Patienten zu vergleichen. Ebenso wird gezeigt, wie Zusammenhänge zwischen Krankheiten allgemein, oder Haupt- und Nebendiagnosen, aufgedeckt werden können.

Bastler, die den Rechner selbst zusammenbauen, kennen das Problem der Angebotsvielfalt – und darum geht es im zweiten Beitrag. Um eine Entscheidung bei der Wahl der Hardwarekomponenten zu unterstützen, werden ANG und das Self-Enforcing Network (SEN) gekoppelt: ANG sucht in den Daten mit den Angeboten die Komponenten, die miteinander kompatibel sind; im SEN gibt ein Benutzer seine Bedürfnisse an, wodurch der Suchraum im ANG eingegrenzt wird.

Damit wird gezeigt, wie zwei der von uns entwickelten Algorithmen fruchtbar miteinander kombiniert werden können.

Literatur

Klüver C, Klüver J, Schmidt J (2021) Modellierung komplexer Prozesse durch naturanaloge Verfahren. Künstliche Intelligenz und Künstliches Leben, 3. erw. Aufl. Springer Vieweg, Wiesbaden

Klüver J, Schmidt J, Klüver C (2016) Word morph and topological structures: a graph generating algorithm. Complexity 21(S1):426–436. https://doi.org/10.1002/cplx.21756

Webbasierte Anwendung des Algorithm for Neighborhood Generating (ANG) zur Strukturierung und Analyse großer Datenmengen

25

Jozsef Sütö und Christina Klüver

Zusammenfassung

Die Digitalisicrung führt zu einem enormen Datenanstieg und für die Analyse dieser „Big Data" werden neue Methoden der Künstlichen Intelligenz oder des Maschinellen Lernens erforscht, um diesen Herausforderungen zu begegnen. In diesem Beitrag wird der *Algorithm for Neighborhood Generating* (ANG), eine neue Methode des „Künstlichen Lebens" und ein entwickelter Anwendungsprototyp vorgestellt, der für die Strukturierung und Analyse großer Datenmengen konzipiert ist. Da die Digitalisierung auch im Gesundheitswesen vorangetrieben wird, um langfristig eine individuelle und präventive medizinische Versorgung zu gewährleisten, werden die Potenziale des ANG anhand von Beispielen aus diesem Sektor aufgezeigt.

Schlüsselwörter

Algorithm for Neighborhood Generating (ANG) · Strukturierung von Daten · Analyse medizinischer Daten

J. Sütö (✉)
Essen, Deutschland
E-Mail: sammelband-KIKL@rebask.de

C. Klüver
Fakultät für Wirtschaftswissenschaften/Soft Computing, Universität Duisburg-Essen, Essen, Deutschland
E-Mail: christina.kluever@uni-due.de

25.1   Einleitung

Die Strukturierung großer Datenmengen gehört zu den großen Herausforderungen im digitalen- und Big Data-Zeitalter (Sardi et al. 2020). So verhält es sich auch im medizinischen Sektor, da es sich um komplexe und heterogene Daten handelt, wodurch die Analyse erschwert wird (Klüver und Dahlmann 2017; Razzak et al. 2020).

Hinzu kommt, dass für die Big Data-Analyse sowohl gilt, dass etwas „zusammenwächst, was zusammen gehört"[1] als auch, dass etwas „zusammenwächst, was nicht zusammen gehört".[2] Die Herausforderungen, die dadurch entstehen sind teilweise noch nicht überschaubar. Es ist bereits erkannt worden, dass große, unstrukturierte und heterogene Datenmengen dazu führen können, dass „Scheinkorrelationen" entstehen (Fasel und Meier 2016). Umgekehrt gilt, dass durch statistische Verfahren entdeckte Korrelationen verschwinden können, wenn zusätzliche Variablen in der Untersuchung berücksichtigt werden.

Dieses Problem soll durch ein kleines Beispiel konkretisiert werden: Der ANG-Algorithmus (Algorithm for Neighborhood Generating) wurde entwickelt, um Zusammenhänge in (großen) Datenmengen zu finden (Klüver et al. 2016). Wie häufig, spielen die Parameterwerte bei solchen Algorithmen eine große Rolle. Je nachdem wie die Metrik (Abschn. 25.3) für die Umgebungsgröße gewählt wird, erhält man überschaubare Ergebnisse, oder, plötzlich hängt Alles mit Allem zusammen (Abb. 25.1).

Bei diesem Beispiel handelt es sich um die Analyse der Zusammenhänge zwischen der Diagnose eines „Schlaganfalls" (als roter Punkt markiert und mit dem sog. ICD-Code I64 angegeben) und möglicher Nebendiagnosen (Begleitkrankheiten). Die Datenmenge wird demnach ausgehend von der Diagnose „Schlaganfall" untersucht und

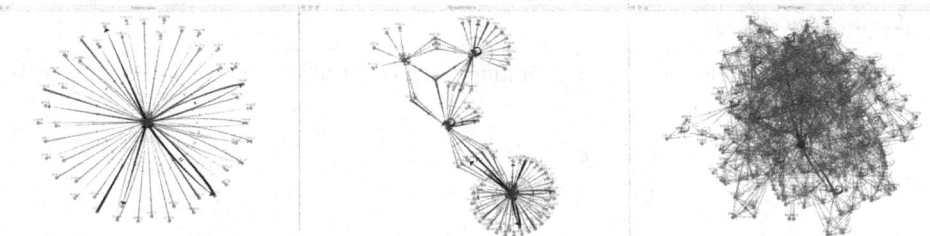

Abb. 25.1 Ergebnisse mit unterschiedlichen Metriken. Links: Schwellenwert 1, maximale Umgebung 1; mittig: Schwellenwert 13 (eine Diagnose muss mindestens 13 mal vorkommen), Umgebung 3; rechts: Schwellenwert 1, Umgebung 20; das letzte Bild zeigt „nur" ein Zwischenergebnis

[1]Willy Brandt, Kommentar zum Mauerfall vom 9. November 1989, bzw. ein Satz, der früher in einem anderen Kontext gefallen ist.

[2]Ursprünglicher Verfasser unbekannt – wird in verschiedenen Kontexten verwendet.

aufgetretene Nebendiagnosen bei den betroffenen Patienten mitberücksichtigt. Zugleich wird festgehalten, wie häufig einzelne Nebendiagnosen bei allen betroffenen Patienten vorkommen.

Wird ein Schwellenwert von 1 (Auftreten einer Diagnose muss nur einmal erfolgen) und eine Umgebungsgröße von 1 verwendet, so wird nur eine mögliche und vorhandene Nebendiagnose gefunden. Wie aus der Abb. 25.1 im linken Teil zu erkennen ist, kommen einige Nebendiagnosen häufiger vor als andere (dickere Verbindungslinien).

Bei einem Schwellenwert von 1 und einer Umgebung von 20 sind derart viele Zusammenhänge zwischen den Diagnosen gefunden worden, dass kaum noch etwas erkennbar ist (Abb. 1, Bild rechts).

Nun ist es nicht schwer sich vorzustellen, was passiert, wenn alle Daten nach Zusammenhängen analysiert werden, also die Umgebungsgröße nicht eingeschränkt wird: Für sämtliche Diagnosen in der Datenmenge wird sehr wahrscheinlich ein Zusammenhang gefunden werden, die Bearbeitungszeit dürfte jedoch gewaltig mit der Anzahl der Daten ansteigen.

Der Einsatz eines ANG bietet den Vorteil, dass die Metrik sowie Umgebung individuell festgelegt werden kann und der Algorithmus aus den vorhandenen Daten einen Graphen generiert, der beliebige weitere Analysen erlaubt.

In diesem Beitrag wird eine prototypische webbasierte Anwendung des ANG und Analysemöglichkeiten klinischer Daten vorgestellt. Da die Erfassung von Klinikdaten sehr komplex ist, wird im nächsten Abschnitt die Datenstruktur kurz vorgestellt. Anschließend werden die grundlegenden Begriffe und Funktionalitäten des ANG sowie der Applikation präsentiert. Exemplarisch wird in Abschn. 25.3.2 gezeigt, wie klinische Daten analysiert werden können und welche Auswirkungen die Wahl der Umgebungsgröße hat. Abschließend werden die wichtigsten Ergebnisse zusammengefasst und auf mögliche Erweiterungen verwiesen.

25.2 Datenstruktur

Die Analyse medizinischer Daten ist aufgrund der vielfältigen Informationen sehr komplex. Zu jedem Patienten existiert eine sog. Lebensfallnummer (LFN), eine Nummer pro Untersuchung, persönliche, medizinische, pflegerische, klinik- oder praxisbezogene Angaben, etc. Von besonderer Bedeutung sind die sog. ICD-Codes (International Statistical Classification of Diseases), die die Diagnose eindeutig beschreiben und zusätzlich in Klassen eingeteilt werden. Die Anzahl der ICD-Codes wird stets angepasst: In der deutschen Version waren beispielsweise im Jahre 2017 ca. 77.000 ICD-Codes enthalten (Klüver und Dahlmann 2017), in der Version von 2020 stieg die Anzahl auf ca. 82.900 ICD-Codes[3] (unter Anderem musste ein ICD-Code für Covid-19 eingeführt werden). Für jede Haupt- und Nebendiagnose werden entsprechende ICD-Codes verwendet.

Einerseits sind viele Informationen notwendig, um Erkenntnisse aus Krankheitsverläufen zu erhalten (Gotz et al. 2019), andererseits wird die Anzahl der Daten durch die Digitalisierung stark ansteigen, wodurch die Extrahierung und Analyse der Informationen schwierig wird. In diesem Beitrag wird gezeigt, wie ANG die Krankheitsgeschichte eines Patienten in einer großen Datenmenge „verfolgt"; dafür sind Informationen über die Lebensfallnummer, Untersuchungsdatum sowie die Diagnosen (Haupt- und Nebendiagnosen) notwendig.

In Tab. 25.1 wird ein Beispiel für die verwendeten Informationen gezeigt: Bei den Daten handelt es sich aus Datenschutz um vollständig anonymisierte Klinikdaten.

In diesem Beispiel wurde bei dem Patienten (im weiteren Verlauf mit XYZ123 bezeichnet), der drei Aufnahmetermine in einer Klinik hatte, als Hauptdiagnose jeweils T86.10 festgestellt. Die Nebendiagnosen E87.2 und E87.5 sind bei der Aufnahme am 06.01.2018 „verschwunden", dafür kam die Nebendiagnose E66.0 hinzu.

Diese Informationen sind bereits ausreichend, um einerseits die Krankengeschichte eines Patienten zu analysieren und andererseits Gemeinsamkeiten zu anderen Patienten mit dem ANG aufzuzeigen (Abschn. 25.3.2).

Tab. 25.1 Verwendete Patienteninformationen und ein Beispiel für ein Krankheitsverlauf

LFN	Fall-ID	Aufnahmedatum	ICD-Typ	ICD-Code
1234567PER	24682468	17.01.2017	HD	T86.10
			ND	E83.58
				E87.2
				E87.5
	13571357	23.02.2017	HD	T86.10
			ND	E87.2
				E87.5
				I10.90
	87654321	06.01.2018	HD	T86.10
			ND	E66.0

---

[3]https://www.dimdi.de/dynamic/de/faq/faq/Wie-viele-Schluesselnummern-gibt-es-in-der-ICD-9-und-in-der-ICD-10/. Die ICD-Codes können in der neuesten Version unter https://www.dimdi.de/static/de/klassifikationen/icd/icd-10-gm/kode-suche/htmlgm2020/index.htm aufgerufen werden.

25.3 Algorithm for Neighborhood Generating (ANG)

Für den Einsatz des ANG ist die Bestimmung einer Metrik sowie die Angabe eines „Startelements" von entscheidender Bedeutung.

Eine Metrik muss in diesem Fall gewährleisten, dass die „Krankheitsgeschichte" eines Patienten nachvollzogen wird. Im einfachsten Fall wird die Lebensfallnummer als Ausgangspunkt genommen.

Der Algorithmus arbeitet iterativ, um Umgebungen zu generieren. Nach Eingabe eines Startelements werden gemäß der definierten Metrik die nächsten Elemente gesucht, die unmittelbar zum Startelement gehören und bilden somit die erste Umgebung. Anschließend werden die Elemente in der nächsten Umgebung gesucht; ohne Einschränkung läuft der Prozess ab bis alle Daten analysiert und in Beziehung gesetzt werden. In Abb. 25.2 wird der Prozess dargestellt.

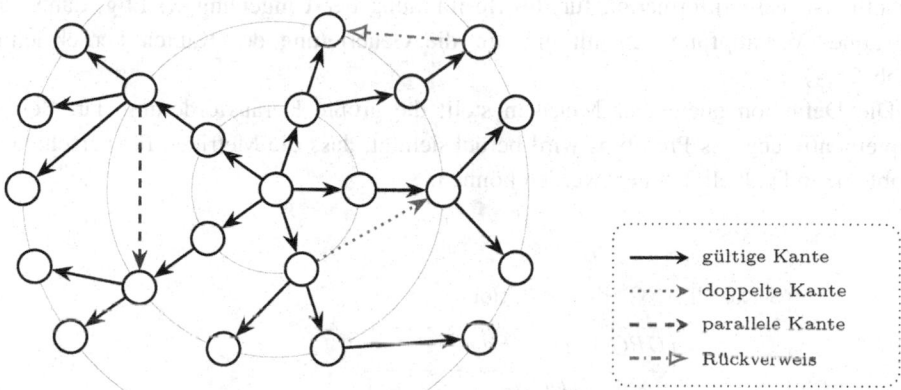

Abb. 25.2 Generierung der Umgebung in ANG

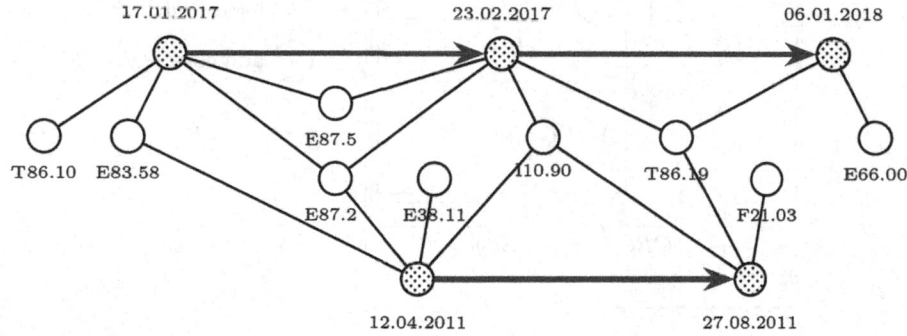

Abb. 25.3 Die Krankheitsgeschichte eines Patienten (oberer Teil der Graphik – siehe Tab. 25.1) und die gemeinsamen Diagnosen (ICD-Codes) mit einem anderen Patienten (unterer Teil)

Eine gültige Kante ist dann gegeben, wenn der kürzeste Weg zwischen den Elementen gefunden wurde; indirekte, parallele oder rückweisende Kanten werden aus dem Graphen entfernt, um eine Überkomplexität zu vermeiden.

Sollen darüber hinaus andere Patienten gefunden werden, die dieselben Diagnosen aufweisen, wird die Metrik komplexer: Ein Element B ist Teil der Umgebung von A wenn die ICD-Codes von A und B identisch sind. Da die zeitliche Abfolge eine Rolle spielt, werden die Daten anschließend sortiert. In Abb. 25.3 wird ein entsprechend generierter Graph gezeigt.

In dem Graphen wird exemplarisch die Krankheitsgeschichte zweier Patienten gezeigt und deren gemeinsame Diagnosen, die zu völlig unterschiedlichen Zeitpunkten erfolgt sind.

Grundsätzlich besteht die Möglichkeit, die Metriken durch die Kombination der „und-" bzw. „oder"-Operatoren zu definieren. Diese Kombination ist zum Beispiel dann sinnvoll, wenn mehr Informationen berücksichtigt werden sollen: Bei jeder Untersuchung wird eine Haupt- und häufig mindestens eine zusätzliche Nebendiagnose festgestellt. Ist diese Information für die Bestimmung der Umgebung wichtig, dann wird die „und"-Verknüpfung gewählt und für die Generierung der Kanten berücksichtigt (Abb. 25.4).

Die Definition geeigneter Metriken stellt die größte Herausforderung dar. Bei der Implementierung des Prototyps wird berücksichtigt, dass die Metriken für verschiedene Probleme individuell definiert werden können.

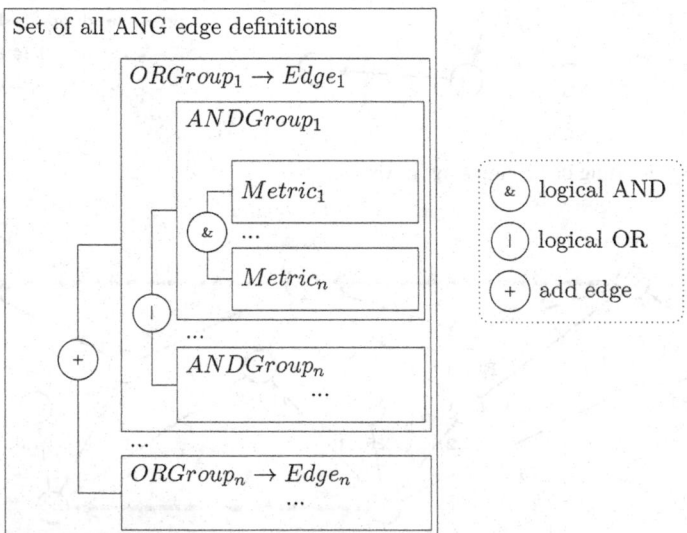

Abb. 25.4 Definitionsebenen für ANG

25.3.1 Die Webapplikation

Die Anwendung von ANG[4] erfordert zunächst die Datenaufbereitung, die im einfachsten Fall als csv-Datei vorliegt und im Fenster „Data sources" (3) importiert wird. Die weitere Navigation wird in Abb. 25.5 vorgestellt.

Für die Definition der Metriken werden in einer Vorschau die vorhandenen Daten aufgezeigt, die für eine Analyse selektiert werden können. Für die Beispiele (Abschn. 25.3.2) sind die Lebensfallnummer und die vorhandenen Diagnosen wichtig, zunächst ohne Differenzierung nach Haupt- und Nebendiagnosen. Eine mögliche Definition der Metriken sowie der Kanten wird in Abb. 25.6 dargestellt.

Nach der Auswahl der Daten und Definition der Metriken wird der Algorithmus gestartet und die Ergebnisse visualisiert.

Ein grundsätzliches Problem bei der Strukturierung und Analyse großer Datenmengen stellt die Visualisierung dar. In der Applikation werden verschiedene Optionen angeboten, insbesondere die Auswahl bestimmter Segmente, um die Visualisierung auf bestimmte Bereiche einzuschränken. In Abb. 25.7 wird der Detaillierungsgrad exemplarisch aufgezeigt.

Um das Potenzial von ANG zu demonstrieren, werden im nächsten Abschnitt einige Analyseergebnisse präsentiert. Damit eine Übersichtlichkeit der Ergebnisse gewährleistet ist, werden lediglich die Daten von 250 Patienten untersucht.

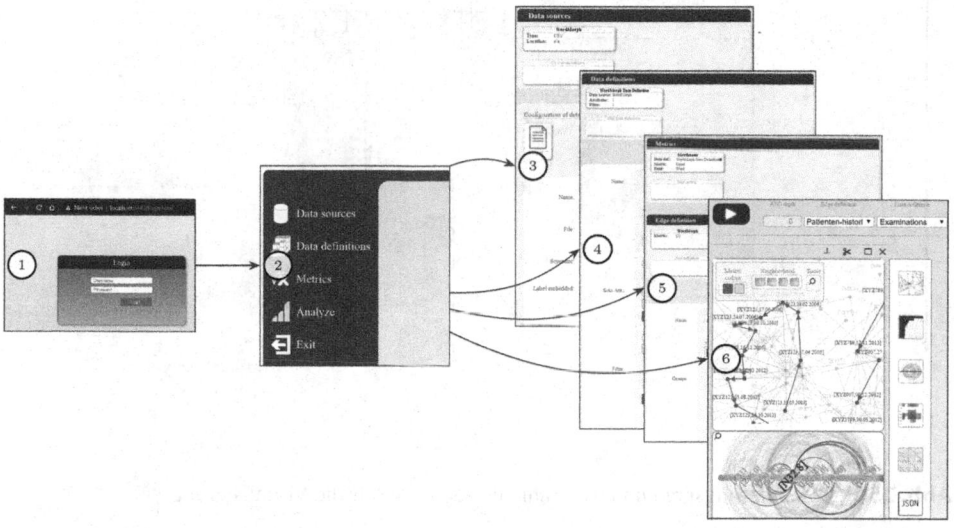

Abb. 25.5 Übersicht der Applikation

---

[4]Die Webapplikation ist insgesamt sehr komplex ist, daher erfolgt die Darstellung in einer sehr vereinfachten Form.

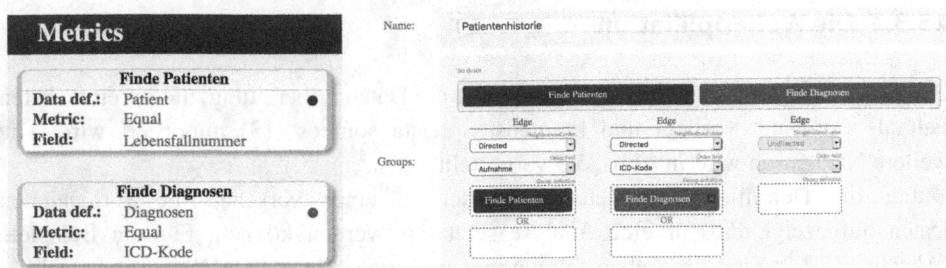

Abb. 25.6 Definition der Metriken (links) und der Kanten (rechts)

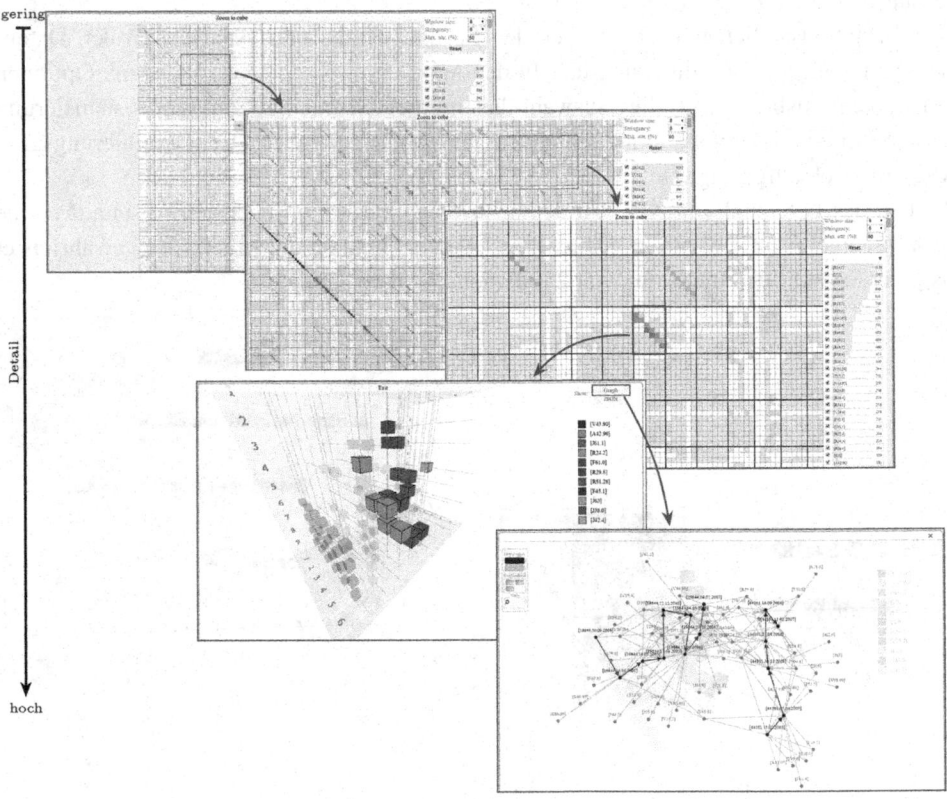

Abb. 25.7 Detaillierungsgrad und Auswahl der Segmente für die Visualisierung

25.3.2 ANG zur Strukturierung der Daten

Die Krankengeschichte eines Patienten kann generell Aufschluss darüber geben, welche Nebendiagnosen bei einer Krankheit auftreten und wie sich die Krankheit im zeitlichen Verlauf entwickelt. Diese Erkenntnisse können anderen Patienten mit ähnlichen Krankheitsbildern helfen, um präventiv Krankheitsverläufe zu „verhindern" (Beecken 2020).

Im folgenden Beispiel werden anhand eines Aufnahmedatums (Start des ANG) die jeweiligen Diagnosen, und damit der Krankheitsverlauf, in einem Zeitraum von 2003 bis 2012 aufgezeigt. Soll nur die Krankengeschichte eines Patienten aufgezeigt werden, ist die Umgebung gleich 1 (Abb. 25.8).

Ausgehend von einem Aufnahmedatum werden für den Patienten „XYZ123" alle weiteren Aufnahmetermine durch ANG gefunden, in eine zeitliche Reihenfolge gebracht und die jeweils erfolgten Diagnosen aufgeführt. Es kann auch festgestellt werden, dass einige Diagnosen über einen längeren Zeitraum bestehen bleiben indem die Kanten

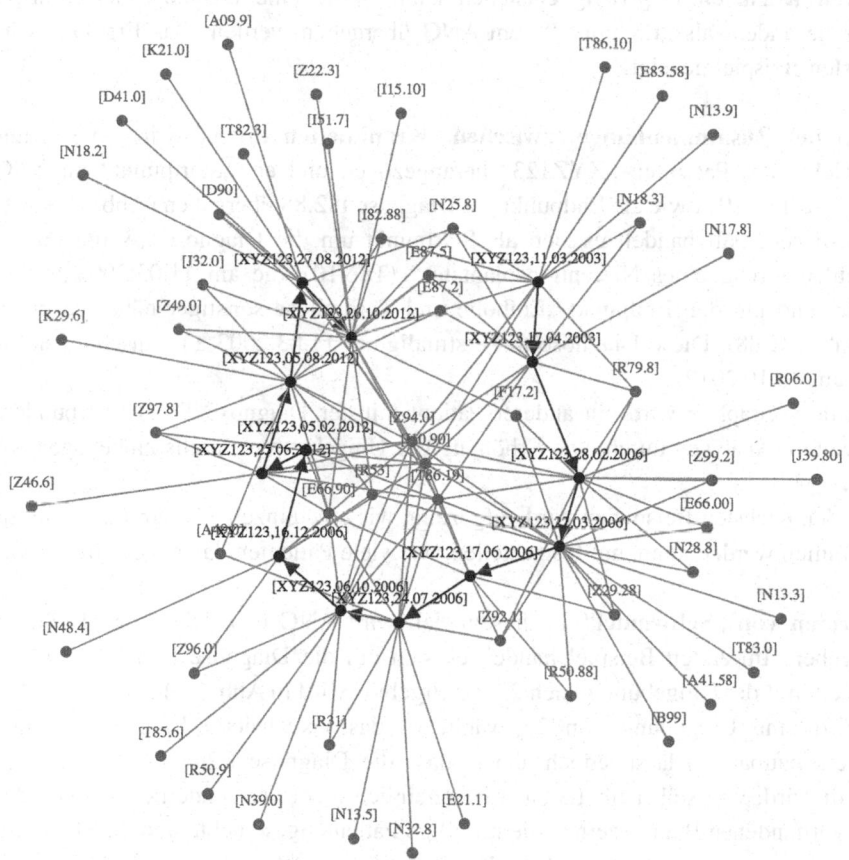

Abb. 25.8 Krankheitsverlauf eines Patienten über Jahre

mehrerer Termine zu einer Diagnose führen. Diejenigen Krankheiten die praktisch bei jeder Untersuchung diagnostiziert wurden, sind in der Mitte abgebildet. So sind zum Beispiel die Diagnosen Z94.01 oder T86.19 im gesamten Zeitraum bei jeder Aufnahme diagnostiziert worden.

Krankheitsgeschichte und Gemeinsamkeiten zwischen den Patienten Ist es erwünscht, dass überprüft wird, welche Gemeinsamkeiten zu anderen Patienten vorhanden sind, kann die Umgebung wie im folgenden Beispiel auf 3 erhöht werden.

In diesem Fall wird nicht nur die Krankengeschichte des Patienten „XYZ123", sondern auch von zwei weiteren Patienten aufgezeigt (Abb. 25.9).

Bei dieser Analyse hat zum Beispiel der Patient mit der Nummer „XYZ123" die Diagnose A09.0 mit dem Patienten „XYZ789" gemeinsam und mit dem Patienten „XYZ456" die Diagnose R77.88. Gleichzeitig werden auch die gemeinsamen Diagnosen wie R11 und J18.9 der Patienten „XYZ789" und „XYZ456" in dem Graphen aufgeführt.

Ist von besonderem Interesse, ob eine bestimmte Diagnose als mögliche Folge einer anderen Krankheit langfristig entstehen kann, sollte eine Diagnose als „Startpunkt" und eine andere als „Endpunkt" dem ANG übergeben werden. Das Ergebnis wird im nächsten Beispiel gezeigt.

Mögliche Zusammenhänge zwischen Krankheiten Erneut wird die Krankengeschichte des Patienten „XYZ123" herangezogen und als „Startpunkt" im ANG die Diagnose T86.10 sowie als Endpunkt die Diagnose I82.88 übergeben (Abb. 25.10).

In diesem Fall handelt es sich als Startpunkt um die Diagnose „Akute Funktionsverschlechterung eines Nierentransplantates" (T86.10), die am 11.03.2003 festgestellt wurde, und um den Endpunkt „Embolie und Thrombose sonstiger näher bezeichneten Venen" (I82.88). Diese Diagnose trat erstmalig am 11.03.2003 auf, anschließend nochmals am 26.10.2012.

In dem Graphen wird ein anderer Patient mit der Diagnose T86.10 verbunden, der für weitere Analysen durch eine Erhöhung der Umgebung ebenfalls einbezogen werden kann.

In den nächsten Beispielen wird aufgezeigt, wie eine einzelne Diagnose als Startpunkt genommen werden kann, um festzustellen, wie viele Patienten davon betroffen sind.

Auftreten von „Schwindel" In diesem Fall wird ANG eine Diagnose als Startpunkt übergeben. Im ersten Beispiel handelt es sich um die Diagnose R24 „Schwindel und Taumel" mit der Umgebung gleich 2. Das Ergebnis wird in Abb. 25.11 präsentiert.

Wird eine Umgebung von 2 gewählt, ist das visualisierte Ergebnis bereits sehr unüberschaubar. Es lässt jedoch ahnen, dass die Diagnose R24 durchaus häufig festgestellt wird, was selbst für Laien wahrscheinlich nicht verwunderlich ist. Die dunkelgrau vorhandenen Punkte zeigen die jeweilige Patientengeschichte und die gemeinsamen Diagnosen werden durch die helleren Verbindungen visualisiert.

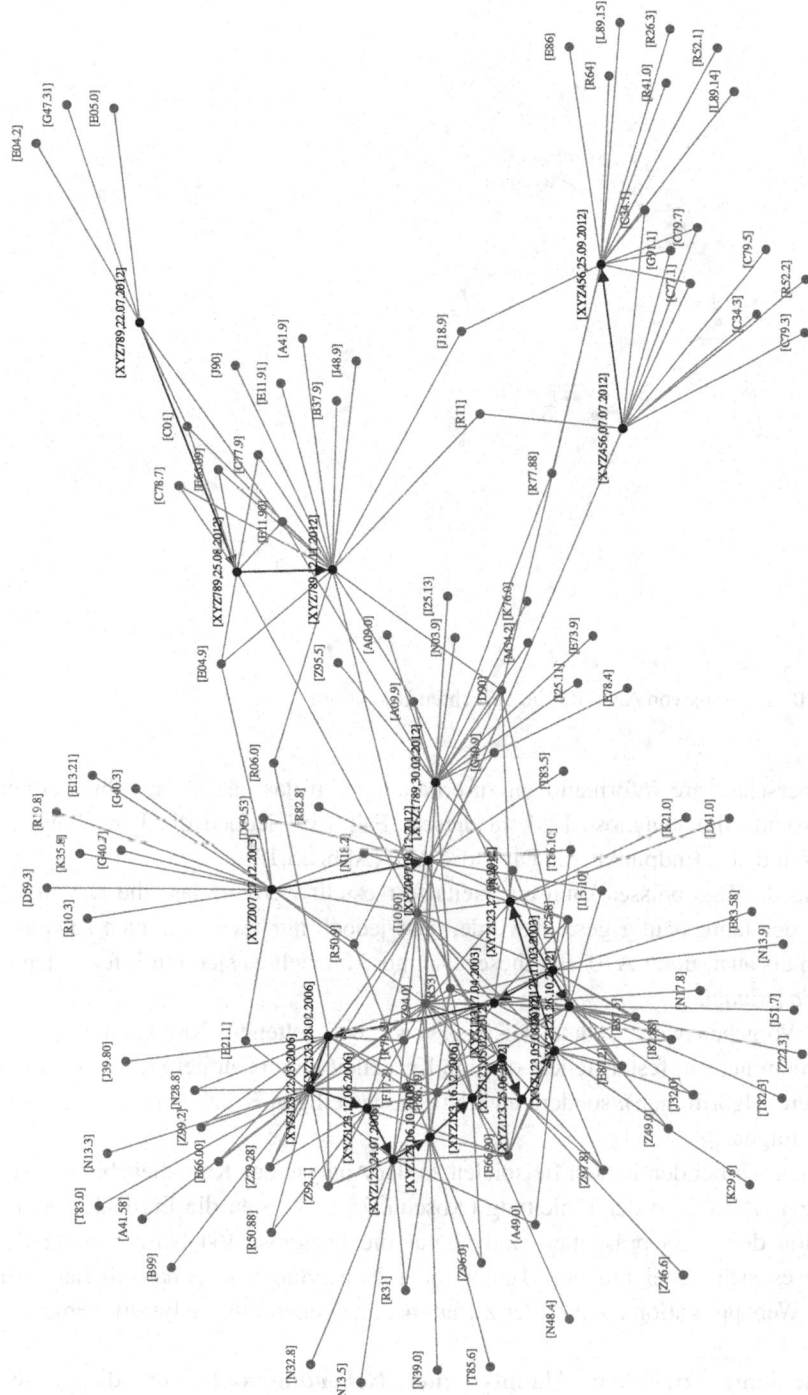

Abb. 25.9 Startpunkt: Krankengeschichte des Patienten „XYZ123" mit einer Umgebung von 3

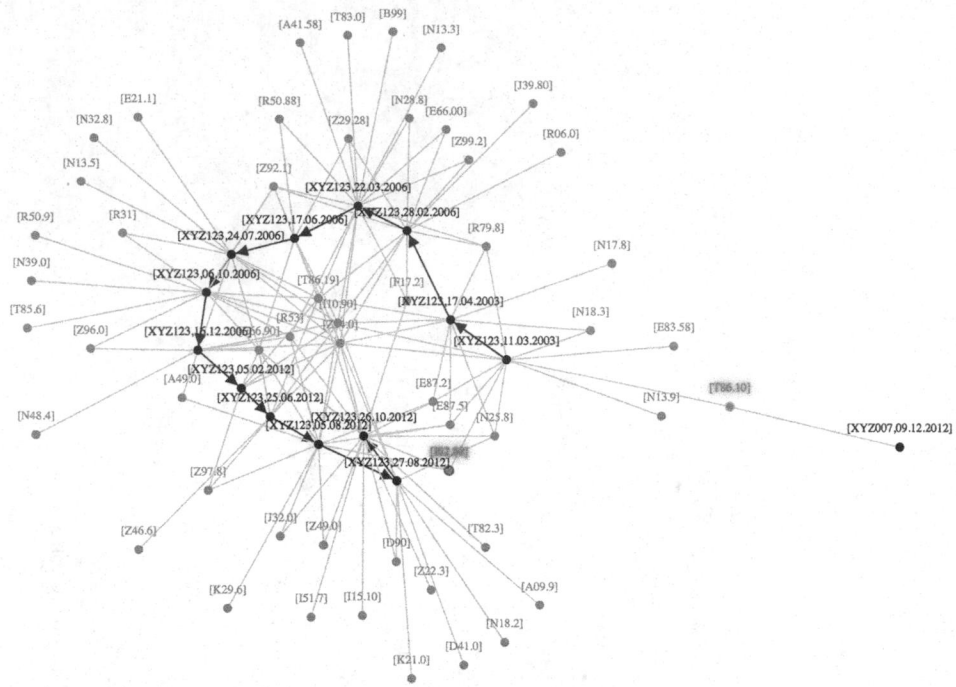

Abb. 25.10 Ergebnis von ANG für die gesuchten Diagnosen

Um überschaubare Informationen zu erhalten, zeigt das nächste Ergebnis erneut als Ausgangspunkt die Diagnose R24, in diesem Fall wird jedoch die Umgebung gleich 1 gewählt und als „Endpunkt" die Diagnose A70 (Abb. 25.12).

Anhand des Ergebnisses kann einerseits festgestellt werden, dass die Diagnose R24 im Laufe der Jahre häufig gestellt wurde, dass jedoch nur zwei Patienten sowohl unter R24 litten als auch unter A70. Bei dieser Diagnose handelt es sich um Infektionen durch *Chlamydia psittaci.*

Diese Vorgehensweise kann beispielsweise bei seltenen Krankheiten eingesetzt werden, nicht nur um festzustellen, ob eine Krankheit bereits aufgetreten ist (das können auch andere Algorithmen), sondern auch um die jeweiligen Krankheitsverläufe unmittelbar zu verfolgen.

Kommen wir bei den letzten Beispielen zu der Analyse des Krankheitsbildes „Schlaganfall" (I64) zurück. In der Einleitung (Abschn. 25.1) wurden die Ergebnisse mit einer Vor-Version des ANG präsentiert, indem nur die Diagnose I64 betrachtet wurde und nicht, ob es sich dabei um eine Haupt- oder Nebendiagnose gehandelt hat. Mit der aktuellen Webapplikation kann dieser Zusammenhang ebenfalls analysiert werden.

Zusammenhang zwischen Haupt- und Nebendiagnosen Für die Datenanalyse wurden ca. 3000 Patientendaten verwendet, bei denen entweder als Haupt- oder

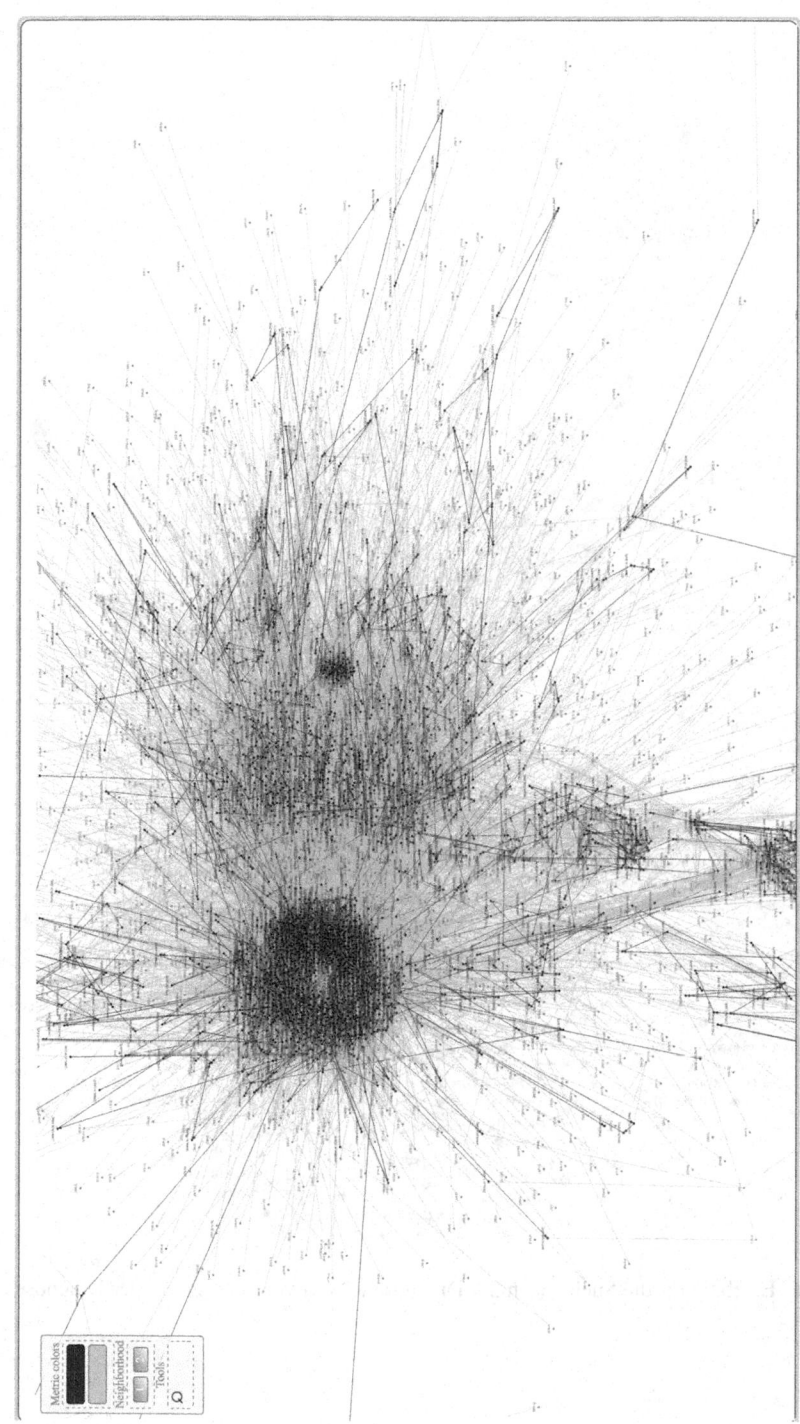

Abb. 25.11 Startpunkt „R24" (mit einem Quadrat markiert) und Strukturierung der Daten mit einer Umgebung von 2

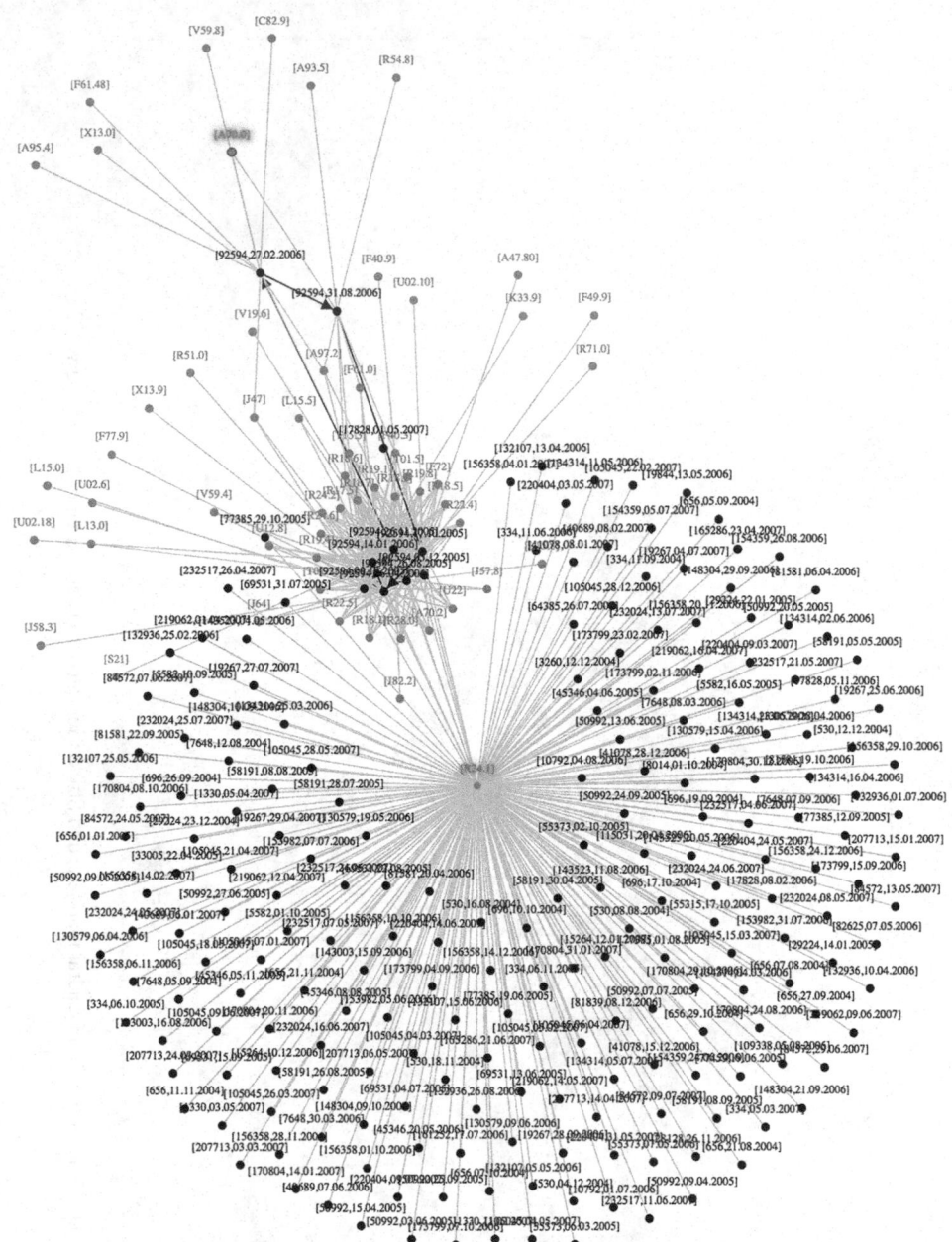

Abb. 25.12 Ergebnis für die Suche nach der Diagnose R24 in Verbindung mit der Diagnose A70

Nebendiagnose I64 festgestellt wurde. Im Folgenden wird das Ergebnis von ANG für die Differenzierung nach Haupt- (HD) und Nebendiagnosen (ND) gezeigt. Die Metrik wird durch Patienten, Fallnummer und Diagnoseart definiert und die Kantendefinition für die Diagnose erfolgt durch eine gerichtete Verbindung zu der Lebensfallnummer, dem ICD-Code und die Differenzierung nach HD und ND (Abb. 25.13).

In Abb. 25.13 werden im oberen Cluster alle Hauptdiagnosen gezeigt und deren Verbindungen zu den Nebendiagnosen im großen Cluster. Für jede einzelne Hauptdiagnose kann demnach nachvollzogen werden, wann ein Schlaganfall eingetreten ist und welche anderen Begleitkrankheiten eine Rolle gespielt haben.

Durch die nächste Analyse kann dies konkretisiert werden (Abb. 25.14).

Bei dieser Strukturierung der Daten wird das „Zusammenspiel" zwischen Haupt- (HD) und Nebendiagnosen (ND) aufgezeigt. Beispiel im unteren Bereich des Clusters:

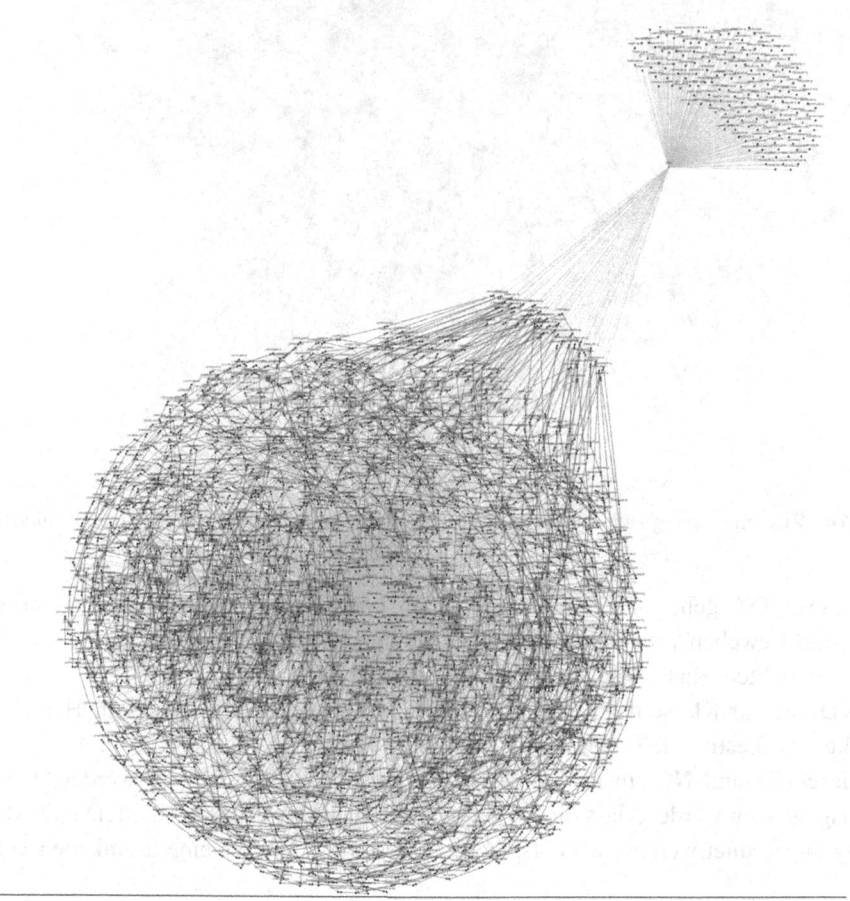

Abb. 25.13 Strukturierung der Daten durch ANG für Haupt- und Nebendiagnosen

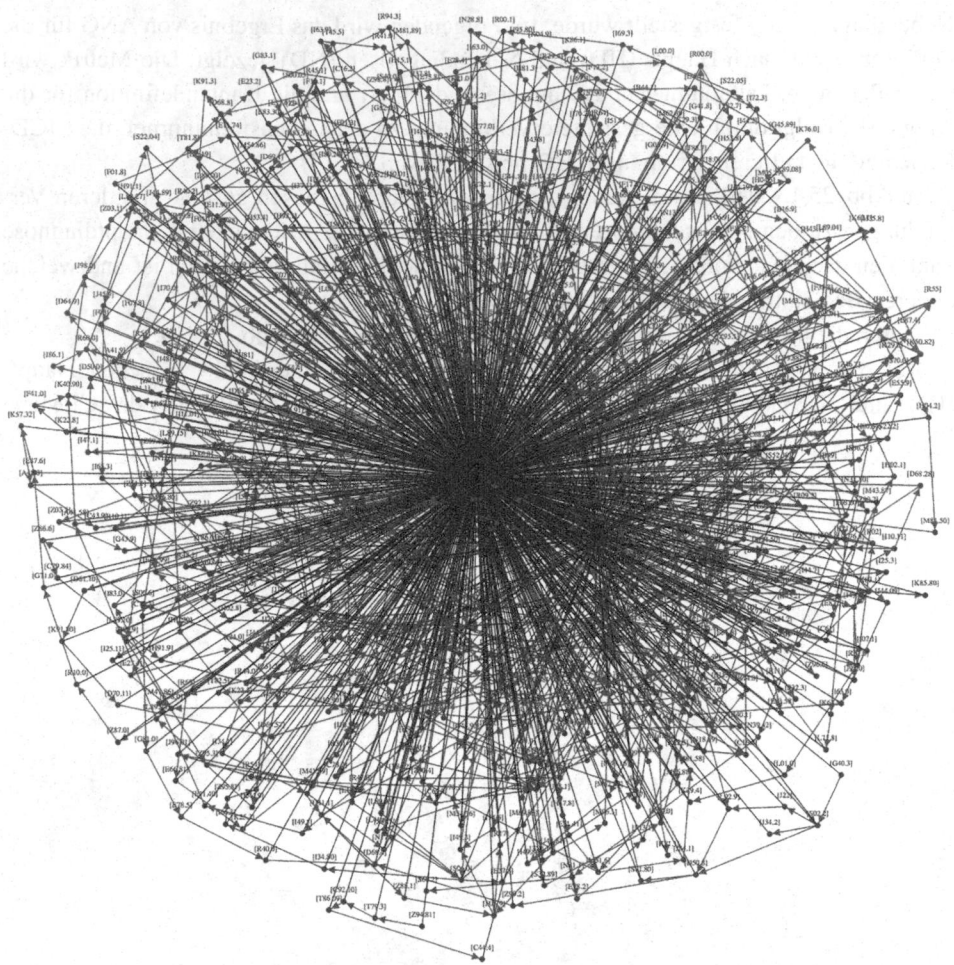

Abb. 25.14 Zusammenhang zwischen Neben- (grüne Linien) und Hauptdiagnosen (rote Linien)

Die Diagnose T86 gehört zur Klasse „Versagen und Abstoßung von transplantierten Organen und Geweben", die zu der Klasse C44 führt „Bösartige Neubildung der Haut" (durch die gerichtete Kante visualisiert).

Die ND, die zur Klasse der Leukämie zählt (C92) hat eine Verbindung zur HD T86, ebenso die ND „bestimmte Frühkomplikationen" T79.

Da diese HD und ND im äußeren Bereich des Graphen abgebildet werden, kann davon ausgegangen werden, dass diese Kombination seltener auftritt als die HD und ND, die mittig angeordnet werden, wo entsprechend wesentlich mehr Gemeinsamkeiten vorliegen.

25.4 Fazit

In diesem Beitrag wurden einige Beispiele für die Anwendung des ANG zur Strukturierung und Analyse medizinischer Daten gezeigt.

Der Vorteil von ANG besteht darin, dass ein Benutzer die Informationen nicht vorselektieren und somit wissen muss, wonach gesucht werden soll. Verschiedene Startelemente führen zu einer ausführlichen Strukturierung der dazugehörigen Daten. Darüber hinaus können Experten gezielt nach weiteren Zusammenhängen suchen.

Anhand weniger Daten wurde gezeigt, wie komplex die Struktur mit der Erhöhung der Umgebung werden kann. Durch den Einsatz von ANG kann durch die Wahl der Umgebung vermieden werden, dass Zusammenhänge erkannt werden wo keine vorliegen. Umgekehrt kann sichergestellt werden, dass alle relevanten Informationen und Zusammenhänge gefunden werden, selbst wenn diese zum Beispiel in unterschiedliche Dateien enthalten sind.

Aus Praxissicht ist der Einsatz von ANG für viele Probleme interessant, beispielsweise die Verfolgung der Ansteckungsketten in der Corona-Pandemie und darüber hinaus die Untersuchung unterschiedlicher Symptome und Krankheitsverläufe im Vergleich.

Da häufig lediglich gezielt Zusammenhänge aufgezeigt werden sollen, wird im folgenden Beitrag (Kap. 26) die Koppelung zwischen ANG und dem Self-Enforcing Network (SEN) präsentiert. ANG hat die Aufgabe die Daten zu strukturieren und die Ergebnisse an SEN für weitere Analysen zu übergeben.

Danksagung Wir bedanken uns bei Dr. med. Dorin Stoica für die medizinische Beratung und insbesondere für die Anregungen zu weiteren Forschungen.

Literatur

Beecken WD (2020) Changes – Analyse der Entwicklung der Digitalen Medizin im deutschen Gesundheitssystem aus ärztlicher Sicht. In: Matusiewicz D (Hrsg) Think Tanks im Gesundheitswesen. FOM-Edition (FOM Hochschule für Oekonomie & Management). Springer Gabler, Wiesbaden. https://doi.org/10.1007/978-3-658-29728-2_3

Fasel D, Meier A (Hrsg) (2016) Big Data – Grundlagen, Systeme und Nutzungspotenziale. Springer, Wiesbaden

Gotz D, Zhang J, Wang W, Shrestha J, Borland D (2019) Visual analysis of high-dimensional event sequence data via dynamic hierarchical aggregation. arXiv:1906.07617

Klüver J, Schmidt J, Klüver C (2016) Word morph and topological structures: a graph generating algorithm. Complexity 21(S1):426–436. https://doi.org/10.1002/cplx.21756

Klüver C, Dahlmann C (2017) A self-enforcing network for the analysis of fall cases in a university hospital. Proceedings of the international joint workshop on knowledge representation for health care, process-oriented information systems in health care, extraction & processing of rich semantics from medical texts (KR4HC-ProHealth-RichMedSem) 2017. AIME, Wien. 97–103

Razzak MI, Imran M, Xu G (2020) Big data analytics for preventive medicine. Neural Comput Appl 32:4417–4451. https://doi.org/10.1007/s00521-019-04095-y

Sardi A, Sorano, E, Cantino, V, Garengo, P (2020) Big data and performance measurement research: trends, evolution and future opportunities. Measuring Bus Excellence. https://doi.org/10.1108/MBE-06-2019-0053

Auswahl technischer Komponenten durch die Koppelung des „Algorithm for Neighborhood Generating" (ANG) mit „Self-Enforcing Networks" (SEN)

Janis Höpken

Zusammenfassung

Die Auswahl technischer Komponenten zum Aufbau eines PC-Systems ist von vielen Faktoren abhängig, wie die primäre Verwendung des PCs, die gewünschte Leistungsfähigkeit, Kompatibilität einzelner Komponenten, und natürlich spielt auch das Budget eine nicht unwesentliche Rolle bei der Kaufentscheidung. Die Kombinationsmöglichkeiten steigen sehr schnell, wodurch Entscheidungsprozesse erschwert werden. In diesem Beitrag wird das hybride System ANG-SEN als Entscheidungsunterstützungssystem vorgestellt. Bei diesem System handelt es sich um die Koppelung eines Algorithm for Neighborhood Generating (ANG) mit einem Self-Enforcing Network (SEN). ANG strukturiert die Datenmenge und trifft eine Vorauswahl, die vom SEN weiterverarbeitet wird. Um die Ergebnisse persistent zu speichern und eine gezielte Abfrage zu ermöglichen, wurde eine Neo4J-Datenbank angebunden. An verschiedenen Beispielen wird die Leistungsfähigkeit des ANG-SEN für die Auswahl technischer Komponenten vorgestellt.

Schlüsselwörter

Algorithm for Neighborhood Generating (ANG) · Self-Enforcing Networks (SEN) · ANG-SEN · NEO4J · Auswahl technischer Komponenten · Entscheidungsunterstützung

J. Höpken (✉)
Frankfurt am Main, Deutschland
E-Mail: janis.sammelband-KIKL@rebask.de

© Springer Fachmedien Wiesbaden GmbH, ein Teil von Springer Nature 2021
C. Klüver und J. Klüver (Hrsg.), *Neue Algorithmen für praktische Probleme*,
https://doi.org/10.1007/978-3-658-32587-9_26

26.1   Einleitung: Die Komponentenvielfalt eines PC-Systems

Die Wahl zwischen dem Kauf eines All-In-One PC-Systems und der Anschaffung einzelner Komponenten kann, bei einem identischen Budget, für einen Unterschied in der Leistungsfähigkeit des Systems sorgen. All-In-One Systeme werden als fertig zusammengestelltes Produkt angeboten. Meist gibt es für den Käufer die Möglichkeit einzelne Anpassungen durchzuführen. Hierbei ist zum Beispiel ein größerer Arbeitsspeicher, eine größere Festplatte, aber auch die Art der Festplatte, in die Konfiguration inbegriffen. Der Zusammenbau erübrigt sich, da dieser im Kauf des Produkts enthalten ist. Dies kann unter Umständen zu einem höheren Preis führen.

Ebenfalls sind die Konfigurationen meist sehr begrenzt in ihren Auswahlmöglichkeiten, sodass beispielsweise nur drei verschiedene Arbeitsspeicher und die Auswahl zwischen zwei Festplatten mit jeweils nur zwei oder drei Kapazitäten angeboten werden. Liegen die Anforderungen an das System innerhalb der Auswahlmöglichkeiten, ist es sicherlich von Vorteil ein fertiges System zu kaufen. Ist dem nicht so, so muss ein solches System entweder erweitert oder eine andere Möglichkeit gesucht werden. Diese Möglichkeit ist beispielsweise die Anschaffung der einzelnen Komponenten und der eigenständige Zusammenbau zu einem System. Einige Händler bieten zudem einen Zusammenbau-Service für einen bestimmten Betrag an.

Der Prozess zur Auswahl der Komponenten und dessen Zusammenbau ist eventuell nicht trivial. Viele der Komponenten haben wiederum viele einzelne Merkmale, die für eine Kaufentscheidung essenziell sind. Anforderungen sollten vorweg definiert werden, sodass anhand dieser die Komponenten gemessen werden können. Dabei sei gesagt, dass es nicht nur um die Fakten und Zahlen geht, die als Spezifikationen der Hersteller angegeben werden, sondern auch um die Hersteller selbst. Persönliche Präferenzen hinsichtlich der Hersteller oder auch die subjektive Meinung über die Formen und Farben der Komponenten sind ebenfalls Faktoren, die eine Kaufentscheidung beeinflussen können.

Weiterhin sollte für den Entscheidungsprozess einbezogen werden, dass neue Komponenten unterschiedlicher Hersteller auf den Markt gebracht werden, die unter Umständen in den Prozess eingepflegt werden sollten. Insbesondere gilt dies für Komponenten, die neue Technologien verwenden, die die Leistung des Systems steigern können.

Die Menge an Komponenten ist sehr groß und kann nicht auf einen Blick sondiert werden. Auch wenn bereits Vergleichsseiten für Komponenten existieren, so bieten diese eher einen Vergleich einzelner Komponenten und von All-In-One Systemen untereinander, jedoch keinen Vergleich zwischen selbst konfigurierten Systemen, für die die Komponenten einzeln ausgewählt wurden.

Einschränkungen in der Auswahl von Komponenten lassen sich in finanzielle, soziale oder technische Faktoren einteilen, wobei diese sich ebenfalls überschneiden können. Der Systempreis ist ein finanzieller Faktor. Ein sozialer Faktor ist beispielsweise der Einfluss von Familie und Freunden. Aus technischer Sicht können beispielsweise mögliche

Anforderungen bezüglich Software angeführt werden oder auch Anschlussmöglichkeiten an den Komponenten.

Für die Auswahl der Komponenten können aufgrund eines begrenzenden Budgets Komponenten aus der Betrachtung ausgelassen werden, die jedoch in einer Zusammenstellung mit günstigen Komponenten ein besseres System in der Gesamtbetrachtung ergeben.

Komponenten, die für ein PC-System essenziell sind und definitiv verbaut werden müssen, sind das Mainboard, Arbeitsspeicher und ein Prozessor. Andere gängige Komponenten, die in einem PC zu finden sind, wie beispielsweise ein Laufwerk für Blu-rays, DVDs oder CDs, müssen nicht zwangsläufig in einer Konfiguration enthalten sein, da diese nicht essenziell sind.

Eine Komponente, die nicht essenziell, aber dennoch für die Zusammenstellung eines PC-Systems, zumindest für die meisten Verwendungszwecke, wichtig ist, ist eine dedizierte Grafikkarte. Auch wenn einige Prozessoren einen integrierten Grafikchip aufweisen, ist eine dedizierte Grafikkarte für beispielsweise den Gaming-Bereich oder für die Videobearbeitung meist nötig. Der Leistungsunterschied ist zwischen diesen beiden Grafikeinheiten generell zu hoch, als dass ein integrierter Chip die dedizierte Grafikkarte ersetzen kann. Und wenn dies doch der Fall sein sollte, so spiegelt sich dies im Preis des Prozessors wider. Ebenso können Prozessoren genutzt werden, die keinen Grafikchip aufweisen. In diesem Fall ist eine dedizierte Grafikkarte zu nutzen, sollte ein grafischer Output des PC-Systems zu nutzen sein.

Die Hersteller für die einzelnen Komponenten sind nur dann wichtig, wenn es in der subjektiven Betrachtung einen Unterschied macht. Beispielsweise können bestimmte Hersteller durch frühere schlechte Erfahrungen ausgeschlossen werden oder bestimmte Händler werden durch positive Erfahrungen bevorzugt.

Als weitere Einschränkungen, die abgebildet werden müssen, sind die Spezifikationen der einzelnen Komponenten zu nennen. Der Chipsatz des Mainboards und des Prozessors muss kompatibel sein. Beispielsweise können AMD-Prozessoren nicht auf einem Intel-kompatiblen Mainboard installiert werden. Das gleiche gilt andersherum. Der Arbeitsspeicher-Standard muss ebenfalls zwischen dem Mainboard und den Arbeitsspeicherriegeln gleich sein.

Für das später verwendete Modell werden Komponenten, wie das Gehäuse, der CPU-Kühler, Gehäuselüfter, Netzteil, jegliche Peripheriegeräte, Laufwerke und Festplatten in Form von HDDs (Hard Disk Drive) oder SSDs (Solid State Drive) nicht betrachtet. Für das Modell werden dementsprechend die vier bereits genannten Komponenten Mainboard, Prozessor, Arbeitsspeicher und Grafikkarte verwendet.

Da allein die Kombinationsmöglichkeiten dieser vier Komponenten sehr vielfältig sind entstand die Idee, den Algorithm for Neighborhood Generating (ANG) und das Self-Enforcing Network (SEN) für die Problemlösung zu koppeln. ANG dient zur Strukturierung der Daten, wodurch eine Vorauswahl für die infrage kommenden Komponenten getroffen werden kann. Da ANG aus der Datenmenge Graphen für die

Strukturierung generiert, war es naheliegend, die Ergebnisse durch die Anbindung an eine Neo4j-Datenbank persistent zu speichern.

Diese von ANG getroffene Vorauswahl wird dem SEN übergeben, damit ein Benutzer seine individuellen Konfigurationswünsche angeben kann und vom SEN eine Entscheidungsunterstützung für die Wahl der Komponenten erhält.

In diesem Beitrag werden einige Beispiele vorgestellt, in denen eine Kombination geeigneter Komponenten durch ANG-SEN empfohlen wird. Zunächst wird die Datenaufbereitung vorgestellt, anschließend das ANG-SEN-System. In Abschn. 26.4 werden Fallbeispiele für die Anwendung gezeigt und die Ergebnisse diskutiert.

26.2 Datenaufbereitung

Damit die Daten zu den einzelnen Komponenten genutzt werden können, werden zuvor alle möglichen Systeme permutiert, die bei Beachtung der Einschränkungen, die für die Komponenten gelten, möglich sind. Idealerweise werden die so ermittelten Systeme in einer Form gespeichert, die später direkt weiterverarbeitet werden kann. Die Komponenten, die in den folgenden beschriebenen Fallbeispielen genutzt wurden, sind in der Tab. 26.1, 26.2, 26.3 und 26.4 aufgeführt. Die Preise zu den Komponenten wurden von einer Preisvergleichsseite[1] im Internet übernommen und können sich zwischenzeitlich geändert haben.

Das hier genutzte Beispiel für das Modell zum Darstellen der Systemauswahl enthält die Attribute Systempreis, GPU Chip, GPU Benchmark[2], GPU VRAM, Mainboard Slots,

Tab. 26.1 Graphikkarten

Name	Hersteller	Benchmark	VRAM	Preis (€)
GTX 1660	NVIDIA	110	6 GB	215,90
Radeon VII	AMD	150	16 GB	699,80
RTX 2060	NVIDIA	126	6 GB	307,10
RTX 2070	NVIDIA	145	8 GB	424,47
RTX 2080	NVIDIA	170	8 GB	639,00
RTX 2080 Ti	NVIDIA	213	11 GB	1044,60
RX 5700	AMD	137	8 GB	338,00
RX 5700 XT	AMD	148	8 GB	464,81
RX 590	AMD	91	8 GB	188,30

---

[1]https://geizhals.de/
[2]https://www.gpucheck.com/de-eur/gpu-benchmark-graphics-card-comparison-chart

Tab. 26.2 Mainboards

Name	Sockel	Chipset	RAM-Slots	Typ	Preis (€)
Asus ROG STRIX B350-F GAMING	AM4	B350	4	DDR4	109
Asus ROG Strix B350-I Gaming	AM4	B350	2	DDR4	138
Asus TUF B450-Plus Gaming	AM4	B450	4	DDR4	100
Asus ROG Crosshair VI Hero	AM4	X370	4	DDR4	134
Asus TUF X470-Plus Gaming	AM4	X470	4	DDR4	146
Asus ROG Strix X470-F Gaming	AM4	X470	4	DDR4	188
Asus ROG Crosshair VII Hero (Wi-Fi)	AM4	X470	4	DDR4	289
Asus TUF Gaming X570-Plus (Wi-Fi)	AM4	X570	4	DDR4	225
Asus ROG Strix X570-E Gaming	AM4	X570	4	DDR4	309

Tab. 26.3 Arbeitsspeicher

Name	Typ	Kapazität (GB)	Module	Preis (€)	Takt (MHz)	Latenz
Ballistix Sport AT	DDR4	64	4	337,00	3200	16
Corsair Vengeance RGB Pro	DDR4	32	4	186,61	3600	18
G.Skill Trident Z	DDR4	32	4	324,00	3200	14
Ballistix Sport LT	DDR4	32	2	149,00	3000	15
G.Skill Aegis	DDR4	32	2	109,70	3000	16
Corsair Vengeance RGB	DDR4	16	2	203,37	3600	18
G.Skill Aegis	DDR4	16	2	54,90	3000	16

Tab. 26.4 Prozessoren

Name	Sockel	Chipset	Kerne	Threads	Preis (€)	Benchmark	Grafik
Ryzen 5 3400G	AM4	A300, A320, B350, B450, B550, X370, X470, X570	4	8	148	54	Ja
Ryzen 5 3600X	AM4	B350, B450, B550, X370, X470, X570	6	12	237	85,7	Nein
Ryzen 7 3700X	AM4	B350, B450, B550, X370, X470, X570	8	16	324	90,3	Nein
Ryzen 9 3900X	AM4	B350, B450, B550, X370, X470, X570	12	24	532	100	Nein

RAM Kapazität, RAM Taktrate, RAM Latenz, CPU Kerne, CPU Benchmark[3] und CPU Onboard Grafik.

Das Attribut GPU Chip bezieht sich auf den Typ der Grafikeinheit, die Anzahl der möglichen Arbeitsplatzsteckplätze wird über das Attribut Mainboard Slots abgebildet.

Der Preis der einzelnen Attribute ist nicht direkt relevant, der aggregierte Preis eines Systems hingegen sehr wohl. Für weitere Attribute muss entschieden werden, welche relevant für die Betrachtung von Systemen sind und welche nicht.

Für die Realisierung der Kopplung des ANG mit SEN wird eine semantische Matrix genutzt, die durch die Objekte (PC-Systeme), den dazugehörigen Attributen (PC-Komponenten) und deren Ausprägungen definiert wird. Zusätzlich werden in SEN nach dem Lernprozess Anforderungsvektoren für eine primäre Verwendung des PCs (Eingabevektoren) aufgenommen, anhand derer das SEN eine Entscheidungsunterstützung liefert.

Um dies zu konkretisieren, werden die Methoden näher beschrieben.

26.3   Das hybride System ANG-SEN

Der generelle Ablauf des ANG-SEN ist in Abb. 26.1 zu sehen. Zunächst werden die zusammengetragenen Daten für die Systeme in die ANG-Anwendung importiert.

Die einzelnen Schritte und Eigenschaften der Systeme werden im Folgenden erläutert.

26.3.1 Anwendung des ANG und der Neo4J-Datenbank

Damit ANG verwendet werden kann, muss zunächst eine Metrik definiert werden, um die Umgebungen zu bestimmen. Für diese Problemstellung wird die Levenshtein-Distanz = 1 verwendet. Zunächst wird ein Element ausgewählt, mit dem begonnen wird. Die weiteren Elemente werden für einen Vergleich herangezogen. Sind die beiden Elemente zu unterschiedlich, wird keine Beziehung aufgebaut. Weisen die Attribute der Elemente jedoch einen Unterschied von 1 auf, ist also nur ein untersuchtes Attribut unterschiedlich, so wird eine Levenshtein-Beziehung zwischen den beiden Elementen angelegt.

Mit dem Start des ANG werden die Daten verarbeitet und die Umgebungen der Systeme bestimmt. Als prototypische Realisierung werden die Ergebnisse des ANG in einer Graphdatenbank abgespeichert. Eine Graphdatenbank, die den Vorteil hat, dass eine graphische Oberfläche zum Analysieren der Daten existiert, ist Neo4J. Die

---

[3]https://www.cpubenchmark.net/

Abb. 26.1 Ablauf des ANG-
SEN

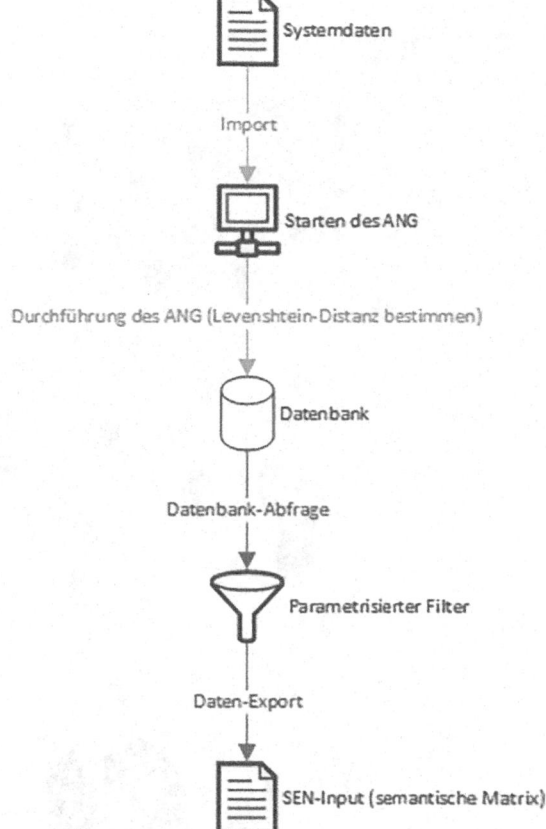

Abfragesprache, mit der die Daten dann über gesetzte Parameter aus der Datenbank gelesen werden können, ist Cypher.

Das vollständige Datenmodell, welches genutzt wurde, um die Möglichkeit einer Kopplung zu evaluieren, ist in Abb. 26.2 dargestellt. Hier sind die einzelnen Komponenten sowie die Metrik aufgeführt, die in einem System verwendet werden. Auf der rechten Seite der Abbildung wird das Ergebnis von ANG in Neo4J gezeigt.

Für technisch Interessierte Beispielhaft ist nachfolgend die Cypher-Abfrage aufgezeigt, durch die das Ergebnis des ANG, eingeschränkt durch einen minimalen und maximalen Preis, aus der Neo4J-Datenbank ausgelesen werden kann. Im ersten Teil werden alle Systeme ausgewählt, die in dem festgelegten Preisrahmen liegen und im zweiten Teil wird diese Menge um die direkten Nachbarn erweitert. Das Ergebnis ist eine Menge von IDs, die den Systemen aus der Input-Datei zuordenbar ist. Da diese bereits im Format einer semantischen Matrix aufgebaut ist, kann der Inhalt einfach über die gelieferten IDs gefiltert werden.

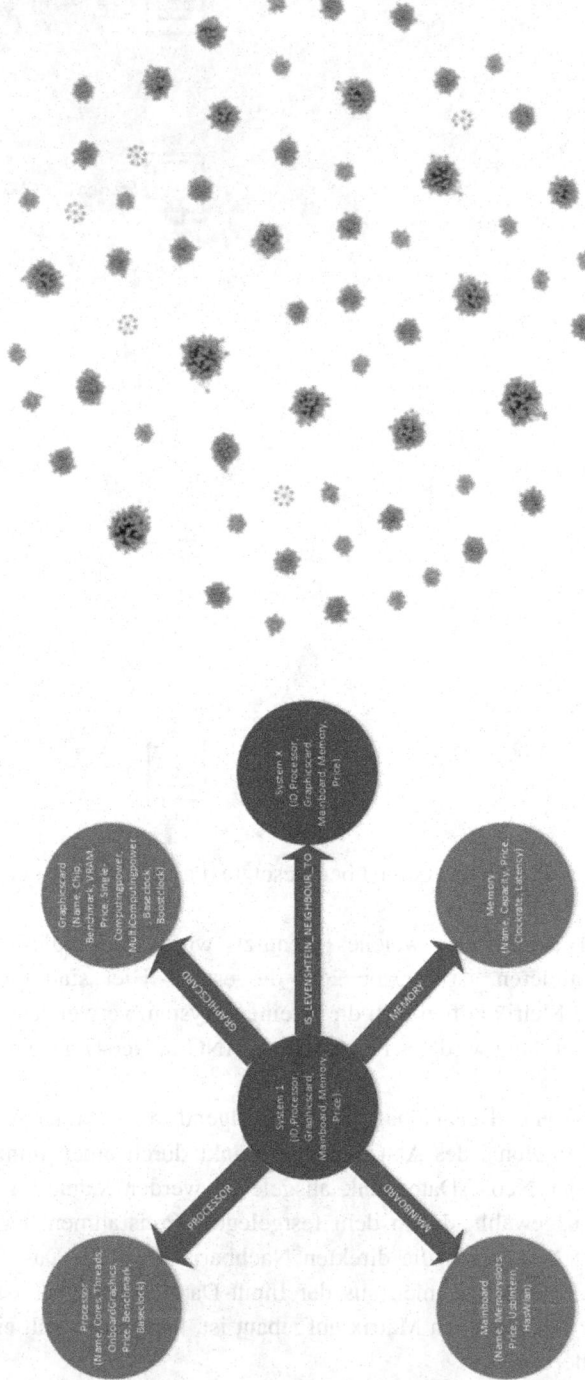

Abb. 26.2 Datenmodell (links), ANG-Ergebnis und Visualisierung in Neo4J (rechts)

```
MATCH
(system) − [: IS_LEVENSHTEIN_NEIGHBOUR_TO]−> (),
(system) − [: PROCESSOR] − (processor),
(system) − [: MEMORY] − (memory),
(system) − [: GRAPHICSCARD] − (graphicscard)
WITH system, processor, memory, graphicscard
WHERE
{priceMin} <= system.price <= {priceMax} AND
{ramMin} <= memory.capacity <= {ramMax} AND
{vramMin} <= graphicscard.vram <= {vramMax} AND
{coresMin} <= processor.cores <= {coresMax}
RETURN DISTINCT system.id
UNION MATCH
(osystem) − [: IS_LEVENSHTEIN_NEIGHBOUR_TO]−> (system),
(osystem) − [: GRAPHICSCARD]−> (ographicscard),
(osystem) − [: MEMORY]−> (omemory),
(osystem) − [: PROCESSOR]−> (oprocessor)
WITH oprocessor, omemory, ographicscard, osystem, system
WHERE
{priceMin} <= osystem.price <= {priceMax} AND
{ramMin} <= omemory.capacity <= {ramMax} AND
{vramMin} <= ographicscard.vram <= {vramMax} AND
{coresMin} <= oprocessor.cores <= {coresMax}
RETURN DISTINCT system.id
```

Die Daten, die hiermit abgefragt werden, wurden bereits in Abb. 26.2 rechts abgebildet. Darin sind 2330 Systeme mit insgesamt 22.465 Levenshtein-Verbindungen enthalten.

Mit dieser Vorauswahl ist bereits die Funktionalität des ANG genutzt worden, sodass im nächsten Schritt die Daten, die jetzt zur Verfügung stehen einem SEN übergeben werden.

Die Verbindung zum SEN wird dadurch umgesetzt, dass die Daten des ANG als semantische Matrix importiert werden können. Die semantische Matrix enthält alle Systeme, die innerhalb der Metrik im ANG liegen und zusätzlich die Systeme, die eine weitere Levenshtein-Distanz von 1 aufweisen. Die Umgebung wird dabei auf 2 erhöht. So werden die harten Grenzen der gesetzten Anforderungen ein wenig aufgeweicht. Ausprägungen der Attribute von Komponenten, die über oder unter der Grenze liegen, die festgelegt wurden, können so in der semantischen Matrix enthalten sein.

26.3.2 Anwendung des SEN

Im SEN wird die semantische Matrix über die Importfunktion mit den Daten aus dem gelieferten Ergebnis des ANG übernommen. Dadurch werden die einzelnen Attribute direkt in die Attributstabelle übernommen und mit Minima und Maxima definiert. Der Standardwert ist lediglich für die Erstellung eines Eingabevektors von Bedeutung. Die Kodierung für die Normierung ist im verwendeten Modell jeweils [0;1].

Zudem werden die numerischen Attribute über ihre nominalen Werte repräsentiert. Ternäre Attribute wie der GPU Chip und die CPU Onboard Grafik erhalten die Ausprägungen −1 stellvertretend für „nicht vorhanden", 0 für „egal" und 1 für „vorhanden". Diese beiden Attribute besitzen drei Ausprägungen, da im Falle dessen, dass eine dedizierte Grafikeinheit vorhanden sein soll, eine Onboard-Grafikeinheit auf dem Prozessor relativ unwichtig ist und somit nicht unbedingt vorhanden sein muss.

Für das SEN werden als Parametereinstellungen die logarithmisch lineare Aktivierungsfunktion, eine Lernrate von 0,1 und ein Lernschritt definiert und für alle Fallbeispiele konstant gehalten. Durch den cue validity factor (cvf), ein numerischer Wert der die Bedeutung eines Attributes erhöhen oder erniedrigen kann, ist es für einen Anwender möglich, seine individuellen Anforderungen zu bestimmen.

Von besonderer Bedeutung ist, dass die Definition der Min-Max-Werte sowie die fallspezifische Bestimmung des cue validity factors (cvf) über die Cypher-Abfrage dafür sorgt, dass die Ergebnisse des ANG für den Anwendungsfall beschränkt werden, wodurch sich die Anzahl der infrage kommenden Systeme stark reduziert, wie in den folgenden Beispielen gezeigt wird.

26.4 Fallbeispiele

In der Durchführung der Kopplung vom ANG und SEN werden drei Hauptkategorien betrachtet. Dabei handelt es sich um die Kategorien *Low-Budget, Mid-Range* und *High-End*. Zusätzlich wird die Kategorie Low-Budget zweigeteilt. Daraus ergeben sich die einzelnen Kategorien *Low-Budget-Office, Low-Budget-Gaming, Mid-Range-Gaming* und High-End. Die Aufteilung in die verschiedenen Kategorien ermöglicht einen Vergleich der Ergebnisse. Besonders wichtig ist, die Ergebnisse der Distanzen mit denen der Rangliste zu vergleichen, um herauszufinden, welche Metrik für die Auswahl der Komponenten insgesamt besser ist.

Die Werte in der Attributstabelle für n_{min} und n_{max} werden für alle Kategorien, wie in Tab. 26.5 dargestellt, gesetzt. Durch das Setzen der Werte werden die Wertebereiche

Tab. 26.5 Min-Max-Definition der Attributswerte

	n_{min}	n_{max}
Systempreis	−100	0
GPU Chip	−1	1
GPU Benchmark	0	10
GPU VRAM	0	1
Mainboard Slots	0	1
RAM Kapazität	0	10
RAM Taktrate	0	100
RAM Latenz	−1	0
CPU Kerne	0	1
CPU Benchmark	0	10
CPU Onboard Grafik	−1	1

für die Normalisierung erweitert, sodass die Werte untereinander vergleichbarer werden. Die Werte ergeben sich aus den Ausprägungen der Attribute innerhalb der semantischen Matrix und orientieren sich an den Minima und Maxima des jeweiligen Attributs. Dabei wird die 10er-Potenz des Differenzbetrags zwischen dem Minimum und dem Maximum ermittelt. Zu beachten ist dabei, dass die 10er-Potenz doppelt in dem jeweiligen Betrag enthalten sein muss.

Für Attribute, bei denen ein geringerer Wert als besser bewertet werden kann, dementsprechend bei dem Systempreis und der RAM Latenz, sind die Werte jeweils negativ. Die negativen Werte werden bei n_{min} eingetragen und die positiven Werte bei n_{max}.

26.4.1 Fallbeispiel 1: Komponenten für die Kategorie Low-Budget-Office

Die hierfür verwendeten Anforderungen für die Verwendung des ANG sind in Tab. 26.6 aufgeführt. Aus den in der Tabelle enthaltenen Werten ist zu entnehmen, dass für diese Kategorie der Preis der initial begrenzende Faktor ist. In Tab. 26.7 sind die cvf-Werte für die Low-Budget-Office-Systeme (L.-B.-O.-Systeme) aufgeführt.

Da in diesem Fall die Grafikeinheit irrelevant ist, wird der cvf-Wert auf 0 gesetzt. Der Systempreis wird auf 2 gesetzt, da der Preis an sich der wichtigste Faktor ist. Andere cvf-Werte müssen nicht angepasst werden.

Das SEN wird in diesem System mit dem Eingabe-Vektor gestartet und es erfolgt eine entsprechende Cypher-Abfrage. In der folgenden Abb. 26.3 werden die Ergebnisse des ANG sowie des SEN visualisiert.

ANG generiert anhand der Metrik verschieden große Graphen; genauer enthält das Ergebnis von ANG in diesem Fall lediglich 170 Elemente, also Systeme, die gemäß den Anforderungen aus SEN infrage kommen. Zur Erinnerung: ANG hat zu Beginn über 2300 Objekte strukturiert. Die Systeme (Objekte) und deren Attribute werden als semantische Matrix dem SEN übergeben.

In der SEN-Visualisierung wird der Eingabevektor im „Input Centered Modus" in der Mitte der konzentrischen Kreise angeordnet. Diejenigen Komponenten aus der semantischen Matrix, die den höchsten Aktivierungswert haben, werden zur Mitte angezogen. Auf diese Visualisierung wird im weiteren Verlauf verzichtet und lediglich die berechneten Werte der Rangliste tabellarisch angezeigt.

Tab. 26.6 ANG Anforderungen Low-Budget

	Minimum	Maximum
Preis	0 €	600 €
RAM	16 GB	32 GB
VRAM	0 GB	8 GB
Kerne	2	32

Tab. 26.7 Low-Budget-Office cvf-Werte

Attribute	cvf
Systempreis	2
GPU Chip	0
GPU Benchmark	1
GPU VRAM	1
Mainboard Slots	1
RAM Kapazität	1
RAM Taktrate	1
RAM Latenz	1
CPU Kerne	1
CPU Benchmark	1
CPU Onboard Grafik	1

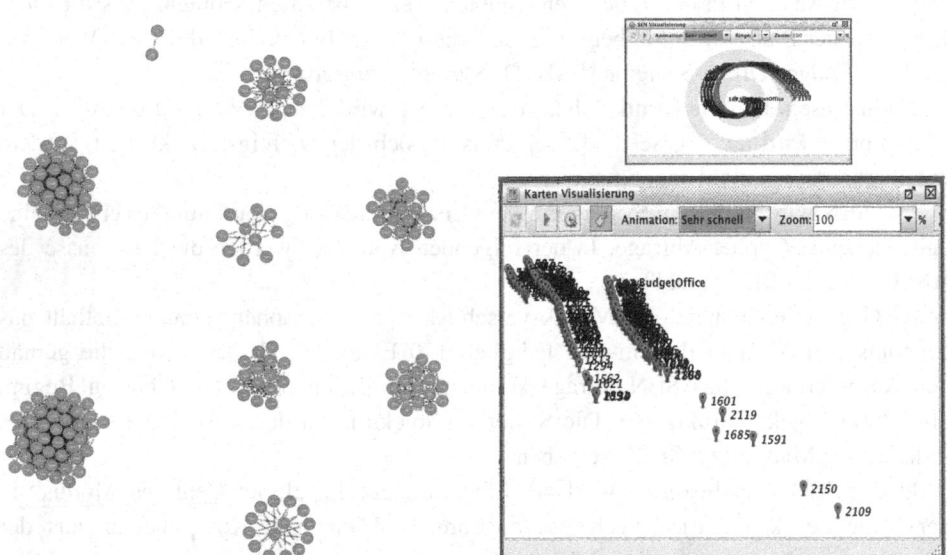

Abb. 26.3 Auf der linken Seite ist das ANG-Ergebnis visualisiert in Neo4J, auf der rechten Seite oben die SEN-Visualisierung (Ergebnis der Rangliste) und rechts unten die Kartenvisualisierung (Ergebnis der Distanzen)

Durch die unterschiedlichen Übereinstimmungen in den Attributen der System-komponenten bilden sich in der Kartenvisualisierung unterschiedliche Cluster. Die Komponenten, die dem Eingabevektor mit dem Objektnamen „LowBudgetOffice" am besten entsprechen, werden entsprechend nahe platziert; die Komponenten, die völlig unpassend sind, werden im immer größer werdenden Abstand angeordnet.

Tab. 26.8 Low-Budget-Office Eingabe-Vektor und Ergebnis SEN Rangliste

	L.-B.-O	587	69	846	328	567
Systempreis	313	313	322	347	351	357,7
GPU Chip	0	0	0	0	0	0
GPU Benchmark	0	0	0	0	0	0
GPU VRAM	0	0	0	0	0	0
Mainboard Slots	2	4	4	4	2	4
RAM Kapazität	16	16	16	16	16	32
RAM Taktrate	3000	3200	3200	3200	3200	3000
RAM Latenz	18	16	16	16	16	16
CPU Kerne	4	4	4	4	4	4
CPU Benchmark	54	54	54	54	54	54
CPU Onboard Grafik	0	1	1	1	1	1
Rangliste		**96,61**	95,46	92,28	91,77	90,92

In Tab. 26.8 ist der Eingabe-Vektor in der zweiten Spalte zu sehen und die fünf besten Ergebnisse der Rangliste, absteigend angeordnet.

In der Rangliste wird an erster Stelle das System mit dem Objektnamen 587 aufgeführt.

Die Berechnung der Distanzen wird in Tab. 26.9 aufgeführt.

Bei den Distanzen wird das Objekt 567 als bestes System empfohlen. Dieses System erhielt bei den Rankings lediglich Platz 5. Hingegen erreicht das von der Rang-

Tab. 26.9 Low-Budget-Office Eingabe-Vektor und Ergebnis SEN Distanzen

	L.-B.-O	567	49	826	557	308
Systempreis	313	357,7	366,7	391,7	397	395,7
GPU Chip	0	0	0	0	0	0
GPU Benchmark	0	0	0	0	0	0
GPU VRAM	0	0	0	0	0	0
Mainboard Slots	2	4	4	4	4	2
RAM Kapazität	16	32	32	32	32	32
RAM Taktrate	3000	3000	3000	3000	3000	3000
RAM Latenz	18	16	16	16	15	16
CPU Kerne	4	4	4	4	4	4
CPU Benchmark	54	54	54	54	54	54
CPU Onboard Grafik	0	1	1	1	1	1
Distanzen		**7,37**	8,28	11,87	12,71	13

liste aufgeführte System keine Platzierung unter den besten fünf Systemen. Diese und die weiteren Ergebnisse der Ranglisten sowie der Distanzen werden zunächst unkommentiert dargestellt; in Abschn. 26.4.5 wird darauf zurückgegriffen.

26.4.2 Fallbeispiel 2: Komponenten für die Kategorie Low-Budget-Gaming

Die Durchführung ist analog zum ersten Fallbeispiel. In Tab. 26.10 werden die fallspezifischen cvf-Werte aufgeführt. Hierbei fällt auf, dass sowohl für den Wert für GPU Benchmark, als auch für GPU VRAM ein Faktor von 10 gesetzt wird. Da der Preis für das Beispiel zweitrangig ist, verbleibt der Wert von 1. Die Anzahl der Steckplätze für Arbeitsspeicher auf dem Mainboard ist nicht relevant, sodass der Wert gleich 0 gesetzt wird.

Das Ergebnis des ANG ist identisch mit dem in Fall 1 und somit werden erneut 170 infrage kommende Systeme dem SEN übergeben. Das Ergebnis der Kartenvisualisierung sieht für diesen Fall folgendermaßen aus (Abb. 26.4).

Die Objekte werden in diesem Fall aufgrund des veränderten cvf anders als in Abb. 26.3 angeordnet.

Die folgenden Tab. 26.11 und 26.12 enthalten analog zum ersten Fallbeispiel die fünf besten Ergebnisse der Rangliste und der Distanzen.

Erneut wird im Ranking das System 584 empfohlen, hingegen ist die erste Empfehlung der Distanzen wie folgt (Tab. 26.12).

In diesem Fall wird laut der Distanzberechnung das System 558 zuerst empfohlen. Es ist auffällig, dass die ersten fünf Empfehlungen der Distanzen sich völlig von denen der Rangliste unterscheiden.

Tab. 26.10 Low-Budget-Gaming cvf-Werte

Attribute	cvf
Systempreis	1
GPU Chip	0
GPU Benchmark	10
GPU VRAM	10
Mainboard Slots	0
RAM Kapazität	1
RAM Taktrate	1
RAM Latenz	1
CPU Kerne	1
CPU Benchmark	1
CPU Onboard Grafik	1

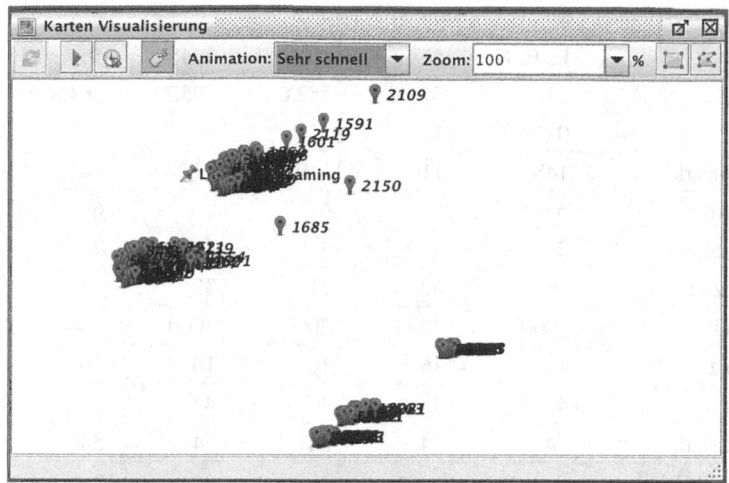

Abb. 26.4 Clusterung des SEN für die Low-Budget-Gaming Anforderungen

Tab. 26.11 Low-Budget-Gaming Ergebnis SEN Rangliste

	L.-B.-G	584	66	578	60	580
Systempreis	313	651	660	528,9	537,9	620,1
GPU Chip	0	−1	−1	1	1	1
GPU Benchmark	148	137	137	110	110	126
GPU VRAM	6	8	8	6	6	6
Mainboard Slots	2	4	4	4	4	4
RAM Kapazität	16	16	16	16	16	16
RAM Taktrate	3000	3200	3200	3200	3200	3200
RAM Latenz	18	16	16	16	16	16
CPU Kerne	4	4	4	4	4	4
CPU Benchmark	54	54	54	54	54	54
CPU Onboard Grafik	0	1	1	1	1	1
Rangliste		**64,12**	63,62	62,73	62,23	62,23

26.4.3 Fallbeispiel 3: Komponenten für die Kategorie Mid-Range-Gaming

Für die Kategorie der Mid-Range-Systeme werden die in Tab. 26.13 aufgeführten Anforderungen an den ANG gestellt. Die cvf-Werte sind identisch zu den Werten aus dem zweiten Fallbeispiel.

Die Ergebnisse des ANG und SEN werden in Abb. 26.5 vorgestellt.

Tab. 26.12 Low-Budget-Gaming Ergebnis SEN Distanzen

	L.-B.-G	558	40	564	560	299
Systempreis	313	573,6	582,6	695,7	664,8	611,60
GPU Chip	0	1	1	−1	1	1
GPU Benchmark	148	110	110	137	126	110
GPU VRAM	6	6	6	8	6	6
Mainboard Slots	2	4	4	4	4	2
RAM Kapazität	16	32	21	32	32	32
RAM Taktrate	3000	3000	3000	3000	3000	3000
RAM Latenz	18	16	16	16	16	16
CPU Kerne	4	4	4	4	4	4
CPU Benchmark	54	54	54	54	54	54
CPU Onboard Grafik	0	1	1	1	1	1
Distanzen		**40,73**	41,82	44,45	45,08	45,53

Tab. 26.13 Mid-Range-Gaming ANG Anforderungen

	Minimum	Maximum
Preis	900 €	1100 €
RAM	16 GB	128 GB
VRAM	8 GB	32 GB
Kerne	4	32

Die Abfrage an ANG ergibt in diesem Fall insgesamt 1063 Systeme, die infrage kommen und in SEN in der Kartenvisualisierung entsprechend geclustert werden.

Tab. 26.14 und 26.15 stellen jeweils die Ergebnisse der Rangliste und der Distanzen dar. Erneut unterscheiden sich die Empfehlungen der Rangliste sowie der Distanzen.

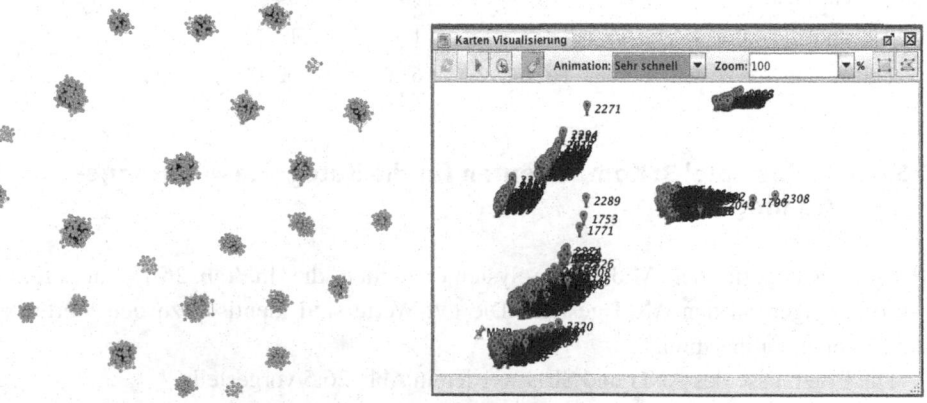

Abb. 26.5 Ergebnisse des ANG (links) und des SEN (rechts)

Tab. 26.14 Mid-Range-Gaming Ergebnis SEN Rangliste

	MR.-G	534	532	16	14	531
Systempreis	546	772,61	1073,61	781,61	1082,61	859,08
GPU Chip	0	−1	1	−1	1	1
GPU Benchmark	213	137	170	137	170	145
GPU VRAM	16	8	8	8	8	8
Mainboard Slots	4	4	4	4	4	4
RAM Kapazität	16	32	32	32	32	32
RAM Taktrate	3000	3600	3600	3600	3600	3600
RAM Latenz	16	18	18	18	18	18
CPU Kerne	4	4	4	4	4	4
CPU Benchmark	100	54	54	54	54	54
CPU Onboard Grafik	0	1	1	1	1	1
Rangliste		**79,75**	79,63	79,4	79,28	79,2

Tab. 26.15 Mid-Range-Gaming Ergebnis SEN Distanzen

	MR.-G	604	600	82	86	859
Systempreis	546	988,42	948,08	957,08	997,42	982,08
GPU Chip	0	−1	1	1	−1	1
GPU Benchmark	213	148	145	145	148	145
GPU VRAM	16	8	8	8	8	8
Mainboard Slots	4	4	4	4	4	4
RAM Kapazität	16	32	32	32	32	32
RAM Taktrate	3000	3600	3600	3600	3600	3600
RAM Latenz	16	18	18	18	18	18
CPU Kerne	4	6	6	6	6	6
CPU Benchmark	100	85,7	85,7	85,7	85,7	85,7
CPU Onboard Grafik	0	−1	−1	−1	−1	−1
Distanzen		**135,13**	135,2	135,52	135,56	136,6

Im Folgenden werden die Ergebnisse für die Auswahl von Komponenten gezeigt, die zur vierten Kategorie zählen.

26.4.4 Fallbeispiel 4: Komponenten für die Kategorie High-End-Systeme

Die letzte Kategorie umfasst die High-End Systeme. Tab. 26.16 beinhaltet die Parameter für die Cypher-Query und Tab. 26.17 die cvf-Werte dieser Kategorie. Hierbei ist festzu-

Tab. 26.16 High-End ANG
Anforderungen

	Minimum	Maximum
Preis	1800 €	3000 €
RAM	32 GB	128 GB
VRAM	10 GB	32 GB
Kerne	6	64

Tab. 26.17 High-End cvf-
Werte

Attribute	cvf
Systempreis	1
GPU Chip	5
GPU Benchmark	10
GPU VRAM	1
Mainboard Slots	1
RAM Kapazität	1
RAM Taktrate	1
RAM Latenz	1
CPU Kerne	1
CPU Benchmark	1
CPU Onboard Grafik	1

stellen, dass bis auf die Grafikkartenattribute alle Attribute einen Faktor von 1 haben. Der GPU Chip ist wichtig, aber der GPU-Benchmark hat Priorität und erhält somit einen höheren Faktor.

In der Abb. 26.6 werden erneut die Ergebnisse des ANG und des SEN gezeigt.

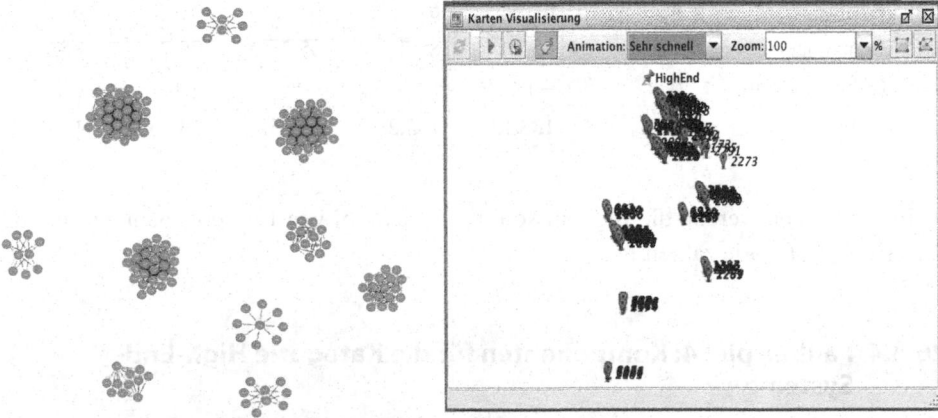

Abb. 26.6 Ergebnisse für eine High-End-System-Anforderung

Für High-End-Systeme kommen 165 Objekte infrage, die in SEN entsprechend geclustert werden.

Analog zu den vorherigen Fallbeispielen werden die Distanzen und die Rangliste in Tab. 26.18 und 26.19 dargestellt. Der Systempreis und die RAM Latenz orientieren sich an dem Minimum aus den Daten der semantischen Matrix, alle weiteren Attribute an dem jeweiligen Maximum.

Tab. 26.18 High-End Ergebnis SEN Rangliste

	H.-E	728	210	764	987	469
Systempreis in €	1360,80	1863,21	1872,21	1879,97	1897,21	1901,21
GPU Chip	1	1	1	1	1	1
GPU Benchmark	213	213	213	213	213	213
GPU VRAM	16	11	11	11	11	11
Mainboard Slots	4	4	4	4	4	2
RAM Kapazität	64	32	32	16	32	32
RAM Taktrate in MHz	3600	3600	3600	3600	3600	3600
RAM Latenz	14	18	18	18	18	18
CPU Kerne	12	12	12	12	12	12
CPU Benchmark	100	100	100	100	100	100
CPU Onboard Grafik	0	−1	−1	−1	−1	−1
Rangliste		**147,33**	146,89	145,79	145,68	145,42

Tab. 26.19 High-End Ergebnis SEN Distanzen

	H.-E	728	210	987	469	1246
Systempreis in €	1360,80	1863,21	1872,21	1897,21	1901,21	1909,21
GPU Chip	1	1	1	1	1	1
GPU Benchmark	213	213	213	213	213	213
GPU VRAM	16	11	11	11	11	11
Mainboard Slots	4	4	4	4	2	4
RAM Kapazität	64	32	32	32	32	32
RAM Taktrate	3600	3600	3600	3600	3600	3600
RAM Latenz	14	18	18	18	18	18
CPU Kerne	12	12	12	12	12	12
CPU Benchmark	100	100	100	100	100	100
CPU Onboard Grafik	0	−1	−1	−1	−1	−1
Distanzen		**70,05**	71,63	76,24	77,69	78,58

Erstmalig sind die Ergebnisse für die ersten beiden Empfehlungen sowohl in der Rangliste als auch bei den Distanzen gleich. In diesem Fall handelt es sich um die höchste Übereinstimmung in den Empfehlungen.

Da die Unterschiede zwischen den Ranglisten und den Distanzen bei den anderen Fallbeispielen zum Teil erheblich sind, stellt sich die Frage, welcher Empfehlung nun ein Anwender folgen soll. Im nächsten Abschnitt wird daher ein Ansatz für die Ermittlung von Kennzahlen dargestellt, um zukünftig eine formale Unterstützung bei der Entscheidung zu erhalten, ob die Ranglisten oder die Distanzen für eine Problemstellung relevant sind.

26.4.5 Ermittlung von Kennzahlen für die Rangliste und Distanzen

Im Folgenden wird ein Vergleich zwischen den Distanzen und der Rangliste vorgenommen. Bevor der Vergleich an sich jedoch vorgenommen wird, werden die Ergebnisse und mit Ihnen die Werte der einzelnen Attribute vergleichbar gemacht. Die Attribute liegen eventuell nicht in derselben Größenordnung vor, sodass diese erst einmal normalisiert werden müssen.

Die Normalisierung der Attribute wird über die Minima und Maxima der Attribute aus der Attributliste vorgenommen. Dabei werden sowohl die Attribute als auch die Eingabevektoren normalisiert. Anschließend wird der Betrag der Differenz zwischen den normalisierten Werten der Attribute und denen des Eingabevektors berechnet. Die dabei entstehenden Ergebnisse werden aufsummiert und durch die Anzahl der eingeflossenen Attribute geteilt. Das Ergebnis dieser Berechnung wird wiederum über alle Systeme aufsummiert und durch die Anzahl der Systeme geteilt.

In die Kennzahlen, die nachfolgend dargestellt werden, sind die Systeme aus den jeweiligen Ranglisten- und Distanzen-Tabellen eingegangen. Die Formel für die Berechnung der Kennzahl ist in Gl. 26.1 aufgezeigt.

$$\text{Kennzahl} = \frac{\sum_{\text{Syst}} \left(\frac{\sum_{\text{Attr}} \left(\text{Abs} \left(\frac{\text{Wert}_{\text{EV}} - \text{Min}_{\text{Attr}}}{\text{Max}_{\text{Attr}} - \text{Min}_{\text{Attr}}} - \frac{\text{Wert}_{\text{Attr}} - \text{Min}_{\text{Attr}}}{\text{Max}_{\text{Attr}} - \text{Min}_{\text{Attr}}} \right) \right)}{\text{Anz}_{\text{Attr}}} \right)}{\text{Anz}_{\text{Syst}}} \qquad (26.1)$$

$\sum_{\text{Syst}} =$ Summe über alle Systeme
$\sum_{\text{Attr}} =$ Summe über alle Attribute
$\text{Wert}_{\text{Attr}} =$ Wert des Attributs
$\text{Min}_{\text{Attr}} =$ Minimum des Attributs
$\text{Max}_{\text{Attr}} =$ Maximum des Attributs
$\text{Wert}_{\text{EV}} =$ Wert des Eingabe Vektors des jeweiligen Attribut
$\text{Anz}_{\text{Attr}} =$ Anzahl der Attribute
$\text{Anz}_{\text{Syst}} =$ Anzahl der Systeme

Für jedes Fallbeispiel werden zwei Kennzahlen ermittelt, jeweils eine Kennzahl für die Rangliste und eine Kennzahl für die Distanzen. In Tab. 26.20 werden die Kennzahlen für

Tab. 26.20 Kennzahlen für Rangliste und Distanzen

	L.-B.-O	L.-B.-G	M.-R.-G	H.-E
Rangliste	*0,197*	0,316	0,519	0,367
Distanzen	0,207	*0,292*	*0,488*	*0,362*

die vier Fallbeispiele aufgeführt. In der Tabelle werden die besseren Werte jeweils fett und kursiv und die schlechteren Werte jeweils normal dargestellt.

Für die Kennzahlen gilt, dass je näher diese bei 0 liegen, desto besser ist das Ergebnis. Insgesamt kann der Wert der Kennzahl zwischen 0 und 1 liegen. Haben die Distanzen oder die Rangliste einen Kennzahlenwert von 0, so müssten alle Systeme, die in die Berechnung eingegangen sind, identisch mit dem Eingabevektor sein. Dementsprechend kann ein Wert von 1 nur erreicht werden, wenn die Werte des Eingabe-Vektors dem Minimum oder dem Maximum entsprechen und alle Systeme dem jeweiligen Gegenteil.

Bei Betrachtung der Kennzahlen für die Distanzen und die Rangliste ist festzustellen, dass beide Varianten sehr ähnliche Werte aufweisen. In drei von den vier Fallbeispielen sprechen die Kennzahlen eher für die Distanzen als für die Rangliste. Wird in den Vergleich jedoch zusätzlich der Preisschnitt aus Tab. 26.21 hinzugezogen, so ist zu erkennen, dass die Rangliste bei allen Fallbeispielen im Durchschnitt, berechnet mit den fünf aufgeführten Systemen, die günstigeren Ergebnisse liefern. Zu beachten gilt jedoch, dass die Rangliste vereinzelt höhere Preise im Vergleich zu den Distanzen aufweisen kann; zu sehen ist dies beispielhaft in Tab. 26.14 und 26.15.

Unter Berücksichtigung dieser Ergebnisse kann eine Empfehlung gegeben werden, ob die Rangliste oder die Distanzen eher für eine Kaufentscheidung herangezogen werden sollten. Steht der günstigste Preis im Mittelpunkt der Kaufentscheidung, so sollte die Rangliste herangezogen werden. Soll oder kann das gesetzte Budget ausgereizt oder bis zu einer gewissen Schmerzgrenze überschritten werden, so sollten die Ergebnisse der Distanzen für die Kaufentscheidung herangezogen werden.

Tab. 26.21 Preisschnitt der fünf besten Ergebnisse für Rangliste und Distanzen

	L.-B.-O	L.-B.-G	M.-R.-G	H.-E
Rangliste	*338,14 €*	*599,58 €*	*913,90 €*	*1882,76 €*
Distanzen	381,76 €	625,66 €	974,62 €	1888,61 €
Betragsmäßige Differenz	43,62 €	26,08 €	60,72 €	5,85 €
Anteil am geringeren Preis	12,90 %	4,35 %	6,64 %	0,31 %

26.5   Fazit

Der Einfluss der Anwendung des ANG auf die Auswahl der Systeme vor Anwendung des SEN lässt sich über die Kombination der Anforderungen aus den Fallbeispielen und den dargestellten Ergebnissen ableiten. Alle Systeme, bei denen die Ausprägung der Attribute unter dem Minimum beziehungsweise dem Maximum der Anforderungen liegen, sind aufgrund des ANG in das SEN eingegangen.

Bei den Low-Budget-Gaming Systemen liegen die Systeme 564, 560 und 299 aus den fünf besten Ergebnissen in den Distanzen außerhalb des Preisrahmens von bis zu 600 €. Die Verwendung des ANG hat das erwünschte Ergebnis ermöglicht, dass Systeme außerhalb der festgelegten Grenzen in die Betrachtung im SEN einfließen können. Ein weiteres Beispiel sind die Mid-Range Systeme, bei denen das beste Ergebnis einen deutlich niedrigeren Preis im Vergleich zum gesetzten Preisrahmen für dieses Fallbeispiel aufweist. Bei den High-End Systemen liegen alle Werte sehr nahe beieinander. Bei Betrachtung der Kennzahlen schneiden die Distanzen besser ab, bei Betrachtung der Preise eher die Rangliste.

Insgesamt ist das Ergebnis der Kopplung des ANG mit dem SEN in Bezug auf alle Fallbeispiele sehr zufriedenstellend. Sowohl die Distanzen als auch die Rangliste lassen sich für die Kaufentscheidung heranziehen.

Als eine Erweiterung für die vorgestellte Kopplung des ANG und SEN ist vorgesehen, die Angabe von Testdaten für die Erstellung der Systeme durch eine Verbindung zu Preisvergleichsseiten automatisiert zu übernehmen, da die Daten aktuell gehalten werden und neue Komponenten einfließen können.

Eine im SEN integrierte zweite Normalisierung der Werte über n_{min} und n_{max} sollte in der Standardversion implementiert werden. Dies würde eine Vergleichbarkeit über die vorhandenen Attribute hinweg verbessern, wenn die Attribute, wie in diesem Beispiel der Systempreis und die Latenz, nominal weit auseinander liegen.

Eine größer werdende Umgebungsgröße bei ANG sorgt dafür, dass die Ergebnisse unüberschaubar werden. Die in diesem Kapitel beschriebene Vorgehensweise kann genutzt werden, diesem Problem entgegenzuwirken.

Epilog

Christina Klüver und Jürgen Klüver

> „There ain't no such thing like a free lunch"
> (Larry Niven)

Die Beiträge dieses Bandes zeigen, auf welch unterschiedliche Themengebiete die hier vorgeführten Algorithmen erfolgreich angewendet werden können; sie zeigen aber auch, welch unterschiedliche Bedeutung jeweils der Modellbegriff haben kann – und muss -, um den es fundamental in jedem Beitrag geht. Es klingt zwar trivial, aber sowohl bei Studierenden, die mit unseren Algorithmen gearbeitet haben, als auch bei Anwendungs-interessenten aus beruflichen Praxisbereichen erwies es sich häufig als notwendig, erst einmal festzulegen, was ein Modell des jeweiligen Problembereichs leisten soll und was die unverzichtbaren Bestandteile des Modells demzufolge sein müssen. Diese Arbeit ist, wie in der allgemeinen Einleitung bereits betont, der Preis, der für KI und KL orientierte Problemlösungen stets zu entrichten ist.

Fassen wir also abschließend noch einmal zusammen, was bei einer Modell-konstruktion und deren technischer Realisierung offenbar zu beachten ist:

Nach Bestimmung des Problemtypus – Ordnen oder Optimieren – stehen die ver-schiedenen Algorithmen und deren wesentliche Bestandteile zur Auswahl. Geht es um Datenordnungen, ist das SEN mittlerweile eine erprobte algorithmische Technik; eine Verwendung von ANG ist jedoch auch in Betracht zu ziehen. Bei Optimierungsaufgaben ist bei Verwendung des RGA natürlich zu Beginn festzulegen, was jeweils die beiden verschiedenen Ebenen inhaltlich für das Problem zu bedeuten haben.

C. Klüver (✉) · J. Klüver
Forschungsgruppe COBASC, REBASK GmbH, Essen, Deutschland
E-Mail: kluever@rebask.de

J. Klüver
E-Mail: juergen.kluever@uni-due.de

© Springer Fachmedien Wiesbaden GmbH, ein Teil von Springer Nature 2021
C. Klüver und J. Klüver (Hrsg.), *Neue Algorithmen für praktische Probleme*,
https://doi.org/10.1007/978-3-658-32587-9_27

Die Festlegung der einzelnen Funktionen, Bewertungskriterien und ebenso ggf. von vorläufigen Parameterwerten ist der nächste Schritt, um ein Modell prototypisch zu erstellen. Sehr häufig zeigt sich nämlich, dass experimentell getestet werden muss, welche der zahlreichen Möglichkeiten für das konkrete Problem besonders geeignet sind. Eine anfängliche Modellkonstruktion ist zur Charakterisierung der Logik des Problems und der *prinzipiellen* Struktur einer Lösung unverzichtbar. Das endgültige Modell und damit das Computerprogramm für die praktische Problemlösung kann jedoch erst durch systematische experimentelle Erprobung realisiert werden.

Nur zwei Beispiele: Bei einem systematischen Vergleich des RGA mit einem Standard GA (Genetischem Algorithmus) zeigte sich, dass die numerischen Werte für Variation und Rekombination beim RGA wesentlich niedriger angesetzt werden müssen – der RGA braucht entsprechend weniger Iterationen. Entsprechend erwies es sich bei Verwendung des SEN nicht selten als sinnvoll, nach unbefriedigenden Experimentalergebnissen eine andere Aktivierungsfunktion zu erproben.

Möglichst schon zu Beginn der endgültigen Modellkonstruktion ist es wichtig, sich über Erweiterungen der prinzipiellen algorithmisch bedingten Modellstruktur Klarheit zu verschaffen. Zu entsprechenden Zusatzüberlegungen gehören bei Ordnungsproblemen insbesondere die mögliche Verwendung eines cvf sowie der Einsatz von Referenztypen. Beide Erweiterungen sind natürlich problemspezifisch und verlangen eine genaue Kenntnis des jeweiligen Problembereichs. Ebenso ist es bereits zu Beginn erforderlich, mögliche Variationen der allgemeinen Grundlogik des gewünschten Modells zu bedenken. Dafür zwei Beispiele:

Der Erfolg des in der Einleitung I erwähnten Offshore Modells basierte vor allem in der Einführung eines „Idealtypus" als Referenztypus, also eines Objekts, das es in der Realität gar nicht gibt. In einem derartigen Modell musste man sich also von den real vorgegebenen Objekten gedanklich lösen, um deren relative Eignung es für das Lokalisierungsproblem ging. Diese Vorgehensweise hat sich ebenso für verschiedene Modelle in diesem Sammelband bewährt. Im Gegensatz zum kindlichen Lernen, das konkrete Referenztypen erfordert, war hier demnach eine Erweiterung der Konzeption erforderlich.

Beim Planungsproblem der Universität Duisburg-Essen war es erforderlich, den Begriff „Steuerungsvektor" dadurch zu variieren, dass dieser „Constraints", also Verbote enthält. Das entspricht soziologisch gesprochen eher dem Begriff der Regulation, wie er in juristischen Kontexten verwendet wird: Die StVO enthält überwiegend Verbote – Begrenzung von Geschwindigkeiten, Überholverbote auf bestimmten Strecken etc. – mit einschlägigen Strafandrohungen. Entsprechend werden Verletzungen der Constraints im RGA Modell „bestraft".

Diese summarische Aufzählung von Problemen, die beim Einsatz der in diesem Band thematisierten Algorithmen zu lösen sind, ist sicher noch nicht vollständig und erklärt vermutlich, warum wir diesen Epilog mit dem Zitat von Larry Niven eingeleitet haben. Insbesondere ist eine fundamentale inhaltliche Kenntnis des jeweiligen Problemgebiets essenziell. Wenn man jedoch mit KI Modellen (und KL) sinnvoll arbeiten will, ist die eigene Denkarbeit nun einmal unverzichtbar. Wir hoffen, dass die Beiträge gezeigt haben, dass sich eine entsprechende Mühe auch lohnen kann.

Ein Experte auf dem entsprechenden Gebiet z. B. erklärte auf einer Tagung, dass das Problem der Start- und Landebahnen in Frankfurt seiner Ansicht nach nicht anders zu lösen gewesen wäre als durch den dargestellten Einsatz von SEN. Andere Probleme lassen sich durch unterschiedliche Algorithmen lösen, wie dies ebenfalls in den verschiedenen Beiträgen gezeigt wurde. Natürlich ist es für uns als Entwickler immer sehr befriedigend, wenn Anwender mitteilen, dass unsere Verfahren jedoch einfacher in der Handhabung oder für die Konzeption einer Lösung sind. Die Anwendungsmöglichkeiten unserer neuen Algorithmen sind noch längst nicht ausgeschöpft, wie uns immer wieder durch neue Modelle und Erweiterung der Basisalgorithmen gezeigt wird. Über weitere Projekte werden wir entsprechend zur gegebenen Zeit berichten.

Wir haben zu Beginn des Bandes darauf verwiesen, dass durch die Projekte mit den Studierenden häufig die von Humboldt postulierte Einheit von Forschung und Lehre möglich geworden ist. Die Beiträge in diesem Band zeigen, dass eine Erweiterung dieser Einheit dadurch zusätzlich möglich wird, nämlich eine Einheit, die Themen beruflicher Praxis im Allgemeinen und sozialer / wirtschaftlicher Probleme im Besonderen realisiert. Betrachten wir deshalb die Beiträge auch als eine Möglichkeit, Humboldt vom akademischen Kopf auf die praktischen Füße zu stellen.

Printed in the United States
By Bookmasters